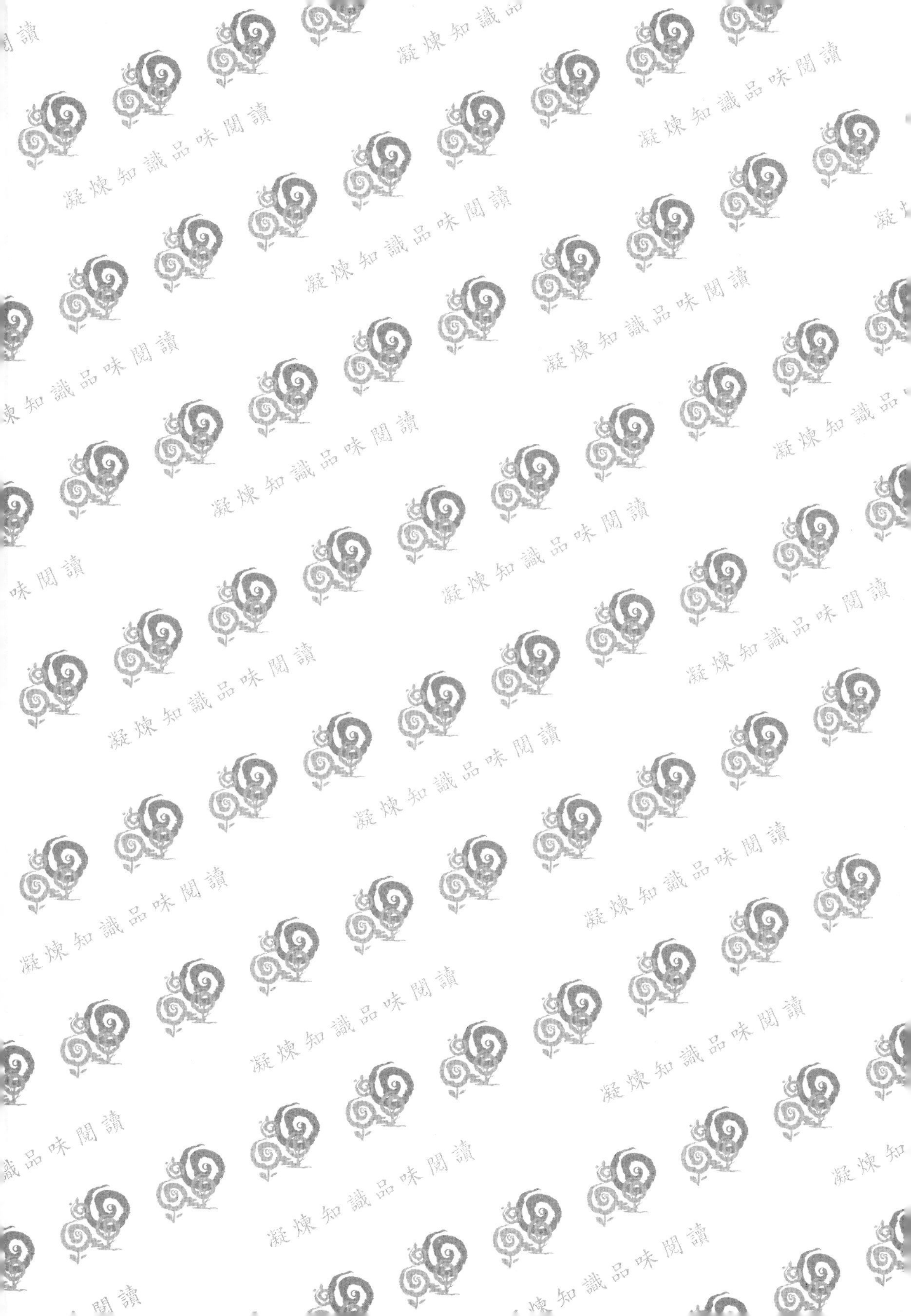
凝煉知識品味閱讀

工程數學
——常微分方程
Engineering Mathematics
五南圖書出版公司 印行
黃孟槺 著

序

微分方程是表示函數與其導數相關的數學方程。在應用程序中，函數通常表示物理量，導數表示其變化率，方程定義兩者之間的關係。由於這種關係極為普遍，因此微分方程經常出現於工程學、數學、物理學、經濟學和生物學。沒有微分方程，科學將會失去預測的能力。幾何學也需要微分方程，我們用它來計算物體的曲率及其變化，例如，一個球在滾動時是否會加速，完全是由滾動軌跡的曲率所決定。

各種類型微分方程的研究都是以實際問題的建立數學模型開始，然後以不同的方法進行解的表達，以達到解決問題的目標。在微分方程解的表達中，除了解析解以外，還有定性方法，利用斜率場、解的圖像、相平面上的向量場及軌線等工具，達到對解的漸近行為的最好理解。本書既講述求解各類微分方程解析解的方法，又介紹定性方法，以展示數學研究的本質。不僅能夠訓練讀者嚴密的數學思維方式，而且可以引導讀者藉由數學模型解決實際問題。

我們不可能沒有念過甚麼書籍，沒有看過前人的著作，一下子靈感來就可以解決各類問題。看別人的著作和自己思考問題，這是兩種性質完全不同的腦力勞動。所有學問的成長，學問的取授一定要有思考，不鼓勵思考的機械式訓練是不好的。

創造力並不是人工智能（AI）做得到的，尤其是觀念上的創造，實數到複數，牛頓力學到量子力學，這是觀念的大改變，人工智能不可能做得到。人類的思維比機器想像的複雜得多，數學家很講究邏輯的發展，但是當我們在思維的時候往往不太邏輯化，有時候是錯誤的想法，這對我們還是有好處的。機器還沒有辦法全部學習人類的思維，最尖端前沿的學問始終還是要靠數學跟人類的智慧。

現在人講彎道超車，學問不可能彎道超車，一定要腳踏實地好好學。

數學上最大的進步並不在解決難題，因為這樣只會使某些研究領域凍結，而在於開闢全新的各式各樣的問題，以供探索，數學是不停改進自己的一門學問。

數學提供一窺未來，以及觀察系統如何演變的手段。學習數學就好像旅行，我們竭盡所能的努力，就為了親眼看一看那些沒有見過的風景。數學用它那不可思議的神奇力量，讓我們眼前的世界變得更加豐富多彩。

本書為工程專業的學生和從業人員提供了系統、全面的常微分方程介紹。內容力求理論的嚴密性、方法的多樣性、應用的廣泛性。可供需要學習常微分方程的學生作為教材或閱讀之用，也可供教師、科研人員參考。書中疏漏不當之處，敬請學者、專家指正。

黃孟槺

2024 年 6 月

本書目錄

第3章

一階微分方程的應用

第4章

高階微分方程

第8章

一階高次微分方程

第9章

二階初值、邊界值和特徵值問題

第 10 章

全微分方程

第 1 章

常微分方程

章節體系架構 ▼

前言

數學是人類幾千年來累積的智慧文化，它在人類文明的進程中一直扮演著啓發心智、增進素質的推動作用。我們應該要讓更多人知道，數學的魅力與價值所在。

微分方程（differential equation）是現代數學的一門應用性較強的基礎學科，是人們解決各種實際問題的有效工具。我們可以使用微分方程描述許多涉及變化的有趣自然現象。隨著科學、工程和技術各個領域的顯著進步，應用的重要性逐漸增加，今天比以往任何時候都更需要研究微分方程。

本章介紹微分方程的基本概念，簡要觀察微分方程是如何產生的，並試圖用數學術語描述物理現象。

本書主要討論常微分方程。爲了方便起見，我們將常微分方程簡稱爲微分方程或方程。

筆 記 欄

1.1 定義和術語

引言

含有未知數的等式稱爲方程式。**微分方程**是包含一個或多個函數及其導數的方程。函數的導數定義了函數在某一點的變化率。微分方程將這些導數與其他函數聯繫起來，主要應用於生物學、物理學、工程學等諸多領域。本章討論微分方程的定義、類型、階數和次數、線性、求解方法、現實世界的例子和實際問題。

定義 微分方程

凡含有自變數、因變數以及因變數的導數（或微分）的方程稱爲**微分方程**。（Differential Equation, DE）。

微分方程可以根據 (i) 類型（type）(ii) 階數（order）與次數（degree）(iii) 線性 (linearity) 分類。

按類型分類

自變數的個數只有一個的微分方程，稱爲常微分方程（ordinary differential equation, ODE）。自變數的個數有兩個或兩個以上的微分方程，稱爲偏微分方程（partial differential equation, PDE）。

例 1 微分方程的類型

(a) 常微分方程：

$$\frac{dy}{dx} = (x+y)^2 \tag{1}$$

$$\frac{d^2y}{dt^2} + 2\frac{dy}{dt} + 5y = 0,\ y(0) = 0,\ y'(0) = 2 \tag{2}$$

在方程 (1) 中，y 是因變數（未知函數），x 是自變數；在方程 (2) 中，y 是因變數，t 是自變數。

(b) 偏微分方程：

$$\frac{\partial u}{\partial t} = \frac{\partial^2 u}{\partial x^2} + 2\frac{\partial u}{\partial x} \tag{3}$$

$$\frac{\partial y}{\partial t}+c\frac{\partial y}{\partial x}=0 \tag{4}$$

$$\frac{\partial z^2}{\partial x\partial y}+\frac{\partial z}{\partial x}+x\frac{\partial z}{\partial y}+y^3z=xyz \tag{5}$$

在方程 (3) 中，u 是因變數，x, t 是自變數；在方程 (4) 中，y 是因變數，x, t 是自變數；而在方程 (5) 中，z 是因變數，x, y 是自變數。

例 2 微分方程的類型

(a) **牛頓定律**：質量乘以加速度等於力，$ma = f$，其中 m 是粒子質量，$a=\frac{d^2x}{dt^2}$ 是粒子加速度，f 是作用在粒子上的力。

因此，牛頓定律是微分方程，

$$m\frac{d^2x}{dt^2}(t)=f\left(t,x(t),\frac{dx}{dt}(t)\right),$$

其中未知數是 $x(t)$——時間 t 時粒子在空間中的位置。正如我們在上式看到的，力取決於時間、粒子在空間中的位置以及粒子速度。

(b) **放射性衰變**：放射性物質的量 u 隨時間變化如下，

$$\frac{du}{dt}(t)=-ku(t),\ k>0$$

其中 k 是一個正的常數，表示材料的放射性特性。

(c) **熱方程**：固體材料中的溫度 T 在時間 t 和 x, y, z 的三維空間上根據方程

$$\frac{\partial T}{\partial t}=k\left(\frac{\partial^2 T}{\partial x^2}+\frac{\partial^2 T}{\partial y^2}+\frac{\partial^2 T}{\partial z^2}\right),\ k>0$$

變化，其中 k 是一個正的常數，表示材料的熱特性。

(d) **波動方程**：在時間 t 和 x, y, z 的三維空間中以波速 $v>0$ 傳播的波擾動 u 是

$$\frac{\partial^2 u}{\partial t^2}=v^2\left(\frac{\partial^2 u}{\partial x^2}+\frac{\partial^2 u}{\partial y^2}+\frac{\partial^2 u}{\partial z^2}\right).$$

(a) 和 (b) 中的方程稱爲常微分方程（ODE）——未知函數取決於單個自變數 t。(c) 和 (d) 中的方程稱爲偏微分方程（PDE）——未

知函數取決於兩個或多個自變數 t、x、y 和 z，並且它們的偏導數出現在方程中。

符號　有不同的符號來表示因變數 y 相對於自變數 x 的微分。萊布尼茨符號（Leibniz Notation）的形式是$\frac{dy}{dx}$, $\frac{d^2y}{dx^2}$ 等。prime 符號（Prime Notation）的形式爲 $y', y'', y''', y^{(iv)}$ 等。點符號（Dot Notation）的形式是 $\dot{y}$, $\ddot{y}$，其中自變數爲 t。偏微分的形式有 $u_x = \frac{\partial u}{\partial x}$, $u_{xx} = \frac{\partial^2 u}{\partial x^2}$，$u_{xy} = \frac{\partial^2 u}{\partial y \partial x} = \frac{\partial}{\partial y}\left(\frac{\partial u}{\partial x}\right)$ 等。

在這個簡短的符號中，指數增長的 ODE 是

$$\frac{dy}{dt} = r \cdot y$$

導數的這個簡短符號 $\frac{dy}{dt}$ 與微分的概念相匹配：上式可以用微分表示爲

$$dy = r \cdot y\,dt$$

我們稱之爲「以微分形式寫下微分方程」。當我們使用變數分離的方法求解這個 ODE 時，這個符號的有用性將變得很明顯。

按階數與次數分類

微分方程中所含最高階導數的階數，稱爲該微分方程的階數（order）。

微分方程可以寫成導數的多項式，或使之有理化，其最高階導數的整數冪，稱爲該微分方程的次數（degree）。

微分方程的階數和次數（如果有定義）必須是正整數。

例如，微分方程

$$\left(\frac{d^4y}{dx^4}\right)^3 + 4\left(\frac{dy}{dx}\right)^7 + 6y = 5\cos 3x$$

的階數爲 4，次數爲 3。

例 1 常微分方程的階數、次數

寫出下列常微分方程的階數和次數。

(a) $4\left(\frac{d^3y}{dx^3}\right)-\left(\frac{d^2y}{dx^2}\right)^3+5\left(\frac{dy}{dx}\right)+4=0$

(b) $7\left(\frac{d^4y}{dx^4}\right)^2-5\left(\frac{d^2y}{dx^2}\right)^4+9\left(\frac{dy}{dx}\right)^8+11=0$

(c) $3\left(\frac{d^2y}{dx^2}\right)+x\left(\frac{dy}{dx}\right)^3=0$

(d) $(y''')^2+x^2(y')^3-2x+11=0$

(e) $\left(\frac{dy}{dx}\right)^2+\left(\frac{dy}{dx}\right)-\cos^3 x=0$

解：(a) 三階、一次

(b) 四階、二次

(c) 二階、一次

(d) 三階、二次

(e) 一階、二次

例 2 常微分方程的階數、次數

求微分方程

$$\frac{d^2y}{dx^2}+\left[1+\left(\frac{dy}{dx}\right)^2\right]^{\frac{3}{2}}=0$$

的階數和次數。

解：微分方程的次數是方程有理化後出現在其中的最高階導數的次數（degree）。

原式為

$$\frac{d^2y}{dx^2}=-\left[1+\left(\frac{dy}{dx}\right)^2\right]^{\frac{3}{2}}$$

將上式兩邊平方，得到

$$\left(\frac{d^2y}{dx^2}\right)^2=\left[1+\left(\frac{dy}{dx}\right)^2\right]^3$$

這是二階二次 ODE。

註：在次數的定義中，關鍵是微分方程必須是導數的多項式方程，

上例中的微分方程在導數上不是多項式方程(由於次數$\frac{3}{2}$是分數),因此嚴格來說,它的次數無定義,但是如果我們轉換微分方程,使所有指數都是整數,將微分方程轉換成其所含導數的有理整式,則次數可以定義。

例 3 常微分方程的階數、次數

求下列常微分方程的階數和次數。

(1) $\left(\frac{dy}{dx}\right)+\cos\left(\frac{dy}{dx}\right)=0$

(2) $\frac{d^2y}{dx^2}=\sin\left(\frac{dy}{dx}\right)$

(3) $\frac{d^2y}{dx^2}=x\ln\left(\frac{dy}{dx}\right)$

(4) $y=1+y'+\frac{(y')^2}{2!}+\frac{(y')^3}{3!}+\cdots$

(5) $y'''+y^2+\exp(y')=0$

解:(1) 一階。由於原式不是 y' 的多項式方程,因此無法定義這種微分方程的次數。

(2) 二階。次數無定義。

(3) 二階。次數無定義。

(4) 因爲$y=\exp(y')=\exp\left(\frac{dy}{dx}\right)$

$\frac{dy}{dx}=\ln y$

所以是一階一次 ODE。

(5) 三階。次數無定義。

當方程沒有關於導數的根和分數冪時,微分方程的次數是其中涉及的最高階導數的最大次數。研究微分方程的次數,關鍵是微分方程必須是導數的多項式。如果微分方程不能用導數的多項式方程來表達,則不定義微分方程的次數。

例 4 常微分方程的階數、次數

求下列常微分方程的階數和次數。

(1) $e^{\frac{d^2y}{dx^2}}=x+3$

(2) $\dfrac{d^2y}{dx^2}+\sin\left(\dfrac{d^2y}{dx^2}\right)+y=0$

(3) $\dfrac{d^3y}{dx^3}+y^2+e^{\frac{dy}{dx}}=0$

解：(1) 微分方程 $e^{\frac{d^2y}{dx^2}}=x+3$ 的次數和階分別爲 1 和 2，因爲它可以表示爲 $\dfrac{d^2y}{dx^2}=\ln(x+3)$。

(2) 二階微分方程 $\dfrac{d^2y}{dx^2}+\sin\left(\dfrac{d^2y}{dx^2}\right)+y=0$ 的次數無定義，因爲微分方程不是導數的多項式方程。

(3) 三階微分方程 $\dfrac{d^3y}{dx^3}+y^2+e^{\frac{dy}{dx}}=0$ 的次數無定義，因爲它不是導數的多項式方程。

例 5 求下列 ODE 的階數和次數。

(i) $\left\{1+\left(\dfrac{dy}{dx}\right)^2\right\}^{\frac{3}{2}}=\rho\dfrac{d^2y}{dx^2}$

(ii) $\left(\dfrac{d^2y}{dx^2}\right)^2+y=\dfrac{dy}{dx}$

(iii) $(x+y)^2\dfrac{dy}{dx}+5y=3x^4$

(iv) $\dfrac{dy}{dx}+\sin\left(\dfrac{dy}{dx}\right)=0$

(v) $\dfrac{d^2y}{dx^2}+\cos x\dfrac{dy}{dx}+\sin y=0$

(vi) $\left\{\dfrac{d^3y}{dx^3}\right\}^{\frac{3}{2}}+\left\{\dfrac{d^3y}{dx^3}\right\}^{\frac{2}{3}}=0$

(vii) $\left(\dfrac{d^2y}{dx^2}\right)^{-\frac{7}{2}}\dfrac{dy}{dx}+y\left(\dfrac{d^2y}{dx^2}\right)^{-\frac{5}{2}}=0$

解：(i) 將 $\left\{1+\left(\dfrac{dy}{dx}\right)^2\right\}^{\frac{3}{2}}=\rho\dfrac{d^2y}{dx^2}$ 平方，得到，$\left\{1+\left(\dfrac{dy}{dx}\right)^2\right\}^3=\rho^2\left(\dfrac{d^2y}{dx^2}\right)^2$。所以方程的階數和次數都是二，因爲最高階導數的階數是二階，並且最高階導數的次方是二次。

(ii) ODE 的階數和次數爲二。

(iii) ODE 的階數和次數爲一。

(iv) $\frac{dy}{dx}+\sin(\frac{dy}{dx})=0$ 的階數是一，而次數未定義。

(v) 階數爲二，次數爲一。

(vi) 階數是三。爲了求次數，將原微分方程改寫成

$$\left\{\left(\frac{d^3y}{dx^3}\right)^{\frac{3}{2}}\right\}^6=\left\{-\left(\frac{d^3y}{dx^3}\right)^{\frac{2}{3}}\right\}^6$$

亦即，

$$\left(\frac{d^3y}{dx^3}\right)^9=\left(\frac{d^3y}{dx^3}\right)^4$$

因此，給定微分方程的次數爲 9。

備註：微分方程 $\left(\frac{d^3y}{dx^3}\right)^9=\left(\frac{d^3y}{dx^3}\right)^4$ 不能視爲 $\left(\frac{d^2y}{dx^2}\right)^5=1$。

(vii) 微分方程的階數爲 2。最高階導數的冪爲負。但是微分方程的次數是正的。因此，要找到次數，我們在所述微分方程的兩邊乘以 $\left(\frac{d^2y}{dx^2}\right)^{\frac{7}{2}}$，我們得到 $\frac{dy}{dx}+y\frac{d^2y}{dx^2}=0$。因此給定微分方程的次數爲 1。

例 6 求下列 ODE 的階數和次數。

(i) $\left(\frac{dy}{dx}\right)^2+3y^2=0$ (ii) $\left(\frac{d^2y}{dx^2}\right)^2+xy=\frac{dy}{dx}$ (iii) $\sqrt{\frac{dy}{dx}}=2y$

(iv) $\left(\frac{dy}{dx}\right)^{\frac{2}{3}}=3+\frac{d^2y}{dx^2}$ (v) $\left(\frac{d^2y}{dx^2}+1\right)^{\frac{3}{2}}=3x\frac{dy}{dx}$ (vi) $y+\frac{dy}{dx}=e^{\frac{d^2y}{dx^2}}$

解：(i) 階數爲 1，次數爲 2。

(ii) 階數爲 2，次數爲 2。

(iii) $\sqrt{\frac{dy}{dx}}=2y \Rightarrow \frac{dy}{dx}=4y^2$，階數爲 1，次數爲 1。

(iv) $\left(\frac{dy}{dx}\right)^{\frac{2}{3}}=3+\frac{d^2y}{dx^2} \Rightarrow \left(\frac{dy}{dx}\right)^2=\left(3+\frac{d^2y}{dx^2}\right)^3$

因此階數爲 2，次數爲 3。

(v) $\left(\frac{d^2y}{dx^2}+1\right)^{\frac{3}{2}}=3x\frac{dy}{dx} \Rightarrow \left(\frac{d^2y}{dx^2}+1\right)^3=9x^2\left(\frac{dy}{dx}\right)^2$

因此階數為 2，次數為 3。

(vi) 微分方程可以寫成$\frac{d^2y}{dx^2}=\ln\left(y+\frac{dy}{dx}\right)$，所以這個微分方程的次數不能定義，因為它不是導數的多項式，儘管它有 2 階。

例 7 偏微分方程的階數、次數

寫出下列偏微分方程的階數和次數。

(a) $\left(\frac{\partial z}{\partial x}\right)^2+\frac{\partial^3 z}{\partial y^3}=2x\left(\frac{\partial z}{\partial x}\right)$

(b) $\frac{\partial^2 z}{\partial x^2}=\left(1+\frac{\partial z}{\partial y}\right)^{\frac{1}{2}}$

(c) $y\left\{\left(\frac{\partial z}{\partial x}\right)^2+\left(\frac{\partial z}{\partial y}\right)^2\right\}=z\left(\frac{\partial z}{\partial y}\right)$

解：(a) 三階、一次

(b) 二階、二次

(c) 一階、二次

一般式

n階常微分方程的一般式(general form)可以表示為$F(x, y, y', y'', y''', \cdots, y^{(n)})=0$，其中 F 是 $n+2$ 個變數 $x, y(x), y'(x), \cdots, y^{(n)}(x)$ 的實值函數。

出於實用和理論上的考慮，我們將做出假設，即可以根據剩餘的 $n+1$ 個變數，在常微分方程的一般式中，唯一地求解最高導數 $y^{(n)}$。微分方程

$$\frac{d^n y}{dx^n}=f(x, y, y', \cdots, y^{(n-1)})$$

其中f是實值連續函數，稱為標準式（normal form）。因此，在適合我們的目的時，我們將使用標準形式。

n 階微分方程的標準式（normal form）涉及求解最高導數並將所有其他項放在方程的另一側，即

$$y^{(n)}=f(x, y, y', \cdots, y^{(n-1)})$$

例如，一階常微分方程的標準式爲$\frac{dy}{dx}=f(x,y)$。二階常微分方程的標準式爲$\frac{d^2y}{dx^2}=f(x,y,y')$。

例 1 微分方程的標準式

(a) 求解一階微分方程 $xy'=y\ln\frac{y}{x}$ 時，首先需將微分方程改爲標準形式

$$y'=\frac{y}{x}\ln\frac{y}{x}$$

(b) 欲繪出一階微分方程 $(1+x^2+y^2)y'=x^2-y^2$ 的斜率場，需將微分方程改爲標準形式

$$y'=\frac{x^2-y^2}{1+x^2+y^2}$$

(c) 求解二階微分方程 $xy''=1$ 時，先將微分方程改爲標準形式 $y''=\frac{1}{x}$，然後進行積分。

按線性分類

一個涉及導數的方程，其中因變數 y 及其導數都是一次冪，且每個係數只與自變數 x 有關，則微分方程是線性（linear）。具體而言，n 階線性 ODE 具有以下形式：

$$a_n(x)\frac{d^ny}{dx^n}+a_{n-1}(x)\frac{d^{n-1}y}{dx^{n-1}}+\cdots+a_2(x)\frac{d^2y}{dx^2}+a_1(x)\frac{dy}{dx}+a_0(x)y=f(x)$$

。不能寫成上述形式的微分方程，稱爲非線性（nonlinear）常微分方程。

例如，$t^2y''+t^{\frac{3}{2}}y=0$，$\sin(x)y''+\tan(x)y=12\ln(2x)$，$e^x\frac{d^2y}{dx^2}+\sin(x)\frac{dy}{dx}+x^2y=\frac{1}{x}$ 均爲線性常微分方程。$y''+\sin(x+y)=\sin x$ 爲非線性常微分方程。$\frac{\partial y}{\partial t}+y\frac{\partial y}{\partial x}=v\frac{\partial^2 y}{\partial x^2}$ 爲非線性偏微分方程。

線性常微分方程沒有函數與其導數的乘積，且函數或其導數都不在另一個函數的內部，例如 $\sqrt{y'}$ 或 $\mathbf{e}^y$。

總而言之，線性 ODE 有兩個特徵：

1. $y, y', \cdots, y^{(n)}$ 的所有係數必須僅是自變數 x（或常數）的函數。
2. 所有函數 $y, y', \cdots, y^{(n)}$ 都是 1 次；也就是說，不存在 $y, y', \cdots, y^{(n)}$ 的非線性函數。

例 1 線性和非線性常微分方程

依據線性和非線性的定義將$(x+y)^2\dfrac{dy}{dx}+5y=3x^4$分類。

解：因爲 $\dfrac{dy}{dx}$ 的係數是 x 和 y 的函數。所以微分方程爲非線性 ODE。

例 2 線性和非線性常微分方程

判斷下列常微分方程爲線性或非線性

(i) $\dfrac{d^2y}{dx^2}+y\dfrac{dy}{dx}+y^2=0$

(ii) $\left(\dfrac{d^2y}{dx^2}\right)^2-\dfrac{dy}{dx}+y=0$

解：(i) 非線性，因爲$\dfrac{dy}{dx}$乘以 y，且最後一項是 y^2 而不是 y。

(ii) 非線性，因爲$\dfrac{d^2y}{dx^2}$是二次方。

例 3 判斷下列微分方程是線性還是非線性。

(1) $y''=y'+1$ (2) $(y')^2=x+y$ (3) $y=e^ty'$ (4) $yy'=x$

(5) $y'=e^t+e^y$ (6) $x^3y'''=3x^2y''+y$ (7) $x^2(y''+x)=xy-y$

(8) $(3y-2x)\dfrac{dy}{dx}=2y$

解：(1)、(3)、(6)、(7) 爲線性，(2)、(4)、(5)、(8) 爲非線性。

例 4 判斷下列微分方程是否爲線性，並說明原因。

(i) $\dfrac{d^2y}{dx^2}+y\dfrac{dy}{dx}+y^2=0$

(ii) $x^2\dfrac{d^2y}{dx^2}-x\dfrac{dy}{dx}+y=1-\log x,\ x>0$

(iii) $x\dfrac{d^2y}{dx^2}+x^2\dfrac{dy}{dx}-\sin x\sqrt{y}=0,\ y>0$

(iv) $\frac{d^2y}{dx^2}+x^2\frac{dy}{dx}+x\sin y=0$

解：(i) 非線性項爲$y\frac{dy}{dx}$和 y^2，微分方程爲非線性。

(ii) 每一項都是線性形式，微分方程是線性。

(iii) 非線性項是$\sin x\sqrt{y}$，微分方程爲非線性。

(iv) 非線性項是 $x\sin y$，微分方程爲非線性。

例 5 線性和非線性偏微分方程

判斷下列偏微分方程爲線性或非線性

(i) $\frac{\partial z}{\partial x}+\frac{\partial z}{\partial y}=z+xy$

(ii) $\left(\frac{\partial z}{\partial x}\right)^2+\frac{\partial^3 z}{\partial y^3}=\left(\frac{\partial z}{\partial x}\right)$

(iii) $z\left(\frac{\partial z}{\partial x}\right)+\frac{\partial z}{\partial y}=x$

(iv) $\frac{\partial u}{\partial x}+\frac{\partial u}{\partial y}+\frac{\partial u}{\partial z}=xyz$

(v) $\frac{\partial^2 z}{\partial x^2}=\left(1+\frac{\partial z}{\partial y}\right)^{\frac{1}{2}}$

(vi) $y\left\{\left(\frac{\partial z}{\partial x}\right)^2+\left(\frac{\partial z}{\partial y}\right)^2\right\}=z\left(\frac{\partial z}{\partial y}\right)$

解：(i), (iv) 爲線性 PDE。(ii), (iii), (v), (vi) 爲非線性 PDE。

自治微分方程

一階自治（autonomous）方程是與時間變數 t 無關的方程，它具有以下形式

$$\frac{dy}{dt}=f(y)$$

其中函數 $f(y)$ 僅是因變數的函數，不涉及自變數。例如，該方程包括所有受保守力影響的一維運動，但也包括許多一維物理系統。這個方程出現在宇宙學、流體力學、冰川學、水文學、海洋學和地震學中。

我們可以對自治方程的解進行一些觀察，因爲它們的解具有非常有限的行爲類型。與 t 有關的 ODE 稱爲非自治（non-autonomous）。二階自

治微分方程可以寫成 $y'' = F(y, y')$。

例 1 方程

(a) $\dfrac{dy}{dt} = 2y + 3$.

(b) $\dfrac{dy}{dt} = \sin y$.

(c) $\dfrac{dy}{dt} = 3y\left(1 - \dfrac{y}{2}\right)$.

是一階自治微分方程，因為方程的右側沒有出現自變數 t。

方程

(d) $\dfrac{dy}{dt} = 2y + 3t$.

(e) $\dfrac{dy}{dt} = t^2 + \sin y$.

(f) $\dfrac{dy}{dt} = ty\left(1 - \dfrac{y}{2}\right)$.

不是自治微分方程，因為自變數 t 出現在方程的右側。

求解自治方程：

由於不含時間 t，所有自治方程都是可分離的！換句話說，分離給出 $\dfrac{1}{f(y)}dy = dt$，積分得到

$$\int \frac{1}{f(y)}dy = t + C$$

若 f 為連續，則對於每一個 y_0，初值問題 $y' = f(y)$, $y(0) = y_0$ 在 $t = 0$ 的鄰域有唯一解。

自治方程有一些定性性質，無需實際計算解。我們利用研究方程本身來找到解的性質。例如，牛頓冷卻定律

$$\frac{dy}{dt} = k(A - y),$$

其中 y 是溫度，t 是時間，k 是正的常數，A 是環境溫度。當 $k = 0.3$ 和 $A = 5$ 時，圖 1 顯示

$$\frac{dy}{dt} = 0.3(5 - y)$$

的斜率場在水平直線上的斜率標記是一樣的。

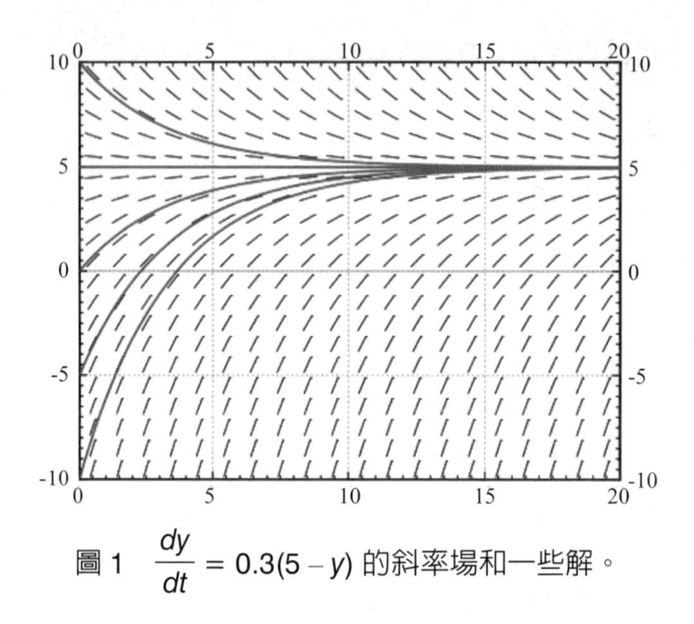

圖 1 $\frac{dy}{dt}=0.3(5-y)$ 的斜率場和一些解。

微分方程的解 建立常微分方程以後，面臨的任務是設法求出未知函數的數學表達式，使它在自變數的定義區間上滿足微分方程，亦即求出方程的解。

解的定義

設 $y=\phi(x)$ 是定義在區間 I 上的 n 階可微函數，若 ϕ 至少有 n 個導數並且對於所有的 $x \in I$，我們有

$$F(x, \phi(x), \phi'(x), \phi''(x), \cdots, \phi^{(n)}(x))=0，$$

則稱 $y=\phi(x)$ 是 n 階常微分方程

$$F(x, y, y', y'', \cdots, y^{(n)})=0 \tag{1}$$

在區間 I 上的一個解。

簡言之，若函數 $y=\phi(x)$ 代入方程 (1) 後，能使它變爲恆等式，則稱函數 $y=\phi(x)$ 爲方程 (1) 的解。

一階 ODE 的解是滿足方程的函數。例如，$y(x)=e^{2x}$ 是 $y'-2y=0$ 的解。$y(x)=x^2$ 是 $xy'=2y$ 的解。

由於直接在微分方程中找到解析解並不是那麼容易，因此迄今爲止已經開發了許多用於求解微分方程的方法。有些人使用數値方法產生解，此法具有限制，因爲它僅藉由一系列線性方程在網格點處提供解。然而，在

現實中，我們不僅需要求解幾個點，而且需要整個平面的解。

例 1 驗證微分方程的解

驗證函數 $y = e^{-3x} + 2x + 3$ 是微分方程 $y' + 3y = 6x + 11$ 的解。

解：爲了驗證解，我們首先計算 y'，得到 $y' = -3e^{-2x} + 2$。接下來我們將 y 和 y' 代入微分方程的左側：

$$(-3e^{-2x} + 2) + 3(e^{-2x} + 2x + 3).$$

消去括號並簡化，得到

$$6x + 11$$

，它等於微分方程的右側。此結果驗證了 $y = e^{-3x} + 2x + 3$ 是微分方程的解。

例 2 驗證微分方程的解

驗證函數 $x^2 + cy^2 - 2y = 0$ 是微分方程 $(x^2 - y)y' - xy = 0$ 的解。

解：將 $x^2 + cy^2 - 2y = 0$ (1)

對 x 微分，得到

$$2x + 2cyy' - 2y' = 0$$

因此

$$c = \frac{y' - x}{yy'} \tag{2}$$

將 (2) 代入 (1)，可得微分方程 $(x^2 - y)y' - xy = 0$

顯式和隱式解

因變數僅用自變數和常數表示的解稱爲顯式解（explicit solution）。亦即，顯式解是以 $y = \phi(x)$ 的形式給出的解。當我們著手實際求解一些常微分方程時，求解方法並不一定可以直接導致顯式解 $y = \phi(x)$。嘗試求解非線性一階微分方程時尤其如此。通常，必須滿足隱式定義的解 ϕ 的關係式或表達式 $G(x, y) = 0$。

定義 ODE的隱式解

若至少存在一個函數 ϕ 滿足 $G(x, y) = 0$ 以及 I 上的微分方程，則關係式 $G(x, y) = 0$ 爲區間 I 上微分方程的一個隱式解（implicit solution）。

隱式解是任何非顯式形式的解。

在求解 DE 時，最好的結果是我們能夠獲得顯式解。

以隱函數 $F(x, y) = 0$ 的形式給出的解稱為隱式解；例如 $x^2 + y^2 - 1 = 0$ 是 DE $yy' = -x$ 的隱式解。以 $y = f(x)$ 的形式給出的解稱為顯式解；例如，$y = x^2$ 是 DE $xy' = 2y$ 的顯式解。

例 1 證明 $\phi(x) = x^2 - x^{-1}$ 是線性方程 $\dfrac{d^2y}{dx^2} - \dfrac{2}{x^2}y = 0$ 的顯式解，但 $\psi(x) = x^3$ 不是。

解：我們計算 $\phi'(x) = 2x + x^{-2}, \phi''(x) = 2 - 2x^{-3}$ 並觀察這些函數定義於 $x \neq 0$。代入 DE 得到

$$(2 - 2x^{-3}) - \frac{2}{x^2}(x^2 - x^{-1}) = (2 - 2x^{-3}) - (2 - 2x^{-3}) = 0$$

因此，$\phi(x)$ 是 DE 在 $(-\infty, 0)$ 和 $(0, \infty)$ 上的顯式解。

對於 $\psi(x) = x^3$，我們有 $\psi'(x) = 3x^{-2}, \psi''(x) = 6x$，它們在任何地方都有定義；代入 DE 產生

$$6x - \frac{2}{x^2}x^3 = 4x = 0,$$

但這僅在點 $x = 0$ 處成立，而不是在區間上成立。因此，$\psi(x)$ 不是解。

從技術上講，當給定關係 $G(x, y) = 0$ 時，我們需要利用隱函數定理來確定該關係實際上定義了一個函數 $y(x)$。但是，在本節中，我們將假設隱函數定理適用，並使用隱式微分來驗證 DE 的解。

例 2 證明 $x + y + e^{xy} = 0$ 為非線性方程

$$(1 + xe^{xy})\frac{dy}{dx} + 1 + ye^{xy} = 0$$

的隱式解。

解：利用隱式微分，可得

$$\frac{d}{dx}(x + y + e^{xy}) = 1 + \frac{dy}{dx} + e^{xy}\left(y + x\frac{dy}{dx}\right) = 0$$

重新排列各項得到

$$(1 + xe^{xy})\frac{dy}{dx} + 1 + ye^{xy} = 0$$

這正是我們想要滿足的 DE。

解族

引言

我們已經注意到微分方程 $y' = 2x$ 至少有兩個解：$y = x^2$ 和 $y = x^2 + 4$。這兩種解之間的唯一區別是最後一項，它是一個常數。如果最後一項是不同的常數，這個表達式仍然是微分方程的解嗎？事實上，任何形式為 $y = x^2 + C$ 的函數（其中 C 表示任何常數）也是一個解。原因是 $x^2 + C$ 的導數是 $2x$，與 C 的值無關。可以證明，這個微分方程的任何解都必須是 $y = x^2 + C$ 的形式。這是一個微分方程的通解（general solution）的例子。圖 2 給出了其中一些解的圖。（注意：在此圖中，我們使用了 C 的偶數值，範圍在 –4 和 4 之間。事實上，對 C 的值沒有限制；它可以是整數，也可以不是整數。）

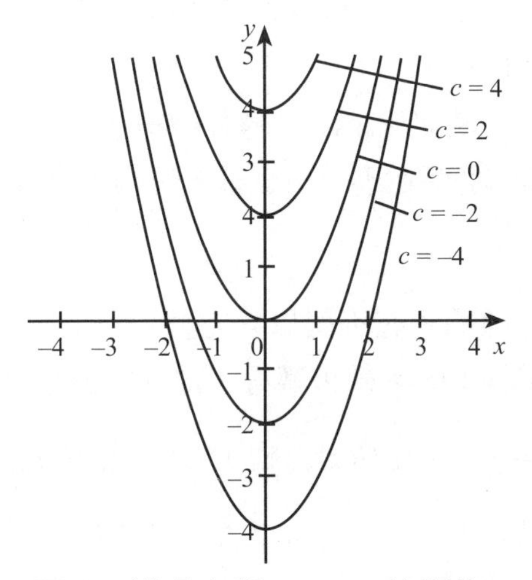

圖 2　微分方程 $y' = 2x$ 的解族。

在這個例子中，我們可以自由選擇我們想要的任何解；例如，$y = x^2 - 3$ 是該微分方程解族的成員。這稱為微分方程的特解。如果我們獲得有關問題的額外信息，通常可以唯一地確定特解。

當求解 n 階微分方程 $F(x, y, y', \ldots, y^{(n)}) = 0$ 時，我們期望具有 n 個任意參數（常數）的解 $G(x, y, c_1, \ldots c_n) = 0$。這樣的解稱為 n 參數解族。

通解

如果區間 I 上的 n 階 ODE 的每個解都可以從 n 參數解族中適當選擇參數 c_i 獲得，則該族稱爲 ODE 的通解。

例如 $y = A\cos x + B\sin x$ 是二階微分方程 $\frac{d^2y}{dx^2} + y = 0$ 的通解，因爲它包含兩個任意常數 A 和 B 。

特解

所有參數都被賦予特定值的解稱爲特解。

例如，如果我們將 $A = 1$ 和 $B = 0$ 代入微分方程 $\frac{d^2y}{dx^2} + y = 0$ 的通解 $y = A\cos x + B\sin x$，則 $y = \cos x$ 是這個方程的特解。

簡言之，通解是含有任意常數的解；例如，$y = \sin x + c$ 是 $y' = \cos x$ 的通解。

特解是在通解的基礎上對常數進行特定選擇的解。通常，選擇是藉由一些額外的約束做出的。

例如，$y = \sin x - 2$ 是 $y' = \cos x$ 在條件 $y(0) = -2$ 下的特解。

有時，微分方程的通解並不包括微分方程的所有解。

奇異解

微分方程具有一種解，它不屬於該方程通解的成員，也就是說，該解無法由通解中指定特定的參數來獲得，這樣的解稱爲奇異解（Singular Solution）。例如 $y = cx + \frac{a}{c}$ 是微分方程 $y = px + \frac{a}{p}$ 的通解，其中 $p \equiv \frac{dy}{dx}$，a 爲常數。但是可以看出，$y^2 = 4ax$ 也是這個微分方程的解，但是無法對通解中的常數 c 賦給一值以獲得 $y^2 = 4ax$，所以 $y^2 = 4ax$ 是微分方程 $y = px + \frac{a}{p}$ 的奇異解。

我們利用以下例子說明這一點：

假設求解微分方程：$(y')^2 - 4y = 0.$

不難看出，方程的通解可由函數圖形給出，它由拋物線族表示，如圖 3。

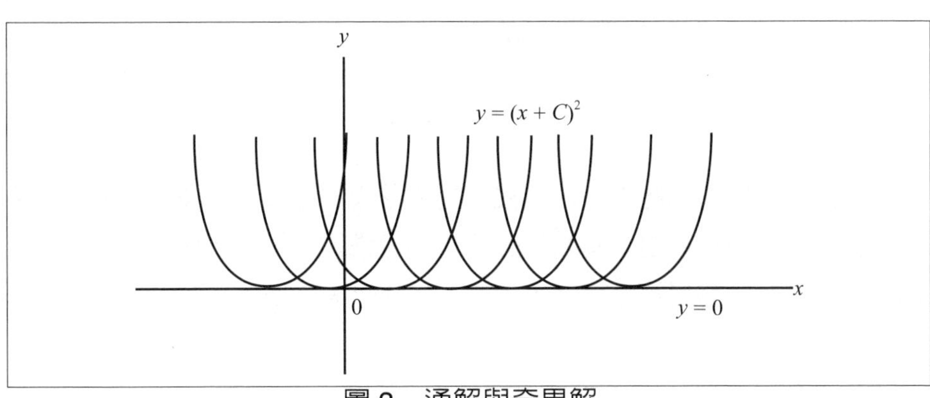

圖 3　通解與奇異解

除此之外，函數 $y = 0$ 也滿足微分方程。但是，通解中不包含此函數！由於不止一條積分曲線通過直線 $y = 0$ 的每一點，因此在這條直線上，解的唯一性被破壞，因此它是微分方程的奇異解。奇異解與通解相關，因爲它是代表通解的曲線族的包絡線（envelope）。包絡線定義爲與給定曲線族相切的曲線。

例 1　微分方程 $\frac{dy}{dx} = (y-3)^2$ 具有通解 $y = 3 - \frac{1}{x+c}$。但是 $y = 3$ 是奇異解，因爲它不是通解 $y = 3 - \frac{1}{x+c}$ 的成員；無法對通解中的常數 c 賦給一值以獲得 $y = 3$。

例 2　微分方程 $\frac{dy}{dx} = y^2 - 4$ 的通解爲 $y = \frac{2+2ce^{4x}}{1-ce^{4x}}$。當 $y = \pm 2$ 時，微分方程的兩邊都爲零。如果將 $c = 0$ 代入通解中，我們得到 $y = 2$。但是，無法對通解中的常數 c 賦給一值以獲得 $y = -2$，因此 $y = -2$ 是奇異解。

例 3　微分方程 $(y')^2 - xy' + y = 0$ 的通解爲 $y = cx - c^2$，因爲無法對通解中的常數 c 賦給一值以獲得 $y = \frac{x^2}{4}$，因此 $y = \frac{x^2}{4}$ 是奇異解。

微分方程組

微分方程組是包含兩個或多個因變數和一個自變數的方程。例如，

$$\begin{cases} \dfrac{dx_1}{dt} = x_1 + x_2 \\ \dfrac{dx_2}{dt} = 4x_1 + x_2 \end{cases}$$

在廣泛的實際應用問題中，比較複雜的數學模型都會導出多於一個微分方程的方程組，而且藉由某些簡化的假設和適當的變換，這種方程組又可化爲一階線性微分方程組。例如，我們可以建立人造衛星環繞地球運動的微分方程組，

$$\begin{cases} m\dfrac{d^2x}{dt^2} = \dfrac{-fmMx}{(x^2+y^2)^{\frac{3}{2}}} \\ m\dfrac{d^2x}{dt^2} = \dfrac{-fmMy}{(x^2+y^2)^{\frac{3}{2}}} \end{cases}$$

以及建立捕食種群和被捕食種群個體數量隨時間變化的數學模型

$$\begin{cases} \dfrac{dx}{dt} = x\,(a - by) \\ \dfrac{dy}{dt} = y\,(-c + dx) \end{cases}$$

筆記欄

1.2 初值問題

引言

通常一個給定的微分方程有無數個解，所以很自然地問我們要使用哪一個。要選擇一種解，需要更多信息。一些可能有用的特定信息是初始值，它是用於求特解。

具有一個或多個初值的微分方程稱爲初值問題（initial-value problem, IVP）。一般規則是初值問題所需的初始值的數目等於微分方程的階數。例如，若我們有微分方程 $y' = 2x$，則 $y(3) = 7$ 是一個初始值，當它們放在一起時，這些方程就形成了一個初始值問題。給定微分方程所需的初始條件的數目取決於微分方程的階數。微分方程 $y'' - 3y' + 2y = 4e^x$ 是二階，所以我們需要兩個初始值。對於大於一階的初值問題，應使用相同的自變數的值。例如二階方程的初始值爲 $y(0) = 2$ 和 $y'(0) = -1$。這兩個初值與微分方程一起形成初值問題。這些問題之所以如此命名，是因爲未知函數中的自變數通常是 t，它代表時間。因此，$t = 0$ 的值代表問題的開始。

對物理學或其他科學中的系統進行建模通常需要求解初值問題。我們通常對尋求微分方程的解 $y(x)$ 的問題時，會遇到 $y(x)$ 必須滿足規定的附加條件，即，施加在未知函數 $y(x)$ 或其導數上的條件。

初值問題

在包含 x_0 的某個區間 I 上，問題

求解：$$\frac{d^ny}{dx^n} = f(x, y, y', \cdots, y^{(n-1)})$$

受制於：$$y(x_0) = y_0, y'(x_0) = y_1, \cdots, y^{(n-1)}(x_0) = y_{n-1},$$

稱爲初值問題，其中 $y_0, y_1, ..., y_{n-1}$ 是任意指定的實常數。$y(x)$ 及其 $n-1$ 階導數在單一點 x_0 的值：

$$y(x_0) = y_0, y'(x_0) = y_1, \cdots, y^{(n-1)}(x_0) = y_{n-1}$$

稱爲初始條件（initial conditions, IC）。

對方程求特解時所提的定解條件中，如果所有條件都是在自變數的同一點上對未知函數及其各階導數的取值作出規定，這樣的定解條件稱爲**初始條件**，相應的定解問題則稱爲**初值問題**；初值問題也常稱爲Cauchy 問題。如果對未知函數及其各階導數的取值是在自變數的多個點上作出規定，則定解條件稱爲**邊界條件**，相應的定解問題就是**邊界值問題**（Boundary-value problem, BVP）。例如問題

$$y'' + ay' + b = 0$$
$$y(\alpha) = A, y'(\alpha) = B$$

爲初值問題，而問題

$$y'' + ay' + b = 0$$
$$y(\alpha) = A, y'(\beta) = B\ (\alpha \neq \beta)$$

爲邊界值問題。

例 1 考慮微分方程$\dfrac{d^2y}{dx^2}+4y=0; y(0)=0, \left(\dfrac{dy}{dx}\right)_{x=0}=2$。這個問題在於找到一個微分方程的解，它在 $x = 0$ 處的值爲 0，並且其一階導數在 $x = 0$ 處的值爲 2。因此，這是一個初值問題。

例 2 驗證初值問題的解

驗證函數 $y = 2e^{-2t} + e^t$ 是初值問題

$$y' + 2y = 3e^t, y(0) = 3$$

的解。

解：對於滿足初值問題的函數，它必須同時滿足微分方程和初始條件。爲了證明 y 滿足微分方程，我們從計算 y' 開始。這給出了 $y' = -4e^{-2t} + e^t$。接下來將 y 和 y' 代入微分方程的左側並簡化：

$$y' + 2y = (-4e^{-2t} + e^t) + 2(2e^{-2t} + e^t)$$
$$= -4e^{-2t} + e^t + 4e^{-2t} + 2e^t = 3e^t.$$

這等於微分方程的右邊，所以 $y = 2e^{-2t} + e^t$ 是微分方程的解。接下來我們計算 $y(0)$：

$$y(0) = 2e^{-2(0)} + e^0 = 2 + 1 = 3.$$

這個結果驗證了初始值。因此，給定的函數滿足初始值問題。

在前例中，初值問題由兩部分組成。第一部分是微分方程 $y' + 2y = 3e^t$，第二部分是初始值 $y(0) = 3$。這兩個方程放在一起形成了初值問題。

一般情況下也是如此。初值問題由兩部分組成：微分方程和初始條件。微分方程有一個解族，初始條件決定了常數 C 的值。前例中微分方程的解族是 $y = 2e^{-2t} + Ce^t$。圖 4 顯示這一解族，其中含有特解 $y = 2e^{-2t} + e^t$。

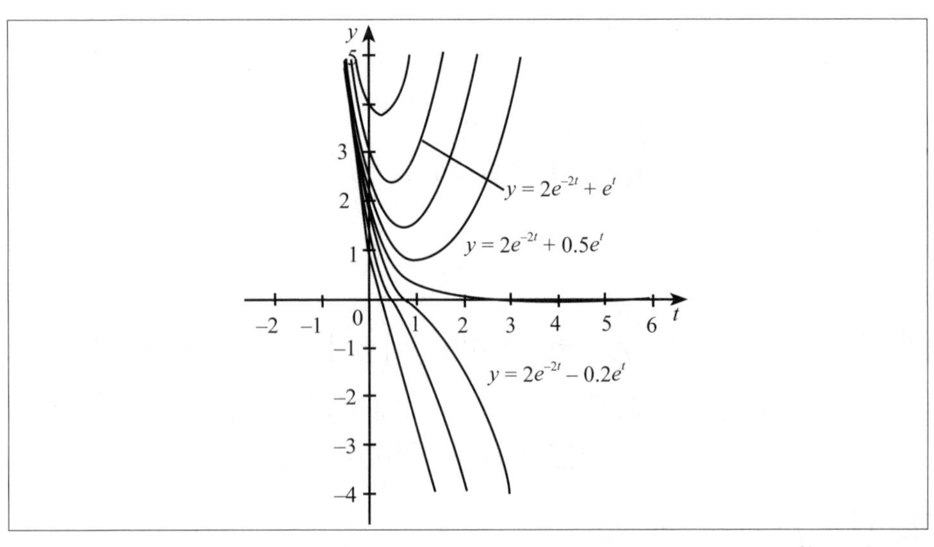

圖 4　微分方程 $y' + 2y = 3e^t$ 的解族，其中含有特解 $y = 2e^{-2t} + e^t$。

通解和特解之間的區別在於，通解涉及自變數的函數族。一個或多個初始值確定解族中的哪個特解滿足所需條件。初值問題在科學和工程中有很多應用。

存在性和唯一性

微分方程來源於實際問題，求解微分方程的目的就是爲了得到某一變化過程中變數的變化規律。當一個實際問題所滿足的微分方程建立後，所關心的是該微分方程有沒有解和有多少解？例如，微分方程 $y' = 2x$ 有無限多個解 $y = x^2 + c$，對方程加上初始條件 $y(x_0) = y_0$ 後就有唯一解。

存在性和唯一性　在考慮初值問題時出現兩個基本問題：

問題的解是否存在？若解存在，它是否唯一？

對於如

$$\begin{cases} \dfrac{dy}{dx} = f(x, y) \\ y(x_0) = y_0 \end{cases}$$

之類的一階初值問題，我們要求：

存在性　微分方程 $\dfrac{dy}{dx} = f(x, y)$ 是否有解？

是否有任何解曲線通過點 (x_0, y_0)？

唯一性　如何能確定只有一條解曲線通過點 (x_0, y_0)？

下一個例子說明了具有兩個解的初值問題。

例 1　IVP 可以有多個解

初值問題 $\dfrac{dy}{dx} = xy^{\frac{1}{2}}$，$y(0) = 0$，至少具有兩個解 $y = 0$ 和 $y = \dfrac{1}{16}x^4$。兩個函數的圖形都經過相同的點 $(0, 0)$。

定理　解的存在性和唯一性

(a) 若 f 在一個包含 (x_0, y_0) 的開矩形

$$R: \{a < x < b, c < y < d\}$$

是連續，則初值問題

$$y' = f(x, y), y(x_0) = y_0 \tag{1}$$

在 (a, b) 的某個包含 x_0 的開子區間上至少有一個解。

(b) 若 f 和 f_y 在 R 是連續，則方程 (1) 在 (a, b) 的某個包含 x_0 的開子區間上具有唯一解。

一階微分方程解的存在唯一性定理明確肯定解在一定條件下的存在性和唯一性，它是常微分方程理論中最基本的定理。由於能夠精確求解的微分方程不多，因此微分方程的近似解法就很重要，而解的存在唯一性是進

行近似計算的理論基礎。如果解不存在，求近似解就沒有意義；如果解存在而不唯一，問題變成不明確，無法求近似解。

例 2 判斷以下一階 ODE 是否有解。如果是，它是唯一解嗎？

$$\begin{cases} y' = x - y + 3 \\ y(0) = 1 \end{cases}$$

解：函數 $f(x, y) = x - y + 3$ 在任何點 (x, y) 都是連續，所以 ODE 至少有一個解。函數 $f(x, y) = x - y + 3$ 和 $\frac{\partial f}{\partial y}(x, y) = -1$ 在所有點 (x, y) 都是連續。因此 ODE 在整個平面上具有唯一解。

例 3 判斷初值問題

$$\begin{cases} \frac{dy}{dx} = 5y^{\frac{4}{5}} \\ y(0) = 0 \end{cases}$$

是否有唯一解？

解：很明顯，$f(x, y) = 5y^{\frac{4}{5}}$ 在任何點都是連續，但當 $y = 0$ 時，$\frac{\partial f}{\partial y}(x, y) = \frac{4}{\sqrt[5]{y}}$ 不連續。因此，對於任何包含 (0, 0) 的矩形，$\frac{\partial f}{\partial y}(x, y)$ 都不連續。因此，微分方程在平面上 $y \neq 0$ 的任何矩形區域中有唯一解。

註：對於這個初值問題，有兩個解：$y = 0$ 和 $y = x^5$。

例 4 判斷初值問題

$$\begin{cases} \frac{dy}{dx} = 5y^{\frac{4}{5}} \\ y(0) = 1 \end{cases}$$

是否有唯一解？

解：顯然，$f(x, y) = 5y^{\frac{4}{5}}$ 和 $\frac{\partial f}{\partial y}(x, y) = \frac{4}{\sqrt[5]{y}}$ 在包含 (0, 1) 的矩形

$$R = \left\{ (x, y): -\frac{1}{2} < x < \frac{1}{2}, \frac{1}{2} < y < \frac{3}{2} \right\}$$ 中是連續，因此 IVP 有唯一解。

定理

若函數 p 和 q 在包含點 $t = t_0$ 的開區間 $I = (\alpha, \beta)$ 上連續，則對於每個 $t \in [\alpha, \beta]$，存在唯一函數 $y = \varphi(t)$ 滿足微分方程

$$y' + p(t)y = q(t)$$

並且也滿足初始條件 $y(t_0) = y_0$，其中 y_0 是任意指定的初值。

例 5 求初值問題

$$\begin{cases} ty' + 2y = 4t^2 \\ y(1) = 3 \end{cases}$$

有唯一解的區間。

解：我們將 $ty' + 2y = 4t^2$ 重寫爲 $y' + \frac{2}{t}y = 4t$，所以 $p(t) = \frac{2}{t}$, $q(t) = 4t$。

因此，$p(t)$ 在$(-\infty, 0) \cup (0, +\infty)$上連續，且 $q(t)$ 處處連續。區間$(0, +\infty)$包含初始點，因此，初值問題在區間$(0, +\infty)$上有唯一解。

例 6 分析初值問題

$$y' = \frac{2y}{x}, y(x_0) = y_0.$$

的解的存在性和唯一性。

解：對所有 $x \neq 0$，函數 $f(x, y) = \frac{2y}{x}$ 和 $\frac{\partial f}{\partial y} = \frac{2}{x}$ 都有定義，所以對每個 $x_0 \neq 0$，在 x_0 附近的開區間中存在唯一解。

利用分離變數和積分，我們得到了這個方程的解

$$y(x) = cx^2$$

其中 c 爲任意常數。請注意，所有這些解都通過點 $(0, 0)$，而沒有一個解通過 $(0, y_0)$ 其中 $y_0 \neq 0$。所以初值問題

$$y' = \frac{2y}{x}, y(0) = 0,$$

有無窮多個解，但初值問題

$$y' = \frac{2y}{x}, y(0) = y_0, y_0 \neq 0.$$

無解。

對於每個 (x_0, y_0)，其中 $x_0 \neq 0$，有唯一的拋物線 $y = cx^2$，其圖形通過 (x_0, y_0)。（選擇 $c = \dfrac{y_0}{x_0^{\ 2}}$。）所以初值問題$y' = \dfrac{2y}{x}$, $y(x_0) = y_0$, $x_0 \neq 0$，在以點 x_0 爲中心的某個區間上定義了唯一解。

例 7 求給定初值問題具有唯一解的區間。

$$y' = \frac{x^2 - y^2}{1 + x^2 + y^2}, y(x_0) = y_0.$$

解：因爲$f(x, y) = \dfrac{x^2 - y^2}{1 + x^2 + y^2}$ 和$f_y(x, y) = \dfrac{-2y(1 + 2x^2)}{(1 + x^2 + y^2)^2}$

對於所有 (x, y) 都是連續，若 (x_0, y_0) 是任意的，則初值問題在包含 x_0 的某個開區間上具有唯一解。

例 8 求給定初值問題具有唯一解的區間。

$$y' = \frac{x^2 - y^2}{x^2 + y^2}, y(x_0) = y_0.$$

解：

這裡

$$f(x, y) = \frac{x^2 - y^2}{x^2 + y^2} \text{ 和 } f_y(x, y) = \frac{-4x^2 y}{(x^2 + y^2)^2}$$

除 $(0, 0)$ 外，處處連續。若$(x_0, y_0) \neq (0, 0)$，則存在一個包含 (x_0, y_0) 而不包含 $(0, 0)$ 的開矩形 R。由於 f 和 f_y 在 R 是連續，因此，若 $(x_0, y_0) \neq (0, 0)$，則初值問題在包含 x_0 的某個開區間上具有唯一解。

例 9 求給定初值問題具有唯一解的區間。

$$y' = \frac{x + y}{x - y}, y(x_0) = y_0.$$

解：

這裡

$$f(x, y) = \frac{x + y}{x - y} \text{ 和 } f_y(x, y) = \frac{2x}{(x - y)^2}$$

除了線 $y = x$ 外，處處都是連續。若 $y_0 \neq x_0$，則存在一個包含 (x_0, y_0) 的開矩形R，它不與線$y = x$相交。由於f和f_y在R是連續，因此，

若 $y_0 \neq x_0$，則初值問題在包含 x_0 的某個開區間上具有唯一解。

例 10 考慮初值問題

$$y' = \frac{10}{3} x y^{\frac{2}{5}}, y(x_0) = y_0.$$

(a) 證明對於每個 (x_0, y_0)，初值問題有解。

(b) 證明若 $y_0 \neq 0$，初值問題在包含 x_0 的某個開區間上有唯一解。

解：

(a) 因爲

$$f(x, y) = \frac{10}{3} x y^{\frac{2}{5}}$$

對所有 (x, y) 都是連續，所以初值問題對每個 (x_0, y_0) 都至少有一個解。

(b) 這裡

$$f_y(x, y) = \frac{4}{3} x y^{-\frac{3}{5}}$$

對於 $y \neq 0$ 的所有 (x, y) 是連續。因此，若 $y_0 \neq 0$，則存在一個開矩形，其中 f 和 f_y 都是連續，並且初值問題在包含 x_0 的某個開區間上具有唯一解。

若 $y = 0$ 則 $f_y(x, y)$ 無定義，因此是不連續；因此，若 $y_0 = 0$，解的存在唯一性定理不適用。

例 11 在下列各題中，求給定微分方程具有唯一解的 xy 平面的區域。

1. $\frac{dy}{dx} = y^{\frac{2}{3}}$
2. $\frac{dy}{dx} = \sqrt{xy}$
3. $x\frac{dy}{dx} = y$
4. $\frac{dy}{dx} - y = x$
5. $(4 - y^2)y' = x^2$
6. $(1 + x^3)y' = x^2$
7. $(x^2 + y^2)y' = y^2$

解：

1. 對於 $f(x, y) = y^{\frac{2}{3}}$，我們有 $\frac{\partial f}{\partial y} = \frac{2}{3} y^{-\frac{1}{3}}$。因此，微分方程在 $y \neq 0$ 的平面的任何矩形區域中都有唯一解。

第一章 常微分方程

2. 對於$f(x,y)=\sqrt{xy}$，我們有$\dfrac{\partial f}{\partial y}=\dfrac{1}{2}\sqrt{\dfrac{x}{y}}$。因此，微分方程在 $x>0$ 且 $y>0$ 或 $x<0$ 且 $y<0$ 的任何區域都有唯一解。

3. 對於$f(x,y)=\dfrac{y}{x}$，我們有$\dfrac{\partial f}{\partial y}=\dfrac{1}{x}$。因此，微分方程在 $x_0 \neq 0$ 的任何區域都有唯一解。

4. 對於 $f(x, y) = x + y$，我們有$\dfrac{\partial f}{\partial y}=1$。因此，微分方程將在整個平面上具有唯一解。

5. 對於$f(x,y)=\dfrac{x^2}{(4-y^2)}$，我們有$\dfrac{\partial f}{\partial y}=\dfrac{2x^2y}{(4-y^2)^2}$。因此，微分方程在 $y<-2$、$-2<y<2$ 或 $y>2$ 的任何區域都有唯一解。

6. 對於$f(x,y)=\dfrac{x^2}{1+y^3}$我們有$\dfrac{\partial f}{\partial y}=\dfrac{-3x^2y^2}{(1+y^3)^2}$。因此，微分方程在 $y \neq -1$ 的任何區域都有唯一解。

7. 對於$f(x,y)=\dfrac{y^2}{x^2+y^2}$我們有$\dfrac{\partial f}{\partial y}=\dfrac{2x^2y}{(x^2+y^2)^2}$。因此，微分方程在任何不包含 (0, 0) 的區域都有唯一解。

筆 記 欄

1.3 微分方程的起源

① 代數起源

微分方程可以藉由消除代數中因變數和自變數之間的所有任意常數而得到。根據給定方程中涉及的任意常數的數目，將其連續多次微分。然後從結果方程中消除任意常數得到所需的微分方程，其階數等於常數的數目，如下面的例題所示。

例 1 試由曲線族 $y = ax^2 + a^2$ 中消去任意常數 a。

解：關係由下式給出

$$y = ax^2 + a^2 \tag{1}$$

(1) 式只包含一個任意常數，即 a，因此微分方程的階數是一階。(1) 式對 x 微分，我們得到

$$\frac{dy}{dx} = 2xa \quad \Rightarrow a = \frac{1}{2x}\frac{dy}{dx}$$

將 a 的值代入 (1) 中，可得

$$y = \frac{1}{2x}\frac{dy}{dx}x^2 + \left(\frac{1}{2x}\frac{dy}{dx}\right)^2 \Rightarrow \left(\frac{dy}{dx}\right)^2 + 2x^3\frac{dy}{dx} - 4x^2y = 0$$

例 2 試由曲線族

$$ax^2 + by^2 = 1,$$

中消去任意常數 a 和 b。

解：曲線族包含兩個任意常數，即 a 和 b，因此微分方程的階數是二階。曲線族 $ax^2 + by^2 = 1$ 對 x 微分，我們得到，

$$2ax + 2by\frac{dy}{dx} = 0 \tag{1}$$

對 x 再次微分，得到

$$2a + 2b\left(\frac{dy}{dx}\right)^2 + 2by\frac{d^2y}{dx^2} = 0 \tag{2}$$

從 (1) 可得，

$$\frac{a}{b} = -\frac{y}{x}\frac{dy}{dx} \tag{3}$$

現在從 (2) 和 (3)，得到，

$$\left(\frac{dy}{dx}\right)^2 + y\frac{d^2y}{dx^2} = \frac{y}{x}\frac{dy}{dx} \Rightarrow xy\frac{d^2y}{dx^2} + x\left(\frac{dy}{dx}\right)^2 = y\frac{dy}{dx}$$

這是所求的常微分方程。

② 幾何起源

利用幾何性質產生微分方程。

例 1 若曲線族上的切點 (x, y) 和 y 軸之間的切線長度等於切線的 y 軸截距，求此曲線族的微分方程。

解：曲線 $y = f(x)$ 的任意點 $P(x, y)$ 的切線方程（參見圖 5）由下式給出

$$Y - y = \frac{dy}{dx}(X - x) \Rightarrow Y - X\frac{dy}{dx} = y - x\frac{dy}{dx} \Rightarrow \frac{X}{x - y\frac{dx}{dy}} + \frac{Y}{y - x\frac{dy}{dx}} = 1$$

則切線的 y 截距爲（$y - x\frac{dy}{dx}$），點 (x, y) 與 y 軸之間的切線長度爲

$$PQ = \sqrt{PR^2 + QR^2} = \sqrt{(x\tan\Psi)^2 + x^2} = \sqrt{x^2\left(\frac{dy}{dx}\right)^2 + x^2} = x\sqrt{1 + \left(\frac{dy}{dx}\right)^2}$$

然後我們有，

$$x\sqrt{1 + \left(\frac{dy}{dx}\right)^2} = y - x\frac{dy}{dx} \Rightarrow x^2\left[1 + \left(\frac{dy}{dx}\right)^2\right] = \left(y - x\frac{dy}{dx}\right)^2$$

$$\Rightarrow x^2 = y^2 - 2xy\frac{dy}{dx}$$

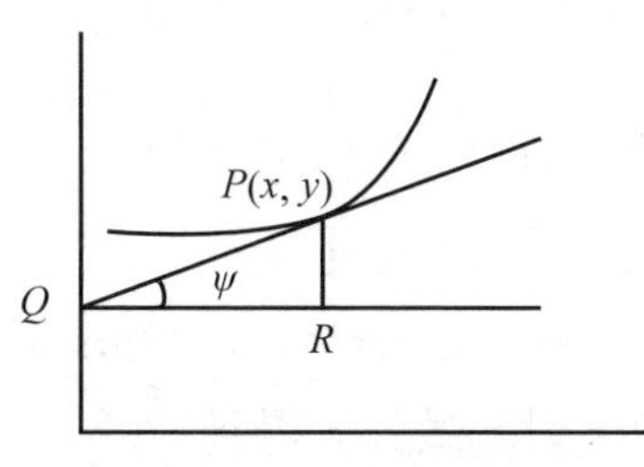

圖 5　曲線族

例 2 若平面曲線上每一點的切線都平行於連接原點和該點的直線，求此曲線族的微分方程。

解：設 $P(x, y)$ 爲曲線上的一個點。連接原點 O 到 P 的直線的斜率是 $\frac{y}{x}$。

根據給定的條件，我們得到 $\frac{dy}{dx} = \frac{y}{x}$。

例 3　證明消去圓族

$$x^2 + y^2 + 2gx + 2fy + c = 0 \tag{1}$$

中的常數 g, f, c，可得微分方程

$$\left\{1 + \left(\frac{dy}{dx}\right)^2\right\}\frac{d^3y}{dx^3} - 3\frac{dy}{dx}\left(\frac{d^2y}{dx^2}\right)^2 = 0 .$$

解：方程 (1) 包含三個常數 g、f 和 c。(1) 對 x 微分，得到

$2x + 2y\frac{dy}{dx} + 2g + 2f\frac{dy}{dx} = 0$。再次對 x 微分，得到

$$2 + 2y\frac{d^2y}{dx^2} + 2\left(\frac{dy}{dx}\right)^2 + 2f\frac{d^2y}{dx^2} = 0 \tag{2}$$

再次對 x 微分，得到，

$$2y\frac{d^3y}{dx^3} + 6\frac{dy}{dx}\frac{d^2y}{dx^2} + 2f\frac{d^3y}{dx^3} = 0 \tag{3}$$

現在從 (3) 得到，

$$f = -\frac{\left(y\frac{d^3y}{dx^3} + 3\frac{dy}{dx}\frac{d^2y}{dx^2}\right)}{\frac{d^3y}{dx^3}} \tag{4}$$

從 (2) 和 (4)，得到的結果是

$$\left\{1 + \left(\frac{dy}{dx}\right)^2\right\}\frac{d^3y}{dx^3} - 3\frac{dy}{dx}\left(\frac{d^2y}{dx^2}\right)^2 = 0 .$$

例 4　求在原點與 x 軸相切的圓的微分方程。

解：在原點與 x 軸相切的圓的方程是

$$(x-0)^2 + (y-a)^2 = a^2 \Rightarrow x^2 + y^2 - 2ay = 0. \tag{1}$$

其中 a 是任意常數。對 x 微分，得到

$$2x + 2y\frac{dy}{dx} - 2a\frac{dy}{dx} = 0,\ a = \frac{x + y\frac{dy}{dx}}{\frac{dy}{dx}}$$

將 a 的值代入方程 (1)，得到，

$$x^2+y^2-2\frac{x+y\frac{dy}{dx}}{\frac{dy}{dx}}y=0 \Rightarrow (x^2+y^2)\frac{dy}{dx}-2y^2\frac{dy}{dx}=2xy$$

$$\Rightarrow (x^2-y^2)\frac{dy}{dx}=2xy$$

例 5 求圓心在 y 軸上的圓族的微分方程。

解：圓心在 y 軸上的圓族方程爲

$$x^2+(y-a)^2=r^2, \tag{1}$$

其中 a, r 是任意常數。這是一個有兩個參數的曲線族。爲了找到曲線族 (1) 的微分方程，必須同時消去 a 和 r。將 (1) 對 x 微分，得到

$$2x+2(y-a)\frac{dy}{dx}=0 \Rightarrow x+(y-a)\frac{dy}{dx}=0. \tag{2}$$

以 $\frac{x+y\frac{dy}{dx}}{\frac{dy}{dx}}=a$ 的形式表示 (2)，然後將此式對 x 微分，我們得到

$$\frac{\frac{dy}{dx}\left(1+y\frac{d^2y}{dx^2}+\left(\frac{dy}{dx}\right)^2\right)-\frac{d^2y}{dx^2}\left(x+y\frac{dy}{dx}\right)}{\left(\frac{dy}{dx}\right)^2}=0$$

或者，$x\frac{d^2y}{dx^2}-\left(\frac{dy}{dx}\right)^3-\frac{dy}{dx}=0$ 是圓族的微分方程。

例 6 方程

$$\frac{x^2}{a^2+\lambda}+\frac{y^2}{b^2+\lambda}=1, \tag{1}$$

表示共焦圓錐曲線族，其中 a 和 b 是固定常數，λ 是實數値的任意參數。求這個曲線族的微分方程。

解：從原式中消去 λ 並導出所需的微分方程

$$\frac{2x}{a^2+\lambda}+\frac{2yy'}{b^2+\lambda}=0, \quad \left(y'=\frac{dy}{dx}\right)$$

$$\Rightarrow \quad \frac{x}{a^2+\lambda}=\frac{yy'}{-(b^2+\lambda)}=\frac{x+yy'}{a^2-b^2}$$

$$\Rightarrow \quad \frac{x^2}{a^2+\lambda}=\frac{x(x+yy')}{a^2-b^2} \text{ 和 } \frac{y^2}{b^2+\lambda}=-\frac{y}{y'}\cdot\frac{x+yy'}{a^2-b^2} \tag{2}$$

然後使用 (1) 和 (2)，我們得到所需的微分方程爲

$$(a^2-b^2)y'=(xy'-y)(x+yy')$$

例 7 從關係式

$$(x-\alpha)^2+(y-\beta)^2=r^2 \tag{1}$$

中求出微分方程，其中 r 是固定常數，α、β 是任意常數。給出結果的幾何解釋。

解：(1) 對 x 微分，得到

$$(x-\alpha)+(y-\beta)\frac{dy}{dx}=0 \tag{2}$$

(2) 對 x 微分，得到

$$1+\left(\frac{dy}{dx}\right)^2+(y-\beta)\frac{d^2y}{dx^2}=0 \tag{3}$$

從 (3) 得到，$y-\beta=-\dfrac{1+\left(\dfrac{dy}{dx}\right)^2}{\dfrac{d^2y}{dx^2}}$，因此由 (2) 給出，$x-\alpha=\dfrac{\dfrac{dy}{dx}\left(1+\left(\dfrac{dy}{dx}\right)^2\right)}{\dfrac{d^2y}{dx^2}}$。的將這些值代入 (1) 中可得所需的方程

$$r^2\left(\frac{d^2y}{dx^2}\right)^2=\left(1+\left(\frac{dy}{dx}\right)^2\right)^3 \tag{4}$$

幾何解釋。如果改變 (1) 中的 α 和 β，我們得到一個給定半徑 r 的圓族，它們的中心在 xy- 平面的任意位置。微分方程 (4) 表達了這樣一個事實：在曲線 $y=f(x)$ 上一點 (x, y) 的曲率半徑爲$\dfrac{\{1+(y')^2\}^{\frac{3}{2}}}{|y''|}$，對於圓族的曲線上各點的曲率半徑恆爲定數 r。

筆記欄

1.4 數學模型

數學模型

無論是在物理、化學、生物、醫學、經濟、還是工程上，我們經常需要用數學語言來描述某些實際生活系統或現象，對系統或現象的數學描述稱爲數學模型（mathematical model）。由於數學描述中不可避免地要簡化實際問題，所以它不是將問題全面複製，而是本質概括。數學模型是一種強大的工具，研究模型的結果可以預測不同的未來情景。例如，我們可能希望藉由研究系統中動物的增長來了解某個生態系統的機制，或者希望藉由分析放射性物質在化石或被發現的地層中的衰變來確定化石的年代。

大多數數學方法旨在將現實生活中的問題表達爲數學語言，這就是所謂的建模。建模是編寫微分方程來解釋或描述物理現象的過程。

系統數學模型的建立始於選擇定義模型的變數。我們可能選擇首先不將所有這些變數合併到模型中。我們對要描述的系統做出一組合理的假設或臆測。這些假設還包括可能適用於系統的任何經驗定律。例如，在對落在地球表面附近的物體的運動進行建模時，有時會忽略空氣摩擦阻力；但是如果要準確預測遠程飛彈的飛行路徑，則必須考慮空氣阻力和其他因素，例如地球的曲率。

由於對系統所做的假設經常涉及一個或多個變數的變化率，因此所有這些假設的數學描述可能是一個或多個涉及導數的方程式。換句話說，數學模型可以是微分方程或微分方程組。

一旦建立了一個數學模型，該模型無論是微分方程或微分方程組，我們都可以使用解析法和數值法進行求解。若能夠求解問題，則我們認爲該模型是合理的，前提是其解與實驗數據或有關系統行爲的已知事實相符。但是，如果解產生的預測不佳，可以更改模型，也可以對系統的變化機制做出其他假設。

數學模型不是一個神奇的盒子，而是一個了不起的工具。

① 動脈中的血液流動

每一種眞實流體，至少在某種程度上，都包含一定量的內部摩擦。一個理想流體因爲內部沒有流動阻力，所以流過管道時不需要力來維持流動。但是，具有粘性的眞實流體，則需要管道兩端之間的壓力差來保持其流動。若兩端的壓力相等，則流體最終會靜止，因爲沒有淨力作用在流體上來幫助它克服自身的粘度。假設流經圓柱形管道的流體是不可壓縮的層流（laminar flow），我們可以使用 Hagen-Poiseuille 方程，或簡稱泊肅葉（Poiseuille）方程計算流體的體積流量（每單位時間有多少流體流動）。泊肅葉方程表明，體積流率與壓力梯度（每段管道長度的壓力差）和半徑的四次方成正比。並且體積流率與該流體的粘度成反比。我們可以使用泊肅葉方程來近似計算血液通過身體血管的體積流量。事實上，這個方程式告訴我們，如果減小血管的半徑（如動脈硬化的情況，即血管的增厚），將大大降低體積流量。因此，心臟將嘗試藉由增加血管不同端之間的壓力差來補償這種下降。這可能導致併發症和高血壓。

動脈中的血液流動可以使用泊肅葉方程

$$\Delta p = \frac{8\mu LQ}{\pi R^4}$$

對動脈段中的非湍流血流進行建模，其中 Q 是血液的體積流率，R 是半徑，L 是所選動脈段的長度；Δp 是動脈兩端之間的壓力差，μ 是血液的粘度。視情況而定，R 或 Δp（或兩者）都被視爲時間的函數。其餘兩個量 L 和 μ 是常數。

② 血漿中的藥物溶解

當吞下一顆藥丸時，它會溶解在胃裡，然後藥物通過胃壁進入血漿。一些藥物被全身的細胞吸收，而其餘的則繼續隨血液循環以供以後吸收。吞服藥丸 t 小時後血液中剩餘的藥物量 $y(t)$ 可以利用下列微分方程建模

$$\frac{dy}{dt} = abe^{-bt} - cy$$

a = 藥丸劑量（毫克），b = 藥丸溶解常數，c = 藥物吸收常數。

右邊的第一項代表藥物進入血液的速率（起初，大部分藥丸溶解時很快，後來只有少量藥丸殘留時變慢），第二項代表藥物從血液中吸收的速率。

微分方程的解為

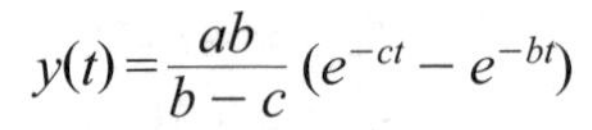

$$y(t)=\frac{ab}{b-c}\left(e^{-ct}-e^{-bt}\right)$$

若 $a=20, b=4, c=0.2$，則 t 小時後血液中的藥物為

$$y=21\left(e^{-0.2t}-e^{-4t}\right)$$

利用 $\frac{dy}{dt}=0$，求函數極大極小的方法，我們可以求出 y 的極大值。請注意，血液中的藥物量永遠不會達到 20 毫克的藥丸劑量。這是因為藥物進入血液緩慢，有的在藥丸完全溶解之前就已經被吸收了。使用微分方程的解，研究人員可以計算出有效但又能避免毒性的劑量。

3 水槽排水

Evangelista Torricelli（1608-1647）是一位發明了氣壓計的義大利物理學家，並且是伽利略．伽利萊（Galileo Galilei）的學生。在流體力學中，托里切利定律（Torricelli's law）指出，水藉由裝滿深度 h 的水底部的銳孔流出的速率 v 與物體（在這種情況下為水滴）從高度 h 自由落下的速率相同，也就是 $v=\sqrt{2gh}$，其中 g 是由於重力加速度。此式來自令動能 $\frac{1}{2}mv^2$ 與位能 mgh 相等，並求解 v。假設裝滿水的水槽在重力的作用下通過一小孔排放。我們想找出在時間 t，水槽中剩餘的水深 h，請考慮圖 6 所示的水槽，如果孔的面積為 A_h（以 ft^2 為單位），並且離開水槽的水的速率為 $v=\sqrt{2gh}$（ft/s），則每秒離開水槽的水量為 $A_h\sqrt{2gh}$（ft^3/s）。因此，如果 $V(t)$ 表示在時間 t，水槽中的水量，則有

$$\frac{dV}{dt}=-A_h\sqrt{2gh}\,, \tag{1}$$

負號表示 V 在減小。請注意，此處我們忽略了小孔處的摩擦，該摩擦可能會導致小孔處的流速降低。現在，如果水的水位在時間 t 可表示為 $V(t)$

$= A_w h$，其中 A_w（以 ft^2 爲單位）是水的上表面的恆定面積（請參見圖 6），因此 $\frac{dV}{dt} = A_w \frac{dh}{dt}$。將此式代入 (1)，我們得到水在時間 t 的高度的微分方程：

$$\frac{dh}{dt} = -\frac{A_h}{A_w}\sqrt{2gh}\,. \tag{2}$$

有趣的是，即使 A_w 不恒定，(2) 仍然成立。在這種情況下，我們必須將水的上表面積表示爲 h 的函數；也就是說，$A_w = A(h)$。

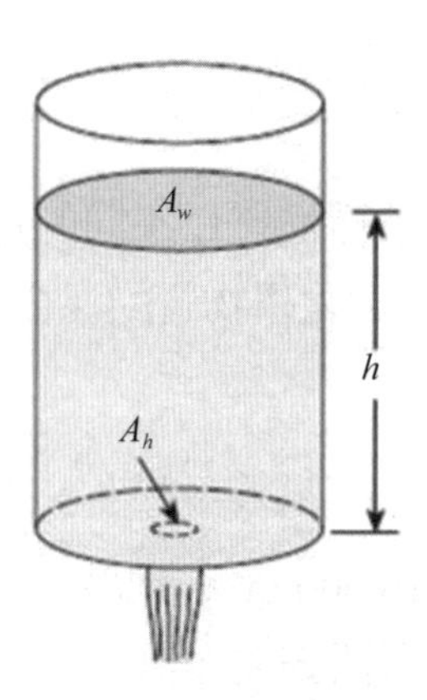

圖 6　從水槽排水

例 1　圖 7 所示的圓錐形水槽從底部的圓形孔漏水。求在時間 t 水的高度 h 的微分方程。孔的半徑爲 2 in.，$g = 32\ \text{ft/s}^2$，摩擦／收縮係數爲 $c = 0.6$。

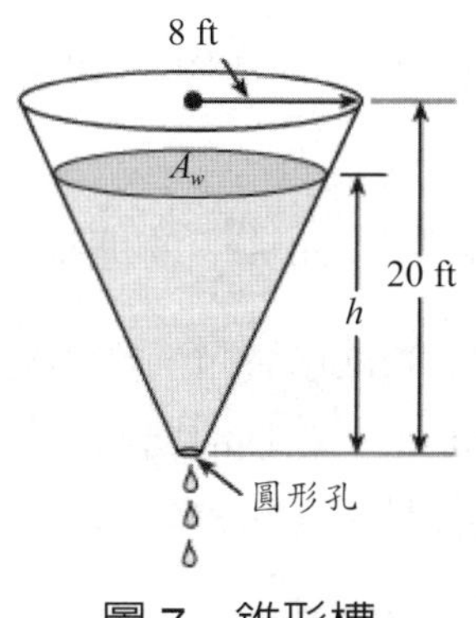

圖 7　錐形槽

時間 t 時槽中的水體積爲$V=\frac{1}{3}\pi r^2 h$，其中 r 是高度 h 處水的半徑。

從圖中，我們看到$\frac{r}{h}=\frac{8}{20}$，因此$r=\frac{2}{5}h$且$V=\frac{1}{3}\pi\left(\frac{2}{5}h\right)^2 h=\frac{4}{75}\pi h^3$。

對 t 進行微分，我們有$\frac{dV}{dt}=\frac{4}{25}\pi h^2\frac{dh}{dt}$或$\frac{dh}{dt}=\frac{25}{4\pi h^2}\frac{dV}{dt}$

因爲$\frac{dV}{dt}=-cA_h\sqrt{2gh}$，其中 $c=0.6$, $A_h=\pi\left(\frac{2}{12}\right)^2$且 $g=32$。因此

$$\frac{dV}{dt}=-\frac{2\pi\sqrt{h}}{15}\text{ 且 }\frac{dh}{dt}=\frac{25}{4\pi h^2}\left(-\frac{2\pi\sqrt{h}}{15}\right)=-\frac{5}{6h^{\frac{3}{2}}}$$

④ 混合問題

混合問題是指兩種或多種物質以不同的速率混合在一起。例子包括湖泊中污染物的混合，儲槽中化學物質的混合，雪茄煙在房間空氣中的擴散，以及咖哩中香料的混合。

被污染的池塘

考慮一個初始容積爲 10,000 m^3 的池塘。假設在時間 $t=0$ 時，池塘中的水是乾淨的，並且池塘有兩條溪流流入其中，溪流 A 和溪流 B，以及流出的溪流，溪流 C（見圖 8）。其中水從溪流 A 流入池塘的體積流率爲 $500\ \frac{m^3}{day}$，從溪流 B 流入池塘的體積流率爲 $750\ \frac{m^3}{day}$，由溪流 C 流出池塘的體積流率爲 $1250\ \frac{m^3}{day}$。

在時間 $t=0$，從溪流 A 流入池塘的水被道路鹽污染，鹽的濃度爲 5 kg/1000 m^3。假設池塘裡的水混合得很好，所以在任何給定時間鹽的濃度都是恆定。

若在時間 $t=0$ 有人開始以 $50\ \frac{m^3}{day}$ 的速率將垃圾傾倒到池塘中。垃圾沉到池底，每天減少 50 m^3 的池塘容量。爲了適應進入的垃圾，溪流 C 流出的水量增加到每天 1300 m^3，並且池塘的兩岸不會溢出。此時池塘的總體積不是恆定的。由於傾倒垃圾，池塘容量每天減少 50 m^3。

如果我們令 $S(t)$ 爲時間 t 時池塘中的鹽量（以 kg 爲單位），則$\frac{dS}{dt}$是鹽進入池塘的速率與鹽離開池塘的速率之差。

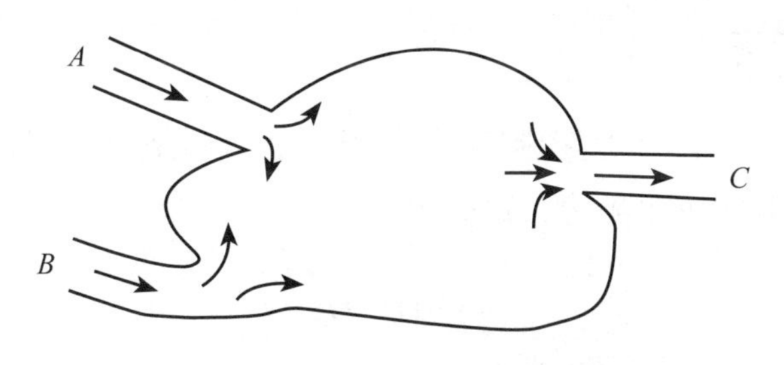

圖 8　三條溪流的池塘示意圖

鹽從溪流 A 進入池塘的速率是鹽在水中的濃度和鹽水流經溪流 A 的體積流率的乘積。因爲鹽濃度是 $\frac{5\ \text{kg}}{1000\ \text{m}^3}$，而鹽水從溪流 A 流入池塘的體積流率爲 $500\ \frac{\text{m}^3}{\text{day}}$，所以鹽進入池塘的速率爲$(500)\left(\frac{5}{1000}\right)=\frac{5}{2}\ \frac{\text{kg}}{\text{day}}$。

鹽 C 離開池塘的速率是其在池塘中的濃度和鹽水流出池塘的體積流率的乘積。出水量爲 $1300\ \frac{\text{m}^3}{\text{day}}$。池塘中的鹽濃度是鹽量 S 與體積 V 的商。因爲體積最初是 10,000 m^3，而每天減少 50 m^3，所以 $V(t) = 10{,}000 - 50t$。因此，濃度爲 $\frac{S}{(10{,}000-50t)}$，鹽流出池塘的速率爲

$$1300\left(\frac{S}{10{,}000-50t}\right)$$

，可簡化爲$\frac{26S}{(200-t)}$。由

淨變化率 = 輸入率 – 輸出率

，可得池塘中鹽量的微分方程爲

$$\frac{dS}{dt}=\frac{5}{2}-\frac{26S}{200-t}$$

該模型僅在池塘中有水時才成立，也就是說，只要體積 $V(t) = 10{,}000 - 50t$ 爲正值。所以微分方程在 $0 \le t < 200$ 時成立。因爲水在 $t = 0$ 時是乾淨的，所以初始條件是 $S(0) = 0$。

5 自由落體

假設一個質量爲 m 的物體在重力作用下自由墜落。忽略其他力（如空氣阻力），並使用牛頓第二定律，

$$my''(t) = mg$$

其中 y 是離地高度，$g = 9.8\,\frac{m}{s^2}$是地球上的重力加速度。（在這種情況下，y 軸指向下方。）左側是質量和加速度的乘積，右側等於總和作用在物體上的力（只是重力）。消去 m，我們得到微分方程

$$y''(t) = g$$

現在考慮空氣阻力。在小速度下，阻力與速度成正比。（回想一下，速度是位置的導數。）因此

$$my''(t) = mg - Dy'(t)$$

其中 $D > 0$ 是一個參數，除其他因素外，該參數還包括下落物體的形狀以及它所流經的流體的特性。

物理學家已經確定，對於高速，或高密度的介質，阻力與速度的平方成正比。我們使用微分方程

$$my''(t) = mg - D(y'(t))^2$$

對這種情況進行建模。（更準確地說：$D = \frac{\rho A c_d}{2}$，其中 ρ 是介質（在這種情況下爲空氣）的密度，A 是落體與介質接觸的橫截面積，c_d 是阻力係數。）

通常，對通過某種介質的運動（例如，考慮空氣阻力）進行建模的 ODE 具有與速度的某個冪成正比的項。實驗證據表明，在高爾夫球的情況下，模型

$$my''(t) = mg - D(y'(t))^{1.3}$$

似乎是最合適的。

⑥ 串聯電路

LRC 電路是由串聯或並聯的電阻器（R）、電感器（L）和電容器（C）組成的電路。

電路和網絡的數學分析，使用的是德國物理學家柯希霍夫（Gustav Robert Kirchhoff，1824-1887 年）在 1845 年還是學生時制定的兩條定律。考慮一個包含電感器、電阻器和電容器的單迴路 LRC 串聯電路，如圖 9 所示。開關閉合後電路中的電流用 $i(t)$ 表示；在時刻 t 電容器上的電荷用 $q(t)$ 表示。現在，根據柯希霍夫第二定律 (Kirchhoff's second law)，閉迴路上施加的電壓 $E(t)$ 必須等於迴路中壓降的總和。由於電流 $i(t)$ 與電容器上的電荷 $q(t)$ 的關係爲$i=\frac{dq}{dt}$，因此可將三個電壓降

電感器	電阻器	電容器
$L\frac{di}{dt}=L\frac{d^2q}{dt^2}$	$iR=R\frac{dq}{dt}$	$\frac{1}{C}q$

相加，並將總和等於施加電壓，可得一個二階微分方程

$$L\frac{d^2q}{dt^2}+R\frac{dq}{dt}+\frac{1}{C}q=E(t).$$

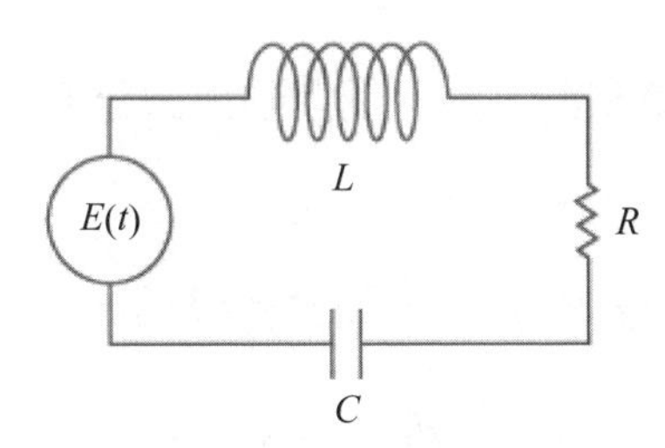

圖 9　LRC 串聯電路

RC電路

圖 10 所示的簡單電路包含一個電容 C、一個電阻 R 和一個電壓源。t 時刻電壓源兩端的輸入電壓以 $V(t)$ 表示。該電壓源可以是恆定源，例如電池，也可以是隨時間變化的源，例如交流電。

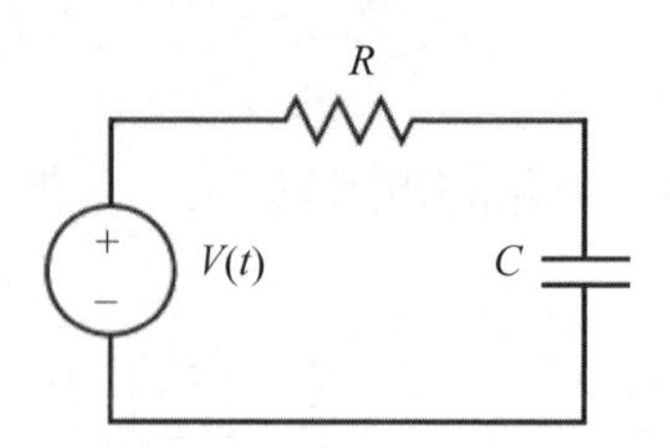

圖 10　具有電阻、電容和電壓源的電路圖

在特定時間 t，指定電路行爲的量是電流 $I(t)$ 和電容器上的電壓 $v_c(t)$。在此例中，我們感興趣的是電容器的電壓 $v_c(t)$。從電路理論來看，C 的電壓 $v_c(t)$ 與電阻 R 的電壓之和爲電源的電壓 $V(t)$，而通過電容 C 的電流 I，即電路中的電流$I=\dfrac{dQ}{dt}=C\dfrac{dv_c}{dt}$，其中 Q 爲電量，因此 R 處的電壓爲$RI=RC\dfrac{dv_c}{dt}$。由此可以建立 RC 電路的模型如下：

$$RC\frac{dv_c}{dt}+v_c=V(t).$$

即

$$\frac{dv_c}{dt}=\frac{V(t)-v_c}{RC}.$$

對於四種不同類型的電壓源 $V(t)$，我們觀察微分方程的解。

零輸入

對於所有的 t，如果 $V(t)=0$，則方程變爲

$$\frac{dv_c}{dt}=\frac{-v_c}{RC}.$$

對於特定的 R 和 C，圖 11 給出解曲線。我們清楚地看到，隨著 t 的增加，所有解都會朝向 $v_c=0$「衰減」。如果沒有電壓源，則電容器 $v_c(t)$ 上的電壓衰減爲零。該方程的通解爲$v_c(t)=v_0e^{-\frac{t}{RC}}$，其中 v_0 是電容器上的初始電壓。

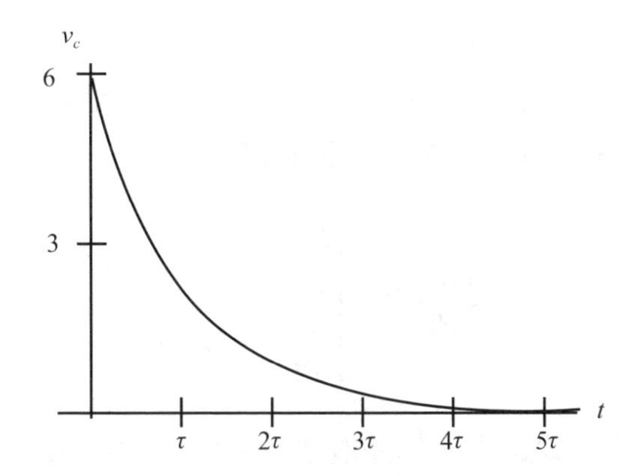

圖 11 $\dfrac{dv_c}{dt} = -\dfrac{v_c}{RC}$, $v_c(0) = 6$ 的解圖，其中 $R = 0.5$ 和 $C = 1$。此方程指數衰減解的時間常數為 $\tau = 0.5$。

恆定非零電壓源

假設對所有的 t, $V(t)$ 爲非零常數 K。電容器兩端的電壓方程變爲

$$\frac{dv_c}{dt} = \frac{K - v_c}{RC}.$$

該方程在 $v_c = K$ 處具有一個平衡解。隨著 t 的增加，所有解都趨近於平衡解（見圖 12）。給定電容器兩端的任何初始電壓 $v_c(0)$，電壓 $v_c(t)$ 隨著時間的增加趨近於 $v = K$。

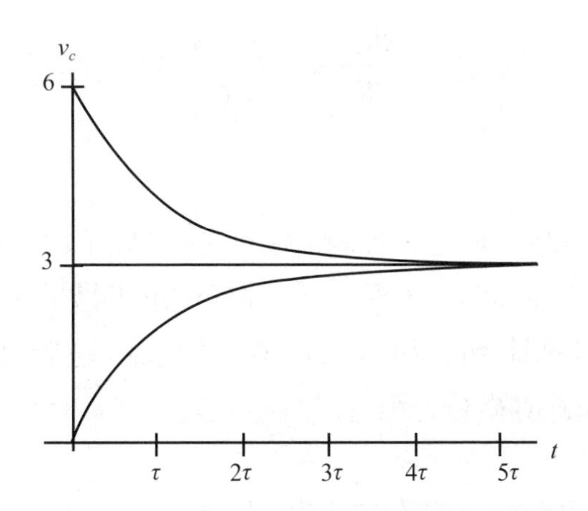

圖 12 當 $R = 0.5$、$C = 1$ 和 $K = 3$ 時，在不同初始條件下，微分方程 $\dfrac{dv_c}{dt} = \dfrac{K - v_c}{RC}$ 的三個解的圖形。時間常數 $\tau = 0.5$。

通斷電壓源

假設在 $0 \le t < 3$ 時 $V(t) = K > 0$，但在 $t = 3$ 時，這個電壓被關閉（turned off）。因此對於 $t > 3$，$V(t) = 0$。微分方程是

$$\frac{dv_c}{dt} = \frac{V(t) - v_c}{RC} = \begin{cases} \dfrac{K - v_c}{RC}, & 0 \le t < 3; \\ \dfrac{-v_C}{RC}, & t > 3. \end{cases}$$

右側由兩個不同的公式給出，具體取決於 t 的值。它是前面兩種情況在 $t = 3$ 的粘合。

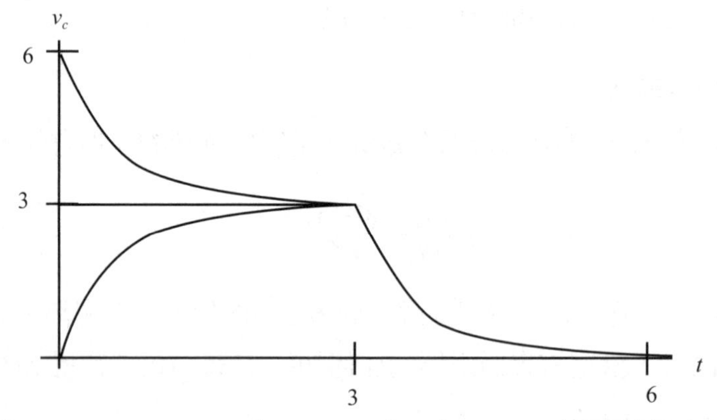

圖 13 當 $R = 0.5$、$C = 1$ 和 $K = 3$ 時，在 $t = 3$ 時電壓被關閉，在不同初始條件下，微分方程 $\frac{dv_c}{dt} = \frac{V(t) - v_c}{RC}$ 的三個解的圖形。

RL電路

圖 14 顯示一電路，其電阻爲 R 歐姆，電感（顯示爲線圈）爲 L 亨利，R 與 L 均爲常數。在時間 $t = 0$ 時，上述電路中的開關閉合以連接 V 伏特的恆定電源。在開關閉合的情況下（$t = 0$），電流 i 趨於流動。

對於這樣的電路其微分方程爲

$$L\frac{di}{dt} + Ri = V \tag{1}$$

其中 i 是以安培爲單位的電流強度，t 是時間，以秒爲單位。藉由求解這個方程，我們可以預測開關閉合後電流將如何流動。

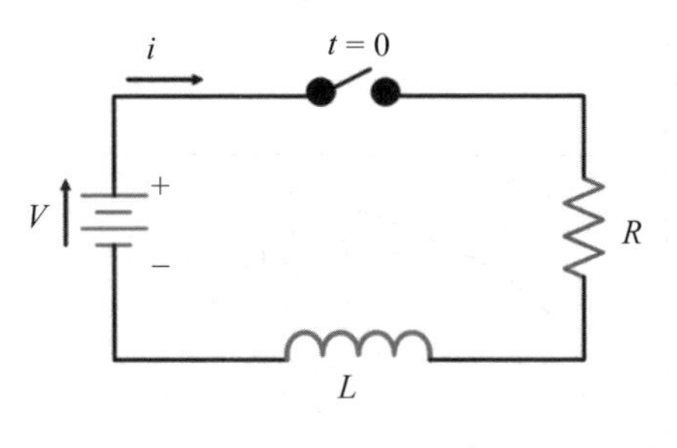

圖 14　*RL* 電路

例 1　圖 14 中 RL 電路中的開關在時間 $t = 0$ 時閉合。作爲時間的函數，電流將如何流動？

解：方程 (1) 是 i 作爲 t 函數的一階線性微分方程。

它的標準形式是

$$\frac{di}{dt} + \frac{R}{L} i = \frac{V}{L} \tag{2}$$

假設 $t = 0$ 時 $i = 0$，(2) 式的解爲

$$i = \frac{V}{R} - \frac{V}{R} e^{-\left(\frac{R}{L}\right)t} \tag{3}$$

因爲 R 和 L 是正，所以 $-(R/L)$ 是負，且當 $t \to \infty$ 時，$e^{-\left(\frac{R}{L}\right)t} \to 0$。

因此，

$$\lim_{t\to\infty} i = \lim_{t\to\infty}\left(\frac{V}{R} - \frac{V}{R}e^{-\left(\frac{R}{L}\right)t}\right) = \frac{V}{R} - \frac{V}{R}\cdot 0 = \frac{V}{R}$$

在任何給定時間，電流理論上小於 $\frac{V}{R}$，但隨著時間的推移，電流接近穩態值（steady-state value）$\frac{V}{R}$. 根據方程

$$L\frac{di}{dt} + Ri = V,$$

$I = \frac{V}{R}$ 是在 $L = 0$（無電感）或 $\frac{di}{dt} = 0$（穩態電流）時在電路中流動的電流（圖 15）。

方程 (3) 將方程 (2) 的解表示爲兩項之和：穩態解（steady-state solution）$\frac{V}{R}$ 和隨著時間 t 的推移趨近於零的瞬態解（transient solution）$-\left(\frac{V}{R}\right)e^{-\left(\frac{R}{L}\right)t}$。

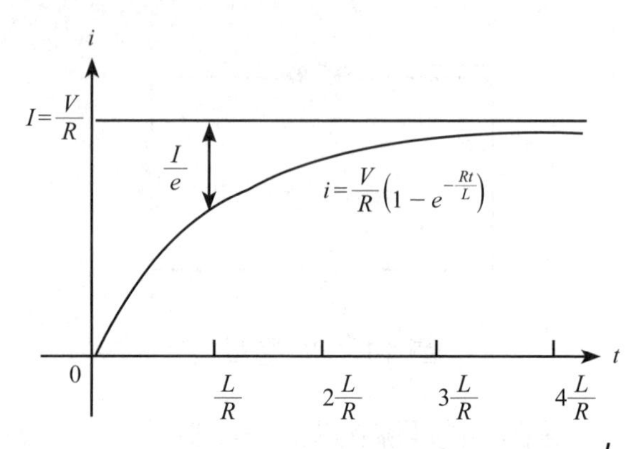

圖 15　*RL* 電路中電流的增長。*I* 是電流的穩態值。$t=\frac{L}{R}$ 是電路的時間常數。電流在 3 個時間常數後與其穩態值相差 5% 以內

7 指數增長和衰減

考慮一個種群 $P(t) \geq 0$（例如，細菌），它根據

$$P'(t) = kP(t)$$

變化，其中 k 是一個正的常數，t 是時間，$P(0) = P_0$ 是初始種群。

該 ODE 表明種群的變化率與種群大小成正比。除以 $P(t)$（並假設 $P(t) \neq 0$），我們得到

$$\frac{P'(t)}{P(t)} = k$$

左邊的表達式（變化率除以種群）稱爲相對變化率。因此，所討論的種群的特點是其相對變化率是恆定的。$\frac{P'(t)}{P(t)}$的單位是每個細菌每單位時間的細菌數。例如，$\frac{P'(t)}{P(t)}=2$表示單個細菌將在給定單位時間內產生2個子細菌。

請注意，如果 $P(t)$=0，則 $P'(t) = kP(t) = 0$，即種群不變。亦即：如果在某個時間 t 細菌爲零，則種群不存在且不會產生新的細菌——因此，它仍然爲零。處理完這個簡單的情況後，我們現在可以假設 $P(t) > 0$。

如果 $k > 0$，則 $P(t) = kP(t) > 0$，這意味著種群增加。這種增長是指數的（因此稱爲指數增長）。指數增長是無限的這一事實意味著這不是我們

可以一直用於細菌種群的模型。以後會調整此模型以產生生物學上更合適的結果。

對於 k 的負值，變化率 $P(t) = kP(t) < 0$，這意味著總體減少（同樣，它是指數減少，通常稱為指數衰減）。

微分方程 $P(t) = kP(t)$ 可用於模擬各種情況，包括放射性衰變、簡單吸收和連續複利。

⑧ 放射性衰變

自然界中，放射性衰變（radioactive decay）是一個不穩定的原子核藉由發射電磁輻射（如伽瑪射線）或粒子（如 β 和 α 粒子）形式的輻射而失去能量的過程。在這個過程中，原子核將繼續衰變，形成一個衰變鏈，直到達到一個新的穩定原子核，也就是說，原子衰變或轉化為另一種物質的原子。例如，隨著時間的流逝，高放射性鐳 Ra-226 轉變為放射性氣體氡 Rn-222。在對放射性衰變現象進行建模時，假設物質的原子核的衰變速率 $\frac{dN}{dt}$ 與在 t 時刻剩餘的物質的數量 $N(t)$ 成正比，則指數衰減方程 $N' = -kN$ 和初始條件 $N(0) = N_0$ 的解 N 為

$$N(t) = N_0 e^{-kt}.$$

衰變模型發生在生物學環境中，例如確定藥物的半衰期，即藉由排泄或代謝將 50% 的藥物從體內清除所花費的時間。在化學中，衰減模型呈現一階化學反應的數學描述。放射性衰變無法使用數學方程準確建模，因為它發生在小範圍內，並且取決於每個原子或原子核的活性。

科學家利用樣品由於放射性衰變而失去一半原子核的時間來測量衰變率。最初，隨著原子核開始衰變，速度開始非常快和劇烈，但隨著越來越多的可用原子核衰變，它會隨著時間的推移而減慢。

⑨ 碳 ^{14}C 年代測定法

碳 ^{14}C 是碳 ^{12}C 的放射性同位素。一個原子是另一個原子的同位素，如果它們的原子核具有相同數量的質子但不同數量的中子。碳原子有 6 個質子，穩定的碳原子有 6 個中子，所以稱為 ^{12}C。^{13}C 是具有 7 個中子的

碳的另一種穩定同位素。^{14}C 有 8 個中子，它具有放射性，半衰期的爲 $\tau =$ 5730 年。地球上的碳由 99% 的 ^{12}C 和幾乎 1% 的 ^{13}C 組成。^{14}C 非常稀少，在大氣中每 1012 個 ^{12}C 原子就有 1 個 ^{14}C 原子。

^{14}C 在高層大氣中不斷產生——^{12}C 與外層空間輻射的碰撞——以這樣一種方式，大氣中 ^{14}C 和 ^{12}C 的比例在時間上是恆定的。碳原子以相同的比例由生物體累積。當有機體死亡時，屍體中 ^{14}C 的數量會衰減，而 ^{12}C 的數量保持不變。屍體中放射性與正常碳同位素之間的比例隨時間衰減。因此，人們可以測量舊遺骸中的這一比例，然後找出這些遺骸的年齡——這稱爲 ^{14}C 年代測定法（Carbon-14 dating）。

例如　若古代挖掘現場的骨頭殘骸僅含有當今活體動物中發現的 ^{14}C 的 14%，則使用 ^{14}C 的半衰期 $\tau = 5730$ 年，我們可以估計骨頭殘骸距今有多少年。

假設 $t = 0$ 爲活體動物死亡的時間。如果在時間 t_1 骨頭殘骸僅含有活體動物中發現的 ^{14}C 的 14%，這意味著

$$N(t_1) = \frac{14}{100} N(0).$$

由於 ^{14}C 是具有半衰期的放射性物質，因此 ^{14}C 的量隨時間衰減如下，

$$N(t) = N(0) 2^{-\frac{t}{\tau}},$$

其中 $\tau = 5730$ 年是 ^{14}C 的半衰期。所以，

$$2^{-\frac{t_1}{\tau}} = \frac{14}{100} \Rightarrow -\frac{t_1}{\tau} = \log_2\left(\frac{14}{100}\right) \Rightarrow t_1 = -\tau \log_2\left(\frac{14}{100}\right).$$

我們得到 $t_1 = 16{,}253$ 年。活體動物死亡超過 16,000 年。

10 捕食—被捕食模型

沒有物種是孤立生活的，物種之間的相互作用提供了一些最有趣的模型來研究。我們介紹一個簡單的捕食者微分方程組，其中一個物種吃掉另一個物種。這個模型有兩個與時間有關的量。因此，模型有兩個因變數，它們都是時間的函數。我們稱獵物或被捕食者（prey）爲「兔子」，捕食者（predator）爲「狐狸」，用 R 表示獵物，用 F 表示捕食者。

假設一個生態圈內有兩種不同的動物，其中一種動物爲捕食者（如狐狸），另一種動物爲被捕食者（如兔子），狐狸與兔子生活在荒郊野外，狐狸吃兔子，兔子吃草，草非常茂盛，足以供應兔子所需，推理狐狸和兔子的數量隨時間變化的數學模型。

解：我們模型的假設是：

- 如果沒有狐狸，兔子的繁殖率與它們的數量成正比，它們不會受到過多的影響。
- 狐狸吃掉兔子，兔子被吃掉的速率與狐狸和兔子互動的速率成正比。
- 沒有兔子可以吃，狐狸的數量會以與自身成正比的速率下降。
- 狐狸的出生率與狐狸吃掉的兔子數量成正比。

爲了用數學術語制定這個模型，除了自變量 t 和兩個因變數 F 和 R 之外，還需要四個參數。參數是

α = 兔子的生長率係數，

β = 比例常數，測量兔子被吃掉的兔子 - 狐狸互動的次數，

γ = 狐狸的死亡率係數，

δ = 比例常數，測量食用兔子對狐狸種群的益處。

當制定模型時，我們遵循 α、β、γ 和 δ 都是正數的約定。

設 t 時刻狐狸的數量爲 $F(t)$，而兔子的數量爲 $R(t)$。以下分析狐狸和兔子數量變化之間的關係。

如果沒有兔子，則狐狸的數量因缺乏足夠的食物供應，互相競爭食物造成的死亡速率與它們當時的數目 F 成正比，即

$$\frac{dF}{dt} = -\gamma F$$

在有兔子的情況下，兩種動物在單位時間內的數量增減與與它們的數量的乘積成正比，即與 RF 成正比。有兔子可捕獵時，對狐狸來說就有食物供應，生存率增加，每隻狐狸吃到食物的可能性與兔子數成正比，所以狐狸的增加率與狐狸本身的數量及兔子的數量的乘積成正比，所以我們添加了一個形式爲 δRF 的項。因此狐狸數量的變化率爲

$$\frac{dF}{dt} = -\gamma F + \delta RF$$

再考慮兔子的數量模型。

如果沒有狐狸，且兔子所需的食物豐富，則兔子的增加速率與它們當時的數目 R 成正比，即

$$\frac{dR}{dt}=\alpha R$$

當狐狸存在於這一環境時，每個兔子被吃掉的可能性與狐狸的數量成正比，因此兔子數量以 βRF 速率減少，所以兔子數量的變化率爲

$$\frac{dR}{dt}=\alpha R-\beta RF$$

我們上面的第一個和第三個假設類似於無限增長模型中的假設，因此在 $\frac{dR}{dt}$ 的方程中給出了 αR 形式的項，在 $\frac{dF}{dt}$ 的方程中給出了 $-\gamma F$（因爲狐狸種群下降）。

兔子被吃掉的速率與狐狸和兔子互動的速率成正比，所以我們需要一項來模擬兩個種群的互動速率。因此，我們以 $-\beta RF$ 形式的項來模擬兔 - 狐狸相互作用對 $\frac{dR}{dt}$ 的影響，而在 $\frac{dF}{dt}$ 方程式中添加了一個形式爲 δRF 的項。

鑑於這些假設，我們得到模型

$$\begin{cases}\dfrac{dR}{dt}=\alpha R-\beta RF\\ \dfrac{dF}{dt}=-\gamma F+\delta RF\end{cases}$$

這是一階常微分方程組。該方程組被稱爲是耦合的，因爲 R 和 F 的變化率取決於 R 和 F。

重要的是要注意該方程組中的項符號。因爲 $\beta>0$，項「$-\beta RF$」是非正的，所以狐狸數量的增加會降低兔子種群的增長率。此外，由於 $\delta>0$，項「δRF」是非負的。因此，兔子數量的增加會增加狐狸種群的增長率。

雖然這個模型看起來比較簡單，但它已經成爲一些有趣的生態研究的基礎。特別是，Volterra 和 D'Ancona 成功地使用該模型解釋了第一次世界

大戰期間，捕魚的量減少，導致魚的數量增加，使得地中海鯊魚因獲得豐富的食物而數量增加。該模型還可以作爲研究殺蟲劑對昆蟲種群的影響。

與之前的模型不同，這個方程組的解是一對函數 $R(t)$ 和 $F(t)$，它們將兔子和狐狸的種群描述爲時間的函數。由於是耦合的，我們不能只是先確定其中一個函數，然後再確定另一個。我們必須同時求解兩個微分方程。不幸的是，對於大多數參數值，不可能找出 $R(t)$ 和 $F(t)$ 的明確公式。這些函數不能用諸如多項式、正弦、餘弦、指數等已知函數來表示。然而，這些解確實存在，儘管我們完全沒有希望找到它們。由於求解該方程組的分析方法注定要失敗，因此必須使用定性或數值方法來研究 $R(t)$ 和 $F(t)$。

習題

1. $\left(\dfrac{d^2y}{dx^2}\right)^{\frac{1}{3}}=\left(y+\dfrac{dy}{dx}\right)^{\frac{1}{2}}$ 的階數和次數爲

   (a)1, 3　(b) 2, 1　(c) 2, 不存在　(d) 2, 2

   答：(d)

2. $\dfrac{d^2}{dx^2}\left(\dfrac{d^2y}{dx^2}\right)^{-\frac{3}{2}}=0$ 的階數和次數爲

   (a) 1, 3　(b) 4, 1　(c) 2, 不存在　(d) 3, 2

   答：(b)

3. 求下列 ODE 的階數和次數。

   (i) $\dfrac{d^2y}{dx^2}+\sin\left(\dfrac{dy}{dx}\right)=0$　　答：階數爲 2，次數不存在。

   (ii) $e^{\frac{d^3y}{dx^3}}+x+\dfrac{dy}{dx}=0$.　　答：階數爲 3，次數不存在。

   (iii) $\left\{\dfrac{d^2y}{dx^2}\right\}^{\frac{1}{2}}+\left\{\dfrac{d^2y}{dx^2}\right\}^{\frac{2}{5}}=0$.　　答：階數爲 2，次數爲 5。

   (iv) $\left(\dfrac{d^2y}{dx^2}\right)^{-\frac{3}{2}}\dfrac{dy}{dx}+y\left(\dfrac{d^2y}{dx^2}\right)^{-\frac{7}{2}}=0$.　　答：階數爲 2，次數爲 2。

4. 求微分方程

   $$\frac{d^2y}{dx^2}=K\left[1+\left(\frac{dy}{dx}\right)^2\right]^{\frac{5}{2}}$$

   的階數和次數。

答：階數是二，次數也是二。

5. $\frac{d^2y}{dx^2}=\log\left(y+\frac{dy}{dx}\right)$ 的次數是

(a) 1　(b)　0　(c) 不存在　(d) 2

答：(C)

提示：給定微分方程的右側不是 $\frac{dy}{dx}$ 的多項式。

6. 驗證 $y = 2e^{3x} - 2x - 2$ 是微分方程 $y' - 3y = 6x + 4$ 的解。

7. 驗證 $x = e^{4t}$ 是 $x''' - 12x'' + 48x' - 64x = 0$ 的解。

8. $y = \sin t$ 是 $\left(\frac{dy}{dt}\right)^2 = 1 - y^2$ 的解嗎？請驗證。

9. 驗證 $y = 3e^{2t} + 4\sin t$ 是初值問題

$y' - 2y = 4\cos t - 8\text{sint } t, y(0) = 3.$

的解。

10. 驗證 $(x + c)^2 + y^2 = 1$ 以及 $y = \pm 1$ 是微分方程 $1 + (y')^2 = \frac{1}{y^2}$ 的解，其中

c 爲常數。

11. 驗證 $y = (x + c)^2$ 和 $y = 0$ 是微分方程 $(y')^2 - 4y = 0$ 的解，其中 c 爲常數。

12. 驗證 $y = cx + c^2 + x^2$ 和 $y=\frac{3x^2}{4}$ 是微分方程 $y = (y')^2 - 3xy' + 3x^2 = 0$ 的解，其中 c 爲常數。

13. 求微分方程的階數，從方程 $y=\frac{ax+b}{cx+d}$ 中消去任意常數 a、b、c、d，其中 $c + d = 0$。

答：2.

提示：給定的方程可以寫成 $y=e^{\frac{x+f}{x-1}}$ 其中 $e=\frac{a}{c}$，$f=\frac{b}{a}$。所以獨立的任意常數是 e, f。由於獨立任意常數的數目爲 2，微分方程的階數爲 2。

14. 消去 $y = \ln[\sin(x + a)] + b$ 中的常數 a 和 b 後，所得的最低階微分方程是

(a) $y'' = -(1 + (y')^2)$　　(b) $y'' = 1 + (y')^2$

(c) $y'' = -(2 + (y')^2)$　　(d) $y'' = -(3 + (y')^2)$

答：(a)。

15. 試由方程 $y = a + be^{5x} + ce^{-7x}$ 中消去任意常數 a、b、c。

答：$\frac{d^3y}{dx^3} + 2\frac{d^2y}{dx^2} = 35\frac{dy}{dx}$。

16. 試由方程 $xy = ae^{x} + be^{-x} + x^2$ 中消去任意常數 a、b。

答：$x\frac{d^2y}{dx^2} + 2\frac{dy}{dx} - xy + x^2 - 2 = 0$。

17. 試由方程 $y = c(x - c)^2$ 中消去任意常數 c。

答：$(y')^3 = 4y(xy' - 2y)$

18. 試由方程$y = \frac{ax+b}{cx+d}$中消去任意常數 a、b、c、d。

答：$3\left(\frac{d^2y}{dx^2}\right)^2 = 2\frac{dy}{dx}\frac{d^3y}{dx^3}$。

提示：給定的方程可以寫成$y = e^{\frac{x+f}{x+g}}$，其中$e = \frac{a}{c}$，$f = \frac{b}{a}$和$g = \frac{d}{c}$。所以獨立的任意常數是 e, f, g。消去獨立的任意常數 e, f, g, 我們得到所需的微分方程$3\left(\frac{d^2y}{dx^2}\right)^2 = 2\frac{dy}{dx}\frac{d^3y}{dx^3}$。

19. 試由下列曲線族消去其中任意常數 a 和 b。

(i) $ax^2 + by^2 = 1$　　答：$xyy'' + x(y')^2 - yy' = 0$

(ii) $(x - a)^2 + (y - b)^2 = r^2$　　答：$r^2(y'')^2 = (1 + (y')^2)^3$

(iii) $x = a\cos nt + b\sin nt$.　　答：$\frac{d^2x}{dt^2} + n^2x = 0$

20. 試由方程 $y = c(x - c)^2$ 中消去任意常數 c。

21. 求拋物線族 $y = cx^2$ 所滿足的微分方程。

答：$xy' = 2y$.

22. 從以下方程中消去 α。說明所得微分方程的階數、次數、線性或非線性。

(i) $x^2 + y^2 - 2\alpha y = \alpha^2$

(ii) $y = \alpha x + \alpha - \alpha^3$

(iii) $x\cos\alpha + y\sin\alpha = a$.

答：(i)$x^2(y')^2 - 4xyy' - x^2 - 2y^2(y')^2 = 0$（一階、二次、非線性）

(ii)$y = xy' + y' - (y')^3$（一階、三次、非線性）

(iii)$(y - xy')^2 = a^2(1 + (y')^2)$（一階、二次、非線性）

23. 證明 $x=\sinh z$ 可將方程 $(1+x^2)\dfrac{d^2y}{dx^2}+x\dfrac{dy}{dx}=4y$ 轉換爲 $\dfrac{d^2y}{dz^2}=4y$。

24. 證明 $x=e^u$ 可將方程 $x^2\dfrac{d^2y}{dx^2}+4x\dfrac{dy}{dx}+2y=\cos x$ 轉換爲

$\dfrac{d^2y}{du^2}+3\dfrac{dy}{dx}+2y=\cos x$。

25. 證明 $x=e^z$ 可將方程 $x^2\dfrac{d^2y}{dx^2}+x\dfrac{dy}{dx}+4y=0$ 轉換爲 $\dfrac{d^2y}{dz^2}+4y=0$。

26. 證明 $z=\sin x$ 可將方程 $\dfrac{d^2y}{dx^2}+\dfrac{dy}{dx}\tan x+y\cos^2 x=0$ 轉換爲 $\dfrac{d^2y}{dz^2}+y=0$。

27. 證明所有軸平行於 y 軸的拋物線的微分方程是 $\dfrac{d^3y}{dx^3}=0$。

28. 證明焦點在原點，軸沿 x- 軸的拋物線的微分方程，是

$y\left(\dfrac{dy}{dx}\right)^2+2x\dfrac{dy}{dx}-y=0$。

提示：本題的拋物線是 $(x+2a)^2=x^2+y^2$，其中 a 是參數。

29. 求圓的微分方程，其中每個圓都在原點與 y 軸相切。

答：$x^2-y^2+2xy\dfrac{dy}{dx}=0$

30. 求所有通過原點且中心在 x- 軸上的圓族的微分方程。

答：$x^2-y^2+2xy\dfrac{dy}{dx}=0$

31. 求出軸與坐標軸重合的所有二次曲線的微分方程。

提示：二次曲線的一般方程是 $ax^2+by^2=1$。

答：$xy\dfrac{d^2y}{dx^2}+x\left(\dfrac{dy}{dx}\right)^2-y\dfrac{dy}{dx}=0$

32. 證明通過圓 $x^2+y^2=1$ 和直線 $x-y=0$ 的交點的圓的微分方程是

$(x^2-2xy-y^2+1)dx+(x^2+2xy-y^2-1)dy=0$。

提示：圓的方程是 $x^2+y^2-1+\lambda(x-y)=0$，其中 λ 是一個參數。

33. 證明在坐標軸之間具有恆定長度 L 的截距的所有直線族的微分方程是

$$x\frac{dy}{dx}-y=\frac{L\dfrac{dy}{dx}}{\sqrt{1+\left(\dfrac{dy}{dx}\right)^2}}$$

34. 代表所有圓心在 (1, 0) 處的微分方程是

(a) $x+y\dfrac{dy}{dx}=1$ (b) $x-y\dfrac{dy}{dx}=1$ (c) $y-x\dfrac{dy}{dx}=1$ (d) $y+x\dfrac{dy}{dx}=1$

答：(a)。

35. 質量為 m 的粒子沿直線運動的運動方程為 $m''+rx'+kx=0$，其中 r 和 k 是常數。

$mx''+rx'+kx=0$，其中 r 和 k 是常數

驗證

$$x=Ae^{-\left(\frac{r}{2m}\right)t}\cos\left(\frac{\omega}{2m}t+B\right),\ (\omega^2=4mk-r^2)$$

滿足微分方程，A 和 B 是任意常數。

36. 給定一階微分方程 $\dfrac{dy}{dx}=2x$。

(1) 求出它的通解；

(2) 求通過點 (1, 4) 的特解；

(3) 求出與直線 $y=2x+3$ 相切的解。

答案：(1) $y=x^2+c$；(2) $y=x^2+3$；(3) $y=x^2+4$。

37. 建立分別具有下列性質的曲線所滿足的微分方程：

(1) 曲線上任一點的切線與該點的徑向夾角為 α；

(2) 曲線上任一點的切線介於兩座標之間的部分等於定長 L；

(3) 曲線上任一點的切線介於兩座標之間的部分被切點等分。

答案：(1) $y'=\dfrac{y+x\tan\alpha}{x-y\tan\alpha}$；

(2) $\left(x-\dfrac{y}{y'}\right)^2+(y-xy')^2=L^2$；

(3) $xy'+y=0$

38. 建立半徑為 1，圓心在直線 $y=2x$ 上的所有圓的微分方程。

答案：$(2x-y)^2[(y')^2+1]-(2y'+1)^2=0$

39. 建立拋物線的微分方程，使它的對稱軸平行於 y 軸，同時使它與直線 $y=0$ 和 $y=x$ 相切。

答案：$x(y')^2=y(2y'-1)$

40. 建立圓的微分方程，使圓同時與直線 $y=0$ 和 $x=0$ 相切，並在第一、第三象限。

答案：$(y')^2(x^2-2xy)-2xy'+y^2-2xy=0$

41. 雨滴持續落下

假設我們希望研究大氣中雨滴的形成。我們做出了一個合理的假設，即雨滴是近似球形的。還假設雨滴體積的生長速率與其表面積成正比。令 $r(t)$ 爲時間 t 的雨滴的半徑，$s(t)$ 是時間 t 的表面積，$v(t)$ 是時間 t 的體積。從三維幾何形狀中，我們知道

$$s=4\pi r^2，v=\frac{4}{3}\pi r^3.$$

證明在這些假設下模擬雨滴體積的微分方程是

$$\frac{dv}{dt}=kv^{\frac{2}{3}}.$$

其中 k 是比例常數。

答案：

求解 r，得到

$$r=\left(\frac{3v}{4\pi}\right)^{\frac{1}{3}},$$

所以，

$$\begin{aligned}s(t)&=4\left(\frac{3v}{4\pi}\right)^{\frac{2}{3}}\\&=cv(t)^{\frac{2}{3}}\end{aligned}$$

其中 c 是一個常數。因爲我們假設 $v(t)$ 的增長率與其表面積 $s(t)$ 成正比，所以我們有

$$\frac{dv}{dt}=kv(t)^{\frac{2}{3}},$$

其中 k 是一個常數。

42. 一杯熱巧克力最初爲 75℃，將它置於一個環境溫度爲 25℃的房間中。假設在時間 $t=0$ 時，熱巧克力以每分鐘 5℃的速率冷卻。

(a) 假設牛頓冷卻定律適用：冷卻速率與當前溫度和環境溫度之間的差成正比。寫出一個初值問題，以模擬熱巧克力的溫度。

(b) 熱巧克力需要多長時間才能冷卻至 45℃的溫度？

答案：

(a) 如果我們令 k 表示牛頓冷卻定律中的比例常數，則巧克力溫度 T 滿

足微分方程

$$\frac{dT}{dt}=k\,(T-25)$$

我們還知道在 $t=0$ 時 $T(0)=75$ 和$\frac{dT}{dt}=-5$。因此，我們計算 $t=0$ 處的微分方程來獲得 k。我們有

$-5=k(75-25)$，

所以 $k=-0.1$ 。初值問題是

$$\frac{dT}{dt}=-0.1(T-25),\ T(0)=75$$

(b) 將微分方程分離變數，積分後可知 $T(t)=25+50e^{-0.1t}$，所以

$45=25+50e^{-0.1t}$

$t\approx 9.2$ 分鐘

43. 一杯牛奶最初是 70℃，將它置於一個環境溫度爲 20℃的房間中，假設牛奶在 1 分鐘時冷卻至 60℃。

(a) 假設牛頓冷卻定律適用：冷卻速率與當前溫度和環境溫度之間的差成正比。寫出一個初值問題，以模擬牛奶的溫度。

(b) 牛奶冷卻至 40℃的溫度需要多長時間？

答案：

(a) $\frac{dT}{dt}=k\,(T-20)$, $T(0)=70$，分離變數，積分得到

$T(t)=20+ce^{kt}$,

由 $T(1)=60$ 可求得 $k=\ln\left(\frac{4}{5}\right)$

(b) 如果我們令 k 表示牛頓冷卻定律中的比例常數，則牛奶溫度 T 所滿足的初值問題爲

$$\frac{dT}{dt}=k\,(T-20),\ T(0)=70\ 。$$

我們求解 (a) 部分的初值問題，可得

$T(t)=20+ce^{kt}$,

其中 c 是由初值問題確定的常數。由於 $T(0)=70$，所以 $c=50$ 。要確定 k，可使用 $T(1)=60$ 的事實。

$60=20+50e^{k}$

得到$k=\ln\left(\frac{4}{5}\right)$。為了找到 t 使得溫度為 40，我們求解方程

$$40=20+50\exp\left[\ln\left(\frac{4}{5}\right)\right]t$$

中的 t。得到

$t\approx 4.1$ 分鐘

44. 在以下捕食者 - 獵物種群模型中，x 代表獵物，y 代表補食者。

(i) $\frac{dx}{dt}=5x-3xy$　　(ii) $\frac{dx}{dt}=x-8xy$

$\frac{dy}{dt}=-2y+\frac{1}{2}xy$　　$\frac{dy}{dt}=-2y+6xy$

(a) 在沒有捕食者（當 $y=0$ 時）且如果兩個系統的獵物數量相等，獵物在哪個系統中繁殖較快？

(b) 在哪個系統中捕食者更容易捕捉獵物？換句話說，如果兩個系統的捕食者和獵物的數量相等，在哪個系統中，捕食者對獵物變化率的影響較大？

(c) 哪個系統需要更多的獵物讓捕食者達到給定的增長率（假設兩種情況下的捕食者數量相同）？

(i) $\frac{dx}{dt}=5x-3xy$　　(ii) $\frac{dx}{dt}=x-8xy$

$\frac{dy}{dt}=-2y+\frac{1}{2}xy$　　$\frac{dy}{dt}=-2y+6xy$

答案：

(a) 我們考慮每個系統中的$\frac{dx}{dt}$。令 $y=0$，在系統 (ii) 中產生$\frac{dx}{dt}=x$，在系統 (i) 中產生$\frac{dx}{dt}=5x$。如果兩個系統的獵物數量 x 相等，則系統 (i) 中的$\frac{dx}{dt}$較大。因此，如果沒有捕食者，系統 (i) 中的獵物會更快地繁殖。

(b) 我們要看捕食者對每個系統中的$\frac{dx}{dt}$有什麼影響。由於系統 (ii) 中 xy 項的係數比系統 (i) 中的大，因此系統 (ii) 中，y 對$\frac{dx}{dt}$的影響較大。即，在系統 (ii) 中，補食者對獵物的變化率有較大的影響。

(c) 我們要看獵物對每個系統中的$\frac{dy}{dt}$有什麼影響。由於 x 和 y 都是非負的，因此得出

$$-2y+\frac{1}{2}xy<-2y+6xy$$

因此，如果兩個系統的捕食者數量相等，則系統 (i) 中的$\frac{dy}{dt}$較小。

因此，系統 (i) 比系統 (ii) 需要更多的獵物才能讓捕食者達到給定的增長率。

筆 記 欄

第 2 章

一階微分方程

章節體系架構

前言

微分方程的首要問題是如何求一個所予方程的通解或特解，至今爲止，人們已經對許多微分方程得到求解的方法，例如，可分離變數的方程、齊次方程、正合方程、一階線性方程以及一階隱式方程等。求解一個方程，總是希望所得的解能用初等函數來表示，但在許多情況下這是不容易做到的。例如，對很簡單的方程 $y'=\frac{e^x}{x}$ 而言，其解就無法用初等函數來表示，只能用初等函數的積分形式來表示，即該方程的通解是

$$y=\int \frac{e^x}{x}dx+c$$

可以用初等積分法求解的微分方程非常少，絕大部分的微分方程都無法求出通解。例如，

$$\frac{dy}{dx}=e^{\sin y}\ln y$$

的解就無法用初等積分法求出。

本章介紹一階常微分方程的初等解法，就是把微分方程的求解問題化爲積分問題，其解的表達式由初等函數或超越函數表示。對於一般的一階常微分方程並沒有通用的初等解法。本章僅介紹若干能有初等解法的方程類型及其求解的一般方法。

這是常微分方程發展初期數學家的辛勤成果。這類初等解法，既是常微分方程理論中很有自身特色的部分，也與實際問題密切相關，值得讀者耐心學習。

筆記欄

2.1 可分離變數的方程

現在介紹可以經由初等積分法求解的微分方程。

形如

$$\frac{dy}{dx} = f(x)\varphi(y) \tag{1}$$

的方程，稱爲可分離變數的方程，其中 $f(x)$ 和 $\varphi(y)$ 分別爲 x 和 y 的連續函數。(1) 式的特點是方程右端是兩個獨立的單變數函數之積。

當 $\varphi(y) \neq 0$ 時，對方程 (1) 兩邊同除以 $\varphi(y)$，將 (1) 改寫爲

$$\frac{dy}{\varphi(y)} = f(x)dx$$

這樣 (1) 的變數就分離了，對上式兩邊積分可得

$$\int \frac{dy}{\varphi(y)} = \int f(x)\,dx + c \tag{2}$$

由 (2) 所求出的函數 $y = F(x, c)$ 就是 (1) 的通解。在許多情況下，不一定能從 (2) 明確解出 $y = F(x, c)$，這時可用隱式解表示。

因 (2) 式不適合 $\varphi(y) = 0$ 的情形。但若存在 $y = y_0$ 使 $\varphi(y_0) = 0$，則由驗證知 $y = y_0$ 也是 (2) 的解。因此，還必須尋求 $\varphi(y) = 0$ 的解 y_0，當 $y = y_0$ 不包括在方程的通解 (2) 中時，必須加入特解 $y = y_0$。

可分離變數的方程的例子如下：$y' = \frac{x^2}{1-y^2}$, $y' + y^2\cos 2x = 0$, $y' = xy^2$，而 $y' = e^y + \cos x$, $y' = 3x + 2y$ 是不可分離變數的方程。

① 可分離變數的方程的求解

分離變數法是一種直接求解的方法，是解微分方程的重要方法之一。

非線性微分方程通常比線性方程更難求解。可分離變數的方程是一個例外，它們可以藉由對微分方程式的兩邊積分來求解。我們在下面的例子中展示這個概念。

例 1 求 $\frac{dy}{dx}=y^2e^x$ 的通解

解：當 $y\neq 0$ 時，方程式兩邊同除以 y^2，將方程式改寫爲

$$\frac{dy}{y^2}=e^x dx$$

這樣變數就分離了，對上式兩邊積分，

$$\int\frac{dy}{y^2}=\int e^x dx$$

得到

$$-\frac{1}{y}=e^x+c\text{，}c\text{ 爲積分常數}$$

通解爲

$$y=-\frac{1}{e^x+c}$$

注意 $y=0$ 也是方程式的解。

在可分離方程的積分中不需要使用兩個常數，因爲如果 $G(y)+c_1=F(x)+c_2$，則差 c_2-c_1 可以用一個常數 c 代替。在接下來的各章中的許多情況下，我們將以對給定方程式方便的方式重新標記常數。例如，多個常數或常數的組合有時可以用單個常數代替。

例 2 求微分方程 $x\frac{dy}{dx}=y^{\frac{3}{2}}$ 的所有解。

解：原式是一個可分離變數的方程，假設 $y\neq 0$，分離變數後得

$$y^{-\frac{3}{2}}dy=\frac{dx}{x}$$

上式兩邊積分得

$$-2y^{-\frac{1}{2}}=\ln|x|+c_1$$

整理後得通解爲

$$y=\frac{4}{(\ln|x|+c_1)^2}=\frac{4}{(\ln|cx|)^2}$$

其中，$c_1=\ln|c|$。且 $x\neq 0$，此通解只是在 $x>0$ 或 $x<0$ 有定義。

注意，在求 $\frac{dy}{dx}=f(x)g(y)$ 通解的表達式時，假設 $g(y)\neq 0$。對方程兩邊同除以 $g(y)$ 時，就會忽略某些解，如本題中，當 $g(y)=y^{\frac{3}{2}}=0$ 時，$y=0$，而 $y=0$ 亦是原題的一個解，但是這個解無法從上面得

出的通解中選取常數 c 而得，所以本題的所有解（完全解）為

$$y = \frac{4}{(\ln|cx|)^2} \text{ 和 } y = 0$$

在例 2 的求解中，對於積分常數的明智選擇是將 c_1 改寫為 $\ln|c|$。這樣可以使我們能夠利用對數的性質來組合右側的項。當不定積分產生對數時，使用 $\ln|c|$ 為積分常數是有利的。

例 3 解初值問題 $\frac{dy}{dx} = 6xy^2$，$y(1) = \frac{1}{25}$

解：分離變數

$$\frac{dy}{y^2} = 6xdx$$

$$\int \frac{dy}{y^2} = \int 6xdx$$

$$-\frac{1}{y} = 3x^2 + c$$

因為

$$y(1) = \frac{1}{25}$$

所以

$$-\frac{1}{\left(\frac{1}{25}\right)} = 3(1)^2 + c$$

$$c = -28$$

$$-\frac{1}{y} = 3x^2 - 28$$

$$y(x) = \frac{1}{(28 - 3x^2)}$$

其中 $28 - 3x^2 \neq 0$ 即 $x \neq \pm\sqrt{\frac{28}{3}} \approx \pm 3.05505$

在區間 $-\sqrt{\frac{28}{3}} < x < \sqrt{\frac{28}{3}}$ 時，解的圖形如下

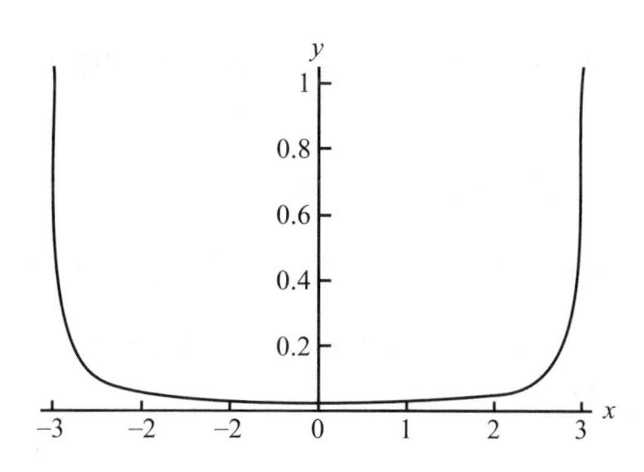

例 4 求微分方程

$$\frac{dy}{dx} = 3x^2e^{-y}$$

的通解，並求滿足初始條件 $y(0) = 1$ 的特解。

解：這是 $\frac{dy}{dx} = f(x)g(y)$ 的形式，其中 $f(x) = 3x^2$ 且 $g(y) = e^{-y}$，所以我們可以分離變數後積分，即

$$\int e^y dy = \int 3x^2 dx$$

可得 $e^y = x^3 + c$（其中 c 爲任意常數）。

通解爲 $y = \ln(x^3 + c)$

當 $x = 0$ 時 $y = 1$，即 $1 = \ln c$，因此 $c = e$

特解爲 $y = \ln(x^3 + e)$

例 5 求微分方程 $\frac{dy}{dx} = \frac{x(1+y^2)}{y(1+x^2)}$ 滿足初始條件 $y(0) = 1$ 的特解。

分離變數，$\frac{y}{1+y^2}dy = \frac{x}{1+x^2}dx$

兩邊積分，$\int \frac{y}{1+y^2}dy = \int \frac{x}{1+x^2}dx + c_1$，

得到 $\frac{1}{2}\ln(1+y^2) = \frac{1}{2}\ln(1+x^2) + c_1$，

把任意常數 c_1 表示爲 $\frac{1}{2}\ln c$，即

$$\frac{1}{2}\ln(1+y^2) = \frac{1}{2}\ln(1+x^2) + \frac{1}{2}\ln c \qquad (c > 0)，$$

化簡 $1 + y^2 = c(1 + x^2)$。

再由初始條件 $y(0) = 1$ 可得 $c = 2$，所求特解為 $1 + y^2 = 2(1 + x^2)$

在例 5 的求解中，由於每個積分均產生一個對數，因此將積分常數 c_1 改寫為 $(\frac{1}{2})\ln c$。這樣才能夠利用對數的性質來組合右側的項。我們立即得到 $1 + y^2 = c(1 + x^2)$。當不定積分產生對數時，使用 $\ln |c|$ 為積分常數是有利的。但是，沒有嚴格的規則。

例 6 解初值問題 $\frac{dy}{dx} = \frac{2x^3 - x + 5}{4 - y}$，$y(0) = -2$。

解：將原式分離變數

$$(4 - y)\,dy = (2x^3 - x + 5)\,dx.$$

對微分方程的兩邊積分，

$$\int (4 - y)dy = \int (2x^3 - x + 5)dx$$

得到

$$4y - \frac{1}{2}y^2 = \frac{1}{2}x^4 - \frac{1}{2}x^2 + 5x + c_1$$

c_1 為積分常數。上式乘以 2，

$$8y - y^2 = x^4 - x^2 + 10x + c,$$

其中 $c = 2c_1$，利用初始條件 $y(0) = -2$，可得

$$8(-2) - (-2)^2 = 0^4 - 0^2 + 10(0) + c$$

求出 $c = -20$，因此，初值問題的隱式解為

$$8y - y^2 = x^4 - x^2 + 10x - 20$$

是否可以找到明確的顯式解？答案是肯定的。

我們將上式重寫為，

$$y^2 - 8y + (x^4 - x^2 + 10x - 20) = 0,$$

利用求解二次方程的公式求得

$$y = 4 \pm \sqrt{36 - 10x + x^2 - x^4}$$

因為 $y(0) = -2$，所以我們得出結論：

$$y(x) = 4 - \sqrt{36 - 10x + x^2 - x^4}$$

是初值問題的顯式解。

例 7 求微分方程

$$\frac{dy}{dx}=\frac{x^3}{16-8x^2+x^4}$$

的通解。

解：將原式分離變數，得到

$$dy=\frac{x^3}{16-8x^2+x^4}dx$$

上式兩邊積分 $\int dy=\int\frac{x^3}{16-8x^2+x^4}dx$

令 $x^2=\mathrm{t}$ 則 $2xdx=dt$

$$\begin{aligned} y&=\int\frac{x^3}{16-8x^2+x^4}dx \\ &=\frac{1}{2}\int\frac{t}{(t-4)^2}dt \\ &=\frac{1}{2}\int\left[\frac{4}{(t-4)^2}+\frac{1}{t-4}\right]dt \\ &=\frac{-2}{t-4}+\frac{1}{2}\ln|t-4|+c \\ &=\frac{-2}{x^2-4}+\frac{1}{2}\ln|x^2-4|+c \end{aligned}$$

通解為 $y=\frac{-2}{x^2-4}+\frac{1}{2}\ln|x^2-4|+c$

例 8 求微分方程 $\frac{dy}{dx}=1+x+y^2+xy^2$ 的通解。

解：微分方程可化為

$$\frac{dy}{dx}=(1+x)(1+y^2),$$

分離變數

$$\frac{1}{1+y^2}dy=(1+x)dx,$$

兩邊積分

$$\int\frac{1}{1+y^2}dy=\int(1+x)dx \text{，即 } \tan^{-1}y=\frac{1}{2}x^2+x+C \text{。}$$

於是原方程的通解為 $y=\tan(\frac{1}{2}x^2+x+C)$。

例 9 解初值問題

$$2x\frac{dy}{dx}-3=3y^2;\ y(1)=\sqrt{3}$$

解：移項整理

$$2x\frac{dy}{dx}=3(y^2+1)$$

分離變數後積分

$$\int\frac{1}{y^2+1}\,dy=\frac{3}{2}\int\frac{1}{x}\,dx$$

可得

$$\tan^{-1}y=\frac{3}{2}\ln x+c\ ;\ x>0$$

$$y=\tan\left(\frac{3}{2}\ln x+c\right)$$

因爲 $y(1)=\sqrt{3}$，

所以 $\sqrt{3}=\tan\left[\frac{3}{2}\ln(1)+c\right]$

$$\tan c=\sqrt{3}$$

$$c=\frac{\pi}{3}$$

因此解爲 $y=\tan\left(\frac{3}{2}\ln x+\frac{\pi}{3}\right)$

例 10 解初值問題 $\frac{dy}{dx}=2x\cos^2 y$，$y(0)=\frac{\pi}{3}$，並給出解成立的最大區間。

解：將原式分離變數

$$\frac{1}{\cos^2 y}\,dy=2x\,dx$$

對微分方程的兩邊積分，

$$\int\sec^2 y\,dy=\int 2x\,dx$$

積分得到 $\tan y=x^2+c$，這是微分方程的隱式解。使用給定的初始條件，我們將 $x=0$ 和 $y=\frac{\pi}{3}$ 代入得到 $\tan\left(\frac{\pi}{3}\right)=0^2+c$，因此 $c=\sqrt{3}$，我們求得

$$\tan y=x^2+\sqrt{3}$$

這是初值問題的隱式解。

已知 $\tan y$ 在 $(-\frac{\pi}{2}, \frac{\pi}{2})$ 是一對一函數，且具有反函數 $\tan^{-1}$。因此，初值問題的顯式解是

$$y(x) = \tan^{-1}(x^2 + \sqrt{3}),$$

可以理解，函數 y 的範圍是 $(-\frac{\pi}{2}, \frac{\pi}{2})$，即反正切函數 $\tan^{-1}$ 的常規範圍。這是初值問題的解成立的最大區間。

例 11 求微分方程 $\frac{dy}{dx} = \frac{1+\cos x}{1+2y}$ 的通解。

解：將原式分離變數

$$(1 + 2y)dy = (1 + \cos x)dx$$

對微分方程的兩邊積分，

通解爲 $\quad y + y^2 = x + \sin x + c$

解的曲線如下圖所示。

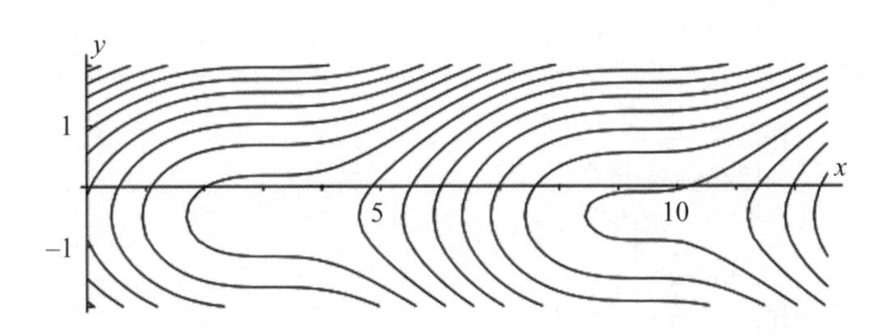

注意，當 $y = -\frac{1}{2}$ 時，$\frac{dy}{dx} = \infty$，在點 $(x, -\frac{1}{2})$ 處的切線斜率爲 ∞，即在點 $(x, -\frac{1}{2})$ 處的切線垂直於 x 軸，此事實可由圖形得知。

例 12 解微分方程 $y' + \frac{y}{\sin x} = 0$

解：移項 $\quad \frac{dy}{dx} = -\frac{y}{\sin x}$

分離變數 $\quad \frac{dy}{y} = -\frac{dx}{\sin x}$

積分 $\quad \int \frac{dy}{y} = -\int \frac{dx}{\sin x}$

$$\ln|y| = -\int \frac{dx}{\sin x} + k$$

$$y = \pm\exp(k) \cdot \exp\left(-\int \frac{1}{\sin x} dx\right)$$

$$y = c\exp\left(-\int \frac{1}{\sin x} dx\right) \tag{1}$$

$$\int \frac{1}{\sin x} dx = \int \csc x \, dx$$

$$= \int \frac{\csc x(\csc x - \cot x)}{\csc x - \cot x} dx \quad \text{（分子、分母同乘以 } \csc x - \cot x\text{）}$$

$$= \int \frac{1}{\csc x - \cot x} d(\csc x - \cot x)$$

（$\because$ $d\csc x = -\csc x \cot x \, dx$，$d\cot x = -\csc^2 x \, dx$）

$$= \ln|\csc x - \cot x|$$

$$= \ln\left|\frac{1}{\sin x} - \frac{\cos x}{\sin x}\right|$$

$$= \ln\left|\frac{1-\cos x}{\sin x}\right|$$

$$= \ln\left|\frac{2\sin^2\frac{x}{2}}{2\sin\frac{x}{2}\cos\frac{x}{2}}\right|$$

$$= \ln\left|\frac{\sin\frac{x}{2}}{\cos\frac{x}{2}}\right|$$

$$= \ln\left|\tan\frac{x}{2}\right| \tag{2}$$

(2) 代入 (1)

$$y = c\exp\left(-\ln\left|\tan\frac{x}{2}\right|\right)$$

$$= c\left|\cot\left(\frac{x}{2}\right)\right|$$

例 13 解初值問題

$$\frac{dy}{dx} = \frac{y\cos x}{1+2y^2}, \quad y(0) = 1$$

解：把含有 y 的項移到左邊，把含有 x 的項移到右邊，把不同的變數分

開，這樣原方程變爲

$$\frac{1+2y^2}{y}dy=\cos x\,dx$$

兩邊積分　$\int\frac{1+2y^2}{y}dy=\int\cos x\,dx$

得到通解爲　$\ln y+y^2=\sin x+c$

利用初始條件，$y(0)=1$

$$\ln 1+1=\sin(0)+c$$

$$c=1$$

解爲　$\ln y+y^2=\sin x+1$

例 14　求微分方程 $\frac{dy}{dx}=\frac{\sec^2 y}{1+x^2}$ 的通解。

解：這是 $\frac{dy}{dx}=f(x)g(y)$ 的形式，其中 $f(x)=\frac{1}{1+x^2}$ 且 $g(y)=\sec^2 y$，

分離變數　$\frac{dy}{\sec^2 y}=\frac{dx}{1+x^2}$

$$\frac{1}{\sec^2 y}=\cos^2 y=\frac{1+\cos 2y}{2}$$

積分　$\int\frac{dy}{\sec^2 y}=\int\frac{dx}{1+x^2}$

$$\int\frac{1+\cos 2y}{2}dy=\int\frac{1}{1+x^2}dx$$

通解爲　$\frac{y}{2}+\frac{1}{4}\sin 2y=\tan^{-1}x+c$

例 15　求微分方程

$$\frac{dy}{dx}=y\,(2+\sin x)$$

的通解。

解：方程的形式爲 $\frac{dy}{dx}=f(x)g(y)$，其中 $f(x)=2+\sin x$ 且 $g(y)=y$，

分離變數　$\frac{dy}{y}=(2+\sin x)dx$

積分，　$\int\frac{dy}{y}=\int(2+\sin x)dx$

可得　$\ln|y|=2x-\cos x+k$，k 爲任意常數。

去對數 $|y| = e^k e^{2x-\cos x}$

去絕對值 $y = \pm e^k e^{2x-\cos x}$

令 $c = \pm e^k$，因此

通解爲 $y = ce^{2x-\cos x}$

例 16 求微分方程 $\sec x \cdot \dfrac{dy}{dx} = \sec^2 y$ 的通解。

解：此方程是可分離變數的，分離變數後得

$$\frac{dy}{\sec^2 y} = \frac{dx}{\sec x}$$

兩邊積分 $\int \cos^2 y dy = \int \cos x dx$

$$\int \frac{1+\cos 2y}{2} dy = \int \cos x \, dx$$

$$\frac{y}{2} + \frac{1}{4}\sin 2y = \sin x + c_1$$

$$2y + \sin 2y = 4\sin x + c \text{（其中 } c = 4c_1\text{）}$$

例 17 求微分方程 $\csc^3 x \dfrac{dy}{dx} = \cos^2 y$ 的通解。

解：

$$\int \frac{dy}{\cos^2 y} = \int \frac{dx}{\csc^3 x}$$

$$\int \sec^2 y dy = \int \sin^3 x dx$$

$$\tan y = \int \sin^2 x \cdot \sin x dx$$

$$= \int (1 - \cos^2 x) \cdot \sin x dx$$

$$= \int \sin x dx - \int \cos^2 x \cdot \sin x dx$$

通解爲 $\tan y = -\cos x + \dfrac{\cos^3 x}{3} + c$

例 18 求微分方程

$$(4x+1)\cot y = (2x^2 + x)\frac{dy}{dx}, \; y(1) = 2\pi$$

的特解。

解：將原式分離變數可得

$$\int \frac{4x+1}{2x^2+x} dx = \int \tan y dy$$

$$\ln|2x^2+x| = \ln|\sec y| + c_1$$
$$\ln|(2x^2+x)\cos y| = c_1$$
$$(2x^2+x)\cos y = c$$

再由初始條件 $y(1)=2\pi$，可得 $c=3$

所求特解爲 $(2x^2+x)\cos y = 3$

注意：某些微分方程最初看起來是不可分離變數，但是利用適當的代換，該微分方程是可分離的，如下面的例題所示。

例 19 解 $\dfrac{dy}{dx}=\sqrt{x+y}-1$

解：令 $z=x+y$，則 $\dfrac{dz}{dx}=1+\dfrac{dy}{dx}$

方程式可轉換爲 $\dfrac{dz}{dx}=\sqrt{z}$。

假設 $z\neq 0$，

分離變數 $\dfrac{dz}{\sqrt{z}}=dx$

積分後可得 $2\sqrt{z}=x+c$

$$z=\frac{(x+c)^2}{4}。$$

注意 $z=x+y=0$，即 $y=-x$ 亦爲微分方程的解

原題的解：$y=\dfrac{(x+c)^2}{4}-x$ 和 $y=-x$。

例 20 解初值問題

$$\frac{dy}{dx}=(x-y)^2+1，y(0)=1$$

解：令 $u=y-x$，則 $\dfrac{du}{dx}=\dfrac{dy}{dx}-1$ 將初值問題轉化爲

$$\frac{du}{dx}=u^2，u(0)=1$$

這是一個可分離變數的方程，其通解爲

$$u=-\frac{1}{(x+c)}$$

代入初始條件後得 $c=-1$，原題之解爲

$$y-x=-\frac{1}{(x-1)}$$

例 21 求微分方程 $\frac{dy}{dx}=y-x-1+\frac{1}{x-y+2}$ 的通解。

解：將方程式寫成 $x-y$ 的函數

$$\frac{dy}{dx}=-(x-y)-1+\frac{1}{x-y+2}$$

令 $z=x-y$

則 $\frac{dz}{dx}=1-\frac{dy}{dx}$

因此 $1-\frac{dz}{dx}=-z-1+\frac{1}{z+2}$

$$\frac{dz}{dx}=(z+2)-\frac{1}{z+2}$$

$$\frac{dz}{dx}=\frac{(z+2)^2-1}{z+2}$$

分離變數後積分

$$\int\frac{z+2}{(z+2)^2-1}dz=\int dx$$

利用代換法，令 $u=(z+2)^2-1$，則 $du=2(z+2)dz$，$(z+2)dz=\frac{1}{2}du$，上式變爲

$$\frac{1}{2}\int\frac{1}{u}du=\int dx$$

$$\frac{1}{2}\ln u=x+k$$

$$u=ce^{2x}$$

因爲 $u=(z+2)^2-1$

所以 $(z+2)^2-1=ce^{2x}$

$$z=-2+\sqrt{ce^{2x}+1}$$

因爲 $z=x-y$

所以 $x-y=-2+\sqrt{ce^{2x}+1}$

$$y=x+2-\sqrt{ce^{2x}+1}$$

例 22　求微分方程 $\frac{dy}{dx}=\sin(x+y)$ 的通解。

解：令 $u=x+y$，則

$$\frac{du}{dx}=1+\frac{dy}{dx}$$

$$\frac{du}{dx}=1+\sin u$$

分離變數　$dx=\frac{du}{1+\sin u}$

積分

$$\int dx=\int\frac{du}{1+\sin u}$$

$$x=\int\frac{1-\sin u}{1-\sin^2 u}du$$

$$=\int\frac{1}{\cos^2 u}du-\int\frac{\sin u}{\cos^2 u}du$$

$$=\int\sec^2 u\,du+\int\frac{1}{\cos^2 u}d\cos u$$

$$=\tan u-\frac{1}{\cos u}+c$$

$$=\tan(x+y)-\sec(x+y)+c$$

例 23　解初值問題 $\frac{dy}{dx}=\sin(x-y)$，$y(0)=\frac{\pi}{4}$。

解：令 $z=x-y$，則 $\frac{dz}{dx}=1-\frac{dy}{dx}$，原式變成

$$1-\frac{dz}{dx}=\sin z$$

利用分離變數法，可得

$$\int\frac{1}{1-\sin z}dz=\int dx$$

因爲　$\frac{1}{1-\sin z}=\frac{1}{1-\sin z}\cdot\frac{1+\sin z}{1+\sin z}$

$$=\frac{1+\sin z}{\cos^2 z}$$

$$=\sec^2 z+\tan z\sec z$$

因此　$\int\sec^2 z\,dz+\int\tan z\sec z\,dz=x+c$，

其中 c 爲任意常數，這立即產生

$$\tan z+\sec z=x+c$$

因此 $\tan(x-y)+\sec(x-y)=x+c$

爲微分方程的通解。

現在我們利用初始條件。在通解中令 $x=0$ 和 $y=\frac{\pi}{4}$ 可得出

$$\tan(-\frac{\pi}{4})+\sec(-\frac{\pi}{4})=c,$$

這樣 $c=\sqrt{2}-1$，我們得到初值問題的解爲

$$\tan(x-y)+\sec(x-y)=x+\sqrt{2}-1$$

例 24 求微分方程 $\frac{dy}{dx}=\cos(x+y)+\sin(x+y)$ 的通解。

解：$\frac{dy}{dx}=\cos(x+y)+\sin(x+y)$

令 $x+y=z$

$$\Rightarrow\ 1+\frac{dy}{dx}=\frac{dz}{dx}$$

將這些值代入原式，得到

$$\frac{dz}{dx}-1=\cos z+\sin z$$

$$\Rightarrow\ \frac{dz}{dx}=(\cos z+\sin z+1)$$

$$\Rightarrow\ \frac{dz}{\cos z+\sin z+1}=dx$$

$$\Rightarrow\ \int\frac{dz}{\cos z+\sin z+1}=\int dx$$

$$\Rightarrow\ \int\frac{dz}{\frac{1-\tan^2\frac{z}{2}}{1+\tan^2\frac{z}{2}}+\frac{2\tan\frac{z}{2}}{1+\tan^2\frac{z}{2}}+1}=x+c$$ （* 請參考後面的註解）

$$\Rightarrow\ \int\frac{dz}{\frac{1-\tan^2\frac{z}{2}+2\tan\frac{z}{2}+1+\tan^2\frac{z}{2}}{1+\tan^2\frac{z}{2}}}=x+c$$

$$\Rightarrow\ \int\frac{1+\tan^2\frac{z}{2}\,dz}{2+2\tan\frac{z}{2}}=x+c$$

$$\Rightarrow\ \int\frac{\sec^2\frac{z}{2}\,dz}{2\left(1+\tan\frac{z}{2}\right)}=x+c$$

令　$1+\tan\frac{z}{2}=u \Rightarrow \frac{1}{2}\sec^2\frac{z}{2}dz=du$

$\Rightarrow \quad \int\frac{du}{u}=x+c$

$\Rightarrow \quad \ln|u|=x+c$

$\Rightarrow \quad \ln\left|1+\tan\frac{z}{2}\right|=x+c$

$\Rightarrow \quad \ln\left|1+\tan\frac{x+y}{2}\right|=x+c$

*註：若 $\tan\frac{\theta}{2}=t$，則 $\sin\theta=\frac{2t}{1+t^2}$，$\cos\theta=\frac{1-t^2}{1+t^2}$

證明：由倍角公式知

$$\sin\theta=2\sin\frac{\theta}{2}\cos\frac{\theta}{2}$$

$$=\frac{\sec^2\frac{\theta}{2}\left(2\sin\frac{\theta}{2}\cos\frac{\theta}{2}\right)}{\sec^2\frac{\theta}{2}} \quad （分子、分母同乘以 \sec^2\frac{\theta}{2}）$$

$$=\frac{2\tan\frac{\theta}{2}}{1+\tan^2\frac{\theta}{2}}=\frac{2t}{1+t^2}$$

$$\cos\theta=\cos^2\frac{\theta}{2}-\sin^2\frac{\theta}{2}$$

$$=\frac{\sec^2\frac{\theta}{2}\left(\cos^2\frac{\theta}{2}-\sin^2\frac{\theta}{2}\right)}{\sec^2\frac{\theta}{2}} \quad （分子、分母同乘以 \sec^2\frac{\theta}{2}）$$

$$=\frac{1-\tan^2\frac{\theta}{2}}{1+\tan^2\frac{\theta}{2}}=\frac{1-t^2}{1+t^2}$$

例 25　求解微分方程

$$y^2\left[1-\left(\frac{dy}{dx}\right)^2\right]=1$$

解：由原式解出 $\frac{dy}{dx}=\pm\frac{\sqrt{y^2-1}}{y}$，設 $y^2-1\neq 0$，

分離變數 $\pm\dfrac{y\,dy}{\sqrt{y^2-1}}=dx$，

積分可得 $\pm\sqrt{y^2-1}=x+c$

原方程的通解爲

$$y^2=(x+c)^2+1$$

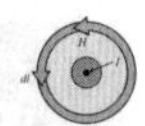

例 26 解初值問題 $\dfrac{dr}{d\theta}=\dfrac{r^2}{\theta}$，$r(1)=2$

解：分離變數 $\dfrac{dr}{r^2}=\dfrac{d\theta}{\theta}$

$$\int\frac{dr}{r^2}=\int\frac{d\theta}{\theta}$$

$$-\frac{1}{r}=\ln|\theta|+c$$

因爲 $r(1)=2$

所以 $-\dfrac{1}{2}=\ln(1)+c$

$$c=-\frac{1}{2}$$

因此解爲 $-\dfrac{1}{r}=\ln|\theta|-\dfrac{1}{2}$

$$r=\frac{1}{\frac{1}{2}-\ln|\theta|}$$

下圖是解的部分圖形

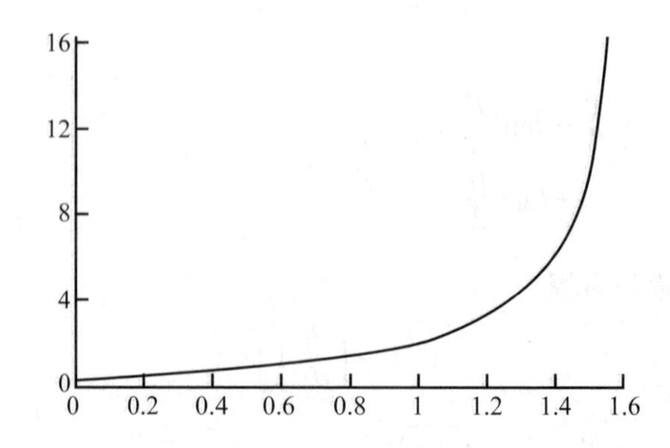

例 27 解極坐標微分方程

$$\frac{dr}{d\theta}=-r\tan\theta,\ r(\pi)=2$$

解：所予方程是可分離的，因爲它可以用分離的形式表示

$$\frac{dr}{r}=-\tan\theta d\theta$$

現在兩邊積分

$$\int\frac{dr}{r}=-\int\tan\theta \mathrm{d}\theta$$

$$\ln|r|=\ln|\cos\theta|+k_1$$

$$\ln|r|=\ln|\cos\theta|+\ln|k|$$

$$\ln|r|=\ln|k\cos\theta|$$

$$r=k\cos\theta$$

由於解曲線要通過極坐標（r,θ）=（$2,\pi$）的點，所以

$$2=k\cos\pi$$

$$k=-2$$

因此，微分方程的解是

$$r=-2\cos\theta,\ r\neq 0$$

其中 $r=-2\cos\theta$ 是直徑 2 的圓，在原點與 y 軸相切；如圖。注意：在分離變數的步驟中，將微分方程兩邊都除以 r。但是，即使 $r=0$ 滿足微分方程，但它顯然並不滿足初始條件 $r(\pi)=2$。

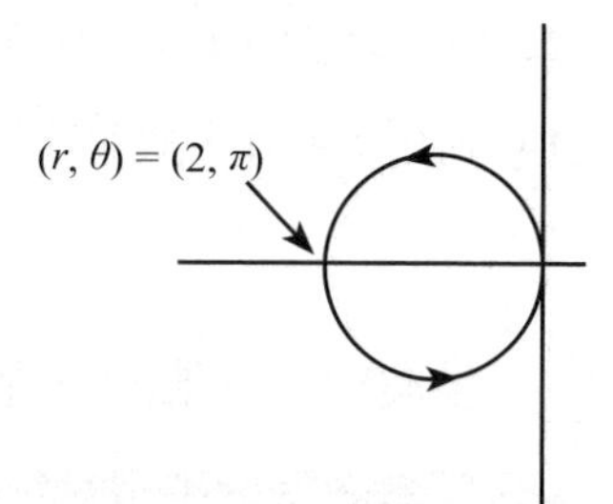

習題

解下列微分方程：

1. $-\frac{1}{y^2}\frac{dy}{dx}=\cos 2x$

   答案：$y(x)=\frac{2}{\sin 2x+c}$

2. $\frac{dy}{dx}=\frac{x^2}{1-y^2}$

   答案：$y-\frac{y^3}{3}=\frac{x^3}{3}+c$

3. $\frac{dy}{dx}=\frac{4x-x^3}{4+y^3}$

答案：$y^4+16y-8x^2+x^4=c$

4. $\frac{dy}{dx}=\frac{2-x}{1+y}, y(0)=1$

答案：$y^2+2y+x^2-4x-3=0$

5. $\frac{dy}{dx}=\frac{y\cos x}{1+2y^2}, y(0)=1$

答案：$\ln y+y^2=\sin x+1$

6. $\sqrt{1-x^2}\,y'+\sqrt{1-y^2}=0$

答案：$\sin^{-1}x+\sin^{-1}y=c$

7. $\sin x\sin^2 y-y'\cos^2 x=0$

8. $e^{2x-y}+e^{x+y}y'=0$

9. $\sec^2\theta\tan\phi\,d\theta+\sec^2\phi\tan\theta\,d\phi=0$

10. $2(1-y^2)xy\,dx+(1+x^2)(1+y^2)dy=0$

11. $e^x\tan y\,dx+(1-e^x)\sec^2 y\,dy=0$

12. $(x+y)^2dy=dx$

13. $(y-x)\sqrt{1+x^2}\,y'=(\sqrt{1+y^2})^3$

14. 利用 $z=xy$，將微分方程

$$x\frac{dy}{dx}+y=2x\sqrt{1-x^2y^2}$$

變換爲可分離的方程，並求解

② 可分離變數的方程的應用舉例

微分方程來源於實際生活，研究微分方程的目的就在於掌握它所反映的自然規律，能解釋所出現的各種現象並預測未來的可能情況。

大多數物理系統可以用適當的微分方程描述，這些微分方程非常適合作爲系統模型。因此，對微分方程的理解和找到其解對數學和工程學都至關重要。

本節將處理微分方程應用的例子，這些例子給了我們希望去觀測這世界。

例 1 直角坐標上有一條通過原點的曲線 $y=f(x)$，在曲線上的任意點

(x, y) 分別作平行於坐標軸的直線，而與兩軸形成一矩形。曲線將形成的矩形分成兩個區域 A 和 B，其中一個區域的面積等於另一個區域的 n 倍。求函數 $f(x)$。

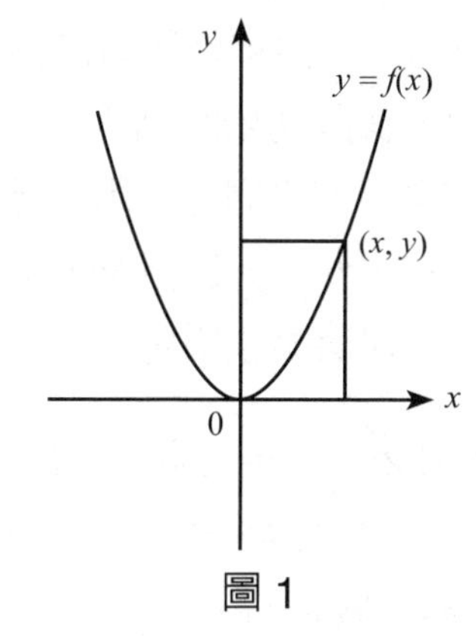

圖 1

解：若 A 的面積 $= \int_0^x ydx$

則 B 的面積 $= xy - \int_0^x ydx$

若 B 的面積為 A 的面積的 n 倍，則

$$xy - \int_0^x ydx = n\int_0^x ydx$$

$$xy = (n+1)\int_0^x ydx$$

上式對 x 微分可得，

$$xy' + y = (n+1)y$$

化簡後 $\quad xy' = ny$

即 $\quad x\dfrac{dy}{dx} = ny$

將上式分離變數，可得 $\dfrac{dy}{y} = \dfrac{ndx}{x}$

積分 $\quad \int\dfrac{dy}{y} = n\int\dfrac{dx}{x}$

$$\ln|y| = \mathrm{n}\ln|x| + c_1$$

所求的函數為 $\quad f(x) = y = cx^n$

同理，若 A 的面積為 B 的面積的 n 倍，則所求的函數為

$$f(x) = y = cx^{\frac{1}{n}}$$

驗證：若令 $c = 1$，$n = 2$，$(x, y) = (2, 4)$，則

A 的面積 $= \int_0^2 ydx = \int_0^2 x^2dx = \dfrac{8}{3}$

B 的面積 $= xy - \dfrac{8}{3} = (2)(4) - \dfrac{8}{3} = \dfrac{16}{3}$

B 的面積為 A 的面積的 2 倍。

放射性衰變

我們可以利用放射性碳 ^{14}C 來估算考古發掘物的年齡，其理由如下：在自然界中存在著穩定的碳元素 ^{12}C 和它的同位素 ^{14}C，而 ^{14}C 是在大氣的上層由於宇宙射線對氮元素的轟擊形成的，^{14}C 不穩定且具有放射性，其半衰期約為 5570 年。假設空氣中 ^{14}C 的含量為常數，由於活著的植物不斷地進行光合作用，依相同的比例從空氣中吸收 ^{12}C 和 ^{14}C，因此活著的樹木中 ^{14}C 的含量可以維持恆定，而當樹木一旦被砍伐，它就無法由空氣中繼續補充 ^{14}C，而樹木本身所具有的 ^{14}C 也因放射性而不斷減少。實驗證明，放射性物質的衰變速率與其存在的量成正比，由此建立起微分方程。假設初始時刻木製品標本中 ^{14}C 的含量與剛砍伐的木材中 ^{14}C 的含量相等，若再測得木製品標本中 ^{14}C 的含量後，就可以估算出木製品標本的年代。此一方法由 W.F. Libby 在 1949 年前後提出，他也因此於 1990 年獲得了諾貝爾化學獎。

例 2 若在某處挖掘的古墓中，測得木製古墓的 ^{14}C 的含量是現在木製品含量的 77%，試估算該古墓的年代。

解：假設 t 時刻木製古墓中 ^{14}C 的含量為 $y(t)$，由放射性物質的衰變速率與其存在的量成正比，可得

$$\frac{dy}{dt} = -ky, y(0) = y_0$$

求得 $$y(t) = y_0 e^{-kt}$$

由於 ^{14}C 的半衰期約為 5570 年，所以

$$y(5570) = y_0 e^{-5570k} = \frac{y_0}{2}$$

由此可得 $k = \frac{\ln 2}{5570}$，即

$$y(t) = y_0 \exp\left(-\frac{\ln 2}{5570}\right) t$$

當 $y(t) = 0.77y_0$ 時，$0.77y_0 = y_0 \exp\left(-\frac{\ln 2}{5570}\right) t$

求解得 $$t = \left(\frac{5570}{\ln 2}\right) \ln\left(\frac{100}{77}\right) \doteqdot 2108.2 \text{ 年}$$

該古墓距今約 2100 年。

例 3 放射性元素鐳的半衰期為 1600 年，如果鐳最初為 50 克，需要多少時間才會變成 45 克？

解：令 $y(t)$ 為在時間 t 鐳存在的量。

由 $$\frac{dy}{dt} = -ky,$$

可知 $$y = y_0 e^{-kt}。$$

因為　　　　　　$y(0) = 50$，

所以　　　　　　$y = 50e^{-kt}$。

求解 t 得出　　　$t = \frac{-1}{k} \ln \frac{y}{50}$。

在 $y(1600) = 25$ 的情況下，我們有

$$25 = 50e^{-1600k}。$$

因此　　　　　　$k = \frac{\ln 2}{1600}$

當 $y = 45$ 時，

我們有

$$\begin{aligned} t &= \frac{-1}{k} \ln \frac{y}{50} \\ &= \frac{-1}{\frac{\ln 2}{1600}} \ln \frac{45}{50} \\ &\approx 243.2 。\end{aligned}$$

因此，鐳變成 45 克大約需要 243.2 年。

下面的例題涉及 Torricelli 定律的應用：假設水槽的底部有一個面積為 a 的孔，槽內高度為 y 時的水面的面積為 $A(y)$，則水的流動方式滿足以下微分方程：

$$A(y)\frac{dy}{dt} = -ka\sqrt{2gy}$$

其中 k 為流量係數，g 是重力加速度。

例 4　假設半徑為 1 m 且充滿水的半球形水槽，平坦側面為底部。它的底部有一半徑為 1 cm 的小孔。若該底部小孔在下午 1 點打開，則何時槽內的水將排空？

解：如圖，我們看到，為了計算對應於高度 y 的截面積 $A(y)$，我們需要應用畢氏定理：$A(y) = \pi(1 - y^2)$。因此，假設流量係數為 1，我們得到的方程為

$$\pi \frac{1-y^2}{\sqrt{y}} \frac{dy}{dt} = -\pi \frac{1}{10000} \sqrt{2g}$$

分離變數，積分，我們得到

$$\frac{2}{5} y^{\frac{5}{2}} - 2y^{\frac{1}{2}} = \frac{t\sqrt{2g}}{10000} + c$$

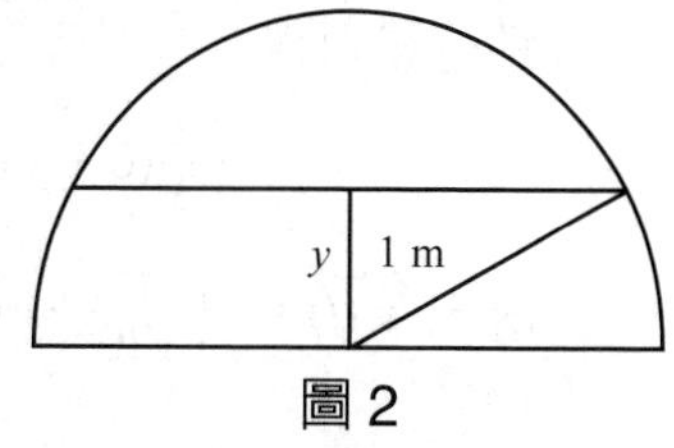

圖 2

由於在 $t=0$ 時，我們有 $y=1$，因此確定了常數 c：$c=-\frac{8}{5}$。我們感興趣的是何時 $y=0$。這使 $t=\frac{16000}{\sqrt{2g}}\approx 3614$ 秒，其中 $g=9.8\text{m}/\text{s}^2$。這大約需要 1 個小時，因此水槽內的水將在下午 2 點左右排空。

例 5 有一個半徑爲 3ft 的圓柱形水槽，水槽以側面水平橫放，側邊長 5ft，底部有一個半徑爲 $\frac{1}{12}$ ft 的小孔。假設開始時水槽的一半裝有水；試問水完全排空需要多少時間？

解：由質量平衡可知

水的體積變化率 = 水進入的體積流率 − 水排出的體積流率，即

$$\frac{dV}{dt}=0-av_0$$

其中 a 是水槽內小孔的面積，v_0 是水排放的速率。我們利用 Torricelli 公式

$$A(y)\frac{dy}{dt}=-ka\sqrt{2gy}，$$

其中 $A(y)$ 是高度爲 y 時槽內水面的面積，g 是重力加速度，並假設流量係數 $k=1$。欲求得 $A(y)$，在高度爲 y 的長方形截面，其長爲 5，寬爲 $2\sqrt{9-(3-y)^2}=2\sqrt{6y-y^2}$，可得長方形截面積 $A(y)=10\sqrt{6y-y^2}$，而 $g=32\text{ft/s}^2$，$a=\pi\left(\frac{1}{12}\right)^2$，因此我們有

$$10\sqrt{6y-y^2}\,\frac{dy}{dt}=-\frac{\pi}{144}\cdot\sqrt{64y}$$

$$\frac{dy}{dt}=\frac{-\pi\sqrt{y}}{180\sqrt{6y-y^2}}=\frac{-\pi}{180\sqrt{6-y}}$$

將上式分離變數

$$\sqrt{6-y}\,dy=\frac{-\pi}{180}dt$$

積分後可得

$$-\frac{2}{3}(6-y)^{\frac{3}{2}}=\frac{-\pi t}{180}+c_1$$

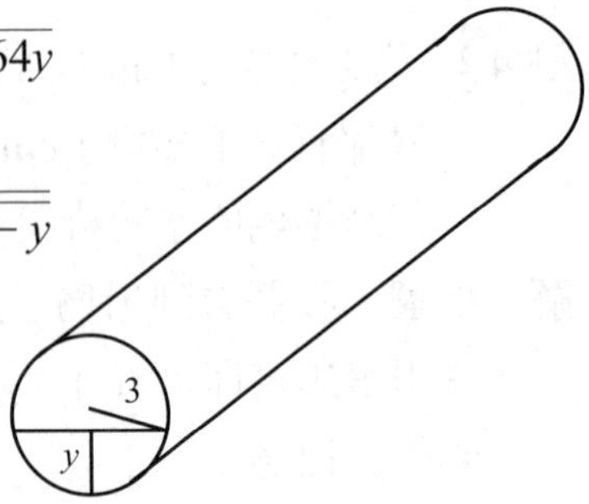

圖 3

解出 $y(t)=-\left(\frac{\pi t}{120}+c\right)^{\frac{2}{3}}+6$，利用初始條件 $y(0)=3$ 得到 $c=3\sqrt{3}$，

因此

$$y(t)=-\left(\frac{\pi t}{120}+3\sqrt{3}\right)^{\frac{2}{3}}+6$$

上式爲水從小孔流出的過程中，水槽內水面高度 y 與時間 t 之間的函數關係。欲求水完全排空所需的時間，我們令 $y(t)=0$，即

$$-\left(\frac{\pi t}{120}+3\sqrt{3}\right)^{\frac{2}{3}}+6=0$$

求解 t 得到

$$t=\frac{120}{\pi}(6\sqrt{6}-3\sqrt{3}) \doteqdot 362.9 \text{ 秒}$$

例 6 一個地區的昆蟲種群將以與其當前昆蟲數量成正比的速率增長。在沒有任何外部因素的情況下，昆蟲數量將在兩週內增加兩倍。在任何一天，有 15 隻昆蟲淨遷入該地區，16 隻被當地鳥類吃掉，7 隻死於自然原因。如果該地區最初有 100 隻昆蟲，經過長時間後昆蟲會存活嗎？如果不會存活，它們什麼時候滅絕？

解：我們從出生率開始。昆蟲的出生率與當前昆蟲數量成正比。這意味著出生率可以寫成 rP，其中 r 是一個需要確定的正的常數。現在，考慮所有因素，並爲這個問題獲得 IVP。

$$P'=(rP+15)-(16+7)，P(0)=100$$

$$P'=rP-8，P(0)=100 \tag{1}$$

我們利用昆蟲數量在兩週內增加兩倍的事實。

$$P'=rP，P(0)=100，P(14)=300$$

上式的通解爲

$$P(t)=ce^{rt}$$

應用初始條件得到 $c=100$。現在應用第二個條件

$$300=P(14)=100e^{14r}，300=100e^{14r}$$

可得

$$r=\frac{\ln 3}{14} \tag{2}$$

將 (2) 代入 (1)，可得

$$P'-\frac{\ln 3}{14}P=-8，P(0)=100$$

$$\frac{dp}{dt}=\frac{\ln 3}{14}P-8$$

$$\frac{dp}{\left(\frac{\ln 3}{14}P-8\right)}=dt$$

這是一個可分離變數的微分方程，積分後其解爲

$$P(t)=\frac{112}{\ln 3}+ce^{\frac{\ln 3}{14}t}$$

應用初始條件給出以下結果。

$$P(t)=\frac{112}{\ln 3}+\left(100-\frac{112}{\ln 3}\right)e^{\frac{\ln 3}{14}t}=\frac{112}{\ln 3}-1.94679\,e^{\frac{\ln 3}{14}t}$$

現在，指數是正指數，因此隨著 t 的增加將變爲正無窮大。然而，它的係數是負的，因此整個昆蟲數量最終將變爲負數。顯然，昆蟲數量不能爲負，最終所有的昆蟲都必須死亡。因此，它們無法生存，我們可以求解以下問題來確定昆蟲何時滅絕。

$$0=\frac{112}{\ln 3}-1.94679\,e^{\frac{\ln 3}{14}t}\Rightarrow t=50.4415$$

因此，昆蟲將存活 50.4415 天，約 7.2 週。昆蟲生存期間的數量 , 如圖 4 所示。

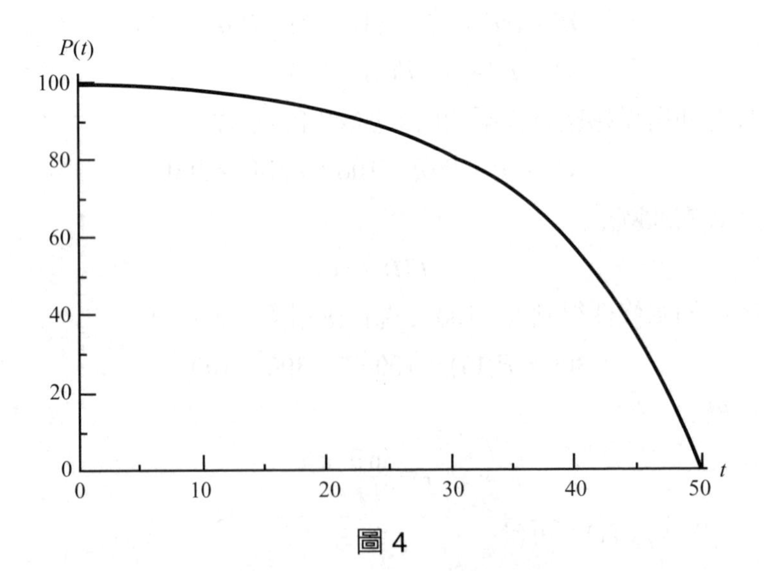

圖 4

例 7 某人吞下體積爲 V 且表面積爲 S 的球形藥丸，並在胃中緩慢溶解，釋放出活性成分。在一個模型中，假設膠囊溶解在胃酸中，因此體積變化率 dV/dt 與藥丸的表面積成正比。

(a) 證明 $\dfrac{dV}{dt}=-kV^{\frac{2}{3}}$ 中 k 是一個正實常數，並在 $t=0$ 時 $V=V_0$ 的情況下求解這個問題。

(b) 實驗測量表明，對於 4 毫米的藥丸，3 小時後一半的體積已溶解。求速率常數 k（ms^{-1}）。

(c) 估計 95% 的藥丸溶解所需的時間。

解：(a) 首先寫下球體體積（V）和球體表面積（S）的公式，然後消去 r 以 V 表示 S：

$$V=\frac{4}{3}\pi r^3 \quad S=4\pi r^2$$

從 V 的方程可知 $r=\left(\dfrac{3V}{4\pi}\right)^{\frac{1}{3}}$，所以 $S=(36\pi)^{\frac{1}{3}}V^{\frac{2}{3}}=kV^{\frac{2}{3}}$，其中 k 爲常數。

現在寫出微分方程：

$$\frac{dV}{dt}=-kV^{\frac{2}{3}}$$

使用 $t=0$ 時的條件 $V=V_0$，求解微分方程：

利用分離變數求解可得

$$V=\left\{\frac{1}{3}(C-kt)\right\}^3$$

當 $t=0$ 時 , 令 $V=V_0$ 意味著

$$V_0=\left(\frac{1}{3}C\right)^3$$

所以 $C=3V_0^{\frac{1}{3}}$ 並且解是

$$V=\left\{V_0^{\frac{1}{3}}-\frac{kt}{3}\right\}^3 \tag{1}$$

(b) 加入 3 小時後一半體積溶解的條件，求 k：

當 $t=3$ 時，$V=\dfrac{V_0}{2}$ 所以

$$\left(\frac{V_0}{2}\right)^{\frac{1}{3}}=V_0^{\frac{1}{3}}-k$$

因此

$$k=V_0^{\frac{1}{3}}(1-(0.5)^{\frac{1}{3}}) \tag{2}$$

(c) 將 (2) 代入 (1) 中，然後用它來估計達到 95% 溶解的時間：

$$V=\left\{V_0^{\frac{1}{3}}-V_0^{\frac{1}{3}}(1-(0.5)^{\frac{1}{3}})\frac{t}{3}\right\}^3$$

亦即

$$V=V_0\left\{1-(1-(0.5)^{\frac{1}{3}})\frac{t}{3}\right\}^3$$

當 95% 溶解時 $V=0.05V_0$ 所以

$$0.05V_0=V_0\left\{1-(1-(0.5)^{\frac{1}{3}})\frac{t}{3}\right\}^3$$

$$(0.05)^{\frac{1}{3}}=1-((1-0.5)^{\frac{1}{3}})\frac{t}{3}$$

$$t=3\left\{\frac{1-(0.05)^{\frac{1}{3}}}{1-(0.5)^{\frac{1}{3}}}\right\}\approx 9.185\approx 9\text{ hr }11\text{min}$$

習題

解下列微分方程

1. $\dfrac{dy}{dx}=-3x^2y^2,\ y(2)=1$

   答案：$y=\dfrac{1}{x^3-7}$

2. $\dfrac{dy}{dx}=\sqrt{xy}$

   答案：$\dfrac{2}{3}\sqrt{x^3}-2\sqrt{y}=c$

3. $\dfrac{dy}{dx}=(x+y)^2$

   答案：$\tan(x+c)-x$

4. $\dfrac{dy}{dx}=\dfrac{x-e^{-x}}{y+e^y}$

   答案：$\dfrac{y^2}{2}+e^y=\dfrac{x^2}{2}+e^{-x}+c$

5. $\frac{dy}{dx}=\frac{2xy}{y^2+1}$

答案：$\ln|y|+\frac{y^2}{2}=x^2+c$

6. 證明微分方程 $yf(xy)dx + xg(xy)dy = 0$ 經過變換 $xy = z$ 可化爲可分離變數的方程，利用此方法求解下列方程：

(1) $y(1 + x^2y^2)\, dx = xdy$　　(2) $\frac{xdy}{ydx}=\frac{2+x^2y^2}{1-x^2y^2}$

7. 某地區的人口增長速率與目前人口數成正比，若兩年後人口增加一倍；三年後，人口數爲 30000，試求該地區的最初人口數。

8. 已知菌群的增長速率與當前數量成正比，若在 3 小時內數量從 500 增長到 1500，則

(1) 從現在開始，經過 12 小時細菌數是多少？

(2) 要使細菌數增爲 2 倍需多長時間？

9. 一質量爲 m 的物體從 1m 的高度以初速度 30m/s 鉛直向上拋出。設空氣阻力可以忽略，求物體到達最高點的時間和高度。

10. 假設地球的半徑爲 $R = 6437$ 公里，地面上的重力加速度爲 9.8m/s^2，設有一質量爲 m 的火箭在地面以初速 v_0 垂直上升，若不計空氣阻力和其它任何星球的引力，試求火箭的逃逸速度，即：使火箭一去不復返的最小初速度 v_0。

11. 考慮人口模型 $\frac{dP}{dt}=0.19\left(1-\frac{P}{300}\right)\left(\frac{P}{50}-1\right)$，其中 $P(t)$ 是時刻 t 的人口數量。

(1) P 爲何值時，人口保持平衡？

(2) P 爲何值時，人口數將增加？

(3) P 爲何值時，人口數將減少？

2.2 齊次微分方程

變數分離方程可以直接求解，使我們聯想到能否將其他類型的方程利用適當的變數替換，轉化爲變數分離方程。在 18～19 世紀，人們在這方面做了大量的工作，歸納出很多方程的類型。下面介紹的齊次微分方程就是可經由變數替換化爲可分離變數的方程。

定義

若一階微分方程 $\frac{dy}{dx}=f(x, y)$ 中的函數 $f(x, y)$ 可寫成 $\frac{y}{x}$ 的函數，即 $f(x,y)=F(\frac{y}{x})$，則稱這方程爲齊次方程。

例如：$(x^2+3y^2)dx-xydy=0$ 爲齊次方程，因爲

$$\frac{dy}{dx}=\frac{x^2+3y^2}{xy}=\frac{x}{y}+3\frac{y}{x}=\left(\frac{y}{x}\right)^{-1}+3\frac{y}{x}=F\left(\frac{y}{x}\right)$$

我們可以用另一種方式定義齊次方程。

定義

若對於任何參數 $\lambda\neq 0$ 而言，函數 $F(x, y)$ 滿足

$$F(\lambda x, \lambda y)=\lambda^n F(x, y)$$

則 $F(x, y)$ 稱爲 n 次齊次函數。

例如：函數 $F(x, y)=x^3+4x^2y-y^3$ 爲 3 次齊次函數，因爲

$$F(\lambda x, \lambda y)=(\lambda x)^3+4(\lambda x)^2(\lambda y)-(\lambda y)^3=\lambda^3(x^3+4x^2y-y^3)=\lambda^3F(x, y)$$

齊次函數的一個例子是熱力學系統的能量，例如瓶中固定量的氣體其能量 E 是氣體熵（entropy）S 和氣體體積 V 的函數。這種能量是 1 次齊次函數，即 E(cS, cV) = c E(S, V)，其中 c 爲實數，$c\neq 0$。

定理

若 $M(x, y)$ 和 $N(x, y)$ 是相同次數的齊次函數，則微分方程

$$M(x, y)dx+N(x, y)dy=0$$

爲齊次微分方程。

證明

假設 $M(x, y)$ 和 $N(x, y)$ 是 n 次齊次函數，則

$M(\lambda x, \lambda y) = \lambda^n M(x, y)$ 且 $N(\lambda x, \lambda y) = \lambda^n N(x, y)$，$\lambda \neq 0$

假設參數 $\lambda = \dfrac{1}{x}$，則

$$M\left(1, \frac{y}{x}\right) = M\left[\left(\frac{1}{x}\right)x, \left(\frac{1}{x}\right)y\right] = \left(\frac{1}{x}\right)^n M(x, y)$$

且 $$N\left(1, \frac{y}{x}\right) = N\left[\left(\frac{1}{x}\right)x, \left(\frac{1}{x}\right)y\right] = \left(\frac{1}{x}\right)^n N(x, y)$$

則 $$\frac{dy}{dx} = -\frac{M(x, y)}{N(x, y)} = -\frac{(x)^n M\left(1, \frac{y}{x}\right)}{(x)^n N\left(1, \frac{y}{x}\right)} = -\frac{M\left(1, \frac{y}{x}\right)}{N\left(1, \frac{y}{x}\right)} = F\left(\frac{y}{x}\right)$$

定理得證。

微分方程 $\dfrac{dy}{dx} = \dfrac{x^2 + y^2}{(x - y)(x + y)}$ 爲齊次，因爲

$$f(x, y) = \frac{dy}{dx} = \frac{x^2 + y^2}{(x - y)(x + y)}$$

$$f(\lambda x, \lambda y) = \frac{(\lambda x)^2 + (\lambda y)^2}{(\lambda x)^2 - (\lambda y)^2} = \frac{\lambda^2(x^2 + y^2)}{\lambda^2(x^2 + y^2)} = f(x, y) = \lambda^0 f(x, y)$$

爲 0 次齊次

微分方程 $x\dfrac{dy}{dx} - y = x\sqrt{x^2 + y^2}$ 爲非齊次，因爲

$$f(x, y) = \frac{dy}{dx} = \frac{y}{x} + \sqrt{x^2 + y^2}$$

$$f(\lambda x, \lambda y) = \frac{\lambda y}{\lambda x} + \sqrt{(\lambda x)^2 + (\lambda y)^2} = \frac{y}{x} + \lambda\sqrt{x^2 + y^2} \neq f(x, y)$$

定理

在齊次方程 $y' = f(x, y)$ 中進行 $y = ux$（或 $x = uy$）的代換會產生一個新的方程，該方程是可分離的，因此可以根據 $u(x)$ 求解。

證明

給予一齊次方程 $\frac{dy}{dx}=F\left(\frac{y}{x}\right)$，令 $u=\frac{y}{x}$，即 $y=ux$，則 $u+x\frac{du}{dx}=F(u)$ 或 $[u-F(u)]dx+xdu=0$，這是可分離變數的方程式。

分離變數後，可得

$$\frac{du}{F(u)-u}=\frac{dx}{x}$$

兩端積分，得

$$\int\frac{du}{F(u)-u}=\int\frac{dx}{x}$$

求出積分後，再用 $\frac{y}{x}$ 代替 u，便得所予齊次方程的通解。

齊次方程的求解方法：

(1) 判斷方程是否爲齊次方程

(2) 將 $y=ux$ 和 $\frac{dy}{dx}=u+x\frac{du}{dx}$ 代入原微分方程

(3) 將變數 x 和 u 分離

(4) 兩邊積分

(5) 若有初始條件，則利用初始條件求常數值

註：萊布尼茨（Leibnitz, 1646-1716）提出 $y'=f\left(\frac{y}{x}\right)$ 的求解方法，令 $y=ux$，並代入方程，使得方程可以分離變數。約翰．伯努利在 1694 年的《教師學報》中作了更加完整的說明。

例 1 解 $\frac{dy}{dx}=\frac{x^2+y^2}{xy}$

解：因爲 $\frac{dy}{dx}=\frac{x^2+y^2}{xy}$

$$=\frac{x^2}{xy}+\frac{y^2}{xy}$$

$$=\frac{x}{y}+\frac{y}{x}$$

$$=\left(\frac{y}{x}\right)^{-1}+\frac{y}{x}$$

$$=F\left(\frac{y}{x}\right)$$

所以原方程爲齊次微分方程。

$$\frac{dy}{dx}=\left(\frac{y}{x}\right)^{-1}+\frac{y}{x}$$

令 $y=vx$ 則 $\quad \frac{dy}{dx}=v+x\frac{dv}{dx}$

$$v+x\frac{dv}{dx}=v^{-1}+v$$

$$x\frac{dv}{dx}=v^{-1}$$

分離變數 $\quad vdv=\frac{1}{x}dx$

積分 $\quad \int vdv=\int\frac{1}{x}dx$

$$\frac{v^2}{2}=\ln|x|+c$$，c 爲常數

令 $c=\ln|k|$，則 $\frac{v^2}{2}=\ln|x|+\ln|k|$

$$\frac{v^2}{2}=\ln|kx|$$

化簡，得到 $v=\pm\sqrt{2\ln|kx|}$

將 $v=\frac{y}{x}$ 代入上式，可得

$$\frac{y}{x}=\pm\sqrt{2\ln|kx|}$$

$$y=\pm x\sqrt{2\ln|kx|}$$，k 爲常數

y 的圖形如下圖所示：

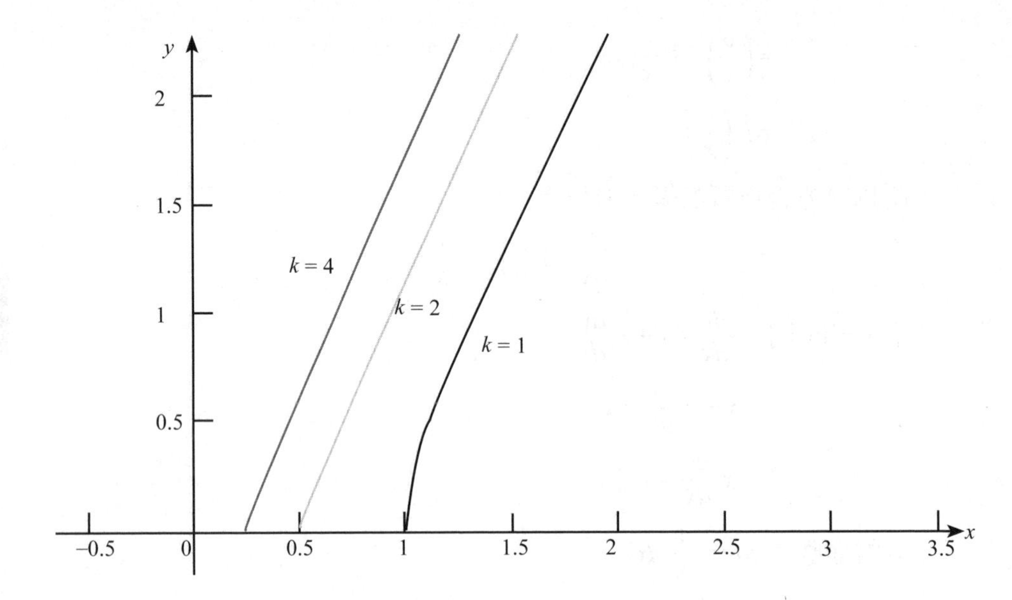

例 2 解 $\dfrac{dy}{dx}=\dfrac{y(x-y)}{x^2}$

解：因為 $\dfrac{dy}{dx}=\dfrac{y(x-y)}{x^2}$

$$=\frac{xy}{x^2}-\frac{y^2}{x^2}$$

$$=\frac{y}{x}-\left(\frac{y}{x}\right)^2$$

$$=F\left(\frac{y}{x}\right)$$

所以原方程為齊次微分方程。

$$\frac{dy}{dx}=\frac{y}{x}-\left(\frac{y}{x}\right)^2$$

令 $y=vx$ 則 $\dfrac{dy}{dx}=v+x\dfrac{dv}{dx}$

$$v+x\frac{dv}{dx}=v-v^2$$

$$x\frac{dv}{dx}=-v^2$$

分離變數 $-\dfrac{1}{v^2}dv=\dfrac{1}{x}dx$

積分 $\displaystyle\int-\frac{1}{v^2}dv=\int\frac{1}{x}dx$

$$\frac{1}{v}=\ln|x|+c\text{，}c\text{ 爲常數}$$

令 $c=\ln|k|$，$\frac{1}{v}=\ln|x|+\ln|k|$

$$\frac{1}{v}=\ln|kx|$$

$$v=\frac{1}{\ln|kx|}$$

將 $v=\frac{y}{x}$ 代入上式，可得

$$\frac{y}{x}=\frac{1}{\ln|kx|}$$

$$y=\frac{x}{\ln|kx|}\text{，}k\text{ 爲常數}$$

y 的圖形如下圖所示：

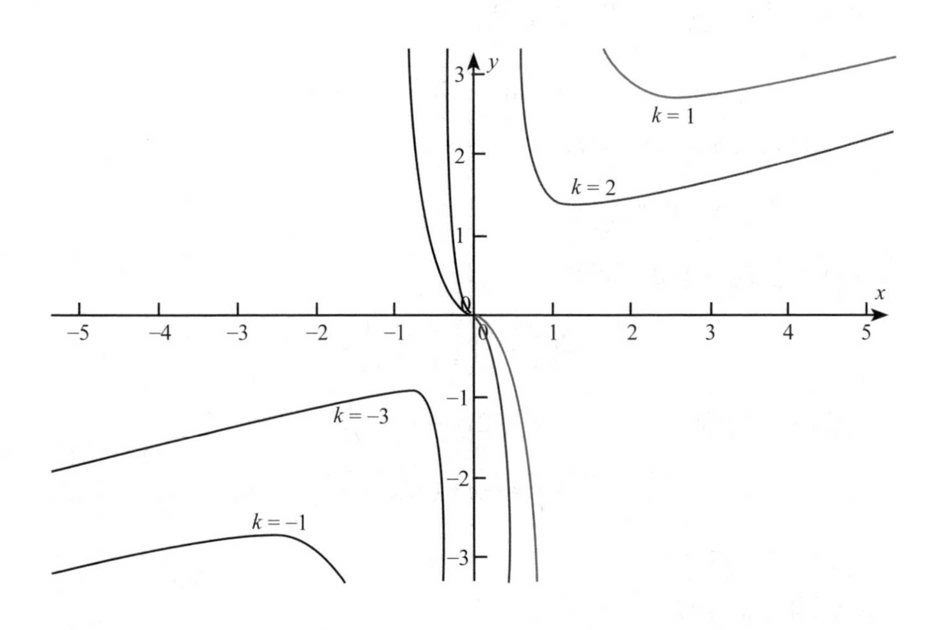

例 3 解 $\frac{dy}{dx}=\frac{x-y}{x+y}$

解：因爲 $\frac{dy}{dx}=\frac{x-y}{x+y}$

將上式右側的分子、分母同除以 x，得到

$$\frac{dy}{dx}=\frac{1-\frac{y}{x}}{1+\frac{y}{x}}$$

令 $y=vx$ 則 $\frac{dy}{dx}=v+x\frac{dv}{dx}$

$$v+x\frac{dv}{dx}=\frac{1-v}{1+v}$$

$$x\frac{dv}{dx}=\frac{1-v}{1+v}-v$$

$$x\frac{dv}{dx}=\frac{1-2v-v^2}{1+v}$$

分離變數 $\frac{1+v}{1-2v-v^2}dv=\frac{1}{x}dx$

積分 $\int\frac{1+v}{1-2v-v^2}dv=\int\frac{1}{x}dx$

$-\frac{1}{2}\ln(1-2v-v^2)=\ln|x|+\ln|k|$，$\ln|k|$ 為常數

$$(1-2v-v^2)^{-\frac{1}{2}}=kx$$

$1-2v-v^2=\frac{1}{(kx)^2}$，

將 $v=\frac{y}{x}$ 代入上式，可得

$$1-2\left(\frac{y}{x}\right)-\left(\frac{y}{x}\right)^2=\frac{1}{(kx)^2}$$

乘以 x^2，得到 $x^2-2xy-y^2=\frac{1}{k^2}$

$$y=-x\pm\sqrt{2x^2+c}$$

其中 $c=-\frac{1}{k^2}$。

y 的圖形如下圖所示：

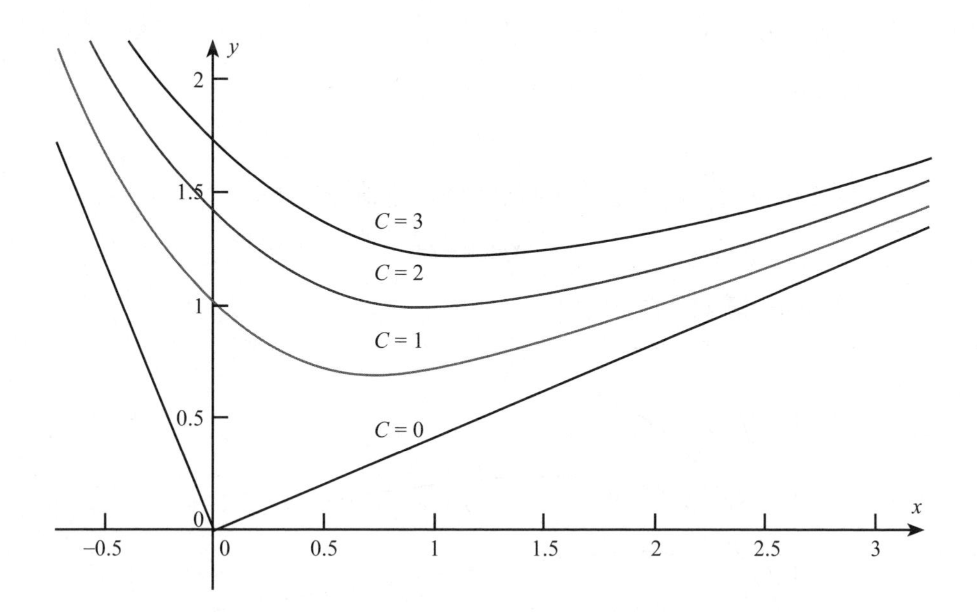

例 4 解微分方程 $\dfrac{dy}{dx}=\dfrac{y^2-xy}{x^2+xy}$。

解：將原式右側的分子和分母除以 x^2，我們可以將右側表示爲 $\dfrac{y}{x}$ 的函數，結果爲

$$\frac{dy}{dx}=\frac{\left(\frac{y}{x}\right)^2-\frac{y}{x}}{1+\frac{y}{x}}$$

令 $u=\dfrac{y}{x}$，則

$$\frac{dy}{dx}=u+x\frac{du}{dx}$$

$$u+x\frac{du}{dx}=\frac{u^2-u}{1+u}$$

經過重新整理和簡化後，

$$x\frac{du}{dx}=\frac{-2u}{1+u}$$

分離變數，且積分

$$\int\frac{1+u}{u}\,du=-2\int\frac{1}{x}dx$$

得到 $\ln|u| + u = -2\ln|x| + c_1$，

$\ln|x^2u| = c_1 - u$，$|x^2u| = e^{c_1 - u}$，$x^2u = ce^{-u}$，$c = \pm e^{c_1}$

$$x^2ue^u = c$$

最後將 $u = \dfrac{y}{x}$ 代入上式，我們得到一個隱式通解：

$$xye^{y/x} = c$$

解的曲線圖如下圖所示。

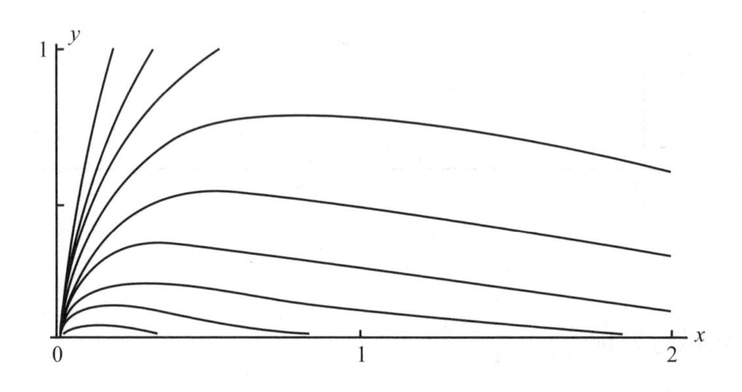

例 5 解微分方程 $\dfrac{dy}{dx} = \dfrac{x^2 + xy + y^2}{x^2}$

解：由於右側是齊次函數，因此這是齊次微分方程。我們利用變數變換，令 $u = \dfrac{y}{x}$，然後求解 u 的微分方程。

$$x\frac{du}{dx} + u = 1 + u + u^2$$

分離變數，
$$\frac{du}{1+u^2} = \frac{dx}{x}$$

積分，$\tan^{-1}u = \ln|x| + \ln|c|$，$\ln|c|$ 爲積分常數

$$u = \tan(\ln|cx|)$$

$$y = x\tan(\ln|cx|)$$

例 6 解微分方程 $x\dfrac{dy}{dx} + 2\sqrt{xy} = y$

解：將微分方程改寫爲

$$\frac{dy}{dx} = 2\sqrt{\frac{y}{x}} + \frac{y}{x}$$

這是齊次微分方程，令 $y = vx$，則

$$\frac{dy}{dx} = x\frac{dv}{dx} + v$$

$$x\frac{dy}{dx} + v = 2\sqrt{v} + v$$

$$x\frac{dv}{dx} = 2\sqrt{v}$$

分離變數 $$\frac{dv}{2\sqrt{v}} = \frac{dx}{x}$$

$\sqrt{v} = \ln|x| + \ln|c| = \ln|cx|$，$\ln|c|$ 爲積分常數

$$v = (\ln|cx|)^2$$

$$y = x(\ln|cx|)^2$$

例 7 解微分方程 $(4y - 3x)dx + (y - 2x)\,dy = 0$

解：由於係數是齊次函數，因此這是齊次微分方程。我們改變變數，令 $u = \dfrac{y}{x}$，然後求解 u 的微分方程。

$$\left(\frac{4y}{x} - 3\right)dx + \left(\frac{y}{x} - 2\right)dy = 0$$

$$(4u - 3)dx + (u - 2)(udx + xdu) = 0$$

$$(u^2 + 2u - 3)dx + x(u - 2)du = 0$$

分離變數，$$\frac{dx}{x} + \frac{u-2}{(u+3)(u-1)}du = 0$$

用部分分式展開 $$\frac{dx}{x} + \left(\frac{5}{4}\frac{1}{u+3} - \frac{1}{4}\frac{1}{u-1}\right)du = 0$$

積分 $$\ln|x| + \frac{5}{4}\ln(u+3) - \frac{1}{4}\ln(u-1) = c$$

去對數 $$\frac{x^4(u+3)^5}{u-1} = c$$

將 $u = \dfrac{y}{x}$ 代入上式，得到

$$\frac{x^4\left(\frac{y}{x} + 3\right)^5}{\frac{y}{x} - 1} = c$$

$$\frac{(y+3x)^5}{y-x} = c$$

例 8 解微分方程 $y^2+x^2\frac{dy}{dx}=xy\frac{dy}{dx}$。

解：微分方程可寫成

$$\frac{dy}{dx}=\frac{y^2}{xy-x^2}=\frac{\left(\frac{y}{x}\right)^2}{\frac{y}{x}-1},$$

因此原方程是齊次方程。令 $y=ux$，則

$$\frac{dy}{dx}=u+x\frac{du}{dx},$$

於是方程變爲

$$u+x\frac{du}{dx}=\frac{u^2}{u-1},$$

即 $$x\frac{du}{dx}=\frac{u}{u-1}。$$

分離變數，得

$$\left(1-\frac{1}{u}\right)du=\frac{dx}{x}。$$

兩邊積分，得 $u-\ln|u|+C=\ln|x|$，

或寫成 $\ln|xu|=u+C$。

以 $\frac{y}{x}$ 代入上式中的 u，便得所予方程的通解

$$\ln|y|=\frac{y}{x}+C。$$

例 9 求解下列微分方程

(a) $x^2\left(\frac{dy}{dx}\right)=y^2+xy$；(b) $x\left(\frac{dy}{dx}\right)=\frac{x^2+y^2}{y}$。

解：(a) $x^2\left(\frac{dy}{dx}\right)=y^2+xy$

$$\frac{dy}{dx}=\left(\frac{y}{x}\right)^2+\left(\frac{y}{x}\right);$$

令 $u=\frac{y}{x}$ 則 $\frac{dy}{dx}=u+x\frac{du}{dx}$

$$u+x\frac{du}{dx}=u^2+u$$

$$x\frac{du}{dx}=u^2$$

$$\int \frac{1}{u^2}du = \int \frac{1}{x}dx$$

$-\frac{1}{u} = \ln x + \ln c$；其中 c 為常數。

$$-\frac{x}{y} = \ln(cx)$$

$$y = -\frac{x}{\ln(cx)}$$

(b) $x\left(\frac{dy}{dx}\right) = \frac{x^2+y^2}{y}$

$$xy\left(\frac{dy}{dx}\right) = x^2+y^2$$

兩邊除以 x^2 可得

$$\left(\frac{y}{x}\right)\left(\frac{dy}{dx}\right) = 1+\left(\frac{y}{x}\right)^2$$

令 $u = \frac{y}{x}$ 則 $\frac{dy}{dx} = u + x\frac{du}{dx}$

$$u\left(u+x\frac{du}{dx}\right) = 1+u^2$$

$$u+x\frac{du}{dx} = \left(\frac{1}{u}\right)+u$$

$$x\frac{du}{dx} = \frac{1}{u}$$

分離變數，積分 $\int udu = \int \frac{1}{x}dx$

$\frac{u^2}{2} = \ln|x| + \ln|c|$；其中 c 為常數。

$$\frac{y^2}{x^2} = 2\ln|cx|$$

$y^2 = 2x^2\ln|cx|$。

例 10 解下列微分方程

$(x^2y + 2xy^2 - y^3)dx - (2y^3 - xy^2 + x^3)dy = 0$。

解：微分方程為齊次，

令 $y = vx$，可得

$(x^3v + 2x^3v^2 - x^3v^3)dx - (2x^3v^3 - x^3v^2 + x^3)(vdx + xdv) = 0$，

$(x^3v + 2x^3v^2 - x^3v^3)dx - (2x^3v^4 - x^3v^3 + x^3v)dx - (2x^4v^3 - x^4v^2 + x^4)dv = 0$，

$x^3(2v^2 - 2v^4)dx - x^4(2v^3 - v^2 + 1)dv = 0$，

分離變數，$\frac{1}{x}dx = \frac{2v^3 - v^2 + 1}{2v^2 - 2v^4}dv$。

積分，得到 $2\ln|x| = c_1 - \frac{1}{v} - \ln|1 - v^2|$，

$\ln x^2\left(1 - \frac{y^2}{x^2}\right) = c_1 - \frac{x}{y}$，

$c = (x^2 - y^2)e^{\frac{x}{y}}$。

例 11 解微分方程 $\frac{dy}{dx} = \frac{y}{x} + \tan\frac{y}{x}$

解：微分方程為齊次，

令 $y = vx$，可得

$$\frac{dy}{dx} = x\frac{dv}{dx} + v$$

$$x\frac{dv}{dx} + v = v + \tan v$$

即 $$\frac{dv}{dx} = \frac{\tan v}{x}$$

分離變數 $$\cot v\,dv = \frac{dx}{x}$$

兩邊積分，得到 $\ln|\sin v| = \ln|x| + \ln|c|$，$\ln|c|$ 為積分常數

$$= \ln|cx|$$

$$\sin v = cx$$

$$\sin\frac{y}{x} = cx$$

例 12 解微分方程 $\left[x\sin\left(\frac{y}{x}\right) - y\cos\left(\frac{y}{x}\right)\right]dx + x\cos\left(\frac{y}{x}\right)dy = 0$

解：微分方程為齊次，

令 $y = vx$，可得

$$(x\sin v - xv\cos v)dx + x\cos v(xdv + vdx) = 0$$

$$\sin v\,dx + x\cos v\,dv = 0$$

$$\frac{dx}{x} = -\frac{\cos v}{\sin v}dv$$

積分，$$\ln|x| = -\ln|\sin v| + \ln c$$

$$x\sin\frac{y}{x} = c$$

例 13 解 $(xye^{\frac{x}{y}})\,dx+(y^2-x^2e^{\frac{x}{y}})\,dy=0$

解：令 $v=\dfrac{x}{y}$，$dx=vdy+ydv$

原式除以 y^2 後，再將 $v=\dfrac{x}{y}$ 代入

$$ve^v(vdy+ydv)+(1-v^2e^v)dy=0$$

$$ve^v dv+\frac{dy}{y}=0$$

積分　$ve^v-e^v+\ln|y|=c$

通解爲　$\dfrac{x}{y}e^{\frac{x}{y}}-e^{\frac{x}{y}}+\ln|y|=c$

例 14 解微分方程

$$(x^2\sin\frac{y^2}{x^2}-2y^2\cos\frac{y^2}{x^2})dx+2xy\cos\frac{y^2}{x^2}\,dy=0$$

解：微分方程爲齊次，

令 $y=vx$，可得

$(x^2\sin v^2-2x^2v^2\cos v^2)dx+2x^2\,v\cos v^2\,(xdv+vdx)=0$，

或　$\sin v^2dx+2v\cos v^2\,(xdv)=0$

$$\frac{dx}{x}=-2v\cot v^2dv$$

$$\ln|x|=-\int d(\sin v^2)/\sin v^2=-\ln|\sin v^2|+\ln c$$

$$x\sin\left(\frac{y^2}{x^2}\right)=c$$

例 15 解微分方程 $xy\dfrac{dy}{dx}-y^2=(x+y)^2e^{-\frac{y}{x}}$

解：令 $y=ux$ 則 $\dfrac{dy}{dx}=x\dfrac{du}{dx}+u$

將原式除以 x^2

$$\frac{y}{x}\frac{dy}{dx}-\left(\frac{y}{x}\right)^2=\left(1+\frac{y}{x}\right)^2e^{-\frac{y}{x}}$$

$$u\left(x\frac{du}{dx}+u\right)-u^2=(1+u)^2e^{-u}$$

$$ux\frac{du}{dx}=(1+u)^2e^{-u}$$

$$ux e^u \frac{du}{dx} = (1+u)^2$$

分離變數後積分

$$\int \frac{ue^u du}{(1+u)^2} = \int \frac{1}{x} dx$$

令 $v = 1 + u$

$$e^{-1} \int \left(\frac{1}{v} - \frac{1}{v^2}\right) e^v dv = \ln x$$

$$e^{-1}\left(\int \frac{e^v}{v} dv - \int \frac{e^v}{v^2} dv\right) = \ln x$$

$$e^{-1}\left[\int \frac{e^v}{v} dv + \int e^v d\left(\frac{1}{v}\right)\right] = \ln x$$

$$e^{-1}\left(\int \frac{e^v}{v} dv + \frac{e^v}{v} - \int \frac{1}{v} de^v\right) = \ln x$$

$$e^{-1}\left(\int \frac{e^v}{v} dv - \int \frac{e^v}{v} dv + \frac{e^v}{v}\right) = \ln x$$

$$e^{-1}\left(\frac{e^v}{v}\right) = \ln x$$

$$\ln x = \frac{e^{\frac{y}{x}}}{1 + \frac{y}{x}}$$

注意：$\int \frac{e^v}{v} dv$ 無法用一般的積分法計算

例 16　求下面初值問題的解：

$$(y + \sqrt{x^2 + y^2})dx = xdy，y(1) = 0$$

解：原方程是齊次方程：

$$\frac{dy}{dx} = \frac{y + \sqrt{x^2 + y^2}}{x}$$

令 $y = ux$，代入上式，得

$$x \frac{du}{dx} = \sqrt{1 + u^2}$$

將上式分離變數，

$$\frac{du}{\sqrt{1 + u^2}} = \frac{1}{x} dx$$

令 $u = \tan\theta$，則 $du = \sec^2\theta d\theta$

$$\frac{\sec^2\theta d\theta}{\sqrt{1 + \tan^2\theta}} = \frac{1}{x} dx$$

$$\sec\theta d\theta = \frac{1}{x}dx$$

積分上式得

$$\ln|\tan\theta + \sec\theta| = \ln|x| + \ln|c|$$

即

$$\ln|u + \sqrt{1+u^2}| = \ln|x| + \ln|c|$$

整理後，再將 $u = \frac{y}{x}$ 代入得

$$u + \sqrt{1+u^2} = cx$$

$$\frac{y}{x} + \sqrt{1+\frac{y^2}{x^2}} = cx$$

最後利用初始條件 $y(1) = 0$ 求出 $c = 1$。代入上式後再解出 y，可得初值問題的解爲

$$y = \frac{1}{2}(x^2 - 1)$$

例 17 解非齊次方程 $\frac{dy}{dx} = \frac{y-2}{x+y-5}$

解：利用適當的變換，可將非齊次方程改爲齊次方程。

令 $x = X + h$，$y = Y + k$

其中 (h, k) 滿足 $\begin{cases} h+k-5=0 \\ k-2=0 \end{cases}$

$(h, k) = (3, 2)$

$x = X + 3$，$y = Y + 2$

$dx = dX$，$dy = dY$

$\frac{dY}{dX} = \frac{Y}{X+Y}$

令 $Y = VX$

$V + X\frac{dV}{dX} = \frac{VX}{X+VX} = \frac{V}{1+V}$

$X\frac{dV}{dX} = \frac{V}{1+V} - V = -\frac{V^2}{1+V}$

分離變數 $-\int\frac{1+V}{V^2}dV = \int\frac{1}{X}dX$

$\frac{1}{V} - \ln V = \ln X + c_1$

$$\frac{1}{V} - c_1 = \ln VX$$

$$VX = e^{\frac{1}{V} - c_1} = e^{-c_1} e^{\frac{1}{V}}$$

$$Y = ce^{\frac{X}{Y}}$$

$$y = 2 + ce^{\frac{x-3}{y-2}}$$

例 18 求 $\frac{dy}{dx} = \frac{4x+y}{x-4y}$ 的解，並將解以極座標表示。

解：令 $y = vx$

分離變數 $\frac{1-4v}{4(1+v^2)} dv = \frac{1}{x} dx$

積分求解 v， $\frac{1}{4}\tan^{-1} v - \frac{1}{2}\ln(1+v^2) = \ln|x| + c_1$

將 $v = \frac{y}{x}$ 代入 $\frac{1}{2}\tan^{-1}\left(\frac{y}{x}\right) - \ln(x^2+y^2) = c_2$

極座標：令 $x = r\cos\theta,\ y = r\sin\theta$

即 $r = (x^2+y^2)^{\frac{1}{2}}$，且 $\theta = \tan^{-1}\left(\frac{y}{x}\right)$

解以極座標表示： $r = c\exp\left(\frac{\theta}{4}\right)$

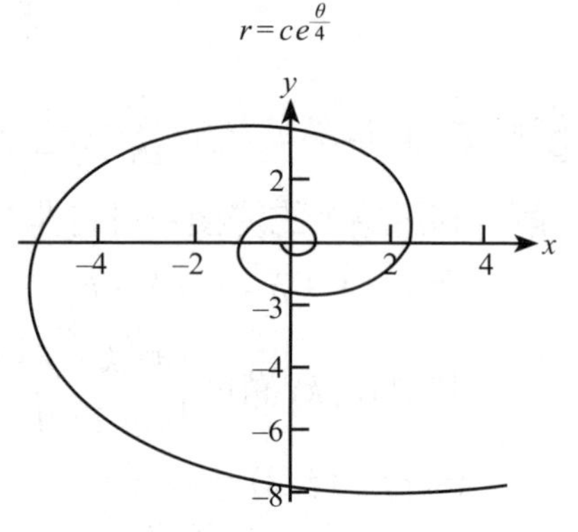

習題

解下列齊次微分方程：

1. $\frac{dy}{dx} = \frac{x+y}{x}$

   答案：$y = x\ln(cx)$

2. $\frac{dy}{dx} = \frac{y^2-x^2}{xy}$

   答案：$y = x\sqrt{2}\ln\left(\frac{c}{x}\right)$

3. $\frac{dy}{dx} = \frac{y(x+y)}{x^2}$

   答案：$y = \frac{-x}{\ln(cx)}$

4. $\frac{dy}{dx} = \frac{x^2+xy+y^2}{x^2}$

   答案：$y = x\tan(\ln cx)$

5. $\dfrac{dy}{dx}=\dfrac{\sqrt{(x^2-y^2)}}{x^2}+\dfrac{y}{x}$

答案：$y=x\sin(\ln cx)$

6. $\dfrac{dy}{dx}=\dfrac{y}{x}+2\sqrt{\dfrac{y}{x}}$

答案：$y=x(\ln cx)^2$

7. $\dfrac{dy}{dx}=\dfrac{y(2x^2+y^2)}{2x^3}$

答案：$y=\dfrac{x}{\sqrt{-\ln cx}}$

8. $\dfrac{dy}{dx}=\dfrac{y}{x}+\left[\cos\left(\dfrac{y}{x}\right)\right]^2$

答案：$y=x\tan^{-1}(\ln cx)$

9. $\dfrac{dy}{dx}=\dfrac{y}{x}-\csc\left(\dfrac{y}{x}\right)$

答案：$y=x\cos^{-1}(\ln cx)$

10. $\dfrac{dy}{dx}=\dfrac{y-x}{y+x}$

答案：$2\tan^{-1}\left(\dfrac{y}{x}\right)=\ln\dfrac{c}{x^2+y^2}$

11. $\dfrac{dy}{dx}=\dfrac{y(x+y)}{x^2}$，$y(1)=-1$

答案：$y=\dfrac{x}{1-2\sqrt{x}}$

12. $(y^2-xy)dx+x^2dy=0$

答案：$y=x/(\ln|x|+c), y=0$

13. $y'=\dfrac{x^2+xy+y^2}{x^2}$

答案：$\tan^{-1}\left(\dfrac{y}{x}\right)=\ln|cx|$

14. $\dfrac{dy}{dx}=-\dfrac{4x+3y}{2x+y}$

答案：$|y+x||y+4x|^2=c$

15. $xy'=y(\ln y-\ln x+1)$

答案：$y=xe^{cx}$

16. $y'=\dfrac{(x+1)^2y+y^3}{(x+1)^3}$

答案：$y^2(x)=\dfrac{(x+1)^2}{c-2\ln|x+1|}$

17. $yy'+x=\sqrt{x^2+y^2}$

答案：$\sqrt{x^2+y^2}-x=k$

18. $(y^2+xy)dx-x^2dy=0$

答案：$x=ce^{-\frac{x}{y}}$

筆記欄

2.3 正合微分方程

我們已經藉由積分求簡單微分方程的解，所用方法都是一元函數的積分法，現在欲求解由二元函數的全微分所產生的微分方程。

將一階微分方程寫成

$$M(x, y)dx + N(x, y)dy = 0$$

的形式後，若它的左端恰好是某一函數 $F = F(x, y)$ 的全微分：

$$dF(x, y) = M(x, y)dx + N(x, y)dy，$$

則稱 $M(x, y)dx + N(x, y)dy = 0$ 爲正合微分方程。其中

$$\frac{\partial F}{\partial x} = M，\frac{\partial F}{\partial y} = N$$

而方程可寫爲

$$dF(x, y) = 0$$

因此 $F(x, y) = c$，而函數 F 稱爲 $Mdx + Ndy = 0$ 的位勢函數。有一個簡單的方法可以判定 $Mdx + Ndy = 0$ 是否是正合。

定理

設函數 $M(x, y)$、$N(x, y)$ 在單連通區域 R 內連續且具有連續的一階偏導數，若且唯若

$$\frac{\partial M}{\partial y} = \frac{\partial N}{\partial x}$$

則 $M(x, y)dx + N(x, y)dy = 0$ 是正合微分方程。

正合微分方程的通解：

若 $M(x, y)dx + N(x, y)dy = 0$ 是正合微分方程，且

$$dF(x, y) = M(x, y)dx + N(x, y)dy$$

則　$F(x, y) = C$，是方程 $M(x, y)dx + N(x, y)dy = 0$ 的通解。

對於可分離變數的方程

$$\frac{dy}{dx} = f(x)g(y)$$

若兩邊乘以 $\frac{1}{g(y)}$ 後得

$$-f(x)dx + \frac{1}{g(y)}dy = 0$$

它也是一個正合微分方程。

正合微分方程的解法 1：

(i) 將微分方程寫成下列形式

$$M(x, y)dx + N(x, y)dy = 0$$

檢驗是否滿足

$$\frac{\partial M}{\partial y} = \frac{\partial N}{\partial x}$$

(ii) 若微分方程爲正合，則

$$M = \frac{\partial F}{\partial x}，N = \frac{\partial F}{\partial y} \qquad (1), (2)$$

欲求 $F(x, y)$，由偏導數的含意知只要將 y 看成常數，將 (1) 對 x 積分，得到

$$F(x, y) = \int M(x, y)dx + \phi(y)，\phi(y) \text{ 爲積分常數} \qquad (3)$$

(iii) 欲求 $\phi(y)$，將 (3) 對 y 微分，得到

$$\frac{\partial F}{\partial y} = \frac{\partial}{\partial y}\left[\int M(x, y)dx\right] + \phi'(y) = N$$

(iv) 積分 $\phi'(y)$ 得到 $\phi(y)$

(v) 將 $\phi(y)$ 代入 (3)

(vi) 寫出通解 $F(x, y) = c$，其中 c 爲常數

註：步驟 (ii) 中亦可將 x 視爲常數將 (2) 對 y 積分，得到

$$F(x, y) = \int N(x, y)dy + \phi(x) \qquad (4)$$

對 x 微分

$$\frac{\partial F}{\partial x} = \frac{\partial}{\partial x}\left[\int N(x, y)dy\right] + \phi'(x) = M$$

積分 $\phi'(x)$，得到 $\phi(x)$，代入 (4)，則

通解爲 $F(x, y) = c$

解法 2：

(i) 將微分方程寫成下列形式

$$M(x, y)dx + N(x, y)dy = 0$$

檢驗是否滿足

$$\frac{\partial M}{\partial y} = \frac{\partial N}{\partial x}$$

(ii) 若微分方程爲正合，則

$$M = \frac{\partial F}{\partial x}\text{，}N = \frac{\partial F}{\partial y} \qquad (1), (2)$$

(iii) 由 M 求 $F(x, y)$，(1) 對 x 積分可得

$$F(x, y) = \int M(x, y)dx + \phi_1(y) \qquad (3)$$

(iv) 由 N 求 $F(x, y)$，(2) 對 y 積分可得

$$F(x, y) = \int N(x, y)dy + \phi_2(x) \qquad (4)$$

(v) 令 (3) = (4)，得到 $\phi_1(y)$ 和 $\phi_2(x)$

(vi) 將 $\phi_1(y)$ 代入 (3) 或將 $\phi_2(x)$ 代入 (4)

(vii) 寫出通解 $F(x, y) = c$，其中 c 爲常數

例 1 解微分方程 $2xydx + (x^2 + 3y^2)dy = 0$。

解：令 $M = 2xy$，$N = x^2 + 3y^2$

因爲 $\dfrac{\partial M}{\partial y} = \dfrac{\partial}{\partial y}(2xy) = 2x$，$\dfrac{\partial N}{\partial x} = \dfrac{\partial}{\partial x}(x^2 + 3y^2) = 2x$。

所以原方程爲正合。

又因爲 $\dfrac{\partial F}{\partial x} = M = 2xy$，$\dfrac{\partial F}{\partial y} = N = x^2 + 3y^2$

上式的第一式對 x 積分

$$F(x, y) = \int M dx$$

$$= \int 2xydx = x^2y + \phi(y)\text{，}\phi(y) \text{ 爲積分常數} \qquad (1)$$

$$\frac{\partial F}{\partial y} = \frac{\partial}{\partial y}[x^2y + \phi(y)] = x^2 + \phi'(y)\text{，}$$

因爲 $\dfrac{\partial F}{\partial y} = N \quad \Rightarrow \quad x^2 + \phi'(y) = x^2 + 3y^2$，

$\Rightarrow \quad \phi'(y) = 3y^2$。

$$\phi(y) = \int 3y^2 dy = y^3 \qquad (2)$$

將 (2) 代入 (1)，因此正合微分方程的通解爲

$$x^2y + y^3 = c$$

其中 c 是任意常數。

例 2 解微分方程 $(6x^2 - y + 3)dx + (3y^2 - x - 2)dy = 0$。

解：令 $M = 6x^2 - y + 3$，$N = 3y^2 - x - 2$

因爲 $\dfrac{\partial M}{\partial y} = \dfrac{\partial}{\partial y}(6x^2 - y + 3) = -1$, $\dfrac{\partial N}{\partial x} = \dfrac{\partial}{\partial x}(3y^2 - x - 2) = -1$。

所以原方程爲正合。

又因爲 $\dfrac{\partial F}{\partial x} = M = 6x^2 - y + 3$，$\dfrac{\partial F}{\partial y} = N = 3y^2 - x - 2$

上式第一式對 x 積分

$$F(x, y) = \int M dx$$

$$= \int (6x^2 - y + 3)dx = 2x^3 - xy + 3x + \phi(y)\text{，}\phi(y) \text{ 爲積分常數} \qquad (1)$$

$$\frac{\partial F}{\partial y}=\frac{\partial}{\partial y}[2x^3-xy+3x+\phi(y)]=-x+\phi'(y)，$$

因爲 $\frac{\partial F}{\partial y}=N \Rightarrow -x+\phi'(y)=3y^2-x-2$，

$\Rightarrow \phi'(y)=3y^2-2$。

$$\phi(y)=\int(3y^2-2)dy=y^3-2y \qquad (2)$$

將 (2) 代入 (1)，因此正合微分方程的通解爲

$$2x^3-xy+3x+y^3-2y=c$$

其中 c 是任意常數。

例 3 解微分方程 $e^y dx+(2y+xe^y)dy=0$。

解：令 $M=e^y$，$N=2y+xe^y$

因爲 $\frac{\partial M}{\partial y}=\frac{\partial}{\partial y}e^y=e^y$，$\frac{\partial N}{\partial x}=\frac{\partial}{\partial x}(2y+xe^y)=e^y$。

所以原方程爲正合。

又因爲 $\frac{\partial F}{\partial x}=M=e^y$，$\frac{\partial F}{\partial y}=N=2y+xe^y$

上式的第一式對 x 積分

$$F(x,y)=\int Mdx$$

$$=\int e^y dx=xe^y+\phi(y)，\phi(y) \text{ 爲積分常數} \qquad (1)$$

$$\frac{\partial F}{\partial y}=\frac{\partial}{\partial y}[xe^y+\phi(y)]=xe^y+\phi'(y)，$$

因爲 $\frac{\partial F}{\partial y}=N \Rightarrow xe^y+\phi'(y)=2y+xe^y$，

$\Rightarrow \phi'(y)=2y$。

$$\phi(y)=\int 2ydy=y^2 \qquad (2)$$

將 (2) 代入 (1)，因此正合微分方程的通解爲

$$xe^y+y^2=c$$

其中 c 是任意常數。

例 4 求 $(2y+\sin y)dx+(2x+x\cos y-1)dy=0$ 的通解

解：令 $M=2y+\sin y$，$N=2x+x\cos y-1$

因爲

$$\frac{\partial M}{\partial y} = 2 + \cos y = \frac{\partial N}{\partial x}$$

所以原式爲正合微分方程。

因爲 $\frac{\partial F}{\partial x} = M$

所以 $F = \int (2y + \sin y)dx$

$= 2xy + x\sin y + \phi(y)$，$\phi(y)$ 爲積分常數　　(1)

$$\frac{\partial F}{\partial y} = 2x + x\cos y + \phi'(y)$$

又因爲 $\frac{\partial F}{\partial y} = N$

所以 $2x + x\cos y + \phi'(y) = 2x + x\cos y - 1$

$\phi'(y) = -1$

$\phi(y) = -y + c_1$　　(2)

將 (2) 代入 (1)，$F = 2xy + x\sin y + \phi(y) = 2xy + x\sin y - y + c_1 = c_2$

$F = 2xy + x\sin y - y = c_2 - c_1 = c$

於是，方程的通解爲

$$2xy + x\sin y - y = c$$

例 5 解 $\frac{2xy}{x^2+1} - 2x - [2 - \ln(x^2+1)]y' = 0$，$y(5) = 0$

解：當測試一個方程是否爲正合時，必須先確保它的形式爲 $M(x, y)dx + N(x, y)\,dy = 0$。將原式改寫爲 $\left(\frac{2xy}{x^2+1} - 2x\right)dx + [\ln(x^2+1) - 2]dy = 0$

令 $M = \frac{2xy}{x^2+1} - 2x$，$N = \ln(x^2+1) - 2$

$\frac{\partial M}{\partial y} = \frac{2x}{x^2+1}$，$\frac{\partial N}{\partial x} = \frac{2x}{x^2+1}$

$\because \frac{\partial M}{\partial y} = \frac{\partial N}{\partial x}$

$\therefore$ 原式爲正合微分方程

$\frac{\partial F}{\partial x} = \frac{2xy}{x^2+1} - 2x$，$\frac{\partial F}{\partial y} = \ln(x^2+1) - 2$

$$F=\int[\ln(x^2+1)-2]dy$$
$$=y\ln(x^2+1)-2y+\phi(x) \quad (1)$$
$$\frac{\partial F}{\partial x}=\frac{2xy}{x^2+1}+\phi'(x)=\frac{2xy}{x^2+1}-2x$$
$$\phi'(x)=-2x$$
$$\phi(x)=-x^2 \quad (2)$$

(2) 代入 (1)

$$y\ln(x^2+1)-2y-x^2=c \quad (3)$$

$\because y(5)=0$

$\therefore -25=c$ (4)

(4) 代入 (3)

$$y\ln(x^2+1)-2y-x^2=-25$$

$y=\dfrac{x^2-25}{-2+\ln(x^2+1)}$ 爲所求

例 6 解 $(y^2-x^2\sin xy)dy+(\cos xy-xy\sin xy+e^{2x})dx=0$

解：令 $M=\cos xy-xy\sin xy+e^{2x}$，$N=y^2-x^2\sin xy$

而 $\dfrac{\partial M}{\partial y}=-x^2y\cos xy-2x\sin xy$

$\dfrac{\partial N}{\partial x}=-x^2y\cos xy-2x\sin xy$

因爲 $\dfrac{\partial M}{\partial y}=\dfrac{\partial N}{\partial x}$，所以原方程式爲正合。

此時要計算 $F(x,y)=\int M(x,y)dx$

$$F(x,y)=\int(\cos xy-xy\sin xy+e^{2x})dx$$
$$=\frac{1}{y}\sin xy+x\cos xy-\frac{1}{y}\sin xy+\frac{1}{2}e^{2x}+\phi(y)$$
$$=x\cos xy+\frac{1}{2}e^{2x}+\phi(y)\text{，}\phi(y)\text{ 爲積分常數} \quad (1)$$

現在 F 對 y 求偏導數 $\dfrac{\partial F}{\partial y}=-x^2\sin xy+\phi'(y)$

又因爲 $\dfrac{\partial F}{\partial y}=N$，故

$-x^2\sin xy+\phi'(y)=y^2-x^2\sin xy$

所以 $\phi'(y)=y^2$

$$\phi(y) = \frac{1}{3}y^3 \tag{2}$$

將 (2) 代入 (1)，因此通解為　$x\cos xy + \frac{1}{2}e^{2x} + \frac{1}{3}y^3 = c$

例 7　解 $\frac{dy}{dx} = \frac{-(ye^{xy}\cos 2x - 2e^{xy}\sin 2x + 2x)}{xe^{xy}\cos 2x - 3}$

解：將微分方程寫成 $M(x, y)dx + N(x, y)dy = 0$ 的形式

$(ye^{xy}\cos 2x - 2e^{xy}\sin 2x + 2x)dx + (xe^{xy}\cos 2x - 3)dy = 0$

令 $M(x, y) = ye^{xy}\cos 2x - 2e^{xy}\sin 2x + 2x$，$N(x, y) = xe^{xy}\cos 2x - 3$。

因為　$\frac{\partial M}{\partial y} = e^{xy} + xye^{xy} - 2xe^{xy}\sin 2x$，$\frac{\partial N}{\partial x} = e^{xy} + xye^{xy} - 2xe^{xy}\sin 2x$

所以原方程式為正合，因此存在一函數 $F(x, y)$ 使得：

$\frac{\partial F}{\partial x} = ye^{xy}\cos 2x - 2e^{xy}\sin 2x + 2x$，$\frac{\partial F}{\partial y} = xe^{xy}\cos 2x - 3$

請注意，若讀者發現 $\frac{\partial f}{\partial x} = M(x, y)$ 對 x 積分很困難，則嘗試將 $\frac{\partial f}{\partial y} = N(x, y)$ 對 y 積分。

取 $\frac{\partial F}{\partial y}$ 對 y 積分，則有

$F(x, y) = \int (xe^{xy}\cos 2x - 3)dy$

$$F(x, y) = e^{xy}\cos 2x - 3y + \phi(x) \tag{1}$$

對 x 微分得到

$\frac{\partial F}{\partial x} = ye^{xy}\cos 2x - 2e^{xy}\sin 2x + \phi'(x)$

因為 $\frac{\partial F}{\partial x} = M(x,y) = ye^{xy}\cos 2x - 2e^{xy}\sin 2x + 2x$，與上式比較可知 $\phi'(x) = 2x$，

因此 $\phi(x) = x^2$，　(2)

將 (2) 代入 (1)，通解為　$e^{xy}\cos 2x - 3y + x^2 = c$

求解正合微分方程就是尋找滿足方程 $M(x, y)dx + N(x, y)dy = 0$ 的原函數 $F(x, y)$，當定理的條件成立時，就保證了在單連通區域 R 中，線積分

$$\int_{(x_0, y_0)}^{(x, y)} M(x, y)dx + N(x, y)dy$$

與路徑無關，於是就決定了一個單值函數 $F(x, y)$，沿著平行於坐標軸的直

線從 (x_0, y_0) 積分到 (x_0, y)，再從 (x_0, y) 積分到 (x, y)，就得到了由

$$F(x, y)=\int_{x_0}^{x} M(s, y)ds+\int_{y_0}^{y} N(x_0, s)ds$$

所表示的原函數，若函數 $M(x, y)$，$N(x, y)$ 以及它們的偏導數在 R 內有些點不連續或無定義時，函數 $F(x, y)$ 就可能是多值的。例如，方程

$$\frac{xdy-ydx}{x^2+y^2}=0$$

滿足 $\frac{\partial}{\partial y}\left(\frac{-y}{x^2+y^2}\right)=\frac{\partial}{\partial x}\left(\frac{x}{x^2+y^2}\right)$，但 $\frac{-y}{x^2+y^2}$ 和 $\frac{x}{x^2+y^2}$ 以及它們的偏導數在原點不存在。由於

$$\frac{xdy-ydx}{x^2+y^2}=d\left(\tan^{-1}\frac{y}{x}\right)$$

因此得到 $F(x, y)=\tan^{-1}\frac{y}{x}$，它在非單連通的環域

$$R_0：0<x^2+y^2<1$$

是一個多值的函數。

習題

解下列微分方程

1. $(2xy+3)\,dx+(x^2-1)\,dy=0$

   答案：$x^2y+3x-y=c$

2. $[y\cos(x)+2xe^y-3x^2]dx+[\sin(x)+x^2e^y-1]dy=0$

   答案：$y\sin(x)+x^2e^y-y-x^3=c$

3. $(2xy-\sin x)dx+(x^2-\cos y)dy=0$

   答案：$x^2y+\cos x-\sin y=c$

4. $(1+2x\sqrt{x^2-y^2}\,)dx-2y\sqrt{x^2-y^2}\,dy=0$

   答案：$x+\frac{2}{3}(x^2-y^2)^{\frac{3}{2}}+c=0$

5. $\frac{1}{y^2}-\frac{2}{x}=\frac{2xy'}{y^3}$，$y(1)=1$

   答案：$\frac{1}{y^2}+\ln\frac{1}{x^2}=1$

6. $2xy-9x^2+(2y+x^2+1)\dfrac{dy}{dx}=0$

答案：$y^2+(x^2+1)y-3x^3=c$

7. $2xy^2+4=2(3-x^2y)y'$，$y(-1)=8$

答案：$x^2y^2-6y+4x-12=0$

8. $3y^3e^{3xy}-1+(2ye^{3xy}+3xy^2e^{3xy})y'=0, y(0)=1$

答案：$y^2e^{3xy}-x=1$

9. $(x-2y)dx+(y-2x)dy=0$

(i) 使用求解正合方程的方法

(ii) 使用求解齊次方程的方法

10. $\dfrac{dy}{dx}+\dfrac{y\cos x+\sin y+y}{\sin x+x\cos y+x}=0$

2.4 積分因子

正合微分方程可以藉由積分求出它的通解。對於非正合微分方程我們總是希望能夠將其化爲正合微分方程而進行求解，爲此，我們引進積分因子的概念。

若 $M(x, y)dx + N(x, y)dy = 0$ 不是正合微分方程，但存在一非零的函數 $\mu(x, y)$，使

$$\mu(x, y)M(x, y)dx + \mu(x, y)N(x, y)dy = 0$$

成爲正合微分方程，則函數 $\mu(x, y)$ 稱爲 $M(x, y)dx + N(x, y)dy = 0$ 的一個積分因子。例如，方程

$$y\,dx + 2x\,dy = 0$$

非正合，但是，將其乘以積分因子 y 後就可以使其成爲正合方程

$$y^2dx + 2xy\,dy = 0$$

注意：左側恰好是 xy^2 的微分。

找出積分因子使微分方程成爲正合是解一階微分方程的有效方法之一。但是積分因子是否存在，或有無可行的方法求得積分因子，是一個困難的問題，我們只能對一些特殊形式的方程，求出其積分因子。

若 $\mu(x, y)$ 爲微分方程

$$M(x, y)dx + N(x, y)dy = 0,$$

的積分因子，則 $\mu(x, y)$ 必須滿足

$$\frac{\partial}{\partial y}(\mu M) = \frac{\partial}{\partial x}(\mu N)$$

亦即

$$M\frac{\partial \mu(x, y)}{\partial y} + \mu(x, y)\frac{\partial M}{\partial y} = N\frac{\partial \mu(x, y)}{\partial x} + \mu(x, y)\frac{\partial N}{\partial x}$$

這表示 $\mu(x, y)$ 必須滿足一個偏微分方程。這個偏微分方程只有在特殊情況下才能求解。

假設 $M(x, y)dx + N(x, y)dy = 0$ 的積分因子僅是 x 的函數，即 $\mu(x, y) = \mu(x)$，則 $\mu(x)$ 必須滿足

$$\mu(x)\frac{\partial M}{\partial y} = N\frac{d\mu(x)}{dx} + \mu(x)\frac{\partial N}{\partial x}$$

$$\frac{1}{\mu(x)}\frac{d\mu(x)}{dx} = \frac{1}{N}\left(\frac{\partial M}{\partial y} - \frac{\partial N}{\partial x}\right)$$

$$\mu(x) = \exp\int\frac{1}{N}\left(\frac{\partial M}{\partial y} - \frac{\partial N}{\partial x}\right)dx$$

上式的 $\mu(x)$ 就是所予微分方程的一個積分因子。

同理，假設 $M(x, y)dx + N(x, y)dy = 0$ 的積分因子僅是 y 的函數，即 $\mu(x, y) = \mu(y)$，則 $\mu(y)$ 必須滿足

$$M\frac{d\mu(y)}{dy} + \mu(y)\frac{\partial M}{\partial y} = \mu(y)\frac{\partial N}{\partial x}$$

$$\frac{1}{\mu(y)}\frac{d\mu(y)}{dy} = \frac{1}{-M}\left(\frac{\partial M}{\partial y} - \frac{\partial N}{\partial x}\right)$$

$$\mu(y) = \exp\int\frac{1}{-M}\left(\frac{\partial M}{\partial y} - \frac{\partial N}{\partial x}\right)dy$$

上式的 $\mu(y)$ 就是所予微分方程的一個積分因子。

利用積分因子求解微分方程有下列各種方法：

題型1：觀察法

在某些情況下，可以利用觀察來求得微分方程的積分因子，這是一種基於獨創性和經驗的過程。我們列出了一些積分因子，可能有助於求解微分方程。

微分式	積分因子	獲得正合微分
$ydx + xdy$	$\frac{1}{xy}$	$\frac{ydx + xdy}{xy} = d(\ln xy)$
$xdx + ydy$	$\frac{1}{x^2 + y^2}$	$\frac{xdx + ydy}{x^2 + y^2} = \frac{1}{2}d\,[\ln(x^2 + y^2)]$

微分式	積分因子	獲得正合微分
$ydx - xdy$	$\frac{1}{y^2}$	$\frac{ydx - xdy}{y^2} = d\left(\frac{x}{y}\right)$
	$\frac{1}{x^2}$	$\frac{ydx - xdy}{x^2} = -d\left(\frac{x}{y}\right)$
	$\frac{1}{xy}$	$\frac{ydx - xdy}{xy} = d\ln\left(\frac{x}{y}\right)$
	$\frac{1}{x^2+y^2}$	$\frac{ydx - xdy}{x^2+y^2} = d\tan^{-1}\left(\frac{x}{y}\right)$

例 1 解 $xdx + ydy = \frac{xdy - ydx}{x^2+y^2}$

解：

$$\int xdx + \int ydy = \int d\tan^{-1}\frac{y}{x}$$

$$\frac{x^2}{2} + \frac{y^2}{2} = \tan^{-1}\frac{y}{x} + c_1$$

$$x^2 + y^2 = 2\tan^{-1}\frac{y}{x} + c$$

例 2 解 $xdy - ydx = (x^2 + y^2)dx$

解：

$$\frac{xdy - ydx}{x^2+y^2} = dx$$

$$\int d\tan^{-1}\left(\frac{y}{x}\right) = \int dx$$

$$\tan^{-1}\frac{y}{x} = x + c$$

例 3 解 $ydx - xdy + 3x^2y^2e^{x^3}dx = 0$

解：

$$\frac{3x^2y^2e^{x^3}dx}{y^2} = \frac{xdy - ydx}{y^2}$$

$$3x^2e^{x^3}dx = -d\left(\frac{x}{y}\right)$$

$$\int 3x^2e^{x^3}dx = -\int d\left(\frac{x}{y}\right)$$

$$e^{x^3} = -\frac{x}{y} + c$$

例 4 求方程的積分因子及其通解：

(1) $ydx - xdy = 0$；

(2) $(1 + xy)ydx + (1 - xy)xdy = 0$。

解：(1) 方程 $ydx - xdy = 0$ 不是正合微分方程。

因爲

$$d\left(\frac{x}{y}\right) = \frac{ydx - xdy}{y^2},$$

所以 $\frac{1}{y^2}$ 是方程 $ydx - xdy = 0$ 的積分因子，於是

$\frac{ydx - xdy}{y^2} = 0$ 是正合微分方程，所給方程的通解爲 $\frac{x}{y} = c$。

(2) 方程 $(1 + xy)ydx + (1 - xy)xdy = 0$ 不是正合微分方程。

將方程的各項重新合併，得

$$(ydx + xdy) + xy(ydx - xdy) = 0,$$

再把它改寫成

$$d(xy) + x^2y^2\left(\frac{dx}{x} - \frac{dy}{y}\right) = 0,$$

這時容易看出 $\frac{1}{(xy)^2}$ 爲積分因子，乘以該積分因子後，方程就變爲

$$\frac{d(xy)}{(xy)^2} + \frac{dx}{x} - \frac{dy}{y} = 0,$$

積分得通解

$$-\frac{1}{xy} + \ln\left|\frac{x}{y}\right| = \ln c\text{，即 } \frac{x}{y} = ce^{\frac{1}{xy}}\text{。}$$

習題

解下列微分方程

1. $y(2xy + 1)dx - xdy = 0$
2. $y(y^3 - x)dx + x(y^3 + x)dy = 0$
3. $(x^3y^3 + 1)dx + x^4y^2dy = 0$

題型2：積分因子爲 $\mu(x) = \exp\int \frac{1}{N}\left(\frac{\partial M}{\partial y} - \frac{\partial N}{\partial x}\right)dx$

若 $\frac{1}{N}\left(\frac{\partial M}{\partial y} - \frac{\partial N}{\partial x}\right)$ 爲連續且僅與 x 有關，則微分方程 $Mdx + Ndy = 0$ 有一個積分因子

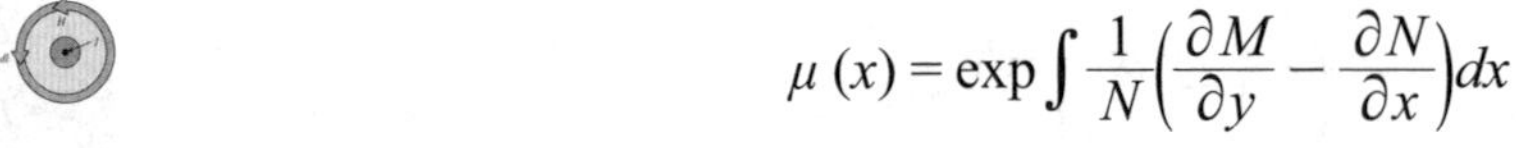

$$\mu(x) = \exp\int \frac{1}{N}\left(\frac{\partial M}{\partial y} - \frac{\partial N}{\partial x}\right)dx$$

例 1 解微分方程

$$(3xy - y^2)dx + (x^2 - xy)dy = 0$$

解：令 $M = 3xy - y^2$，$N = x^2 - xy$

則 $$\frac{\partial M}{\partial y} = \frac{\partial}{\partial y}(3xy - y^2) = 3x - 2y$$

$$\frac{\partial N}{\partial x} = \frac{\partial}{\partial x}(x^2 - xy) = 2x - y$$

因爲 $$\frac{\partial M}{\partial y} \neq \frac{\partial N}{\partial x}$$

所以微分方程不是正合。

又因爲 $$\frac{\left(\frac{\partial M}{\partial y} - \frac{\partial N}{\partial x}\right)}{N} = \frac{(3x - 2y) - (2x - y)}{x^2 - xy} = \frac{x - y}{x(x - y)} = \frac{1}{x}$$

爲 x 的函數。因此

$$\mu(x) = \exp\int \frac{1}{N}\left(\frac{\partial M}{\partial y} - \frac{\partial N}{\partial x}\right)dx = e^{\int \frac{1}{x}dx} = e^{\ln x} = x$$

是微分方程的一個積分因子

將 x 乘以原方程式，得到

$$(3x^2y - xy^2)dx + (x^3 - x^2y)dy = 0$$

這是正合微分方程。

$$\int (3x^2y - xy^2)dx = x^3y - \frac{1}{2}x^2y^2$$

$$\int (x^3 - x^2y)dy = x^3y - \frac{1}{2}x^2y^2$$

因此方程的通解爲 $x^3y-\frac{1}{2}x^2y^2=c$

例 2 解 $(3x^2+y)\,dx+(x^2y-x)\,dy=0$

解：我們先檢查一下是否是正合微分方程。

令 $M(x,y)=3x^2+y$；$N(x,y)=x^2y-x$

則 $\frac{\partial M}{\partial y}=1$；$\frac{\partial N}{\partial x}=2xy-1$

$$\text{積分因子 } \mu(x)=\exp\int\frac{1}{N}\left(\frac{\partial M}{\partial y}-\frac{\partial N}{\partial x}\right)dx$$

$$=\exp\int\frac{1-(2xy-1)}{x^2y-x}dx$$

$$=\exp\int-\frac{2}{x}dx=\frac{1}{x^2}$$

原方程乘以 $\frac{1}{x^2}$，可得

$$\left(3+\frac{y}{x^2}\right)dx+\left(y-\frac{1}{x}\right)dy=0$$

$$F=\int\left(3+\frac{y}{x^2}\right)dx=3x-\frac{y}{x}+\phi(y)\text{，}\phi(y)\text{ 爲積分常數} \quad (1)$$

$$\frac{\partial F}{\partial y}=-\frac{1}{x}+\phi'(y)=y-\frac{1}{x}$$

$$\phi'(y)=y$$

$$\phi(y)=\frac{y^2}{2} \quad (2)$$

(2) 代入 (1)，因此 $F(x,y)=3x-\frac{y}{x}+\frac{y^2}{2}$

通解爲 $3x-\frac{y}{x}+\frac{y^2}{2}=c$。

例 3 解微分方程 $2\cosh x\cos y\,dx-\sinh x\sin y\,dy=0$

解：注意：$\cosh x=\frac{e^x+e^{-x}}{2}$，$\sinh x=\frac{e^x-e^{-x}}{2}$ 且

$$\frac{d}{dx}\cosh x=\sinh x\text{，}\frac{d}{dx}\sinh x=\cosh x$$

令 $M=2\cosh x\cos y,\ N=-\sinh x\sin y$

$$\frac{\partial M}{\partial y}=-2\cosh x\sin y\neq-\cosh x\sin y=\frac{\partial N}{\partial x}$$

$$\frac{\left(\frac{\partial M}{\partial y}-\frac{\partial N}{\partial x}\right)}{N}=\frac{-2\cosh x\sin y+\cosh x\sin y}{-\sinh x\sin y}$$
$$=\frac{\cosh x}{\sinh x}=f(x)$$

積分因子 $\mu(x)=e^{\int f(x)dx}=\exp\int\frac{\cosh x}{\sinh x}dx=\sinh x$

原方程乘以 $\sinh x$，可得

$$2\sinh x\cosh x\cos y\,dx-(\sinh x)^2(\sin y)dy=0$$

設
$$M_1=2\sinh x\cosh x\cos y$$
$$N_1=-(\sinh x)^2\sin y$$
$$F=\int 2\sinh x\cosh x\cos y\,dx$$
$$=(\sinh x)^2\cos y+\phi(y)$$

$\because\frac{\partial F}{\partial y}=N_1$，$\therefore -(\sinh x)^2\sin y+\phi'(y)=-(\sinh x)^2\sin y$

$\phi'(y)=0$，$\phi(y)=k$，k 爲常數

通解爲 $(\sinh x)^2\cos y=c$

習題

解下列微分方程：

1. $(x^2+y^2+1)dx-2xydy=0$
2. $(x^2+y^2+1)dx+x(x-2y)dy=0$
3. $(5x^3+12x^2+6y^2)dx+6xydy=0$
4. $(xy^2-e^{1/x^3})dx-x^2ydy=0$

   答案：$2x^2e^{\frac{1}{x^3}}-3y^2=5x^2$

題型3：積分因子爲 $\mu(y)=\exp\int\frac{1}{-M}\left(\frac{\partial M}{\partial y}-\frac{\partial N}{\partial x}\right)dy$

若 $\frac{1}{-M}\left(\frac{\partial M}{\partial y}-\frac{\partial N}{\partial x}\right)$ 爲連續且僅與 y 有關，則微分方程 $Mdx+Ndy=0$ 有一個積分因子

$$\mu(y)=\exp\int\frac{1}{-M}\left(\frac{\partial M}{\partial y}-\frac{\partial N}{\partial x}\right)dy$$

例 1 解微分方程

$$(x+y)\sin y dx+(x\sin y+\cos y)dy=0$$

解：令　$M=(x+y)\sin y$，$N=x\sin y+\cos y$

則　$\dfrac{\partial M}{\partial y}=\dfrac{\partial}{\partial y}(x+y)\sin y=(x+y)\cos y+\sin y$

$\dfrac{\partial N}{\partial x}=\dfrac{\partial}{\partial x}(x\sin y+\cos y)=\sin y$

因爲　$\dfrac{\partial M}{\partial y}\neq\dfrac{\partial N}{\partial x}$

所以微分方程不是正合。

又因爲　$\dfrac{\dfrac{\partial M}{\partial y}-\dfrac{\partial N}{\partial x}}{-M}=\dfrac{(x+y)\cos y+\sin y-\sin y}{-(x+y)\sin y}$

$=-\dfrac{\cos y}{\sin y}$

爲 y 的函數。因此

$\mu(y)=\exp\int-\dfrac{\cos y}{\sin y}dy=\exp(-\ln\sin y)=\dfrac{1}{\sin y}$

是微分方程的一個積分因子

將 $\dfrac{1}{\sin y}$ 乘以原方程式，得到

$(x+y)dx+\left(x+\dfrac{\cos y}{\sin y}\right)dy=0$

又由　$\int(x+y)dx=\dfrac{1}{2}x^2+xy$

$\int\left(x+\dfrac{\cos y}{\sin y}\right)dy=xy+\ln|\sin y|$

可知，原方程的通解爲 $\dfrac{1}{2}x^2+xy+\ln|\sin y|=c$

例 2 解 $ydx+(3+3x-y)dy=0$

解：令 $M=y$，$N=3+3x-y$

$\dfrac{\partial M}{\partial y}=1$，$\dfrac{\partial N}{\partial x}=3$

現在

$$\frac{\dfrac{\partial M}{\partial y}-\dfrac{\partial N}{\partial x}}{N}=\frac{1-3}{3+3x-y}$$

不是 x 的函數，但是

$$\frac{\dfrac{\partial M}{\partial y}-\dfrac{\partial N}{\partial x}}{-M}=\frac{1-3}{-y}=\frac{2}{y}$$

是 y 的函數。因此，積分因子爲

$$\exp\int\frac{\dfrac{\partial M}{\partial y}-\dfrac{\partial N}{\partial x}}{-M}dy=\exp\int\frac{2}{y}dy=\exp(2\ln y)=y^2$$

如果將方程乘以 y^2，得到

$$y^3dx+y^2(3+3x-y)dy=0$$

令 $M_1=y^3$，$N_1=3y^2+3xy^2-y^3$

$$F=\int y^3dx=xy^3+\phi(y) \tag{1}$$

因爲 $\dfrac{\partial F}{\partial y}=N_1$，所以 $\dfrac{\partial F}{\partial y}=3xy^2+\phi'(y)=3y^2+3xy^2-y^3$

$$\phi'(y)=3y^2-y^3，$$

$$\phi(y)=y^3-\frac{1}{4}y^4 \tag{2}$$

(2) 代入 (1)， $xy^3+y^3-\dfrac{1}{4}y^4=c$ 爲所求

習題

解下列微分方程

1. $xy^3dx+(x^2y^2+1)dy=0$
2. $(xy^3+y)dx+2(x^2y^2+x+y^4)dy=0$
3. $y\ln ydx+(x-\ln y)dy=0$
4. $(y^4+2y)dx+(xy^3+2y^4-4x)dy=0$

   答案：$\left(y+\dfrac{2}{y^2}\right)x+y^2=c$
5. $(3x^4y^2+2xy)dx+(2x^3y^3-x^4)dy=0$

   答案：$x^3y^2+\dfrac{x^2}{y}=c$

題型4：積分因子爲 x^ay^b

例 1 求出 x^ay^b 形式的積分因子，使方程 $(y^2+3xy^3)dx+(1-xy)dy=0$ 爲

正合，然後求解方程。

解：令 $M = y^2 + 3xy^3$，$N = 1 - xy$

則 $\dfrac{\partial M}{\partial y} = 2y + 9xy^2$，$\dfrac{\partial N}{\partial x} = -y$

顯然 $\dfrac{\partial M}{\partial y} \neq \dfrac{\partial N}{\partial x}$

將原式乘以 $x^a y^b$，即

$$(x^a y^{b+2} + 3x^{a+1}y^{b+3})dx + (x^a y^b - x^{a+1}y^{b+1})dy = 0$$

令 $M_1 = x^a y^{b+2} + 3x^{a+1}y^{b+3}$

$$\frac{\partial M_1}{\partial y} = (b+2)x^a y^{b+1} + 3(b+3)x^{a+1}y^{b+2}$$

令 $N_1 = x^a y^b - x^{a+1}y^{b+1}$

$$\frac{\partial N_1}{\partial x} = ax^{a-1}y^b - (a+1)x^a y^{b+1}$$

欲使 $\dfrac{\partial M_1}{\partial y} = \dfrac{\partial N_1}{\partial x}$

則 $(b+2)x^a y^{b+1} + 3(b+3)x^{a+1}y^{b+2} = ax^{a-1}y^b - (a+1)x^a y^{b+1}$

整理並化簡：

$$[(a+1)+(b+2)]x^a y^{b+1} + 3(b+3)x^{a+1}y^{b+2} - ax^{a-1}y^b = 0$$

令係數等於零，即

$$(a+1)+(b+2) = 0，3(b+3) = 0，a = 0$$

得到 $a = 0$，$b = -3$

積分因子為 $x^a y^b = y^{-3}$

以 y^{-3} 乘以原式得

$$y^{-3}[(y^2 + 3xy^3)dx + (1 - xy)dy] = 0$$

即 $(y^{-1} + 3x)dx + (y^{-3} - xy^{-2})dy = 0$

此為正合微分方程，

其中 $M_1 = y^{-1} + 3x$，$N_1 = y^{-3} - xy^{-2}$

$$F(x, y) = \int N_1(x, y)dy$$

$$F(x, y) = \int (y^{-3} - xy^{-2})dy$$

$$F(x, y) = -\frac{1}{2}y^{-2} + xy^{-1} + \phi(x)$$

現在求函數 $\phi(x)$，

$$\frac{\partial F}{\partial x} = y^{-1} + \phi'(x)$$

上式等於 M_1，故

$$y^{-1} + 3x = y^{-1} + \phi'(x)$$

因此，
$$\phi'(x) = 3x$$
$$\phi(x) = \frac{3}{2}x^2$$

通解爲 $-\frac{1}{2y^2} + \frac{x}{y} + \frac{3}{2}x^2 = c$

例 2 若非正合微分方程

$(5xy^2 - 2y)dx + (3x^2y - x)dy = 0$

具有積分因子 $\mu(x, y) = x^a y^b$，其中 a、b 爲正整數，求其通解。

解：將 $x^a y^b$ 乘以原方程式，得到

$$x^a y^b[(5xy^2 - 2y)dx + (3x^2y - x)]dy = 0$$
$$(5x^{a+1}y^{b+2} - 2x^a y^{b+1})dx + (3x^{a+2}y^{b+1} - x^{a+1}y^b)dy = 0$$

由
$$\frac{\partial}{\partial y}(5x^{a+1}y^{b+2} - 2x^a y^{b+1}) = \frac{\partial}{\partial x}(3x^{a+2}y^{b+1} - x^{a+1}y^b)$$

可得 $5(b + 2) = 3(a + 2)$ 且 $2(b + 1) = a + 1$

因此 $a = 3$ 且 $b = 1$

積分因子爲 $\mu(x, y) = x^3 y$

將 $x^3 y$ 乘以原式，得到

$$(5x^4y^3 - 2x^3y^2)dx + (3x^5y^2 - x^4y)dy = 0$$

由
$$\int (5x^4y^3 - 2x^3y^2)dx = x^5y^3 - \frac{1}{2}x^4y^2$$
$$\int (3x^5y^2 - x^4y)dy = x^5y^3 - \frac{1}{2}x^4y^2$$

可知，原方程的通解爲 $x^5y^3 - \frac{1}{2}x^4y^2 = c$

習題

解下列微分方程

1. $(4xy + 3y^4)dx + (2x^2 + 5xy^3)dy = 0$
2. $(2x^2y^2 + y)dx - (x^3y - 3x)dy = 0$
3. $(y^3 - 2yx^2)dx - (2xy^2 - x^3)dy = 0$

微分方程 $Mdx + Ndy = 0$，若存在兩常數 a 和 b，使得

$$\frac{\partial M}{\partial y} - \frac{\partial N}{\partial x} = \frac{aN}{x} - \frac{bM}{y}$$

則積分因子爲 $\mu(x, y) = x^a y^b$

例 1 求 $\left(3x + \frac{6}{y}\right)dx + \left(\frac{x^2}{y} + 3\frac{y}{x}\right)dy = 0$ 的通解

解：令 $M(x, y) = 3x + \frac{6}{y}$；$N(x, y) = \frac{x^2}{y} + \frac{3y}{x}$

則 $\frac{\partial M}{\partial y} = -\frac{6}{y^2}$，$\frac{\partial N}{\partial x} = \frac{2x}{y} - \frac{3y}{x^2}$。

原方程非正合。

利用公式

$$\frac{\partial M}{\partial y} - \frac{\partial N}{\partial x} = \frac{aN}{x} - \frac{bM}{y}$$

$$-\frac{6}{y^2} - \frac{2x}{y} + \frac{3y}{x^2} = a\left(\frac{x}{y} + \frac{3y}{x^2}\right) - b\left(\frac{3x}{y} + \frac{6}{y^2}\right)$$

$$\left.\begin{aligned} a - 3b &= -2 \\ 3a &= 3 \\ -6b &= -6 \end{aligned}\right\} \Rightarrow \begin{aligned} a &= 1 \\ b &= 1 \end{aligned}$$

積分因子 $\mu(x, y) = x^a y^b = xy$

原式乘以 $\mu = xy$，可得

$$(3x^2y + 6x)dx + (x^3 + 3y^2)\, dy = 0$$

$$\frac{\partial F}{\partial x} = 3x^2y + 6x \text{；} \frac{\partial F}{\partial y} = x^3 + 3y^2$$

$$F(x, y) = x^3y + 3x^2 + \phi(y)$$

$$x^3 + 3y^2 = \frac{\partial F}{\partial y} = x^3 + \phi'(y)$$

$$\phi'(y) = 3y^2 \text{，} \phi(y) = y^3$$

因此通解爲 $x^3y + 3x^2 + y^3 = c$

題型5：積分因子爲 $\frac{1}{Mx + Ny}$

齊次微分方程

$$M(x, y)dx + N(x, y)dy = 0$$

有積分因子 $\mu(x, y) = \dfrac{1}{Mx + Ny}$

其中 $Mx + Ny \neq 0$。

例 1 求解 $y(x^2 + y^2)dx - x(x^2 + 2y^2)dy = 0$。

解：在這種情況下，

$M = y(x^2 + y^2)$ 和 $N = -x(x^2 + 2y^2)$ 是次數為 3 的齊次函數。

積分因子為 $\mu(x, y) = \dfrac{1}{Mx + Ny} = -\dfrac{1}{xy^3}$，

將 $-\dfrac{1}{xy^3}$ 乘以原式可得

$$-\frac{x^2 + y^2}{xy^2}dx + \frac{x^2 + 2y^2}{y^3}dy = 0$$

令 $M_1 = -\dfrac{x^2 + y^2}{xy^2}$，$N_1 = \dfrac{x^2 + 2y^2}{y^3}$

存在一個函數 $F(x, y)$ 使得

$$dF = \frac{\partial F}{\partial x}dx + \frac{\partial F}{\partial y}dy = M_1 dx + N_1 dy$$

$$= -\frac{x^2 + y^2}{xy^2}dx + \frac{x^2 + 2y^2}{y^3}dy$$

即，$\dfrac{\partial F}{\partial x} = M_1 = -\dfrac{x^2 + y^2}{xy^2}$，$\dfrac{\partial F}{\partial y} = N_1 = \dfrac{x^2 + 2y^2}{y^3}$

$$F(x, y) = \int M_1 dx$$

$$= \int -\frac{x^2 + y^2}{xy^2}dx$$

$$= \frac{-x^2}{2y^2} - \ln|x| + \phi(y)$$

$$\frac{\partial F}{\partial y} = \frac{x^2}{y^3} + \frac{d\phi}{dy}$$

又因為 $\dfrac{\partial F}{\partial y} = N_1 = \dfrac{x^2 + 2y^2}{y^3}$

所以 $\dfrac{d\phi}{dy} = \dfrac{2}{y}$，$\Rightarrow \phi(y) = 2\ln|y| + k_1$，

$$\frac{-x^2}{2y^2} - \ln|x| + 2\ln|y| + k_1 = k_2$$

原方程的通解為 $\ln\left|\dfrac{y^2}{x}\right| - \dfrac{x^2}{2y^2} = k_2 - k_1 = c$

例 2 求解 $xydx-(x^2+y^2)dy=0$

解：令 $M=xy$，$N=-x^2-y^2$，這是齊次微分方程

積分因子 $\mu(x,y)=\dfrac{1}{Mx+Ny}=\dfrac{1}{x^2y-x^2y-y^3}=-\dfrac{1}{y^3}$

將積分因子 $-\dfrac{1}{y^3}$ 乘以原式 $-\dfrac{1}{y^3}(xy)\,dx+\dfrac{1}{y^3}(x^2+y^2)dy=0$

令 $M_1=-\dfrac{x}{y^2}$，$N_1=\dfrac{x^2}{y^3}+\dfrac{1}{y}$

$\dfrac{\partial M_1}{\partial y}=\dfrac{2x}{y^3}$，$\dfrac{\partial N_1}{\partial x}=\dfrac{2x}{y^3}$，又 $\dfrac{\partial F}{\partial x}=M_1$，$\dfrac{\partial F}{\partial y}=N_1$

$$F=\int-\frac{x}{y^2}dx+\phi(y)$$

$$F=-\frac{x^2}{2y^2}+\phi(y)$$

$$\frac{\partial F}{\partial y}=\frac{x^2}{y^3}+\phi'(y)=\frac{x^2}{y^3}+\frac{1}{y}=N_1$$

$$\phi'(y)=\frac{1}{y}$$

$$\phi(y)=\ln y$$

通解爲 $-\dfrac{x^2}{2y^2}+\ln y=c$

習題

解下列微分方程

1. $x^2ydx-(x^3+y^3)dy=0$
2. $(x^2y-2xy^2)dx-(x^3-3x^2y)dy=0$
3. $(x^4+y^4)dx-xy^3dy=0$

   答案：$4x^4\ln x-y^4=cx^4$
4. $xydx-(x^2+y^2)dy=0$
5. $y^2dx+(x^2-xy-y^2)dy=0$
6. $(x^2-3xy+2y^2)dx+(3x^2-2xy)dy=0$

題型6：積分因子爲 $\dfrac{1}{Mx-Ny}$

若 $Mx-Ny\neq 0$ 且微分方程的形式爲

$$yf(xy)dx + xg(xy)dy = 0$$

則積分因子爲

$$\mu(x, y) = \frac{1}{Mx - Ny}$$

其中 $M = yf(xy)$

$N = xg(xy)$

$Mx - Ny \neq 0$

例 1 解 $(x^2y^2 + 2)ydx + (2 - x^2y^2)xdy = 0$

解：$M = x^2y^3 + 2y$，$N = 2x - x^3y^2$

積分因子爲 $\mu(x, y) = \dfrac{1}{Mx - Ny}$

$$= \frac{1}{x^3y^3 + 2xy - 2xy + x^3y^3}$$

$$= \frac{1}{2x^3y^3}$$

將積分因子乘以原式，$\dfrac{1}{2x^3y^3}(x^2y^2 + 2)ydx + \dfrac{1}{2x^3y^3}(2 - x^2y^2)xdy = 0$

$$\frac{1}{2}\left(\frac{1}{x} + \frac{2}{x^3y^2}\right)dx + \frac{1}{2}\left(\frac{2}{x^2y^3} - \frac{1}{y}\right)dy = 0$$

令 $M_1 = \dfrac{1}{2x} + \dfrac{1}{x^3y^2}$，$N_1 = \dfrac{1}{x^2y^3} - \dfrac{1}{2y}$

$$\frac{\partial M_1}{\partial y} = \frac{-2}{x^3y^3} = \frac{\partial N_1}{\partial x}$$

$$F = \int M_1 dx = \int\left(\frac{1}{2x} + \frac{1}{x^3y^2}\right)dx$$

$$= \frac{1}{2}\ln x - \frac{1}{2}\frac{1}{x^2y^2} + \phi(y) \quad (1)$$

$$\frac{\partial F}{\partial y} = \frac{1}{x^2y^3} + \phi'(y) = \frac{1}{x^2y^3} - \frac{1}{2y} = N_1$$

$$\phi'(y) = -\frac{1}{2y}$$

$$\phi(y) = -\frac{1}{2}\ln y \quad (2)$$

(2) 代入 (1)，$\frac{1}{2}\ln x-\frac{1}{2}\frac{1}{x^2y^2}-\frac{1}{2}\ln y=c_1$

$$\ln\frac{x}{y}-\frac{1}{x^2y^2}=c$$

例 2 求解 $y(xy+2x^2y^2)dx+x(xy-x^2y^2)dy=0$

解：$M=xy^2+2x^2y^3$，$N=x^2y-x^3y^2$

積分因子為 $\frac{1}{Mx-Ny}=\frac{1}{3x^3y^3}$

將積分因子乘以原式 $\frac{1}{3x^3y^3}(xy^2+2x^2y^3)\,dx+\frac{1}{3x^3y^3}(x^2y-x^2y^2)\,dy=0$

令 $M_1=\frac{1}{3}\left(\frac{1}{x^2y}+\frac{2}{x}\right)$，$N_1=\frac{1}{3}\left(\frac{1}{xy^2}-\frac{1}{y}\right)$

$$\frac{\partial M_1}{\partial y}=\frac{-1}{3x^2y^2}=\frac{\partial N_1}{\partial x}$$

$$F=\int M_1\,dx=\frac{1}{3}\int\left(\frac{1}{x^2y}+\frac{2}{x}\right)dx$$

$$=\frac{1}{3}\left(\frac{-1}{xy}+2\ln|x|\right)+\phi(y)$$

$$\frac{\partial F}{\partial y}=\frac{1}{3xy^2}+\phi'(y)=\frac{1}{3xy^2}-\frac{1}{3y}=N_1$$

$$\phi'(y)=-\frac{1}{3y}，\phi(y)=-\frac{1}{3}\ln|y|$$

$$\frac{-1}{3xy}+\frac{2}{3}\ln|x|-\frac{1}{3}\ln|y|=c$$

$$\frac{-1}{xy}+\ln|x|^2-\ln|y|=3c=\ln|k|$$

$$x^2=ky\exp\left(\frac{1}{xy}\right)$$

習題

解下列微分方程

1. $y(1-xy)dx-x(1+xy)dy=0$

   答案：$cx=ye^{xy}$

2. $(xy^2+2x^2y^3)dx+(x^2y+x^3y^2)dy=0$
3. $y(2xy+1)dx+x(1+2xy-x^3y^3)dy=0$
4. $y(3+4xy)dx+x(2+3xy)dy=0$

5. $y(xy+1)dx + x(x+xy+x^2y^2)dy = 0$

答案：$2x^2y^2 \ln y - 2xy - 1 = cx^2y^2$

6. $(y - xy^2 + x^2y^3)dx + (x^3y^2 + x^2y)dy = 0$

答案：$x^4 = c(1-2xy)^3 e^{2xy}$

7. $(x^2y^3 - y)dx + (x^3y^2 + x)dy = 0$

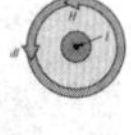

答案：$\frac{1}{2}x^2y^2 + \ln\left(\frac{y}{x}\right) = c$

題型7

形如 $x^ay^b(mydx + nxdy) + x^{a'}y^{b'}(m'ydx + n'xdy) = 0$ 的方程。

對於具有下列形式的微分方程

$$x^ay^b(mydx + nxdy) + x^{a'}y^{b'}(m'ydx + n'xdy) = 0$$

其中 $a, b, a', b', m, n, m', n'$ 都是常數，若 h, k 滿足下列方程組

$$\frac{a+h+1}{m} = \frac{b+k+1}{n}, \frac{a'+h+1}{m'} = \frac{b'+k+1}{n'}$$

則 x^hy^k 是方程的一個積分因子。

例 1 解 $3ydx - 2xdy + \frac{x^2}{y}(10ydx - 6xdy) = 0$

解：將

$$(3ydx - 2xdy) + x^2y^{-1}(10ydx - 6xdy) = 0$$

與

$$x^ay^b(mydx + nxdy) + x^{a'}y^{b'}(m'ydx + n'xdy) = 0$$

比較，可得

$$a = 0, b = 0, m = 3, n = -2$$

$$a' = 2. b' = -1, m' = 10, n' = -6$$

因爲

$$\frac{a+h+1}{m} = \frac{b+k+1}{n} \Rightarrow \frac{0+h+1}{3} = \frac{0+k+1}{-2}$$

$$\therefore 2h + 3k = -5 \tag{1}$$

$$\frac{a'+h+1}{m'} = \frac{b'+k+1}{n'} \Rightarrow \frac{2+h+1}{10} = \frac{-1-k+1}{-6}$$

$$\therefore 3h + 5k = -9 \tag{2}$$

求解 (1) 和 (2) 我們得到 $h = 2, k = -3$，

積分因子爲

$$x^h y^k = x^2 y^{-3}$$

將給定方程乘以積分因子，我們得到

$x^2y^{-3}(3ydx - 2xdy) + x^2y^{-3} \cdot x^2y^{-1}(10ydx - 6xdy) = 0$

$\Rightarrow (3x^2y^{-2}dx - 2x^3y^{-3}dx) + (10x^4y^{-3}dx - 6x^5y^{-4}dy) = 0$

$\Rightarrow (3x^2y^{-2} + 10x^4y^{-3})dx - (2x^3y^{-3} + 6x^5y^{-4})dy = 0$

這是一個正合微分方程 , 其解爲

$$x^3y^{-2} + 2x^5y^{-3} = c$$

習題

1. 解 $2x^3(ydx - xdy) - y(ydx + xdy) = 0$

   答案：$\dfrac{x^2}{y^2} + \dfrac{1}{(xy)} = \mathrm{c}$

2. 解 $x(4ydx + 2xdy) + y^3(3ydx + 5xdy) = 0$

   答案：$x^4y^2 + x^3y^5 = c$

題型8：特殊題型

預備定理

若 $\mu(x\ y) = c$ 爲微分方程 $M(x, y)dx + N(x, y)dy = 0$ 之一解，則 μ 滿足下面方程

$$N\frac{\partial \mu}{\partial x} - M\frac{\partial \mu}{\partial y} = 0$$

證明：因$\dfrac{\partial \mu}{\partial x}dx + \dfrac{\partial \mu}{\partial y}dy = 0$，所以$\dfrac{\frac{\partial \mu}{\partial x}}{M} = \dfrac{\frac{\partial \mu}{\partial y}}{N}$

即$N\dfrac{\partial \mu}{\partial x} - M\dfrac{\partial \mu}{\partial y} = 0$

定理

若 $\mu_1(x, y)$ 和 $\mu_2(x, y)$ 是 $M(x, y)dx + N(x, y)dy = 0$ 的兩個獨立的積分因子，則 $\dfrac{\mu_1(x, y)}{\mu_2(x, y)} = c$ 是此方程的通解，其中 c 爲任意常數。

證明

因 μ_1 及 μ_2 為 $Mdx+Ndy=0$ 的積分因子，故

$$\frac{\partial(\mu_1 M)}{\partial y}-\frac{\partial(\mu_1 N)}{\partial x}=0 \text{ 及 } \frac{\partial(\mu_2 M)}{\partial y}-\frac{\partial(\mu_2 N)}{\partial x}=0$$

即 $$M\frac{\partial\mu_1}{\partial y}-N\frac{\partial\mu_1}{\partial x}+\mu_1\left(\frac{\partial M}{\partial y}-\frac{\partial N}{\partial x}\right)=0 \quad (1)$$

及 $$M\frac{\partial\mu_2}{\partial y}-N\frac{\partial\mu_2}{\partial x}+\mu_2\left(\frac{\partial M}{\partial y}-\frac{\partial N}{\partial x}\right)=0 \quad (2)$$

$(1)\times\mu_2-(2)\times\mu_1$，再除以 μ_2^2，可得

$$M\left(\frac{\mu_2\frac{\partial\mu_1}{\partial y}-\mu_1\frac{\partial\mu_2}{\partial y}}{\mu_2^2}\right)-N\left(\frac{\mu_2\frac{\partial\mu_1}{\partial x}-\mu_1\frac{\partial\mu_2}{\partial x}}{\mu_2^2}\right)=0$$

即 $$M\frac{\partial}{\partial y}\left(\frac{\mu_1}{\mu_2}\right)-N\frac{\partial}{\partial x}\left(\frac{\mu_1}{\mu_2}\right)=0$$

故 $\frac{\mu_1}{\mu_2}=c$ 是方程的通解。

注意，由下面的例子可知，積分因子不唯一。

例 1 求 $(3xy+y^2)dx+(3xy+x^2)dy=0$ 的兩個積分因子

解：這是齊次方程，

令 $M=3xy+y^2$，$N=3xy+x^2$

因為 $$\frac{1}{xM+yN}=\frac{1}{4xy(x+y)}$$

所以一個積分因子為

$$\mu_1(x,y)=\frac{1}{xy(x+y)}$$

利用積分因子可以求出此方程的通解為

$$xy(x+y)^2=c$$

設另一個積分因子為 $\mu_2(x,y)$，由於 $\mu_2(x,y)/\mu_1(x,y)=c$ 是方程的通解，其中 c 為常數，所以

$$\begin{aligned}\mu_2(x,y)&=c\mu_1(x,y)\\&=[xy(x+y)^2]\frac{1}{xy(x+y)}\\&=x+y\end{aligned}$$

因此，方程的積分因子可為 $\frac{1}{xy(x+y)}$ 或 $x+y$。

利用積分因子求解微分方程是一個非常重要的方法，但是由上面這個例子我們看到，尋找多個積分因子是很困難的，需要一定的經驗和技巧。

習題

求解下列微分方程

1. $(x^3 + xy^2)dx + (x^2y + y^3)dy = 0$

   答案：$\frac{x^4}{4}+\frac{x^2y^2}{2}+\frac{y^4}{4}=c$

2. $(1 + y^2)dx + xy\,dy = 0$

   答案：$\frac{x^2}{2}+\frac{x^2y^2}{2}=c$

3. $(t^2 + ty)y' + (3ty + y^2) = 0$

   答案：$t^3y+\frac{1}{2}t^2y^2=c$

4. $[5xe^{-y} + 2\cos(3x)]\,y' + [5(e^{-y}) - 3\sin(3x)] = 0$

   答案：$5x\,e^{y} + \cos(3x)\,e^{2y} = c$

5. $(xy + y^2 + y)dx + (x + 2y)dy = 0$

   答案：$(xy + y^2)e^x = c$

6. $\sin x \cosh y\,dx - \cos x \sinh y\,dy = 0$，$y(0) = 3$

   答案：$\cos x \cosh y = \cosh 3$

7. $(x - \cos y)dx - \sin y dy = 0$

   答案：$e^{-x}(\cos y - x - 1) = c$

8. $(xy^2 - 2y^3)dx + (3 - 2xy^2)dy = 0$

   答案：$\frac{x^2}{2}-2xy-\frac{3}{y}=c$

9. $(xy + 1)dx + x^2dy = 0$

   答案：$xe^{xy} + c = 0$

10. $(2x^2 + y)dx + (x^2y - x)dy = 0$

    答案：$2x-\frac{y}{x}+\frac{y^2}{2}=c$

11. $(2y^2 + 2y + 4x^2)dx + (2xy + x)dy = 0$

    答案：$x^2y^2 + x^2y + x^4 = c$

12. $2xydx + (4y + 3x^2)dy = 0$，$y(0.2) = -1.5$

答案：$x^2y^3 + y^4 = 4.9275$

13. $(5x^3 + 12x^2 + 6y^2)dx + 6xydy = 0$

14. $(xy^2 - e^{1/x^3})dx + x^2ydy = 0$

15. $2ydx + x(2\ln x - y)dy = 0$

16. $\left(y + \dfrac{y^3}{3} + \dfrac{x^2}{2}\right)dx + \dfrac{1}{4}(x + xy^2)dy = 0$

17. $(ye^x + 2e^x + y^2)dx + (e^x + 2xy)dy = 0$

18. $(y - 1)dx - xdy = 0$

19. $(x^2 - y^2)dx - xydy = 0$

20. $(xy^3 + y)dx + 2(x^2y^2 + x + y^4)dy = 0$

21. $y\ln ydx + (x - \ln y)dy = 0$

22. $(y\ln y - 2xy)dx + (x + y)dy = 0$

23. $(e^{x+y} + ye^y)dx + (xe^y - 1)dy = 0$

24. $(5x^4 + 3x^2y^2 - 2xy^3)dx + (2x^3y - 3x^2y^2 - 5y^4)dy = 0$

25. $(x^2y - 2xy^2)dx - (x^3 - 3x^2y)dy = 0$

26. $(x^2 - 3xy + 2y^2)dx + x(3x - 2y)dy = 0$

27. $(y^3 - 3xy^2)dx + (2x^2y - xy^2)dy = 0$

28. $(x^2y^2 + xy + 1)ydx + (x^2y^2 - xy + 1)xdy = 0$

29. $y(xy - 2x^2y^2)dx + x(xy - x^2y^2)dy = 0$

30. $(1 + xy)ydx + (1 - xy)xdy = 0$

31. $(xy^2 + 2x^2y^3)dx + (x^2y - x^3y^2)dy = 0$

32. 使用積分因子 $\mu(x, y) = x^2 + y^2$，求解微分方程 $ydx + (x^2 + y^2 - x)dy = 0$

答案：$\tan^{-1}\dfrac{x}{y} + y = c$

33. 使用積分因子 $\mu(x, y) = xy^2$，求解微分方程 $(2y - 6x)dx + \left(3x - \dfrac{4x^2}{y}\right)dy = 0$，

答案：$x^2y^3 - 2x^3y^2 = c$

34. 求 $(y^2 + xy + 1)dx + (x^2 + xy + 1)dy = 0$ 的積分因子

答案：e^{xy}

35. 求 $(2y^2 - 9xy)dx + (3xy - 6x^2)dy = 0$ 的積分因子

答案：xy

36. 設微分方程 $f(x)\dfrac{dy}{dx}+x^2+y=0$ 有積分因子 $\mu(x)=x$，求函數 $f(x)$。

37. 設微分方程 $e^x\sec y-\tan y+\dfrac{dy}{dx}=0$ 有積分因子 $e^{-ax}\cos y$，求 a 的值，並解此方程。

38. 求出 x^my^n 形式的積分因子，使方程 $(2y^2-6xy)+(3xy-4x^2)y'=0$ 為正合，然後求解方程。

答案：積分因子 $\mu(x, y)=xy$，通解為 $x^2y^3-2x^3y^2=c$。

39. 設函數 $f(u)$，$g(u)$ 連續，可微且 $f(u)\neq g(u)$，試證 $yf(xy)dx+xg(xy)dy=0$ 有積分因子

$$\frac{1}{xy[f(xy)-g(xy)]}$$

40. 解 (a) $(1+x^2y^2)xdy+(x^2y^2-1)ydx=0$

(b) $x^3y^4dx-(x^2y-x^4y^3)dy=0$

提示：利用 39 題的結果。

答案：(a) $\ln\dfrac{x^2}{y^2}-x^2y^2=c$

(b) $x^2y^2-\ln y^2=c$

2.5 一階線性微分方程

我們已經使用解析方法求解了變數可分離方程、齊次方程和正合方程，本節將繼續利用解析方法，求出另一類可完全求解的線性方程。

一階微分方程如果具有

$$\frac{dy}{dx}+P(x)y=Q(x)$$

的形式，其中 $P(x)$，$Q(x)$ 是 x 的連續函數，則稱爲一階線性微分方程。上式中若 $Q(x)=0$，則稱 $\frac{dy}{dx}+P(x)y=0$ 爲線性齊次方程。若 $Q(x)\neq 0$，則稱 $\frac{dy}{dx}+P(x)y=Q(x)$ 爲線性非齊次方程。例如：

$$\frac{dy}{dx}+2y=0$$

$$\frac{dy}{dx}+x^2y=\sin x$$

都是一階線性微分方程。當 $P(x)$ 爲常數時，稱爲一階常係數線性微分方程。

一階線性微分方程中未知函數 y 和 $\frac{dy}{dx}$ 是一次的。例如，$\frac{dy}{dx}=(\cot x)y$ 是線性，$\frac{dy}{dx}=y^2$ 不是線性，$\frac{dx}{dt}=t\sin x$ 也不是線性。

當 $Q(x)=0$ 時，$\frac{dy}{dx}+P(x)y=0$ 爲可分離變數的微分方程，其解爲 $y=ce^{-\int p(x)dx}$，其中 c 爲任意常數。

當 $Q(x)\neq 0$ 時，將 $\frac{dy}{dx}+P(x)y=Q(x)$ 改寫爲

$$(Py-Q)dx+dy=0$$

令

$$M=Py-Q，N=1$$

$$\frac{\partial M}{\partial y}=P，\frac{\partial N}{\partial x}=0$$

因爲 $\dfrac{\left(\frac{\partial M}{\partial y}-\frac{\partial N}{\partial x}\right)}{N}=P$ 僅是 x 的函數

所以，積分因子爲 $\mu(x)=e^{\int P(x)\,dx}$

將 $e^{\int Pdx}$ 乘以 $\dfrac{dy}{dx}+p(x)y=Q(x)$ 可得

$$e^{\int Pdx}\cdot(y'+Py)=e^{\int Pdx}Q$$
$$(e^{\int Pdx}\cdot y)'=e^{\int Pdx}Q$$

對上式兩邊對 x 積分，

$$e^{\int Pdx}\cdot y=\int e^{\int Pdx}Qdx+c\text{，}c\text{ 爲任意常數}$$

整理後可得

$$y=e^{-\int Pdx}\left(\int e^{\int Pdx}Qdx+c\right)$$

線性微分方程的解有一些良好的性質，例如，線性齊次方程 $y'+Py=0$ 的任何解的線性組合仍是它的解。非齊次方程 $y'+Py=Q$ 的任一解與對應齊次方程的通解之和爲非齊次方程的通解。這些性質在求解方程時是十分有用的，例如，求方程 $y'+y=1$ 的通解時，由觀察法得知 $y=1$ 爲非齊次方程的一個解，而對應齊次方程 $y'+y=0$ 的通解爲 $y=ce^{-x}$，因此該方程的通解爲 $y=1+ce^{-x}$。

① 一階線性微分方程的求解

在本節中，我們求解形式爲 $y'+P(x)y=Q(x)$ 的線性一階微分方程。我們將深入介紹利用積分因子求解此類微分方程的過程。

例 1 求 $\dfrac{dy}{dx}+2xy=4x$ 的通解。

解：方程的積分因子爲

$\mu(x)=e^{\int 2xdx}=e^{x^2}$。

方程兩邊乘以 e^{x^2} 得

$y'e^{x^2}+2xe^{x^2}y=4xe^{x^2}$，即 $(e^{x^2}y)'=4xe^{x^2}$，

於是 $e^{x^2}y=\int 4xe^{x^2}dx=2e^{x^2}+c$。

因此原方程的通解爲 $y=2+ce^{-x^2}$。

例 2 解初值問題 $\frac{dy}{dx} = 2x^2(3-y)$，$y(0) = \frac{3}{2}$。

解：$\frac{dy}{dx} = 6x^2 - 2x^2y$

$$\frac{dy}{dx} + 2x^2y = 6x^2$$

令 $P(x) = 2x^2$，$Q(x) = 6x^2$

積分因子　$\mu(x) = e^{\int P(x)\,dx} = e^{\int 2x^2\,dx} = \exp\left(\frac{2x^3}{3}\right)$

由公式可知

$$\frac{dy}{dx} + P(x)y = Q(x)$$

之解爲 $y = e^{-\int Pdx}\left(\int e^{\int Pdx} \cdot Qdx + c\right)$

因此　$y = \exp\left(-\frac{2x^3}{3}\right)\int \exp\left(\frac{2x^3}{3}\right) \cdot 6x^2dx + c\exp\left(-\frac{2x^3}{3}\right)$

$$= 3\exp\left(-\frac{2x^3}{3}\right)\int \exp\left(\frac{2x^3}{3}\right)d\left(\frac{2x^3}{3}\right) + c\exp\left(-\frac{2x^3}{3}\right)$$

$$= 3\exp\left(-\frac{2x^3}{3}\right) \cdot \exp\left(\frac{2x^3}{3}\right) + c\exp\left(-\frac{2x^3}{3}\right)$$

$$= 3 + c\exp\left(-\frac{2x^3}{3}\right)$$

因爲 $y(0) = \frac{3}{2}$，所以 $\frac{3}{2} = 3 + c$

$$c = -\frac{3}{2}$$

因此初值問題的解爲 $y = 3 - \frac{3}{2}\exp\left(-\frac{2x^3}{3}\right)$

例 3 解 $\frac{dy}{dx} + \frac{2}{x}y = x - 1$。

解：首先，計算積分因子

$$\mu(x) = \exp\int \frac{2}{x}dx = e^{2\ln x} = x^2$$

其次，用積分因子 $\mu(x) = x^2$ 乘方程的兩邊得

$$x^2\frac{dy}{dx} + 2xy = x^2(x-1)$$

即　$\frac{d(x^2y)}{dx} = x^2(x-1)$

兩邊積分，得

$$x^2y=\frac{x^4}{4}-\frac{x^3}{3}+c$$

其中 c 是任意常數，因此通解為

$$y=\frac{x^2}{4}-\frac{x}{3}+\frac{c}{x^2}$$

例 4 求方程 $\frac{dy}{dx}-\frac{2y}{x+1}=(x+1)^{\frac{5}{2}}$ 的通解。

解：令 $P(x)=-\frac{2}{x+1}$，$Q(x)=(x+1)^{\frac{5}{2}}$。

因為 $\int P(x)dx=\int\left(-\frac{2}{x+1}\right)dx=-2\ln(x+1)$，

$$e^{-\int P(x)dx}=e^{2\ln(x+1)}=(x+1)^2,$$

$$\int Q(x)e^{\int P(x)dx}dx=\int(x+1)^{\frac{5}{2}}(x+1)^{-2}dx=\int(x+1)^{\frac{1}{2}}dx=\frac{2}{3}(x+1)^{\frac{3}{2}}$$

所以通解為

$$y=e^{-\int P(x)dx}(\int Q(x)e^{\int P(x)dx}dx+c)=(x+1)^2\left[\frac{2}{3}(x+1)^{\frac{3}{2}}+c\right]$$

例 5 求微分方程 $\frac{dy}{dx}-\frac{3}{x+1}y=(x+1)^4$ 的通解。

解：令 $P(x)=\frac{-3}{x+1}$，$Q(x)=(x+1)^4$

積分因子 $e^{\int P(x)dx}=e^{\int\frac{-3}{x+1}dx}=(x+1)^{-3}=\frac{1}{(x+1)^3}$

$$y=e^{-\int P(x)dx}(\int Q(x)e^{\int P(x)dx}dx+c)$$

$$=(x+1)^3(\int(x+1)dx+c)$$

通解為 $y=(x+1)^3\left(\frac{x^2}{2}+x+c\right)$。

例 6 解 $xy'-y=1+x$，$x\neq0$。

解：$y'-\frac{1}{x}y=\frac{1}{x}+1$

積分因子 $\mu(x)=e^{\int-\frac{1}{x}dx}=e^{-\ln x}=\frac{1}{x}$

$$y = x\int \frac{1}{x}\left(\frac{1}{x}+1\right)dx + cx$$

$$= x\int\left(\frac{1}{x^2}+\frac{1}{x}\right)dx + cx$$

$$= x\left(-\frac{1}{x}+\ln|x|\right)+cx$$

$$= -1 + x\ln|x| + cx$$

例 7 求微分方程 $\frac{dy}{dx}+\frac{3}{x}y=\frac{e^x}{x^3}$ 的通解。

解：令 $P(x)=\frac{3}{x}$，$Q(x)=\frac{e^x}{x^3}$

積分因子 $e^{\int P(x)\,dx} = \exp\int\frac{3}{x}dx = x^3$

$$y = e^{-\int P(x)dx}\left(\int Q(x)e^{\int P(x)dx}dx + C\right)$$

$$= \frac{1}{x^3}\left(\int\frac{e^x}{x^3}\cdot x^3dx + c\right)$$

$$= \frac{e^x}{x^3}+\frac{c}{x^3}$$

例 8 設 $y=y(x)$ 是微分方程

$$\sin x\frac{dy}{dx}+y\cos x = 4x,\ x\in(0,\pi)$$

的解。若 $y\left(\frac{\pi}{2}\right)=0$，則 $y\left(\frac{\pi}{6}\right)=$？

解：將題目的微分方程改為

$$\left(\frac{dy}{dx}\right)\sin x + y\frac{d}{dx}\sin x = 4x$$

聯想乘積的求導數的公式

$$\frac{d}{dx}(fg)=f\frac{dg}{dx}+g\frac{df}{dx}$$

得到

$$\frac{d}{dx}(y\sin x)=4x$$

等號左右同時對 x 積分，

$$\int d(y\sin x)=\int 4x dx$$

於是

$y\sin x = 2x^2 + c$，c 是積分常數

將初始條件 $y\left(\frac{\pi}{2}\right) = 0$ 代入上式，得

$$0 = \frac{\pi^2}{2} + c$$

解出 $c = -\frac{\pi^2}{2}$。所以

$$y(x) = \frac{2x^2 - \frac{\pi^2}{2}}{\sin x}$$

因此所求

$$y\left(\frac{\pi}{6}\right) = \frac{\left[2\left(\frac{\pi}{6}\right)^2 - \frac{\pi^2}{2}\right]}{\frac{1}{2}} = -\frac{8\pi^2}{9}$$

例 9 解一階微分方程 $\frac{dy}{dx} + \sec(x)y = \cos x \quad y(0) = 1$，$x \geqq 0$

解：令　$P(x) = \sec x$，$Q(x) = \cos x$

積分因子　$\exp(\int P(x)dx) = \exp(\int \sec x dx)$

$$= \sec x + \tan x$$

$$y = \frac{1}{\sec x + \tan x}\int \cos x(\sec x + \tan x)dx + \frac{c}{\sec x + \tan x}$$

$$= \frac{x - \cos x + c}{\sec x + \tan x}$$

$$1 = \frac{0 - 1 + c}{1 + 0},\ c = 2$$

$$y = \frac{x - \cos x + 2}{\sec x + \tan x}$$

例 10 解 $\frac{y'}{\cos x} + y\left(\frac{\tan x}{\cos x}\right) = \cos x$

解：方法一：將原式乘以 $\cos x$，得到

$$y' + y\tan x = \cos^2 x$$

令　$P(x) = \tan x$，$Q(x) = \cos^2 x$

則積分因子 $\mu(x) = e^{\int P(x)\,dx} = e^{\int \tan(x)\,dx} = \frac{1}{\cos x}$

利用公式

$y = e^{-\int P dx}\left(\int e^{\int P dx} Q dx + c\right)$

可得 $y = \cos x \int \frac{1}{\cos x} \cdot \cos^2 x \, dx + c\cos x$

$= \sin x \cos x + c \cos x$

方法二：原題可改寫爲

$\frac{d}{dx}\left(\frac{y}{\cos x}\right) = \cos x$

積分後可得 $\frac{y}{\cos x} = \sin x + c$

即 $y(x) = \sin x \cos x + c \cos x$

誤差函數

在數學、科學和工程中，一些重要的函數是用非初等積分定義的。兩個這樣的特殊函數是誤差函數（error function）和互補誤差函數（complementary error function）：

$$\text{erf}(x) = \frac{2}{\sqrt{\pi}} \int_0^x e^{-t^2} dt$$

和

$$\text{erfc}(x) = \frac{2}{\sqrt{\pi}} \int_x^\infty e^{-t^2} dt$$

從已知結果$\int_0^\infty e^{-t^2} dt = \sqrt{\pi}/2$，我們可以寫出$(2/\sqrt{\pi}) \int_0^\infty e^{-t^2} dt = 1$。使用定積分的區間加性質$\int_0^\infty = \int_0^x + \int_x^\infty$，可以將上述的結果以另一種形式表示

$$\frac{2}{\sqrt{\pi}} \int_0^\infty e^{-t^2} dt = \overbrace{\frac{2}{\sqrt{\pi}} \int_0^x e^{-t^2} dt}^{\text{erf}(x)} + \overbrace{\frac{2}{\sqrt{\pi}} \int_x^\infty e^{-t^2} dt}^{\text{erfc}(x)} = 1$$

由上式可知，誤差函數 erf(x) 與互補誤差函數 erfc(x) 的關係式爲

$$\text{erf}(x) + \text{erfc}(x) = 1$$

由於其在概率、統計和應用偏微分方程中的重要性，誤差函數已被廣泛地製成表格。請注意，erf(0) = 0 是一個明顯的函數值。也可以使用 Mathematica 找到 erf(x) 的數值。

例 11 解 $\frac{dy}{dx}-2xy=1$，$y(0)=1$。

解：$\mu(x)=e^{\int -2x\,dx}=e^{-x^2}$

將 $\mu(x)$ 乘以微分方程，可將微分方程化爲 $\frac{d}{dx}(ye^{-x^2})=e^{-x^2}$

$$y=\exp(x^2)\int_0^x \exp(-\xi^2)\,d\xi+c\exp(x^2)$$

因爲初始條件 $y(0)=1$，所以積分常數 $c=1$。

$$y=\exp(x^2)(1+\int_0^x \exp(-\xi^2)\,d\xi)$$

我們可以用誤差函數（Error function）來寫答案，

$$\text{erf}(x)\equiv\frac{2}{\sqrt{\pi}}\int_0^x e^{-\xi^2}d\xi$$

$$y=\exp(x^2)\left(1+\frac{\sqrt{\pi}}{2}\text{erf}(x)\right)$$

分段線性微分方程

在數學模型的建構中（特別是在生物科學和工程），微分方程中的一個或多個係數可能是分段定義的函數。特別是，當 $\frac{dy}{dx}+P(x)y=Q(x)$ 中的 $P(x)$ 或 $Q(x)$ 是分段定義的函數時，則稱該方程爲分段線性微分方程 (piecewise-linear differential equation)。

在下一個例子中，$Q(x)$ 在區間 $(-\infty,\infty)$ 上分段連續，在 $x=1$ 處有一個跳躍不連續性。基本概念是分兩部分求解初值問題，此兩部分對應於定義 $Q(x)$ 的兩個區間；每個部分都由一個可以藉由本節方法求解的線性方程組成。正如我們將看到的，然後可以在 $x=1$ 處將兩個解拼湊在一起，以便 $y(x)$ 在 $(-\infty,\infty)$ 上連續。

例 12 解微分方程 $\frac{dy}{dx}-y=\begin{cases}0,\ y(0)=1,\ x<1\\1,\ x\geq 1\end{cases}$

解：爲了解此問題，我們將其分爲兩個不同定義域的方程。

$$y_1'-y_1=0，y_1(0)=1，x<1$$

$$y_2'-y_2=1，y_2(1)=y_1(1)，x\geq 1$$

第二個方程中的條件 $y_2(1)=y_1(1)$，是要求解是連續的。第一個方程的解是 $y=e^x$。第二個方程的解是

$$y=-1+e^{x-1}+e^x$$

整個定義域的解爲

$$\begin{cases} y = e^x，x < 1 \\ y = (1 + e^{-1})e^x - 1，x \geq 1 \end{cases}$$

解的圖形如下圖所示。

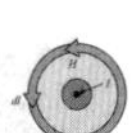

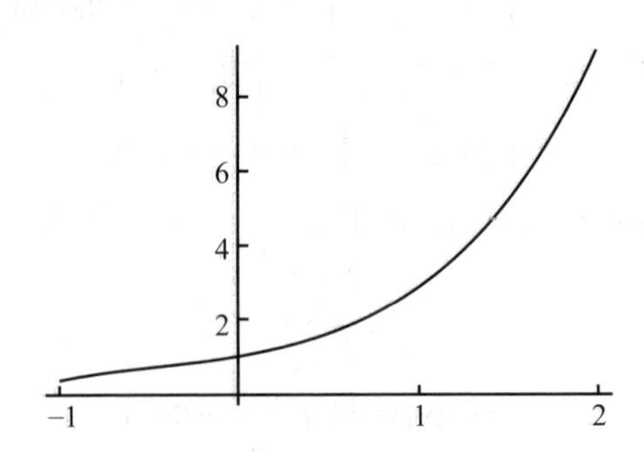

例 13 求解微分方程

$$y' + 2y = f(t) = \begin{cases} 1, 0 \leq t \leq 1 \\ 0, t > 1 \end{cases}$$

其中，$y(0) = 0$。

解：

$$y' + 2y = 1，y(0) = 0, 0 \leq t \leq 1$$

$$\Rightarrow y(t) = \frac{1}{2}(1 - e^{-2t})$$

令 $t = 1$, $\quad y(1) = \frac{1}{2}(1 - e^{-2})$

因爲 y 是連續函數，所以

$$y' + 2y = 0, \qquad y(1) = \frac{1}{2}(1 - e^{-2})$$

$$\Rightarrow y(t) = \left(\frac{e^2 - 1}{2}\right)e^{-2t}$$

微分方程的解爲

$$\begin{cases} y(t) = \frac{1}{2}(1 - e^{-2t}), & 0 \leq t \leq 1 \\ y(t) = \left(\frac{e^2 - 1}{2}\right)e^{-2t}, & t > 1 \end{cases}$$

解的圖形如下所示。

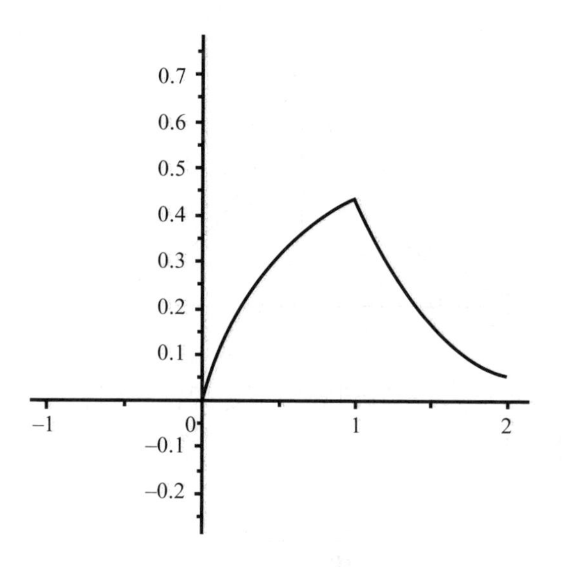

例 14 解微分方程 $y' + \text{sign}(x)y = 0$，$y(1) = 1$。

其中 $\text{sign}\, x = \begin{cases} -1, & x<0 \\ 0, & x=0 \\ 1, & x>0 \end{cases}$

解：由於 sign x 是分段定義的，所以我們將原題分成兩個問題來求解。

將 $y(x)$ 定義為

$$y(x) = \begin{cases} y_1(x), & x \ge 0 \\ y_2(x), & x \le 0 \end{cases}$$

$y_1' + y_1 = 0$，$y_1(1) = 1$，$x > 0$

$y_2' - y_2 = 0$，$y_2(0) = y_1(0)$，$x < 0$，

y_2 的初始條件要求解是連續的。

對於 $x > 0$ 和 $x < 0$ 的兩個問題，我們得到

$$y(x) = \begin{cases} e^{1-x}, & x > 0 \\ e^{1+x}, & x < 0 \end{cases}$$

即　$y(x) = e^{1-|x|}$。

解的圖形如下圖所示。

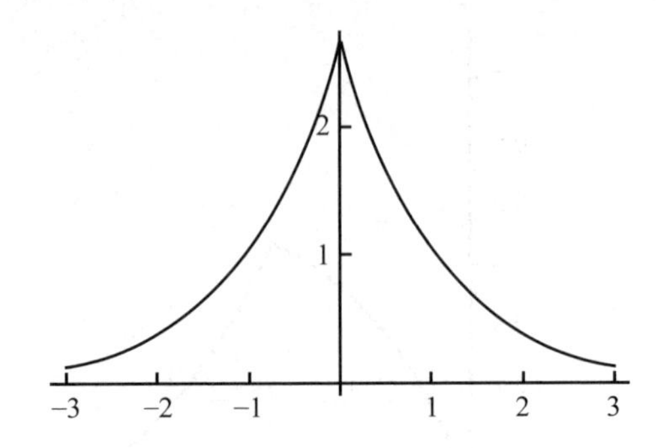

有時一階微分方程在一個變數中不是線性，但在另一個變數中是線性。例如，微分方程

$$\frac{dy}{dx}=\frac{y}{x-y}$$

對變數 y 而言不是線性，但它的倒數

$$\frac{dx}{dy}=\frac{x}{y}-1$$

在變數 x 中被認爲是線性。讀者應該驗證上式的隱式解爲：

$$\frac{x}{y}+\ln|y|=c$$

例 15 解 $(4y^3-2xy)\dfrac{dy}{dx}=y^2$，$y(2)=1$

解：將原式改寫爲 $\dfrac{dx}{dy}+\dfrac{2x}{y}=4y$

顯然，y^2 是積分因子。

因此，$xy^2=\int 4y^3\,dy+C\Rightarrow xy^2=y^4+C$

利用初始條件 $y(2)=1$，我們得到

$xy^2=y^4+1$。

注意：通常的 $\dfrac{dy}{dx}$ 表示 x 是自變數，而 y 是因變數。在嘗試求解一階微分方程時，有時需要將 x 和 y 的角色反轉，成爲

$\dfrac{dx}{dy}+p(y)x=q(y)$

的形式。

例 16 解微分方程 $\frac{dy}{dx}=\frac{1}{e^{4y}+2x}$

解：將原式改為

$$\frac{dx}{dy}=e^{4y}+2x，$$

即

$$\frac{dx}{dy}-2x=e^{4y}$$

這是關於因變數 x 的一階線性微分方程，

利用公式

$$x=\exp(-\int pdy)[\int \exp(\int pdy)qdy+c]$$

將 $p=-2$，$q=e^{4y}$ 代入公式，積分得到

$$x=e^{2y}\int e^{-2y}\cdot e^{4y}dy+ce^{2y}$$

$$=e^{2y}\int e^{2y}dy+ce^{2y}$$

$$=\frac{1}{2}e^{4y}+ce^{2y}$$

例 17 解 $\frac{1}{1+y^2}\frac{dy}{dx}=\frac{1}{\tan^{-1}y-x}$

解：將原式改為 $(1+y^2)\frac{dx}{dy}=\tan^{-1}y-x$

$$\frac{dx}{dy}+\frac{x}{1+y^2}=\frac{\tan^{-1}y}{1+y^2}$$

這是關於因變數 x 的一階線性微分方程，

利用公式

$$x=\exp(-\int pdy)[\int \exp(\int pdy)qdy+c]$$

令 $p=\frac{1}{1+y^2}$，$q=\frac{\tan^{-1}y}{1+y^2}$

$$\exp(\int pdy)=\exp(\int \frac{1}{1+y^2}dy)=\exp(\tan^{-1}y)$$

$$\int \exp(\int pdy)qdy=\int \frac{\tan^{-1}y}{1+y^2}\exp(\tan^{-1}y)dy$$

令 $z=\tan^{-1}y$

則　$\int \exp(\int p dy) q dy = \int z(\exp z) dz$

$$= z(\exp z) - \int \exp z dz$$

$$= z(\exp z) - \exp z$$

$$x = \exp(-\int p dy)[\int \exp(\int p dy) q dy + c]$$

$$= (1/\exp z)(z(\exp z) - \exp z) + c/\exp z$$

$$= z - 1 + c/\exp z$$

$$x = (\tan^{-1} y) - 1 + c/\exp(\tan^{-1} y)$$

注意，利用適當代換可將非線性微分方程轉換爲線性微分方程。

例 18　利用 $z = y^2$ 將下列非線性微分方程

$$x^2 y \frac{dy}{dx} - xy^2 = 1；y(1) = 1$$

轉換爲線性，並求其解。

解：$\frac{dz}{dx} = 2y\frac{dy}{dx} \Rightarrow \frac{1}{2}\frac{dz}{dx} = y\frac{dy}{dx}$

$$x^2\left(\frac{1}{2}\frac{dz}{dx}\right) - xz = 1$$

$$\frac{dz}{dx} - \left(\frac{2}{x}\right)z = \frac{2}{x^2}$$

積分因子　$\mu(x) = e^{-\int \frac{2}{x}dx} = \frac{1}{x^2}$

利用公式可解出　$z = x^2\left(-\frac{2}{3x^3} + c\right)$

$$y^2 = -\frac{2}{3x} + cx^2$$

因爲 $y(1) = 1$

所以 $c = \frac{5}{3}$

$$y^2 = -\frac{2}{3x} + \frac{5}{3}x^2$$

② 一階線性微分方程的應用

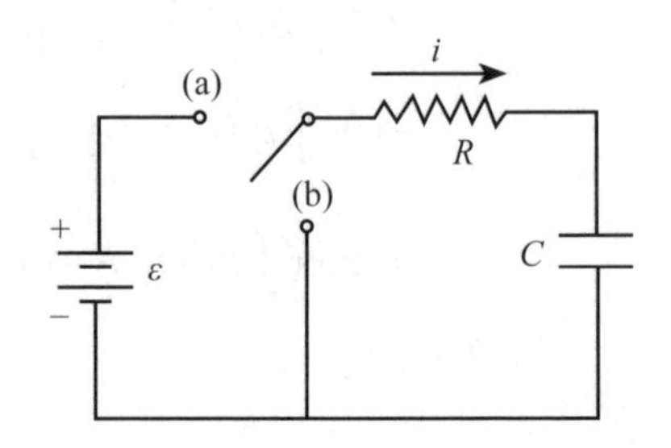

例 1　考慮如下列的 RC 電路圖。圖中顯示串聯連接的電阻器 R 和電容

器 C。提供電動勢 E 的電池藉由開關連接到該電路。最初，電容器上沒有電荷。將開關撥至 a 時，電池連接且電容器充電。將開關撥至 b 時，電池斷開連接，電容器放電，並且電阻器中的能量耗散。試計算在充電和放電期間電容器兩端的電壓降。

解：電容器和電阻兩端的壓降公式如下：

$$V_C = \frac{q}{C}，V_R = iR，$$

其中 C 是電容，R 是電阻。電荷 q 和電流 i 的關係是

$$i = \frac{dq}{dt}。$$

柯西霍夫（Kirchhoff）的電壓定律指出，任何閉環中的電動勢 E 等於該閉環中的電壓降之和。將開關切換至 a 時應用柯西霍夫電壓定律可得

$$V_R + V_C = E。$$

因此，電阻器兩端的壓降可以用電容器兩端的壓降表示爲

$$V_R = RC\frac{dV_C}{dt}，$$

由前兩式，我們可以得到 V_C 的線性一階微分方程

$$\frac{dV_C}{dt} + \frac{V_C}{RC} = \frac{E}{RC}，$$

其中初始條件爲 $V_C(0) = 0$。

初值問題的解爲 $V_C(t) = E\,(1 - e^{-t/RC})$。

電壓從零開始，以指數方式上升到 E，其特徵時間尺度由 RC 給出。

將開關撥至 b 時，應用柯西霍夫電壓定律會導致

$$V_R + V_C = 0，$$

帶有相應的微分方程

$$\frac{dV_C}{dt} + \frac{V_C}{RC} = 0。$$

在此，我們假設電容最初已充滿電，因此 $V_C(0) = E$。

在放電階段的解爲

$$V_C(t) = Ee^{-t/RC}。$$

電壓從 E 開始，然後以 RC 給定的特徵時間尺度呈指數衰減至零。

例 2 有時一個反應的生成物是下一個反應的反應物，此類反應稱爲連

續反應。例如苯的氯化，生成的氯苯可進一步與氯作用生成二氯苯、三氯苯等。假設連續反應 $A \xrightarrow{k_1} B \xrightarrow{k_2} C$，均為一階反應，其中 k_1 和 k_2 為反應速率常數，若反應物 A 的初濃度為 $[A]_0$，中間產物 B 的初濃度 $[B]_0 = 0$ 且 $[C]_0 = 0$，求在任何時刻 B 的濃度。

解：因為 $A \xrightarrow{k_1} B \xrightarrow{k_2} C$，均為一階反應

所以 $\dfrac{d[A]}{dt} = -k_1[A]$

其解為
$$[A] = [A]_0 e^{-k_1 t} \quad (1)$$
$$\frac{d[B]}{dt} = k_1[A] - k_2[B] \quad (2)$$

(1) 代入 (2)
$$= k_1[A]_0 e^{-k_1 t} - k_2[B]$$
$$\frac{d[B]}{dt} + k_2[B] = k_1[A]_0 e^{-k_1 t}$$

這是一階線性微分方程，可利用公式求解，

因此，
$$[B] = e^{-k_2 t}\left[\int (e^{k_2 t})(k_1[A]_0 e^{-k_1 t})dt + c\right]$$
$$= k_1[A]_0 e^{-k_2 t}\int e^{(k_2-k_1)t}dt + ce^{-k_2 t}$$
$$= \frac{k_1[A]_0 e^{-k_2 t}}{k_2 - k_1} e^{(k_2-k_1)t} + ce^{-k_2 t}$$
$$= \frac{k_1[A]_0}{k_2 - k_1} e^{-k_1 t} + ce^{-k_2 t}，c \text{ 為常數} \quad (3)$$

因為 $[B]_0 = 0$，所以
$$0 = \frac{k_1[A]_0}{k_2 - k_1} + c$$
$$c = \frac{-k_1[A]_0}{k_2 - k_1} \quad (4)$$

將 (4) 代入 (3)，則 B 的濃度為
$$[B] = \frac{k_1[A]_0}{k_2 - k_1}e^{-k_1 t} - \frac{k_1[A]_0}{k_2 - k_1}e^{-k_2 t}$$
$$= \frac{k_1[A]_0}{k_2 - k_1}(e^{-k_1 t} - e^{-k_2 t})，(k_1 \neq k_2)$$

例 3 一水槽最初含有 100gal 的鹽水，其中溶有 50lb 的鹽。濃度為 1 lb/gal 的鹽水以 3gal/min 的速率流入槽內，並且假定混合液攪拌

均匀，鹽溶液以2gal/min的速率流出。求在任何時刻槽中的鹽量。

解：設 $Q(t)$ 表示時刻 t 槽內鹽的量，則

槽內鹽的變化率 = 鹽流入的質量流率 – 鹽流出的質量流率

$$Q'(t) = r_i(t)\, q_i(t) - r_o(t) q_o(t)$$

在這種情況下，鹽進入槽的質量流率 $= r_i(t)\, q_i(\mathrm{t}) = (3\ \mathrm{gal/min})(1\ \mathrm{lb/gal}) = 3\ \mathrm{lb/min}$

由於槽中的鹽水量以1gal/min增加，因此槽中的鹽濃度爲 $\dfrac{Q}{100+(3-2)t}$ lb/gal，鹽流出槽的質量流率 $= r_o(t)q_o(t) = \dfrac{2Q}{100+t}$。

因此，槽內鹽的變化率爲

$$\frac{dQ}{dt} = 3 - \frac{2Q}{100+t}$$

這是一階線性微分方程，其解爲

$$Q(t) = (100 + t) + c/(100 + t)^2$$

因爲 $Q(0) = 50$，所以 $c = -50(100)^2$，

因此

$$Q(t) = 100 + t - \frac{50}{\left(1+\dfrac{t}{100}\right)^2}$$

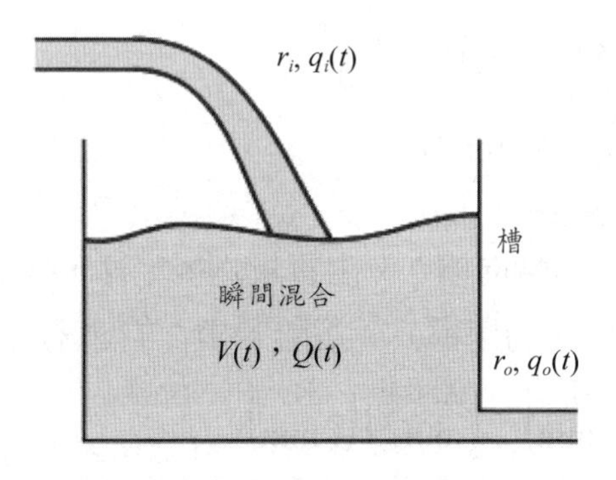

下面的例子說明了由兩個水槽組成的物理系統。通常的方法是分析第一個槽，然後使用獲得的信息來分析第二個槽。

例 4 從時刻 $t = 0$ 開始，將純水以 3 L / min 的速率注入攪拌良好的水

槽中，該水槽最初裝有 60 L 鹽水。濃度越來越低的鹽水以 3L/min 的速率從排水管流出，該排水管進入最初裝有 60 L 純水的第二個水槽。在第二個水槽中得到的水和鹽的混合液也被充分攪拌，以 3 L / min 的速率排出。求第二個槽中的鹽水達到最大濃度的時刻，然後將第二個槽中鹽水的最大濃度與第一個槽中鹽水的初始濃度進行比較。

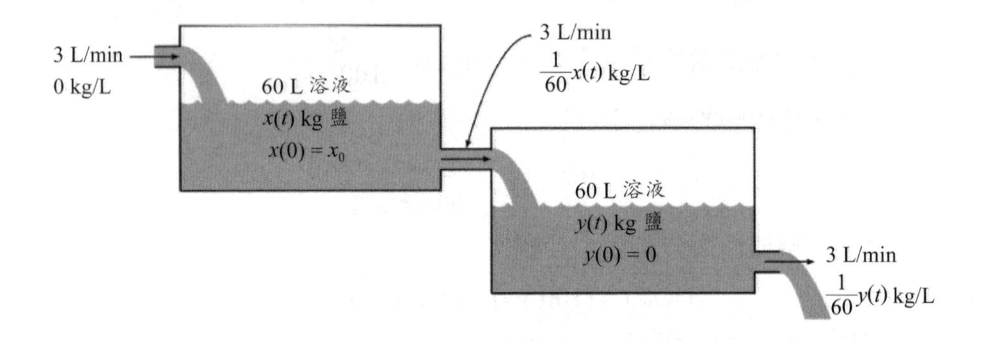

解：設在時刻 t，槽 1 中含有 $x(t)$kg 的鹽，槽 2 中含有 $y(t)$kg 的鹽，且設 $x(0)=x_0$，其中 x_0 爲常數，因爲槽 2 最初是純水，所以 $y(0)=0$。由質量均衡定律，我們有

$x'(t)=$（鹽進入槽 1 的速率）–（鹽離開槽 1 的速率）

$$=0-\left(\frac{x(t)\text{kg}}{60\text{L}}\right)\left(\frac{3\text{L}}{1\text{ min}}\right)=-\frac{3x(t)}{60},$$

因此　$x'=-\dfrac{x}{20}$，$x(0)=x_0$

其解爲　$x(t)=x_0e^{\frac{-t}{20}}$

現在我們將注意力轉向槽 2。由質量均衡定律，我們有

$y'(\text{t})=$（鹽進入槽 2 的速率）–（鹽離開槽 2 的速率）

$$=\left(\frac{x(t)\text{kg}}{60\text{L}}\right)\left(\frac{3\text{L}}{1\text{ min}}\right)-\left(\frac{y(t)\text{kg}}{60\text{L}}\right)\left(\frac{3\text{L}}{1\text{ min}}\right)$$

$$=\frac{x(t)}{20}-\frac{y(t)}{20}$$

$$=\frac{x_0e^{\frac{-t}{20}}-y(t)}{20}$$

因此，

$$y' + \frac{y}{20} = \frac{x_0 e^{\frac{-t}{20}}}{20}，y(0) = 0$$

其解爲 $y(t) = \dfrac{x_0 t e^{\frac{-t}{20}}}{20}$

槽 2 在時間 t 的鹽水的濃度爲 $C(t) = \dfrac{y(t)}{60}$；即

$$C(t) = \frac{x_0 t e^{\frac{-t}{20}}}{1200}$$

爲了確定何時最大濃度，我們必須求 $C'(t) = 0$，得出 $t = 20\text{min}$。在時間 $t = 20\text{min}$，我們求得槽 2 中的鹽量爲

$$y(20) = \frac{x_0(20)e^{\frac{-20}{20}}}{20} = \frac{x_0}{e}$$

也就是說，槽 2 鹽水的最大濃度是槽 1 鹽水的初始濃度的 $\dfrac{1}{e}$ 倍。

當 $t \to \infty$ 時，$x(t) \to 0$ 和 $y(t) \to 0$，這是可以預期的，因爲純水最終將取代系統中的鹽水。

習題

解下列微分方程

1. $xy' + y = x$，$x > 0$，$y(1) = 0$

   答案：$y(x) = \dfrac{1}{2}\left(x - \dfrac{1}{x}\right)$

2. $(\sin x)y' + (\cos x)y = x^2$

   答案：$y(x) = \left(\dfrac{x^3}{3} + c\right)\csc x$

3. $\dfrac{dy}{dx} + \dfrac{1+x}{x}y = \dfrac{e^x}{x}$

   答案：$y = \dfrac{e^x}{2x} + \dfrac{c}{xe^x}$

4. $\dfrac{dy}{dt} = -3y + e^{-2t} + 4$

   答案：$y(t) = e^{-2t} + ce^{-3t} + \dfrac{4}{3}$

5. $\dfrac{dy}{dx} + \dfrac{2y}{x} = \dfrac{\sin x}{x^2}$

   答案：$y = (c - \cos x)/x^2$

6. $\dfrac{dy}{dx} - \dfrac{y}{x} = -xe^{-x}$

答案：$y = x(e^{-x} + c)$

7. $\dfrac{dy}{dx} + 2xy = x$

答案：$y = \dfrac{1}{2} + ce^{-x}$

8. $\dfrac{dy}{dx} - \dfrac{2y}{x} = 3x^3$

答案：$y = \dfrac{3}{2}x^4 + cx^2$

9. $(1 + x^2)y' - 2xy = (x^2 + 1)^2$

答案：$y = (x + c)(1 + x^2)$

10. $\dfrac{dy}{dx} = \dfrac{y^2 - 1}{2x + y}$

答案：$x = \left(\dfrac{y-1}{y+1}\right)\left(\ln|y - 1| - \dfrac{1}{y-1}\right) + c\left(\dfrac{y-1}{y+1}\right)$

11. 對非線性方程

$f'(y)y' + p(x)f(y) = q(x)$

可引入新變數 $z = f(y)$，將其變為關於 z 的線性方程

$z' + p(x)z = q(x)$。

利用此方法求解方程

(1) $(\sec^2 y)y' - 2\tan y = 1$ (2) $\dfrac{xy'}{y} + 2\ln y = x^2$

12. 一曲線通過 (0, 1)，若此曲線上任意點 (x, y) 的切線斜率等於該點的 x 坐標與 x 和 y 坐標乘積的和，求此曲線方程。

答案：$y = -1 + 2e^{\frac{x^2}{2}}$

13. 證明若令 $u = \ln y$ 則微分方程

$y' + p(x)y = f(x)y\ln y$

可改為線性方程。

筆記欄

2.6 非線性微分方程

前面介紹的各類方程，其求解方法大都是藉由適當的變數替換，把方程化爲變數分離方程，然後進行求解，除了這些方程，還有許多方程可以用變數替換求解。Bernoulli 方程就是其中的一種類型。

① 伯努利微分方程

現在，我們觀察下列形式的微分方程，

$$y' + p(x)y = q(x)y^n$$

其中 $p(x)$ 和 $q(x)$ 是區間上的連續函數，n 是實數。這種形式的微分方程稱爲伯努利方程（Bernoulli Equation）。

首先請注意，如果 $n = 0$ 或 $n = 1$，則方程是線性的，我們已經知道在這些情況下如何求解。因此，若 $n \neq 0$，$n \neq 1$ 則將微分方程除以 y^n，可得

$$y^{-n}y' + p(x)y^{1-n} = q(x)$$

現在使用代換法，令

$$v = y^{1-n}$$

將其轉換爲以 v 爲因變數的微分方程。

$$v' = (1-n)y^{-n}y'$$

將 v 及 v' 代入微分方程，可得

$$\frac{1}{1-n}v' + p(x)v = q(x)$$

即 $v' + (1-n)p(x)v = (1-n)q(x)$

這是一個線性微分方程，解出 v 後，再將 $v = y^{1-n}$ 代入而獲得原始微分方程的解。

例 1 求初值問題 $y' + \left(\frac{4}{x}\right)y = x^3y^2$，$y(2) = -1$ 的解

解：令 $v = y^{1-n}$，可將非線性方程

$$y' + p(x)y = q(x)y^n$$

改爲線性方程

$$v' + (1-n)\,p(x)v = (1-n)q(x)$$

令 $p(x) = \frac{4}{x}$，$q(x) = x^3$，$n = 2$ 代入上式，得到

$$v' - \left(\frac{4}{x}\right)v = -x^3$$

這是一個線性微分方程，

其解爲

$$v(x) = cx^4 - x^4 \ln x$$

將 $v = y^{1-n} = y^{-1}$，代入上式，得到

$$v = y^{-1} = x^4(c - \ln x)$$

利用初值條件 $y(2) = -1$，可得

$$c = \ln 2 - \frac{1}{16}$$

$$y = \frac{1}{x^4\left(\ln 2 - \frac{1}{16} - \ln x\right)}$$

下圖是解的圖形。

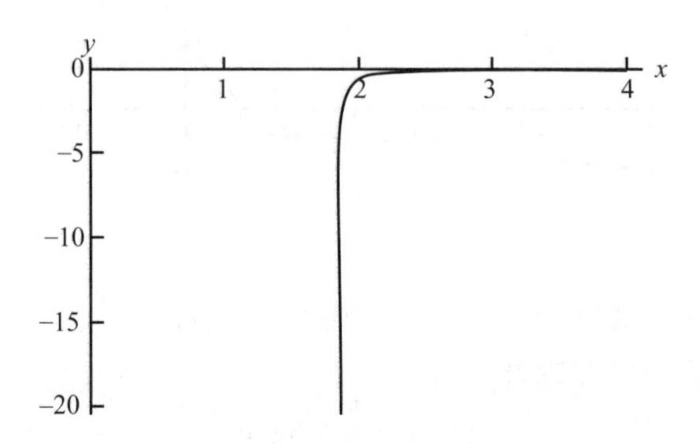

例 2 求初值問題 $y' = 5y + (e^{-2x})y^{-2}$，$y(0) = 2$ 的解

解：令 $v = y^{1-n}$ 可將非線性方程

$$y' + p(x)y = q(x)y^n$$

改爲線性方程

$$v' + (1-n)\,p(x)v = (1-n)q(x)$$

令 $p(x) = -5$，$q(x) = e^{-2x}$，$n = -2$ 代入上式，得到

$$v' - 15v = 3e^{-2x}$$

解出 $v = ce^{15x} - \left(\dfrac{3}{17}\right)e^{-2x}$

因爲 $v = y^3$，所以

$$y^3 = ce^{15x} - \left(\frac{3}{17}\right)e^{-2x}$$

利用初值條件 $y(0) = 2$，得到

$$c = \frac{139}{17}$$

因此 $$y = \left(\frac{139}{17}e^{15x} - \frac{3}{17}e^{-2x}\right)^{\frac{1}{3}}$$

下圖是解的圖形。

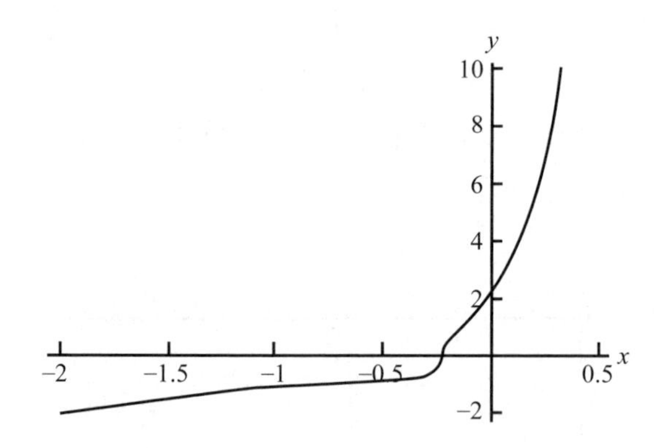

例 3 求初值問題 $6y' - 2y = xy^4$，$y(0) = -2$ 的解

解：令 $v = y^{1-n}$ 可將非線性方程

$$y' + p(x)y = q(x)y^n$$

改爲線性方程

$$v' + (1-n)\,p(x)v = (1-n)q(x)$$

令 $p(x) = -\dfrac{1}{3}$，$q(x) = \dfrac{x}{6}$，$n = 4$ 代入上式，得到

$$v' + v = -\frac{x}{2}$$

解出 $$v = \left(-\frac{1}{2}\right)(x-1) + ce^{-x}$$

因爲 $v = y^{-3}$，所以

$$y^{-3} = -\frac{1}{2}x + \frac{1}{2} + ce^{-x}$$

利用初值條件 $y(0) = -2$，得到

$$c = -\frac{5}{8}$$

因此 $$y = \frac{-2}{(4x - 4 + 5e^{-x})^{\frac{1}{3}}}$$

下圖是解的圖形。

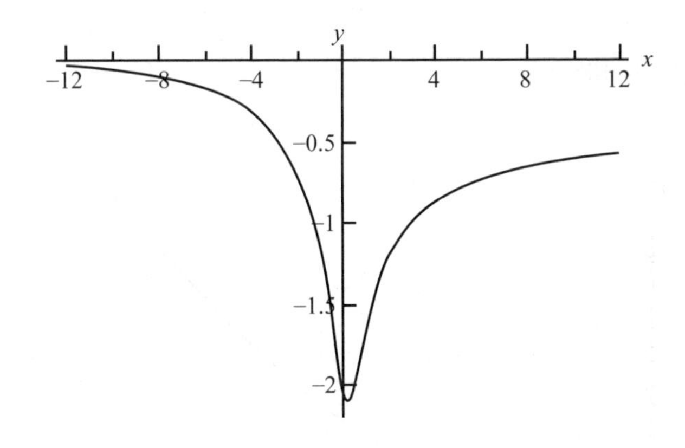

至此，我們僅處理了 n 是整數（正數和負數）的例子，因此我們應該研究 n 不是整數的簡單例子。

例 4 求初值問題 $y' + \frac{y}{x} - \sqrt{y} = 0$，$y(1) = 0$ 的解

解：令 $v = y^{1-n}$ 可將非線性方程

$$y' + p(x)y = q(x)y^n$$

改爲線性方程

$$v' + (1-n)\,p(x)v = (1-n)q(x)$$

令 $p(x) = \frac{1}{x}$，$q(x) = 1$，$n = \frac{1}{2}$ 代入上式，得到

$$v' + \frac{v}{2x} = \frac{1}{2}$$

解出 $$v=\frac{x}{3}+cx^{-\frac{1}{2}}$$

因為 $v=y^{\frac{1}{2}}$，所以

$$y^{\frac{1}{2}}=\frac{x}{3}+cx^{-\frac{1}{2}}$$

利用初值條件 $y(1)=0$，得到

$$c=-\frac{1}{3}$$

因此 $$y^{\frac{1}{2}}=\frac{x}{3}-\frac{1}{3}x^{-\frac{1}{2}}$$

$$y=\left(\frac{x}{3}-\frac{1}{3}x^{-\frac{1}{2}}\right)^2$$

$$=\frac{x^3-2x^{\frac{3}{2}}+1}{9x}$$

下圖是解的圖形。

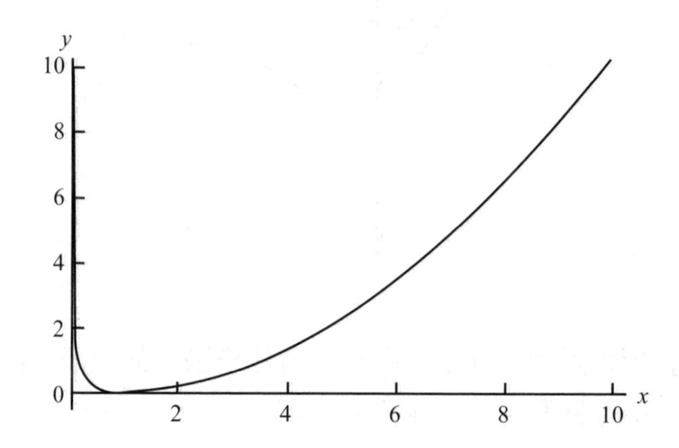

習題

解下列微分方程

1. $y'+2y=y^3$

   答案：$y^{-2}=\frac{1}{2}+ce^{4x}$

2. $\frac{dy}{dx}=\frac{y}{2x}+\frac{x^2}{2y}$，$y(1)=1$，

   答案：$y=\sqrt{\frac{1}{2}(x+x^3)}$

3. $y' - \frac{y}{x} = -\frac{5}{2}x^2y^3$

答案：$y = \pm(x^3 + cx - 2)^{-\frac{1}{2}}$

4. $y' = y + 2y^5$

答案：$\frac{1}{y^4} = -2 + ce^{-4x}$

5. $ty' = 3y + t^5y^{\frac{1}{3}}$

答案：$y(t) = \pm\left(ct^2 + \frac{2}{9}t^5\right)^{\frac{3}{2}}$

6. $3y^2y' + y^3 = e^{-x}$

答案：$y^3 = (x + c)e^{-x}$

7. $\frac{dy}{dx} - \frac{1}{x}y = xy^2$

答案：$\frac{1}{y} = -\frac{x^2}{3} + \frac{c}{x}$

8. $\frac{dy}{dx} + \frac{y}{x} = y^2$

答案：$\frac{1}{y} = x(c - \ln x)$

9. $x\frac{dy}{dx} + y = xy^3$

答案：$y^2 = \frac{2}{2x + cx^2}$

10. $\frac{dy}{dx} + \frac{2}{x}y = -x^2y^2\cos x$

答案：$\frac{1}{y} = x^2(\sin x + c)$

11. $2\frac{dy}{dx} + (\tan x)y = \frac{(4x+5)^2}{\cos x}y^3$

答案：$\frac{1}{y^2} = \frac{(4x+5)^3}{12\cos x} + \frac{c}{\cos x}$

12. $\frac{dy}{dx} + \frac{1}{3}y = e^xy^4$

答案：$\frac{1}{y^3} = ce^x - 3xe^x$

13. 將正合微分方程 $2x^4ydy + (4x^3y^2 - x^3)dx = 0$ 改爲伯努利方程

$$2x\frac{dy}{dx} + 4y = \frac{1}{y}$$

並求解。

② Riccati 微分方程

Riccati 方程是形式上最簡單的一階非線性微分方程之一。它的形式如下：

$$y' = a(x)y^2 + b(x)y + c(x)，b(x) \neq 0 \tag{1}$$

其中 $a(x)$，$b(x)$，$c(x)$ 爲 x 的連續函數。一般而言，它的解不能用初等積分法求得。只是對一些特殊情況，或者事先知道它的一個特解時，才可以求出其通解。

Riccati 方程用於數學（例如，在代數幾何和保角映射理論）和物理的不同領域。它曾用於證明 Bessel 方程的解不是初等函數，並且它也出現在現代控制理論和向量場分支理論的應用問題中。

Riccati 方程可以藉助以下定理來求解：

定理

如果已知 Riccati 方程的一個特解 f，則該方程的通解爲 $y = f + u$，其中 u 是新的未知函數。

證明：將 $y = f + u$ 代入 Riccati 方程，我們有

$$(f + u)' = a(f + u)^2 + b(f + u) + c，$$

$$f' + u' = af^2 + 2afu + au^2 + bf + bu + c。$$

因爲 f 是該方程的特解，即

$f' = af^2 + bf + c$，

所以

$u' = au^2 + (2af + b)u$，

這是一個 Bernoulli 方程。由前面對 Bernoulli 方程的討論可知此方程可以用代換法求出 u，進而求出通解 y。

利用 $z = \dfrac{1}{u}$ 的代換可將所予的 Bernoulli 方程轉換爲可積分的線性微分方程。

Riccati 方程在 $a(x)$，$b(x)$ 和 $c(x)$ 的某些係數下，具有可積分的解。

在 Riccati 方程中，如果已知特解，則可以建構通解。不幸的是，沒

有嚴格的演算法來找到特解，特解取決於函數 $a(x)$，$b(x)$ 和 $c(x)$ 的類型。

情況 1：係數 a，b，c 是常數。

如果 Riccati 方程中的係數爲常數，則可以將該方程簡化爲可分離的微分方程。將分母是二次函數的有理函數進行積分，可得方程的解：

$$y' = ay^2 + by + c,$$

$$\frac{dy}{dx} = ay^2 + by + c,$$

$$\int \frac{1}{ay^2 + by + c} dy = \int dx。$$

這個積分可以很容易地計算。

情況 2：當 $a(x) = 0$ 時，(1) 式爲線性方程，可以用公式求解。

情況 3：當 $c(x) = 0$ 時，(1) 式爲 Bernoulli 方程，可以用公式求解。

情況 4：類型爲 $y' = ay^2 + cx^n$ 的方程。

考慮類型爲 $y' = ay^2 + cx^n$ 的 Riccati 方程，其中 $b(x)$ 等於零，係數 $a(x)$ 是一個常數，而 $c(x)$ 是一個冪函數：

$$a(x) = a，b(x) = 0，c(x) = cx^n$$

Riccati 方程的這種情況有很好的解！

首先，如果 $n = 0$，我們得到了情況 1，是可分離變數的微分方程。若 $n = -2$ 則利用 $y = \frac{1}{z}$ 將 Riccati 方程轉換成齊次方程。

當

$$n = \frac{4k}{1 - 2k}，k = \pm1, \pm2, \pm3, \cdots$$

時，此微分方程也可以利用適當的變換化爲變數可分離的方程求解。此時，通解是用圓柱函數表示。對於冪 n 的所有其他值，Riccati 方程的解可以利用初等函數的積分表示。這個事實是由法國數學家 Joseph Liouville（1809-1882）在 1841 年發現的。

求解 Riccati 方程有兩個困難：

1. 首先必須找到一個特解。
2. 必須能夠求出必要的積分。

例 1 解 Riccati 方程 $y'+y^2=\dfrac{2}{x^2}$

解：我們將尋找以下形式的特解：

$y=\dfrac{c}{x}$，

將 y、y' 代入方程式，我們得到：

$$-\frac{c}{x^2}+\left(\frac{c}{x}\right)^2=\frac{2}{x^2}$$

$$c=-1,2$$

我們可以取 c 的任何值。例如，令 $c=2$。當已知特解時，我們進行代換：

令 $y=z+\dfrac{2}{x}$，則 $y'=z'-\dfrac{2}{x^2}$

現在將 y、y' 代入 Riccati 方程：

$$z'-\frac{2}{x^2}+\left(z+\frac{2}{x}\right)^2=\frac{2}{x^2}$$

$$z'-\frac{2}{x^2}+z^2+\frac{4z}{x}+\frac{4}{x^2}=\frac{2}{x^2}$$

$$z'+\frac{4z}{x}=-z^2$$

可以看出，我們有一個參數爲 $m=2$ 的 Bernoulli 方程。再做代換：

令 $v=z^{1-m}=\dfrac{1}{z}$，$v'=-\dfrac{z'}{z^2}$。

將伯努利方程除以 z^2（假設 $z\neq 0$），然後用 v 重寫：

$$\frac{z'}{z^2}+\frac{4z}{xz^2}=-1,$$

$$v'-\frac{4v}{x}=1。$$

上式爲線性方程，其解爲

$$v=-\frac{x}{3}+cx^4$$

從現在開始，我們將返回到先前的變數。因爲 $z=\dfrac{1}{v}$，所以

$$\frac{1}{z}=-\frac{x}{3}+cx^4,$$

$$z=\frac{1}{-\frac{x}{3}+cx^4}=-\frac{3}{x-3cx^4}=-\frac{3}{x(1-3cx^3)}$$

因爲，$y=z+\dfrac{2}{x}$

所以，
$$y=-\frac{3}{x(1-3cx^3)}+\frac{2}{x}$$
$$=\frac{-6cx^3-1}{x(1-3cx^3)}$$

令 $k=-3c$，則

$$y=\frac{2kx^3-1}{x(1+kx^3)}$$

其中 k 為任意常數。

例 2 解 Riccati 方程 $x^3y'+x^2y-y^2=2x^4$

解：將方程式寫成：

$$y'+\frac{y}{x}-\frac{y^2}{x^3}=2x$$

此時，我們有一個 Riccati 方程。嘗試找到形式為 cx^2 的特解。將其代入 Riccati 方程，我們可以求出係數 c：

$$(cx^2)'+\frac{cx^2}{x}-\frac{(cx^2)^2}{x^3}=2x，$$
$$2cx+cx-(c^2)x=2x，$$
$$3c-c^2=2，$$
$$c=1, 2$$

因此，有兩個特解。但是，我們只需要其中一個。我們取 $f=x^2$。因此，我們可以用以下形式寫 Riccati 方程的通解：

$$y=f+u=x^2+u。$$

對於新函數 $u(x)$，我們得到以下微分方程

$$(x^2+u)'+\frac{x^2+u}{x}-\frac{(x^2+u)^2}{x^3}=2x，$$
$$u'-\frac{u}{x}=\frac{u^2}{x^3}$$

這是 Bernoulli 方程，利用 $z=u^{-1}=\frac{1}{u}$，$z'=\left(\frac{1}{u}\right)'=\frac{-u'}{u^2}$ 的代換可將其轉換為線性微分方程：

$$u'-\frac{u}{x}=\frac{u^2}{x^3}, \Rightarrow \frac{u'}{u^2}-\frac{1}{xu}=\frac{1}{x^3},$$
$$\Rightarrow -\frac{u'}{u^2}+\frac{1}{xu}=-\frac{1}{x^3}, \Rightarrow z'+\frac{z}{x}=-\frac{1}{x^3}。$$

這是一階線性微分方程，其解為

$$z=\frac{cx+1}{x^2}$$

因爲 $z=\frac{1}{u}$，所以

$$u(x)=\frac{1}{z}=\frac{x^2}{cx+1}$$

其中 c 爲任意常數。

因此，原 Riccati 方程的通解爲

$$y=f+u=x^2+\frac{x^2}{cx+1}=\frac{cx^3+2x^2}{cx+1}$$

例 3 解 Riccati 方程 $y'+6y^2=\frac{1}{x^2}$

解：令 $y=\frac{1}{z}$，我們可以將原方程轉換爲齊次方程。

$$z=\frac{1}{y}，z'=-\frac{y'}{y^2}。$$

因此

$$y'+6y^2=\frac{1}{x^2}，$$

$$y'=-6y^2+\frac{1}{x^2}，$$

$$-\frac{y'}{y^2}=6-\frac{1}{y^2x^2}，$$

$$z'=6-\frac{z^2}{x^2}，$$

$$z'=6-\left(\frac{z}{x}\right)^2。$$

爲了求解齊次方程，我們再做一個代換：令 $z=tx$，$z'=t'x+t$。因此，

$$t'x+t=6-t^2，$$

$$x\frac{dt}{dx}=6-t-t^2，$$

分離變數，積分

$$\int\frac{1}{t^2+t-6}dt=-\int\frac{dx}{x}。$$

可得 $\quad\frac{t+3}{t-2}=cx^5$

因爲 $t=\frac{z}{x}$，所以

$$\frac{z+3x}{z-2x}=cx^5$$

返回變數 y，它與 z 的關係為 $z=\frac{1}{y}$，我們得到

$$\frac{1+3xy}{1-2xy}=cx^5$$

習題

1. 已知 $y=2$ 或 $y=3$ 為 $y'=y(5-y)-6$ 的一個特解，求其通解。

   答案：$y=\frac{1}{ce^{-t+1}+2}$

2. 已知 $y=\frac{1}{t}$ 為 $y'+y=ty^2-\frac{1}{t^2}$ 的一個特解，求其通解。

   答案：$y=\frac{1+ce^{-t}}{(1-t+ce^{-t})t}$

3. 已知 $y=1$ 為 $y'-\frac{y}{x}-\frac{y^2}{x}=-\frac{2}{x}$ 的一個特解，求其通解。

   答案：$y=\frac{c+2x^3}{c-x^3}$

4. 求 Riccati 方程

   $\frac{dy}{dx}=y^2+\frac{1}{2x^2}$

   的通解

   答案：$y=\frac{1}{x\left[-1+\tan\left(c-\frac{1}{2}\ln x\right)\right]}$

   提示：令 $z=\frac{1}{y}$

5. 試將二階線性微分方程

   $y''+p(x)y'+q(x)y=0$

   化為一個 Riccati 方程。

6. 試證

   (i) 設 $y=\frac{1}{b}\frac{d}{dx}\log v$，則 Riccati 微分方程

   $$\frac{dy}{dx}+by^2=cx^m$$

   變為線性微分方程

$$\frac{d^2v}{dx^2} - bcx^m v = 0$$

(ii) 設 $x^\beta = -\frac{t^2}{4\alpha}$，$v = ut^{-n}$，$\alpha = \frac{bc}{(m+2)^2}$，$\beta = m+2$，則

$$\frac{d^2v}{dx^2} - bcx^m v = 0$$

變爲 Bessel 微分方程 $\frac{d^2u}{dt^2} + \frac{1}{t}\frac{du}{dt} + \left(1 - \frac{n^2}{t^2}\right)u = 0$，

其中 $n = -\frac{1}{m+2}$。

3 Lagrange 和 Clairaut 微分方程

Lagrange方程

微分方程 $y = x\phi(y') + f(y')$ 稱爲 Lagrange 方程，其中 $\phi(y')$ and $f(y')$ 是可微的已知函數。

令 $y' = p$ 並將 $y = x\phi(y') + f(y')$ 對 x 進行微分，則：

$$p = \phi(p) + x\phi'(p)\frac{dp}{dx} + f'(p)\frac{dp}{dx}$$

若 $\phi(p) - p \neq 0$，則

$$\frac{dx}{dp} + \frac{\phi'(p)}{\phi(p) - p}x = \frac{f'(p)}{p - \phi(p)}$$

此爲線性微分方程，依前面所述的方法即可得解。

其通解爲

$$x = F(p, c)\text{，}c \text{ 爲任意常數}$$

由此式與原方程消去 p 所得的方程即爲所求的通解。

通解的參數式爲

$$\begin{cases} x = F(p, c) \\ y = F(p, c)\phi(p) + f(p) \end{cases}$$

其中 $\phi(p)-p\neq 0$，p 爲參數。

若 $\phi(p)-p=0$，則 Lagrange 方程具有奇解。奇解由下式給出：

$$y=\phi(c)x+f(c),$$

其中 c 是方程 $\phi(p)-p=0$ 的根。

Clairaut方程

Clairaut 方程具有下列形式：

$$y=xy'+f(y'),$$

其中 $f(y')$ 爲非線性可微函數。當 Lagrange 方程中的 $\phi(y')=y'$ 時，可得 Clairaut 方程，因此 Clairaut 方程是 Lagrange 方程的特例。利用引入參數以相同方式求解，令 $y'=p$，將 $y=xy'+f(y')$ 對 x 微分，得到

$$p=p+xp'+f'(p)p'$$

即 $\quad p'[x+f'(p)]=0$

當 $p'=0$ 時有 $p=c$，因此 Clairaut 方程的通解爲

$$y=cx+f(c),$$

其中 c 爲任意常數。

與 Lagrange 方程類似，當 $x+f'(p)=0$ 時得到 Clairaut 方程的一個奇解，該奇解以參數形式表示爲：

$$\begin{cases} x=-f'(p) \\ y=xp+f(p), \end{cases}$$

其中 p 爲參數。

例 1 求微分方程 $y=2xy'-3(y')^2$ 的通解和奇解

解：這是 Lagrange 方程，利用微分求解。

令 $y'=p$，因此方程式寫成：

$$y=2xp-3p^2$$

兩邊微分，得到：

$$dy = 2xdp + 2pdx - 6pdp$$

用 pdx 取代 dy：

$$pdx = 2xdp + 2pdx - 6pdp，$$

$$\Rightarrow -pdx = 2xdp - 6pdp。$$

上式除以 p，我們可以寫出以下方程式（之後我們將檢查 $p = 0$ 是否爲原始方程式的解）：

$$-dx = 2x\frac{dp}{p} - 6dp，$$

$$\Rightarrow \frac{dx}{dp} + \frac{2x}{p} - 6 = 0。$$

可以看出，我們得到了函數 $x(p)$ 的線性方程。積分因子是

$$u(p) = \exp\left(\int \frac{2}{p}dp\right) = \exp(2\ln|p|) = \exp(\ln|p|^2) = |p|^2 = p^2。$$

線性方程的通解爲

$$x(p) = \frac{1}{p^2}\left(\int 6p^2dp + c\right)$$

$$= \frac{1}{p^2}\left(\frac{6p^3}{3} + c\right)$$

$$= 2p + \frac{c}{p^2}。$$

將上式代入 Lagrange 方程，我們得到：

$$y = 2\left(2p + \frac{c}{p^2}\right)p - 3p^2 = 4p^2 + \frac{2c}{p} - 3p^2 = p^2 + \frac{2c}{p}。$$

因此，參數形式的通解可由下列方程組定義：

$$\begin{cases} x(p) = 2p + \dfrac{c}{p^2} \\ y(p) = p^2 + \dfrac{2c}{p} \end{cases}。$$

除此之外，Lagrange 方程具有奇解。求解方程 $\phi(p) - p = 0$，得出根：

$$2p - p = 0，$$

$$\Rightarrow p = 0。$$

因此，奇解爲：

$$y = \phi(0)x + f(0) = 0 \cdot x + 0 = 0。$$

例 2　求微分方程 $2y-4xy'-\ln y'=0$ 的通解和奇解

解：這是 Lagrange 方程，利用微分求解。

令 $y'=p$，因此方程式寫成：

$$2y=4xp+\ln p$$

兩邊微分，得到：

$$2dy=4xdp+4pdx+\frac{dp}{p}。$$

因為 $dy=pdx$，我們得到

$$2pdx=4xdp+4pdx+\frac{dp}{p}，$$

$$\Rightarrow -2pdx=4xdp+\frac{dp}{p}，$$

$$\Rightarrow -2p\frac{dx}{dp}=4x+\frac{1}{p}，$$

$$\Rightarrow \frac{dx}{dp}+\frac{2x}{p}=-\frac{1}{2p^2}。$$

當我們除以 p 時，便失去了根 $p=0$，這對應於解 $y=0$。

此時，我們得到了函數 $x(p)$ 的線性微分方程。我們使用積分因子求解：

$$\begin{aligned}u(p)&=\exp\left(\int\frac{2}{p}dp\right)\\&=\exp(2\ln|p|)\\&=\exp(\ln|p|^2)\\&=|p|^2\\&=p^2。\end{aligned}$$

得到

$$\begin{aligned}x(p)&=\frac{1}{p^2}\left[\int p^2\left(\frac{-1}{2p^2}\right)dp+c\right]\\&=\frac{1}{p^2}\left[\left(\frac{-p}{2}\right)+c\right]\\&=-\frac{1}{2p}+\frac{c}{p^2}。\end{aligned}$$

將其代入原方程式，我們找到 y 的參數表達式：

$$2y=4xp+\ln p，$$

第二章　一階微分方程

$$\Rightarrow 2y = 4p\left(-\frac{1}{2p}+\frac{c}{p^2}\right) + \ln p，$$

$$\Rightarrow 2y = -2 + \frac{4c}{p} + \ln p，$$

$$\Rightarrow y = \frac{2c}{p} - 1 + \frac{\ln p}{2}。$$

因此，通解的參數式為：

$$\begin{cases} x(p) = \dfrac{c}{p^2} - \dfrac{1}{2p} \\ y(p) = \dfrac{2c}{p} - 1 + \dfrac{\ln p}{2} \end{cases}$$

為了找到奇解，我們求解方程：

$$\phi(p) - p = 0，\Rightarrow 2p - p = 0，\Rightarrow p = 0。$$

由此可知，$y = c$。我們可以直接代換以確定常數 c 等於零。

因此，微分方程具有奇解 $y = 0$。我們已經在前面將方程除以 p 時，遇到了這個解。

例 3 求微分方程 $y = xy' + (y')^2 = 0$ 的通解和奇解

解：這是 Clairaut 方程，

令 $y' = p$，因此方程式寫成：

$$y = xp + p^2$$

兩邊微分，得到：

$$dy = xdp + pdx + 2pdp。$$

因為 $dy = pdx$，所以

$$pdx = xdp + pdx + 2pdp，$$

$$\Rightarrow dp(x + 2p) = 0。$$

當 $dp = 0$，我們有 $p = c$。

現在我們將其代入微分方程，可得

$$y = cx + c^2。$$

因此，我們獲得了 Clairaut 方程的通解，它是直線的一參數族。

當 $x + 2p = 0$，我們得到

$$x = -2p。$$

因此，微分方程的奇解的參數形式為：

$$\begin{cases} x = -2p \\ y = xp + p^2 \end{cases}$$ 。

從方程組中消去 p，我們得到積分曲線的方程：

$$p = -\frac{x}{2}\text{，}\Rightarrow y = x\left(-\frac{x}{2}\right) + \left(-\frac{x}{2}\right)^2 = -\frac{x^2}{2} + \frac{x^2}{4} = -\frac{x^2}{4}$$

從幾何角度來看，曲線 $y = -\dfrac{x^2}{4}$ 是由通解定義的直線族的包絡（見圖）。

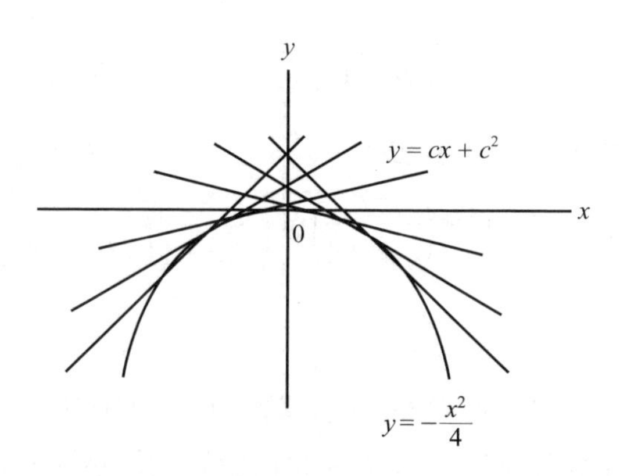

例 4 求微分方程 $y = xy' + \sqrt{(y')^2 + 1} = 0$ 的通解和奇解

解：可以看出，這是一個 Clairaut 方程。引入參數 $y' = p$：

$$y = xp + \sqrt{p^2 + 1}$$

對 x 兩邊微分，得到：

$$dy = xdp + pdx + \frac{pdp}{\sqrt{p^2 + 1}} \text{。}$$

由於 $dy = pdx$，因此可以這樣寫：

$$pdx = xdp + pdx + \frac{pdp}{\sqrt{p^2 + 1}}\text{，}$$

$$\Rightarrow \left(x + \frac{p}{\sqrt{p^2 + 1}}\right)dp = 0 \text{。}$$

考慮 $dp = 0$ 的情況。則，$p = c$。將其代入方程式，我們可以找到通解：

$$y = cx + \sqrt{c^2 + 1} \text{。}$$

在圖形上，此解對應於一參數直線族。

第二種情況是 $x=\dfrac{-p}{\sqrt{p^2+1}}$。

求對應參數 y 的表達式：

$$\begin{aligned} y &= xp + \sqrt{p^2+1} \\ &= \frac{-p^2}{\sqrt{p^2+1}} + \sqrt{p^2+1} \\ &= \frac{-p^2+p^2+1}{\sqrt{p^2+1}} \\ &= \frac{1}{\sqrt{p^2+1}} 。\end{aligned}$$

參數 p 可以從 x^2+y^2 中消去：

$$\begin{aligned} x^2+y^2 &= \left(\frac{-p}{\sqrt{p^2+1}}\right)^2 + \left(\frac{1}{\sqrt{p^2+1}}\right)^2 \\ &= \frac{p^2+1}{p^2+1} = 1 。\end{aligned}$$

最後一個表達式是半徑為 1 且以原點為中心的圓的方程。因此，奇解由 xy 平面上的單位圓表示，奇解是直線族的包絡線，如圖所示。

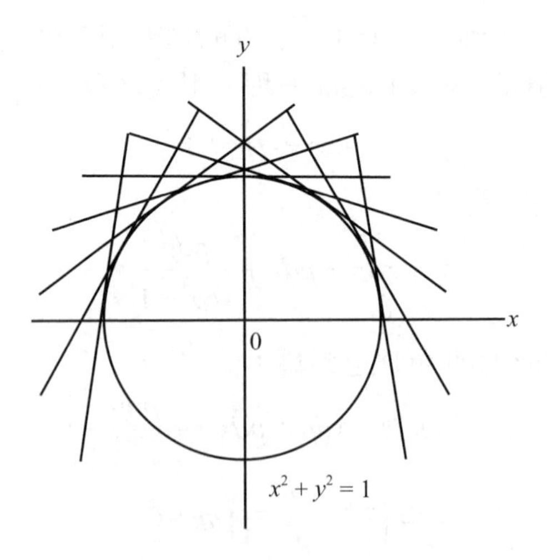

Clairaut 方程是屬於重要的方程之一。在幾何學中，若要找一條曲線，使其上每一點的切線具有某種性質，並且此性質只與切線有關，而與切點無關，則將得到 Clairaut 方程。

例 5 在第一象限中，求一條曲線，使其上每一點的切線與兩坐標軸所圍成的三角形的面積均等於 2。

解：設曲線方程為 $y = y(x)$，過曲線上任一點（x, y）的切線方程為

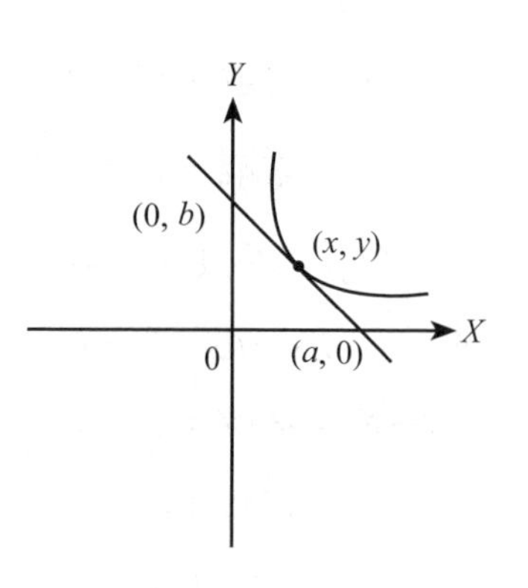

$$Y - y = y'(X - x)$$

其中，（x, y）為切線上的動點。切線在兩坐標軸上的截距 a 與 b 分別為

$$a = x - \frac{y}{y'}，b = y - xy'$$

其中 $a > 0$，$b > 0$。因為三角形的面積等於 2，所以

$$\frac{1}{2}\left(x - \frac{y}{y'}\right)(y - xy') = 2$$

即 $(y - xy')^2 = -4y'$，$y' < 0$

$$y = xy' \pm 2\sqrt{-y'}$$

這是 Clairaut 方程，其通解為直線族

$$y = cx \pm 2\sqrt{-c}$$

還有奇解

$$\begin{cases} x = \pm\dfrac{1}{\sqrt{-c}} \\ y = cx \pm 2\sqrt{-c} \end{cases}$$

消去 c 得雙曲線

$$xy = 1$$

即為所求，此曲線是直線族（通解）的包絡。

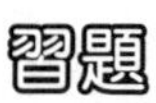

習題

解下列微分方程，其中 $p = y'$

1. $y = px + 2p^2 - p$

   答案：通解：$y = cx + 2c^2 - c$

   奇解：$8y = -(x - 1)^2$

2. $y = 2xp + p^2$

   答案：通解：$(2x^3 + 3xy + 3c)^2 = 4(y + x^2)^3$

奇解：$y = 0$

3. $y = 3px + 6y^2p^2$

答案：通解：$y^3 = cx + \frac{2}{3}c^2$

奇解：$y^3 = -\frac{3}{8}x^2$

（提示：乘以 y^2，令 $y^3 = v$）

4. $xp^2 + px - py + 1 - y = 0$

答案：通解：$y - cx + \frac{1}{c+1}$

奇解：$(x + y)^2 = 4x$

5. $xp^3 - yp^2 + 1 = 0$

答案：通解：$y = cx + \frac{1}{c^2}$

奇解：$4y^3 = 27x^2$

筆記欄

2.7 變數代換法

我們已經介紹了變數可分離的方程、齊次方程、正合方程、一階線性方程的求解方法，同時還介紹了一些利用適當的變換將一般微分方程化爲這些類型的微分方程的解法。可以看出這些解法都是利用適當的變換和積分法，把微分方程的解用已知函數的積分表達出來，除了這幾種方程以外，還有許多方程可以利用變數代換法化成已知的類型來求解。例如，$z=\dfrac{1}{y}$ 可將非線性方程 $y'=-\dfrac{y}{10}+2y^2$ 化爲線性方程 $z'=\dfrac{z}{10}-2$。

微分方程中的代換法與普通積分中的代換法非常相似。有時，精心選擇的代換法可使我們能夠求解方程。有時，它允許我們在採用數值或定性方法之前簡化方程式。代換法沒有通用規則，但是觀察一些例子可能會有所幫助。

1：形如 $\dfrac{dy}{dx}=f(ax+by+c)$ 的方程

考慮以下方程

$$(a_1x+b_1y+c_1)dx+(a_2x+b_2y+c_2)dy=0。$$

我們的想法是將該方程轉換爲可解的形式：線性、正合等。請注意：

· 當 $b_2=0$ 時，方程爲線性。

· 當 $b_1=a_2$ 時，方程是正合。

· 當 $a_1\,b_2=a_2\,b_1$ 時，方程式爲

$$\frac{dy}{dx}=G(ax+by)。$$

有興趣的讀者應該嘗試證明這一點。

· 將方程寫爲

$$\frac{dy}{dx}=-\frac{(a_1x+b_1y+c_1)}{(a_2x+b_2y+c_2)}$$

可知，當 $c_1=c_2=0$ 時，方程是齊次。現在，我們考慮 $a_1b_2\neq a_2b_1$ 的

情況。

首先，我們將嘗試消去 c_1 和 c_2 這兩個常數。

將　$x = X + h$，$y = Y + k$

代入原式，可得

$$\frac{dY}{dX} = -\frac{a_1X + b_1Y + (a_1h + b_1k + c_1)}{a_2X + b_2Y + (a_2h + b_2k + c_2)}$$

令

$$a_1h + b_1k + c_1 = 0$$
$$a_2h + b_2k + c_2 = 0$$

求出 h，k，則原方程可轉化為齊次方程。

$$\frac{dY}{dX} = -\frac{a_1X + b_1Y}{a_2X + b_2Y}$$

當 $a_1b_2 \neq a_2b_1$ 時，這樣的 h，k 存在且唯一。

1. 當 $a_1\, b_2 \neq a_2\, b_1$ 時

例 1　解微分方程

$(2x - y)dx + (4x + y - 3)dy = 0$。

解：$\frac{dy}{dx} = \frac{-(2x - y)}{4x + y - 3}$

令　$x = X + h$，$y = Y + k$。

得到　$\frac{dY}{dX} = -\frac{[2X - Y + (2h - k)]}{[4X + Y + (4h + k - 3)]}$

令　$2h - k = 0$

$4h + k - 3 = 0$

求得　$h = \frac{1}{2}$，$k = 1$。

其次求解　$\frac{dY}{dX} = -\frac{2X - Y}{4X + Y}$。

這是齊次方程

令　$Y = zX$

則 $X\dfrac{dz}{dX}+z=-\dfrac{2-z}{4+z}$

$$X\frac{dz}{dX}=-\frac{z^2-3z+2}{4+z}$$

分離變數 $-\dfrac{(4+z)\,dz}{z^2+3z+2}=\dfrac{dX}{X}$

利用部分分式展開，可得

$$-\frac{4+z}{z^2+3z+2}=-\frac{3}{z+1}+\frac{2}{z+2}$$

因此 $\displaystyle\int-\frac{4+z}{z^2+3z+2}dz=\int\frac{dX}{X}$

$$\int\left(-\frac{z}{z+1}+\frac{2}{z+2}\right)dz=\int\frac{dX}{X}$$

$$-3\ln|z+1|+2\ln|z+2|=\ln|X|+k$$

$$(z+2)^2=\pm(e^k)\,X(z+1)^3$$

令 $c=\pm e^k$，則 $(z+2)^2=cX(z+1)^3$

因為 $z=\dfrac{Y}{X}$

上式變為 $(Y+2X)^2=c(Y+X)^3$。

又因為 $Y=y-k=y-1$，$X=x-h=x-\dfrac{1}{2}$，

可得 $(y+2x-2)^2=c\left(y+x-\dfrac{3}{2}\right)^3$

請注意，$z=-2$ 的情況對應於 $Y=-2X$ 或 $y=2-2x$。而 $z=-1$ 的情況對應於 $Y=-X$ 或 $y=\dfrac{3}{2}-x$。

總而言之，本題的解是

$(y+2x-2)^2=c\left(y+x-\dfrac{3}{2}\right)^3$，$y=2-2x$，$y=\dfrac{3}{2}-x$

2. 當 $a_1b_2=a_2b_1$ 時

例 2 求微分方程

$$(x-y+5)dx+(x-y-2)dy=0$$

的通解。

解：令 $x-y-2=u$，原式可化爲

$$\frac{du}{dx}=-\frac{7}{u}$$

這是一個可分離變數的方程

積分，可得

$$\frac{1}{2}u^2+7x=c$$

將 $u=x-y-2$ 代入上式，通解爲

$$(x-y)^2+10x+4y=c$$

2：形如 $yf(xy)dx+xg(xy)dy=0$ 的方程

此種形式的微分方程 , 可依變數變換將原式化爲變數可分離的方程。

令 $z=xy$，則 $y=\frac{z}{x}$，$dy=\frac{(xdz-zdx)}{x^2}$

代入原方程可得

$$z[f(z)-g(z)]dx+xg(z)dz=0$$

上式爲可分離變數的方程。

例 1 (a) 證明

$$\mu(x, y)=\frac{1}{xy(f(xy)-g(xy))}$$

爲

$$yf(xy)dx+xg(xy)dy=0 \qquad (1)$$

的一個積分因子。

(b) 求解

$$(xy^2-4y)dx+(3x^2y-4x)dy=0$$

解：(a) 將

$$\frac{1}{xy(f(xy)-g(xy))}$$

乘以 (1) 式，得到

$$\frac{f(xy)dx}{x(f(xy)-g(xy))}+\frac{g(xy)dy}{y(f(xy)-g(xy))}=0$$

令

$$M(x, y)=\frac{f(xy)}{x(f(xy)-g(xy))},\qquad N(x, y)=\frac{g(xy)}{y(f(xy)-g(xy))}$$

則

$$\frac{\partial M}{\partial y}(x, y)=\frac{x^2f'(xy)(f(xy)-g(xy))-f(xy)x^2(f'(xy)-g'(xy))}{x^2(f(xy)-g(xy))^2}$$

$$=\frac{f'(xy)g(xy)+f(xy)g'(xy)}{(f(xy)-g(xy))^2}$$

$$\frac{\partial N}{\partial x}(x, y)=\frac{x^2g'(xy)(f(xy)-g(xy))-g(xy)y^2(f'(xy)-g'(xy))}{y^2(f(xy)-g(xy))^2}$$

$$=\frac{g'(xy)f(xy)+g(xy)f'(xy)}{(f(xy)-g(xy))^2}$$

因爲

$$\frac{\partial M(x, y)}{\partial y}=\frac{\partial N(x, y)}{\partial x}$$

所以

$$\mu(x, y)=\frac{1}{xy(f(xy)-g(xy))}$$

爲 (1) 的一個積分因子。

(b)

$$y(xy-4)dx+x(3xy-4)dy=0 \tag{2}$$

令

$$f(xy)=xy-4,\ g(xy)=3xy-4$$

由 (a) 可知積分因子爲

$$\mu(x, y)=\frac{-1}{2x^2y^2}$$

將積分因子乘以 (2) 式，得到

$$\frac{(4-xy)}{2x^2y}dx+\frac{4-3xy}{2xy^2}dy=0$$

$$U(x, y)=\int\frac{(4-xy)}{2x^2y}dx+g(y)=\int\frac{2}{x^2y}dx-\int\frac{1}{2x}dx+g(y)$$

$$U(x, y)=\frac{-2}{xy}-\frac{1}{2}\ln(x)+g(y)$$

$$\frac{\partial U}{\partial y}(x, y)=\frac{2}{xy^2}+g'(y)=\frac{4-3xy}{2xy^2}$$

$$\Rightarrow g'(y)=\frac{-3}{2y}\Rightarrow g(y)=-\frac{3}{2}\ln(y)$$

$$-\frac{2}{xy}-\frac{1}{2}\ln(x)-\frac{3}{2}\ln(y)=c$$

例 2 解 $(1-xy+x^2y^2)dx+(x^3y-x^2)dy=0$

解：原式兩邊乘以 xy

$$xy(1-xy+x^2y^2)dx+x^2(x^2y^2-xy)dy=0$$

令 $z=xy$，代入上式，化簡整理，可得

$$zdx+x(z^2-z)dz=0$$

$$\frac{dx}{x}+(z-1)dz=0$$

積分　$\ln|x|+\frac{1}{2}(z-1)^2=c$

即　$\ln|x|+\frac{1}{2}(xy-1)^2=c$

例 3 解 $(y+xy^2)dx+(x-x^2y)dy=0$

解：令 $z=xy$。則 $dz=xdy+ydx$，代入原式化簡整理，可得

$$z(1+z)dx+(1-z)(xdz-zdx)=0$$

分離變數

$$\frac{2dx}{x}+\frac{1-z}{z^2}dz=0$$

積分

$$\ln x^2-\frac{1}{z}-\ln|z|=c$$

$$\ln x^2-\frac{1}{xy}-\ln|xy|=c$$

$$\ln\left|\frac{x}{y}\right|-\frac{1}{xy}=c$$

3：特殊題型

用變數代換求解微分方程是十分靈活的，在學習的過程中要多累積經驗。下面再給出幾個例子，以啓發大家的思路。

形如

$$M + N\left(\frac{dy}{dx}\right) = G(x, y)$$

的方程，其中左邊是某一函數 $F(x, y)$ 相對於 x 的導數。

例 1　解微分方程 $2xy\left(\frac{dy}{dx}\right) + y^2 = e^{2x}$。

解：請注意，左邊是 xy^2 相對於 x 的導數。所以引入新變數 $z = xy^2$，將方程化為

$$\frac{d(xy^2)}{dx} = \frac{dz}{dx} = e^{2x}$$

$$\int dz = \int e^{2x}dx$$

$$z = \frac{1}{2}e^{2x} + c$$

$xy^2 = \frac{e^{2x}}{2} + c$；其中 c 是常數。

這是隱式解，也可以解出 y，用顯式解來表示通解。

例 2　解微分方程 $2xy^2 + 2x^2y\left(\frac{dy}{dx}\right) = 3$

解：請注意，左邊是 x^2y^2 的導數。所以引入新變數 $z = x^2y^2$，將方程化為

$$\frac{dz}{dx} = 3$$

$$\int dz = \int 3dx$$

$$z = 3x + c$$

$x^2y^2 = 3x + c$；其中 c 是常數。

$$y^2 = \frac{(3x + c)}{x^2}$$

例 3　解微分方程 $x^2 \cos y\left(\frac{dy}{dx}\right) = \frac{1}{x} - 2x \sin y$

解：

$$x^2 \cos y\left(\frac{dy}{dx}\right) + 2x \sin y = \frac{1}{x}$$

$$\int \frac{d(x^2 \sin y)}{dx}\, dx = \int \frac{1}{x}\, dx$$

$x^2 \sin y = \ln |x| + \ln |A|$；其中 A 是常數。

$$\sin y = \frac{\ln|Ax|}{x^2}$$

例 4 解 $2x\sin y\,dx + x^2\cos y\,dy = 0$。

解：因爲 $2x\sin y\,dx + x^2\cos y\,dy = d(x^2\sin y)$。

所以原式可寫成 $d(x^2\sin y) = 0$

通解爲

$$x^2\sin y = c$$

其中 c 爲任意常數。

例 5 解 $3x^2\cos y\,dx + (2y - x^3\sin y)dy = 0$

解：因爲 $3x^2\cos y\,dx + (2y - x^3\sin y)dy = d(y^2 + x^3\cos y)$

所以原式可寫成 $d(y^2 + x^3\cos y) = 0$

通解爲

$$y^2 + x^3\cos y = c$$

其中 c 爲任意常數。

例 6 解 $\sin x\dfrac{dy}{dx} + y\cos x = 4x$

解：將微分方程式改寫爲

$$\left(\frac{dy}{dx}\right)\sin x + y\left(\frac{d}{dx}\sin x\right) = 4x。$$

可得

$$\frac{d}{dx}(y\sin x) = 4x。$$

兩邊同時對 x 積分，

$$\int d(y\sin x) = \int 4x\,dx。$$

因此

$$y\sin x = 2x^2 + C。$$

例 7 解 $\left(\sqrt{\dfrac{y}{x}} - y\right)dx + (x-1)dy = 0$

解：將方程改爲

$$\sqrt{\frac{y}{x}}dx - ydx + xdy - dy = 0$$

令 $y = xz$ 則 $dy = xdz + zdx$ 代入方程，得

$$(\sqrt{z} - z)dx + (x^2 - x)dz = 0$$

分離變數後，積分可得

$$\frac{1}{x}=1+c\,(1-\sqrt{z})^2$$

通解為 $$\frac{1}{x}=1+c\left(1-\sqrt{\frac{y}{x}}\right)^2$$

例 8 解 $(x+y)(xdy+ydx)=xy(dx+dy)$

解：令 $u=x+y$，$v=xy$

則原式為

$$udv=vdu$$

分離變數後，積分可得 $\int\frac{dv}{v}=\int\frac{du}{u}$

$$\ln v=\ln u+\ln c，v=cu$$

即 $$xy=c(x+y)$$

習題

求解下列微分方程

1. $\dfrac{dy}{dx}=\dfrac{x-y+5}{x-y-2}$

   答案：$\dfrac{1}{2}(x-y-2)^2+7x=c$

2. $\dfrac{dy}{dx}=\dfrac{x+y-1}{x-y+3}$

   答案：$\tan^{-1}\dfrac{y-2}{x+1}=\ln\sqrt{(x+1)^2+(y-2)^2}+c$

3. $\dfrac{dy}{dx}=\dfrac{y-2}{x+y-5}$

   答案：$y=2+ce^{\frac{x-3}{y-2}}$

4. $(2x-4y+5)\,y'+x-2y+3=0$。

   答案：$4x+8y+\ln|4x-8y+11|=c$

5. $3x^2e^y+x^3e^y\left(\dfrac{dy}{dx}\right)=5$

   答案：$y=\ln\dfrac{5x+c}{x^3}$

6. $\dfrac{dy}{dx}+x=\sqrt{x^2+y}$

答案：$(x-\sqrt{x^2+y})^2\,(x+2\sqrt{x^2+y})=c$

7. $\dfrac{dy}{dx}+x(\sin 2y-x^2\cos^2 y)=0$

答案：$\tan y=\dfrac{1}{2}\,(x^2-1)+ce^{-x^2}$

8. $\dfrac{dy}{dx}=\tan x\,(\tan y+\sec x\sec y)$

答案：$\cos x\,\sin y+\ln|\cos x|=c$

2.8 斜率場

在過去的幾個世紀裡，數學家已經設計出巧妙的程序來求解一些特殊的方程，亦即利用解析法來求解微分方程。在研究微分方程時，對於容易求解的方程，就用解析法，如果不易求解，就要利用定性法。定性法是根據方程右端函數本身所具有的性質來研究積分曲線的各種性質 ，如奇異點、週期解、有界性、穩定性以及解曲線族的定性分布圖形等。這種方法使我們能夠在不需實際求解方程的情況下，大致確定解曲線的外觀。

現在要介紹斜率場的概念，以及如何繪製斜率場，以提供一種無需求出顯式解即可分析微分方程解的性質的方法。

若 $\frac{dy}{dt}=f(t, y)$，則在 ty 平面的區域 D 內的每個點 (t_0, y_0) 處，我們都可以繪製一條斜率爲 $f(t_0, y_0)$ 的短線段。這樣在 D 內形成一個方向場稱爲斜率場。因此，微分方程 $\frac{dy}{dt}=f(t, y)$ 的解是曲線族，該曲線族到處都與斜率場相切。換言之，斜率場是形如 $\frac{dy}{dt}=f(t, y)$ 的微分方程的直觀表示。在每個採樣點 (t_0, y_0)，都有一條小線段，其斜率等於 $f(t_0, y_0)$ 的值。也就是說，圖形上的每個線段都是 $\frac{dy}{dt}$ 值的表示。由於每個線段的斜率等於導數值，因此可以將線段視爲切線的小段。遵循線段方向所建議的流動的任何曲線都是微分方程的解。斜率場是觀察微分方程的解的好方法。圖 1 顯示微分方程 $\frac{dy}{dt}=\frac{4-2t}{3y^2-5}$ 的斜率場和一些代表性解曲線。

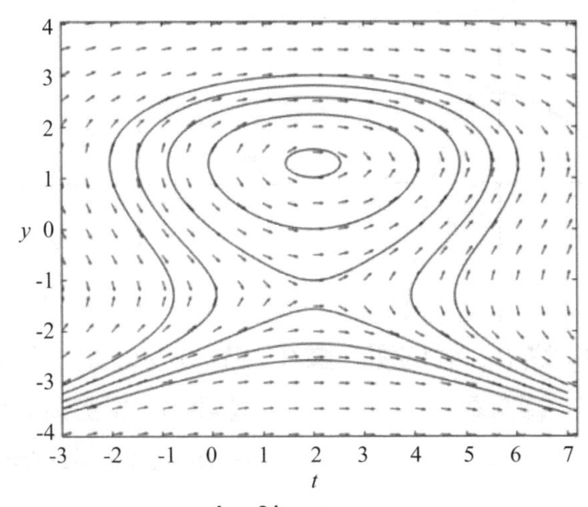

圖 1　微分方程 $\frac{dy}{dt} = \frac{4-2t}{3y^2-5}$ 的斜率場和一些代表性解曲線。

① $\frac{dy}{dt} = f(t, y)$ 的幾何意義

如果函數 $y(t)$ 是方程 $\frac{dy}{dt} = f(t, y)$ 的解，並且如果它的圖形通過點 (t_1, y_1)，其中 $y_1 = y(t_1)$，則微分方程表示導數 $\frac{dy}{dt}$ 在 $t = t_1$ 的值爲 $f(t_1, y_1)$。在幾何上，$\frac{dy}{dt}$ 在 $t = t_1$ 的值與 $f(t_1, y_1)$ 相等意味著 $y(t)$ 在點 (t_1, y_1) 的切線斜率是 $f(t_1, y_1)$（見圖 2）。請注意，點 (t_1, y_1) 只是解 $y(t)$ 圖形上的一個點。對於所有的 t，若 $y(t)$ 滿足微分方程，則 $\frac{dy}{dt} = f(t, y)$ 必須成立。換句話說，微分方程右邊的值產生了 $y(t)$ 圖形上所有點的切線斜率（見圖 3）。

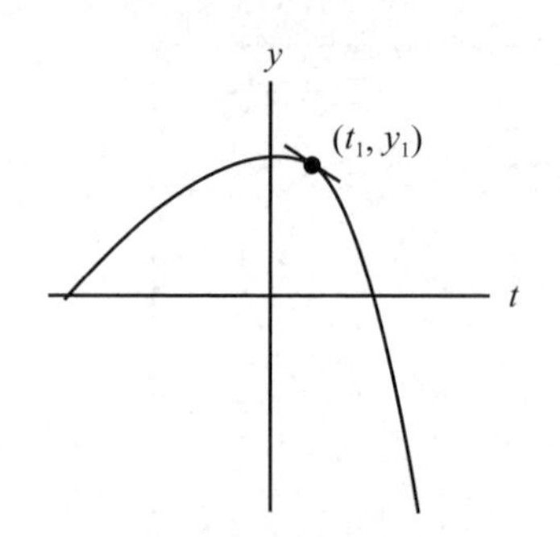

圖 2 點 (t_1, y_1) 的切線斜率

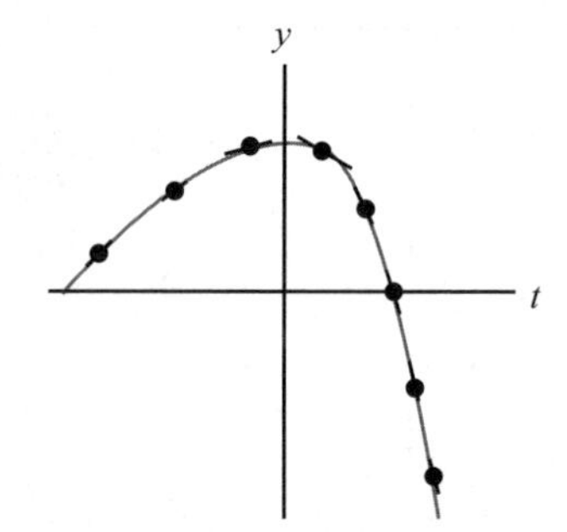

圖 3 若 $y = y(t)$ 是一個解，則任何切線的斜率必須等於 $f(t, y)$ 且由 $f(t_1, y_1)$ 的值給出。

② 線素和等傾線

利用簡單的幾何描述，我們可以得到一階微分方程

$$\frac{dy}{dt} = f(t, y)$$

的近似解。如果給定函數 $f(t, y)$，我們可以藉由畫出對應的斜率場來大致了解微分方程的解圖。選擇 ty 平面中的點並計算在這些點的 $f(t, y)$ 的值來製作這個草圖。在每個選定的點 (t, y) 處，以點 (t, y) 爲中心，繪製一條斜率爲 $f(t, y)$ 的小線段，這些小線段稱爲 (t, y) 的線素（lineal element）。所有這些線素的集合稱爲微分方程 $\frac{dy}{dt} = f(t, y)$ 的方向場（direction field）或斜率場（slope field）。從視覺上看，斜率場暗示了微分方程的一系列解曲線的外觀或形狀。函數 $y = y(t)$ 是當圖形與 $(t, y(t))$ 的線素相切時，通過點 (t, y) 的微分方程的解。

例 1 繪製微分方程

$$\frac{dy}{dt} = \frac{1}{2}(t - y)$$

的斜率場。

解：我們在少數點處手工繪製斜率場。然後討論這個斜率場。手工繪製斜率場很繁瑣，因此我們只考慮 ty 平面中的 25 個點。例如，在點

$(t, y) = (4, 2)$，我們有 $f(t, y) = f(4, 2) = \dfrac{(4-2)}{2} = 1$。因此，以點 $(4, 2)$ 爲中心，畫出一條斜率爲 1 的「小」線段。爲了繪製所有 25 個點的斜率場，我們在坐標 $t = 0, 1, 2, 3, 4$ 和 $y = 0, 1, 2, 3, 4$ 的網格點上繪製線素來做到這一點。取方格紙並在其上繪製選定的網格點（圖 4）。對於每個網格點 (t, y)，我們利用 $\dfrac{1}{2}(t-y)$ 計算斜率。表 1 顯示了斜率的所有值。

表 1. 對應於微分方程 $\dfrac{dy}{dt} = \dfrac{1}{2}(t-y)$ 的 25 個點的斜率

	$t=0$	$t=1$	$t=2$	$t=3$	$t=4$
$y=4$	–2	–1.5	–1	–0.5	0
$y=3$	–1.5	–1	–0.5	0	0.5
$y=2$	–1	–0.5	0	0.5	1
$y=1$	–0.5	0	0.5	1	1.5
$y=0$	0	0.5	1	1.5	2

使用這些值，我們在方格紙上的每個網格點處繪製一條短線段，並具有相應的斜率（圖 5 的線素）。這樣就可以用線素給出這個方程的斜率場的稀疏草圖（見圖 5）。在此例中，$y = t$ 這條線上的所有點，相應的線素都是水平，它將斜率場分爲兩部分：這條

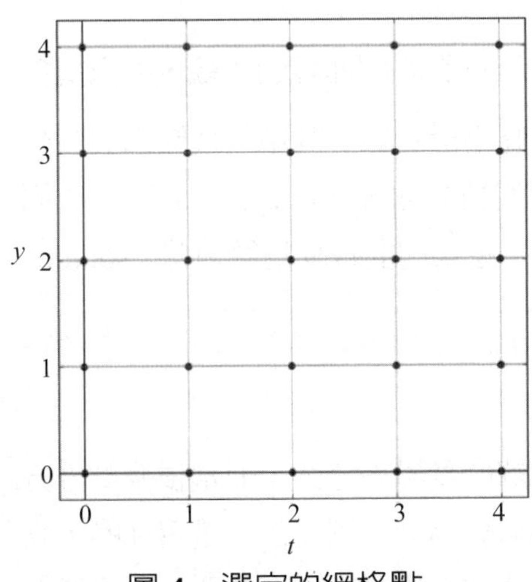

圖 4　選定的網格點

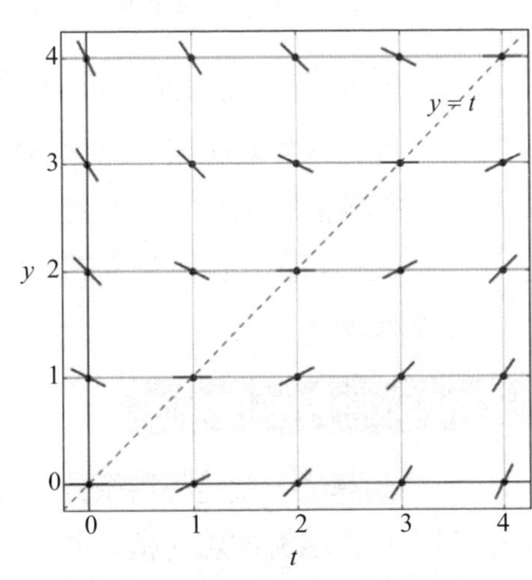

圖 5　從表 1 生成的稀疏斜率場

線的左上角是所有線素都具有負斜率的區域，而在這條線下方，所有線素都具有正斜率。

對於微分方程

$$\frac{dy}{dt}=f(t,y)$$

，等傾線 (isocline) 是 ty 平面中滿足

$$\frac{dy}{dt}=f(t,y)=k$$

的曲線或直線，其中 k 為常數；因此，它是一條等位線 $f(t,y)=k$。線素（lineal elements）是在等傾線上繪製斜率為 k 的線段。

等傾線是連接具有相同梯度的相鄰點的線，很像地圖上的等高線連接相同高度的所有相鄰點。例如，微分方程 $y'=-y$，$y'=t+y$，$y'=t^2+y^2$ 的等傾線分別是 $y=c$，$t+y=c$，$t^2+y^2=c$。

在微分方程的等傾線中有一條比較特殊的等傾線，$f(t,y)=0$，即零等傾線（zero isocline）或零斜線（nullcline），方程的積分曲線在其上的切線斜率為零，即方程的解只能在其上取得極值，故把 $f(t,y)=0$ 稱為微分方程 $\frac{dy}{dt}=f(t,y)$ 的極值曲線。例如，方程 $\frac{dy}{dt}=\frac{1}{2}(t-y)$ 有極值曲線 $t=y$，它將斜率場分為兩部分，把具有負斜率和正斜率的線素分開。

微分方程 $\frac{dy}{dt}=f(t,y)$ 的斜率場可以說明解曲線的外觀，因為這些圖始終接觸線素。藉由繪製一條平滑曲線，其中任何點都與該點相關的線素相切，將獲得所謂的積分曲線（integral curve）；因此，該圖是微分方程的圖形解。這樣的曲線稱為解曲線（solution curve）。

③ 積分曲線的圖解法

所謂圖解法，就是不用微分方程的解的具體表達式，而是根據微分方程的斜率場做出解曲線（積分曲線）的粗略圖形。圖解法只是定性的，它只是反映積分曲線的一些主要特徵，但此方法的概念卻很重要。因為能夠

用解析法求解的方程極少，用圖解法來分析積分曲線的性質和狀態對於了解該方程所代表的實際現象的變化情形就有重要的指標意義。

手工繪製斜率場雖然簡單，但是很費時。但總體而言，最有效地方法是利用計算機軟體來執行。在計算機出現之前，等傾線方法（method of isoclines）用於簡化手工繪製斜率場的過程。

例 2 對於以下每個微分方程，繪製幾條等傾線和線素。

(i) $\frac{dy}{dt} = t$ (ii) $\frac{dy}{dt} = \frac{-t}{y}$

解：(i) 注意到微分方程$\frac{dy}{dt} = t$的等傾線是 $t = k$（k 為常數），它是垂直線。故可以在等傾線 $t = -3, t = -2, t = -1, t = 0, t = 1, t = 2, t = 3$ 上分別畫出斜率為 $-3, -2, -1, 0, 1, 2, 3$ 的線素。如圖 6(a)。因為方程的任一解 $y = y(t)$ 的斜率僅與 t 有關，所以垂直等傾線上具有相同的線素。

(ii) 同理，微分方程$\frac{dy}{dt} = \frac{-t}{y}$的等傾線是 $\frac{-t}{y} = k$（k 為常數），線素是在$\frac{-t}{y} = k$ 上繪製斜率為 k 的線段。例如，當 $k = -1$ 時，等傾線是 $y = t$，在 $y = t$ 上繪製的線素是斜率為 -1 的線段。當 $k = 1$ 時，等傾線是 $y = -t$，在 $y = -t$ 上繪製的線素是斜率為 1 的線段。如圖 6(b)。

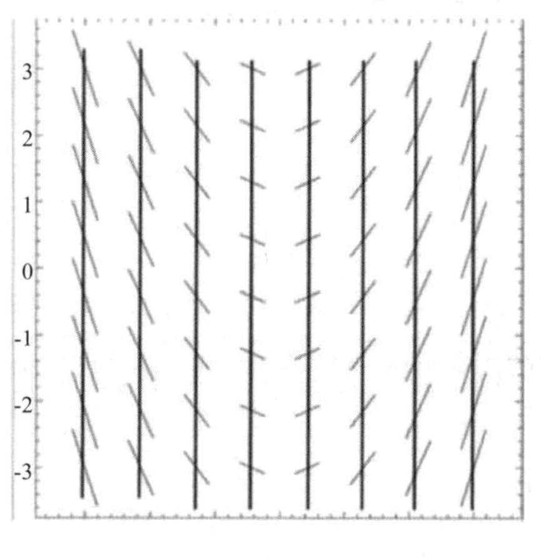

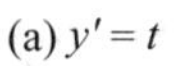
(a) $y' = t$

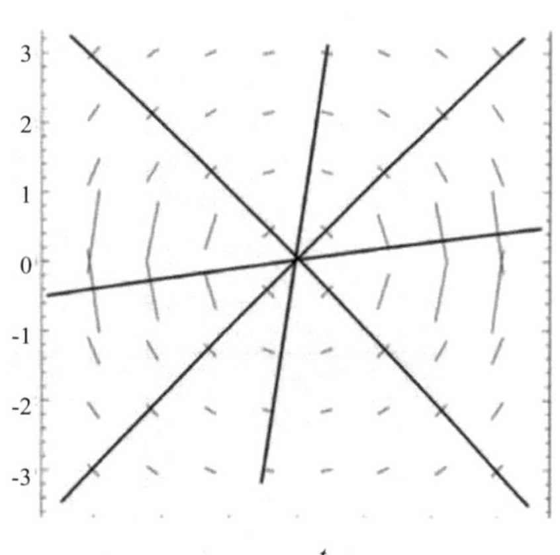

(b) $y' = \frac{-t}{y}$

圖 6　等傾線和線素

例 3　繪出微分方程

$$\frac{dy}{dt}=y-t$$

的斜率場、等傾線和積分曲線。

解：注意到微分方程的積分曲線在等傾線 $y-t=k$ 上有相同的斜率這一事實，可以看出在等傾線 $y-t=k$ 上線素的斜率爲 k。故可以在等傾線 $y=t-3, y=t-2, y=t-1, y=t, y=t+1, y=t+2, y=t+3$ 分別畫出斜率爲 $-3, -2, -1, 0, 1, 2, 3$ 的線素，這就較方便地得到該方程的斜率場。必要時可以在更多的等傾線上畫出方程的線素，使得能大致看出此微分方程的積分曲線的走向。

本題方程的斜率場是使用計算機繪製的。圖 7 是該方程在 ty 平面中 $-3 \le t \le 3$ 和 $-3 \le y \le 3$ 區域的斜率場示意圖。我們計算了該區域中超過 20×20 個點（400 個點）的函數 $f(t, y)$ 的值。

由這個斜率場可以看出，解的圖形有一條是通過點 $(-1, 0)$ 和 $(0, 1)$ 的線。對應於低於這條線的解，隨著 t 的增加似乎逐漸遞增，達到最大值後逐漸遞減。對應於高於該線的解，隨著 t 的增加似乎越來越快地遞增，如圖 8 所示。

$y-t=k$ 爲等傾線，其中 k 爲常數，若 $k=0$ 則爲零等傾線 $y=t$，零等傾線將斜率場分爲兩部分，把具有負斜率和正斜率的線素分開，如圖 8 所示。圖中顯示選定的等傾線、斜率場和積分曲線。請注意，$k=1$ 的等傾線通過 $(-1, 0)$ 和 $(0, 1)$，它本身就是方程的積分曲線。

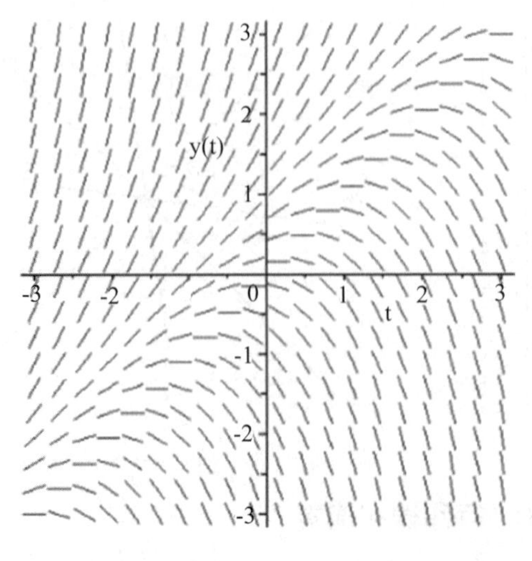

圖 7　$\frac{dy}{dt}=y-t$ 的斜率場

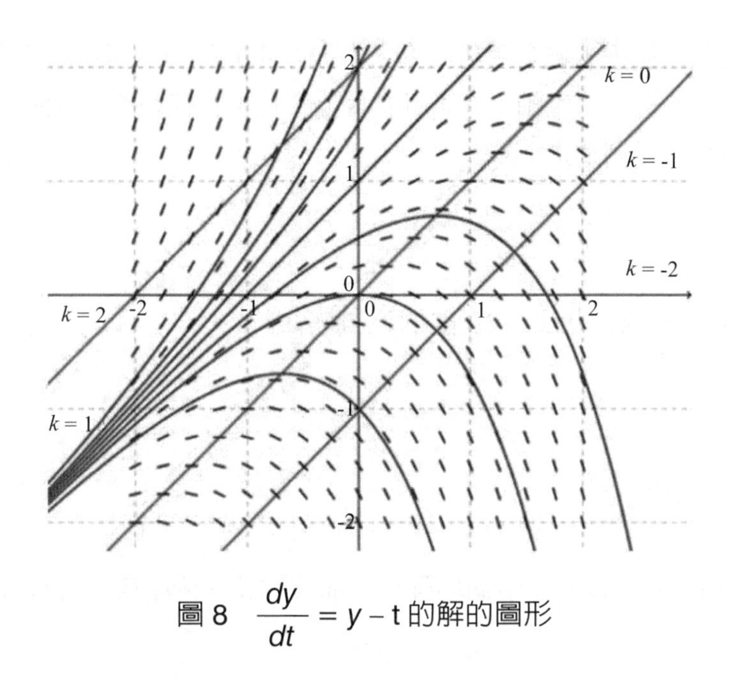

圖 8　$\frac{dy}{dt} = y - t$ 的解的圖形

④ 斜率場的兩種特例

從解析的角度來看，形式為

$$\frac{dy}{dt}=f(t) \quad \text{和} \quad \frac{dy}{dt}=f(y)$$

的微分方程比複雜的方程較容易考慮，因為它們是可分離。它們斜率場的幾何形狀也比較特別。

(1) $\frac{dy}{dt}=f(t)$ 的斜率場

由於微分方程的右側僅是自變數 t 的函數，因此在相同的 t 坐標下，任何點的斜率與任何其他點的斜率相同 。

在幾何上，這意味著每條垂直線上的所有線素都是平行的。每當斜率場對於整個相關域中的所有垂直線都具有這種幾何特性時，則相應的微分方程實際上是具有下列形式的方程

$$\frac{dy}{dt}=f(t)$$

例如，考慮 $\frac{dy}{dt}=t$ 的斜率場，如圖 9 所示。在這個斜率場中，等傾

線是垂直線，沿垂直線有平行斜率。當 t 值與 0 相差較大時，線素會變得更陡峭。零斜線是垂直軸：它將具有負斜率和正斜率的線素分開。

從微積分我們知道

$$y = \frac{t^2}{2} + c$$

其中 c 是積分常數。因此，微分方程的通解由

$$y = \frac{t^2}{2} + c$$

形式的函數組成。

在圖 10 中，我們在這個場疊加了通解的圖。請注意，所有解的圖像都只是 $y = \frac{t^2}{2}$ 的圖像的向上或向下平移。

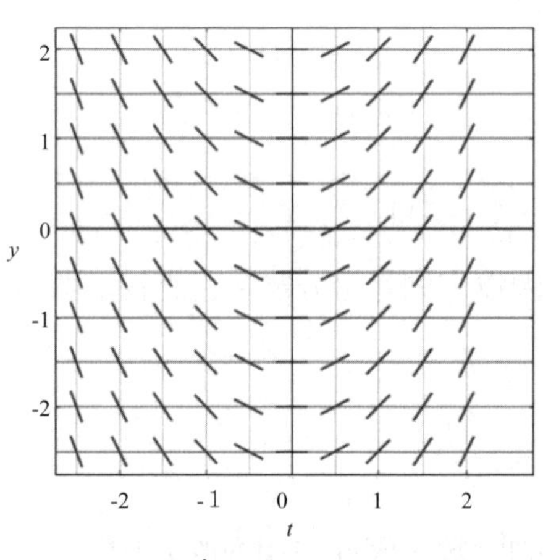

圖 9 $\frac{dy}{dt} = f(t)$ 的斜率場

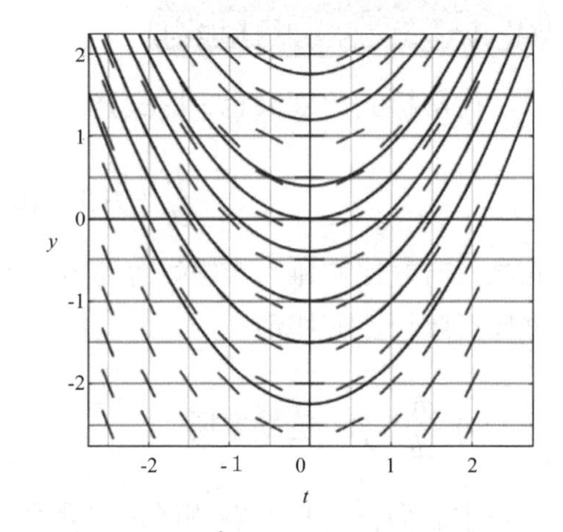

圖 10 $\frac{dy}{dt} = t$ 的斜率場與解的圖形

(2) $\frac{dy}{dt} = f(y)$ 的斜率場

現在，我們簡要地考慮另一類的常微分方程，這種分類在微分方程的定性研究中特別重要。若符號 t 表示自變數，則自治（autonomous）一階

微分方程可寫成

$$\frac{dy}{dt}=f(y)$$

，方程的右側缺少自變數 t。線素通過網格中的點，用於建構 *DE* 斜率場的線素的斜率僅取決於點的 y 坐標。換句話說，通過任何一條水平線上的點的線素都有相同的斜率，因此是平行的。當然，線素沿任何垂直線的斜率都會變化。

自治 *DE* 具有以下平移性質（translation property）：

若 $y(t)$ 是一個自治微分方程 $\frac{dy}{dt}=f(y)$ 的解，則 $y(x-k)$ 也是一個解，其中 k 爲常數。

在應用中遇到的許多微分方程，或作爲不隨時間變化的物理定律模型的方程，都是自治的。例如，狐狸種群的增長率取決於種群中狐狸的數量，或者彈簧施加的力僅取決於其伸展的程度。

一些自治微分方程的例子如下：

(i) 指數增長 / 衰減：$\frac{dy}{dt}=ky$

(ii) 牛頓冷卻定律：$\frac{dT}{dt}=-k(T-T_0)$

(iii) Logistic 增長：$\frac{dP}{dt}=kP(1-\frac{P}{M})$

在以上的例子中，導數僅取決於因變數的值。

若一階微分方程是自治的，則我們從其標準形式 $\frac{dy}{dt}=f(y)$ 的右側可以看到，線素通過矩形網格中的點，用於建構 DE 斜率場的線素的斜率僅取決於點的 y 坐標而與 t 無關。換言之，具有相同 y 坐標的不同點對應的斜率必相等，即沿水平線斜率不變。

例 1 繪出微分方程 $y'=\tan\left(\frac{\pi y}{2}\right)$ 的斜率場。

解：因爲這是自治方程，所以斜率場中任何水平線上的線素都相同。圖 11 顯示 $y'=\tan\left(\frac{\pi y}{2}\right)$ 的斜率場 。

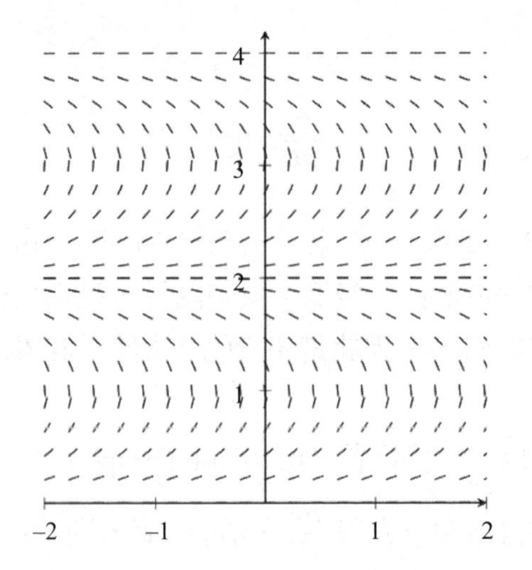

圖 11　微分方程 $y' = \tan\left(\frac{\pi y}{2}\right)$的斜率場

例 2　繪出微分方程 $\frac{dy}{dt} = 2 - 2y$ 的斜率場。

解：這是自治方程。在每個點 (t, y) 處，可以計算函數 y 的斜率，並在 ty 平面上繪製一條具有該斜率的短線段。$\frac{dy}{dt} = 2 - 2y$ 的斜率場如圖 12 所示，其中水平線上的線素都相同。

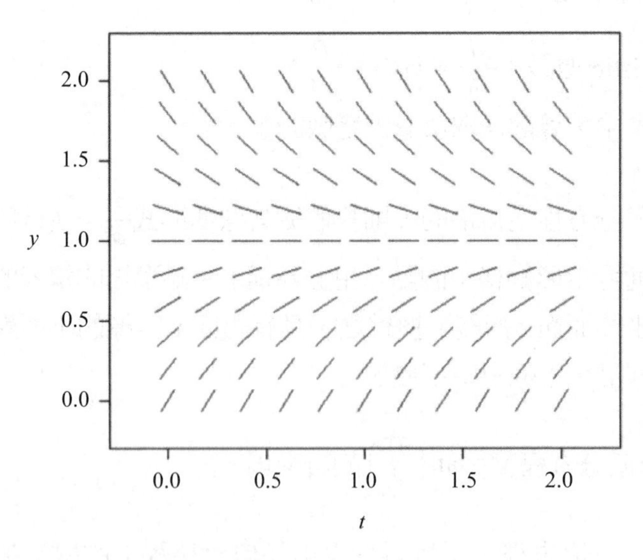

圖 12　$\frac{dy}{dt} = 2 - 2y$ 的斜率場

例 3 繪出微分方程

$$\frac{dy}{dt}=y\cdot\left(1-\frac{y}{2}\right)$$

的斜率場和積分曲線。

解：這是自治方程。沿 ty 平面中的水平線上的線素互相平行。這就較方便地得到該方程的斜率場。必要時可以在更多的等傾線上畫出方程的線素，使得能大致看出此微分方程的積分曲線的走向。斜率場和積分曲線如圖 13 所示。

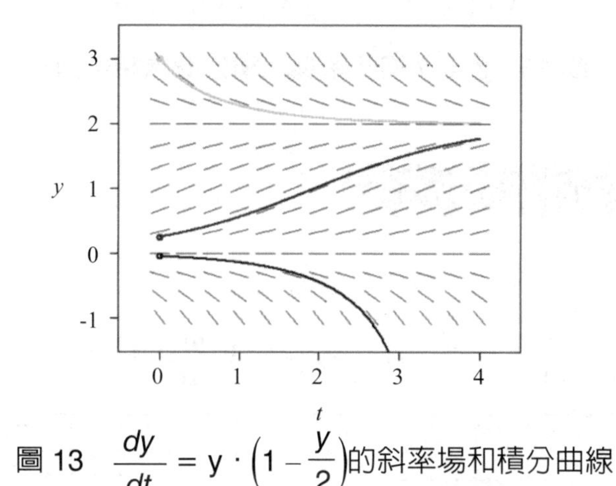

圖 13　$\frac{dy}{dt}=y\cdot\left(1-\frac{y}{2}\right)$的斜率場和積分曲線

例 4 繪出微分方程 $\frac{dy}{dt}=y$ 的斜率場、積分曲線和等傾線的圖形。

解：圖 14 顯示$\frac{dy}{dt}=y$ 的斜率場和一些積分曲線。圖 15 顯示$\frac{dy}{dt}=y$ 的斜率場、一些積分曲線和等傾線。

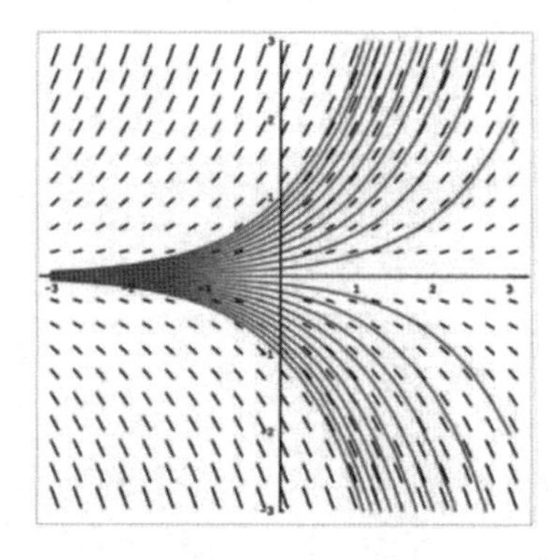

圖 14　$y'=y$ 的斜率場和積分曲線

圖 15　$y' = y$ 的斜率場、積分曲線和等傾線

5 斜率場對應的微分方程

例 1　請選出微分方程對應的斜率場。

1. $\dfrac{dy}{dx} = \dfrac{-x}{2y}$　2. $\dfrac{dy}{dx} = 1 + \cos(x)$　3. $\dfrac{dy}{dx} = 4 - 2y$

A.

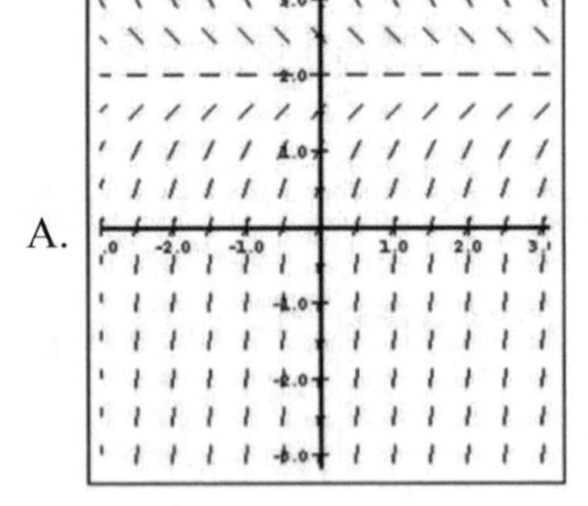

B.

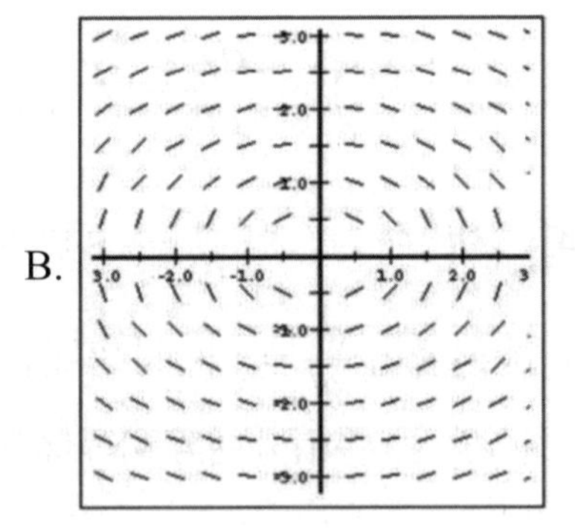

C.

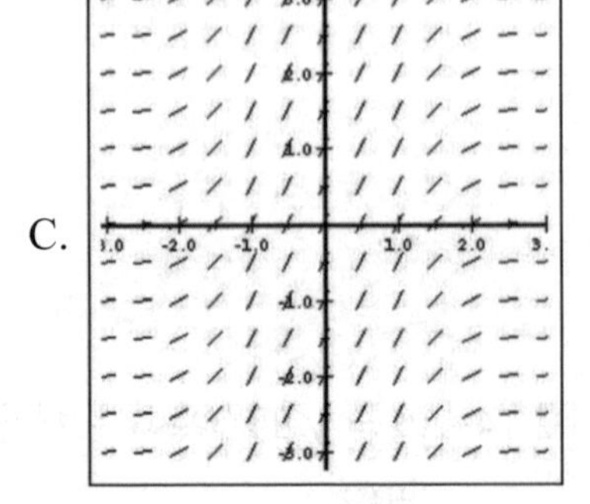

解：當 $x=0$ 時，微分方程 1 的斜率等於 0。因此，與微分方程 1 相關的斜率場在沿線 $x=0$ 上是水平線。只有斜率場 B 具有此性質。

在微分方程 2 中，只有 x 出現在右側。因此，我們應該尋找一個斜率場，它的垂直等傾線上的線素不會發生變化。斜率場 C 具有這個性質。

最後，當 $y=2$ 時，微分方程 3 的斜率爲零；只有斜率場 A 沿 $y=2$ 具有零斜率的線。

例 2 下面顯示了三個斜率場和三個微分方程。請選出斜率場對應的微分方程。

(i) $\frac{dy}{dt}=(t-2)\cdot(5-y)$ (ii) $\frac{dy}{dt}=(y-2)\cdot(5-y)$

(iii) $\frac{dy}{dt}=(t-2)\cdot(5-t)$

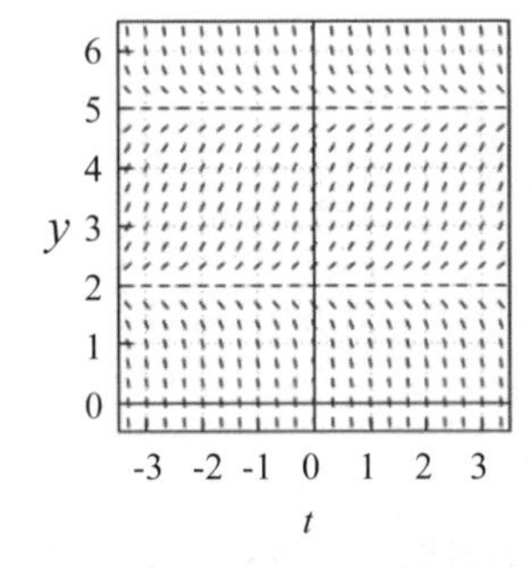

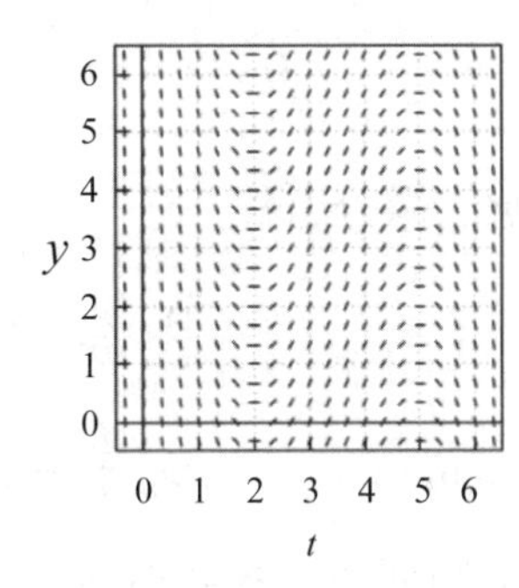

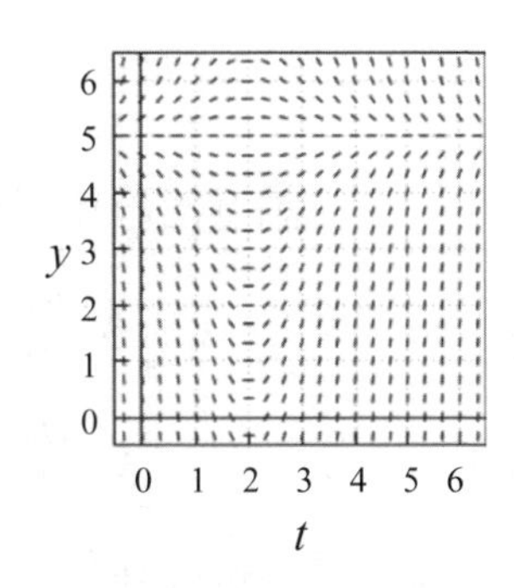

解：微分方程 $\frac{dy}{dt}=(y-2)\cdot(5-y)$ 的右側與 t 無關；因此它是一個自治的 ODE，因此它對應於所示的唯一一個在水平方向上具有平行線素的斜率場。它也是唯一具有 $y=2$ 和 $y=5$ 的水平線素的 ODE。因此，$\frac{dy}{dt}=(y-2)\cdot(5-y)$ 對應於左側的斜率場。

微分方程 $\frac{dy}{dt}=(t-2)\cdot(5-t)$ 的右側與 y 無關；因此，它對應於在垂直方向具有平行線素的斜率場。它也是唯一具有 $t=2$ 和 $t=5$ 的水平線素的ODE。因此，$\frac{dy}{dt}=(t-2)\cdot(5-t)$ 對應於中間的斜率場。

微分方程 $\frac{dy}{dt} = (t-2) \cdot (5-y)$ 在 $t = 2$ 和 $y = 5$ 具有水平線素，而這只發生在右側的斜率場中。

例 3 已知斜率場如下

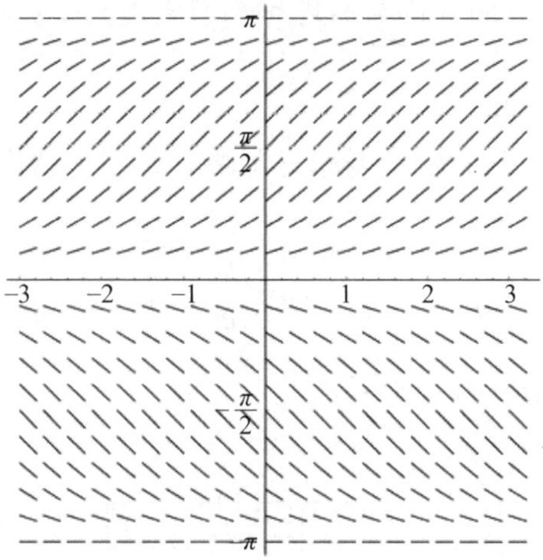

請選出斜率場對應的微分方程

A. $\frac{dy}{dx} = y^2$　　B. $\frac{dy}{dx} = \sin y$

C. $\frac{dy}{dx} = -\sin y$　　D. $\frac{dy}{dx} = \sin x$

解：這些線段在任何給定的列中（在整個圖上從左到右）具有相同的斜率。因此，由於斜率相對於 x 不變，因此我們可以假設 $\frac{dy}{dx}$ 僅是 y 的函數。這就去除了選擇 D。水平線段出現在 $y = 0$，π 和 $-\pi$。但是，y^2 等於 0 的唯一點是 $y = 0$（不是 π 或 $-\pi$）。最後，注意斜率在 $0 < y < \pi$ 時爲正，在 $-\pi < y < 0$ 時爲負。此模式對應於 $\sin y$ 的值，而 $-\sin y$ 的符號與此相反，所以排除了選擇 C。正確的選擇是 B。

例 4 下面4個微分方程和4個斜率場，請選出微分方程對應的斜率場。

(a) $y' = 2 - y$

(b) $y' = x(2 - y)$

(c) $y' = x + y - 1$

(d) $y' = \sin(x)\sin(y)$

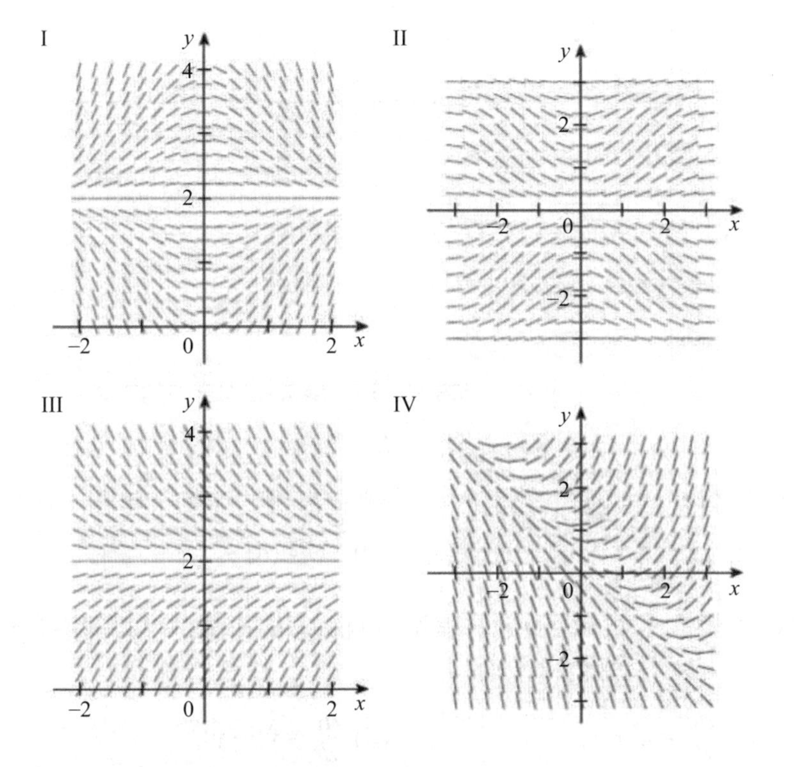

解：(a) 對應於III，因爲斜率場中水平線上的斜率標記都相同，與x無關。

(b) 對應於 I，因爲當 $x = 0$ 或 $y = 2$ 時斜率場都是水平的（$y' = 0$）

(c) 對應於 IV，因爲 $(0, 0)$ 處的斜率爲 -1。

(d) 對應於 II，因爲斜率場在 $y = \pm\pi$ 處是水平的。

例 5 下圖表示方程的斜率場和若干解曲線，選出與斜率場和解曲線對應的方程。(a) $y' = x(1 - y)$，(b) $y' = y(y - 1)$，(c) $y' = x^2 - x$，(d) $y' = y(1 - y)$

解：因爲斜率場中水平線上的斜率標記都相同，與 t 無關，所以去除 (a)、(c)。當 $x = 0.5$ 時由圖知 $x' > 0$ 故選 (d)。

例 6　下面給出了八個微分方程和四個斜率場。請選出斜率場對應的微分方程，並請簡要說明。

(i) $\dfrac{dy}{dt} = y^2 + y$　　(ii) $\dfrac{dy}{dt} = y^2 - y$

(iii) $\dfrac{dy}{dt} = y^3 + y^2$　　(iv) $\dfrac{dy}{dt} = 2 - t^2$

(v) $\dfrac{dy}{dt} = ty + ty^2$　　(vi) $\dfrac{dy}{dt} = t^2 + t^2y$

(vii) $\dfrac{dy}{dt} = t + ty$　　(viii) $\dfrac{dy}{dt} = t^2 - 2$

(a)

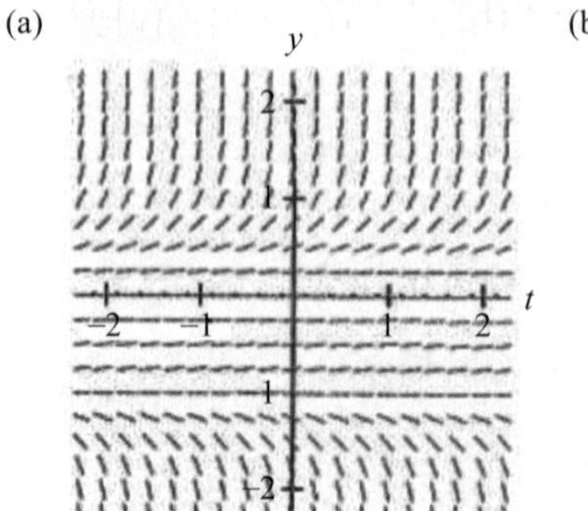

(b)

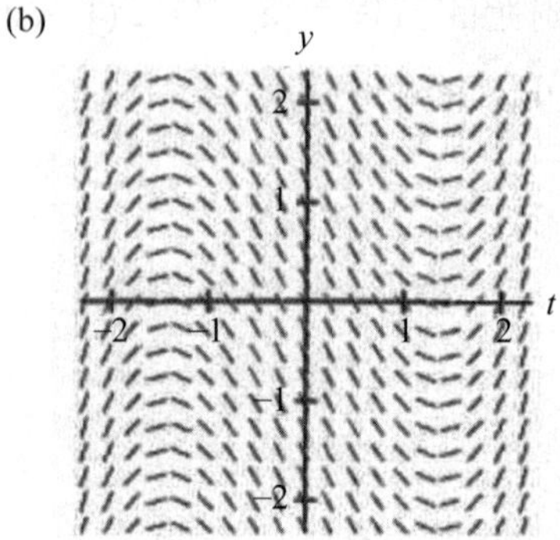

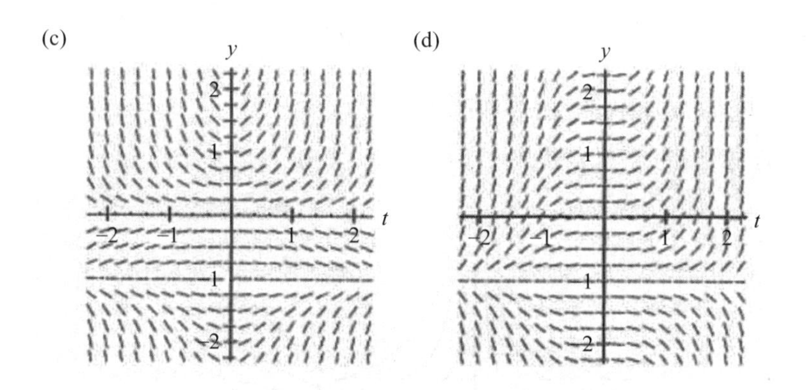

解：觀察 (a) 圖，由於斜率僅取決於 y 而不是 t，因此這是一個自治方程的斜率場，這將可能性限制爲 (i)，(ii) 和 (iii)。有平衡解 $y = -1$ 和 $y = 0$，這與 (i) 和 (ii) 一致，但排除了 (ii)。$y = -2$ 的斜率爲負，與 (iii）一致，但與 (i) 不一致。因此，這是方程式 (iii) 的斜率場。

觀察 (b) 圖，在這種情況下，斜率僅取決於 t，因此方程式的形式必須爲 $\frac{dy}{dt} = g(t)$，這將可能性限制在 (iv) 和 (viii)。$t = 0$ 的斜率是負數，與 (viii) 一致，但與 (iv) 不一致。因此，這是方程式 (viii) 的斜率場。

觀察 (c) 圖，此處的斜率取決於 t 和 y，這限制了 (v)，(vi) 和 (vii) 的可能性。存在平衡解 $y = -1$ 和 $y = 0$，這僅在 (v) 時發生。因此，這是方程式 (v) 的斜率場。

觀察 (d) 圖，斜率再次取決於 t 和 y，這將可能性限制在 (v)，(vi) 和 (vii)。平衡解 $y = -1$，與所有這三個方程式一致。由於 $y = 0$ 不是平衡解，因此 (v) 被排除。爲了區分 (vi) 和 (vii)，我們可以看一下 $t < 0$ 和 $y > 0$ 的任何點，(vi) 表示正斜率，但 (vii) 表示負斜率。由於該區域中的斜率爲正，因此這是方程式 (vi) 的斜率場。

習題

1. 繪出一階微分方程 y'= xy 的斜率場。

解：(i) 繪出曲線（等傾線）$xy = \cdots -2, -1, 0, 1, 2, \cdots$

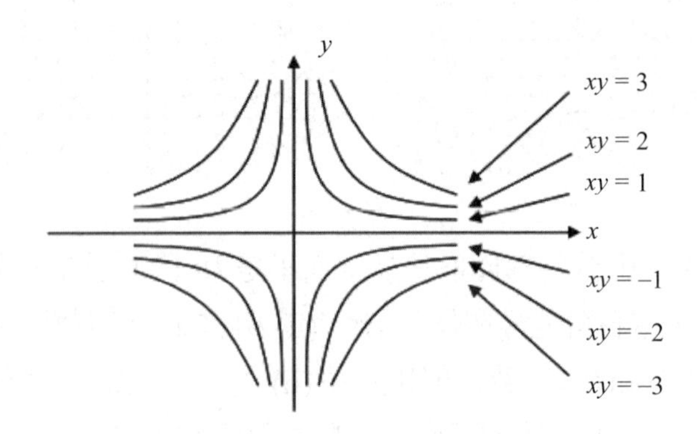

(ii) 在每個等傾線上繪製小線段，亦即在曲線 $xy = 1$, $xy = 2$, $xy = 3$ 上分別畫出斜率爲 1, 2, 3 的小線段。

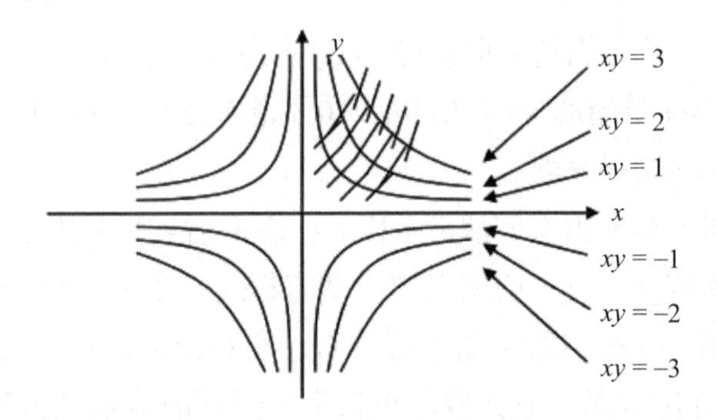

(iii) 連接相關的小線段以形成斜率場。

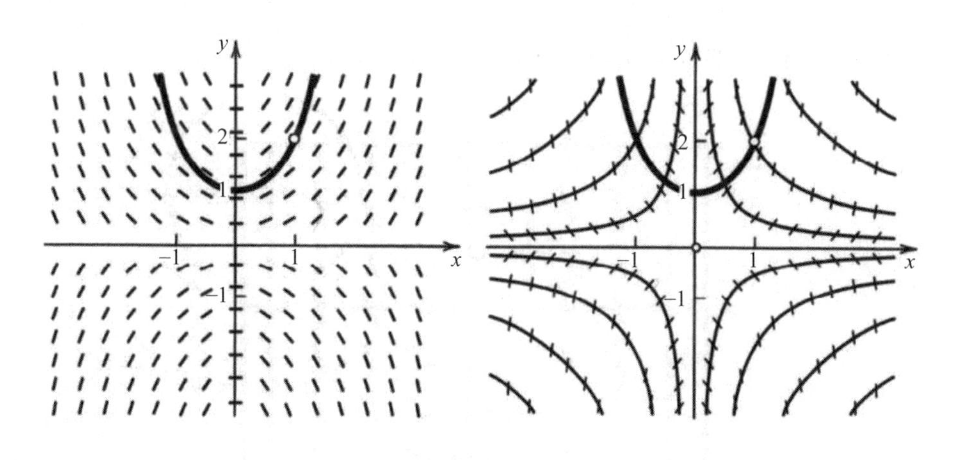

2. 繪出微分方程 $\dfrac{dy}{dx}=x+y$ 的斜率場。

解：注意到此微分方程的積分曲線在 $x+y=c$ 上有相同的斜率這一事實，可以看出在直線 $y=-x+c$ 上斜率場的斜率為 c。故可以在直線 $y=-x-3$，$y=-x-2$，$y=-x-1$，$y=-x$，$y=-x+1$，$y=-x+2$，$y=-x+3$，分別畫出斜率為 $-3, -2, -1, 0, 1, 2, 3$ 的小線段，這就較方便地得出該方程的斜率場（如下圖），必要時可以在更多的直線上畫出方程的斜率場，使得能大致看出此微分方程的積分曲線的走向。

$\dfrac{dy}{dx}=x+y$

3. 圖中顯示了某個微分方程的斜率場。以下哪一項可能是該微分方程的特解？

(A) $y = \sin x$　(B) $y = \cos x$　(C) $y = x^2$　(D) $y = \frac{1}{6}x^3$

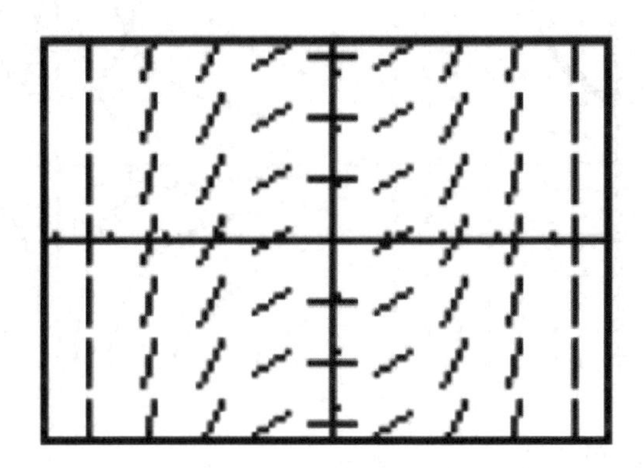

答案：(D)。

4. 下面給定 4 個微分方程和 4 個斜率場，請選出微分方程對應的斜率場。

(1) $y' = \sin x$

(2) $y' = x - y$

(3) $y' = 2 - y$

(4) $y' = x$

(A)

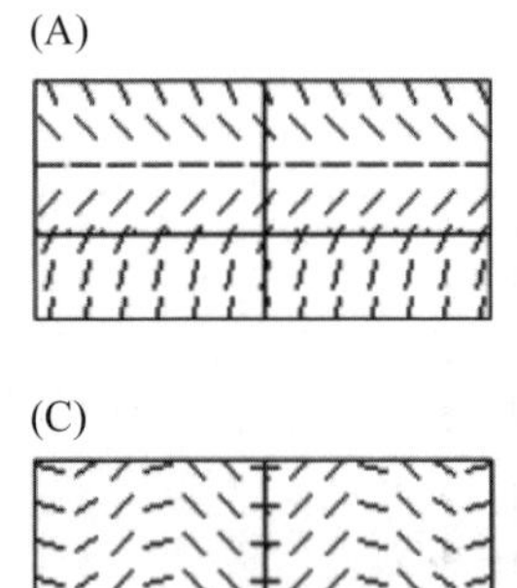

(B)

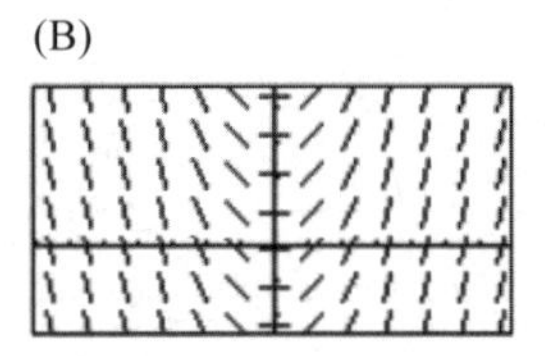

(C)

(D)

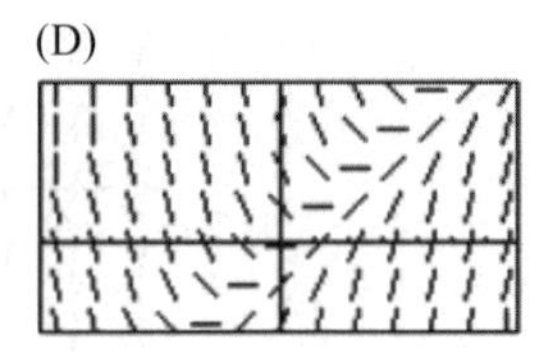

答案：(1) C，(2) D，(3) A，(4) B

5. 下面給定 4 個微分方程和 4 個斜率場，請選出微分方程對應的斜率場。

(1) $y' = 0.5x - 1$

(2) $y' = 0.5y$

(3) $y' = -\frac{x}{y}$

$(4)\ y' = x + y$

(A)

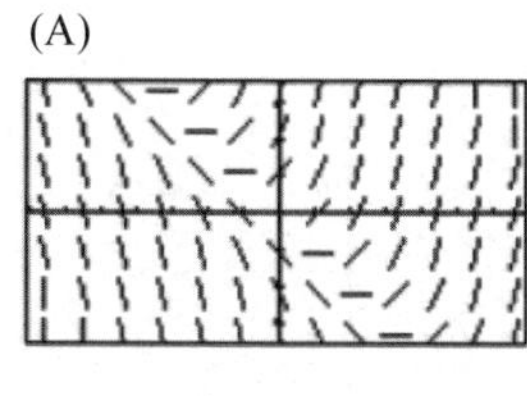

(B)

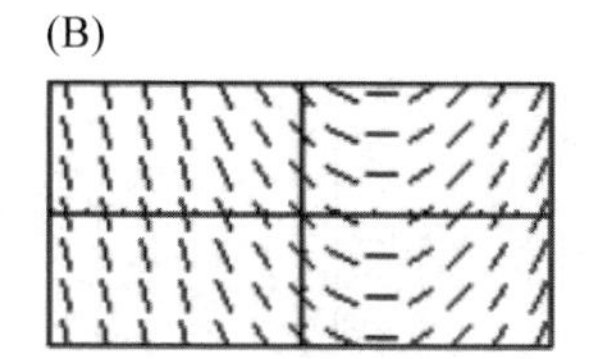

(C)

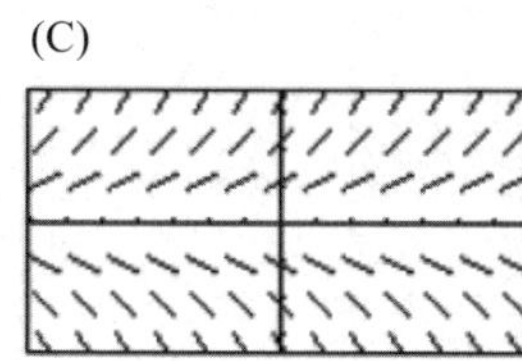

(D)

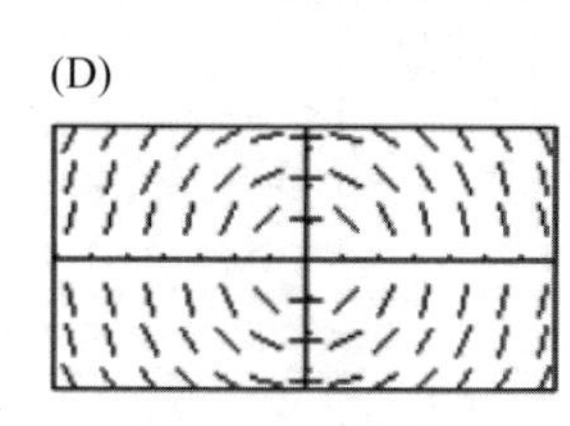

答案：(1) B，(2) C，(3) D，(4) A

6. 圖中顯示了某個微分方程的斜率場。以下哪一項可能是該微分方程的特解？

(A) $y = x^2$ (B) $y = e^x$ (C) $y = e^{-x}$ (D) $y = \cos x$

(E) $y = \ln x$

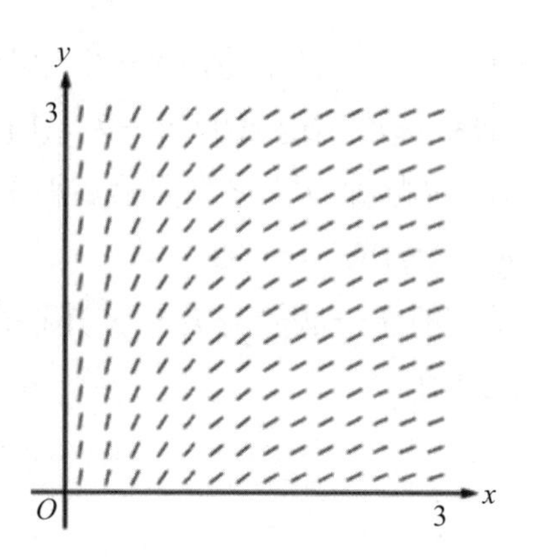

答案：(E)

7. 下面給定四個斜率場和八個微分方程。請選出斜率場對應的微分方程。

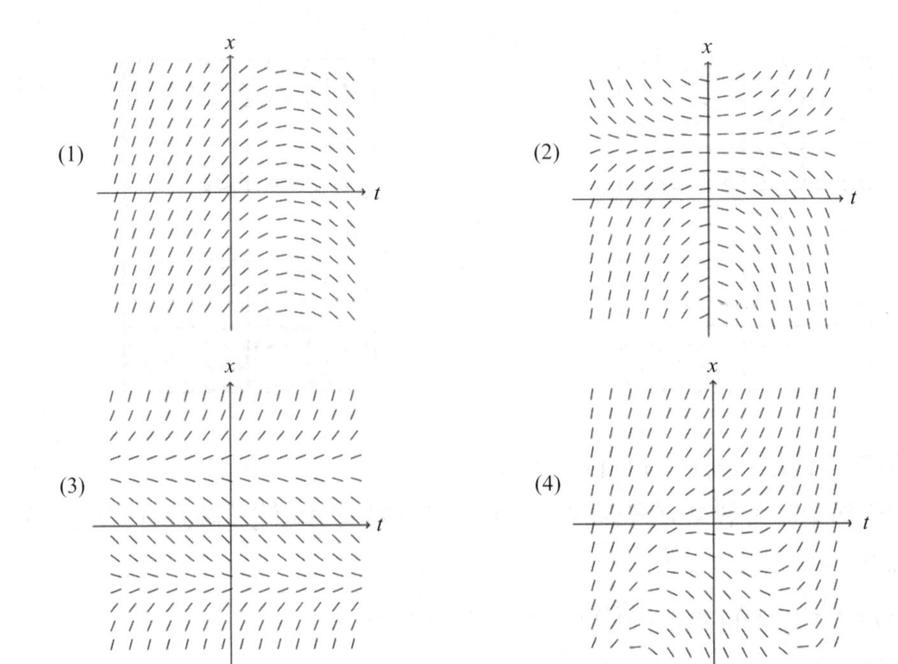

(a) $\dot{x}(t)=t-1$ (b) $\dot{x}(t)=1-x^2$ (c) $\dot{x}(t)=x-t^2$ (d) $\dot{x}(t)=1-t$

(e) $\dot{x}(t)=1-x$ (f) $\dot{x}(t)=x+t^2$ (g) $\dot{x}(t)=tx-t$ (h) $\dot{x}(t)=x^2-1$

答案：計算微分方程的等傾線並將它們與給定斜率場的形狀進行比較。

(1) (d)，(2) (g)，(3) (h)，(4) (f)。

8. 對於以下每個斜率場，創建一個微分方程，其斜率場將與給定的相似。給出創建微分方程的理由。

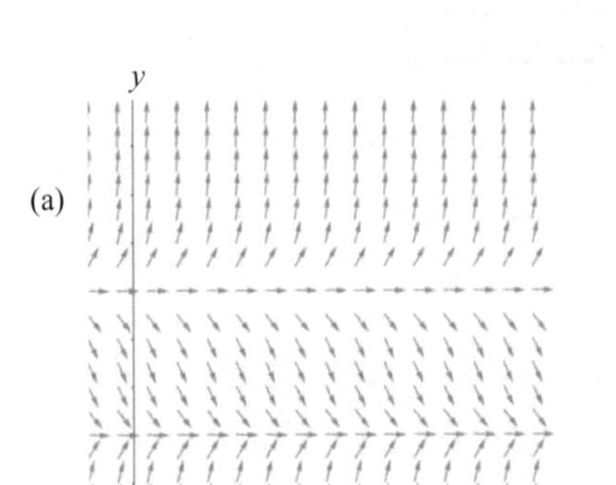

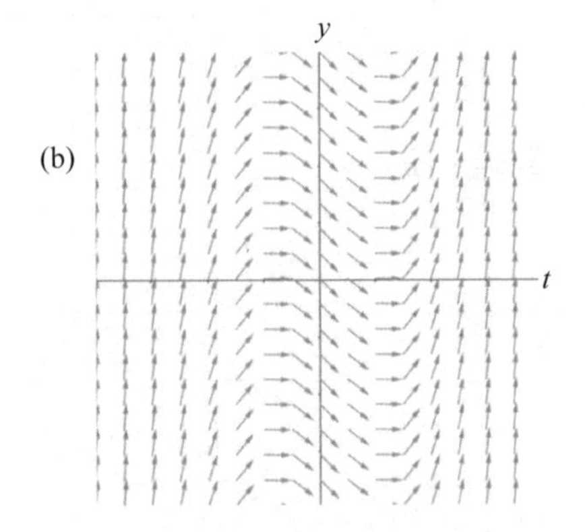

(c)

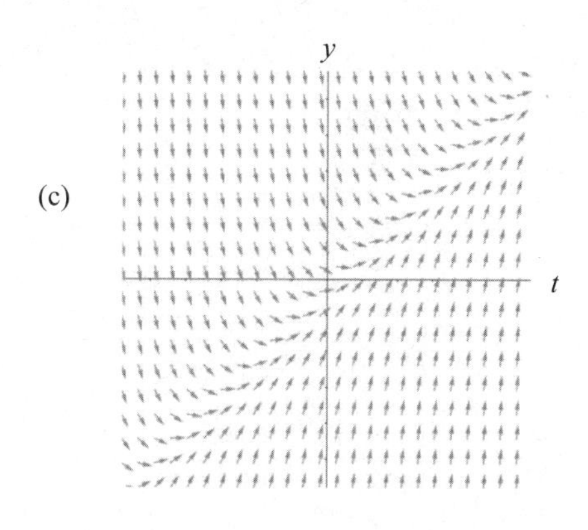

(a) 微分方程是自治，因爲斜率場表明水平移位斜率不變。因此，微分方程應僅取決於 y。有兩種平衡解（例如，2 和 5）。2 是穩定的平衡解，5 是不穩定的平衡解。因此，在 2 到 5 之間，我們需要斜率爲負，而在其他地方它需要爲正（當然，在平衡解中爲 0）。因此，一個可能的微分方程是：

$$\frac{dy}{dt} = (y-2)(y-5)$$

(b) 微分方程不是自治，因爲斜率場表明水平移位不能保持斜率不變。然而，垂直位移保持斜率不變，因此，微分方程應僅取決於 t。由於斜率場出現三次變化，微分方程將是 t^2 的項。因此，一個可能的微分方程是：

$$\frac{dy}{dt} = (t+2)(t-2)$$

(c) 微分方程在沒有平衡解的情況下不是自治，並且取決於 t 和 y，因爲水平和垂直移位，斜率都會改變。看起來 $y = t$ 是一個平衡解，所以微分方程中有 $(y-t)$ 或 $(t-y)$ 的因式。基於斜率，一個可能的微分方程是：

$$\frac{dy}{dt} = t - y$$

習題

1. 若 $f(x, y)$ 連續可微且方程 $y' = f(x, y)$ 的積分曲線 $y = \phi(x)$ 有楞點（反曲點），則在楞點處積分曲線與等傾線相切。
2. 證明若方程 $F(x, y, y') = 0$ 的等傾線就是積分線，則此方程必爲 Clairaut 方程。

筆記欄

第 3 章

一階微分方程的應用

章節體系架構 ▼

前言

微分方程的應用在工程和科學中非常重要，因為許多物理定律和關係在數學上都以微分方程的形式出現。

在一階微分方程的應用中，線性微分方程經常用於解決與電路、放射性衰變、碳定年、人口動態、混合動力學、牛頓冷卻定律等有關的問題。

用微分方程解實際問題的基本步驟為：(1) 建立實際問題的模型，也就是建立反映這個實際問題的微分方程，提出對應的求解條件；(2) 求出這個微分方程的解析解，或對方程解的性質進行分析；(3) 用所得的結果來解釋實際現象，或對問題的發展變化趨勢進行預測。

要建立滿足實際問題的數學模型一般是比較困難的，這需要對問題的機制有充分的了解，同時需要一定的數學知識和建立數學模型的經驗。微分方程是應用背景比較強的一門課程，在學習過程中最好有意識地培養建模能力，才能使數學知識和解決實際問題的能力大幅提高。

筆記欄

3.1 幾何應用

(a) 直角坐標：曲線 $f(x, y) = 0$ 上任意點 $P(x, y)$ 的切線和法線分別在 T 和 N 處與 X 軸相交。PM 垂直於 X 軸（圖 1），則在 $P(x, y)$ 點的切線斜率為

$$\tan\psi = \frac{dy}{dx}$$

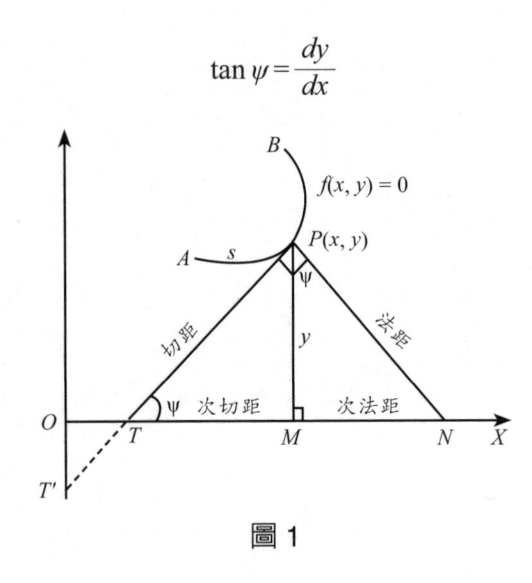

圖 1

(i) P 點的切線方程為

$$Y - y = \frac{dy}{dx}(X - x) \tag{1}$$

因此，切線的 X 截距，

$$OT = x - y\frac{dx}{dy} \tag{2}$$

切線的 Y 截距，

$$OT' = x\frac{dy}{dx} - y \tag{3}$$

(ii) P 點的法線方程為

$$Y-y=\frac{dx}{dy}(X-x) \tag{4}$$

所以，切距

$$PT=y\csc\psi=y\sqrt{1+\left(\frac{dx}{dy}\right)^2}$$

法距

$$PN=y\sec\psi=y\sqrt{1+\left(\frac{dy}{dx}\right)^2}$$

次切距 (subtangent)，

$$TM=y\cot\psi=y\frac{dx}{dy}$$

次法距 (subnormal)，

$$MN=y\tan\psi=y\frac{dy}{dx}$$

弧長的導數，

$$\frac{ds}{dx}=\sqrt{1+\left(\frac{dy}{dx}\right)^2},\ \frac{ds}{dy}=\sqrt{1+\left(\frac{dx}{dy}\right)^2}$$

(b) 極坐標：設 $P(r,\theta)$ 爲曲線 $r=f(\theta)$ 上的任意點，且 PT 爲極切距，且 PN 爲極法距，則

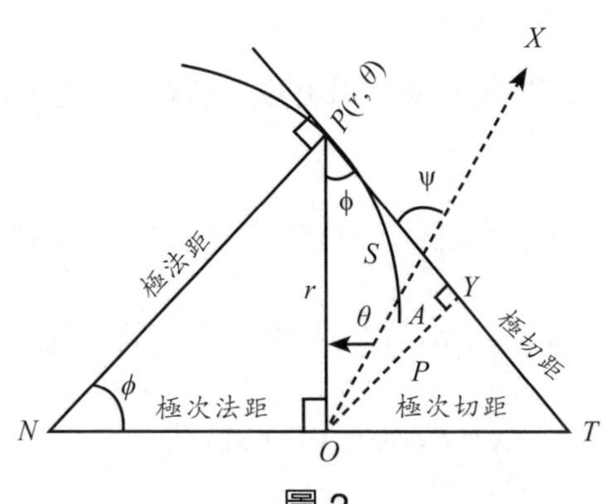

圖 2

(i) $\psi = \theta + \phi$

(ii) $\tan\phi = r\dfrac{d\theta}{dr}$, $p = r\sin\phi$

(iii) 極次切距（polar subtangent），$OT = r^2\dfrac{d\theta}{dr}$

(iv) 極次法距 (polar subnormal)，$ON = \dfrac{dr}{d\theta}$

(v) 若 p 是極點至切線的垂直距離，則

$$\frac{1}{p^2} = \frac{1}{r^2} + \frac{1}{r^4}\left(\frac{dr}{d\theta}\right)^2$$

(vi) 弧長的導數

$$\frac{ds}{dr} = \sqrt{1 + \left(r\frac{dr}{d\theta}\right)^2}, \frac{ds}{d\theta} = \sqrt{r^2 + \left(\frac{dr}{d\theta}\right)^2}$$

在之後的討論，我們需要以下微積分的基本知識。

在極坐標中，如圖 3 所示，若曲線 $r = f(\theta)$ 的切線與徑向線之間的角度為 ϕ，證明

$$\tan\phi = r\frac{d\theta}{dr}$$

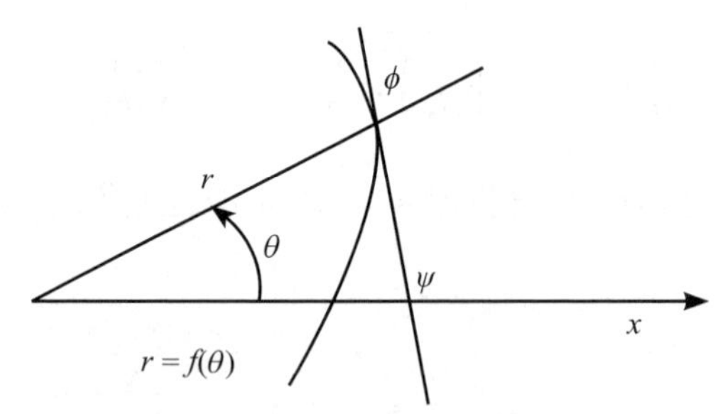

圖 3　曲線 $r = f(\theta)$ 的切線與切點處的徑向線成 ϕ 角，與 x 軸成 Ψ 角。

證明

考慮 $\Psi = \theta + \phi$。則 $r = f(\theta)$ 在極坐標中由下式給出

$$x = r\cos\theta, y = r\sin\theta, \tag{1}$$

而相關導數爲

$$\frac{dx}{d\theta}=-r\sin\theta+\cos\theta\frac{dr}{d\theta},\ \frac{dy}{d\theta}=r\cos\theta+\sin\theta\frac{dr}{d\theta}. \tag{2}$$

從幾何學中，可知 $\phi=\Psi-\theta$，因此，使用三角學中的公式，

$$\tan\phi=\tan(\Psi-\theta)=\frac{(\tan\Psi-\tan\theta)}{(1+\tan\Psi\tan\theta)} \tag{3}$$

由於曲線 $f(\theta)$ 的切線與 x 軸成角度 Ψ，因此 $\tan\Psi=\dfrac{\frac{dy}{d\theta}}{\frac{dx}{d\theta}}$，並且從幾何中可以看出 $\tan\theta=\dfrac{y}{x}$。將這些代入（3）可得，

$$\tan\phi=\frac{\dfrac{\frac{dy}{d\theta}}{\frac{dx}{d\theta}}-\dfrac{y}{x}}{1+\left(\dfrac{y}{x}\right)\dfrac{\frac{dy}{d\theta}}{\frac{dx}{d\theta}}}=\frac{x\dfrac{dy}{d\theta}-y\dfrac{dx}{d\theta}}{x\dfrac{dx}{d\theta}+y\dfrac{dy}{d\theta}} \tag{4}$$

$$=\frac{x\left(r\cos\theta+\sin\theta\dfrac{dr}{d\theta}\right)-y\left(-r\sin\theta+\cos\theta\dfrac{dr}{d\theta}\right)}{x\left(-r\sin\theta+\cos\theta\dfrac{dr}{d\theta}\right)+y\left(r\cos\theta+\sin\theta\dfrac{dr}{d\theta}\right)} \tag{5}$$

將 (1) 代入 (5),

$$\tan\phi=\frac{r\cos\theta\left(r\cos\theta+\sin\theta\left(\dfrac{dr}{d\theta}\right)\right)-r\sin\theta\left(-r\sin\theta+\cos\theta\left(\dfrac{dr}{d\theta}\right)\right)}{r\cos\theta\left(-r\sin\theta+\cos\theta\left(\dfrac{dr}{d\theta}\right)\right)+r\sin\theta\left(r\cos\theta+\sin\theta\left(\dfrac{dr}{d\theta}\right)\right)}$$

$$=\frac{r^2}{\dfrac{rdr}{d\theta}}$$

$$=\frac{r}{\dfrac{dr}{d\theta}}$$

即 $\tan\phi=r\dfrac{d\theta}{dr}$，這是期望的結果。

例 1 設某曲線上各點的次切距長度爲 k，其中 k 爲常數，求此曲線的方程式。

解：依題意，由次切距的定義，得

$$\frac{ydx}{dy}=k$$

或 $\dfrac{dy}{y}=\dfrac{dx}{k}$

積分，可得 $\ln y=\dfrac{x}{k}+c$

即 $y=Ae^{\frac{x}{k}}$

此爲所求曲線的方程式，其中 $A=e^c$，爲任意常數。

若以極坐標 (r, θ) 表示曲線的方程式，則其上一點的極次切距爲 $r^2\dfrac{d\theta}{dr}$，故

$$r^2\frac{d\theta}{dr}=k$$

或

$$\frac{dr}{r^2}=\frac{d\theta}{k}$$

積分，可得曲線的極方程式如下，

$$r(\theta+c)=-k$$

其中 c 爲任意常數。

例 2 求通過點 (1, 2) 且次切距爲切點橫坐標兩倍的曲線。

解：給定 $y\dfrac{dx}{dy}=2x$ 亦即 $2\dfrac{dy}{y}=\dfrac{dx}{x}$

積分，$2\ln y=\ln x+\ln c$ 或 $y^2=cx$ (1)

因爲曲線通過 (1, 2) 所以 $c=4$ (2)

(2) 代入 (1)，因此所求的曲線爲 $y^2=4x$

例 3 求極次切距等於極次法距的曲線。

解：給定條件，

$$r^2\frac{d\theta}{dr}=\frac{dr}{d\theta}\Rightarrow r=\frac{dr}{d\theta}$$

積分，可得 $\ln r=\theta+\ln c$，

即 $r = ce^{\theta}$

例 4 如圖 4，若 NP 爲法線，OP 爲徑向量（位置向量），OX 爲初始直線，求滿足 $\angle ONP = \angle OPN$ 的曲線。

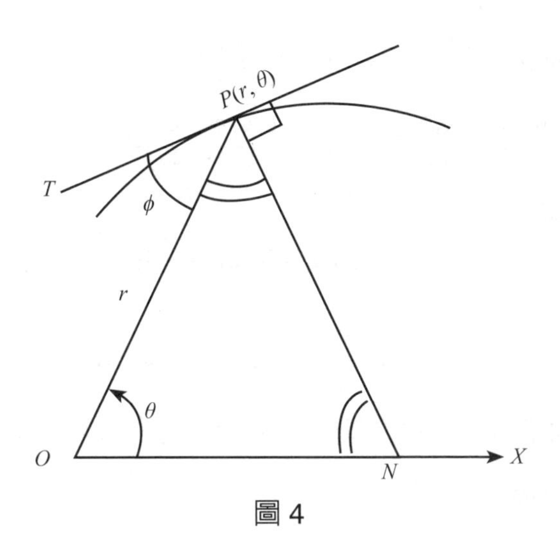

圖 4

解：設 PT 和 PN 是曲線上一點 $P(r, \theta)$ 的切線和法線，使得 $\tan\phi = r\dfrac{d\theta}{dr}$。

但是根據給定的條件 $\angle ONP = \angle OPN = (90 - \phi)$

$$\therefore \theta = \angle PON = (180 - (\angle ONP + \angle OPN))^\circ$$
$$= (180 - (180 - 2\phi))^\circ$$

或 $\dfrac{\theta}{2} = \phi$，因此

$$\tan\frac{\theta}{2} = \tan\phi = r\frac{d\theta}{dr}$$

或

$$\frac{dr}{r} = \frac{\cos\frac{\theta}{2}}{\sin\frac{\theta}{2}}\,d\theta$$

積分，得到

$$\ln r = 2\ln\sin\frac{\theta}{2} + \ln c$$

所求爲心臟線方程。

$$r = c\sin^2\frac{\theta}{2} = \frac{1}{2}c(1-\cos\theta)$$

例 5 若切線和徑向量之間的角度是向量角的兩倍，求此曲線。

解：如圖 3，給定 $\phi = 2\theta$

此外，$\tan\phi = r\dfrac{d\theta}{dr}$，表示 $\tan 2\theta = r\dfrac{d\theta}{dr}$

改寫爲 $\dfrac{\sin 2\theta}{\cos 2\theta} = r\dfrac{d\theta}{dr}$，或 $\dfrac{dr}{r} = \dfrac{1}{2}\left(2\dfrac{\cos 2\theta}{\sin 2\theta}\right)d\theta$

積分，得到

$$2\ln r = \ln\sin 2\theta + \ln c$$

或

$$r^2 = a^2\sin 2\theta,\ 其中\ c = a^2$$

例 6 若徑向量與切線的夾角爲半個向量角的補角，求曲線方程。

解：如圖 3，若 $\phi = \pi - \dfrac{\theta}{2}$，

則

$$\tan\phi = \tan\left(\pi - \frac{\theta}{2}\right) = -\tan\frac{\theta}{2}$$

$$r\frac{d\theta}{dr} = -\tan\frac{\theta}{2}$$

或

$$-\frac{dr}{r} = \frac{\cos\frac{\theta}{2}}{\sin\frac{\theta}{2}}d\theta$$

積分，得到

$$\ln c - \ln r = 2\ln\sin\frac{\theta}{2}$$

$$\frac{c}{r} = \sin^2\frac{\theta}{2}$$

這是一條拋物線

$$\frac{2c}{r} = (1-\cos\theta)$$

例 7 若從極點到切線的垂線等於 λ 乘以該點的徑向量，求曲線方程。

解：設 $P(r, \theta)$ 爲曲線 $r = f(\theta)$ 上的任意點，則由給定條件，

$$p = r\lambda \tag{1}$$

其中 p 是 $P(r, \theta)$ 處的切線與極點的垂直距離。

因爲

$$\frac{1}{p^2} = \frac{1}{r^2} + \frac{1}{r^4}\left(\frac{dr}{d\theta}\right)^2 \tag{2}$$

所以

$$\frac{1}{r^2\lambda^2} = \frac{1}{r^2} + \frac{1}{r^4}\left(\frac{dr}{d\theta}\right)^2 \quad \text{或} \quad \frac{r^2}{\lambda^2} - r^2 = \left(\frac{dr}{d\theta}\right)^2$$

$$\frac{r^2(1-\lambda^2)}{\lambda^2} = \left(\frac{dr}{d\theta}\right)^2 \quad \text{或} \quad \frac{dr}{r} = \frac{\sqrt{1-\lambda^2}}{\lambda}d\theta$$

積分，得到

$$\ln r = \frac{\sqrt{1-\lambda^2}}{\lambda}\theta + \ln c \quad \text{或} \quad r = ce^{\frac{\sqrt{1-\lambda^2}}{\lambda}\theta}$$

注意：若 $\lambda = \sin\alpha$，則該曲線表示等角螺旋（equiangular spiral）。

例 8 設自任何點引至某曲線的二切線的長恆相等，求此曲線的方程式。

解：設以所求曲線之一定切線 OP 爲極軸，其切點 O 爲極；今自極軸上任意一點 P，引另一切線 PT；由題意，$PO = PT$，故依圖 5 所示，$\theta = \phi$，然由以極坐標 (r, θ) 所表示的曲線的性質，得

$$\tan\phi = r\frac{d\theta}{dr},$$

因而得

$$\tan\theta = \frac{rd\theta}{dr},$$

即

$$\frac{dr}{r} = \cot\theta\, d\theta,$$

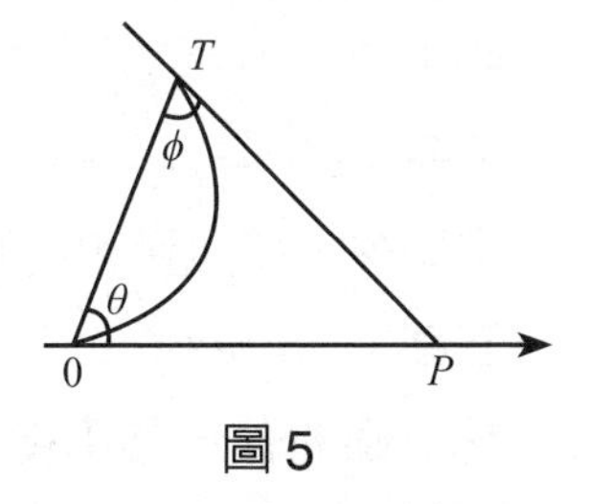

圖 5

將此式積分，可得

$$\ln r = \ln\sin\theta + c$$

或

$$r = a\sin\theta, \ (a = e^c，爲任意常數)$$

此乃所求曲線之極方程式。如將 $r = a\sin\theta$ 變換爲直角坐標方程式，

則得 $x^2+y^2=ay$，即 $x^2+\left(y-\frac{a}{2}\right)^2=\left(\frac{a}{2}\right)^2$；由此可知所求積分曲線係切於 x 軸上原點的圓群。

習題

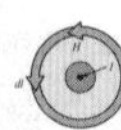

1. 求次法距與縱坐標平方成正比的曲線。

   答案：$y=ae^{cx}$

2. 求通過原點的曲線，使得曲線與縱坐標和 x 軸之間的面積是縱坐標立方的兩倍。

   答案：$x=3y^2$

3. 一條曲線使得從原點到曲線任意一點 P 的切線的垂線長度等於 P 的橫坐標。證明曲線的微分方程是 $y^2-2xy\frac{dy}{dx}-x^2=0$，求出此曲線。

   答案：$x^2+y^2=cx$

4. 平面曲線具有從 y 軸上任意點到曲線的切線長度爲 a 的性質。求具有此性質的曲線族的微分方程，從而得到曲線。

   答案：$y=\sqrt{a^2-x^2}+a\ln\left(\frac{a-\sqrt{a^2-x^2}}{x}\right)+c$

5. (i) 求極次切距是常數的曲線。

   (ii) 求極次法距與向量角的正弦成正比的曲線。

   答案：(i)$r(\theta-\phi)$ (ii)$r=a+b\cos\theta$

6. 求曲線上任一點 P 的切線平分 P 的縱坐標與連接 P 到原點的直線之間的夾角。

   答案：$c^2x^2=2cy+1$

7. 求切線、徑向量和從原點到切線的垂線形成面積爲 kr^2 的三角形的曲線。

   答案：$r=ae^{\theta\cot\alpha}$

8. 求一條曲線，其中從固定點 A 到任意點 P 的弧長與 P 的橫坐標的平方成正比。

   答案：$y+c=a\sin^{-1}\frac{x}{a}+\sqrt{ax-x^2},\ a=\frac{k^2}{4}$

筆 記 欄

3.2 正交和等角軌線

定義

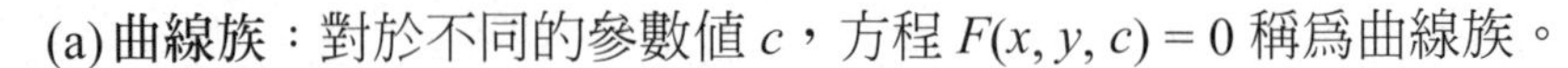

(a) 曲線族：對於不同的參數值 c，方程 $F(x, y, c) = 0$ 稱為曲線族。

(b) 軌線：曲線族的軌線是按照一定規則與另一族的每個成員相交的曲線。我們可以得到具有相同性質的不同曲線。

正交軌線：曲線族的正交軌線是以直角與另一族的每個成員相交的曲線。

換句話說，當一曲線族 $G(x, y, c_1) = 0$ 中的所有曲線與另一族 $H(x, y, c_2) = 0$ 的所有曲線正交時，這些族稱為彼此的正交軌線（orthogonal trajectories）。如圖 1 所示。若 $\dfrac{dy}{dx} = f(x, y)$ 是一族的微分方程，則該族的正交軌線的微分方程是 $\dfrac{dy}{dx} = \dfrac{-1}{f(x, y)}$。

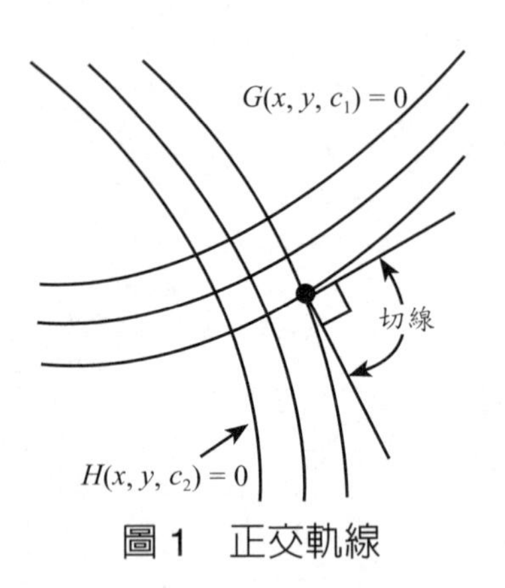

圖 1　正交軌線

當單參數曲線族 $G(x, y, c_1) = 0$ 的正交軌線是其自身時，則稱該族是自正交（self-orthogonal）。例如，拋物線族 $y^2 = 4c(x + c)$ 是自正交。

正交軌線在研究與平面向量場（如電場、磁場、流體流動和熱流場）相關的某些實際問題中具有非常重要的意義。例如，可以觀察到，由於在均勻介質中流動的穩定電流的分佈，等電位線與電流線以直角相交。同樣在穩定流體流動中，流動線（流線）垂直於等速勢線（等勢線或等高線）。因此，應用正交軌線，可以從流線獲得等位線，反之亦然。同樣，物體的熱流線垂直於等溫曲線或相同溫度的點的軌跡。

直角坐標中的正交軌線

現在，我們敘述尋找正交軌線的方法。

令 $f(x, y, c) = 0$ 爲單參數曲線族，其微分方程是 $\dfrac{dy}{dx} = F(x, y)$。這些曲線可以利用以下事實來描述：在任何一條曲線上的任何點 P，其斜率爲 $F(x, y)$。

因爲

$$\tan\varphi_1 \tan\varphi_2 = -1,$$

$$\tan\varphi_2 = -\frac{1}{\tan\varphi_1}$$

且

$$\tan\varphi_1 = \frac{dy}{dx} = F(x, y)$$

其中 φ_1、φ_2 分別爲曲線 C_1、C_2 在切點 P 的切線的斜角，所以正交軌線的微分方程爲

$$-\left(\frac{dx}{dy}\right) = F(x, y)。$$

該微分方程的解給出了所需的正交軌線。

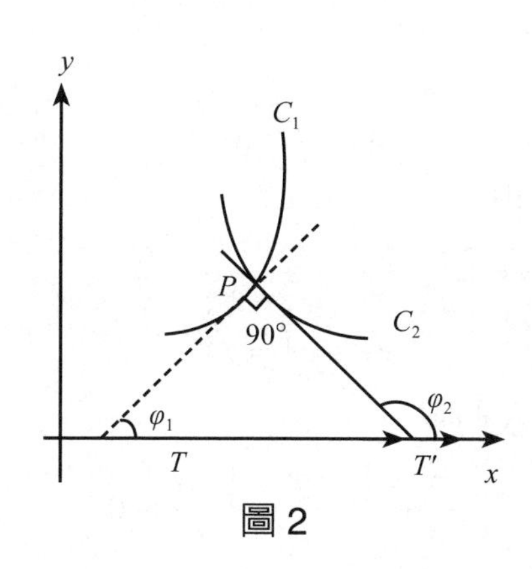

圖 2

例 1　求圓族 $x^2+y^2=a^2$ 的正交軌線

解：將 $x^2+y^2=a^2$ 對 x 微分，我們得到

$$2x+2yy'=0$$

因此，正交軌線的微分方程為

$$-\left(\frac{dx}{dy}\right)=-\frac{x}{y}\Rightarrow\frac{dx}{x}=\frac{dy}{y}$$

$$\ln x+\ln m=\ln y$$

其中 m 是一個常數。

$$\therefore y=mx$$

因此，給定圓族的正交軌線是通過原點的直線族。

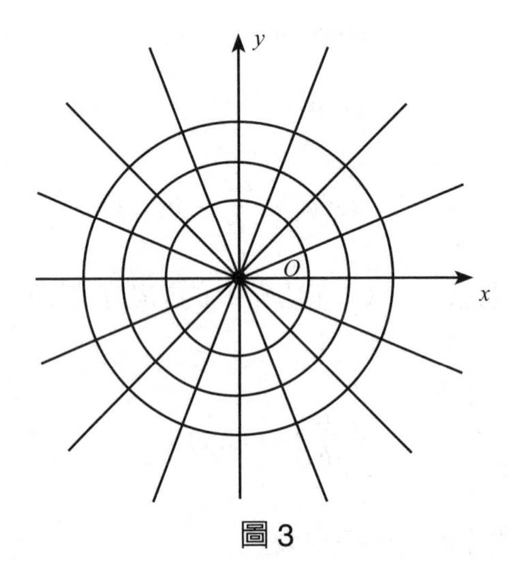

圖 3

例 2　求曲線族

$$x^{\frac{2}{3}}+y^{\frac{2}{3}}=a^{\frac{2}{3}}$$

的正交軌線方程。

解：給定曲線族的方程是

$$x^{\frac{2}{3}}+y^{\frac{2}{3}}=a^{\frac{2}{3}} \tag{i}$$

對 x 進行微分，我們有

$$\frac{2}{3}x^{-\frac{1}{3}}+\frac{2}{3}y^{-\frac{1}{3}}\frac{dy}{dx}=0$$

$$\Rightarrow y^{\frac{1}{3}}+x^{\frac{1}{3}}\frac{dy}{dx}=0 \quad \text{(ii)}$$

這是給定曲線族的微分方程。正交軌線的微分方程是

$$y^{\frac{1}{3}}+x^{\frac{1}{3}}\left(-\frac{dx}{dy}\right)=0$$

$$\Rightarrow y^{\frac{1}{3}}dy-x^{\frac{1}{3}}dx=0 \quad \text{(iii)}$$

將 (iii) 積分，我們得到所需正交軌線的方程爲

$$\frac{3}{4}y^{\frac{4}{3}}-\frac{3}{4}x^{\frac{4}{3}}=\frac{3}{4}c$$

$$\Rightarrow y^{\frac{4}{3}}-x^{\frac{4}{3}}=c$$

其中 c 是任意常數。

例 3 求曲線族

$$y^2=kx^3$$

的正交軌線。

解：將 $y^2=kx^3$ 微分，我們得到

$$2ydy=3kx^2\,dx \Leftrightarrow \frac{dy}{dx}=k\frac{3x^2}{2y}$$

因爲$k=\dfrac{y^2}{x^3}$，所以

$$\frac{dy}{dx}=\frac{y^2}{x^3}\cdot\frac{3x^2}{2y}=\frac{3y}{2x}$$

正交軌線的微分方程爲

$$\frac{dy}{dx}=\frac{-1}{\frac{3y}{2x}}=\frac{-2x}{3y}$$

分離變數，積分得到

$$\int 3ydy=\int -2xdx \Leftrightarrow \frac{3}{2}y^2=-x^2+C \Leftrightarrow y=\pm\sqrt{\frac{2}{3}(-x^2+C)}$$

$$x^2+\frac{3}{2}y^2=C$$

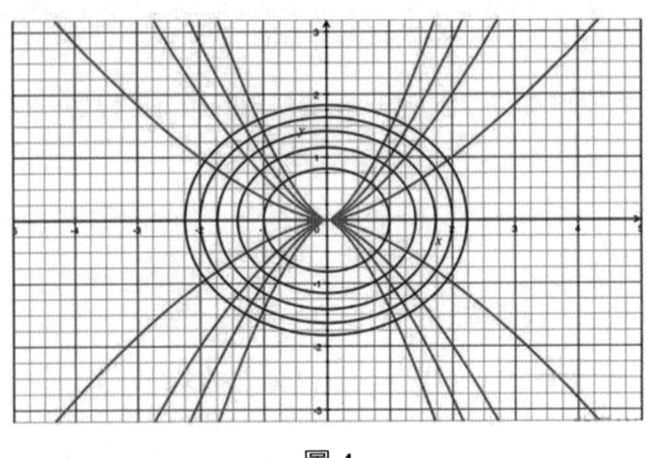

圖 4

例 4 證明拋物線族 $y^2 = 4c(x + c)$ 是自正交，亦即給定曲線族的正交軌線是其本身。

解：
$$y^2 = 4c(x + c) \tag{1}$$
$$yy' = 2c \tag{2}$$

由 (1) 和 (2) 消去 c 我們得到

$$y = y'(2x + yy') \tag{3}$$

(3) 是給定拋物線族的微分方程。

正交軌線的微分方程爲

$$y = -\frac{1}{y'}\left[2x + y\left(-\frac{1}{y'}\right)\right]$$

$$y(y')^2 = -2xy' + y$$

$$\Rightarrow y = y'(2x + yy') \tag{4}$$

從 (3) 和 (4) 我們看到給定族的微分方程和正交軌線的微分方程是相同的。

因此，給定的曲線族是自正交（self orthogonal）。

例 5 求曲線族（共焦圓錐曲線）

$$\frac{x^2}{a^2} + \frac{y^2}{b^2 + \lambda} = 1$$

的正交軌線，其中 λ 是一個參數。

解：給定曲線族的方程是

$$\frac{x^2}{a^2}+\frac{y^2}{b^2+\lambda}=1 \tag{1}$$

第 1 步：求給定曲線族的微分方程。將 (1) 對 x 微分，我們得到

$$\frac{2x}{a^2}+\frac{2y}{b^2+\lambda}\frac{dy}{dx}=0 \Rightarrow \frac{x}{a^2}+\frac{y}{b^2+\lambda}\frac{dy}{dx}=0 \tag{2}$$

由 (1), (2) 消去參數 λ。

由 (1),

$$\frac{y^2}{b^2+\lambda}=1-\frac{x^2}{a^2}=\frac{a^2-x^2}{a^2} \Rightarrow b^2+\lambda=\frac{a^2y^2}{a^2-x^2}$$

由 (2),

$$b^2+\lambda=\frac{-a^2y}{x}\frac{dy}{dx}$$

$$\frac{a^2y^2}{a^2-x^2}=\frac{-a^2y}{x}\frac{dy}{dx} \Rightarrow \frac{xy}{a^2-x^2}+\frac{dy}{dx}=0 \tag{3}$$

這是給定曲線族 (1) 的微分方程。

第 2 步：求正交軌線的微分方程。

對於正交軌線，在 (3) 中，以$-\frac{dx}{dy}$替換$\frac{dy}{dx}$，可得

$$\frac{xy}{a^2-x^2}-\frac{dx}{dy}=0 \Rightarrow ydy-\left(\frac{a^2-x^2}{x}\right)dx=0 \tag{4}$$

這是正交軌線的微分方程。

第 3 步：求所需正交軌線的方程。

將 (4) 積分，得到

$$x^2+y^2=2a^2\ln x+C$$

這是 (1) 的正交軌線。

例 6 穿過平板的電蒸汽是遵循拋物線 $y=ax^2$ 的曲線族，求其等位線。亦即求 $y=ax^2$ 的正交軌線。

解：由 $y=ax^2$，可知 $a=\frac{y}{x^2}$, $\frac{dy}{dx}=2ax=2\left(\frac{y}{x^2}\right)x=\frac{2y}{x}$

若兩曲線正交，則它們的切線斜率之積等於 -1，因此正交軌線的微分方程式爲$\frac{dy}{dx}=-\frac{x}{2y}$

即 $2ydy = -xdx$

積分得 $\frac{x^2}{2} + y^2 = k$

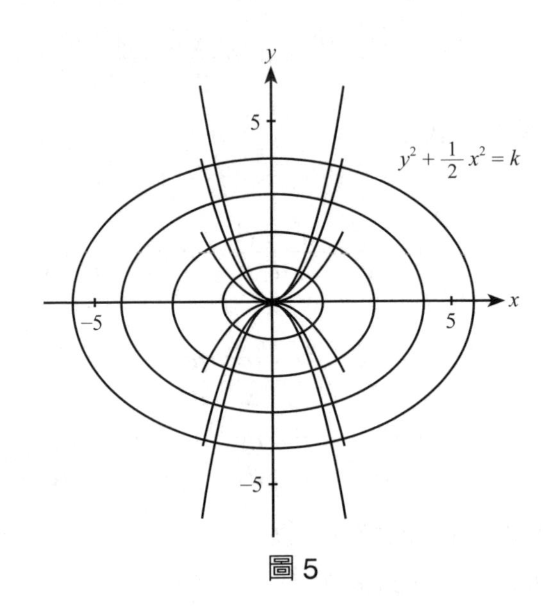

圖 5

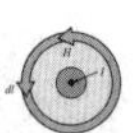

例 7 求 $y = C\sin(x)$ 的正交軌線

解：由 $y = C\sin(x)$，可知 $C = \frac{y}{\sin x}$

$\frac{dy}{dx} = C\cos(x) = y\,\frac{\cos x}{\sin x} = y\cot(x)$，若兩曲線正交，則它們的切線斜率之積等於 -1，因此正交軌線的微分方程式爲

$$\frac{dy}{dx} = -\frac{1}{y\cot x} = -\frac{\tan(x)}{y}$$

上式可分離變數

$$y\,dy = -\tan(x)dx,$$

$$\frac{y^2}{2} = \ln|\cos(x)| + k_1$$

$$y = \pm\sqrt{2\ln|\cos(x)| + k}$$

其中常數 $k = 2k_1$。

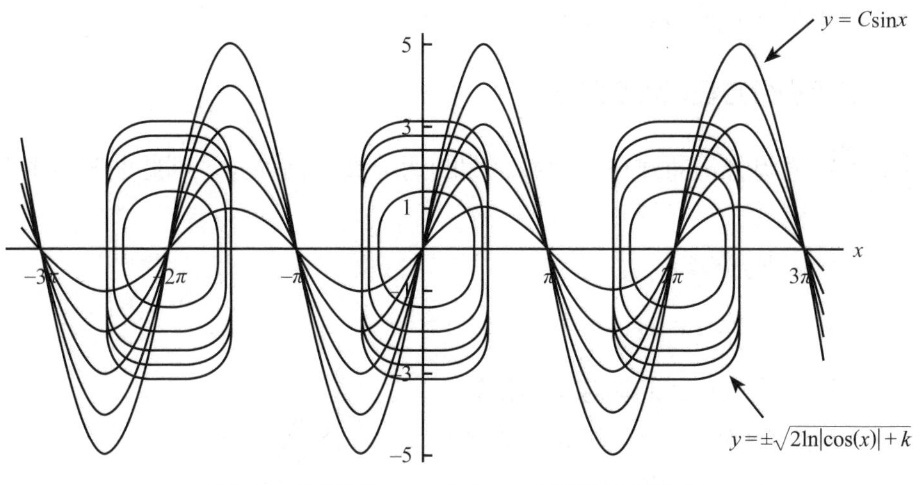

圖 6　曲線族 $y = C\sin(x)$ 與其正交軌線

例 8　求 $x^2 + y^2 - ay = 1$ 的正交軌線。

解：將 $x^2 + y^2 - ay = 1$ 對 x 微分

$$2x + 2y\frac{dy}{dx} - a\frac{dy}{dx} = 0$$

利用原式消去 a 得到

$$2x + 2y\frac{dy}{dx} + \frac{(1 - x^2 - y^2)}{y}\frac{dy}{dx} = 0$$

這是所予曲線族的微分方程。以 $-\frac{dx}{dy}$ 取代上式中的 $\frac{dy}{dx}$ 得到正交軌線的微分方程

$$2x + 2y\left(-\frac{dx}{dy}\right) + \frac{1 - x^2 - y^2}{y}\left(-\frac{dx}{dy}\right) = 0$$

即 $2xydy + (x^2 - y^2 - 1)dx = 0$

令 $M = x^2 - y^2 - 1, N = 2xy$

$$\frac{\frac{\partial M}{\partial y} - \frac{\partial N}{\partial x}}{N} = \frac{-2y - 2y}{2xy} = \frac{-2}{x}$$

積分因子為 $e^{\int -\frac{2}{x}dx} = \frac{1}{x^2}$

$$\frac{1}{x^2}[2xydy + (x^2 - y^2 - 1)dx] = 0$$

$$(1 - \frac{y^2}{x^2} - \frac{1}{x^2})dx + \frac{2y}{x}dy = 0$$

解爲 $x^2 + y^2 + cx + 1 = 0$

應用微分方程以決定曲線

例 1 證明若一曲線在坐標軸之間的切線被切點等分，則此曲線是雙曲線。

解：設切線方程爲

$$Y - y = \frac{dy}{dx}(X - x)$$

且設點 $P(x, y)$ 的切線交兩軸於 T 和 T'（如圖 1）。T 和 T' 的坐標分別爲 $(x - y\frac{dx}{dy}, 0)$, $(0, y - x\frac{dy}{dx})$。因爲 P 爲 TT' 的中點，所以，

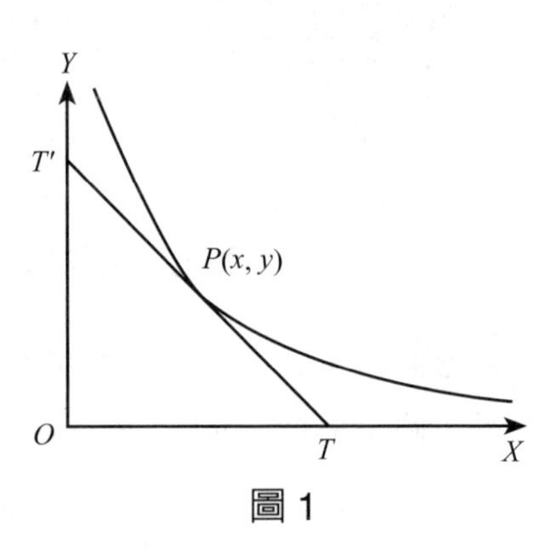

圖 1

$$\frac{x - y\frac{dx}{dy} + 0}{2} = x$$

即 $x - y\frac{dx}{dy} = 2x$

即 $xdy + ydx = 0$

積分可得雙曲線 $xy = c$。

例 2 若曲線的切線在坐標軸上的截距和爲 k，求此曲線方程式。

解：如圖 1，X 軸截距，$OT = x - y\frac{dx}{dy}$，Y 軸截距，$OT' = y - x\frac{dy}{dx}$，

$$x - y\frac{dx}{dy} + y - x\frac{dy}{dx} = k$$

或，$x - \frac{y}{p} + y - xp = k$，其中 $p = \frac{dy}{dx}$

$$\frac{(p-1)y}{p} = (p-1)x + k$$

$$y = px + \frac{kp}{(p-1)}$$

這是 Clairaut 方程式，其解爲 $y = cx + \frac{kc}{c-1}$。

例 3 由點光源發出的光經反射鏡的鏡面反射後成爲平行光束，試求此反射鏡的形狀。

解：令原點爲發出和反射光線的固定光源；因此，反射鏡是藉由曲線 $f(x, y) = 0$ 繞 X 軸旋轉而生成的曲面（如圖 2）。

從幾何角度來看，如果 TPT' 是 $P(x, y)$ 的切線，則入射角等於反射角，即

$\Phi = \angle OPT = \angle P'PT' = \angle OTP = \Psi$

此外，$\tan \angle XOP = \tan(2\Psi)$ （外角 $\angle XOP = \Phi + \Psi = 2\Psi$）

$$\frac{y}{x} = \frac{2\tan\Psi}{1 - \tan^2\Psi} = \frac{2p}{1 - p^2}$$

或 $2x = \dfrac{y}{p} - yp,$ (1)

其中 $p = \tan\Psi = \dfrac{dy}{dx}$

(1) 式對 y 微分，可得

$$\frac{2}{p} = \frac{1}{p} - \left(\frac{y}{p^2}\right)\left(\frac{dp}{dy}\right) - p - y\frac{dp}{dy}$$

$$\left(\frac{1}{p} + p\right) + \frac{1}{p}\left(\frac{1}{p} + p\right)y\frac{dp}{dy} = 0$$

$$\left(\frac{1}{p} + p\right)\left(1 + \frac{y}{p}\frac{dp}{dy}\right) = 0$$

$$\frac{dp}{p} = -\frac{dy}{y}$$

$\ln p = -\ln y + \ln c$

$p = \dfrac{c}{y},$ (2)

由 (1), (2) 消去 p，可得

$y^2 = 2cx + c^2$，其中 c 爲任意常數。

這證明反射鏡的形狀是拋物面 $z^2 + y^2 = 2cx + c^2$。

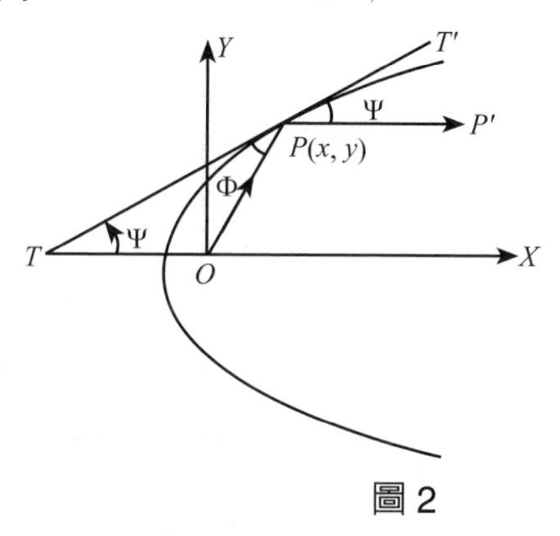

圖 2

極坐標中的正交軌線

有時我們需要用極坐標來表示給定的曲線族。考慮一條曲線，其方程用極坐標 (r, θ) 表示。若 ϕ 爲曲線上一點 $P(r, \theta)$ 的徑向量 OP 與切線 T 的夾角，則由微積分可知，ϕ 滿足

$$\tan\phi = \frac{rd\theta}{dr}$$

若兩條曲線 C_1 與 C_2 在 P 點正交，兩條切線 T_1、T_2 與 OP 的夾角分別爲 ϕ 和 Ψ，則 $\Psi = \phi + \frac{\pi}{2}$。所以 $\tan\Psi = -\cot\phi = \frac{-1}{\tan\phi}$。因此，爲了找到正交軌線，我們以 $-\frac{1}{r}\frac{dr}{d\theta}$ 取代 $r\frac{d\theta}{dr}$ 或以 $-r^2\frac{d\theta}{dr}$ 取代 $\frac{dr}{d\theta}$ 以獲得正交軌線的微分方程。

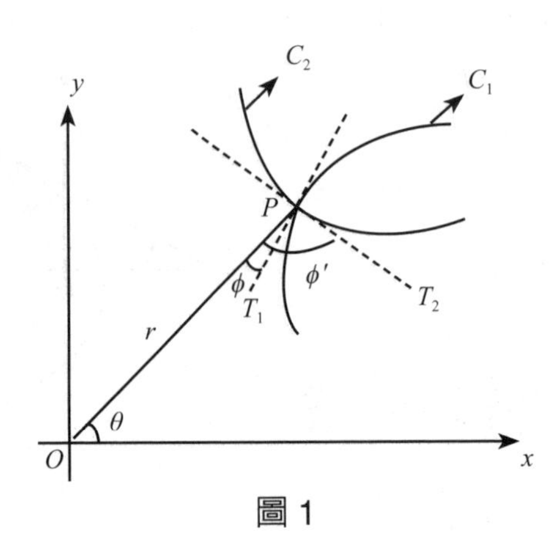

圖 1

例 1 求曲線族 $r = a\sin\theta$ 的正交軌線。

解：由 $r = a\sin\theta$ 得知

$$a = \frac{r}{\sin\theta} \tag{1}$$

因爲 $$r = a\sin\theta \Rightarrow \frac{dr}{d\theta} = a\cos\theta \tag{2}$$

將 (1) 代入 (2)，我們得到

$$r\frac{d\theta}{dr} = \tan\theta$$

正交軌線的微分方程是

$$-\frac{1}{r}\left(\frac{dr}{d\theta}\right) = \tan\theta$$

$$\Rightarrow -\frac{dr}{r} = \tan\theta\, d\theta$$

$$\Rightarrow -\ln r = \ln\sec\theta + \ln k_1$$

$$\Rightarrow \ln r = \ln\cos\theta + \ln k$$

正交軌線的方程爲　$r = k\cos\theta$

其中 k 爲常數。

例 2　求曲線族 $r = a(1 + \sin\theta)$ 的正交軌線。

解：將 $r = a(1 + \sin\theta)$ 取對數，$\ln r = \ln a + \ln(1 + \sin\theta)$，

對 θ 微分得到

$$\frac{1}{r}\frac{dr}{d\theta} = \frac{\cos\theta}{1+\sin\theta}$$

以 $-r\dfrac{d\theta}{dr}$ 取代 $\dfrac{1}{r}\dfrac{dr}{d\theta}$，可得

$$-r\frac{d\theta}{dr} = \frac{\cos\theta}{1+\sin\theta}$$

這是正交軌線的微分方程。分離變數，積分

$$\int\frac{dr}{r} + \int\frac{1+\sin\theta}{\cos\theta}d\theta = c$$

$$\int\frac{dr}{r} + \int\frac{1+\sin\theta}{\cos\theta}d\theta = c \rightarrow \log r + \int\sec\theta\,d\theta + \int\tan\theta\,d\theta = c$$

$$\ln r + \ln(\sec\theta + \tan\theta) + \ln(\sec\theta) = c = \ln k$$

$$\rightarrow \ln(r(\sec\theta + \tan\theta)(\sec\theta)) = \ln k \rightarrow r\left(\frac{1}{\cos\theta} + \frac{\sin\theta}{\cos\theta}\right)\frac{1}{\cos\theta} = k$$

所需的正交軌線爲

$$r = k(1 - \sin\theta)$$

例 3　求曲線族 $r^n = a\sin n\theta$ 的正交軌線。

解：考慮 $r^n = a\sin n\theta$　(1)

取對數，

$$n\ln r = \ln a + \ln(\sin n\theta)$$

對 θ 微分，

$$\frac{n}{r}\frac{dr}{d\theta} = \frac{n\cos n\theta}{\sin n\theta}$$

或

$$\frac{1}{r}\frac{dr}{d\theta} = \frac{\cos\theta}{1+\sin\theta} = \cot n\theta$$

以 $-r\dfrac{d\theta}{dr}$ 取代 $\dfrac{1}{r}\dfrac{dr}{d\theta}$，得到

$$-r\frac{d\theta}{dr} = \cot n\theta$$

分離變數，積分

$$\int \frac{dr}{r} + \int \tan n\theta \, d\theta = c$$

$$\ln r + \frac{\ln(\sec n\theta)}{n} = c$$

或

$$n\ln r + \ln(\sec n\theta) = nc = \ln k$$

$$\ln(r^n \sec n\theta) = \ln k$$

$$r^n \sec n\theta = \ln k$$

所需的正交軌線爲

$$r^n = \cos n\theta$$

例 4 求心臟線 $r = a(1 + \cos\theta)$ 的正交軌線

解：令 F_1 爲心臟線 $r = a(1 + \cos\theta)$ 的曲線族

微分，得到 $\frac{dr}{d\theta} = -a\sin\theta$

利用原式消去 a，得到

$$\frac{dr}{d\theta} = -\frac{r\sin\theta}{1+\cos\theta}$$

$$r\frac{d\theta}{dr} = -\frac{1+\cos\theta}{\sin\theta}$$

這是已知曲線族 F_1 的微分方程。

正交軌線 F_2 的微分方程爲

$$r\frac{d\theta}{dr} = \frac{\sin\theta}{1+\cos\theta} = \frac{2\sin\frac{\theta}{2}\cos\frac{\theta}{2}}{1+\left(2\cos^2\frac{\theta}{2} - 1\right)} = \tan\frac{\theta}{2}$$

分離變數，積分，$\int \cot\frac{\theta}{2} d\theta = \int \frac{dr}{r}$

$$\ln r = 2\ln\sin\frac{\theta}{2} + \ln 2c$$

$$r = 2c\left(\sin^2\frac{\theta}{2}\right)$$

$$r = c(1 - \cos\theta)$$

這是正交軌線 F_2 的極座標方程。它也是心臟線。

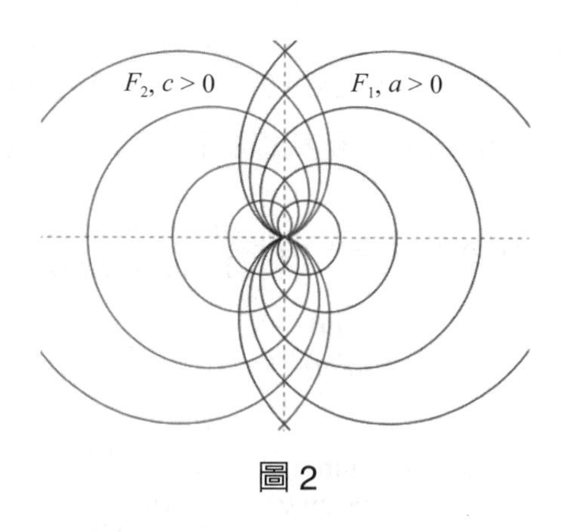

圖 2

例 5 求雙扭線 $r^2 = a^2\cos 2\theta$ 的正交軌線

解：已知 $r^2 = a^2\cos 2\theta$

微分得到

$$r\frac{dr}{d\theta} = -a^2\sin 2\theta$$

利用原式消去 a^2，

$$r\frac{dr}{d\theta} = -r^2\tan 2\theta$$

即 $r\dfrac{d\theta}{dr} = \dfrac{-1}{\tan 2\theta}$

這是所予曲線族的微分方程。正交軌線的微分方程為

$$r\frac{d\theta}{dr} = \tan 2\theta$$

即 $\cot 2\theta d\theta = \dfrac{dr}{r}$

積分，得到 $\dfrac{1}{2}(\ln\sin 2\theta) + \ln c = \ln r$

即 $r^2 = c^2\sin 2\theta$

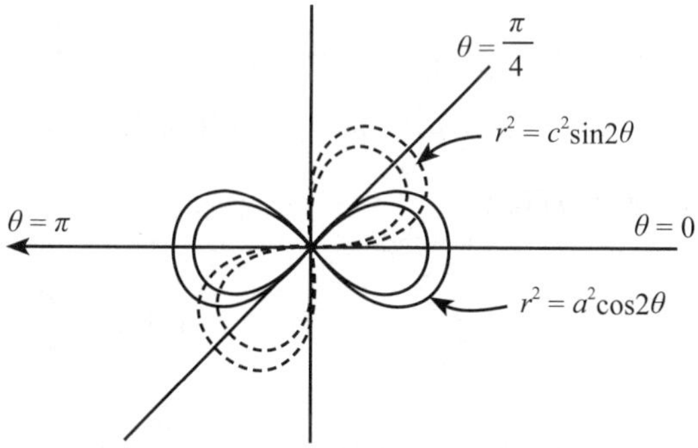

圖 3

等角軌線（Oblique Trajectories）：與給定曲線族的所有曲線以恆定角度相交的曲線稱為等角軌線。換句話說，曲線族的等角軌線是以一定角度而不是 90° 與給定族的每個成員相交的曲線。

若 $\frac{dy}{dx}=f(x,y)=m=\tan\phi$ 是給定曲線族成員的切線斜率，且 α 爲給定曲線族與等角軌線族的交角，則軌線的斜率 $m'=\tan\psi$ 由下式給出

$$\tan\alpha=\tan(\psi-\phi)=\frac{(\tan\psi-\tan\phi)}{(1+\tan\psi\tan\phi)}$$

$$=\frac{(m'-m)}{(1+m'm)}$$

$$m'=\frac{(m+\tan\alpha)}{(1-m\tan\alpha)}=\frac{\frac{dy}{dx}+\tan\alpha}{1-\frac{dy}{dx}\tan\alpha}$$

$$=\frac{f(x,y)+\tan\alpha}{1-f(x,y)\tan\alpha}$$

運算規則：求曲線族 $F(x, y, c)=0$ 的等角軌線。

將曲線族 $F(x, y, c)=0$ 對 x 微分，消去微分方程中的 c 後，令曲線族的微分方程爲

$$G\left(x,y,\frac{dy}{dx}\right)=0$$

，在這個微分方程中，求出 $\frac{dy}{dx}$，即求出 $f(x, y)$，則等角曲線族的微分方程爲

$$\frac{dy}{dx}=\frac{f(x,y)+\tan\alpha}{1-f(x,y)\tan\alpha}$$

將上述微分方程積分得到所需的等角軌線方程。

例 1 求與圓族 $x^2+y^2=a^2$ 相交 45° 的等角軌線。

解：給定的圓族方程爲 $x^2+y^2=a^2$ (1)

對其進行微分，我們得到 $x+y\frac{dy}{dx}=0$，$\frac{dy}{dx}=\frac{-x}{y}$ (2)

這是給定族的微分方程。故 $f(x,y)=\frac{-x}{y}$

等角軌線的微分方程為 $\dfrac{dy}{dx}=\dfrac{-\dfrac{x}{y}+1}{1+\dfrac{x}{y}}=\dfrac{y-x}{y+x}$ (3)

方程 (3) 是一階齊次微分方程。

令 $y=vx$ 則 $\dfrac{dy}{dx}=v+x\dfrac{dv}{dx}$ (4)

因此，(3) 式變為$v+x\dfrac{dv}{dx}=\dfrac{x(v-1)}{x(v+1)}$，亦即

$$\left(\frac{1+v}{1+v^2}\right)dv=-\frac{dx}{x}$$

積分，可得

$$\tan^{-1}v+\frac{1}{2}\ln(1+v^2)=-\ln x-\ln C$$

或

$$\ln(v^2+1)C^2x^2+2\tan^{-1}v=0$$

亦即

$$\ln C^2(x^2+y^2)+2\tan^{-1}\frac{y}{x}=0$$

習題

1. 證明共焦二次曲線族 $\dfrac{x^2}{c^2}+\dfrac{y^2}{c^2-1}=1$ 是自正交。
2. 求出雙曲線 $xy=k^2$（或 $xy=c$）的正交軌線。

   答案：$x^2-y^2=0$
3. 求內擺線$x^{\frac{2}{3}}+y^{\frac{2}{3}}=a^{\frac{2}{3}}$的正交軌線。

   答案：$x^{\frac{4}{3}}-y^{\frac{4}{3}}=C$
4. 求圓錐$\dfrac{x^2}{a^2}+\dfrac{y^2}{b^2+\lambda}=1$的正交軌線，其中 λ 是參數。

   答案：$x^2+y^2=2a^2\ln x+c$

5. 求與圓族 $x^2 + y^2 - cy = 0$ 正交的曲線族。

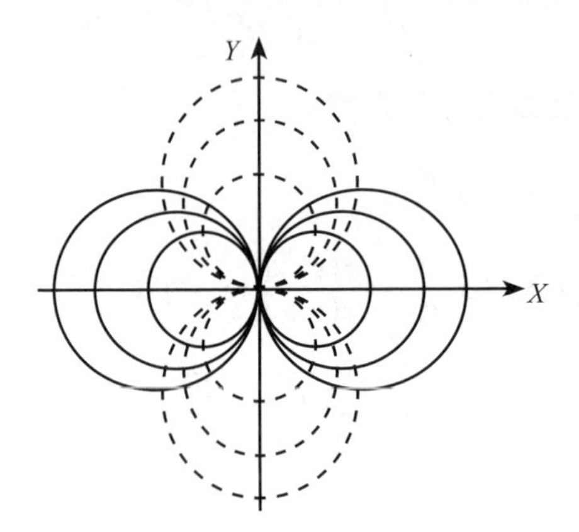

答案：$x^2 + y^2 - cy = 0$

6. 求心臟線 $r = a(1 - \cos\theta)$ 的正交軌線。

答案：$a(1 + \cos\theta)$

7. 求曲線族 $r^n = a^n \sin n\theta$ 的正交軌線。

答案：$r^n = b^n \cos n\theta$

8. 求曲線族 $r = \dfrac{2a}{1+\cos\theta}$ 的正交軌線。

答案：$r = \dfrac{2b}{1-\cos\theta}$

9. 求 (i) $\dfrac{a\theta}{1+\theta} = r$ (ii)$r^n \sin n\theta = a^n$ 的正交軌線。

答案：(i) $\ln r + \dfrac{1}{2}\theta^2 + \dfrac{1}{3}\theta^3 = d$ (ii)$r^n \cos n\theta = d$

筆記欄

3.3 加熱或冷卻

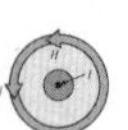

牛頓冷卻定律

在任何情況下，溫度差都是由外界流入系統的能量或從系統流到外界的能量引起的。前者導致加熱，而後者導致物體冷卻。牛頓冷卻定律指出，物體的溫度變化率與物體和周圍介質的溫差成正比。這種說法導致了因變數隨時間呈指數下降的方程式，該方程式可以應用於科學和工程學中的許多現象，包括電容器的放電和放射性的衰減。牛頓冷卻定律可用於研究水加熱，因爲它可以告訴我們了解管道中的熱水冷卻的速率。一個實際的應用是，如果在度假時將開關關閉，熱水器的冷卻速率有多快。

假定初始溫度爲 T_1℃的物體在保持恆定溫度 T_2℃的空氣中冷卻。設物體在時刻 t 的溫度爲 T℃。然後根據牛頓冷卻定律，

$$\frac{dT}{dt} = -k(T - T_2)$$

其中 k 是正的常數。由於物體的溫度高於周圍環境的溫度，因此 $T - T_2$ 爲正。物體的溫度逐漸降低，即正在冷卻並且溫度的變化率爲負。

$$\frac{dT}{dt} < 0$$

常數 k 取決於被冷卻物質的表面性質。初始條件爲當 $t = 0$ 時，$T = T_1$。因此微分方程的解爲

$$T = T_2 + (T_1 - T_2)e^{-kt}$$

這個方程式代表牛頓冷卻定律。

如果 $k > 0$，當時間趨近於∞時，$T \doteqdot T_2$，或者我們可以說隨著時間的流逝，物體的溫度接近其周圍的溫度。物體溫度和時間之間繪製的曲線稱爲冷卻曲線。曲線的切線在任何一點的斜率都會給出溫度的下降速率。

一般而言，

$$T(t) = T_A + (T_H - T_A)e^{-kt}$$

其中，$T(t)$ = 時刻 t 的溫度，

T_A = 外界溫度（環境溫度），

T_H = 熱物體的初始溫度，

k = 正的常數，

t = 時間。

假設 $T_H = 120°\text{F}$，$T_A = 60°\text{F}$，下圖顯示物體的冷卻曲線。

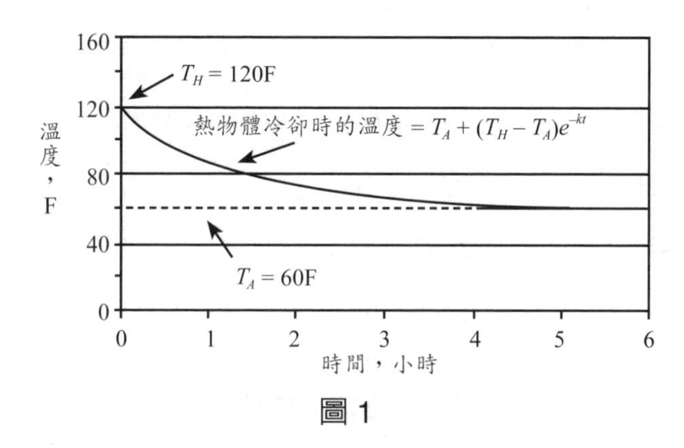

圖 1

可以測量並繪製這種冷卻數據，並將結果用於計算未知參數 k。該參數有時也可以利用數學方法得出。

例 1 將物體放置在 20℃恆溫環境中時，物體溫度會在 5 分鐘內從 90℃降至 70℃。求物體從 70℃冷卻到 50℃所需的時間。

解：根據牛頓冷卻定律，

$$\frac{dT}{dt} = -k(T - T_s)$$

$$\int_{90}^{70} \frac{1}{T-20}\, dT = -k\int_0^5 dt$$

$$\ln\frac{70-20}{90-20} = -5k\,,$$

得到 $k = \frac{1}{5}\ln\frac{7}{5}$

同理，時間由 $t = 5$ 至 t，溫度從 70℃降至 50℃。

$$\int_{70}^{50} \frac{1}{T-20}\, dT = -k\int_5^t dt$$

$$\ln\frac{50-20}{70-20}=-k(t-5)$$

將 $k=\frac{1}{5}\ln\frac{7}{5}$ 代入上式可得

$$t=12.6$$

從 70°C冷卻到 50°C所需的時間為 12.6 – 5 = 7.6 分鐘。

例 2 一烤箱的溫度設定為 324°F。將最初讀數為 36°F的溫度計放在烤箱中。一分鐘後，溫度計的讀數為 60°F。將溫度計放入烤箱多長時間後，溫度計的讀數為 82°F。

解：設溫度計的溫度為 T

則 $\frac{dT}{dt}=-k(T-T_s),\ T_s=324$

分離變數 $\frac{dT}{T}-324=-kdt$

積分後得 $T(t)=324+ce^{-kt}$

因為 $T(0)=36,$

所以 $36=324+c,\ c=-288$

$$T(t)=324-288e^{-kt}$$

又因為 $T(1)=60,$

所以 $60=324-288e^{-k(1)}$

$$e^{-k}=\frac{11}{12},$$

$$k\doteqdot 0.087$$

$$T(t)=324-288\left(\frac{11}{12}\right)^t$$

$$82=324-288\left(\frac{11}{12}\right)^t$$

$t=2$ 分鐘

例 3 有一金屬棒其截面積為 1200mm²，長度為 2m。它的周圍是絕熱的，且其一端與提供 10kW 熱量的熱源接觸，另一端保持在 50°C。如果金屬棒的導熱係數為 $k=100$kW/m–°C，求金屬棒的溫度分佈。

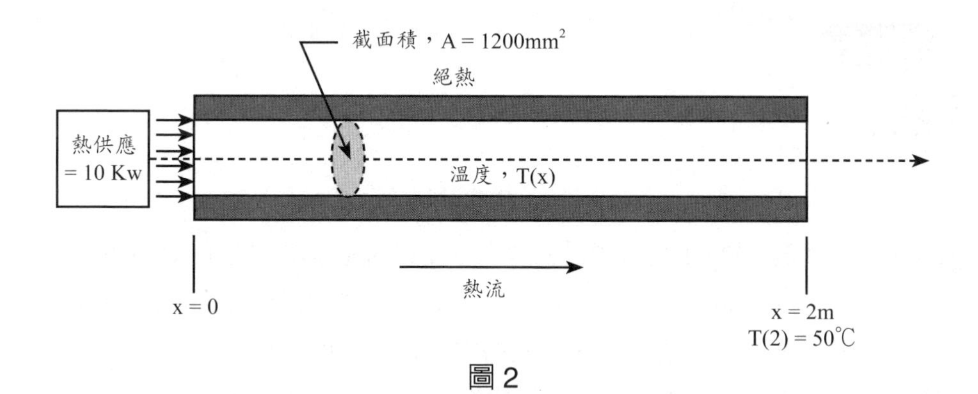

圖 2

解：棒中每單位時間的總熱流 Q 由左端熱源提供。因爲熱通量 $q = Q / A$，所以 $Q = qA = 10\text{kW}$。由熱傳導定律：

$$q(x) = -k\frac{dT(x)}{dx}$$

因此我們有：

$$Q = qA = -kA\frac{dT(x)}{dx}$$

$$\frac{dT(x)}{dx} = -\frac{Q}{kA}$$

$$= -\frac{10}{100(1200\times 10^{-6})}$$

$$= -83.33℃/\text{m}$$

這是一階微分方程，其解爲：$T(x) = -83.33x + c$。使用條件：$T(2) = 50℃$，可得 $c = 216.67$，因此金屬棒的溫度分佈爲：

$$T(x) = 216.67 - 83.33x$$

3.4 混合

例 1 容量為 100gal 的水槽最初含有 50gal 的鹽水其中溶有 10lb 的鹽。純水以 2gal/min 的速率注入，攪拌均勻的混合液以同樣的速率流出。求過程開始 10min 後的槽中的鹽量（lb）。

解：令 $Q(t)$ 表示過程開始後 t 分鐘槽中的鹽量（以磅為單位）。

其中 $Q(0)=10$。因此，槽中鹽的濃度為 $\frac{Q(t)}{50\text{ lb/gal}}$。由於鹽水以 2gal/min 的體積流率流出，因此其流出的質量流率為

$$\left(\frac{Q(t)}{50\text{ lb/gal}}\right)\left(\frac{2\text{ gal}}{\text{min}}\right)=\frac{Q(t)}{25\text{ lb/min}}$$

利用質量均衡定律：

槽中鹽的變化率 = 進入槽中的鹽量 – 由槽內流出的鹽量

$$\frac{dQ}{dt}=(0\text{ lb/gal})(2\text{gal/min})-\left(\frac{Q(t)}{50\text{ lb/gal}}\right)(2\text{gal/min})$$

$$\frac{dQ}{dt}=-\frac{Q}{25}$$

利用分離變數來解此微分方程。我們有

$$\frac{dQ}{dt}=-\frac{1}{25}dt$$

因此，$\ln Q=\frac{-t}{25}+c$

$$Q=e^{\frac{-t}{25}+c}$$

$$=Ae^{\frac{-t}{25}}$$

其中 $A=e^c$。為了確定 A，

我們考慮初始條件 $Q(0)=10$。

可得，$A=10$。因此，

$Q=10e^{\frac{-t}{25}}$。

當 $t=10$ 時，可知：

10 分鐘後，槽中有 $10e^{-\frac{2}{5}}$ 磅的鹽。

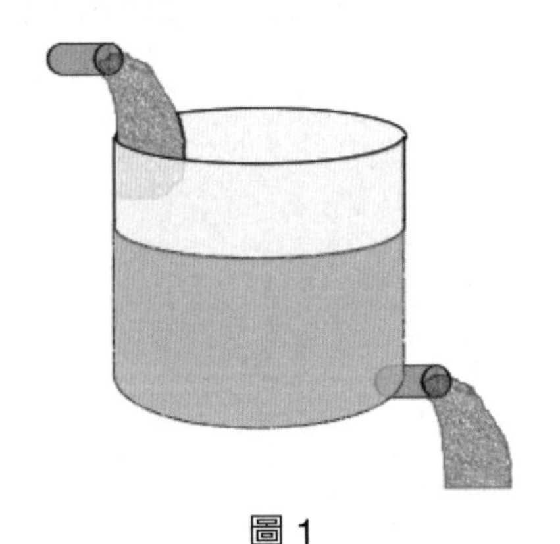

圖 1

例 2 容量爲 1500gal 的槽最初裝有 600gal 鹽水，其中溶解有 5 lb 鹽。濃度爲 $\frac{1+\cos t}{5}$ lb/gal 的鹽水以 9gal/hr 的速率進入槽中，如果混合均勻的鹽水以 6gal/hr 的速率離開水槽，當水溢出時，槽中會有多少鹽？

解：假設在 t 時刻槽中鹽量爲 $Q(t)$，利用質量均衡定律：

槽中鹽的變化率 = 進入槽中的鹽量 – 由槽內流出的鹽量

$$\frac{dQ}{dt}=(9\text{gal/hr})\left(\frac{1+\cos t}{5}\text{lb/gal}\right)-(6\text{gal/hr})\left(\frac{Q}{600+(9-6)t}\text{lb/gal}\right)$$

$$\frac{dQ}{dt}=\frac{9(1+\cos t)}{5}-\frac{2Q}{200+t},\qquad Q(0)=5$$

$$\frac{dQ}{dt}+\frac{2}{200+t}Q=\frac{9(1+\cos t)}{5}$$

利用求解一階線性微分方程的公式，得到

$$Q(t)=\frac{9}{5}\left[\frac{200+t}{3}+\sin t+\frac{2\cos t}{200+t}-\frac{2\sin t}{(200+t)^2}\right]+\frac{c}{(200+t)^2}$$

這是通解，利用初始條件

$$5=Q(0)=\frac{9}{5}\left(\frac{200}{3}+\frac{2}{200}\right)+\frac{c}{(200)^2}$$

求出 $c=-4600720$

因此在任何時刻槽內鹽量爲

$$Q(t)=\frac{9}{5}\left[\frac{200+t}{3}+\sin t+\frac{2\cos t}{200+t}-\frac{2\sin t}{(200+t)^2}\right]-\frac{4600720}{(200+t)^2}$$

槽中鹽水將在 $t=300$ 小時溢出。當時槽中的鹽量爲 $Q(300)=279.797$ 磅

圖 2 是槽中的鹽水溢出之前的圖形。

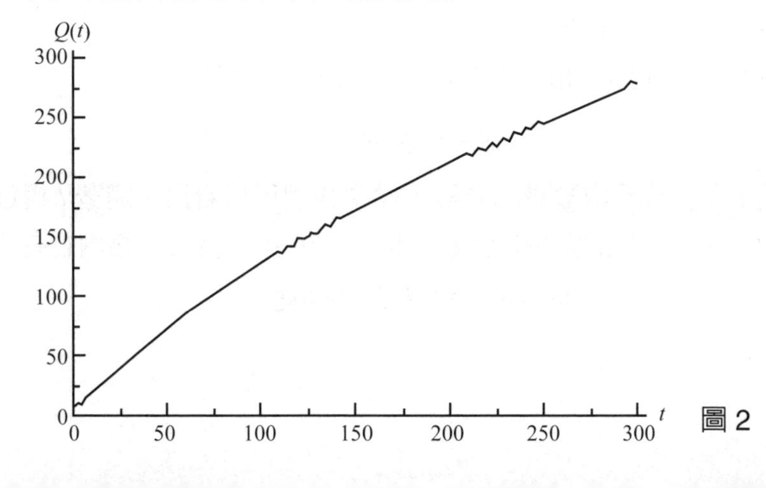

圖 2

例 3　一水槽起初含有 100 升的水，其中溶有 10 公斤的鹽。純水以 10 l/min 的速率流入。槽中的鹽水保持充分混合，鹽水以 10 l/min 的速率流出。30 分鐘後水槽裡會有多少鹽？

解：爲了研究這樣一個問題，我們考慮槽中鹽量的變化率。設 S 爲 t 時刻槽中鹽的量。爲了描述 $\frac{dS}{dt}$，我們使用濃度的概念，即槽中每單位體積液體的鹽量。在此例中，流入和流出速率相同，因此槽中的液體體積保持恆定在 100 升。因此，可以用下式來描述槽中鹽的濃度

$$\text{鹽濃度} = \frac{S}{100}\ \text{kg/l}\text{。}$$

然後，由於鹽水以 10 l/min 的體積流率（volumetric flow rate）離開水槽，因此，鹽離開水槽的質量流率（mass flow rate）爲

$$\frac{S}{100}(10\ \text{l/min}) = \frac{S}{10}$$

。因爲

$$\text{淨變化率} = \text{輸入} - \text{輸出}$$

所以

$$\frac{dS}{dt} = -\frac{S}{10}$$

這是可分離微分方程的最簡單形式，可以如下求解：

$$\int \frac{dS}{S} = -\int \frac{1}{10}\,dt$$

$$\ln|S| = -\frac{1}{10}t + C$$

$$S = Ce^{-\frac{1}{10}t}$$

其中 C 是一個正的常數。

由於當 $t = 0$ 時 $S = 10$，所以 $C = 10$，最後我們有

$$S = 10\,e^{-\frac{1}{10}t}$$

這是 t 分鐘時槽中鹽量的方程。從中我們可以看出，隨著 t 趨近於無窮大，水槽中的鹽量變爲零。此外，在 30 分鐘後，槽內將有

$$S = 10e^{-3} = 0.49787068\text{kg}$$

的鹽。

例 4 一水槽起初含有 100 升的水，其中溶有 10 公斤的鹽。純水以 10 $\frac{l}{min}$的速率注入水槽，同時鹽以 0.1 $\frac{kg}{min}$的速率添加到槽中。槽中的鹽水保持充分混合，鹽水以 10 $\frac{l}{min}$的速率流出。30 分鐘後水槽裡有多少鹽？

解：設S爲t時刻槽中的鹽的量。此例與前例的唯一區別是向槽中添加0.1 $\frac{kg}{min}$ 的鹽。考慮到這一點，我們可以修改微分方程：

$$\frac{dS}{dt} = -\frac{S}{10} + 0.1 = -0.1S + 0.1$$

使用分離變數

$$\int \frac{dS}{-0.1S+0.1} = \int dt$$

$$-10 \ln|-0.1S+0.1| = t + C$$

$$-0.1S + 0.1 = Ce^{-0.1t}$$

$$S = 1 + Ce^{-0.1t}$$

我們看到，隨著 t 接近無窮大，S 接近 1 kg。因爲槽內最初有 10 公斤鹽，所以我們可以求解 C 並找到 $C=9$。因此，

$$S = 1 + 9e^{-0.1t}$$

這是 t 分鐘時槽中鹽量的方程。30 分鐘後，槽內將有 1.448 公斤鹽。

與前面的例子不同，當 t 趨近於無窮大時，水槽中的鹽量不會變爲零：S 變爲 1。請注意，若水槽中有 1 kg 鹽，則鹽的流出速率將爲 $(0.01\ \frac{kg}{l})(10\ \frac{l}{min}) = 0.1\ \frac{kg}{min}$，這將完全平衡鹽的流入速率。

例 5 一水槽起初含有 100 升的水，其中溶有 10 公斤的鹽。純水以 12 $\frac{l}{min}$ 的速率流入。槽中的鹽水保持充分混合，鹽水以 10 $\frac{l}{min}$的速率流出。30 分鐘後水槽裡會有多少鹽？

解：在這種情況下，流入量大於流出量。結果，體積不是恆定的。使用初始條件和流速，我們可以說 t 分鐘後，槽中液體的體積 V 爲

$$V = 100 + 2t$$

。t 分鐘後的鹽濃度爲

$$\frac{S}{V}=\frac{S}{100+2t}$$

S 的變化率爲

$$\frac{dS}{dt}=\frac{-S}{100+2t}\left(10\frac{1}{\min}\right)=\frac{-10S}{100+2t}$$

再一次，這是一個可分離的微分方程，我們可以求解它：

$$\int\frac{dS}{S}=\int\frac{-10}{100+2t}dt$$

$$\ln S=-5\ln(100+2t)+C$$

$$S=C(100+2t)^{-5}$$

利用初始條件，我們可以求解 C：

$$10=C(100+0)^{-5}$$

$$C=10^{11}$$

因此

$$S=\frac{10^{11}}{(100+2t)^{5}}$$

這是 t 分鐘時槽中鹽量的方程。30 分鐘後，槽中將有 0.953674 公斤鹽。

請注意，這個值大於例 3 中的值，因爲增加的流入量會稀釋鹽分，而減少鹽的流出量，因此槽中的鹽量將大於例 3 中的鹽量。

筆 記 欄

3.5 重力問題

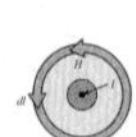

例 1 番茄以 40 m / sec 的速度從地上 25 m 的橋上拋出。

(a) 給出時刻 t 的番茄的高度隨時間變化的關係。（假設由於重力作用加速度 $g = 9.8\text{m/s}^2$。）

(b) 番茄能升到多高，何時達到最高點？

解：(a) 令 $y(t)$ 爲任意時刻 t 的番茄高度。初始條件爲 $y(0) = 25$（橋高）和 $y'(0) = 40$（初始速度向上）。

我們使用的微分方程爲

$F = ma = my''$。

由於作用在番茄上的唯一力是重力，因此大小爲 $-mg$，運動方程爲

$my'' = -mg$ 或 $y'' = -g$（加速度）

兩邊對 t 積分：$y' = -gt + c_1$

利用 $y'(0) = 40$ 解出 c_1,

$40 = -g(0) + c_1$

$c_1 = 40$

所以 $y' = -gt + 40$（速度）

再積分：$y = \dfrac{-gt^2}{2} + 40t + c_2$

利用 $y(0) = 25$ 解出 c_2,

$25 = \dfrac{-g(0)}{2} + 40(0) + c_2$

$c_2 = 25$

故 $y = \dfrac{-gt^2}{2} + 40t + 25$（位置）

(b) 番茄的最大高度出現在 $y'(t) = 0$，在 $t = \dfrac{40}{9.8} \approx 4.08$ 秒。此時的高度爲

$y(4.08) \approx 106.6$ 米。

例 2 設降落傘從跳傘塔下落後，所受空氣阻力與速度成正比，並設降落傘離開跳傘塔時速度爲零。求降落傘下落速度與時間的函數關係。

解：設降落傘下落速度爲 $v(t)$，降落傘所受外力爲 $F = mg - kv$（k 爲比例係數），根據牛頓第二運動定律 $F = ma$，得函數 $v(t)$ 應滿足的方程爲

$$m\frac{dv}{dt} = mg - kv，$$

初始條件爲

$$v(0) = 0$$

方程分離變數，得

$$\frac{dv}{mg - kv} = \frac{dt}{m}$$

兩邊積分，得 $\int\frac{dv}{mg - kv} = \int\frac{dt}{m}$

$$-\frac{1}{k}\ln(mg - kv) = \frac{t}{m} + c_1$$

即 $v = \frac{mg}{k} + ce^{-\frac{k}{m}t}$，$c = -\frac{e^{-kc_1}}{k}$

將初始條件 $v(0) = 0$ 代入通解得 $c = -\frac{mg}{k}$

於是降落傘下落速度與時間的函數關係爲 $v = \frac{mg}{k}\left(1 - e^{-\frac{k}{m}t}\right)$

3.6 簡單電路

RL電路

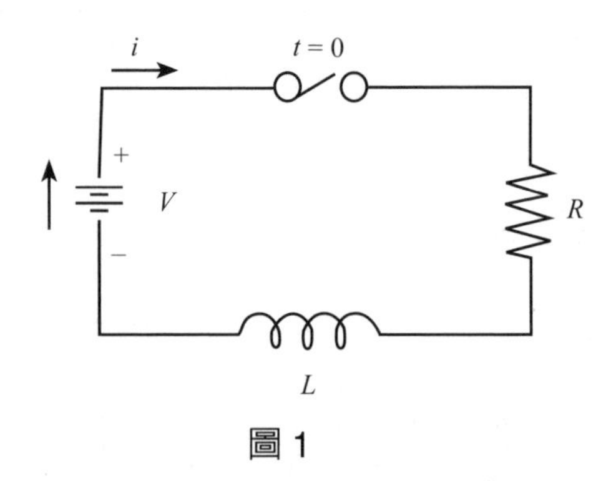

圖 1

上面顯示的 RL 電路具有串聯的電阻和電感。當開關閉合時，施加恆定電壓 V。

電阻兩端的（可變）電壓由下式給出：

$$V = iR$$

電感器兩端的（可變）電壓由下式給出：

$$V = \frac{Ldi}{dt}$$

由柯西霍夫（Kirchhoff）的電壓定律，可導致以下微分方程：

$$Ri + \frac{Ldi}{dt} = V$$

初始條件 $i(0) = \frac{V}{R}$

其解爲 $i = \frac{V}{R}(1 - e^{-\frac{R}{L}t})$

一旦開關閉合，電路中的電流就不會恆定。它將從零累積到某個穩定狀態。

例 1 RL 電路的電動勢爲 5V，電阻爲 50Ω，電感爲 1H，並且沒有初始電流。求在任何時間 t 電路中的瞬態電流和穩態電流。

解：由公式 $Ri+\dfrac{Ldi}{dt}=V$

代入已知條件 $50i+\dfrac{di}{dt}=5$

$$\frac{di}{dt}+50i=5$$

這是一階微分方程，其解爲

$$i=0.1(1-e^{-50t})$$

瞬態電流爲 $i=0.1(1-e^{-50t})A$

穩態電流爲 $i=0.1A$

圖 2 顯示在時刻 t 的電流

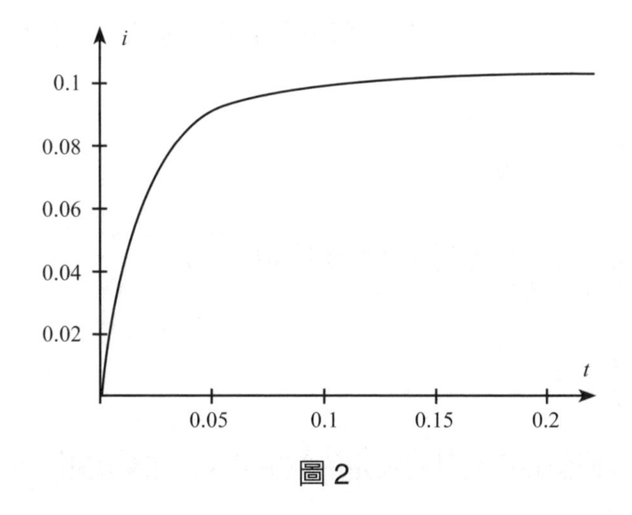

圖 2

RC電路

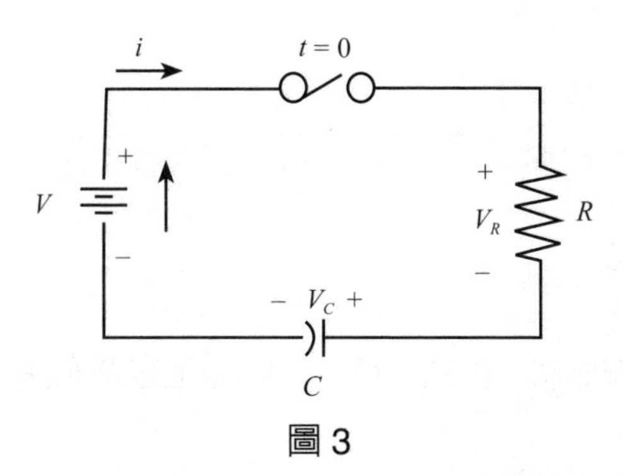

圖 3

在 RC 電路中，電容器在一對極板之間存儲能量。當向電容器施加電壓時，電容器中會積累電荷，電流下降到零。

情況 1：恆定電壓

電阻和電容器兩端的電壓如下：

$$V_R = Ri$$

且 $V_C = \frac{1}{C}\int idt$

Kirchhoff 的電壓定律規定總電壓必須為零。因此，將此定律應用於串聯 RC 電路可得出以下公式：

$$Ri + \frac{1}{C}\int idt = V$$

求解此方程的一種方法是，藉由對 t 進行微分，將其轉化為微分方程：

$$\frac{Rdi}{dt} + \frac{i}{C} = 0$$

這是一階微分方程，利用初始條件 $i(0) = \frac{V}{R}$
求解方程式可得出：

$$i = \frac{V}{R}e^{-\frac{t}{RC}}$$

注意：我們假設電路具有恆定的電壓源 V。如果電壓源是可變的，則此方程式不適用。

在 RC 電路的情況下，時間常數為：

$$\tau = RC$$

函數

$$i = \frac{V}{R}e^{-\frac{t}{RC}}$$

具有指數衰減形狀，如圖 4 所示。隨著電容器充滿電荷，電流停止流動。

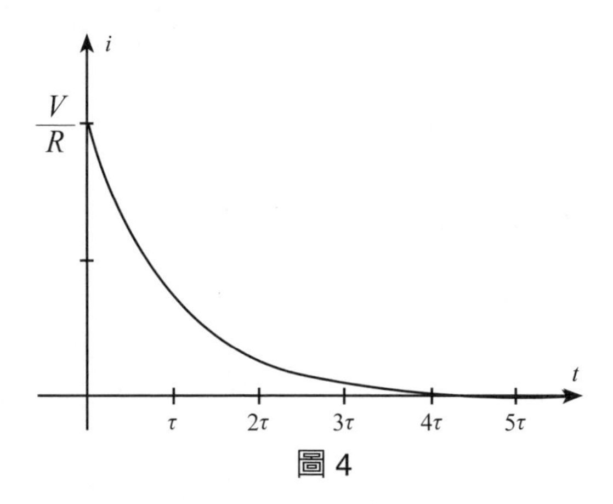

圖 4

應用上面的表達式，電阻和電容器兩端的電壓有以下表達式：

$$V_R = Ri = Ve^{-\frac{t}{RC}}$$

$$V_C = \frac{1}{C}\int i dt = V(1 - e^{-\frac{t}{RC}})$$

當電阻上的電壓下降時，電容器上的電壓隨著充電而上升：

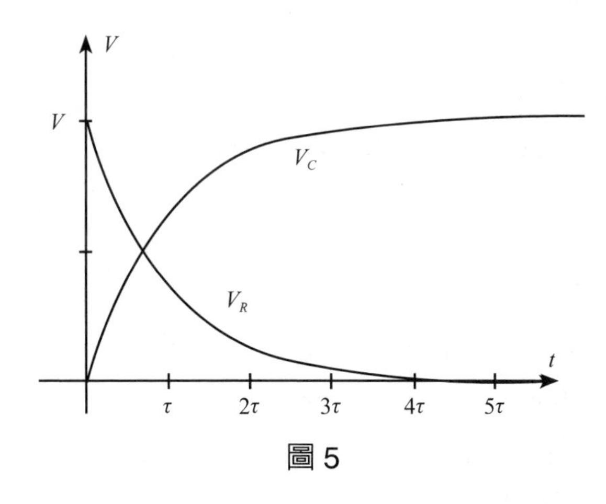

圖 5

情況 2：可變電壓

我們需要求解 q 中而不是 i 中的可變電壓情況，因為如果使用 i，我們有一個積分要處理。

因此，我們將進行代換：

$$i = \frac{dq}{dt}$$

$$q = \int i dt$$

因此，i 的方程含有一個積分：

$$Ri + \frac{1}{C}\int i dt = V$$

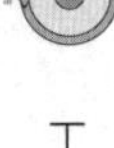

變成 q 的微分方程：

$$R\frac{dq}{dt} + \frac{q}{C} = V$$

例 2 $R = 5\Omega$ 和 $C = 0.02\text{F}$ 的串聯 RC 電路與 $E = 100\text{V}$ 的電池相連。在 $t = 0$ 時，電容器兩端的電壓爲零。

(a) 求電容器上的後續電壓。

(b) 當 $t \to \infty$ 時，求電容器中的電荷。

解：(a) 利用公式 $V_c = V(1 - e^{-\frac{t}{RC}})$

$$i = \frac{V}{R}e^{-\frac{t}{RC}}$$

因爲 $\frac{1}{RC} = \frac{1}{5} \times 0.02 = 10$

因此 $V_c = V(1 - e^{-\frac{t}{RC}}) = 100(1 - e^{-10t})$

(b) $i = \frac{V}{R}e^{-\frac{t}{RC}}$

$$= \frac{100}{5}e^{-\frac{t}{0.1}}$$

$$= 20e^{-10t}$$

因爲 $q = \int i dt$

$$= \int 20e^{-10t}dt$$

$$= -2e^{-10t} + k$$

利用 $q(0) = 0$，得到 $k = 2$

因此 $q = 2(1 - e^{-10t})$

當 $t \to \infty$時，$q \to 2C$

圖 6 是微分方程的解 $q = 2(1 - e^{-10t})$ 的圖形

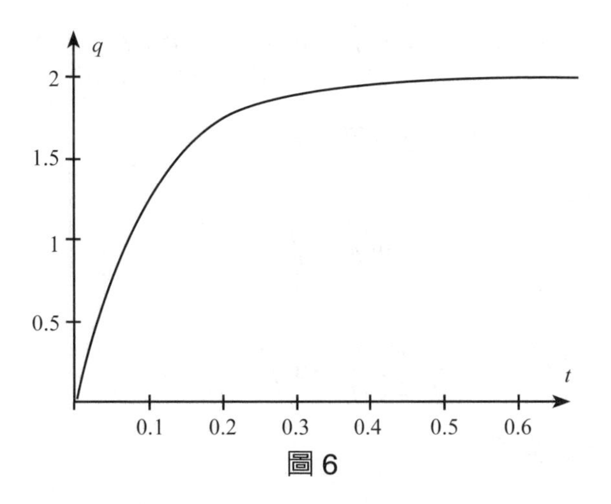

圖 6

電路中微分方程的公式由非常重要的 Kirchhoff 定律支配。

例 3 對於具有電阻 R 和電感 L 的串聯電路，電動勢以電流 i 表示的方程爲$L\dfrac{di}{dt}+Ri=E$ 。當 $E=E_0\sin wt$ 時，求在任何時間 t 的電流。

解：根據 Kirchhoff 第一定律，我們知道 L-R 電路中電流的方程：

$$L\frac{di}{dt}+Ri=E$$

當 $E=E_0\sin wt$ 時，

$$\frac{di}{dt}+\frac{R}{L}i=\frac{E_0}{L}\sin wt \tag{1}$$

因此

$$i(t)e^{\frac{R}{L}t}=\frac{E_0}{L}\int e^{\frac{R}{L}t}\sin wt\,dt+C$$

$$=E_0e^{\frac{R}{L}t}\frac{R\sin wt-wL\cos wt}{(R^2+w^2L^2)}+C$$

或

$$i(t)=E_0\frac{(R\sin wt-wL\cos wt)}{(R^2+w^2L^2)}+Ce^{-\frac{R}{L}t} \tag{2}$$

當 $t=0$ 時，$i=i_0$，意味著

$$i_0=-\frac{E_0wL}{(R^2+w^2L^2)}+C \tag{3}$$

因此

$$i(t)=E_0\frac{(R\sin wt - wL\cos wt)}{(R^2+w^2L^2)}+\left(i_0+\frac{E_0wL}{(R^2+w^2L^2)}\right)e^{-\frac{R}{L}t} \tag{4}$$

方程式 (4) 可以用如下更有用的形式表示：

令 ϕ 爲銳角，

$$\tan\phi=\frac{wL}{R} \tag{5}$$

則

$$\cos\phi=\frac{R}{\sqrt{R^2+w^2L^2}},\ \sin\phi=\frac{wL}{\sqrt{R^2+w^2L^2}} \tag{6}$$

並且 (4) 可以寫成：

$$i(t)=\frac{E_0}{\sqrt{R^2+w^2L^2}}\sin(wt-\phi)+\left(i_0+\frac{E_0wL}{(R^2+w^2L^2)}\right)e^{-\frac{R}{L}t} \tag{7}$$

它給出了任何時間 t 的電流。

觀察：我們看到電流是兩項的總和：

$$\left.\begin{aligned} i_S(t)&=\frac{E_0}{\sqrt{R^2+w^2L^2}}\sin(wt-\phi)\\ i_T(t)&=\left(i_0+\frac{E_0wL}{(R^2+w^2L^2)}\right)e^{-\frac{R}{L}t}\end{aligned}\right\} \tag{8}$$

在 (7) 中，隨著 t 無限增加，指數項將接近零，一段時間後，電流 $i(t)$ 將僅執行幾乎諧波振盪。因此，很明顯，在經過足夠長的時間之後，與第一項相比，第二項非常小並且可以忽略不計。我們稱 i_S 爲穩態電流，i_T 爲瞬態電流。

例 4 對於具有電阻 R 和電容 C 的串聯電路，電動勢以電流 i 表示的方程爲 $E=Ri+\int\frac{i}{C}dt$。當 $E=E_0\sin wt$ 時，求在任何時間 t 的電流。

解：給定的方程可以寫成

$$Ri+\int\frac{i}{C}dt=E_0\sin wt \tag{1}$$

將方程 (1) 的兩邊對 t 微分，

$$R\frac{di}{dt}+\frac{i}{C}=wE_0\cos wt$$

或

$$\frac{di}{dt}+\frac{i}{RC}=\frac{wE_0}{R}\cos wt \tag{2}$$

因此，方程 (2) 的解是

$$i(t)e^{\frac{t}{RC}}=\frac{wE_0}{R}\int e^{\frac{t}{RC}}\cos wt dt$$

$$=\frac{wE_0}{R}\frac{e^{\frac{t}{RC}}}{\frac{1}{R^2C^2}+w^2}\left(\frac{1}{RC}\cos wt+w\sin wt\right)+k$$

其中 k 是積分常數。

或

$$i(t)=\frac{E_0wC}{1+R^2C^2w^2}(\cos wt+RCw\sin wt)+ke^{-\frac{t}{RC}}$$

例 5 在包含電阻 R 和電感 L 的電路中，電壓 E 和電流 i 的關係式爲 $E=Ri+L\left(\frac{di}{dt}\right)$。假設 $L=640$，$R=250$，$E=500$ 並且當 $t=0$ 時 $i=0$。求達到電流最大值的 90% 所需的時間。

解：給定的方程可以寫成

$$\frac{di}{dt}+\frac{R}{L}i=\frac{E}{L} \tag{1}$$

$$\therefore \quad ie^{\frac{Rt}{L}}=\int\frac{E}{L}e^{\frac{Rt}{L}}dt+A=\frac{E}{R}e^{\frac{Rt}{L}}+A \tag{2}$$

其中 A 是任意常數。

最初，當 $t=0, i=0$

從 (2)，$0=A+\frac{E}{R}$ 或 $A=-\frac{E}{R}$

因此

$$i=\frac{E}{R}\left[1-e^{-\frac{Rt}{L}}\right]$$

$i(t)$ 的最大值爲 $\frac{E}{R}$。

若 t_1 是達到最大值 90% 所需的時間，則

$$\frac{9}{10}\frac{E}{R}=\frac{E}{R}\left[1-e^{-\frac{Rt_1}{L}}\right]$$

或

$$e^{-\frac{Rt_1}{L}}=\frac{1}{10}$$

$$t_1=\frac{L}{R}\log_e 10=\frac{64}{25}\log_e 10$$

例 6 考慮 RC 電路，其中 $R = 0.5\Omega$，$C = 0.1\text{F}$，$E = 20\text{V}$。電容器的初始電荷爲零。求 0.25 秒後電路中的電流。

解：將 R，C，E 的值代入

$$\frac{dq}{dt}+\frac{1}{RC}q=\frac{E}{R}$$

得到

$$\frac{dq}{dt}+20q=40$$

$$q(t) = 2 + ke^{-20t}$$

其中 k 爲常數，因爲 $q(0) = 0$，所以 $k = -2$

$$q(t) = 2(1 - e^{-20t})$$

微分可得電路中的電流

$$i\,(t)=\frac{dq}{dt}=40e^{-20t}$$

因此 $i(0.25) = 40e^{-5} \approx 0.27\text{A}$

習題

1. 證明包含電感 L 和電阻 R 串聯並由電動勢 $E\sin wt$ 作用的電路中，電流 i 的微分方程爲$L\frac{di}{dt}+Ri=E\sin wt$。
2. 當包含電池 E 和電感 L 的電路中的開關閉合時，電流 i 以$L\frac{di}{dt}+Ri=E$給出的速率增加。將 i 以 t 的函數表示。如果 $E = 6$ 伏特，$R = 100$ 歐姆，$L = 0.1$ 亨利，電流達到其最終值的一半需要多長時間？

   答案：0.0006931 秒
3. 當電阻 R 歐姆與電感 L 亨利串聯時，電動勢 E 伏特的電流 i 在時間 t 的安培數由$L\frac{di}{dt}+Ri=E$給出。如果 $E = 10\ \text{sin}t$ 伏特且當 $t = 0$ 時 $i = 0$，則求 i，以 t 的函數表示。

   答案：$\frac{0.1}{L^2+R^2}\left(R\sin t-L\cos t+Le^{-\frac{R}{L}t}\right)$
4. 1 亨利的電感和 2 歐姆的電阻與電動勢 $100e^{-t}$ 伏特串聯。如果電流最初爲零，則達到的最大電流是多少？

   答案：25 安培

5. 如圖 1 所示的 RL 電路，試求：

(1) 當開關 S_1 合上 10 秒後，電感 L 上的電流

(2) S_1 合上 10 秒後再將 S_2 合上，求 S_2 合上 20 秒後，電感 L 上的電流

答案：(1) 約 5A；(2) 約 7.5A。

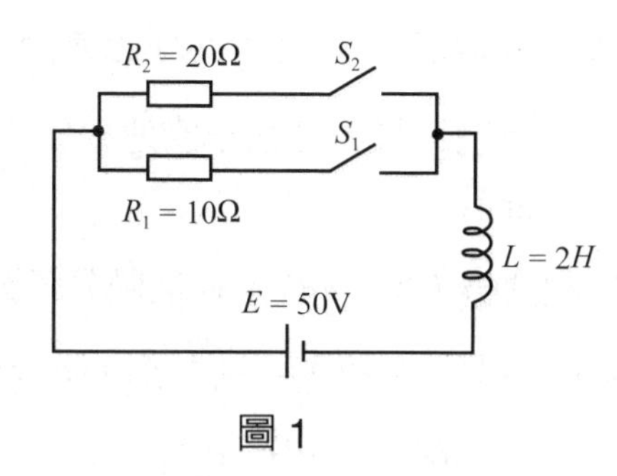

圖 1

3.7 其他應用

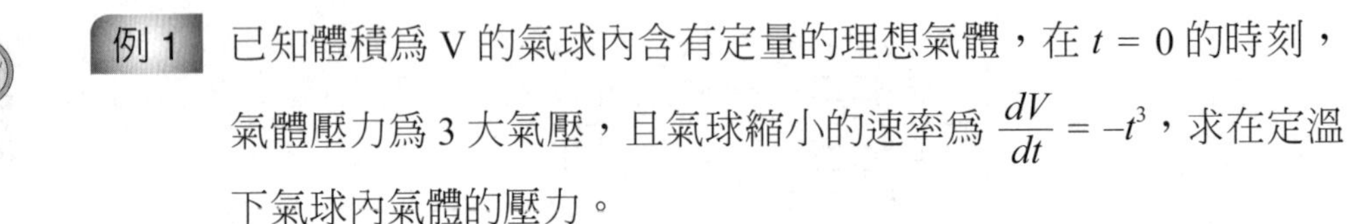

例 1 已知體積爲 V 的氣球內含有定量的理想氣體，在 $t = 0$ 的時刻，氣體壓力爲 3 大氣壓，且氣球縮小的速率爲 $\frac{dV}{dt} = -t^3$，求在定溫下氣球內氣體的壓力。

解：理想氣體狀態方程式爲 $PV = nRT$，在氣體分子數 n、氣體常數 R 和溫度 T 均爲定値的情況下，將 $V = \frac{nRT}{P}$ 對 t 微分可得

$$\frac{dV}{dt} = -\frac{nRT}{P^2}\left(\frac{dP}{dt}\right)$$

又由已知 $$\frac{dV}{dt} = -t^3$$

故 $$-t^3 = -\frac{nRT}{P^2}\left(\frac{dP}{dt}\right)$$

利用分離變數，可得

$$t^3 dt = \frac{nRTdP}{P^2}$$

將上式兩邊積分，並滿足初始條件 $P(0) = 3$

$$\int t^3 dt = nRT\int \frac{dP}{P^2}$$

積分後，可知定溫下氣球內氣體的壓力爲

$$P = \frac{1}{\frac{1}{3} - \frac{t^4}{4nRT}}$$

例 2 假設球形雨滴的蒸發速率與其表面積成正比。試求雨滴的體積與時間的關係式。

解：設 $V(t)$ 和 $S(t)$ 分別爲時間 t 時雨滴的體積和表面積。則由假設可知

$$\frac{dV}{dt} = -\alpha S$$

其中 α 爲常數。若 $r(t)$ 爲雨滴在時間 t 的半徑，則

$$S = 4\pi r^2 = (36\pi)^{\frac{1}{3}} V^{\frac{2}{3}}$$

因此微分方程爲

$$\frac{dV}{dt}=-\alpha(36\pi)^{\frac{1}{3}}V^{\frac{2}{3}}=\beta V^{\frac{2}{3}}$$

這是可分離變數的方程式，故

$$\int\frac{1}{V^{\frac{2}{3}}}dV=\int\beta dt$$

$$3V^{\frac{1}{3}}=\beta t+c_1$$

因此

$$V(t)=\left(\frac{\beta t}{3}+c\right)^3=\left(-\frac{\alpha}{3}\cdot(36\pi)^{\frac{1}{3}}t+c\right)^3$$

例 3 假設雪人是由兩個半徑爲 $2R$ 和 $3R$ 的均勻球形雪球製成。較小的（雪人的頭）位於較大的（雪人的身體）頂部。隨著每個雪球融化，其體積將以與其表面積成正比的速率減小，每個雪球體積減小的比例常數相同。在融化過程中，雪球保持球形且均勻。當雪人高度經融化縮小至其原高度的一半時，求其體積與原體積之比。

解：在任何時間，對於每個雪球，體積變化率 $\frac{dV}{dt}$ 與表面積 A 的關係爲

$$\frac{dV}{dt}=-kA$$

其中 k 爲正的常數。對於半徑爲 r 的球，上式變成

$$\frac{d}{dt}\left(\frac{4\pi r^3}{3}\right)=-k(4\pi r^2)$$

經運算化簡後，可得

$$\frac{dr}{dt}=-k$$

因此 $r=-kt+c$，其中 c 爲積分常數。

假設起初雪人的頭的半徑爲 $2R$，而身體的半徑爲 $3R$，則在時間 t，雪人的頭的半徑爲

$$r=-kt+2R$$

而身體的半徑爲

$$r=-kt+3R$$

雪人的高 h 是這些半徑和的兩倍，即，$h=2(-2kt+5R)$，若雪人高

度經融化縮小為原高度 $10R$ 的一半，則需滿足

$$\frac{10R}{2}=-4kt+10R$$

$$t=\frac{5R}{4k}$$

即當 $t=\frac{5R}{4k}$ 時，雪人高度縮小至其原高度 $10R$ 的一半，在這個時刻，雪人的頭和身體的半徑分別為 $\frac{3R}{4}$ 和 $\frac{7R}{4}$，而雪人的體積與原體積之比為

$$\frac{\left(\frac{4\pi}{3}\right)\left(\frac{3R}{4}\right)^3+\left(\frac{4\pi}{3}\right)\left(\frac{7R}{4}\right)^3}{\left(\frac{4\pi}{3}\right)(2R)^3+\left(\frac{4\pi}{3}\right)(3R)^3}=\frac{\left(\frac{3}{4}\right)^3+\left(\frac{7}{4}\right)^3}{2^3+3^3}=\frac{37}{224}$$

例 4　在氣象學中，幡狀雲（virga）是指在到達地面之前蒸發的雨滴或冰顆粒。假設典型的雨滴是球形的。從一段時間開始，我們可以指定為 $t=0$，半徑 r_0 的雨滴從雲層中靜止落下，並開始蒸發。

(a) 若假設雨滴蒸發時其形狀仍然是球形的，則也可假設雨滴蒸發的速率 - 即它失去質量的速率 - 與其表面積成正比。證明後一種假設意味著雨滴的半徑 r 減少的速率是恆定的。求 $r(t)$。

(b) 如果正方向向下，則在時間 t 建構用於落下雨滴的速度 v 的數學模型。忽略空氣阻力。

解：

(a) 若 ρ 為雨滴的密度，則 $m=\rho V$ 且

$$\frac{dm}{dt}=\rho\frac{dV}{dt}=\rho\frac{d}{dt}\left[\frac{4}{3}\pi r^3\right]=\rho\left(4\pi r^2\frac{dr}{dt}\right)=\rho S\frac{dr}{dt}$$

如果 $\frac{dr}{dt}$ 是常數，則 $\frac{dm}{dt}=kS$ 其中 $\frac{\rho dr}{dt}=k$ 或 $\frac{dr}{dt}=\frac{k}{\rho}$。由於半徑在遞減，$k<0$。求解 $\frac{dr}{dt}=\frac{k}{\rho}$，假設密度不隨時間改變，我們得到 $r=\left(\frac{k}{\rho}\right)t+c_0$。由於 $r(0)=r_0$，所以 $c_0=r_0$ 且 $r=\left(\frac{kt}{\rho}\right)+r_0$。

(b) 根據牛頓第二定律，$\frac{d}{dt}[mv]=mg$，其中 v 是雨滴的速度。然後

$$m\frac{dv}{dt}+v\frac{dm}{dt}=mg$$

或

$$\rho\left(\frac{4}{3}\pi r^3\right)\frac{dv}{dt}+v\,(k4\pi r^2)=\rho\left(\frac{4}{3}\pi r^3\right)g$$

除以$\frac{4\rho\pi r^3}{3}$我們得到

$$\frac{dv}{dt}+\frac{3k}{\rho r}v=g \quad \text{or} \quad \frac{dv}{dt}+\frac{\frac{3k}{\rho}}{\left(\frac{kt}{\rho}\right)+r_0}v=g,\, k<0$$

習題

1. 求曲線族 $y^2 = kx^3$ 的正交軌線

   答案：$y = \pm\frac{\sqrt{2}}{3}(-x^2 + C)$

2. 假設球形雪球融化時體積的變化率與其表面積成正比，並且在融化期間仍然保持爲球體，若雪球開始時的半徑爲 6cm，經 2 小時後，其半徑縮小爲 3cm，求雪球體積與時間的關係式。

   答案：$V(t) = (\pi/6)(12 - 3t)^3$

3. 有一高爲 1m 的半球形容器，水從它的底部小孔流出，小孔截面積爲 1cm^2。開始時容器內盛滿了水，假設流量係數爲 0.62，求水從小孔流出過程中，容器內水面高度 h 隨時間 t 變化的關係式。

   答案：$t=\frac{\pi}{0.62\sqrt{2g}}(7\times 10^5-10^3h^{\frac{3}{2}}+3h^{\frac{5}{2}})$

4. 水以 $18\pi\text{ft}^3/\text{min}$ 的速率從圓錐形水槽的頂部注入，如果槽的高度爲 30ft，頂部半徑爲 15ft，則當水深 12ft 時，水位上升的速率爲何？

   答案：$\frac{dh}{dt} = 1/2$ ft/min

5. 在 $R = 10\Omega$，$C = 4\times10^{-3}$F 和 $E = 85\cos150t$ V 的串聯 RC 電路中求 $t > 0$ 的電荷和電流。

   假設當開關在 $t = 0$ 閉合時，電容器上的電荷爲 -0.05C。

   答案：$q = 0.0092\cos150t + 0.055\sin150t - 0.0592e^{-25t}$

   $i = -1.38\sin150t + 8.25\cos150t + 1.48e^{-25t}$

6. 如下圖所示的 RC 電路中，在 $t = 0$ 時開關在位置 1 閉合，經過 $1\tau(\tau = RC)$ 之後由位置 1 移至位置 2。求完整的電流瞬變。

答案：$i_1(t) = 0.04e^{-4000t}$，$0 \leqq t \leqq 0.00025$

$i_2(t) = -0.10528e^{1-4000t}$，$t > 0.00025$

電流在時間 t 的圖形如下所示：

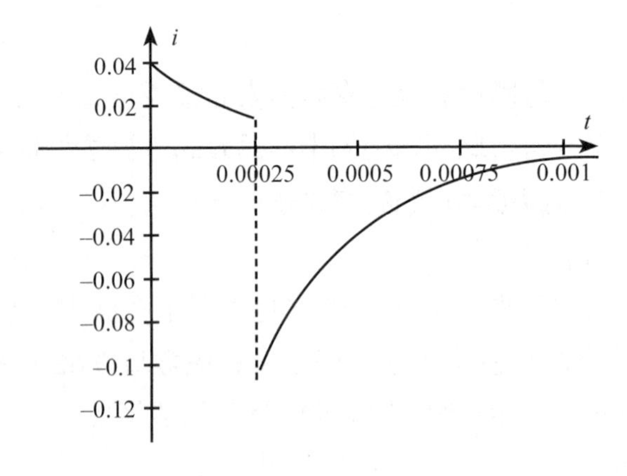

7. 求拋物線族 $y^2 = 4ax$ 的正交軌線，其中 a 是常數。

a) $2x^2 + y^2 = k$　　b) $2y^2 + x^2 = k$

c) $x^2 - 2y^2 = k$　　d) $2x^2 - y^2 = k$

答案：(a)

8. 求曲線族 $\dfrac{x^2}{a^2} + \dfrac{y^2}{b^2+k} = 1$ 的正交軌線，其中 k 是參數。

a) $x^2 - y^2 - 3a^2 \ln x - k = 0$　　b) $x^2 + 2y^2 - \dfrac{a^2}{2} \ln x - k = 0$

c) $x^2 + y^2 - 2a^2 \ln x - k = 0$　　d) $2x^2 - y^2 - \dfrac{a^2}{3} \ln x - k = 0$

答案：(c)

9. 給定雙曲線 $x^2 - y^2 = c$，設有一個動點 $P(x, y)$ 在平面上移動，它的軌跡與它相交的每條雙曲線均成 30° 角，又設動點從 $P_0(0, 1)$ 出發，求此動點的軌跡。

筆記欄

第 4 章

高階微分方程

章節體系架構

前言

在實際應用中，常遇到二階微分方程，例如許多物理、力學、化學、機械、電子、電機中的數學模型均可歸類爲二階線性常係數微分方程。本章討論二階及高階微分方程的求解方法和理論。在微分方程的理論中，線性微分方程理論占有非常重要的地位，這不僅因爲線性微分方程的一般理論已被研究得很清楚，而且線性微分方程是研究非線性微分方程的基礎。本章除了介紹可降階的微分方程外，重點講述線性方程的基本理論和常係數方程的解法。我們將求出齊次微分方程的解，並使用未定係數法和參數變化法來求解非齊次微分方程。此外還介紹二階及高階微分方程的應用。

筆記欄

4.1 線性微分方程的基本理論

線性微分方程是常微分方程中一種很重要的方程，它的理論發展十分完善，本節將介紹它的基本理論。

未知函數 y 及其各階導數 $\frac{dy}{dx}, \cdots, \frac{d^n y}{dx^n}$ 均為一次的 n 階微分方程稱為 n 階線性微分方程。它的一般形式為

$$a_n(x)\frac{d^n y}{dx^n} + a_{n-1}\frac{d^{n-1}y}{dx^{n-1}} + \cdots + a_1(x)\frac{dy}{dx} + a_0(x)y = f(x)，f(x) \neq 0 \tag{1}$$

其中，$a_i(x)$ $(i = 1, 2, \cdots, n)$ 及 $f(x)$ 都是區間 (a, b) 上的連續函數。
若 $f(x) = 0$，則 (1) 式變為

$$a_n(x)\frac{d^n y}{dx^n} + a_{n-1}\frac{d^{n-1}y}{dx^{n-1}} + \cdots + a_1(x)\frac{dy}{dx} + a_0(x)y = 0 \tag{2}$$

我們稱 (1) 式為 n 階線性非齊次微分方程，(2) 式為 n 階線性齊次微分方程。

定理

若方程 (1) 的係數 $a_i(x)(i=1,2,\cdots,n)$ 及右端函數 $f(x)$ 在區間 $a < x < b$ 連續，則對任一 $x_0 \in (a,b)$ 及任意 $y_0, y_0^{(1)}, \cdots, y_0^{(n-1)}$，方程 (1) 存在唯一的解 $y = \phi(x)$，滿足下列初始條件：

$$\phi(x_0) = y_0，\frac{d\phi(x_0)}{dx} = y_0^{(1)}，\cdots，\frac{d^{n-1}\phi(x_0)}{dx^{n-1}} = y_0^{(n-1)}。$$

定理（疊加原理）

若 $y_1(x), y_2(x), \cdots, y_k(x)$ 是方程 (2) 的 k 個解，則它們的線性組合 $c_1y_1(x) + c_2y_2(x) + \cdots + c_ky_k(x)$ 也是方程 (2) 的解，其中 $c_1, c_2, \cdots, c_k$ 是常數。

在定理中，若 $k = n$，即 n 階方程 (2) 有 n 個解 $y_1(x), y_2(x), \cdots, y_n(x)$，

則由定理知 $\sum_{i=1}^{n} c_i y_i(x)$ 也是方程 (2) 的解，它含有 n 個任意常數。反之，若方程 (2) 的任意一個解都可以表示爲 $\phi(x)=\sum_{i=1}^{n} c_i y_i(x)$，則稱 $y_1(x), y_2(x), \cdots, y_n(x)$ 是方程 (2) 的基本解組。我們所關心的是 $y_1(x), y_2(x), \cdots, y_n(x)$ 在什麼條件下能成爲方程 (2) 的基本解組？亦即，$\phi(x)=\sum_{i=1}^{n} c_i y_i(x)$ 在什麼條件下能成爲方程 (2) 的通解？爲了回答這個問題，首先介紹函數在已知區間上線性相關和線性無關（獨立）及 Wronskian 行列式等概念。

對定義在區間 (a, b) 上的函數 $y_1(x), y_2(x), \cdots, y_k(x)$，若存在不全爲零的常數 $c_1, c_2, \cdots, c_k$，使得

$$c_1 y_1(x)+c_2 y_2(x)+\cdots+c_k y_k(x)=0$$

在 (a, b) 恆成立，則稱這些函數在所予區間上爲線性相關；否則，就稱這些函數線性無關。

考慮兩個函數構成的函數組 $y_1(x), y_2(x)$，若 $\frac{y_1(x)}{y_2(x)}$（或 $\frac{y_2(x)}{y_1(x)}$）在 (a, b) 有定義，則它們在區間 (a, b) 線性無關的充要條件爲 $\frac{y_1(x)}{y_2(x)}$（或 $\frac{y_2(x)}{y_1(x)}$）在區間 (a, b) 不恆爲常數，例如 $\sin x$ 和 $\cos x$ 在任何區間都是線性無關。

爲了建立線性相關和線性無關的判別法則，我們引進 Wronskian 行列式。由定義在區間 (a, b) 的 k 個可微 $k-1$ 次的函數 $y_1(x), y_2(x), \cdots, y_k(x)$ 所構成的行列式

$$W[y_1(x), y_2(x), \cdots, y_k(x)] \equiv \begin{vmatrix} y_1(x) & y_2(x) & \cdots & y_k(x) \\ y_1'(x) & y_2'(x) & \cdots & y_k'(x) \\ \vdots & \vdots & & \vdots \\ y_1^{(k-1)}(x) & y_2^{(k-1)}(x) & \cdots & y_k^{(k-1)}(x) \end{vmatrix}$$

稱爲這些函數的 Wronskian 行列式，也寫作 $W(x)$。

定理

若函數 $y_1(x), y_2(x), \cdots, y_n(x)$ 在區間 (a, b) 線性相關，則在 (a, b) 它們的 Wronskian 行列式恆等於零。

證明

由假設可知有一組不全為零的常數 $c_1, c_2, \cdots, c_n$ 使得

$$c_1y_1(x)+c_2y_2(x)+\cdots+c_ny_n(x)=0，x\in(a,b)$$

依次將上式對 x 微分得到 n 個方程

$$\begin{cases} c_1y_1(x)+c_2y_2(x)+\cdots+c_ny_n(x)=0 \\ c_1y_1'(x)+c_2y_2'(x)+\cdots+c_ny_n'(x)=0 \\ \quad\vdots \qquad\qquad\qquad\qquad \vdots \\ c_1y_1^{(n-1)}(x)+c_2y_2^{(n-1)}(x)+\cdots+c_ny_n^{(n-1)}(x)=0 \end{cases}$$

上述方程組是關於 $c_1, c_2, \cdots, c_n$ 的齊次方程組，它的係數行列式就是 Wronskian 行列式 $W(x)$，於是欲使方程組存在非零解，則其係數行列式必為零，即 $W(x)=0$。

推論

若函數組 $y_1(x), y_2(x), \cdots, y_n(x)$ 的 Wronskian 行列式在區間 (a, b) 某點 x_0 處不等於零，即 $W(x_0)\neq 0$，則該函數組在區間 (a, b) 線性無關。

定理

若函數組 $y_1(x), y_2(x), \cdots, y_n(x)$ 是方程 (2) 在區間 (a, b) 上 n 個線性無關的解，則它們的 Wronskian 行列式 $W[y_1(x), y_2(x), \cdots, y_n(x)]$ 在該區間上任何點都不等於零。即 $W[y_1(x), y_2(x), \cdots, y_n(x)]\neq 0$，其中 $x\in(a,b)$。

推論

設 $y_1(x), y_2(x), \cdots, y_n(x)$ 是方程 (2) 在區間 (a, b) 的 n 個解，若存在 $x_0\in(a,b)$，使得它的 Wronskian 行列式 $W[y_1(x_0), y_2(x_0), \cdots, y_n(x_0)]=0$，則該解組在 (a, b) 線性相關。

定理

設 $y_1(x), y_2(x), \cdots, y_n(x)$ 是方程 (2) 的 n 個解，則下列敘述是等價的：

(1) 方程 (2) 的通解為 $y(x)=\sum\limits_{i=1}^{n}c_iy_i(x)$；

(2) $y_1(x), y_2(x), \cdots, y_n(x)$ 是方程 (2) 的基本解組；

(3) $y_1(x), y_2(x), \cdots, y_n(x)$ 在 (a, b) 是線性無關；

(4) 在 (a, b) 上有一點 x_0，Wronskian 行列式 $W(x_0) \neq 0$；

(5) 在 (a, b) 上任一點 x，Wronskian 行列式 $W[y_1(x), y_2(x), \cdots, y_n(x)] \neq 0$。

齊次線性方程的通解與非齊次線性方程的通解有下列關係。

定理

n 階線性非齊次方程

$$a_n(x)\frac{d^n y}{dx^n} + a_{n-1}(x)\frac{d^{n-1} y}{dx^{n-1}} + \cdots + a_1(x)\frac{dy}{dx} + a_0(x)y = f(x) \qquad (1)$$

的通解 y 等於它所對應齊次方程

$$a_n(x)\frac{d^n y}{dx^n} + a_{n-1}(x)\frac{d^{n-1} y}{dx^{n-1}} + \cdots + a_1(x)\frac{dy}{dx} + a_0(x)y = 0 \qquad (2)$$

的通解 y_h 與其本身的一個特解 y_p 的和，即 $y = y_h + y_p$。

以二階爲例：

設 y_1 與 y_2 爲齊次方程式

$$a_2(x)y'' + a_1(x)y' + a_0(x)y = 0 \qquad (3)$$

的線性獨立解。設 y_p 爲非齊次方程

$$a_2(x)y'' + a_1(x)y' + a_0(x)y = f(x) \qquad (4)$$

的特解，則非齊次方程的通解爲

$$y = c_1 y_1(x) + c_2 y_2(x) + y_p(x)$$

假設 $Y(x)$ 爲 (4) 式的任意解，則 $Y(x) - y_p(x)$ 爲對應齊次方程 (3) 的解，亦即有常數 c_1 和 c_2 使得 $Y(x) - y_p(x) = c_1 y_1(x) + c_2 y_2(x)$

因此 $Y(x) = c_1 y_1(x) + c_2 y_2(x) + y_p(x)$

定理告訴我們，(1) 式的通解等於 (2) 式的通解加上 (1) 式的任意特解。

4.2 Abel定理

考慮以下例子：

例 1 求解微分方程 $y'' - 2y' + y = 0$

解：我們需要找到兩個線性獨立的函數作爲解，由於這是一個常係數微分方程，所以猜測解的形式爲 $y = e^{rx}$，將其代入微分方程得到特徵方程

$$r^2 - 2r + 1 = 0 \Rightarrow r = 1$$

因此，只能得到一個解 e^x。下面的定理可以幫助我們找到與 e^x 線性獨立的另一解。

定理

令 y_1 和 y_2 是

$$y'' + p(x)y' + q(x)y = 0$$

的任意兩個解，則 Wronskian

$$W(y_1, y_2) = ce^{-\int p(x)dx}$$

其中 c 是常數。

證明

根據 Wronskian 的定義，$W(y_1, y_2) = \begin{vmatrix} y_1 & y_2 \\ y'_1 & y'_2 \end{vmatrix} = y_1y'_2 - y'_1y_2$。將 Wronskian 微分，

$$\begin{aligned} W'(y_1, y_2) &= y'_1y'_2 + y_1y''_2 - y''_1y_2 - y'_1y'_2 \\ &= y_1y''_2 - y''_1y_2 \end{aligned}$$

利用 y_1 和 y_2 都滿足微分方程 $y'' + p(x)y' + q(x)y = 0$ 的事實，

$$\begin{aligned} W'(y_1, y_2) &= y_1y''_2 - y''_1y_2 \\ &= y_1(-(p(x)y'_2 + q(x)y_2)) - y_2(-(p(x)y'_1 + q(x)y_1)) \end{aligned}$$

$$= -p(x)\,(y_1 y'_2 - y_2 y'_1) + q(x)\,(y_1 y_2 - y_1 y_2)$$
$$= -p(x) W(y_1, y_2)$$

因此，我們有 Wronskian 的微分方程，可以利用分離變數來求解。

$$W' = -p(x)W \Rightarrow W(y_1, y_2) = ce^{-\int p(x)dx}$$

其中 c 是常數。這就是 Abel 的公式。

如何使用此定理來求解僅知道一個基本解的問題？

現在，如果已經知道二階線性微分方程的第一個解，則可以使用 Abels 定理獲得第二個線性獨立解。這稱爲降階法，因爲它將求解二階方程降爲求解相關的一階方程。

假設我們知道 y_1，但是不知道 y_2。牢記 Abel 定理，我們有以下關係：

$$W(y_1, y_2) = y_1 y'_2 - y'_1 y_2 = ce^{-\int p(x)dx}$$

如果想找到第二個線性獨立的解，可利用微分方程中的 $p(x)$ 來找到 Wronskian，並使用第一個解 y_1 來找到第二個線性獨立解。

例 2 若 $y(x) = e^x$ 是微分方程

$y'' - 2y' + y = 0$，

的一解，求第二個線性獨立的解。

解：由於微分方程已經是標準形式，我們知道兩個解之間的 Wronskian 爲

$$W = ce^{-\int -2dx} = ce^{2x}$$

從 Wronskian 的定義我們也知道

$$W = y_1 y'_2 - y'_1 y_2 \Rightarrow W = e^x y'_2 - e^x y_2$$

令 Wronskian 的兩個表達式相等，我們有

$$e^x y'_2 - e^x y_2 = ce^{2x} \Rightarrow y'_2 - y_2 = ce^x$$

這是一階線性微分方程，其解爲

$$y_2(x) = cxe^x + ke^x$$

其中 k 是另一個任意常數。由於 ke^x 是第一個解的常數倍，所以我們可以忽略該項。因此，第二個解爲

$$y_2(x) = cxe^x$$

Abel 定理和降階法不限於常係數微分方程。

考慮以下例子：

例 3 已知 $y_1 = \dfrac{1}{x}$ 爲 $2x^2y'' + 3xy' - y = 0$ 的一解，求微分方程的第二個線性獨立的解。

解：現在，使用上面的方法來找到第二個解 y_2，它線性獨立於第一個解。首先，需要計算 Wronskian W。使用 Abel 定理，我們有

$W = ce^{\int -p(x)dx}$

爲了使用 Abel 定理，我們將原方程改寫，使 y'' 的係數爲 1，而 $p(x) = \dfrac{3x}{2x^2} = \dfrac{3}{2x}$，

因此

$W = ce^{\int -\frac{3}{2x}dx} = ce^{-\frac{3}{2}\ln(x)} = cx^{-\frac{3}{2}}$

此時無需選擇 c。由於 $y_1(x) = x^{-1}$，所以 $y'_1 = -x^{-2}$。利用 Abel 定理和 Wronskian 的定義，可得

$x^{-1}y'_2 + x^{-2}y_2 = cx^{-\frac{3}{2}} \Rightarrow y'_2 + x^{-1}y_2 = cx^{-\frac{1}{2}}$

這是 y_2 的一階線性微分方程，其解爲

$y_2(x) = 2cx^{\frac{1}{2}} = 2c\sqrt{x}$

例 4 線性常微分方程 $ty'' - 4y' + \left(\dfrac{4e^t}{t}\right)y = 0$ 有兩個基本解 $y_1(t)$，$y_2(t)$ 滿足 $y_1(1) = 1$，$y'_1(1) = 0$，$y_2(1) = 2$ 且 $y'_2(1) = 3$，使用 Abel 定理計算它們的 Wronskian $W(y_1(t), y_2(t)$）。並使用初始條件來確定 Wronskian 的常數。

解：首先確定 $p(t) = -\dfrac{4}{t}$；並且 $t_0 = 1$，因此求解區間爲（0, ∞）。

根據 Abel 定理，$W(y_1, y_2) = ce^{-\int p(t)dt} = ce^{\int \frac{4}{t}dt} = ce^{4\ln t} = ct^4$。

計算在 $t = 1$ 的 Wronskian 行列式 $W(y_1(1), y_2(1)) = 3$，令其等於 Abel 定理獲得的結果：$3 = c(1)^4$，故 $c = 3$。因此，$W(y_1, y_2) = 3t^4$。

筆 記 欄

4.3 降階法

如果我們知道二階線性齊次微分方程的一個解，則可以找到該方程的第二個解。並且該第二解與已知解是線性獨立。

定理 降階法

若函數 y_1 是

$$y'' + p(x)y' + q(x)y = 0$$

的非零解，其中 p，q 爲已知函數，則第二個線性獨立的解爲

$$y_2 = y_1(x)\int \frac{e^{-\int p(x)dx}}{y_1^2(x)}dx$$

證明

令 $y_2 = uy_1$，則 $y'_2 = u'y_1 + uy'_1$，$y''_2 = u''y_1 + 2u'y'_1 + uy''_1$。

將 y_2、y'_2、y''_2 代入微分方程，並整理，我們有

$$\begin{aligned} 0 &= (u''y_1 + 2u'y'_1 + uy''_1) + p(u'y_1 + uy'_1) + quy_1 \\ &= y_1u'' + (2y'_1 + py_1)\,u' + (y''_1 + py'_1 + qy_1)u \end{aligned}$$

因爲 y_1 是原微分方程的解，所以 $y''_1 + py'_1 + qy_1 = 0$，

可得 $y_1\,u'' + (2y'_1 + py_1)\,u' = 0$。

$\Rightarrow u'' + (2y'_1/y_1 + p)\,u' = 0$。

令 $v = u'$ 得到 $v' + (2y'_1/y_1 + p)v = 0$

這是 v 的一階線性方程，因此我們使用積分因子來求解，積分因子爲

$$\mu(x) = y_1^2e^{A(x)}\text{，其中 } A(x) = \int p(x)dx$$

因此，可以將 v 的微分方程重寫爲

$$(y_1^2e^{A(x)}v)' = 0$$

$$\Rightarrow y_1^2e^{A(x)}v = c_1$$

$$\Rightarrow v = c_1 \frac{e^{-A(x)}}{y_1^2}$$

由於 $u' = v$，我們對 x 再積分一次可得

$$u(x) = c_1 \int \frac{e^{-A(x)}}{y_1^2} dx + c_2 \text{。}$$

我們只在尋找一個函數 u，因此選擇積分常數 $c_1 = 1$ 和 $c_2 = 0$。得到

$$u(x) = \int \frac{e^{-A(x)}}{y_1^2} dx$$

$$y_2 = uy_1 = y_1 \int \frac{e^{-\int p(x)dx}}{y_1^2} dx$$

此外，我們還需要證明函數 y_1 和 $y_2 = uy_1$ 是線性獨立。我們開始計算它們的 Wronskian

$$W = y_1(u'y_1 + uy'_1) - uy_1y'_1 \Rightarrow W = u'(y_1)^2$$

回想一下，在上面的證明中，我們已經計算出 $u' = v = c_1 \frac{e^{-A(x)}}{y_1^2}$。因此得到 $u'(y_1)^2 = c_1\, e^{-A(x)}$，則 Wronskian

$$W = c_1 e^{-A(x)} \text{。}$$

這是一個非零函數，因此函數 y_1 和 $y_2 = uy_1$ 是線性獨立。定理得證。

使用相同的方法可求對應非齊次微分方程的通解。亦即，若 $y_1(x)$ 爲齊次線性微分方程

$$y'' + p(x)y' + q(x)y = 0$$

的一解，則可由降階法求得非齊次微分方程

$$y'' + p(x)y' + q(x)y = r(x)$$

的通解。

例 1 已知 $y_1(x)=x$ 爲是微分方程

$x^2y''-x(x+2)y'+(x+2)y=0$，$x>0$

的一解，求其第二個解。

解：令第二個解 $y_2(x)=v(x)y_1(x)=v(x)x$，則有

$$y_2'(x)=v(x)+v'(x)x$$

$$y_2''(x)=2v'(x)+v''(x)x$$

代入原式可得

$$2x^2v'+x^3v''-x(x+2)(v+xv')+(x+2)xv=0$$

化簡，得到

$$x^3v''-x^3v'=0$$

即 $\qquad v''=v'$

可知 $\qquad v'=e^x$

積分，得到 $\qquad v=e^x$

因此，第二個解爲 $y_2(x)=xe^x$

例 2 已知 $y_1(x)=x$ 是微分方程

$x^2y''+2xy'-2y=0$，$x>0$

的一解，求其第二個解。

解：令第二個解 $y_2(x)=vy_1=vx$，則有

$$y_2'=v+v'x$$

$$y_2''=2v'+v''x$$

代入原式可得

$$2x^2v'+x^3v''+2xv+2x^2v'-2xv=0$$

化簡，得到

$$x^3v''+4x^2v'=0$$

即 $\qquad xv''+4v'=0$

分離變數，$\qquad \dfrac{v''}{v'}=-\dfrac{4}{x}$

上式的解爲 $\qquad v'=\dfrac{1}{x^4}$

積分，得到 $\qquad v=-\dfrac{1}{3x^3}$

因此，第二個解爲 $\qquad y_2(x)=-\dfrac{1}{3x^2}$

例 3 已知 $y_1(x) = x^{-1}$ 是微分方程

$x^2y'' + 3xy' + y = 0$，$x > 0$

的一解，求其第二個解

解：令第二個解 $y_2 = vy_1 = vx^{-1}$，則有

$$y'_2 = -vx^{-2} + v'x^{-1}$$

$$y''_2 = 2vx^{-3} - 2v'x^{-2} + v''x^{-1}$$

代入原式可得

$$xv'' - 2v' + 2vx^{-1} - 3vx^{-1} + 3v' + vx^{-1} = 0$$

化簡，得到

$$xv'' + v' = 0$$

分離變數，$\dfrac{v''}{v'} = -\dfrac{1}{x}$

其解爲 $v' = x^{-1}$

積分，得到 $v = \ln x$

因此，第二個解爲 $y_2(x) = \dfrac{\ln x}{x}$

例 4 若 $y_1(t) = t$ 是微分方程

$t^2 y'' + 2ty' - 2y = 0$。

的一解求其通解。

解：設 $A(t) = \int p(t)\,dt = \int \dfrac{2t}{t^2}\,dt = 2\ln t$，

則 $e^{-A(t)} = e^{-2\ln t} = t^{-2}$

利用公式 $y_2(t) = y_1(t)\int \dfrac{e^{-A(t)}}{y_1^2}\,dt$

$$= t\int \frac{t^{-2}}{t^2}\,dt$$

$$= t\left(\frac{-1}{3t^3} + k\right)$$

$$= \frac{-1}{3t^2} + kt$$

因此，原微分方程的通解是

$$y = c_1y_1(t) + c_2y_2(t)$$

$$= c_1t + \frac{c_2}{t^2}$$

例 5 若 $y_1 = x$ 是微分方程

$x^2y'' - xy' + y = 0$；$x > 0$

的一解，求第二個線性獨立的解。

解：將方程寫成標準式：

$$y'' - \left(\frac{1}{x}\right)y' + \frac{y}{x^2} = 0$$

利用公式

$$y_2 = y_1(x)\int \frac{e^{-\int p(x)dx}}{{y_1}^2(x)}dx$$

$$= x\int \frac{e^{\int \frac{1}{x}dx}}{x^2}dx$$

$$= x\int \frac{x}{x^2}dx = x\ln x$$

例 6 求微分方程 $(x^2 - x)y'' + 2y' - 6y = 0$ 的通解。

解：由於微分方程的係數是多項式，因此有可能（儘管不能保證）至少一個解的形式爲 x^m。令 $y = x^m$ 代入微分方程中，得到 $m = 3$，因此微分方程有一解 $y_1(x) = x^3$。利用公式可求另一解

$$y_2(x) = x^3\int \frac{e^{-\int \frac{2}{(x^2-x)}dx}}{(x^3)^2}dx$$

$$= x^3\int \frac{e^{\ln\left(\frac{x}{x-1}\right)^2}}{x^6}dx = x^3\int \frac{1}{x^4(x-1)^2}dx$$

$$= x^3\int\left(\frac{4}{x} + \frac{3}{x^2} + \frac{2}{x^3} + \frac{1}{x^4} - \frac{4}{x-1} + \frac{1}{(x-1)^2}\right)dx$$

$$= x^3\left[4\ln x - \frac{3}{x} - \frac{1}{x^2} - \frac{1}{3x^3} - 4\ln(x-1) - \frac{1}{x-1}\right]$$

$$= 4x^3\ln\left(\frac{x}{x-1}\right) - \frac{x^3}{x-1} - 3x^2 - x - \frac{1}{3}$$

通解爲

$$y(x) = c_1x^3 + c_2\left[4x^3\ln\left(\frac{x}{x-1}\right) - \frac{x^3}{x-1} - 3x^2 - x - \frac{1}{3}\right]$$

與降階法的原理類似，在未知函數的線性齊次變換下，可將一些方程化爲常係數方程。現在考慮變係數線性方程

$$y''(x) + p(x)y'(x) + q(x)y(x) = 0, \tag{1}$$

我們將利用適當的線性齊次變換來消去含有 $y'(x)$ 的項

令 $$y(x) = u(x)v(x) \Rightarrow y'(x) = u'(x)v(x) + u(x)v'(x)$$
$$\Rightarrow y''(x) = u''(x)v(x) + 2u'(x)v'(x) + u(x)v''(x).$$

代入微分方程並合併各項，可得

$$u''(x)v(x) + u'(x)\,[2v'(x) + p(x)v(x)] + u(x)[v''(x) + p(x)v'(x) + q(x)v(x)] = 0.$$

為了消去一階導數項的係數，我們令 $2v'(x) = -p(x)v(x)$ 並求解得到

$$v(x) = e^{-\frac{1}{2}\int p(x)dx} \Rightarrow v'(x) = -\frac{1}{2}p(x)v(x)$$
$$\Rightarrow v''(x) = -\frac{1}{2}p'(x)v(x) + \frac{1}{4}p(x)^2 v(x)$$

因此，(1) 式經代換後可改寫為：

$$u''(x) + \left[-\frac{1}{2}p'(x) - \frac{1}{4}p(x)^2 + q(x)\right]u(x) = 0$$

上式中，當 $u(x)$ 的係數為常數時，方程 (1) 為常係數方程。

例 7 考慮 m 階 Bessel 方程

$$x^2y''(x) + xy'(x) + (x^2 - m^2)y(x) = 0$$

若 $m = \frac{1}{2}$，求其解。

解：我們首先將方程改寫為

$$y''(x) + \frac{1}{x}y'(x) + \left(1 - \frac{m^2}{x^2}\right)y(x) = 0 \text{。} \tag{a}$$

因此 $$p(x) = \frac{1}{x}\text{，}q(x) = 1 - \frac{m^2}{x^2}\text{。}$$
$$v(x) = e^{-\frac{1}{2}\int p(x)dx} = e^{-\frac{1}{2}\int \frac{1}{x}dx} = \frac{1}{\sqrt{x}}$$

將 $y(x) = u(x)v(x) = \frac{u(x)}{\sqrt{x}}$ 代入 (a) 式，可得

$$u''(x) + \left(1 + \frac{1 - 4m^2}{4x^2}\right)u(x) = 0$$

若 $m=\dfrac{1}{2}$ 則上式爲

$$u''(x)+u(x)=0$$

原題之解爲

$$y=c_1\frac{\cos x}{\sqrt{x}}+c_2\frac{\sin x}{\sqrt{x}}$$

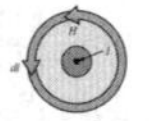

習題

求下列微分方程的通解（利用 Wronskian 或降階法）。

1. $t^2y''-4ty'+6y=0,\ y_1(t)=t^2$

   答案：$y=c_1t^2+c_2t^3$

2. $t^2y''+3ty'+y=0,\ y_1(t)=t^{-1}$

   答案：$y=c_1\dfrac{1}{t}+c_2\dfrac{\ln t}{t}$

3. $xy''-y'+4x^3y=0,\ y_1(x)=\sin(x^2)$

   答案：$y=c_1\sin(x^2)+c_2\cos(x^2)$

4. $xy''-(x+1)y'+y=0,\ y_1(x)=e^x$

   答案：$y=c_1e^x+c_2(x+1)$

5. $x^2y''-2xy'-4y=0,\ y_1(x)=\dfrac{1}{x}$

   答案：$y=c_1\dfrac{1}{x}+c_2x^4$

6. $(1-x^2)y''-2xy'+2y=0$

   答案：$y=c_1x+c_2\left(\dfrac{x}{2}\ln\dfrac{1+x}{1-x}-1\right)$

筆記欄

4.4 常係數高階線性微分方程

對於研究二階線性微分方程，

$$a(x)y'' + b(x)y' + c(x)y = f(x)$$

我們討論的方式與一階線性方程相似。明確地求解一般線性微分方程通常很困難，除非我們很幸運並且該方程具有特殊形式。因此，我們將注意力集中於特定的線性微分方程，即，常係數線性微分方程。

常係數二階齊次微分方程可寫爲

$$ay'' + by' + cy = 0 \quad (a \neq 0) \tag{1}$$

其中 a，b 和 c 是常數。這種類型的方程在許多應用問題中非常有用。我們將求出通解而應遵循的步驟摘要如下：

令 $y = e^{rx}$，則 $y' = re^{rx}$，$y'' = r^2e^{rx}$，將 y，y'，y'' 代入 (1) 式得到

$$e^{rx}(ar^2 + br + c) = 0$$

因爲 $e^{rx} \neq 0$，所以

$$ar^2 + br + c = 0 \tag{2}$$

(2) 式稱爲 (1) 式的特徵方程或輔助方程。因此，在求解常係數微分方程時，我們已將微分方程轉爲簡單的代數方程。

令 r_1，r_2 爲 (2) 的根，則有下列三種情況：

(a) 若 r_1 和 r_2 是相異實根，則通解爲

$$y = c_1e^{r_1x} + c_2e^{r_2x}$$

(b) 若 $r_1 = r_2 = r$，則通解爲

$$y = c_1e^{rx} + c_2xe^{rx}$$

(c) 若 r_1 與 r_2 爲共軛複數，$r_1 = \alpha + \beta i$，$r_2 = \alpha - \beta i$，則通解爲

$$y = e^{\alpha x}(c_1\cos\beta x + c_2\sin\beta x)$$

注意：以上特徵根的方法不適用於可變係數的線性方程。實際上，對於具

有可變係數的一般線性方程組，不存在顯式求解方法。

以上二階常係數方程的理論及方法可推廣至高階常係數方程。

例 1 求微分方程 $y''' + 4y'' - 7y' - 10y = 0$ 的通解。

解：特徵方程爲：

$r^3 + 4r^2 - 7r - 10 = 0$。

根是 $r_1 = -1$，$r_2 = 2$，$r_3 = -5$。每個根給出微分方程的特定指數解。結合起來，通解是

$y = c_1e^{-x} + c_2e^{2x} + c_3e^{-5x}$，

其中 c_1，c_2，c_3 是任意常數。

例 2 求微分方程 $y^{(4)} + 8y'' + 16y = 0$ 的通解。

解：特徵方程爲：

$r^4 + 8r^2 + 16 = (r^2 + 4)^2 = 0$

根是 $r_1 = 2i$，$r_2 = 2i$，$r_3 = -2i$，$r_4 = -2i$。我們有重根。對於複數的特徵根，我們可以使用複數的指數函數，也可以使用 cos 和 sin 來表達解。

通解爲 $y = c_1 \cos 2x + c_2 \sin 2x + c_3 x\cos 2x + c_4 x\sin 2x$

其中 c_1，c_2，c_3，c_4 是任意常數。

例 3 假設常係數的 14 階齊次線性微分方程具有特徵根：

$-3, 1, 0, 0, 2, 2, 2, 2, 3 + 4i, 3 + 4i, 3 + 4i, 3 - 4i, 3 - 4i, 3 - 4i.$

則微分方程的通解是什麼？

解：通解是

$$y = c_1e^{-3t} + c_2e^{t} + c_3 + c_4t + c_5e^{2t} + c_6te^{2t} + c_7t^2e^{2t} + c_8t^3e^{2t}$$
$$+ c_9e^{3t}\cos 4t + c_{10}e^{3t}\sin 4t$$
$$+ c_{11}te^{3t}\cos 4t + c_{12}te^{3t}\sin 4t$$
$$+ c_{13}t^2e^{3t}\cos 4t + c_{14}t^2e^{3t}\sin 4t\ ,$$

其中 $c_1, \cdots, c_{14}$ 是任意常數。

習題

求解下列微分方程：

1. $y^{(4)} - 7y^{(3)} + 15y'' - 13y' + 4y = 0$

答案：$y(x) = (c_1 + c_2x + c_3x^2)e^x + c_4e^{4x}$

4.5 未定係數法

考慮具有常係數的 n 階非齊次線性微分方程：

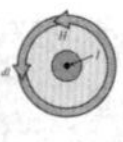

$$L(y) = f(x)$$

其中

$$L(y) = a_n y^{(n)} + a_{n-1} y^{(n-1)} + \cdots + a_1 y' + a_0 y$$

我們知道這個微分方程的通解是：

$$y = y_h + y_p$$

其中 $y_h = c_1 y_1 + c_2 y_2 + \cdots + c_n y_n$ 是 $L(y) = 0$ 的通解，而 y_p 是 $L(y) = f(x)$ 的特解。

我們將研究一種稱為「未定係數法」的方法來求 y_p。

未定係數法僅適用於常係數且對非齊次項 $f(x)$ 有限制的線性非齊次方程。僅當微分方程中的非齊次項 $f(x)$（即右側的項）是具有特殊形式的項之積或線性組合時才可以使用未定係數法，亦即 $f(x)$ 的每個項必須是 x^m（m 為正整數）、e^{ax}、$\sin(bx + c)$、$\cos(bx + c)$，這 4 種函數之積或線性組合，其中，a、b、c 為常數。例如，$y'' - 3y' + 2y = e^x$ 和 $y'' + 2y' + 5y = \sin(x)$ 可以使用未定係數法求解，而 $y'' + y = \tan x$ 和 $y'' - y = \dfrac{e^x}{x}$ 則無法用未定係數法求解。

使用未定係數法首先要假定正確的特解的形式，然後求出係數。我們舉出各種各樣的例子，這些例子說明了對特解的形式進行初步猜測的許多準則。

例 1 求 $2y'' + 7y' - 15y = f(x)$ 的特解 $y_p(x)$ 的形式。其中 $f(x)$ 的表達式如下：

(a) $f(x) = 3xe^{8x}$

(b) $f(x) = 9x^3 e^{-5x}$

(c) $f(x) = (7x^2 - x)e^{4x}$

(d) $f(x)= x\cos 6x$

解：(a) 因爲特徵方程 $2r^2+7r-15=0$ 具有不同的實根 -5 和 $\frac{3}{2}$，故齊次方程的解$y_h=C_1e^{-5x}+C_2e^{\frac{3}{2}x}$，而 8 不是特徵方程的根，所以

$y_p(x)=(A_1x+A_0)e^{8x}$

y_p 中的所有項均不能與齊次方程的解 y_h 有同種類。

(b) 特徵方程 $2r^2+7r-15=0$ 的實根爲 -5 和 $\frac{3}{2}$，而 -5 是特徵方程的根，因此

$y_p(x)=x(A_3x^3+A_2x^2+A_1x+A_0)e^{-5x}$

(c) 特徵方程的實根爲 -5 和 $\frac{3}{2}$，並且由於 4 不是特徵方程的根，所以

$y_p(x)=(A_2x^2+A_1x+A_0)e^{4x}$

(d) 特徵方程的實根爲 -5 和 $\frac{3}{2}$，並且由於 $\alpha+i\beta=6i$ 不是特徵方程的根，故

$y_p(x)=(A_1x+A_0)\cos 6x+(B_1x+B_0)\sin 6x$

例 2 寫出 $y^{(4)}-16y=4e^{2x}-2e^{3x}+5\sin 2x+2\cos 2x$ 的特解 $y_p(x)$ 的形式。

解：爲了獲得方程的特解的正確形式，我們需要找到齊次方程

$y^{(4)}-16y=0$

的解，特徵方程 $r^4-16=(r^2-4)(r^2+4)=(r-2)(r+2)(r^2+4)=0$。

根是 $r_1=2$，$r_2=-2$，$r_3=2i$，$r_4=-2i$，

對應解 $y_h=c_1e^{2x}+c_2e^{-2x}+c_3\cos 2x+c_4\sin 2x$。

非齊次的特解 y_p 的形式爲 $y_p=Axe^{2x}+Be^{3x}+Cx\cos 2x+Dx\sin 2x$。

例 3 寫出 $y''-3y'-4y=\sin 4x+2e^{4x}+e^{5x}-x$ 的特解 $y_p(x)$ 的形式。

解：由於 $r_1=-1$，$r_2=4$，我們將分別處理非齊次項中的每個項並加起來：

$y_p(x)=A\sin 4x+B\cos 4x+Cxe^{4x}+De^{5x}+Ex+F$。

例 4 寫出 $y''+16y=\sin 4x+\cos x-4\cos 4x+4$ 的特解 $y_p(x)$ 的形式。

解：特徵方程爲 $r^2+16=0$，根 $r_1=4i$，$r_2=-4i$，並且

$y_h=c_1\sin 4x+c_2\cos 4x$

我們還注意到，$\sin 4x$ 和 $-4\cos 4x$ 是同一類型，我們必須將其乘以

x。所以

$y_p = x(A \sin 4x + B \cos 4x) + (C \cos x + D \sin x) + E$

例 5 寫出 $y'' - 2y' + 2y = e^x \cos x + 8e^x \sin 2x + xe^{-x} + 4e^x + x^2 - 3$ 的特解 $y_p(x)$ 的形式。

解：特徵方程爲 $r^2 - 2r + 2 = 0$，根 $r_1 = 1 + i$，$r_2 = 1 - i$ 因此，對於 $e^x\cos x$，我們必須乘以 x。

$$y_p = xe^x (A_1 \cos x + A_2 \sin x) + e^x (B_1 \cos 2x + B_2 \sin 2x)$$
$$+(C_1x + C_0)e^{-x} + De^x + (E_2x^2 + E_1x + E_0)。$$

例 6 寫出 $y'' + 4y = x\sin(2x)$ 的特解 $y_p(x)$ 的形式。

解：首先我們求得 $y_h(x) = k_1 \cos(2x) + k_2 \sin(2x)$ 若假設 $y_p = (A_1x + A_0)\cos(2x) + (B_1x + B_0)\sin(2x)$，則因 $A_0 \cos(2x)$ 和 $B_0 \sin(2x)$ 與 y_h 有同類項，因此必須將 y_p 乘以 x 得到

$$y_p = x[(A_1x + A_0) \cos(2x) + (B_1x + B_0) \sin(2x)]$$
$$= A_1x^2 \cos(2x) + A_0x \cos(2x) + B_1x^2 \sin(2x) + B_0x\sin(2x)。$$

y_p 中的所有項都不能與齊次方程的解 y_h 有同類項。

例 7 求解 $\dfrac{d^2y}{dx^2} - 3\dfrac{dy}{dx} + 2y = e^{3x}$

解：設 $\dfrac{d^2y}{dx^2} - 3\dfrac{dy}{dx} + 2y = 0$ 的通解爲 y_h

特徵方程爲 $r^2 - 3r + 2 = 0$

$r = 1$ 或 2

因此 $y_h = Ae^x + Be^{2x}$

令 $y_p = ce^{3x}$，

則 $y'_p = 3ce^{3x}$，$y''_p = 9ce^{3x}$，

將 y_p 及其導數代入原式，等號兩邊比較係數得

$c = \dfrac{1}{2}$

因此 $y_p = \dfrac{1}{2} e^{3x}$

通解爲 $y = y_h + y_p = Ae^x + Be^{2x} + \dfrac{1}{2} e^{3x}$

其圖形如下圖所示。

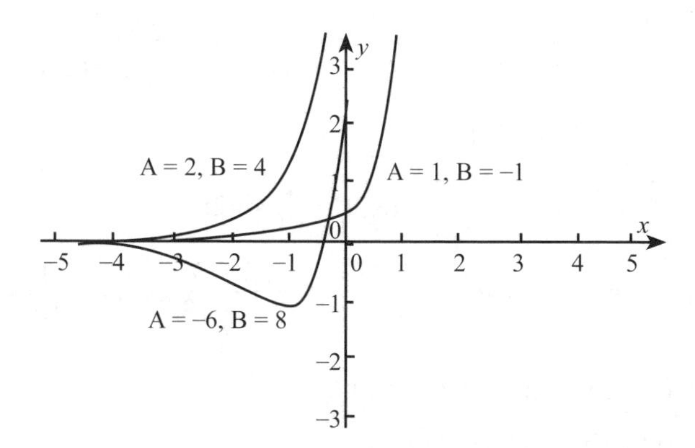

例 8 求解 $\dfrac{d^2y}{dx^2} - y = 2x^2 - x - 3$

解：設 $\dfrac{d^2y}{dx^2} - y = 0$ 的通解爲 y_h

特徵方程爲 $r^2 - 1 = 0$

$r = 1$ 或 -1

因此 $y_h = Ae^x + Be^{-x}$

令 $y_p = c_1x^2 + c_2x + c_3$

則 $y'_p = 2c_1x + c_2$，$y''_p = 2c_1$，

將 y_p 及其導數代入原式，等號兩邊比較係數得

$c_1 = -2$，$c_2 = 1$，$c_3 = -1$

因此 $y_p = -2x^2 + x - 1$

通解爲 $y = y_h + y_p = Ae^x + Be^{-x} - 2x^2 + x - 1$

例 9 求解 $y'' - 2y' - 3y = e^{2t} + 3t^2 + 4t - 5 + 5\cos 2t$

解：設 $y'' - 2y' - 3y = 0$ 的通解爲 y_h

特徵方程爲 $r^2 - 2r - 3 = 0$

$r = -1$ 或 3

因此 $y_h = c_1e^{-t} + c_2e^{3t}$

分別求解每一部分的特解：

$y'' - 2y' - 3y = e^{2t} \quad \rightarrow y_1(t) = -\dfrac{1}{3}e^{2t}$

$y'' - 2y' - 3y = 3t^2 + 4t - 5 \quad \rightarrow y_2(t) = -t^2 + 1$

$y'' - 2y' - 3y = 5\cos 2t \qquad \rightarrow y_3(t) = -\frac{7}{13}\cos(2t) - \frac{4}{13}\sin 2t$

然後將各部分的結果加起來：

$$y_p(t) = -\frac{1}{3}e^{2t} - t^2 + 1 - \frac{7}{13}\cos 2t - \frac{4}{13}\sin 2t$$

通解爲 $y = c_1e^{-t} + c_2e^{3t} - \frac{1}{3}e^{2t} - t^2 + 1 - \frac{7}{13}\cos 2t - \frac{4}{13}\sin 2t$

例 10 求解 $y'' - 2y' + 5y = 8e^x \sin 2x$

解：設 $y'' - 2y' + 5y = 0$ 的通解爲 y_h

特徵方程爲 $r^2 - 2r + 5 = 0$

$$r = 1 \pm 2i$$

因此 $y_h = e^x(c_1\cos 2x + c_2\sin 2x)$

求解 $z'' - 2z' + 5z = 8e^{(1+2i)x}$

令 $z_p = c_3xe^{(1+2i)x}$，代入上式，求出 $c_3 = -2i$

因此 $z_p = -2ixe^{(1+2i)x} = -2xe^x(-\sin 2x + i\cos 2x)$。

取上式的虛部，得到

$$y_p = Im(z_p) = -2xe^x \cos 2x$$

通解爲 $y(x) = e^x(c_1\cos 2x + c_2\sin 2x) - 2xe^x\cos 2x$。

例 11 求 $2y'' + 7y' - 15y = 3xe^{8x}$ 的特解

解：令 $y_p(x) = (A_1x + A_0)e^{8x}$

由此我們獲得

$$y'_p(x) = 8(A_1x + A_0)e^{8x} + A_1e^{8x}$$

和 $y''_p(x) = 64(A_1x + A_0)e^{8x} + 16A_1e^{8x}$。

將這些表達式代入微分方程可得到

$$\begin{aligned}3xe^{8x} &= 2y''_p + 7y'_p - 15y_p \\ &= 2[64(A_1x + A_0)e^{8x} + 16A_1e^{8x}] + 7[8(A_1x + A_0)e^{8x} + A_1e^{8x}] \\ &\quad - 15[(A_1x + A_0)e^{8x}] \\ &= (169A_1x + 169A_0 + 39A_1)e^{8x}\end{aligned}$$

因此 $169A_1x + (169A_0 + 39A_1) = 3x$。

得到 $A_1 = \frac{3}{169}$，$A_0 = -\frac{9}{2197}$。

因此 $y_p(x)=\left(\frac{3}{169}x-\frac{9}{2197}\right)e^{8x}$

例 12 求 $y''+4y'+4y=te^{-2t}$ 的通解

解：特徵方程爲 $r^2+4r+4=(r+2)^2=0$，因此爲重根 $r_1=r_2=-2$。齊次方程的解 $y_h(t)=k_1e^{-2t}+k_2te^{-2t}$。若令 $y_p=(A_1t+A_0)e^{-2t}$，則 A_1te^{-2t} 和 A_0e^{-2t} 與 y_h 有同類項。因此必須乘以 t 得到 $t(A_1t+A_0)e^{-2t}=A_1t^2e^{-2t}+A_0te^{-2t}$。但是，第二項 A_0te^{-2t} 仍然是齊次方程的解，因此必須再次乘以 t，我們獲得

$$y_p(t)=t^2\{(A_1t+A_0)e^{-2t}\}$$
$$=A_1t^3e^{-2t}+A_0t^2e^{-2t}$$

爲了找到係數，我們需要

$$y_p'(t)=-2(A_1t^3+A_0t^2)e^{-2t}+(3A_1t^2+2A_0t)e^{-2t}$$
$$=(-2A_1t^3+(3A_1-2A_0)t^2+2A_0t)e^{-2t}$$

和

$$y_p''(t)=-2(-2A_1t^3+(3A_1-2A_0)t^2+2A_0t)e^{-2t}+(-6A_1t^2+(6A_1-4A_0)t+2A_0)e^{-2t}$$
$$=(4A_1t^3+(-12A_1+4A_0)t^2+(6A_1-8A_0)t+2A_0)e^{-2t}$$

欲求解係數，可將 y_p、y'_p、y''_p 代入微分方程中。每個項中的指數因子都可以抵消，剩下的就是

$(4A_1-8A_1+4A_1)t^3+(-12A_1+4A_0+12A_1-8A_0+4A_0)t^2+(6A_1-8A_0+8A_0)t+2A_0=t$。

t^3 和 t^2 的係數爲零。再由比較係數，可得 $6A_1=1$ 和 $2A_0=0$。因此 $A_0=0$ 和 $A_1=\frac{1}{6}$，而 $y_p(t)=\left(\frac{1}{6}\right)t^3e^{-2t}$。

通解是

$$y(t)=y_h(t)+y_p(t)=k_1e^{-2t}+k_2te^{-2t}+\frac{1}{6}t^3e^{-2t}$$

例 13 求 $y^{(4)}+8y''+16y=64t\sin 2t$ 的通解

解：首先，求解相應的齊次方程

$y^{(4)}+8y''+16y=0$。

其解爲 $y_h=c_1\cos 2t+c_2\sin 2t+c_3t\cos 2t+c_4t\sin 2t$，

接下來，令特解爲：$y_p = t^2(a_0 + a_1 t)\cos 2t + t^2(b_0 + b_1 t)\sin 2t$。

注意，需要使用 t^2 來修改 y_p。將 y_p 代入非齊次方程並簡化：

$(-32a_0 + 48b_1 - 96a_1 t)\cos 2t + (-48a_1 - 32b_0 - 96b_1 t)\sin 2t = 64t\sin 2t$。

比較兩側的係數：

$$-32a_0 + 48b_1 = 0，$$
$$-96a_1 = 0，$$
$$-48a_1 - 32b_0 = 0，$$
$$-96b_1 = 64。$$

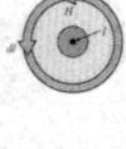

解這個方程組，我們得到：

$$a_0 = -1，a_1 = 0，b_0 = 0，b_1 = -\frac{2}{3}。$$

$$\begin{aligned} y &= y_p + y_h \\ &= -t^2\cos 2t - \frac{2}{3}t^3\sin 2t + c_1\cos 2t + c_2\sin 2t + c_3 t\cos 2t + c_4 t\sin 2t \end{aligned}$$

例 14 求 $y^{(6)} + y^{(5)} - 3y^{(4)} - 5y^{(3)} - 2y^{(2)} = -4 + 8t^2 + 16te^t + (54 - 18t - 9t^4)e^{-t}$ 的通解。

解：首先，求解相應的齊次方程

$y^{(6)} + y^{(5)} - 3y^{(4)} - 5y^{(3)} - 2y^{(2)} = 0$。

求特徵方程：$r^6 + r^5 - 3r^4 - 5r^3 - 2r^2 = r^2(r+1)^3(r-2) = 0$

的根。因此

$y_h = c_1 + c_2 t + c_3 e^{-t} + c_4 te^{-t} + c_5 t^2 e^{-t} + c_6 e^{2t}$，

其中 c_1，…，c_6 是任意常數。接下來，令特解爲：

$y_p = t^2(a_0 + a_1 t + a_2 t^2) + (b_0 + b_1 t)e^t + t^3(c_0 + c_1 t + c_2 t^2 + c_3 t^3 + c_4 t^4)e^{-t}$。

請注意，我們需要使用 t^2 和 t^3 來修正 y_p。將 y_p 代入非齊次方程並比較兩側的係數，我們可以得到：

$$a_0 = -18，a_1 = \frac{10}{3}，a_2 = -\frac{1}{3}，b_0 = 5，b_1 = -2，$$

$$c_0 = \frac{2170}{27}，c_1 = \frac{577}{36}，c_2 = \frac{34}{15}，c_3 = \frac{7}{30}，c_4 = \frac{1}{70}。$$

$y = y_p + y_h =$

$$t^2\left(-18 + \frac{10}{3}t - \frac{1}{3}t^2\right) + (5 - 2t)e^t + t^3\left(\frac{2170}{27} + \frac{577}{36}t + \frac{34}{15}t^2 + \frac{7}{30}t^3 + \frac{1}{70}t^4\right)e^{-t}$$
$$+ c_1 + c_2 t + c_3 e^{-t} + c_4 te^{-t} + c_5 t^2 e^{-t} + c_6 e^{2t}$$

其中 c_1，…，c_6 是任意常數。

例 15 求解

$$y''+9y=\begin{cases}2\cos 2x\,, & 0\le x<\dfrac{\pi}{2}\\ 0\qquad\quad , & x\ge\dfrac{\pi}{2}\end{cases},\ y(0)=0,\ y'(0)=0.$$

解：$r^2+9=0,\ r=\pm 3i$

$y''+9y=0$ 的通解爲 $y_h=c_1\cos 3x+c_2\sin 3x$

令 $y_p=A\cos 2x+B\sin 2x$，則

$y_p'=-2A\sin 2x+2B\cos 2x,\ y_p''=-4A\cos 2x-4B\sin 2x$

$$y''+9y=2\cos 2x \Leftrightarrow -4A\cos 2x-4B\sin 2x+9(A\cos 2x+B\sin 2x)$$
$$=2\cos 2x(-4A+9A)\cos 2x+(-4B+9B)\sin 2x$$
$$=2\cos 2x$$

比較係數可得 $A=\dfrac{2}{5}$，$B=0$，因此 $y_p=\left(\dfrac{2}{5}\right)\cos 2x$

通解爲

$$y=y_h+y_p=\begin{cases}c_1\cos 3x+c_2\sin 3x+\dfrac{2}{5}\cos 2x & 0\le x<\dfrac{\pi}{2}\\ c_3\cos 3x+c_4\sin 3x & x\ge\dfrac{\pi}{2}\end{cases}$$

解初值問題：

對於 $0\leqq x<\dfrac{\pi}{2}$

$$y'=-3c_1\sin 3x+3c_2\cos 3x-\frac{4}{5}\sin 2x$$

$$\left.\begin{array}{l}y(0)=c_1+\dfrac{2}{5}=0,\ c_1=-\dfrac{2}{5}\\ y'(0)=3c_2=0,\ c_2=0\end{array}\right.,\ y=-\frac{2}{5}\cos 3x+\frac{2}{5}\cos 2x$$

對於 $x\geqq\dfrac{\pi}{2}$，初始條件爲

$$y'=\frac{6}{5}\sin 3x-\frac{4}{5}\sin 2x,\quad \begin{array}{l}y\left(\dfrac{\pi}{2}\right)=-\dfrac{2}{5}\\ y'\left(\dfrac{\pi}{2}\right)=-\dfrac{6}{5}\end{array}$$

因此

$y'=-3c_3\sin 3x+3c_4\cos 3x$

$$\left.\begin{array}{l} y\left(\frac{\pi}{2}\right)=0-c_4=-\frac{2}{5}, c_4=\frac{2}{5} \\ y'\left(\frac{\pi}{2}\right)=3c_3=-\frac{6}{5}, c_3=-\frac{2}{5} \end{array}\right.，y=-\frac{2}{5}\cos 3x+\frac{2}{5}\sin 3x$$

初値問題的解爲：

$$y=y_h+y_p=\begin{cases}-\frac{2}{5}\cos 3x+\frac{2}{5}\cos 2x & 0\le x<\frac{\pi}{2} \\ -\frac{2}{5}\cos 3x+\frac{2}{5}\sin 3x & x\ge\frac{\pi}{2}\end{cases}$$

習題

1. 求 $y''-y=x\sin x$ 的特解

   答案：$y_p(x)=-\frac{1}{2}\cos x-\frac{1}{2}x\sin x$

2. 解 $y''+2y'+y=x^2+1-e^x$，$y(0)=0$，$y'(0)=2$。

   答案：$y(x)=x^2-4x+7-\frac{1}{4}e^x-\frac{27}{4}e^{-x}-\frac{1}{2}xe^{-x}$

3. 求 $y^{(4)}-5y''+4y=10\cos x-20\sin x$ 的通解

   答案：$y(x)=\cos x-2\sin x+c_1e^{-2x}+c_2e^{2x}+c_3e^{-x}+c_4e^x$

4. 解 $y''+4y=t^2+3e^t$，$y(0)=0$，$y'(0)=2$。

   答案：$y(t)=-\frac{19}{40}\cos 2t+\frac{7}{10}\sin 2t+\frac{1}{4}t^2-\frac{1}{8}+\frac{3}{5}e^t$

5. 解 $y''+4y=3\sin 2t$，$y(0)=2$，$y'(0)=-1$。

   答案：$y(t)=2\cos 2t-\frac{1}{8}\sin 2t-\frac{3}{4}t\cos 2t$

6. 解 $y''-3y'+2y=e^{5x}$

   答案：$y(x)=c_1e^x+c_2e^{2x}+\frac{e^{5x}}{12}$

7. 解 $y'''+3y''+2y'=x^2+4x+8$

   答案：$y(x)=c_1+c_2e^{-x}+c_3e^{-2x}+\left(\frac{x}{12}\right)(33+3x+2x^2)$

8. 解 $y'''+y'=2x^2+4\sin x$

   答案：$y(x)=c_1+c_2\cos x+c_3\sin x-4x+\left(\frac{2}{3}\right)x^3-2x\sin x$

9. 解 $y'' + 2y' + 10y = 4xe^{2x}$

答案：$y(x) = c_1e^{-x}\cos 3x + c_2e^{-x}\sin 3x + \left(\frac{2}{9}\right)xe^{2x} - \left(\frac{2}{27}\right)e^{2x}$

4.6 參數變換法

本節介紹參數變換法，以求得非齊次微分方程的特解。我們對此方法進行詳盡的介紹，並得到可求出特解的公式。

先前已經介紹了使用未定係數法來求

$$y''(x) + P(x)y'(x) + Q(x)y(x) = f(x) \tag{1}$$

的特解，雖然未定係數法將求解微分方程簡化為代數問題，但代數可能會變得很複雜。最重要的是，未定係數法僅適用於一小類函數。

參數變換法是一種較通用的方法，可以在更多情況下使用。但是，該方法有兩個缺點。首先，必須求得對應齊次方程的通解。第二，正如我們將看到的，為了完成此方法，將進行幾個積分，但是不能保證都能夠求出積分。因此，儘管可以寫下一個公式來獲得特解，但是如果積分太困難，就無法求解。

我們將推導用於參數變換法的公式。首先，要知道 (1) 的對應齊次方程的通解是

$$y_h(x) = c_1y_1(x) + c_2y_2(x)$$

亦即，這是齊次微分方程

$$y''(x) + P(x)y'(x) + Q(x)y(x) = 0 \tag{2}$$

的通解。

要找到一對函數 $u_1(x)$ 和 $u_2(x)$，使得

$$y_p(x) = u_1(x)y_1(x) + u_2(x)y_2(x)$$

是 (1) 的解。這裡有兩個未知數，因此需要兩個方程。

使用乘積規則對 y_p 進行兩次微分，我們得到

$$y_p' = u_1y_1' + y_1u_1' + u_2y_2' + y_2u_2'$$

$$y_p'' = u_1 y_1'' + y_1' u_1' + y_1' u_1'' + u_1' y_1' + u_2 y_2'' + y_2' u_2' + y_2' u_2'' + u_2' y_2'$$

將 y_p 和上述導數代入 (1) 合併同類項得到

$$\begin{aligned}
y_p'' + P(x)y_p' + Q(x)y_p &= u_1 \overbrace{[y_1'' + Py_1' + Qy_1]}^{\text{零}} + u_2 \overbrace{[y_2'' + Py_2' + Qy_2]}^{\text{零}} \\
&\quad + y_1 u_1'' + u_1' y_1' + y_2 u_2'' + u_2' y_2' + P[y_1 u_1' + y_2 u_2'] + y_1' u_1' + y_2' u_2' \\
&= \frac{d}{dx}[y_1 u_1'] + \frac{d}{dx}[y_2 u_2'] + P[y_1 u_1' + y_2 u_2'] + y_1' u_1' + y_2' u_2' \\
&= \frac{d}{dx}[y_1 u_1' + y_2 u_2'] + P[y_1 u_1' + y_2 u_2'] + y_1' u_1' + y_2' u_2' = f(x) \qquad (3)
\end{aligned}$$

因為欲求兩個未知函數 u_1 和 u_2，所以需要兩個方程。我們可以利用進一步假設函數 u_1 和 u_2 滿足$y_1 u_1' + y_2 u_2' = 0$來獲得這些方程。這個假設不是突然出現的，而是由 (3) 中的前兩項引起的，因為如果要求$y_1 u_1' + y_2 u_2' = 0$，則 (3) 可簡化為$y_1' u_1' + y_2' u_2' = f(x)$。我們現在有兩個方程，亦即用於求導數$u_1'$和$u_2'$的兩個方程。方程組

$$\begin{aligned}
y_1 u_1' + y_2 u_2' &= 0 \\
y_1' u_1' + y_2' u_2' &= f(x)
\end{aligned}$$

的解為

$$u'_1 = \frac{-y_2 f(x)}{y_1 y'_2 - y_2 y'_1}$$

$$u'_2 = \frac{y_1 f(x)}{y_1 y'_2 - y_2 y'_1}$$

接下來，我們注意到

$$W(y_1, y_2) = y_1 y'_2 - y_2 y'_1 \neq 0$$

由於 $y_1(x)$ 和 $y_2(x)$ 是一組基本解，因此 Wronskian 不會為零！
u'_1 和 u'_2 經過積分後得到

$$u_1 = -\int \frac{y_2 f}{W} dx \text{，} u_2 = \int \frac{y_1 f}{W} dx$$

因此，假設可以求出這些積分，則微分方程的特解是

$$y_p = y_1u_1 + y_2u_2$$
$$= -y_1 \int \frac{y_2 f}{W}dx + y_2 \int \frac{y_1 f}{W}dx$$

例 1 求微分方程 $y'' + 9y = 3\tan 3t$ 的通解。

解：對應齊次方程的通解爲

$y_h(t) = c_1\cos 3t + c_2\sin 3t$

所以，我們有

$y_1(t) = \cos 3t, y_2(t) = \sin 3t$

這兩個函數的 Wronskian 是

$$W = \begin{vmatrix} \cos 3t & \sin 3t \\ -3\sin 3t & 3\cos 3t \end{vmatrix} = 3\cos^2 3t + 3\sin^2 3t = 3$$

特解 y_p

$$= -\cos 3t \int \frac{3\sin 3t \tan 3t}{3}dt + \sin 3t \int \frac{3\cos 3t \tan 3t}{3}dt$$

$$= -\cos 3t \int \frac{\sin^2 3t}{\cos 3t}dt + \sin 3t \int \sin 3t\, dt$$

$$= -\cos 3t \int \frac{1-\cos^2 3t}{\cos 3t}dt + \sin 3t \int \sin 3t\, dt$$

$$= -\cos 3t \int (\sec 3t - \cos 3t)\, dt + \sin 3t \int \sin 3t\, dt$$

$$= -\frac{\cos 3t}{3}(\ln|\sec 3t + \tan 3t| - \sin 3t) + \frac{\sin 3t}{3}(-\cos 3t)$$

$$= -\frac{\cos 3t}{3}\ln|\sec 3t + \tan 3t|$$

通解爲

$$y(t) = c_1\cos 3t + c_2\sin 3t - \frac{\cos 3t}{3}\ln|\sec 3t + \tan 3t|$$

例 2 求微分方程 $y'' - 2y' + y = \dfrac{e^t}{t^2+1}$ 的通解。

解：對應齊次方程的通解爲 $y_h = c_1e^t + c_2te^t$

因此我們有 $y_1(t) = e^t, y_2(t) = te^t$

這兩個函數的 Wronskian 是

$$W = \begin{vmatrix} e^t & te^t \\ e^t & e^t + te^t \end{vmatrix} = e^t(e^t + te^t) - e^t(te^t) = e^{2t}$$

因此特解 y_p

$$=-e^t\int\frac{te^te^t}{e^{2t}(t^2+1)}dt+te^t\int\frac{e^te^t}{e^{2t}(t^2+1)}dt$$

$$=-e^t\int\frac{t}{t^2+1}dt+te^t\int\frac{1}{t^2+1}dt$$

$$=-\frac{1}{2}e^t\ln(1+t^2)+te^t\tan^{-1}(t)$$

通解爲

$$y(t)=c_1e^t+c_2te^t-\frac{1}{2}e^t\ln(1+t^2)+te^t\tan^{-1}(t)$$

例 3 求解 $y''-6y'+9y=\dfrac{1}{x}$

解：設 $y''-6y'+9y=0$ 的通解爲 y_h

特徵方程爲 $r^2-6r+9=0$

$$\Rightarrow \quad r=3$$

因此 $y_h=Ae^{3x}+Bxe^{3x}$

令 $y_1=e^{3x}$，$y_2=xe^{3x}$

則 $y'_1=3e^{3x}$，$y'_2=(3x+1)e^{3x}$

Wronskian 的值爲 $W(y_1,y_2)=y_1y'_2-y_2y'_1=e^{6x}$

$$u_1=-\int\frac{y_2f}{W}dx$$

$$=-\int\frac{xe^{3x}\cdot\frac{1}{x}}{e^{6x}}dx$$

$$=-\int e^{-3x}dx$$

$$=\frac{1}{3}e^{-3x}$$

因此 $u_1y_1=\left(\frac{1}{3}e^{-3x}\right)(\mathrm{e}^{3x})=\frac{1}{3}$

$$u_2=\int\frac{y_1f}{W}dx$$

$$=\int\frac{e^{3x}\cdot\frac{1}{x}}{e^{6x}}dx$$

$$=\int\frac{e^{-3x}}{x}dx$$

上式無法積分。

因此 $u_2y_2 = xe^{3x}\int \frac{e^{-3x}}{x}dx$

$$y_p = u_1y_1 + u_2y_2 = \frac{1}{3} + xe^{3x}\int \frac{e^{-3x}}{x}dx$$

通解爲 $y = y_h + y_p = Ae^{3x} + Bxe^{3x} + \frac{1}{3} + xe^{3x}\int \frac{e^{-3x}}{x}dx$

例 4 求 $y'' + y = \sec x$ 的通解

解：齊次微分方程 $y'' + y = 0$ 的通解爲

$y_h = c_1\cos x + c_2\sin x$

設 $y_1 = \cos x$ 且 $y_2 = \sin x$

我們可以從參數變換法中使用以下公式來找到非齊次方程 $y'' + y = \sec x$ 的特解。

$y(t) = -y_1\int \frac{y_2f}{W}dx + y_2\int \frac{y_1f}{W}dx$。

其中 $f = \sec x$。我們還有

$W = y_1y'_2 - y'_1y_2 = \cos^2x + \sin^2x = 1$ 。

將這些值代入公式，可得

$y_p = -\cos x\int \sin x\sec x dx + \sin x\int \cos x\sec x dx$。

因爲 $\sec x = \frac{1}{\cos x}$ ，所以，第二個積分很容易求值：

$\int \cos x\sec x\, dx = \int 1dx = x$。

可以利用代換來計算第一個積分：

$\int \sin x\sec x\, dx = \int \frac{\sin x}{\cos x}dx = -\ln|\cos x|$。

我們找到了一個特解：

$y_p = \cos x\ln|\cos x| + x\sin x$。

通解爲

$y = y_h + y_p = c_1\cos x + c_2\sin x + \cos x\ln|\cos x| + x\sin x$。

例 5 求 $y'' + y = \csc x$ 的通解

解：齊次微分方程 $y'' + y = 0$ 的通解爲

$y_h = c_1\cos x + c_2\sin x$

設 $y_1 = \cos x$ 且 $y_2 = \sin x$

我們可以從參數變換法中使用以下公式來找到非齊次方程 $y'' + y = \csc x$ 的特解。

$y_p(x) = -y_1 \int \frac{y_2 f}{W} dx + y_2 \int \frac{y_1 f}{W} dx$。

其中 $f = \csc x$。我們有

$W = y_1 y'_2 - y'_1 y_2 = \cos^2 x + \sin^2 x = 1$ 。

將這些值代入公式，可得

$y_p = -\cos x \int \sin x \csc x\, dx + \sin x \int \cos x \csc x\, \mathrm{d}x$。

$\quad = -x\cos x + \sin x(\ln|\sin x|)$

通解為

$y = y_h + y_p = c_1 \cos x + c_2 \sin x - x\cos x + \sin x(\ln|\sin x|)$。

只要我們知道相關聯的齊次微分方程的基本解，參數變換法也可以用於係數不是常數的微分方程。

例 6 已知 $y_1(t) = e^t$，$y_2(t) = t + 1$ 為微分方程

$ty'' - (t+1)y' + y = t^2$

對應齊次方程的解，求此微分方程的通解。

解：將微分方程改為

$$y'' - \left(1 + \frac{1}{t}\right)y' + \frac{1}{t}y = t$$

Wronskian 是

$$W = \begin{vmatrix} e^t & t+1 \\ e^t & 1 \end{vmatrix} = e^t - e^t(t+1) = -te^t$$

特解 y_p

$$= -e^t \int \frac{(t+1)t}{-te^t} dt + (t+1) \int \frac{e^t(t)}{-te^t} dt$$

$$= e^t \int (t+1)e^{-t} dt - (t+1)\int dt$$

$$= e^t(-e^{-t}(t+2)) - (t+1)t$$

$$= -t^2 - 2t - 2$$

此微分方程的通解為

$$y(t) = c_1 e^t + c_2(t+1) - t^2 - 2t - 2$$

例 7 求 $y''-4y=\dfrac{e^{2x}}{x}$，$x>0$ 的通解

解：我們首先求

$$y''-4y=0$$

的解 $y_h(x)=c_1y_1+c_2y_2$

$$=c_1e^{2x}+c_2e^{-2x}$$

Wronskian 的値爲

$$W=y_1y'_2-y'_1y_2=-4$$

令 $f=\dfrac{e^{2x}}{x}$，

則 $u_1=-\displaystyle\int\frac{y_2f}{W}\,dx$

$$=-\int\frac{(e^{-2x})\left(\dfrac{e^{2x}}{x}\right)}{-4}\,dx$$

$$=\frac{1}{4}\ln x$$

$$u_2=\int\frac{y_1f}{W}\,dx$$

$$=\int\frac{(e^{2x})\left(\dfrac{e^{2x}}{x}\right)}{-4}\,dx$$

$$=-\frac{1}{4}\int\frac{e^{4x}}{x}\,dx$$

$$y_p=u_1y_1+u_2y_2=\frac{1}{4}\ln x\,e^{2x}-\left(\frac{1}{4}\int\frac{e^{4x}}{x}\,dx\right)e^{-2x}$$

通解 $y(x)=y_h(x)+y_p(x)$

$$=\frac{1}{4}\ln x\,e^{2x}-\left(\frac{1}{4}\int\frac{e^{4x}}{x}\,dx\right)e^{-2x}+c_1e^{2x}+c_2e^{-2x}$$

例 8 求 $x^3y'''-3xy'+3y=x^4\cos x$，$x>0$ 的通解

解：我們首先求

$$x^3y'''-3xy'+3y=0$$

的解。由於該方程式的係數都是多項式，因此可能存在形式爲 $y=x^m$ 的解。將 x^m 代入上式得到

$$x^3\cdot m(m-1)(m-2)x^{m-3}-3x\cdot mx^{m-1}+3x^m=0，$$

簡化成爲 $(m^3-3m^2-m+3)x^m=0$。

$m^3 - 3m^2 - m + 3 = m^2(m-3) - (m-3) = (m^2-1)(m-3) = 0$

$m = -1, 1, 3$

令 $y_p(x) = \frac{1}{x} u_1(x) + xu_2(x) + x^3 u_3(x)$，

其中 $u_1(x), u_2(x), u_3(x)$ 滿足

$$\begin{cases} \left(\frac{1}{x}\right) u'_1 + xu'_2 + x^3 u'_3 = 0 \\ \left(-\frac{1}{x^2}\right) u'_1 + u'_2 + 3x^2 u'_3 = 0 \\ \left(\frac{2}{x^3}\right) u'_1 + 0 + 6xu'_3 = x\cos x \end{cases}$$

解出 $u'_1(x) = \left(\frac{1}{8}\right) x^4 \cos x$

$u'_2(x) = \left(-\frac{1}{4}\right) x^2 \cos x$

$u'_3(x) = \left(\frac{1}{8}\right) \cos x$

$$u_1(x) = \left(\frac{1}{8}\right) \int x^4 \cos x dx$$

$$= \frac{1}{8}(x^4 \sin x + 4x^3 \cos x - 12x^2 \sin x - 24x \cos x + 24 \sin x),$$

$$u_2(x) = \left(-\frac{1}{4}\right) \int x^2 \cos x dx$$

$$= -\frac{1}{4}(x^2 \sin x + 2x \cos x - 2 \sin x)$$

$$u_3(x) = \left(\frac{1}{8}\right) \int \cos x \, dx$$

$$= \frac{1}{8} \sin x$$

因此，經過簡化後

$y_p(x) = -x \sin x - 3 \cos x + \frac{3\sin x}{x}$。

通解 $y(x) = -x \sin x - 3 \cos x + \frac{3\sin x}{x} + \frac{c_1}{x} + c_2 x + c_3 x^3$

習題

1. 求 $y'' + 4y = \tan 2x$ 的通解

答案：$y(x) = c_1 \cos 2x + c_2 \sin 2x - \left(\frac{1}{4}\right) \cos 2x \ln |\sec 2x + \tan 2x|$

2. 已知 $y_1 = x^2$ 和 $y_2 = \frac{1}{x}$ 爲齊次微分方程 $x^2y'' - 2y = 0$ 的解，求微分方程 $x^2y'' - 2y = 3x^2 - 1$ 的特解。

答案：$y_p = x^2 \ln x + \frac{1}{2}$

3. 已知 $y_1 = x$ 和 $y_2 = e^x$ 爲齊次微分方程 $(x-1)y'' - xy' + y = 0$ 的解，求解微分方程 $(x-1)y'' - xy' + y = (x-1)^2$，$y(0) = 1$，$y'(0) = 0$。

答案：$y(x) = 2e^x - x^2 - 2x - 1$

4. 已知$y_1(x) = e^x$和$y_2(x) = 1 + x$爲齊次微分方程$xy'' - (x+1)y' + y = 0$的解，求微分方程 $xy'' - (x+1)y' + y = x^2$ 的通解。

答案：$y(x) = c_1e^x + c_2(1+x) - (x^2 + 2x + 2)$

5. 已知 $y_1(t) = e^t$ 和 $y_2(t) = 1 + t$ 爲齊次微分方程 $ty'' - (1+t)y' + y = 0$ 的解，求微分方程 $ty'' - (1+t)y' + y = t^2 e^{2t}$，$t > 0$ 的通解。

答案：$y(t) = c_1(1+t) + c_2e^t + \frac{1}{2}(t-1)e^{2t}$

6. 求 $y'' - y = \frac{2}{e^x + e^{-x}}$ 的特解 y_p

答案：$y_p = -\left(\frac{e^x}{2}\right) \ln\left(\frac{1+e^{-2x}}{2}\right) - (e^{-\frac{x}{2}}) \ln\left(\frac{e^{2x}+1}{2}\right)$

7. 求 $y'' + 9y = \frac{27}{[16 + 9(\sin 3x)^2]}$ 的特解 y_p

答案：$y_p = \left(\frac{1}{4}\right) \sin 3x \tan^{-1}\left(\frac{3}{4}\right) \sin 3x + \left(\frac{1}{10}\right) \cos 3x \ln\left[\frac{(5 + 2\cos 3x)}{4(5 - 3\cos 3x)}\right]$

8. 求 $y'' - 2y' + y = xe^x \sin x$ 的通解

答案：$y = (c_1 + c_2x)e^x - e^x(x\sin x + 2\cos x)$

9. 求 $y'' - y = \frac{2}{1+e^x}$ 的通解

答案：$y = c_1e^x + c_2e^{-x} - 1 - xe^x + (e^x - e^{-x})\ln(1+e^x)$

10. $y'' - 2y' + y = \frac{e^x}{x}$，$x > 0$ 的通解

答案：$y = C_1e^x + C_2xe^x - xe^x + xe^x \ln x$

筆 記 欄

4.7 微分算子

微分符號 $\frac{d}{dx}$ 可以用 D 代替，即

$$Dy = \frac{dy}{dx} = y'$$

其中 D 稱爲微分算子，它將 y 轉換爲其導數 y'。

例如：$D(x^2) = 2x$

$D(\sin x) = \cos x$

$D^2y = D(Dy) = D(y') = y''$

$D^3y = y'''$

另外，$y'' + ay' + by$（其中 a，b 爲常數）可以寫成

$D^2y + aDy + by$

或 $L(D)y = (D^2 + aD + b)y = y'' + ay' + by$

其中 $L(D)$ 稱爲二階（線性）微分算子。

例 1 計算 $(3D^2 - 10D - 8)x^2$，$(3D + 2)(D - 4)x^2$ 和 $(D - 4)(3D + 2)x^2$

解：

$$\begin{aligned}(3D^2 - 10D - 8)x^2 &= 3D^2x^2 - 10Dx^2 - 8x^2 \\ &= 6 - 20x - 8x^2\end{aligned}$$

$$\begin{aligned}(3D+2)(D-4)x^2 &= (3D+2)(Dx^2 - 4x^2) \\ &= (3D+2)(2x - 4x^2) \\ &= 3D(2x - 4x^2) + 2(2x - 4x^2) \\ &= 6 - 24x + 4x - 8x^2 \\ &= 6 - 20x - 8x^2\end{aligned}$$

$$\begin{aligned}(D-4)(3D+2)x^2 &= (D-4)(3Dx^2 + 2x^2) \\ &= (D-4)(6x + 2x^2) \\ &= D(6x + 2x^2) - 4(6x + 2x^2) \\ &= 6 + 4x - 24x - 8x^2 \\ &= 6 - 20x - 8x^2\end{aligned}$$

注意：$(3D^2-10D-8)x^2=(3D+2)(D-4)x^2=(D-4)(3D+2)x^2$

上面的例子似乎暗示可以將運算子 D 當作簡單的代數來處理。但是由運算可知 $(D+1)(D+x)e^x \neq (D+x)(D+1)e^x$。含有可變係數的因子的順序是不可交換的。例如 $xDy \neq Dxy$，或一般來說，$L_1(D)L_2(D) \neq L_2(D)L_1(D)$。

以算子 D 表示非齊次微分方程如下：

$$L(D)y=f(x)$$

對於上式，我們令符號 $\frac{1}{L(D)}f(x)$ 表示它的任一解，則有

$$L(D)\left[\frac{1}{L(D)}f(x)\right]=f(x)$$

因此，在形式上可以把 $\frac{1}{L(D)}$ 視爲 $L(D)$ 的反算子。

必須注意，給定微分方程 $L(D)y=f(x)$ 後，算子多項式 $L(D)$ 和函數 $f(x)$ 就都是確定的。但函數 $\frac{1}{L(D)}f(x)$ 卻不是唯一確定。事實上，它們可以相差到相應齊次方程 $L(D)y=0$ 的任何一個解。由於我們的目的只是求出 $L(D)y=f(x)$ 的任何一個特解，因此這裡將不考慮這個差別，而依方便行事。本節中的大部分等號都是在這個意義下成立的。

爲了求解常係數線性非齊次微分方程，我們只需先求齊次方程的通解 y_h，再求非齊次方程的特解 y_p，則可得非齊次方程的通解 $y=y_h+y_p$。現在介紹利用一種簡捷的方法，亦即利用反算子 $\frac{1}{L(D)}$ 來求解 y_p。

假設 a 爲常數，則方程 $y'-ay=(D-a)y=f(x)$ 的解如下所示：

$$y=\frac{1}{D-a}f(x)=e^{ax}\int e^{-ax}f(x)dx$$

上式是解常係數線性微分方程的重要公式。

若 y 是可微分函數，且 b 爲常數，則反算子 $\frac{1}{L(D)}$ 的運算公式如下：

編號	$\frac{1}{L(D)}f(x)$	結果
(1)	$\left[\frac{1}{L(D)}\right]e^{ax}$	$\frac{1}{L(a)}e^{ax}$，$L(a)\neq 0$
(2)	$\left[\frac{1}{(D-a)}\right]f(x)$	$e^{ax}\int e^{-ax}f(x)dx$
(3)	$\left[\frac{1}{(D-a)^m}\right]e^{ax}$	$\frac{x^m}{m!}e^{ax}$
(4)	$\left[\frac{1}{L(D)}\right]e^{ax}f(x)$	$e^{ax}\frac{1}{L(D+a)}f(x)$
(5)	$\left[\frac{1}{(D^2+a^2)}\right]\sin bx$	$\frac{1}{-b^2+a^2}\sin bx$，$a\neq b$
(6)	$\left[\frac{1}{(D^2+a^2)}\right]\cos bx$	$\frac{1}{-b^2+a^2}\cos bx$，$a\neq b$
(7)	$\left[\frac{1}{(D^2+a^2)}\right]\sin ax$	$\frac{x}{-2a}\cos ax$
(8)	$\left[\frac{1}{(D^2+a^2)}\right]\cos ax$	$\frac{x}{2a}\sin ax$

情況 1：

若 $f(x)=e^{ax}$，則

1. 若 $L(a)\neq 0$，則方程 $L(D)y=e^{ax}$ 的特解爲

$$y_p=\frac{1}{L(D)}e^{ax}=\frac{1}{L(a)}e^{ax}$$

例 1 求微分方程 $y''-5y'+6y=e^x$ 的通解

解：因爲，特徵方程爲 $r^2-5r+6=0$，$r=2$，$r=3$，所以齊次方程的解爲

$y_h=c_1e^{2x}+c_2e^{3x}$

原方程爲 $(D^2-5D+6)y=e^x$，

$$y=\left[\frac{1}{L(D)}\right]e^x$$

其中 $L(D)=D^2-5D+6$

$$L(1) = 2$$

微分方程的特解　$y_p = \left[\dfrac{1}{L(1)}\right] e^x = \dfrac{e^x}{2}$

因此通解爲　$y = y_h + y_p = c_1 e^{2x} + c_2 e^{3x} + \dfrac{e^x}{2}$

2. 若 $\dfrac{1}{L(D)} e^{ax} = \dfrac{1}{(D-a)^m} e^{ax}$

則 $y_p = \dfrac{x^m}{m!} e^{ax}$

例 2　求微分方程

$(D+2)(D-1)^3 y = e^x$

的通解。

解：$(r+2)(r-1)^3 = 0$

因此　$r = -2, 1, 1, 1$

$$y_h = C_1 e^{-2x} + (C_2 + C_3 x + C_4 x^2) e^x$$

其中 C_1，C_2，C_3，C_4 爲任意常數。

$$y_p = \frac{1}{(D-1)^3} \frac{1}{(D+2)} e^x = \frac{1}{(D-1)^3} \cdot \frac{1}{1+2} e^x$$

$$= \frac{1}{3} \frac{1}{(D-1)^3} e^x = \frac{1}{3} \frac{x^3}{3!} e^x$$

通解爲 $y = C_1 e^{-2x} + (C_2 + C_3 x + C_4 x^2) e^x + \left(\dfrac{1}{18}\right) x^3 e^x$

例 3　求微分方程 $y''' - 8y = 60e^{2x}$ 的通解

解：特徵方程爲 $r^3 - 8 = 0, r = 2, -1 \pm i\sqrt{3}$，齊次方程的解爲

$y_h = c_1 e^{2x} + e^{-x}(c_2 \cos\sqrt{3}\,x + c_3 \sin\sqrt{3}\,x)$

微分方程的特解　$y_p = \left[\dfrac{1}{L(D)}\right] 60e^{2x}$

$$= \frac{1}{(D^3 - 8)} 60e^{2x}$$

$$= \frac{1}{(D-2)(D^2 + 2D + 4)} 60e^{2x}$$

$$= \frac{1}{(D-2)(4+4+4)} 60e^{2x}$$

$$=\left[\frac{1}{(D-2)}\right]5e^{2x}$$
$$=5xe^{2x}$$

通解爲 $y=y_h+y_p=c_1e^{2x}+e^{-x}(c_2\cos\sqrt{3}\,x+c_3\sin\sqrt{3}\,x)+5xe^{2x}$

例 4 求微分方程 $y'''+y'=\cos x$ 的通解

解：方法一：特徵方程爲 $r^3+r=0$，$r=0,\pm i$，齊次方程的解爲

$$y_h=c_1+c_2\cos x+c_3\sin x$$

利用 D 算子，我們有

$$D(D-i)(D+i)y=\cos x$$

請注意 $e^{ix}=\cos x+i\sin x$，所以我們求解

$$D(D-i)(D+i)y=\text{Re}\{e^{ix}\}$$

其中 $\text{Re}\{e^{ix}\}$ 表示 e^{ix} 的實部。令 $g(D)=D(D+i)$，則

$$y_p(x)=\frac{1}{(D-i)g(D)}e^{ix}=e^{ix}\frac{x}{g(i)}=-e^{ix}\frac{x}{2}=-\frac{x\cos x}{2}-i\frac{x\sin x}{2}$$

因爲我們只要解的實部，所以微分方程的特解爲

$$y_p=-\frac{x\cos x}{2}$$

通解爲 $y=y_h+y_p=c_1+c_2\cos x+c_3\sin x-\dfrac{x\cos x}{2}$

方法二：利用部分分式求解

$$\frac{1}{D(D-i)(D+i)}=\frac{1}{D}-\frac{1}{2(D-i)}-\frac{1}{2(D+i)}$$

現在，將上式應用於 e^{ix}，

$$\frac{1}{D(D-i)(D+i)}e^{ix}=\frac{e^{ix}}{i}-\frac{xe^{ix}}{2}-\frac{e^{ix}}{4i}=\frac{3e^{ix}}{4i}-\frac{xe^{ix}}{2}$$

如果取解的實部，可得以下特解

$$y_p(x)=\left(\frac{3}{4}\right)\sin x-\frac{x\cos x}{2}$$

通解爲 $y=y_h+y_p=c_1+c_2\cos x+c_3\sin x-\dfrac{x\cos x}{2}$

例 5 求微分方程 $\dfrac{d^2y}{dx^2}-4y=e^x+\sin 2x$ 的通解。

解：特徵方程 $r^2-4=0,\ r=2,-2$。

$y_h=c_1e^{2x}+c_2e^{-2x}$

$$y_p=\frac{1}{D^2-4}(e^x+\sin 2x)$$
$$=\frac{1}{D^2-4}e^x+\frac{1}{D^2-4}\sin 2x$$
$$=\frac{1}{1^2-4}e^x+\frac{1}{(-2^2)-4}\sin 2x$$
$$=\frac{-1}{3}e^x-\frac{1}{8}\sin 2x$$

通解爲 $y(x)=c_1e^{2x}+c_2e^{-2x}-\frac{1}{3}e^x-\frac{1}{8}\sin 2x$

情況 2：

若 $f(x)=\sin bx$，或 $f(x)=\cos bx$，有兩種方法：

方法 1：令 $e^{ibx}=\cos bx+i\sin bx$，如情況 1 求解 $L(D)y=\text{Re}\{e^{ibx}\}$，或 $L(D)y=\text{Im}\{e^{ibx}\}$，其中 $\text{Re}\{e^{ibx}\}$ 表示 e^{ibx} 的實部，$\text{Im}\{e^{ibx}\}$ 表示 e^{ibx} 的虛部。

方法 2：利用公式 (5)、(6)，在 $L(D)$ 中令 $D^2=-b^2$、$D^3=-b^2D$，例如，

$$\frac{1}{D^2+a^2}\cos bx=\frac{1}{-b^2+a^2}\cos bx$$
$$\frac{1}{D^3+a^3}\cos bx=\frac{1}{-b^2D+a^3}\cos bx$$
$$=\frac{a^3+b^2D}{a^6-b^4D^2}\cos bx$$
$$=\frac{a^3+b^2D}{a^6+b^6}\cos bx$$
$$=\frac{a^3\cos bx-b^3\sin bx}{a^6+b^6}$$

例 1 求微分方程 $y''+4y=15\cos 3x$ 的通解

解：特徵方程爲 $r^2+4=0$，$r=\pm 2i$，

齊次方程的解爲 $y_h=c_1\cos 2x+c_2\sin 2x$

微分方程的特解 $y_p=\left[\frac{1}{(D^2+4)}\right]15\cos 3x$

$$=\left[\frac{1}{-(3)^2+4}\right]15\cos 3x$$
$$=-3\cos 3x$$

通解爲 $y=y_h+y_p=c_1\cos 2x+c_2\sin 2x-3\cos 3x$

例 2 求微分方程 $y''' + y'' - y' - y = \cos 2x$ 的通解

解：特徵方程爲 $r^3 + r^2 - r - 1 = 0, r = 1, -1, -1$

$$y_h = c_1 e^x + (c_2 + c_3 x)e^{-x}$$

$$y_p = \frac{1}{D^3 + D^2 - D - 1}\cos 2x = \frac{1}{D^2 \cdot D + D^2 - D - 1}\cos 2x$$

$$= \frac{1}{(-2^2)D - 2^2 - D - 1}\cos 2x$$

$$= \frac{1}{-5D - 5}\cos 2x = -\frac{1}{5}\cdot\frac{1}{D+1}\cos 2x$$

$$= -\frac{1}{5}\frac{D-1}{(D-1)(D+1)}\cos 2x$$

$$= -\frac{1}{5}(D-1)\left(\frac{1}{(D^2-1)}\cos 2x\right)$$

$$= -\frac{1}{5}(D-1)\left(\frac{1}{-2^2-1}\cos 2x\right)$$

$$= \frac{1}{25}(D-1)\cos 2x = \frac{1}{25}(-2\sin 2x - \cos 2x)$$

通解爲 $y = c_1 e^x + (c_2 + c_3 x)e^{-x} - \frac{2}{25}\sin 2x - \frac{1}{25}\cos 2x$

例 3 求微分方程 $y'' + 4y = 8\cos 2x$ 的通解

解：特徵方程爲 $r^2 + 4 = 0$，$r = \pm 2i$，

齊次方程的解爲 $y_h = c_1\cos 2x + c_2\sin 2x$

利用 D 算子，我們有

$(D^2 + 4)y = 8\cos 2x$

因爲 $e^{ix} = \cos x + i\sin x$，所以我們求解

$(D^2 + 4)y = 8\text{Re}\{e^{i2x}\}$

其中 $\text{Re}\{e^{i2x}\}$ 爲 e^{i2x} 的實部。

$$\frac{8}{D^2+4}e^{i2x} = \frac{8}{(D-2i)(D+2i)}e^{i2x}$$

$$= \frac{8}{(D-2i)(2i+2i)}e^{i2x}$$

$$= \frac{8}{(D-2i)(4i)}e^{i2x}$$

$$= \frac{8}{4i}xe^{i2x}$$

$$= -2ixe^{i2x}$$

$= -2ix(\cos 2x + i\sin 2x)$

$= 2x(\sin 2x - i\cos 2x)$

取其實部 $2x\sin 2x$ 作爲特解，即 $y_p = 2x\sin 2x$

通解爲　$y = y_h + y_p = c_1\cos 2x + c_2\sin 2x + 2x\sin 2x$

注意：若是直接利用公式 (8)，

$\frac{1}{D^2+a^2}\cos ax \rightarrow y_p = \frac{x\sin ax}{2a}$

$\frac{8}{D^2+a^2}\cos ax \rightarrow y_p = \frac{8x\sin ax}{2a}$

令 $a = 2$，$\frac{8}{D^2+4}\cos 2x \rightarrow y_p = \frac{8x\sin 2x}{4} = 2x\sin 2x$

情況 3：

若 $f(x)$ 爲 x 的多項式，欲求方程 $L(D)y = x^m$ 的特解，其中 m 爲正整數，可將 $\frac{1}{L(D)}$ 寫成 D 的冪次；

例如，若 $L(D) = 1 - D$，則

$$\frac{1}{1-D} = 1 + D + D^2 + \cdots + D^m +$$

由於 $(D^{m+r})\, x^m = 0$，因此特解是

$$y_p = \frac{1}{L(D)}\, x^m = (1 + D + D^2 + \cdots + D^m + \cdots)x^m$$

$$= x^m + mx^{m-1} + m(m-1)x^{m-2} + \cdots$$

例 1　求微分方程 $y'' + 4y = 8x^3$ 的通解

解：特徵方程爲 $r^2 + 4 = 0$，$r = \pm 2i$，

齊次方程的解爲　$y_h = c_1\cos 2x + c_2\sin 2x$

特解　$y_p = \frac{8}{4+D^2}\, x^3$

$$= \frac{8}{4\left(1+\frac{D^2}{4}\right)} x^3$$

$$=2\left(1-\frac{D^2}{4}+\left(\frac{D^2}{4}\right)^2-\cdots\right)x^3$$

$$=2\left(x^3-\frac{6x}{4}\right)=2x^3-3x$$

通解 $y=y_h+y_p=c_1\cos 2x+c_2\sin 2x+2x^3-3x$

例 2 求微分方程 $y''+y'=x^2+2x$ 的通解

解：特徵方程爲 $r^2+r=0$，$r=0,-1,$

齊次方程的解爲 $y_h=c_1+c_2e^{-x}$

特解 $y_p=\frac{1}{D^2+D}(x^2+2x)=\frac{1}{D}\frac{1}{D+1}(x^2+2x)$

$$=\frac{1}{D}(1-D+D^2+\cdots)(x^2+2x)$$

$$=\left(\left(\frac{1}{D}\right)-1+D+\cdots\right)(x^2+2x)$$

$$=\int(x^2+2x)dx-(x^2+2x)+\frac{d}{dx}(x^2+2x)$$

$$=\frac{x^3}{3}+2$$

通解 $y=y_h+y_p=c_1+c_2e^{-x}+\frac{x^3}{3}+2$

例 3 求微分方程 $y'''-y''-6y'=1+x^2$ 的通解

解：特徵方程爲 $r^3-r^2-6r=0$，$r=0,3,-2$

$y_h=C_1+C_2e^{3x}+C_3e^{-2x}$

$$y_p=\frac{1}{D^3-D^2-6D}(1+x^2)$$

$$=\frac{-1}{6D}\left\{\left(1+\frac{D-D^2}{6}\right)^{-1}(1+x^2)\right\}$$

$$=\frac{-1}{6D}\left[\left\{1-\frac{D-D^2}{6}+\frac{(D-D^2)^2}{36}\cdots\right\}(1+x^2)\right]$$

$$=\frac{-1}{6D}\left[(1+x^2)-\frac{1}{6}(2x)+\frac{7}{36}(2)\right]$$

$$=\frac{-1}{6}\left(\frac{25}{18}x-\frac{x^2}{6}+\frac{x^3}{3}\right)=\frac{-1}{108}(25x-3x^2+6x^2)$$

通解 $y=C_1+C_2e^{3x}+C_3e^{-2x}-\frac{1}{108}(25x-3x^2+6x^3)$

情況 4：

若 $f(x) = e^{ax}V(x)$，其中 $V(x)$ 爲 x^m、$\cos ax$ 或 $\sin ax$，則特解

$$y_p = \frac{1}{L(D)}e^{ax}V(x) = e^{ax}\frac{1}{L(D+a)}V(x)$$

例 1 求微分方程 $(D^2 + 2D + 5)y = xe^x$ 的通解

解：特徵方程爲 $r^2 + 2r + 5 = 0$，$r = -1 \pm 2i$，

齊次方程的解爲 $y_h = e^{-x}(c_1\cos 2x + c_2\sin 2x)$

特解

$$\begin{aligned}
y_p &= \frac{1}{D^2+2D+5}xe^x \\
&= e^x\frac{1}{(D+1)^2+2(D+1)+5}x \\
&= e^x\frac{1}{D^2+4D+8}x \\
&= e^x\frac{1}{8\left(\frac{D^2}{8}+\frac{D}{2}+1\right)}x \\
&= \frac{1}{8}e^x\left(\frac{D^2}{8}+\frac{D}{2}+1\right)^{-1}x \\
&= \frac{1}{8}e^x\left(1-\frac{D}{2}-\cdots\right)x \\
&= \frac{1}{8}e^x\left(x-\frac{1}{2}\right)
\end{aligned}$$

通解 $y = y_h + y_p = e^{-x}(c_1\cos 2x + c_2\sin 2x) + \frac{1}{8}xe^x - \frac{1}{16}e^x$

例 2 求微分方程 $y' - 3y = e^{3x}(3x^2 + 10x + 2)$ 的通解

解：原式爲 $(D-3)y = e^{3x}(3x^2 + 10x + 2)$

齊次方程 $y' - 3y = 0$ 的解爲

$$y_h = ce^{3x}$$

原方程的特解爲

$$\begin{aligned}
y_p &= \frac{1}{D-3}[e^{3x}(3x^2 + 10x + 2)] \\
&= e^{3x}\int(3x^2 + 10x + 2)dx \\
&= e^{3x}(x^3 + 5x^2 + 2x)
\end{aligned}$$

通解　$y = y_h + y_p = e^{3x}(x^3 + 5x^2 + 2x + c)$

例 3　求微分方程 $(D^2 - 2D + 5)y = e^{2x}\sin x$ 的特解

解：$y_p = \dfrac{1}{D^2 - 2D + 5} e^{2x}\sin x$

$$= e^{2x}\frac{1}{(D+2)^2 - 2(D+2) + 5}\sin x$$

$$= e^{2x}\cdot\frac{1}{D^2 + 2D + 5}\sin x = e^{2x}\frac{1}{-1^2 + 2D + 5}\sin x$$

$$= \frac{e^{2x}}{2}\cdot\frac{1}{D+2}\sin x = \frac{e^{2x}}{2}(D-2)\frac{1}{D^2 - 4}\sin x$$

$$= \frac{e^{2x}}{2}\cdot(D-2)\frac{1}{-1^2 - 4}\sin x = \frac{-1}{10}e^{2x}(D-2)\sin x$$

$$= \frac{-1}{10}e^{2x}(\cos x - 2\sin x)$$

特解　$y_p = \dfrac{-1}{10}e^{2x}(\cos x - 2\sin x)$

例 4　求微分方程

$(D^2 - 2D + 4)y = e^x\cos x$ 的特解。

解：$y_p = \dfrac{1}{D^2 - 2D + 4} e^x\cos x$

$$= e^x\frac{1}{(D+1)^2 - 2(D+1) + 4}\cos x$$

$$= e^x\frac{1}{D^2 + 2D + 1 - 2D - 2 + 4}\cos x$$

$$= e^x\frac{1}{D^2 + 3}\cos x$$

$$= e^x\frac{1}{-1^2 + 3}\cos x$$

$$= \frac{1}{2}e^x\cos x$$

例 5　求微分方程

$$\frac{d^2y}{dx^2} - 2\frac{dy}{dx} + y = x^2e^{3x}$$

的通解。

解：特徵方程爲 $r^2 - 2r + 1 = 0$，$r = 1, 1$。

$y_h = (c_1 + c_2x)e^x$

$$y_p=\frac{1}{(D-1)^2}x^2e^{3x}=e^{3x}\frac{1}{[(D+3)-1]^2}x^2$$

$$=e^{3x}\frac{1}{(D+2)^2}x^2=\frac{e^{3x}}{4}\frac{1}{\left(1+\frac{D}{2}\right)^2}x^2$$

$$=\frac{e^{3x}}{4}\left(1+\frac{D}{2}\right)^{-2}x^2=\frac{e^{3x}}{4}\left(1-D+\frac{3}{4}D^2\cdots\right)x^2$$

$$=\frac{1}{4}e^{3x}\left(x^2-2x+\frac{3}{2}\right)=\frac{e^{3x}}{8}(2x^2-4x+3)$$

通解　$y=(c_1+c_2x)e^x+\frac{e^{3x}}{8}(2x^2-4x+3)$

情況 5：

若 $f(x)=x^mV(x)$，其中 $V(x)$ 爲 $\cos ax$、$\sin ax$。

例 1　求微分方程 $(D^2+1)y=x^2\sin 2x$ 的通解

解：特徵方程爲 $r^2+1=0$，$r=\pm i$，

齊次方程的解爲 $y_h=c_1\cos x+c_2\sin x$

因爲 $e^{2ix}=\cos 2x+i\sin 2x$，$\sin 2x$ 爲 e^{2ix} 的虛部，所以我們求解 $(D^2+1)y=x^2e^{2ix}$ 再取虛部。

$$\frac{1}{D^2+1}x^2e^{2ix}=e^{2ix}\frac{1}{(D+2i)^2+1}x^2$$

$$=e^{2ix}\frac{1}{(D^2+4iD-3)}x^2$$

$$=e^{2ix}\frac{1}{-3\left(1-\frac{D^2}{3}-\frac{4i}{3}D\right)}x^2$$

$$=\frac{-1}{3}e^{2ix}\left[1+\frac{4i}{3}D+\frac{D^2}{3}+\left(\frac{4i}{3}D+\frac{D^2}{3}\right)^2\cdots\right]x^2$$

$$=\frac{-1}{3}e^{2ix}\left(1+\frac{4i}{3}D+\frac{D^2}{3}-\frac{16D^2}{9}\right)x^2$$

$$=\frac{-1}{3}e^{2ix}\left(x^2+\frac{8xi}{3}-\frac{26}{9}\right)$$

$$=\frac{-1}{3}(\cos 2x+i\sin 2x)\left[\left(x^2-\frac{26}{9}\right)+\frac{8xi}{3}\right]$$

方程的特解爲

$$y_p=\frac{-1}{3}\left[\left(x^2-\frac{26}{9}\right)\sin 2x+\frac{8}{3}x\cos 2x\right]$$

通解 $y=c_1\cos x+c_2\sin x-\frac{1}{3}\left[\left(x^2-\frac{26}{9}\right)\sin 2x+\frac{8}{3}x\cos 2x\right]$

即 $y=c_1\cos x+c_2\sin x-\frac{1}{27}[24x\cos 2x+(9x^2-26)\sin 2x]$

公式：

若 $f(x)=xV$，則

$$\frac{1}{L(D)}(xV)=\left[x-\frac{L'(D)}{L(D)}\right]\frac{1}{L(D)}V$$

例 2 求 $(D^2+4)y=x\sin x$ 的特解。

解：$y_p=\frac{1}{D^2+4}x\sin x$

$$=\left(x-\frac{2D}{D^2+4}\right)\frac{1}{D^2+4}\sin x$$

$$=\left(x-\frac{2D}{D^2+4}\right)\frac{1}{-1^2+4}\sin x$$

$$=\left(x-\frac{2D}{D^2+4}\right)\frac{\sin x}{3}$$

$$=\frac{1}{3}\left(x\sin x-\frac{2\cos x}{D^2+4}\right)$$

$$=\frac{x\sin x}{3}-\frac{2\cos x}{3(-1^2+4)}$$

$$=\frac{x\sin x}{3}-\frac{2}{9}\cos x$$

例 3 求微分方程 $\frac{d^4y}{dx^2}+2\frac{d^2y}{dx^2}+y=x^2\cos x$ 的通解

解：特徵方程爲 $(r^2+1)^2=0$，$r=\pm i, \pm i$

$y_h=(c_1+c_2x)\cos x+(c_3+c_4x)\sin x$

$y_p=\frac{1}{(D^2+1)^2}x^2\cos x$

取 $\frac{1}{(D^2+1)^2}x^2e^{ix}$ 的實部

$$\frac{1}{(D^2+1)^2}x^2e^{ix}=e^{ix}\frac{1}{\{(D+i)^2+1\}^2}x^2$$

$$=e^{ix}\frac{1}{(D^2+2iD)^2}x^2$$

$$=e^{ix}\cdot\frac{1}{(2iD)^2\left(1-\frac{1}{2}iD\right)^2}x^2=\frac{-1}{4}e^{ix}\cdot\frac{1}{D^2}\left(1-\frac{1}{2}iD\right)^{-2}x^2$$

$$=\frac{-1}{4}e^{ix}\cdot\frac{1}{D^2}\left(1+iD-\frac{3}{4}D^2+\cdots\right)x^2$$

$$=\frac{-1}{4}e^{ix}\cdot\frac{1}{D}\left\{\frac{1}{D}\left(x^2+2iD-\frac{3}{2}\right)\right\}$$

$$=\frac{-1}{4}e^{ix}\cdot\frac{1}{D}\left(\frac{x^3}{3}+ix^2-\frac{3}{2}x\right)$$

$$=\frac{-1}{4}e^{ix}\left(\frac{x^4}{12}+\frac{1}{3}ix^3-\frac{3}{4}x^2\right)$$

$$=\frac{-1}{4}(\cos x+i\sin x)\left\{\left(\frac{1}{12}x^4-\frac{3}{4}x^2\right)+\frac{1}{3}ix^3\right\}$$

$$=\frac{-1}{4}(\cos x+i\sin x)\left\{\frac{1}{12}(x^2-9)x^2+\frac{1}{3}ix^3\right\}$$

取實部　$y_p=\frac{1}{48}(9-x^2)x^2\cos x+\frac{1}{12}x^3\sin x$

通解

$$y=(C_1+C_2x)\cos x+(C_3+C_4x)\sin x+\frac{1}{48}(9-x^2)x^2\cos x+\frac{1}{12}x^3\sin x$$

情況 6：$f(x)=\cos ax+x^m$

例 1　求 $\frac{d^2y}{dx^2}-2\frac{dy}{dx}+3y=\cos x+x^2$ 的特解

解：$y_p=\frac{1}{D^2-2D+3}(\cos x+x^2)$

$$=\frac{1}{D^2-2D+3}\cos x+\frac{1}{D^2-2D+3}x^2$$

$$=\frac{1}{-1^2-2D+3}\cos x+\frac{1}{3}\frac{1}{1-\frac{2D-D^2}{3}}x^2$$

$$=\frac{-1}{2}\frac{1}{D-1}\cos x+\frac{1}{3}\left(1-\frac{2D-D^2}{3}\right)^{-1}x^2$$

$$=\frac{-1}{2}\frac{D+1}{(D-1)(D+1)}\cos x+\frac{1}{3}\left\{1+\frac{2D-D^2}{3}+\left(\frac{2D-D^2}{3}\right)^2+\cdots\right\}x^2$$

$$=\frac{-1}{2}(D+1)\left(\frac{1}{D^2-1}\cos x\right)+\frac{1}{3}\left(1+\frac{2}{3}D+\frac{1}{9}D^2+\cdots\right)x^2$$

$$=\frac{-1}{2}(D+1)\left(\frac{1}{-1^2-1}\cos x\right)+\frac{1}{3}\left(x^2+\frac{2}{3}(2x)+\frac{1}{9}(2)\right)$$

$$=\frac{1}{4}(D+1)\cos x+\frac{1}{3}\left(x^2+\frac{4}{3}x+\frac{2}{9}\right)$$

$$=\frac{1}{4}(-\sin x+\cos x)+\frac{1}{27}(9x^2+12x+2)$$

特解 $y_p=\frac{1}{4}(\cos x-\sin x)+\frac{1}{27}(9x^2+12x+2)$

習題

使用算子 D 的方法，解下列各題。

1. $(D^2+3D+2)y=2(e^{-2x}+x^2)$。

   答案：$y=c_1e^{-x}+c_2e^{-2x}-2xe^{-2x}+x^2-3x+\frac{7}{2}$

2. $(D^2-5D+6)y=e^{2x}$。

   答案：$y=c_1e^{2x}+c_2e^{3x}-xe^{2x}$。

3. $(D^3-7D+6)y=5e^{-x}-3e^{-2x}+9e^{3x}$。

   答案：$y=c_1e^{-x}+c_2e^{-2x}+c_3e^{3x}-\frac{5}{4}xe^{-x}-\frac{3}{5}xe^{-2x}+\frac{9}{20}xe^{3x}$。

4. $(D^2+2D+1)y=x\cos x$

   答案：$y=(c_1+c_2x)e^{-x}+\left(\frac{1}{2}\right)[(x-1)\sin x+\cos x]$

5. $(D-1)^2(D^2+1)y=\sin x$

   答案：$y=(c_1+c_2x)e^{x}+c_3\cos x+c_4\sin x+\left(\frac{1}{4}\right)(x\sin x)$

6. $(D^2+4)y=x\sin x$

   答案：$y=c_1\cos 2x+c_2\sin 2x+\frac{1}{3}x\sin x-\frac{2}{9}\cos x$

7. $(D^2-5D+6)y=x\sin 3x$

   答案：$y=c_1e^{2x}+c_2e^{3x}+\frac{x}{234}(15\cos 3x-3\sin 3x)+\frac{1}{(234)^2}(846\cos 3x-1620\sin 3x)$

8. $(D^4+4)y=x\sin 2x$

答案：$y=c_1\cos 2x+c_2\sin 2x-\frac{x^2}{8}\cos 2x+\frac{x}{16}\sin 2x$

9. $(D^3-7D-6)y=e^{2x}(1+x)$

答案：$y=c_1e^{-x}+c_2e^{3x}+c_3e^{-2x}-\frac{1}{12}\left(\frac{17}{12}+x\right)e^{2x}$

10. $(D^2-1)y=x\sin x+(1+x^2)e^x$

答案：$y=c_1x+c_2e^{-x}+\frac{1}{12}xe^x(2x^2-3x+9)-\frac{1}{2}(\cos x+x\sin x)$

4.8 Cauchy-Euler方程

通常，變係數的二階線性方程比常係數的方程更難求解。但是，Cauchy-Euler 方程是一個例外。求解常係數二階線性方程的概念可用於求解 Cauchy-Euler 方程。此外，我們還可以利用一種轉換，將 Cauchy-Euler 方程轉換爲線性方程。

在極坐標中求解二維 Laplace 方程時，就會出現 Cauchy-Euler 方程。如果人們試圖找到具有圓形對稱性的二維電荷結構的靜電勢，則會發生這種情況。Cauchy-Euler 方程很容易識別，因爲方程中每項係數的自變數的冪等於該項中導數的階數。

定義

線性微分方程

$a_n x^n y^{(n)} + a_{n-1} x^{n-1} y^{(n-1)} + \cdots + a_1 x y' + a_0 y = f(x)$

其中 a_i（$i = 0, 1, 2, \cdots, n$）爲常數，此微分方程稱爲 Cauchy-Euler 方程。

二階 Cauchy-Euler 方程爲，

$$ax^2 y''(x) + bxy'(x) + cy(x) = 0$$

注意，在這樣的方程式中，每個係數中 x 的冪與該項中導數的階數相匹配。這個方程式的求解方式類似於常係數方程式。

首先令 $y(x) = x^r$。將此函數及其導數代入方程式，可得

$$[ar(r-1) + br + c]\, x^r = 0 \text{。}$$

因此得到特徵方程 $ar(r-1) + br + c = 0$。

就像常係數微分方程一樣，我們有一個二次方程，並且由根的性質可產生三種類型的解。若存在兩個相異實根 r_1，r_2，則通解爲

$$y(x) = c_1 x^{r_1} + c_2 x^{r_2}$$

若是兩個相等實根 $r = r_1 = r_2$，則通解爲

$$y(x) = (c_1 + c_2 \ln|x|)x^r \text{。}$$

若是兩個共軛複數根 $r = \alpha \pm i\beta$，則通解爲

$$y(x) = x^\alpha [c_1 \cos(\beta \ln|x|) + c_2 \sin(\beta \ln|x|)] \text{。}$$

例 1 解初值問題：$x^2y'' + 3xy' + y = 0$，初始條件 $y(1) = 0$，$y'(1) = 1$。

解：特徵方程爲：

$r(r-1) + 3r + 1 = 0$，

即 $r^2 + 2r + 1 = 0$。

只有一個實根，$r = -1$。因此，通解爲

$y(x) = (c_1 + c_2 \ln|x|)x^{-1}$。

已知 $y(1) = 0$，可得 $c_1 = 0$。

因此 $y(x) = c_2(\ln|x|)x^{-1}$

$y'(x) = c_2(1 - \ln|x|)x^{-2}$，

已知 $y'(1) = 1$，可得 $c_2 = 1$。

初值問題的解爲 $y(x) = (\ln|x|)x^{-1}$。

現在我們來看共軛複數根的情況，$r = \alpha \pm i\beta$。當處理 Cauchy-Euler 方程時，我們的解形式爲 $y(x) = x^{\alpha+i\beta}$。獲得實際解的關鍵是首先重寫 x^y：

$x^y = \exp(\ln x^y) = \exp(y\ln x)$

因此，解可以寫成

$y(x) = x^{\alpha+i\beta} = x^\alpha e^{i\beta\ln x}, x > 0$

因爲

$e^{i\beta\ln x} = \cos(\beta\ln|x|) + i\sin(\beta\ln|x|)$

我們現在可以找到兩個實線性獨立解 $x^\alpha\cos(\beta\ln|x|)$ 和 $x^\alpha\sin(\beta\ln|x|)$，遵循與先前對於常係數情況相同的步驟。可得通解

$y(x) = x^\alpha[c_1\cos(\beta\ln|x|) + c_2\sin(\beta\ln|x|)]$

例 2　求 $x^2y'' - xy' + 5y = 0$ 的通解

解：特徵方程爲

$r(r-1) - r + 5 = 0$，

或　$r^2 - 2r + 5 = 0$。

這個方程的根是複數，$r_1 = 1 + 2i, r_2 = 1 - 2i$。

因此通解爲

$y(x) = x[c_1 \cos(2 \ln|x|) + c_2 \sin(2 \ln|x|)]$。

例 3　求 $x^2y'' + 5xy' + 12y = 0$ 的通解

解：與常係數方程一樣，我們從寫出特徵方程開始。

$r(r-1) + 5r + 12 = r^2 + 4r + 12 = 0$

經過簡單的計算得到

$r = -2 \pm 2\sqrt{2}\,i$。

因此通解爲

$y(x) = x^{-2}[c_1 \cos(2\sqrt{2} \ln|x|) + c_2 \sin(2\sqrt{2} \ln|x|)]$

以下是這三種情況的摘要。

Cauchy-Euler 微分方程的特徵方程根的分類：

1. 相異實根 r_1，r_2。在這種情況下，對應於每個根的解是線性獨立。因此，通解是 $y(x) = c_1x^{r_1} + c_2x^{r_2}$。
2. 相等實根 $r_1 = r_2 = r$。在這種情況下，對應於每個根的解是線性相關。可以使用降階法求得第二個線性獨立的解 $x^r \ln|x|$。因此，通解是 $y(x) = (c_1 + c_2 \ln|x|)x^r$。
3. 共軛複數根 $r_1 = \alpha + i\beta$，$r_2 = \alpha - i\beta$。對應於每個根的解是線性獨立。即，$x^\alpha\cos(\beta\ln|x|)$ 和 $x^\alpha\sin(\beta\ln|x|)$ 是兩個線性獨立的解。因此，通解是 $y(x) = x^\alpha[c_1 \cos(\beta\ln|x|) + c_2 \sin(\beta\ln|x|)]$。

我們也可以使用未定係數法或參數變化法來求解一些非齊次的 Cauchy-Euler 方程。我們將藉由幾個例子對此進行說明。

例 4　求 $x^2y'' - xy' - 3y = 2x^2$ 的通解。

解：首先我們求齊次方程的解。特徵方程爲 $r^2 - 2r - 3 = 0$。因此，根爲

$r = -1, 3$，解爲 $y_h(x) = c_1x^{-1} + c_2x^3$。

接下來，我們需要求特解。假設 $y_p(x) = Ax^2$ 代入非齊次微分方程中，我們有

$$2x^2 = 2Ax^2 - 2Ax^2 - 3Ax^2$$
$$= -3Ax^2$$ 。

因此，$A = -\frac{2}{3}$。此題的通解是

$$y(x) = c_1x^{-1} + c_2x^3 - \left(\frac{2}{3}\right)x^2$$ 。

例 5 解 $x^2y'' - 4xy' + 4y = x^2$。

解：令 $x = e^t$，可將 $ax^2\frac{d^2y}{dx^2} + bx\frac{dy}{dx} + cy$

改爲 $\frac{d^2y}{dt^2} + (b-a)\frac{dy}{dt} + cy$。

因此原式可改爲 $\frac{d^2y}{dt^2} - 5\frac{dy}{dt} + 4y = e^{2t}$

利用未定係數法，可得

$$y(t) = c_1 e^{4t} + c_2 e^t - \left(\frac{1}{2}\right)e^{2t}$$ 。

因爲 $t = \ln x$，

所以 $y(x) = c_1 x^4 + c_2 x - \left(\frac{1}{2}\right)x^2$。

例 6 求 $x^2y'' - xy' - 3y = 2x^3$ 的通解。

解：令 $x = e^t$，可將原式改爲

$$\frac{d^2y}{dt^2} - 2\frac{dy}{dt} - 3y = 2e^{3t}$$

齊次方程的解 $y_h = c_1e^{-t} + c_2e^{3t}$

這種情況下，非齊次項與齊次方程的解有同類項。因此，令 $y_p = Ate^{3t}$。利用未定係數法，求得 $A = \frac{1}{2}$。故

$$y(t) = y_h + y_p = c_1e^{-t} + c_2e^{3t} + \left(\frac{1}{2}\right)te^{3t}$$

通解爲 $y(x) = \frac{c_1}{x} + c_2x^3 + \left(\frac{1}{2}\right)x^3 \ln x$。

例 7 求 $x^2y'' + xy' + 9y = -\tan(3\ln x)$ 的通解。

解：令 $x = e^t$，可將原式改為

$$\frac{d^2y}{dt^2} + 9y = -\tan(3t)。$$

利用參數變化法求得

$$y = C_1\cos(3t) + C_2\sin(3t) + \frac{1}{18}[\ln|1+\sin(3t)| - \ln|1-\sin(3t)|]\cos(3t)。$$

因此通解為

$$y = C_1\cos(3\ln x) + C_2\sin(3\ln x) + \frac{1}{18}[\ln|1+\sin(3\ln x)| - \ln|1 - \sin(3\ln x)|]\cos(3\ln x)。$$

例 8 解 $x^2y'' - 4xy' + 6y = \cos(2\ln x)$

解：令 $x = e^t$，則 $t = \ln x$

$$xy' = x\frac{dy}{dx} = \frac{dy}{dt}$$

$$x^2y'' = x^2\frac{d^2y}{dx^2} = \frac{d^2y}{dt^2} - \frac{dy}{dt}$$

原式可化為

$$\frac{d^2y}{dt^2} - \frac{dy}{dt} - 4\frac{dy}{dt} + 6y = \cos 2t$$

特徵方程 $r^2 - 5r + 6 = 0$

$r = 2$，$r = 3$

齊次方程的解為 $y_h = c_1e^{2t} + c_2e^{3t}$

非齊次方程的特解為

$$\begin{aligned}
y_p &= \frac{1}{L(D)}\cos 2t \\
&= \frac{1}{D^2 - 5D + 6}\cos 2t \\
&= \frac{1}{-2^2 - 5D + 6}\cos 2t \\
&= \frac{1}{2 - 5D}\cos 2t \\
&= \frac{2 + 5D}{4 - 25D^2}\cos 2t \\
&= \frac{2 + 5D}{4 - 25(-4)}\cos 2t
\end{aligned}$$

$$=\frac{2+5D}{104}\cos 2t$$

$$=\frac{1}{104}(2\cos 2t-10\sin 2t)$$

$$y=y_h+y_p=c_1e^{2t}+c_2e^{3t}+\frac{1}{52}\cos 2t-\frac{5}{52}\sin 2t$$

$$=c_1x^2+c_2x^3+\frac{1}{52}\cos 2(\ln x)-\frac{5}{52}\sin 2(\ln x)$$

例 9 解 $x^3y'''+2x^2y''+2y=10\left(x+\dfrac{1}{x}\right)$

解：令 $x=e^t$，則 $t=\ln x$

$$x\frac{dy}{dx}=\frac{dy}{dx}=Dy$$

$$x^2\frac{d^2y}{dx^2}=\frac{d^2y}{dt^2}-\frac{dy}{dt}=D(D-1)y$$

$$x^3\frac{d^3y}{dx^3}=D(D-1)(D-2)y$$

原式可化爲

$$(D^3-3D^2+2D+2(D^2-D)+2)y=10(e^t+e^{-t})$$

$$(D^3-D^2+2)y=10(e^t+e^{-t})$$

特徵方程 $r^3-r^2+2=0$

$(r+1)(r^2-2r+2)=0$

$r=-1$，$r=1+i$，$r=1-i$，

齊次方程的解 $y_h=c_1e^{-t}+e^t(c_2\cos t+c_3\sin t)$

非齊次方程的特解爲

$$y_p=\frac{1}{D^3-D^2+2}(10^t+10e^{-t})$$

$$=\frac{10}{1^3-1^2+2}e^t+\frac{10te^{-t}}{3D^2-2D}$$

$$=5e^t+\frac{10te^{-t}}{3(-1)^2-2(-1)}$$

$$=5e^t+\frac{10}{3+2}te^{-t}$$

$$=5e^t+2te^{-t}$$

$$y=c_1e^{-t}+e^t(c_2\cos t+c_3\sin t)+5e^t+2te^{-t}$$

$$=\frac{c_1}{x}+x[c_2\cos(\ln x)+c_3\sin(\ln x)]+5x+\frac{2\ln x}{x}$$

習題

解下列微分方程。

1. $2x^2y''+xy'-3y=0, y(1)=1, y'(1)=4$

   答案：$y=2x^{\frac{3}{2}}-x^{-1}$

2. $4x^2y''+8xy'+17y=0$

   答案：$y=c_1x^{-\frac{1}{2}}\cos(2\ln x)+c_2x^{-\frac{1}{2}}\sin(2\ln x)$

3. $x^2y''-3xy'+4y=0, y(-1)=2, y'(-1)=3$

   答案：$y=2x^2-7x^2\ln|x|$

4. $x^4y''-2xy'+2y=x^3, x>0$

   答案：$y=C_1x+C_2x^2+\frac{1}{2}x^3$

筆記欄

4.9 Legendre線性方程

定義

線性微分方程

$$a_n(ax+b)^n y^{(n)} + a_{n-1}(ax+b)^{n-1} y^{(n-1)} + \cdots + a_1(ax+b)y' + a_0 y = f(x)$$

其中 a_i（$i = 0, 1, 2, \cdots, n$）爲常數，此微分方程稱爲 Legendre 線性方程。

例 1 解 $(1+x)^2 \dfrac{d^2y}{dx^2} + (1+x)\dfrac{dy}{dx} + y = 4\cos[\ln(x+1)]$

解：令 $z = 1+x$，將原式改爲

$$z^2 \frac{d^2y}{dz^2} + z\frac{dy}{dz} + y = 4\cos(\ln z)$$

令 $$z = e^t$$

$$z^2 \frac{d^2y}{dz^2} = \frac{d^2y}{dt^2} - \frac{dy}{dt}，z\frac{dy}{dz} = \frac{dy}{dt}$$

$$\left(\frac{d^2y}{dt^2} - \frac{dy}{dt}\right) + \frac{dy}{dt} + y = 4\cos t$$

$$\frac{d^2y}{dt^2} + y = 4\cos t$$

$$y_h = c_1\cos t + c_2\sin t$$

$$y_p = \frac{1}{D^2+1}4\cos t$$

$$= \frac{4t}{2}\sin t$$

$$= 2t\sin t$$

$$\because t = \ln(1+x)$$

$$\therefore\ y = y_h + y_p = c_1\cos[\ln(1+x)] + c_2\sin[\ln(1+x)] + 2\ln(1+x)\sin[\ln(1+x)]$$

例 2 解 $(2x+3)^2 \dfrac{d^2y}{dx^2} - 2(2x+3)\dfrac{dy}{dx} - 12y = 6x$

解：令 $z = 2x+3$，$dx = \dfrac{1}{2}dz$，原式可改爲

$$4z^2 \frac{d^2y}{dz^2} - 4z\frac{dy}{dz} - 12y = 3(z-3)$$

$$z^2\frac{d^2y}{dz^2}-z\frac{dy}{dz}-3y=\frac{3}{4}z-\frac{9}{4}$$

令 $z=e^t$，則上式可改爲

$$\left(\frac{d^2y}{dt^2}-\frac{dy}{dt}\right)-\frac{dy}{dt}-3y=\frac{3}{4}e^t-\frac{9}{4}$$

$$\frac{d^2y}{dt^2}-2\frac{dy}{dt}-3y=\frac{3}{4}e^t-\frac{9}{4} \qquad (1)$$

$$y_h=c_1e^{3t}+c_2e^{-t}$$

令 $y_p=Ae^t+B$ 代入 (1)，比較係數，得

$$A=-\frac{3}{16}，B=\frac{3}{4}，y_p=-\frac{3}{16}e^t+\frac{3}{4}$$

$$y=y_h+y_p=c_1e^{3t}+c_2e^{-t}-\frac{3}{16}e^t+\frac{3}{4}$$

$\because t=\ln(2x+3)$

$$\therefore y=c_1e^{3\ln(2x+3)}+c_2e^{-\ln(2x+3)}-\frac{3}{16}e^{\ln(2x+3)}+\frac{3}{4}$$

$$=c_1(2x+3)^3+\frac{c_2}{2x+3}-\frac{3}{16}(2x+3)+\frac{3}{4}$$

$$=c_1(2x+3)^3+\frac{c_2}{2x+3}-\frac{3}{8}x+\frac{3}{16}$$

習題

解下列微分方程。

1. $(1+x)^2\frac{d^2y}{dx^2}+(1+x)\frac{dy}{dx}+y=2\sin[\ln(1+x)]$

   答案：$y=c_1\cos[\ln(1+x)]+c_2\sin[\ln(1+x)]-\ln(1+x)\cos[\ln(1+x)]$

2. $(2x-1)^2\frac{d^2y}{dx^2}+(2x-1)\frac{dy}{dx}-2y=8x^2-2x+3$

   答案：$y=c_1(2x-1)+c_2(2x-1)^{-\frac{1}{2}}+\frac{1}{5}(2x-1)^2+\frac{1}{2}(2x-1)\ln(2x-1)-2$

3. $(3x+2)2y''+3(3x+2)y'-36y=8x^2+4x+1$

   答案：$y=c_1(3x+2)^2+\frac{c_2}{(3x+2)^2}+\frac{1}{81}\left[\ln(3x+2)\cdot 2(3x+2)^2+\frac{20}{3}(3x+2)-\frac{17}{4}\right]$

4.10 變係數線性微分方程

在本節中，我們將學習利用降階法求變係數線性微分方程。若已知二階線性方程的齊次解，則可以獲得通解。首先確定一解再利用降階法求另一解，如果無法確定一解，就會很不方便，甚至產生困難。

具有變係數的線性微分方程的一般形式可以寫成：

$$\frac{d^2y}{dx^2}+P\frac{dy}{dx}+Qy=R$$

其中，P，Q 和 R 是 x 的函數。沒有通用的方法可以求解這類方程。但是，在這裡我們將考慮一些可以獲得解的特殊情況。

若已知二階齊次線性微分方程 $y''+P(x)y'+Q(x)y=0$ 的一解 $y=u$，則可利用降階法令 $y=uv$ 求得非齊次微分方程 $y''+P(x)y'+Q(x)y=R(x)$ 的通解。

現在，我們得出一些簡單的測試來確定方程

$$\frac{d^2y}{dx^2}+P\frac{dy}{dx}+Qy=0 \tag{1}$$

的一個解

(a) 若 $m(m-1)+mPx+Qx^2=0$，則 $y=x^m$ 是方程 (1) 的解

推論：在上述結果中，尤其是 $m=1, 2, 3\cdots$，我們得出以下結論：

(i) 若 $P+Qx=0$，則 $y=x$ 是 (1) 的解

(ii) 若 $2+2Px+Qx^2=0$，則 $y=x^2$ 是 (1) 的解

(iii) 若 $6+3Px+Qx^2=0$，則 $y=x^3$ 是 (1) 的解。

(b) 若 $m^2+Pm+Q=0$，即 $1+\frac{P}{m}+\frac{Q}{m^2}=0$，則 $y=e^{mx}$ 是 (1) 的解。

推論：以上結果中，特別是 $m=1, -1, 2$，我們得出以下結論：

(i) 若 $1+P+Q=0$，則 $y=e^x$ 是 (1) 的解

(ii) 若 $1-P+Q=0$，則 $y=e^{-x}$ 是 (1) 的解

(iii) 若 $1+\frac{P}{2}+\frac{Q}{4}$，則 $y=e^{2x}$ 是 (1) 的解

可以利用上述結論及以下步驟求解：

步驟 1：求出所予齊次方程的一個解，即 $y=u$。

步驟 2：將 $y=uv$ 代入所予的方程中，並將其簡化以得到 v 的二階線性微分方程。

步驟 3：令 $\frac{dv}{dx}=z$，以使方程簡化爲一階微分方程。使用適當的方法求解 z。

步驟 4：將求出的 z 代入 $\frac{dv}{dx}=z$，求解 v 以獲得 v 的表達式。

步驟 5：將 u 和 v 的表達式代入 $y=uv$ 中，以獲得通解。

例 1 解 $x\frac{d^2y}{dx^2}-(2x-1)\frac{dy}{dx}+(x-1)y=0$

解：原式除以 x，所予方程可寫爲：

$$\frac{d^2y}{dx^2}-\left(2-\frac{1}{x}\right)\frac{dy}{dx}+\left(1-\frac{1}{x}\right)y=0$$

在這裡我們觀察到

$$1+P+Q=1-\left(2-\frac{1}{x}\right)+\left(1-\frac{1}{x}\right)=0$$

因此 e^x 顯然是所予方程的一個解，

令 $y=ve^x$，則

$$\frac{dy}{dx}=ve^x+e^x\frac{dv}{dx}=e^x\left(v+\frac{dv}{dx}\right)$$

$$\frac{d^2y}{dx^2}=ve^x+2\frac{dv}{dx}e^x+e^x\frac{d^2v}{dx^2}=e^x\left(v+2\frac{dv}{dx}+\frac{d^2v}{dx^2}\right)$$

代入原式可得

$$xe^x\left(v+2\frac{dv}{dx}+\frac{d^2v}{dx^2}\right)-2xe^x\left(v+\frac{dv}{dx}\right)+e^x\left(v+\frac{dv}{dx}\right)+(x-1)ve^x=0$$

化簡後得到，$x\frac{d^2v}{dx^2}+\frac{dv}{dx}=0$，令 $z=\frac{dv}{dx}$，則

$$x\frac{dz}{dx}+z=0 \text{ 或 } \frac{dz}{z}+\frac{dx}{x}=0$$

積分可得 $\ln z+\ln x=\ln k$，或 $zx=k$，

$$x\frac{dv}{dx}=k，dv=k\frac{dx}{x}$$

再積分，我們得到 $v=c_1\ln x+c_2$，

因此 $y=(c_1\ln x+c_2)e^x$

例 2 解 $x^2\dfrac{d^2y}{dx^2}-(x^2+2x)\dfrac{dy}{dx}+(x+2)y=x^3e^x$

解：除以 x^2，所予方程可以寫成

$$\frac{d^2y}{dx^2}-\left(1+\frac{2}{x}\right)\frac{dy}{dx}+\left(\frac{1}{x}+\frac{2}{x^2}\right)y=xe^x \tag{1}$$

令 $$P=-\left(1+\frac{2}{x}\right)，Q=\frac{1}{x}+\frac{2}{x^2}$$

在此，$P+Qx=0$。因此，$y=x$ 是齊次方程的一個解，令 $y=vx$，可得

$$\frac{dy}{dx}=v+x\frac{dv}{dx}，\frac{d^2y}{dx^2}=x\frac{d^2v}{dx^2}+2\frac{dv}{dx}$$

將 $y=vx$ 及其導數代入方程 (1)，化簡後可得

$$\frac{d^2v}{dx^2}-\frac{dv}{dx}=e^x，$$

令 $z=\dfrac{dv}{dx}$，則有 $\dfrac{dz}{dx}-z=e^x$，解出 $z=xe^x+c_1e^x$，即 $\dfrac{dv}{dx}=xe^x+c_1e^x$，再積分，我們得到

$$v=(x-1)e^x+c_1e^x+c_2$$

因此， $$y=x(x-1)e^x+c_1xe^x+c_2x$$

例 3 解 $(1-x^2)\dfrac{d^2y}{dx^2}+x\dfrac{dy}{dx}-y=x(1-x^2)^{\frac{3}{2}}$

解：除以 $1-x^2$，所予方程可寫爲

$$\frac{d^2y}{dx^2}+\frac{x}{1-x^2}\frac{dy}{dx}-\frac{y}{1-x^2}=x\sqrt{(1-x^2)} \tag{1}$$

在此，$P+Qx=0$。因此，$y=x$ 顯然是齊次方程的一個解。

因此令 $y=vx$，可得

$$\frac{dy}{dx}=v+x\frac{dv}{dx},\ \frac{d^2y}{dx^2}=x\frac{d^2v}{dx^2}+2\frac{dv}{dx},$$

將 $y=vx$ 及其導數代入方程 (1)，化簡後可得

$$\frac{d^2v}{dx^2}+\left[\frac{2}{x}+\frac{x}{(1-x^2)}\right]\frac{dv}{dx}=\sqrt{1-x^2}$$

令 $z=\dfrac{dv}{dx}$，則有

$$\frac{dz}{dx}+\left[\frac{2}{x}+\frac{x}{(1-x^2)}\right]z=\sqrt{1-x^2}$$

這是線性方程。利用積分因子

$$e^{\int\left(\frac{2}{x}+\frac{x}{1-x^2}\right)dx}=\frac{x^2}{\sqrt{(1-x^2)}}$$

可解出 $$z=\frac{\sqrt{(1-x^2)}}{x^2}\cdot\frac{x^3}{3}+c_1\frac{\sqrt{(1-x^2)}}{x^2}$$

即，

$$\frac{dv}{dx}=\frac{\sqrt{(1-x^2)}}{x^2}\cdot\frac{x^3}{3}+c_1\frac{\sqrt{(1-x^2)}}{x^2}$$

$$dv=\left\{\frac{1}{3}x\sqrt{(1-x^2)}+\frac{c_1\sqrt{(1-x^2)}}{x^2}\right\}dx$$

對此積分，我們得到

$$v=-\frac{1}{9}(1-x^2)^{\frac{3}{2}}+c_1\sqrt{(1-x^2)}\left(-\frac{1}{x}\right)-c_1\int\frac{dx}{\sqrt{(1-x^2)}}+c_2$$

因此，

$$y=-\frac{1}{9}x(1-x^2)^{\frac{3}{2}}-c_1\sqrt{(1-x^2)}-c_1x\sin^{-1}x+c_2x$$

例 4 解 $(x+2)\frac{d^2y}{dx^2}-(2x+5)\frac{dy}{dx}+2y=(x+1)e^x$

解：除以 $(x+2)$，所予方程可寫爲

$$\frac{d^2y}{dx^2}-\left(\frac{2x+5}{x+2}\right)\frac{dy}{dx}+\left(\frac{2}{x+2}\right)y=\left(\frac{x+1}{x+2}\right)e^x \tag{1}$$

令 $P=-\left(\frac{2x+5}{x+2}\right)$，$Q=\frac{2}{x+2}$，因爲 $1+\frac{P}{2}+\frac{Q}{4}=0$，

因此 $y=e^{2x}$ 是齊次方程的一個解。

令 $y=ve^{2x}$，則有

$$\frac{dy}{dx}=2ve^{2x}+e^{2x}\frac{dv}{dx}$$

以及 $\frac{d^2y}{dx^2}=\left(\frac{d^2v}{dx^2}+4\frac{dv}{dx}+4v\right)e^{2x}$

將 y 及其導數代入 (1)，可得 $(x+2)\frac{d^2v}{dx^2}+(2x+3)\frac{dv}{dx}=(x+1)e^{-x}$

令 $z=\frac{dv}{dx}$，則有

$$\frac{dz}{dx}+\frac{2x+3}{x+2}z=\frac{x+1}{x+2}e^{-x}$$

這是線性方程。它的積分因子是

$$e^{\int\frac{2x+3}{x+2}dx}=e^{\int\left(2-\frac{1}{x+2}\right)dx}=\frac{e^{2x}}{x+2}$$

利用積分因子可解出

$$z\left(\frac{e^{2x}}{x+2}\right)=\int\frac{x+1}{(x+2)^2}e^{x}\,dx+c_1$$

即，

$$\frac{dv}{dx}\cdot\frac{e^{2x}}{x+2}=\frac{e^{x}}{x+2}+c_1$$

$$dv=\left[e^{-x}+\frac{c_1(x+2)}{e^{2x}}\right]dx$$

積分可得

$$v=-e^{-x}-\left(\frac{1}{2}\right)c_1(e^{-2x})(x+2)-\left(\frac{1}{4}\right)c_1e^{-2x}+c_2$$

$$y=-e^{x}-\left(\frac{1}{4}\right)c_1(2x+5)+c_2e^{2x}$$

這是欲求的解。

例 5 解 $x^2\dfrac{d^2y}{dx^2}+x\dfrac{dy}{dx}-9y=0$

解：除以 x^2，原式可寫爲

$$\frac{d^2y}{dx^2}+\frac{1}{x}\frac{dy}{dx}-\frac{9}{x^2}y=0$$

$$P=\frac{1}{x}，Q=-\frac{9}{x^2}$$

因爲 $6+3px+Qx^2=6+3\left(\dfrac{1}{x}\right)x-\dfrac{9}{x^2}\cdot x^2=0$

所以 $y=x^3$ 是所予方程的一個解，因此，令 $y=x^3v$，則有

$$\frac{dy}{dx}=x^3\frac{dv}{dx}+3x^2v$$

$$\frac{d^2y}{dx^2}=\left(x^3\frac{d^2v}{dx^2}+3x^2\frac{dv}{dx}\right)+3\left(x^2\frac{dv}{dx}+2xv\right)$$

$$=x^3\frac{d^2v}{dx^2}+6x^2\frac{dv}{dx}+6xv$$

將 y 及 y'、y'' 代入微分方程，經過簡化後變爲

$$\frac{d^2v}{dx^2}+\frac{7}{x}\frac{dv}{dx}=0$$

令 $\frac{dv}{dx}=p$，則此方程可簡化爲

$$\frac{dp}{dx}+\frac{7}{x}p=0，$$

即 $$\frac{dp}{p}=-\frac{7}{x}dx$$

積分， $$\ln p=-7\ln x+\ln c_1$$

$$p=\frac{c_1}{x^7}，$$

即 $$\frac{dv}{dx}=\frac{c_1}{x^7}$$

積分後可得 $$v=\frac{-c_1}{6x^6}+c_2$$

$$\frac{y}{x^3}=\frac{-c_1}{6x^6}+c_2$$

$$y=-\frac{1}{6}c_1x^{-3}+c_2x^3$$

令 $k_1=\frac{-c_1}{6}$，$k_2=c_2$，則可以寫成

$$y=\frac{k_1}{x^3}+k_2x^3$$

這是所要的解。

例 6 已知 $y=\cot x$ 是

$$\sin^2 x\frac{d^2y}{dx^2}=2y$$

的一解，求解此微分方程。

解：$y=\cot x$ 是所予方程的一個解。因此，令 $y=v\cot x$，則

$y'=v'\cot x-v(\csc x)^2$

$y''=v''\cot x-2v'(\csc x)^2+2v\cot x(\csc x)^2$

將 y、y'' 代入代入微分方程，經過簡化後變爲

$$\cot x\sin^2 x\frac{d^2v}{dx}-2\frac{dv}{dx}=0，$$

$$\frac{d^2v}{dx^2}-\frac{2}{\sin x\cos x}\frac{dv}{dx}=0$$

令 $p=\dfrac{dv}{dx}$，則 $\dfrac{dp}{dx}-\dfrac{2p}{\sin x\cos x}=0$，

或 $$\frac{dp}{p}=\frac{2dx}{\sin x\cos x}=\frac{2(\sec x)^2dx}{\tan x}$$

積分 $$\ln p = 2\ln|\tan x| + \ln c_1$$

$$p = c_1(\tan x)^2$$

$$\frac{dv}{dx}=c_1[(\sec x)^2-1]$$

積分後得到 $$v = c_1\tan x - c_1x + c_2$$

$$y=c_1-c_1x\cot x+c_2\cot x$$

這是欲求之解。

例 7 求解微分方程 $x^2y''-2x(1+x)y'+2(1+x)y=x^3$

解：除以 x^2，所予的方程可以寫成

$$y''-2\left(\frac{1}{x}+1\right)y'+2\left(\frac{1}{x^2}+\frac{1}{x}\right)y=x \tag{1}$$

此時，$P+Qx=-2\left(\dfrac{1}{x}+1\right)+2\left(\dfrac{1}{x^2}+\dfrac{1}{x}\right)x=0$

因此 $y=x$ 爲齊次方程的一個解。令 $y=vx$，則有

$\dfrac{dy}{dx}=x\dfrac{dv}{dx}+v$，$\dfrac{d^2y}{dx^2}=x\dfrac{d^2v}{dx^2}+2\dfrac{dv}{dx}$

將 y、y'、y'' 代入 (1) 可得

$\left(x\dfrac{d^2v}{dx^2}+2\dfrac{dv}{dx}\right)-2\left(\dfrac{1}{x}+1\right)\left(x\dfrac{dv}{dx}+v\right)+2\left(\dfrac{1}{x^2}+\dfrac{1}{x}\right)xv=x$，

$\left(x\dfrac{d^2v}{dx^2}+2\dfrac{dv}{dx}\right)-2(1+x)\dfrac{dv}{dx}-2\left(\dfrac{1}{x}+1\right)v+2\left(\dfrac{1}{x}+1\right)v=x$，

即，$\dfrac{d^2v}{dx^2}-2\dfrac{dv}{dx}=1$

令 $z=\dfrac{dv}{dx}$，則$\dfrac{dz}{dx}-2z=1$，這是線性方程，其解爲

$$z=-\frac{1}{2}+c_1e^{2x}$$

積分得到

$$v=-\frac{1}{2}x+\frac{1}{2}c_1e^{2x}+c_2$$

因此，所予微分方程的通解 $y = xv$ 爲

$$y = -\frac{1}{2}x^2 + \frac{1}{2}c_1xe^{2x} + c_2x$$

例 8 求解微分方程

$$\frac{d^2y}{dx^2} - \cot x\frac{dy}{dx} - (1 - \cot x)y = e^x \sin x$$

解：我們有 $1 + P + Q = 1 - \cot x - (1 - \cot x) = 0$，因此，$y = e^x$ 爲齊次微分方程的一個解。令 $y = ve^x$，則

$$\frac{dy}{dx} = e^x\frac{dv}{dx} + e^x v，\frac{d^2y}{dx^2} = e^x\frac{d^2v}{dx^2} + 2e^x\frac{dv}{dx} + e^x v$$

將 y、y'、y'' 代入所予微分方程中，我們得到

$$\left(e^x\frac{d^2v}{dx^2} + 2e^x\frac{dv}{dx} + e^x v\right) - \cot x\left(e^x\frac{dv}{dx} + e^x v\right) - (1 - \cot x)e^x v = e^x \sin x$$

化簡後可得

$$\frac{d^2v}{dx^2} + (2 - \cot x)\frac{dv}{dx} = \sin x$$

令 $z = \dfrac{dv}{dx}$，則 $\dfrac{dz}{dx} + (2 - \cot x)z = \sin x$

這是一個線性微分方程。它的積分因子爲

$$e^{\int(2-\cot x)dx} = \frac{e^{2x}}{\sin x}$$

因此

$$\frac{dv}{dx}\cdot\frac{e^{2x}}{\sin x} = \frac{1}{2}e^{2x} + c_1,$$

$$\frac{dv}{dx} = \frac{1}{2}\sin x + c_1e^{-2x}\sin x$$

積分後可得

$$v = \int\left(\frac{1}{2}\sin x + c_1e^{-2x}\sin x\right)dx + c_2,$$

$$v = -\frac{1}{2}\cos x + c_1\int e^{-2x}\sin x\, dx + c_2$$

如今

$$\int e^{-2x}\sin x dx = e^{-2x}\ (-\cos x) - \int\{(-2e^{-2x})(-\cos x)\}dx$$

$$= -e^{-2x}\cos x - 2\int e^{-2x}\cos x dx$$

$$= -e^{-2x}\cos x - 2\left[e^{-2x}\sin x - \int -2e^{-2x}\sin x\,dx\right]$$

$$= -e^{-2x}(\cos x + 2\sin x) - 4\int e^{-2x}\sin x dx,$$

所以

$$\int e^{-2x}\sin x dx = -\frac{1}{5}e^{-2x}(\cos x + 2\sin x)$$

$$v = -\left(\frac{1}{2}\right)\cos x - \left(\frac{1}{5}\right)c_1e^{-2x}(\cos x + 2\sin x) + c_2$$

通解為 $y = ve^x = -\left(\frac{1}{2}\right)e^x\cos x - \left(\frac{1}{5}\right)c_1e^{-x}(\cos x + 2\sin x) + c_2e^x$

習題

解下列微分方程

1. $x\dfrac{d^2y}{dx^2} - (2x+1)\dfrac{dy}{dx} + (x+1)y = (x^2+x-1)e^{2x}$

   答案：$y(x) = xe^x + \frac{1}{2}c_1x^2e^x + c_2e^x$

2. $(1 + x^2)y'' - 2xy' + 2y = 0$

   答案：$y(x) = c_1(x^2 - 1) + c_2x$

3. $x^3y''' - 3x^2y'' + (6 - x^2)xy' - (6 - x^2)y = x^4$

   答案：$y(x) = c_1x + c_2xe^x + c_3xe^{-x} - x^2$

4. $(x + 1)y'' - x(x^2 + 4x + 2)y' + (x^2 + 4x + 2)y = 0$

   答案：$y(x) = c_1x^2e^x + c_2x$

筆 記 欄

4.11 可降階的高階方程

對於高階微分方程的解法，通常是利用變數代換把高階方程轉化爲較低階的方程來求解。這是因爲求解低階方程比求解高階方程容易且方便。本節將介紹三種可降階的方程類型及求解方法。

n 階微分方程的一般形式

$$F(x, y, y', \cdots, y^{(n)}) = 0$$

當 $n \geqq 2$ 時，稱爲高階微分方程。

一般的二階微分方程的形式爲

$$F(x, y, y', y'') = 0$$

本節的重點將放在二階非線性微分方程上。在某些情況下，利用進行代換，我們可以將二階微分方程降爲一階。一些情況描述如下。

情況一：不含自變數 x 的方程

如果沒有自變數 x，即 $F(y, y', y'') = 0$。令 $w = y'$，則

$y'' = w\dfrac{dw}{dy}$。因此，微分方程變爲 $F(y, w, w\dfrac{dw}{dy}) = 0$，這是一階微分方程。

例 1 解 $yy'' - (y')^2 = 0$

解：令 $w = y'$，原方程變爲

$$y\,w\frac{dw}{dy} - w^2 = 0$$

因此可得 $w = 0$ 及 $\dfrac{dw}{w} = \dfrac{dy}{y}$

積分 $w = c_1 y$

即 $\dfrac{dy}{dx} = c_1 y$

$y=c_2e^{c_1x}$

例 2 解 $y\dfrac{d^2y}{dx^2}+1=\left(\dfrac{dy}{dx}\right)^2$

解：令 $w=y'$，則 $y''=\dfrac{d^2y}{dx^2}=\dfrac{d}{dx}\left(\dfrac{dy}{dx}\right)=\dfrac{dw}{dx}=\dfrac{dw}{dy}\left(\dfrac{dy}{dx}\right)=\dfrac{dw}{dy}(w)=w\dfrac{dw}{dy}$

原方程變爲 $yw\dfrac{dw}{dy}+1=w^2$

分離變數 $\dfrac{dy}{y}=\dfrac{wdw}{w^2-1}$

積分 $\ln y+\ln a=\dfrac{1}{2}\ln(w^2-1)$

所以 $a^2y^2=w^2-1$

$$w=\frac{dy}{dx}=\sqrt{a^2y^2+1}$$

$$x=\int\frac{1}{\sqrt{a^2y^2+1}}dy \quad \text{(I)}$$

$$=\frac{1}{a}\sinh^{-1}(ay)+c\text{，}c\text{ 爲常數} \quad \text{(II)}$$

或 $ay=\sinh(ax+b)$

其中 a 和 b 爲積分常數。

註：將 (I) 到 (II) 的積分過程說明如下：

首先證明 $\sinh^{-1}x=\ln(x+\sqrt{x^2+1})$

因爲 $y=\sinh x=\dfrac{1}{2}(e^x-e^{-x})$

所以 $x=\sinh^{-1}y \quad (1)$

$$2y=e^x-e^{-x}$$

$$2ye^x=e^{2x}-1$$

$$e^{2x}-2ye^x-1=0$$

$$e^x=\frac{2y\pm\sqrt{4y^2+4}}{2}=y\pm\sqrt{y^2+1}$$

因爲 $e^x>0$，所以 $e^x=y+\sqrt{y^2+1}$

$$x=\ln(y+\sqrt{y^2+1}) \quad (2)$$

由 (1)，(2) 可知

$$\sinh^{-1}y=\ln(y+\sqrt{y^2+1})$$

即 $\sinh^{-1}x = \ln(x+\sqrt{x^2+1})$ (3)

其次求 $\int \frac{1}{\sqrt{x^2+1}}dx$ 的值

令 $x = \tan\theta \Rightarrow \sqrt{x^2+1} = \sec\theta$

$dx = \sec^2\theta d\theta$

$$\int \frac{1}{\sqrt{x^2+1}}dx = \int \frac{1}{\sec\theta}\sec^2\theta d\theta = \int \sec\theta d\theta$$

$= \ln|\sec\theta + \tan\theta| + c$

$= \ln(\sqrt{x^2+1}+x) + c$

$= \sinh^{-1}x + c$ （由 (3) 得知）

故由 (I) 的積分可得到 (II)

$$x = \int \frac{1}{\sqrt{a^2y^2+1}}dy = \frac{1}{a}\int \frac{1}{\sqrt{(ay)^2+1}}d(ay)$$

$= \frac{1}{a}\sinh^{-1}(ay) + c$，$c$ 爲常數。

例 3 解二階微分方程 $y'' = 2yy'$

解：方程式中無變數 x。令 $w = y'$，則 $y'' = w\frac{dw}{dy}$

原方程變爲 $w\frac{dw}{dy} = 2yw$

$\frac{dw}{dy} = 2y$

$w = y^2 + c^2$（c^2 爲積分常數）

$y' = y^2 + c^2$

分離變數，積分 $\int \frac{dy}{y^2+c^2} = \int dx$

$\frac{1}{c}\tan^{-1}\frac{y}{c} = x + c_1$

$\tan^{-1}\frac{y}{c} = cx + k$

$\frac{y}{c} = \tan(cx+k)$

$y = c\tan(cx+k)$

例 4 解二階微分方程 $y\,y'' + 3(y')^2 = 0$，$y(0) = 1$，$y'(0) = 6$。

解：變數 x 沒有出現在方程式中。令 $v=y'$，則 $y''=v\dfrac{dv}{dy}$

原方程變爲 $$yv\frac{dv}{dy}+3v^2=0$$

$$\frac{dv}{dy}=-\frac{3v^2}{yv}$$

$$\frac{dv}{dy}=-\frac{3v}{y}$$

這是可分離變數的方程。

$$\frac{dv}{v}=-\frac{3dy}{y}$$

$$\Rightarrow v=\frac{c_1}{y^3}$$

$$\Rightarrow \frac{dy}{dx}=\frac{c_1}{y^3}$$

$$\Rightarrow y^3dy=c_1dx$$

$$\Rightarrow \frac{y^4}{4}=c_1x+c_2$$

從 y 的初始條件 $y(0)=1$ 獲得 $c_2=\dfrac{1}{4}$，

再從 $y'(0)=6$ 獲得 $c_1=6$，

$$\frac{y^4}{4}=6x+\frac{1}{4}$$

因此我們得出結論，初始值問題的解爲 $y^4=24x+1$

例 5 解 $y''+(y')^3\cos y=0$

解：令 $z=y'=\dfrac{dy}{dx}$，則

$$y''=\frac{dz}{dx}=\frac{dz}{dy}\frac{dy}{dx}$$

$$=\frac{dz}{dy}y'$$

$$=\frac{dz}{dy}z$$

因此，上面的方程式成爲 z（因變數）相對於 y（自變數）的一階微分方程：

$$\frac{dz}{dy}z + z^3 \cos y = 0$$

可以利用分離變數求解：

$$-\frac{dz}{z^2} = \cos y dy \text{ 或 } \frac{1}{z} = \sin y + c_1$$

或 $$z = y' = \frac{dy}{dx} = \frac{1}{\sin y + c_1}$$

可以再利用分離變數來求解：

$$\int (\sin y + c_1)\, dy = \int dx$$
$$-\cos y + c_1 y + c_2 = x$$

情況二：不含因變數 y 的方程

如果沒有因變數 y，即 $F(x, y', y'') = 0$，令 $w = y'$，則 $y'' = w'$。因此，微分方程變爲 $F(x, w, w') = 0$，這是一階微分方程。

例 1 解 $xy'' + 2y' = 0$

解：令 $w = y'$，可得

$$\frac{dw}{dx} + \frac{2w}{x} = 0 \Rightarrow w = \frac{C}{x^2}$$

因爲 $w = y'$，我們得到

$$y' = \frac{C}{x^2} \Rightarrow y = -\frac{C}{x} + D$$

例 2 解 $\frac{d^3y}{dx^3} - \frac{1}{x}\frac{d^2y}{dx^2} = 0$

解：令 $\frac{d^2y}{dx^2} = w$，則方程可化爲

$$\frac{dw}{dx} - \frac{1}{x}w = 0$$

這是一個一階方程，其通解爲 $w = kx$，即

$$\frac{d^2y}{dx^2} = kx$$

積分 2 次後，得方程的通解爲

$$y = k_1x^3 + k_2x + k_3$$

例 3 解 $\dfrac{d^2y}{dx^2}=x\left(\dfrac{dy}{dx}\right)^3$

解：令 $p=\dfrac{dy}{dx}$ 則 $\dfrac{dp}{dx}=\dfrac{d^2y}{dx^2}$

原式可改爲

$$\frac{dp}{dx}=xp^3$$

分離變數，積分後可得

$$p=\frac{\pm 1}{\sqrt{c_1^2-x^2}}$$

因此 $$dy=\pm\frac{dx}{\sqrt{c_1^2-x^2}}$$

積分，到得

$$y=\pm\sin^{-1}\frac{x}{c_1}+c^2$$

例 4 解二階非線性方程 $y''=-2x(y')^2, y(0)=2, y'(0)=-1$。

解：令 $v=y'$，則 $v'=y''$，且 $v'=-2xv^2 \Rightarrow \dfrac{v'}{v^2}=-2x \Rightarrow -\dfrac{1}{v}=-x^2+c$

因此，$\dfrac{1}{y'}=x^2-\mathrm{c}$，即，$y'=\dfrac{1}{x^2-c}$。由初始條件可知

$$-1=y'(0)=-\frac{1}{c}\Rightarrow c=1\Rightarrow y'=\frac{1}{x^2-1}。$$

因此， $$y=\int\frac{1}{x^2-1}dx+k$$

我們使用部分分式的方法求積分，

$$\frac{1}{x^2-1}=\frac{1}{2}\left(\frac{1}{x-1}-\frac{1}{x+1}\right)。$$

因此，積分很容易求出，

$$y=\frac{1}{2}(\ln|x-1|-\ln|x+1|)+k。$$

$$2=y(0)=\frac{1}{2}(0-0)+k。$$

我們得出結論 $$y=\frac{1}{2}(\ln|x-1|-\ln|x+1|)+2$$

例 5 解 $y''=y'\tanh x$

解：令 $y' = z$ 且 $y'' = \frac{dz}{dx}$

因此，原方程變為一階微分方程

$$z' = z \tanh x$$

可以利用分離變數的方法求解

$$\frac{dz}{z} = \tanh x \, dx = \frac{\sinh x}{\cosh x} dx$$

或 $\ln|z| = \ln|\cosh x| + c'$

$$z = c_1 \cosh x$$

或 $y' = c_1 \cosh x$

同樣，上述方程可以利用分離變數來求解：

$$dy = c_1 \cosh x \, dx$$

$$y = c_1 \sinh x + c_2$$

例 6 解 $\frac{d^2y}{dx^2} + x\frac{dy}{dx} = ax$

解：令 $p = \frac{dy}{dx}$

則 $\frac{dp}{dx} = \frac{d^2y}{dx^2}$

將 p，$\frac{dp}{dx}$ 代入原式，可得

$$\frac{dp}{dx} + xp = ax$$

上式為一階線性微分方程，可利用積分因子 $\exp\left(\frac{1}{2}x^2\right)$ 進行求解，

$$p\exp\left(\frac{1}{2}x^2\right) = a\int x\exp\left(\frac{1}{2}x^2\right)dx$$

$$= a\exp\left(\frac{1}{2}x^2\right) + c$$

$$\therefore\ p = a + c\exp\left(-\frac{1}{2}x^2\right) = \frac{dy}{dx}$$

$$y = ax + c\int \exp\left(-\frac{1}{2}x^2\right)dx$$

$$y = ax + A\operatorname{erf}\left(\frac{x}{\sqrt{2}}\right) + B$$

其中 A 和 B 為積分常數。

erf(x) 爲誤差函數（error function）。

例 7 解非線性方程

$$y'' = 2x(y')^2 \tag{a}$$

解：缺少因變數 y，因此令 $u = y'$ 以獲得一階微分方程

$$\frac{du}{dx} = 2xu^2 \text{。}$$

分離變數，積分

$$\int \frac{1}{u^2}\, du = \int 2x\, dx$$

可得 $-\dfrac{1}{u} = x^2 + c_1$，因此

$$y' = -\frac{1}{x^2 + c_1} \tag{b}$$

對於參數 c_1，存在三種可能性：$c_1 > 0$，$c_1 = 0$ 或 $c_1 < 0$。

如果 $c_1 > 0$，我們可以將 (b) 中的 c_1 改爲 $(c_1)^2$，然後寫成

$$y' = -\frac{1}{x^2 + c_1^2},$$

於是積分得到

$$\begin{aligned} y &= -\int \frac{1}{x^2 + c_1^2}\, dx \\ &= -\frac{1}{c_1}\tan^{-1}\left(\frac{x}{c_1}\right) + c_2 \end{aligned} \tag{c}$$

因此，對於任何 $c_1 > 0$ 且 $c_2 \in R$，我們都獲得了成立區間爲 $(-\infty, \infty)$ 的解。

若 $c_1 = 0$，則 (b) 變成 $y' = -\dfrac{1}{x^2}$，因此

$$y = \frac{1}{x} + c$$

因此，對於任何一個 $c \in R$，我們都將根據初始條件獲得一個以 $(-\infty, 0)$ 或 $(0, \infty)$ 作爲成立區間的解。

若 $c_1 < 0$，我們將 (b) 中的 c_1 改爲 $-(c_1)^2$，寫成

$$y' = -\frac{1}{x^2 - c_1^2} = \frac{1}{2c_1}\left(\frac{1}{x + c_1} - \frac{1}{x - c_1}\right),$$

積分後得到

$$y=\frac{1}{2c_1}\int\left(\frac{1}{x+c_1}-\frac{1}{x-c_1}\right)dx$$

$$=\frac{1}{2c_1}\ln\left|\frac{x+c_1}{x-c_1}\right|+c_2 \tag{d}$$

其中 $c_2 \in R$，且 $x \neq \pm c_1$，因此對於任何 $c_1 < 0$ 和 $c_2 \in R$，我們都獲得成立區間不等於（$-\infty, \infty$）的解。成立區間將取決於初始條件，可能是（$-\infty, c_1$)、（$c_1, -c_1$）或（$-c_1, \infty$）。

我們在分析中是否找到了微分方程 (a) 的所有解？實際上我們還沒有。首先，任何常數函數都將滿足 (a)，並且上面獲得的函數族均不包含常數函數。利用直接代換，我們發現即使 $c_1 < 0$，函數 (c) 仍將滿足 (a)，即使 $c_1 > 0$，函數 (d) 仍將滿足 (a)。也許還有其他解！

上述的例子肯定說明了，非線性微分方程的通解通常並不像線性方程那樣好定義！

情況三：含自變數 x，因變數 y 的方程

例 1 解 $2x^2y\frac{d^2y}{dx^2}+y^2=x^2\left(\frac{dy}{dx}\right)^2$

解：令 $y=vx$，我們有

$$2vx^3\left(2\frac{dv}{dx}+x\frac{d^2v}{dx^2}\right)+v^2x^2=x^2\left(v+x\frac{dv}{dx}\right)^2$$

代簡後得

$$2vx^2\frac{d^2v}{dx^2}+2vx\frac{dv}{dx}=x^2\left(\frac{dv}{dx}\right)^2$$

令 $x=e^t$，經整理化簡可得

$$2v\frac{d^2v}{dt^2}=\left(\frac{dv}{dt}\right)^2$$

令 $p=\frac{dv}{dt}$，則有

$$2vp\frac{dp}{dv}=p^2$$

因此 $2v\frac{dp}{dv}=p$ 或 $p=0$

由 $p=0$ 產生的結果為

$$y=Ax \tag{1}$$

此解稱為奇解。

將 $2v\dfrac{dp}{dv}=p$ 分離變數後，積分兩次，可得

$$y=x(Bx+C)^2 \tag{2}$$

在 (2) 式中，令 $B=0$，$C=\sqrt{A}$，則 (1) 式包含於 (2) 式中成為 (2) 式的特例。

因此 (2) 式為完全解。

習題

1. 解 $y''+e^y(y')^3=0$

   答案：$e^y-c_1y=x+c_2$

2. 解初值問題 $y'y''=4x$，$y(1)=5$，$y'(1)=2$。

   答案：$y=x^2+4$

3. 解初值問題 $2y'y''=1$，$y(0)=2$，$y'(0)=1$。

   答案：$y=[2(x+1)^{\frac{3}{2}}+4]/3$

4. 解 $2y''-(y')^2-4=0$

4.12 應用

科學和工程中最常使用的是二階微分方程，它給了我們希望去觀測這世界。在本節中，我們探索彈簧的振動、追逐問題、電路和溫度分佈。

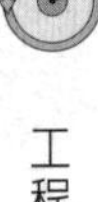

振動彈簧

我們考慮物體在彈簧末端的質量運動，該物體可以是垂直懸掛或水平懸掛。

胡克定律說，若彈簧從其自然長度拉伸（或壓縮）x 單位，則它將承受與 x 成正比的力：

$$\text{恢復力} = kx，$$

其中 k 是一個正的常數（稱爲彈簧常數）。若我們忽略任何外部阻力（由於空氣阻力或摩擦力），則根據牛頓第二定律（力等於質量乘以加速度），我們得到

$$m\frac{d^2x}{dt^2} = -kx \quad \text{or} \quad m\frac{d^2x}{dt^2} + kx = 0$$

這是二階線性微分方程。它的輔助方程式 $mr^2 + k = 0$ 的根爲 $r = \pm\omega i$，其中 $\omega = \sqrt{\dfrac{k}{m}}$。因此，通解是 $x(t) = c_1 \cos\omega t + c_2 \sin\omega t$

例 1 質量爲 2 kg 的彈簧的自然長度爲 0.5 m。需要 25.6N 的力才能將其拉伸到 0.7m 的長度。如果將彈簧拉伸到 0.7m 的長度，然後以初始速度爲 0 釋放，求在任意時刻 t 質量的位置。

解：根據胡克定律，拉伸彈簧所需的力爲

$$k(0.2) = 25.6$$

因此，$k = \dfrac{25.6}{0.2} = 128$。使用這個彈簧常數 k 的值，以及 $m = 2$，我們有

$$2\frac{d^2x}{dt^2}+128x=0$$

此方程的解爲

$$x(t)=c_1\cos 8t+c_2\sin 8t$$

由初始條件 $x(0)=0.2$ 得到 $c_1=0.2$。又由

$$x'(t)=-8c_1\sin 8t+8c_2\cos 8t$$

以及 $x'(0)=0$，我們有 $c_2=0$。因此解爲

$$x(t)=\left(\frac{1}{5}\right)\cos 8t$$

RLC串聯電路

考慮一個包含電阻器，電感器和電容器的電路，如圖 1 所示。這種電路稱爲 RLC 串聯電路。RLC 電路用於許多電子系統中，最顯著的是用作 *AM*、*FM* 無線電中的調諧器。調諧旋鈕可改變電容器的電容，進而調諧收音機。這樣的電路可以藉由二階常係數微分方程建模。

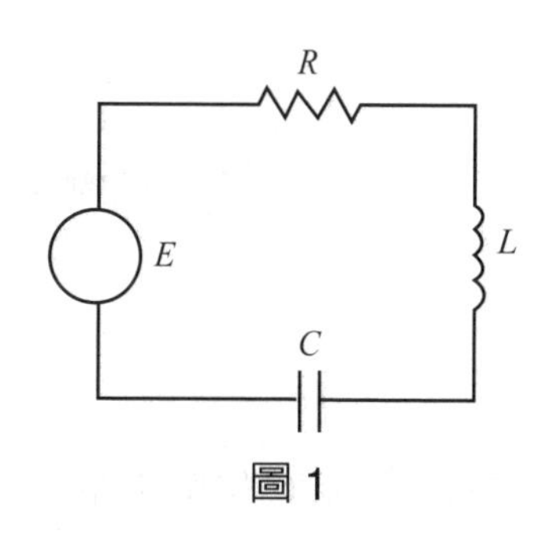

圖 1

設 $I(t)$ 表示 RLC 電路中的電流，$q(t)$ 表示電容器上的電荷。此外，L 表示電感以亨利（H）爲單位，R 表示電阻以歐姆（Ω）爲單位，並且 C 表示電容以法拉（F）爲單位。最後，$E(t)$ 表示電位以伏特（V）爲單位。

Kirchhoff 的電壓規則規定，環繞任何閉迴路的電壓降之和必須爲零。因此，我們需要考慮電感（E_L），電阻（E_R）和電容（E_C）兩端的壓降。由於圖 1 所示的 RLC 電路包含一個電壓源 $E(t)$，該電壓源會向電路添加電壓，因此我們得到 $E_L+E_R+E_C=E(t)$。

使用法拉第定律和倫茨（Lenz）定律，電感兩端的壓降與電流的瞬時變化率成正比，比例常數爲 L。因此，

$$E_L=L\frac{dI}{dt}。$$

其次，根據歐姆定律，電阻兩端的電壓降與流經電阻的電流成正比，比例常數爲 R。因此，

$$E_R = RI$$

最後，電容器兩端的電壓降與電容器上的電荷 q 成正比，比例常數為 $\frac{1}{C}$。因此，

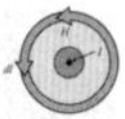

$$E_C = \left(\frac{1}{C}\right) q$$

將這些項加在一起，我們得到

$$L\frac{dI}{dt} + RI + \left(\frac{1}{C}\right) q = E(t)。$$

注意 $I = \frac{dq}{dt}$，這變成

$$L\frac{d^2q}{dt^2} + R\frac{dq}{dt} + \left(\frac{1}{C}\right) q = E(t)。$$

例 2 RLC 串聯電路

在 $L = \frac{5}{3}\,H$，$R = 10\Omega$，$C = \frac{1}{30}\,F$ 和 $E(t) = 300$ V 的 RLC 串聯電路中，求電容器上的電荷。假定電容器上的初始電荷為 0 C，並且初始電流為 9 A。經過長時間，電容器上的電荷為何？

解：我們有

$$L\frac{d^2q}{dt^2} + R\frac{dq}{dt} + \frac{1}{C}q = E(t)$$

$$\frac{5}{3}\frac{d^2q}{dt^2} + 10\frac{dq}{dt} + 30q = 300$$

$$\frac{d^2q}{dt^2} + 6\frac{dq}{dt} + 18q = 180$$

齊次方程的通解是

$$e^{-3t}(c_1\cos 3t + c_2\sin 3t)$$

假設特解的形式為 $q_p = A$，其中 A 為常數。使用未定係數法，我們求得 $A = 10$。所以，

$$q(t) = e^{-3t}(c_1\cos 3t + c_2\sin 3t) + 10$$

應用初始條件 $q(0) = 0$ 和 $i(0) = \frac{dq}{dt}(0) = 9$，我們得到 $c_1 = -10$ 和 $c_2 = -7$。所以電容器上的電荷是

$$q(t) = -10e^{-3t}\cos(3t) - 7e^{-3t}\sin(3t) + 10$$

仔細觀察這個函數，我們看到前兩項會隨著時間的增加而衰減（由於指數函數中的負指數）。因此，電容器最終達到 10 C 的穩態電荷。

例 3 追逐問題

某人和他的狗在海灘上奔跑。在給定的時間點，狗離主人 12 m，主人開始以恆定的速度在垂直於海灘的方向上奔跑，而狗朝向主人奔跑其速度是主人的兩倍。請問他們將在哪裡見面？

解：假設狗在函數 f 的圖形給定的路徑上奔跑，如圖 2 所示。假設在一定時間 t 之後，狗位於（x, $f(x)$）的位置，而主人位於 y 軸上的（$0, vt$），其中 v 是他的速度（假定常數）。狗每次都奔向主人的事實可以轉換爲：f 的圖形在（$x, f(x)$）的切線通過（$0, vt$），這將產生一個微分方程。

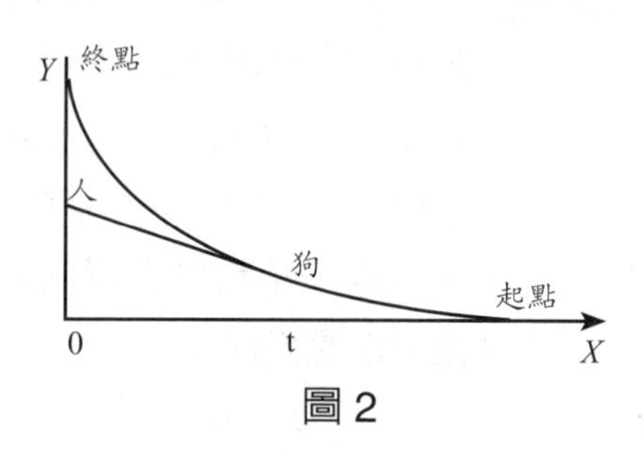

圖 2

切線的方程爲 $Y - f(x) = f'(x)(X - x)$，因此與 Y 軸的交點爲 $vt = f(x) - f'(x)x$。我們假設狗和人之間的距離原來是 a（在這個問題中 $a = 12$）。狗正在奔跑的距離 $\int_x^a \sqrt{1+f'(s)^2}ds$ 假定爲 vt 的兩倍。因此，對於區間（$0, a$）中的每個 x，我們得到方程 $\int_x^a \sqrt{1+f'(s)^2}ds = 2[f(x) - f'(x)x]$。對 x 微分，即 $\frac{d}{dx}\int_x^a \sqrt{1+f'(s)^2}\,ds = \frac{d}{dx}2[f(x) - f'(x)x]$，我們得到：$-\sqrt{1+f'(x)^2} = 2(-xf''(x))$

或

$$\frac{f''(x)}{\sqrt{1+f'(x)^2}} = \frac{1}{2x}，x > 0$$

對 x 積分可得

$$\ln(f'(x)+\sqrt{1+f'(x)^2})=\ln k\sqrt{x}$$

其中 k 爲常數。因爲 $f'(a)=0$ 可得 $k=\dfrac{1}{\sqrt{a}}$。求解 $f'(x)$ 可得

$$f'(x)=\frac{\left(\dfrac{\sqrt{x}}{\sqrt{a}}-\dfrac{\sqrt{a}}{\sqrt{x}}\right)}{2}$$

再對 x 積分，得到

$$f(x)=\frac{x\sqrt{x}}{3\sqrt{a}}-\sqrt{ax}+c$$

其中 c 爲常數。因爲 $f(a)=0$ 得到 $c=\dfrac{2a}{3}$。故 $f(0)=\dfrac{2a}{3}=8$。因此，這隻狗和它的主人將在離主人出發點 8 米處見面。

例 4 在 x 軸上有一點 P 以速度 u 沿著正 x 軸移動，在 xy 平面上另有一點 Q，它以速度 v 移動，方向永遠指向 P 點，求 Q 點的運動軌跡。

解： 首先建立點 Q 運動時所滿足的微分方程。設點 Q 在時刻 t 的坐標爲 (x, y)，以 X 表示點 P 在時刻 t 的橫坐標，X_0 表示點 P 在時刻 $t=0$ 的橫坐標，根據條件有

$$X=X_0+ut \tag{1}$$

$$\left(\frac{dx}{dt}\right)^2+\left(\frac{dy}{dt}\right)^2=v^2 \tag{2}$$

$$\frac{dy}{dx}=-\frac{y}{(X-x)} \tag{3}$$

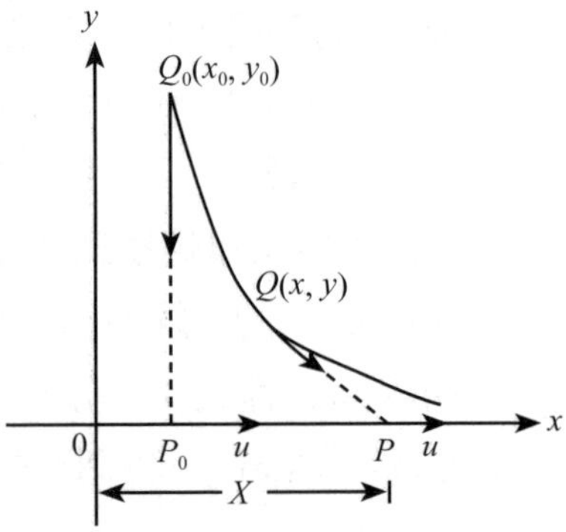

圖 3

將 (1) 代入 (3)，得到

$$X_0-x+ut=-\frac{y}{y'}$$

將 x 視爲自變數，上式兩邊對 x 微分得到

$$-1+u\frac{dt}{dx}=\frac{yy''-(y')^2}{(y')^2}$$

即

$$\frac{dt}{dx}=\frac{yy''}{u(y')^2} \tag{4}$$

利用 $\dfrac{dy}{dt}=\left(\dfrac{dy}{dx}\right)\left(\dfrac{dx}{dt}\right)$，由 (2) 得到

$$\frac{dt}{dx}=\frac{1}{v}\sqrt{1+(y')^2} \tag{5}$$

根據 (4) 和 (5) 得到 Q 的追逐方程

$$y''=\frac{u(y')^2}{vy}\sqrt{1+(y')^2} \tag{6}$$

這是不含自變數 x 的微分方程，以下解此方程，

令 $p=\frac{dy}{dx}$，則 $y''=p\frac{dp}{dy}$，於是方程 (6) 變爲

$$p\frac{dp}{dy}=\frac{up^2}{vy}\sqrt{1+p^2},$$

因此得

$$\frac{dp}{dy}=\frac{up}{vy}\sqrt{1+p^2}，p=0 \tag{7}$$

當 $p=0$ 時，結合 (3) 得到解 $y=0$，即點 Q 沿 x 軸移動。將 (7) 的第一個方程分離變數得

$$\frac{dp}{p\sqrt{1+p^2}}=\frac{u}{v}\frac{dy}{y}$$

由圖 3 知在點 Q 未追上點 P 之前，點 P 的橫坐標總是大於點 Q 的橫坐標，即當 $y>0$ 時，$p<0$ 所以

$$\int\frac{dp}{p\sqrt{1+p^2}}=-\int\frac{\frac{dp}{p^2}}{\sqrt{1+\left(\frac{1}{p}\right)^2}}=\ln\left(\frac{1}{p}+\sqrt{1+\left(\frac{1}{p}\right)^2}\right)$$

由此得

$$\ln\left(\frac{1}{p}+\sqrt{1+\left(\frac{1}{p}\right)^2}\right)=\frac{u}{v}(\ln y+\ln c)$$

即 $\frac{1}{p}+\sqrt{1+\left(\frac{1}{p}\right)^2}=(cy)^{\frac{u}{v}}$

爲了求常數 c，假設在開始追逐時，點 P 和 Q 同在一條平行於 y 軸的直線上，並且它們的位置爲 P_0 和 $Q_0(x_0, y_0)$，顯然有 $\frac{1}{p}=0$，由此得，$c=\frac{1}{y_0}$，因此可得

$$\frac{1}{p}+\sqrt{1+\left(\frac{1}{p}\right)^2}=\left(\frac{y}{y_0}\right)^{\frac{u}{v}} \tag{8}$$

由 (8) 式得

$$-\frac{1}{p}+\sqrt{1+\left(\frac{1}{p}\right)^2}=\left(\frac{y}{y_0}\right)^{-\frac{u}{v}} \tag{9}$$

(8) 減 (9) 得

$$\frac{2}{p}=\left(\frac{y}{y_0}\right)^{\frac{u}{v}}-\left(\frac{y}{y_0}\right)^{-\frac{u}{v}}$$

即

$$2\frac{dx}{dy}=\left(\frac{y}{y_0}\right)^{\frac{u}{v}}-\left(\frac{y}{y_0}\right)^{-\frac{u}{v}} \tag{10}$$

爲了使點 Q 能追上點 P，假設 $v>u$

由 (10) 得到追逐方程爲

$$2x=\frac{y_0}{1+\frac{u}{v}}\left(\frac{y}{y_0}\right)^{1+\frac{u}{v}}-\frac{y_0}{1-\frac{u}{v}}\left(\frac{y}{y_0}\right)^{1-\frac{u}{v}}+k$$

由於初始點 $Q_0(x_0, y_0)$ 在追逐線上，即當 $y=y_0$ 時，$x=x_0$，故

$$k=2x_0+y_0\left(\frac{1}{1-\frac{u}{v}}-\frac{1}{1+\frac{u}{v}}\right)$$

因此，追逐方程爲

$$x=\frac{y_0}{2\left(1+\frac{u}{v}\right)}\left[\left(\frac{y}{y_0}\right)^{1+\frac{u}{v}}-1\right]-\frac{y_0}{2\left(1-\frac{u}{v}\right)}\left[\left(\frac{y}{y_0}\right)^{1-\frac{u}{v}}-1\right]+x_0$$

當 $y=0$ 時就得到相遇點的坐標爲

$$x_1=x_0+\frac{uy_0}{v\left(1-\frac{u^2}{v^2}\right)}=x_0+\frac{vuy_0}{v^2-u^2} \tag{11}$$

追上所需的時間爲

$$T=\frac{x_1-x_0}{u}=\frac{vy_0}{v^2-u^2}$$

註：本題與上題是相同性質的例子，

若令 $v=2u$，$y_0=12$

則由 (11) 可知，$x_1-x_0=\frac{(2u^2)(12)}{(2u)^2-u^2}=\frac{24}{3}=8$

此結果與上例所得的結果相同。

例 5 放射性廢棄物的處理

在某些年間，美國處理放射性廢棄物是將廢物置入密封性能極爲良好的圓桶中，然後扔到水深約 300ft 的海裡。這種做法是否會造成放射性污染，很自然地引起環境工程、生態學家及社會大衆的關注。儘管圓桶非常堅固，不易破漏，但在和海底激烈碰撞時

仍有可能破裂。問題的關鍵在於圓桶到底能承受多大速度的碰撞？圓桶和海底碰撞時的速度有多大？

許多工程師進行了大量的破壞性試驗，發現圓桶在速度爲 40ft/s 的衝撞下會發生破裂，接下來就是要計算圓桶沉入 300ft 深的海底時，其末速度究竟有多大。

當時使用的是 55 加侖的圓桶，裝滿放射性廢物時的圓桶重量爲 $W = 527.436$ 磅，而在海水中受到浮力 $B = 470.327$ 磅。此外，下沉時圓桶還要受到大小爲 $D = Cv$ 的海水阻力，其中經工程師測得常數 $C = 0.08$。

現在，取一個垂直向下的坐標，並以海平面爲坐標原點。根據牛頓第二定律，圓桶下沉時應滿足微分方程

$$m\frac{d^2y}{dt^2} = W - B - D$$

因爲 $m = \dfrac{W}{g}$, $D = Cv$, $\dfrac{dy}{dt} = v$，故上式可改寫爲

$$\frac{dv}{dt} + \frac{Cg}{W}v = \frac{g}{W}(W - B)$$

上式滿足初始條件 $v(0) = 0$，其解爲

$$v(t) = \frac{W - B}{C}\left(1 - e^{-\frac{Cg}{W}t}\right)$$

圓桶的極限速度爲

$$\lim_{t\to\infty} v(t) = \frac{W - B}{C} \approx 713.86(\text{ft/s})$$

該極限速度遠超過 40ft/s。爲了求出圓桶與海底的碰撞速度 $v(t)$，首先必須求出圓桶的下沉時間 t，然而要做這一點卻是比較困難的。爲此改變討論方法，將速度 v 表示成下沉深度 y 的函數，即改寫成 $v(t) = v(y(t))$。此時 y 滿足的二階微分方程爲

$$m\frac{dy}{dt}\frac{dv}{dy} = W - B - Cv$$

或

$$\frac{v}{W - B - Cv}\frac{dv}{dy} = \frac{g}{W}$$

因爲 $v(0) = 0, y(0) = 0$，積分可得

$$-\frac{v}{C}-\frac{W-B}{C^2}\ln\frac{W-B-Cv}{W-B}=\frac{gy}{W}$$

我們無法從上式求出 $v = v(y)$，進而求出碰撞速度 $v(300)$。只可以利用數值方法求出 $v(300) \approx 45.1\text{ft/s} > 40\text{ft/s}$，因此將放射性廢棄物密封後拋入海中的做法是不妥當的。

例 6 流體的溫度

一個很長的圓柱殼由兩個不同半徑的同心圓柱體構成。化學反應性流體填充了兩個同心圓柱體之間的空間，如圖 4 所示。內圓柱體的半徑為 1 並且是隔熱的，而外圓柱體的半徑為 2，並保持在恆定溫度 T_0。由於化學反應在流體中產生的熱量與 $\frac{T}{r^2}$ 成正比，其中 $T(r)$ 是由 $1 < r < 2$ 定義的圓柱體之間的空間內流體的溫度。在這些條件下，流體的溫度由以下邊界值問題定義：

$$\frac{d^2T}{dr^2}+\frac{1}{r}\frac{dT}{dr}=\frac{1}{r^2}T,\ 1<r<2$$

$$\left.\frac{dT}{dr}\right|_{r=1}=0,\ T(2)=T_0$$

求流體內的溫度分佈 $T(r)$。

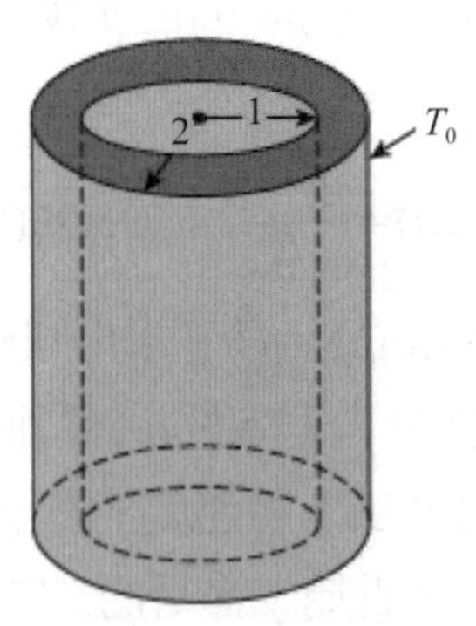

圖 4 圓柱殼

解：將方程式改寫為

$$r^2\frac{d^2T}{dr^2}+r\frac{dT}{dr}-T=0$$

這是 Cauchy-Euler 方程，其解為

$$T(r)=c_1r+c_2r^{-1}$$

利用已知條件 $T(2)=T_0$ 和 $T'(1)=0$，可得

$$2c_1+\frac{1}{2}c_2=T_0$$

$$c_1-c_2=0$$

解出$c_1=c_2=\dfrac{2T_0}{5}$，因此

$$T(r)=\frac{2T_0}{5}(r+r^{-1})$$

例 7 在例 6 中，求 $T(r)$ 的最小値和最大値，其中 $1\le r\le 2$。為什麼這些值具有直觀意義？

解：為了找到閉區間 [1, 2] 上的最小値和最大値，我們首先求導數並尋找臨界值：

$$\frac{dT}{dr}=\frac{2T_0}{5}(1-r^{-2})=0$$

因此 $r=\pm 1$。我們忽略 $r=-1$，因為它位於區間之外，我們看到唯一的臨界值是 $r=1$。計算兩個端點的函數，我們發現最小值為 $T(1)=\dfrac{4T_0}{5}$，最大值為 $T(2)=T_0$。這些值具有直觀意義，因為人們預計流體的溫度會隨著靠近邊界 $r=2$ 上的熱源而增加。

習題

1. 在 $L=\frac{1}{5}$H，$R=\frac{2}{5}\Omega$，$C=\frac{1}{2}$F 和 $E(t)=50$ V 的 RLC 串聯電路中，求電容器上的電荷。假定電容器上的初始電荷為 0 C，初始電流為 4A。

   答案：$q(t)=-25e^{-t}\cos 3t-7e^{-t}\sin 3t+25$

2. **球體中的溫度**　考慮兩個半徑為 $r=a$ 和 $r=b$，$a<b$ 的同心球體。如圖 1 所示。介於球體之間區域的溫度 $u(r)$ 由邊界值問題

$$r\frac{d^2u}{dr^2}+2\frac{du}{dr}=0,\ u(a)=u_0,\ u(b)=u_1,$$

   決定，其中 u_0 和 u_1 是常數。求解 $u(r)$。

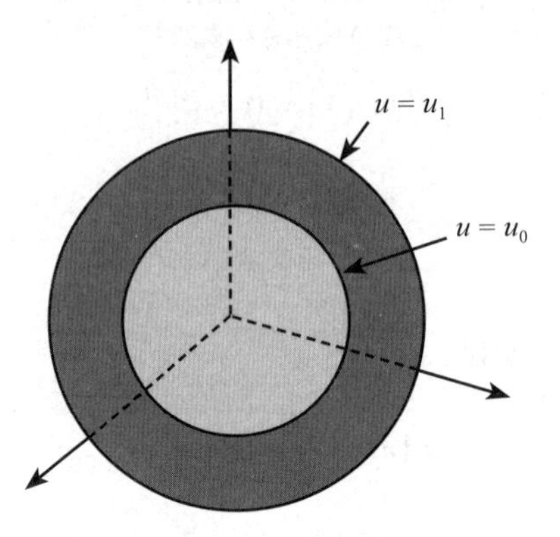

圖 1　同心球

答案：$u(r)=\left(\dfrac{u_0-u_1}{b-a}\right)\dfrac{ab}{r}+\dfrac{u_1 b-u_0 a}{b-a}$

3. **圓環中的溫度**　如圖 2 所示，圓環中的溫度 $u(r)$，由邊界值問題

$$r\frac{d^2u}{dr^2}+\frac{du}{dr}=0,\ u(a)=u_0,\ u(b)=u_1,$$

決定，其中 u_0 和 u_1 是常數。證明

$$u(r)=\frac{u_0\ln\left(\dfrac{r}{b}\right)-u_1\ln\left(\dfrac{r}{a}\right)}{\ln\left(\dfrac{a}{b}\right)}$$

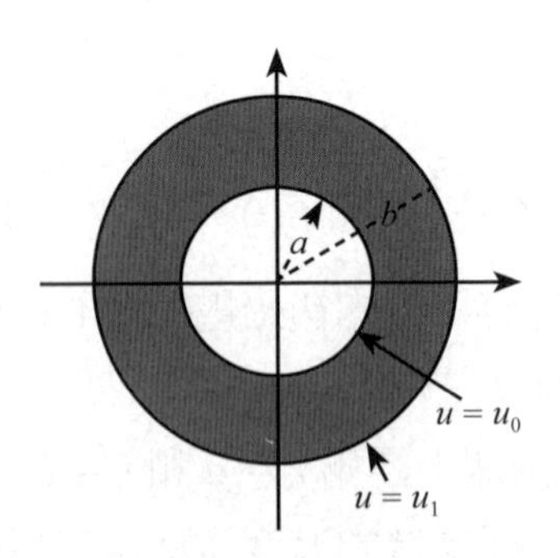

圖 2　圓環

答案：提示：$u(r)=c_1+c_2\ln r$

第 5 章

微分方程的級數解

章節體系架構 ▼

前言

在 18 世紀，人們認爲所有合理的函數（例如連續的）都是可解析的。顯然，這是推動研究冪級數方法的信念。在 19 世紀後期，人們發現這種信念是錯誤的，因爲大多數函數不等於任何良好的冪級數。儘管如此，冪級數方法在這種變化中倖存下來，並且即使在今天仍然是求解微分方程的有力工具。

人們對微分方程的級數法有很大興趣，主要原因是，微分方程的級數解所代表的函數在數學與物理中有特殊的應用，而且這些函數一般已不是初等函數。因此稱它們爲特殊函數或高級超越函數，以表示與普通初等函數的區別。

二階線性齊次常微分方程的一般形式是

$$\frac{d^2y}{dx^2}+p(x)\frac{dy}{dx}+q(x)y=0$$

其中 $p(x)$ 和 $q(x)$ 稱爲方程的係數。顯然，方程的性質由其係數確定。特別是，方程解的形式與解的解析性也由係數的解析性確定。

通常，我們並不需要在整個複數平面上求解方程，而感興趣的是求解某點 x_0 鄰域的解（鄰域可大可小）。

因此，若要在某點 x_0 的鄰域求解微分方程，係數函數 $p(x)$ 和 $q(x)$ 在 x_0 的性質就顯得特別重要，爲此，我們需要以下定義和定理。

定義 8 （解析函數）

若 $f(x)$ 是在包含點 x_0 的區間 I 上定義的函數，且若 f 在點 $x = x_0$ 有冪級數的展開式，並且具有正收斂半徑，則稱 $f(x)$ 在 x_0 爲可解析。

若對於 D 中的任何 x_0，我們有

$$f(x)=\sum_{n=0}^{\infty}a_n(x-x_0)^n$$
$$=a_0+a_1(x-x_0)+a_2(x-x_0)^2+a_3(x-x_0)^3+\cdots$$

則函數 f 在實線上的一個開集 D 上是可解析。其中係數 a_0，a_1，…是實數，

並且對於 x 在 x_0 附近，該級數收斂於 $f(x)$。

換言之，解析函數是一個無限可微函數，以使得對於 x 在 x_0 附近，泰勒級數

$$T(x)=\sum_{n=0}^{\infty}\frac{f^{(n)}(x_0)}{n!}(x-x_0)^n$$

在其定義域中的任意點 x_0，收斂到 $f(x)$。

定理（冪級數解的存在）

對於

$$y''+P(x)y'+Q(x)y=R(x)$$

若函數 P，Q，R 在 $x=x_0$ 可解析，則上式的每個解 $y(x)$ 在 $x=x_0$ 可解析，並且可以用 $x-x_0$ 的冪級數表示，且收斂半徑 $R>0$，即

$$y=\sum_{n=0}^{\infty}a_n(x-x_0)^n$$

定義 8（常點和奇點）

微分方程

$$y''+P(x)y'+Q(x)y=0$$

若 $P(x)$ 與 $Q(x)$ 在 x_0 點附近是可解析，則稱 $x=x_0$ 爲微分方程的常點（或正規點）。若 $x=x_0$ 不是常點，則稱爲微分方程的奇點。

例 1 (a) $x=0$ 爲 Legendre 微分方程 $(1-x^2)y''-2xy'+n(n+1)y=0$ 的常點，$x=\pm1$ 爲奇點，其中 n 爲實數。

(b) $x=0$ 爲 Bessel 方程 $x^2y''+xy'+(x^2-n^2)y=0$ 的奇點。

(c) $x=0$ 爲 Chebyshev 方程 $(1-x^2)y''-xy'+n^2y=0$ 的常點，$x=\pm1$ 爲奇點。

(d) $x=0$ 是 $x^2y''+3y'-xy=0$ 的奇點。

(e) $x = 0$ 是 $2x^2y'' - xy' + (1 - x^2)y = 0$ 的奇點。

冪級數法適用於當 $x = x_0$ 為所予二階微分方程的常點，最後的解含有兩個常數 a_0 和 a_1。

求出微分方程冪級數解的策略為：

1. 假設微分方程具有以下形式的解

$$y(x) = \sum_{n=0}^{\infty} a_n (x - x_0)^n$$

2. 將 y 逐項微分來獲得 $y', y'', \ldots$。
3. 將 $y, y', y'', \ldots$ 的冪級數表達式代入微分方程。
4. 根據需要重新調整指標，將冪次相同的項合併在一起。
5. 求出係數的遞迴關係式。
6. 將這些係數代入冪級數，然後寫出解。

筆 記 欄

5.1 在常點的冪級數解

二階變係數齊次線性微分方程的求解問題歸結為尋求它的一個非零解。由於方程的係數是自變數的函數，我們不能像常係數那樣利用代數法去求解。但是，從微積分知道，在滿足某些條件下，可以用冪級數來表示一個函數。因此，自然想到，能否用冪級數來表示微分方程的解呢？下面就來討論這一問題。首先看幾個簡單的例子。

例 1 求微分方程

$$y'' + y = 0$$

在 $x = 0$ 的級數解。

解：這方程的每個點都是常點。我們將尋求以下形式的解，

$$y(x) = \sum_{n=0}^{\infty} a_n x^n$$

必須求出 $y''(x)$。

$$y'(x) = \sum_{n=1}^{\infty} n a_n x^{n-1}, \quad y''(x) = \sum_{n=2}^{\infty} n(n-1) a_n x^{n-2}$$

我們將 $y(x)$ 及 $y''(x)$ 入微分方程，可得

$$\sum_{n=2}^{\infty} n(n-1) a_n x^{n-2} + \sum_{n=0}^{\infty} a_n x^n = 0$$

下一步是合併各項成為單一級數。為此，我們必須使兩個級數都從同一點開始，並且兩級數中的 x 的指數都要相同。

將第一個級數的指數調整至 n，可得

$$\sum_{n=0}^{\infty} (n+2)(n+1) a_{n+2} x^n + \sum_{n=0}^{\infty} a_n x^n = 0$$

現在，我們可以將兩個級數加起來。

$$\sum_{n=0}^{\infty} [(n+2)(n+1) a_{n+2} + a_n] x^n = 0$$

因為 $x^n \neq 0$，所以

$(n+2)(n+1) a_{n+2} + a_n = 0$，$n = 0, 1, 2, ...$

這稱為遞迴關係。

$$a_{n+2} = -\frac{a_n}{(n+2)(n+1)} \quad n = 0, 1, 2, ...$$

現在，我們開始代入 n 的一些值，

$n=0$，$a_2 = \frac{-a_0}{(2)(1)}$

$n=1$，$a_3 = \frac{-a_1}{(3)(2)}$

$n=2$，$a_4 = -\frac{a_2}{(4)(3)} = \frac{a_0}{(4)(3)(2)(1)}$

$n=3$，$a_5 = -\frac{a_3}{(5)(4)} = \frac{a_1}{(5)(4)(3)(2)}$

$n=4$，$a_6 = -\frac{a_4}{(6)(5)} = \frac{-a_0}{(6)(5)(4)(3)(2)(1)}$

$n=5$，$a_7 = -\frac{a_5}{(7)(6)} = \frac{-a_1}{(7)(6)(5)(4)(3)(2)}$

$\vdots$

$a_{2k} = \frac{(-1)^k a_0}{(2k)!}$，$k = 1, 2, ...$

$a_{2k+1} = \frac{(-1)^k a_1}{(2k+1)!}$，$k = 1, 2, ...$

因此微分方程的級數解是

$$y(x) = a_0 \left\{1 - \frac{x^2}{2!} \cdots + \frac{(-1)^k x^{2k}}{(2k)!} + \cdots\right\} + a_1 \left\{x - \frac{x^3}{3!} + \cdots + \frac{(-1)^k}{(2k+1)!} x^{2k+1} + \cdots\right\}$$

$$= a_0 \sum_{k=0}^{\infty} \frac{(-1)^k x^{2k}}{(2k)!} + a_1 \sum_{k=0}^{\infty} \frac{(-1)^k x^{2k+1}}{(2k+1)!}$$

因爲

$$\cos(x) = \sum_{n=0}^{\infty} \frac{(-1)^n x^{2n}}{(2n)!}, \quad \sin(x) = \sum_{n=0}^{\infty} \frac{(-1)^n x^{2n+1}}{(2n+1)!}$$

令 $a_0 = c_1, a_1 = c_2$，則微分方程的解是

$$y(x) = c_1 \cos x + c_2 \sin x$$

由於每個常係數的線性微分方程具有級數解，因此自然也可以期望變係數的線性微分方程也具有級數解。

現在，我們來看一些變係數的例子，因爲這是級數解最有用的地方。另外，爲了使問題更簡單一些，我們將僅處理多項式係數。

例 2 求 Airy 微分方程

$$y'' - xy = 0$$

在 $x = 0$ 的級數解。

解：$x=0$ 是這個微分方程的常點。我們寫出解的形式及其導數。

$$y(x)=\sum_{n=0}^{\infty}a_nx^n\text{ , }y'(x)=\sum_{n=1}^{\infty}na_nx^{n-1}\text{ , }y''(x)=\sum_{n=2}^{\infty}n(n-1)a_nx^{n-2}$$

將 y 及 y'' 代入微分方程式，可得

$$\sum_{n=2}^{\infty}n(n-1)a_nx^{n-2}-x\sum_{n=0}^{\infty}a_nx^n=0$$

$$\sum_{n=2}^{\infty}n(n-1)a_nx^{n-2}-\sum_{n=0}^{\infty}a_nx^{n+1}=0$$

調整指標，使兩個級數都是用 x^n 來表示

$$\sum_{n=0}^{\infty}(n+2)(n+1)a_{n+2}x^n-\sum_{n=1}^{\infty}a_{n-1}x^n=0$$

接下來，我們需要使兩個級數從相同的 n 值開始。求解此問題的唯一方法是提出 $n=0$ 項。

$$(2)(1)a_2x^0+\sum_{n=1}^{\infty}(n+2)(n+1)a_{n+2}x^n-\sum_{n=1}^{\infty}a_{n-1}x^n=0$$

$$2a_2+\sum_{n=1}^{\infty}[(n+2)(n+1)a_{n+2}-a_{n-1}]x^n=0$$

現在令所有係數爲零。

$n=0$　　　$2a_2=0$

$n=1, 2, 3, \ldots$　　　$(n+2)(n+1)a_{n+2}-a_{n-1}=0$

求解第一式以及遞迴關係，可得

$n=0$　　　$a_2=0$

$n=1, 2, 3, \ldots$　　　$a_{n+2}=\dfrac{a_{n-1}}{(n+2)(n+1)}$

現在我們需要開始代入 n 的值。

$$a_3=\frac{a_0}{(3)(2)}\qquad a_4=\frac{a_1}{(4)(3)}\qquad a_5=\frac{a_2}{(5)(4)}=0$$

$$a_6=\frac{a_3}{(6)(5)}=\frac{a_0}{(6)(5)(3)(2)}\qquad a_7=\frac{a_4}{(7)(6)}=\frac{a_1}{(7)(6)(4)(3)}\qquad a_8=\frac{a_5}{(8)(7)}=0$$

$$\vdots\qquad\qquad\vdots\qquad\qquad\vdots$$

$$a_{3k}=\frac{a_0}{(2)(3)(5)(6)\cdots(3k-1)(3k)}\text{ , }a_{3k+1}=\frac{a_1}{(3)(4)(6)(7)\cdots(3k)(3k+1)}\text{ , }a_{3k+2}=0$$

$k=1, 2, 3, \ldots$　　　$k=1, 2, 3, \ldots$　　　$k=0, 1, 2, \ldots$

因此

$$y(x)=a_0+a_1x+a_2x^2+a_3x^3+a_4x^4+\cdots+a_{3k}x^{3k}+a_{3k+1}x^{3k+1}+\cdots$$

$$=a_0+a_1x+\frac{a_0}{6}x^3+\frac{a_1}{12}x^4\cdots+\frac{a_0x^{3k}}{(2)(3)(5)(6)\cdots(3k-1)(3k)}$$

$$+\frac{a_1x^{3k+1}}{(3)(4)(6)(7)\cdots(3k)(3k+1)}+\cdots$$

重新整理得到

$$y(x)=a_0\left\{1+\sum_{k=1}^{\infty}\frac{x^{3k}}{(2)(3)(5)(6)\cdots(3k-1)(3k)}\right\}$$

$$+a_1\left\{x+\sum_{k=1}^{\infty}\frac{x^{3k+1}}{(3)(4)(6)(7)\cdots(3k)(3k+1)}\right\}$$

由於大多數級數不能求出和，因此，某些解必須保留爲級數形式。這個例題中的微分方程稱爲艾里方程（Airy's equation），以英國天文學家和數學家 Sir George Biddell Airy（1801-1892）的名字命名。在研究光的繞射、圍繞地球表面的無線電波的繞射、空氣動力學以及在其自身重量作用下彎曲的均勻細垂直柱的撓度，會遇到艾里方程。艾里方程的其他常見形式是 $y''+xy=0$ 和 $y''\pm a^2xy=0$。顯然 $y''+xy=0$ 的通解是 $y=a_0y_1(x)+a_1y_2(x)$，其中

$$y_1(x)=1-\frac{1}{2\cdot 3}x^3+\frac{1}{2\cdot 3\cdot 5\cdot 6}x^6-\frac{1}{2\cdot 3\cdot 5\cdot 6\cdot 8\cdot 9}x^9+\cdots$$

$$=1+\sum_{k=1}^{\infty}\frac{(-1)^k}{2\cdot 3\cdots(3k-1)(3k)}x^{3k}$$

$$y_2(x)=x-\frac{1}{3\cdot 4}x^4+\frac{1}{3\cdot 4\cdot 6\cdot 7}x^7-\frac{1}{3\cdot 4\cdot 6\cdot 7\cdot 9\cdot 10}x^{10}+\cdots$$

$$=x+\sum_{k=1}^{\infty}\frac{(-1)^k}{3\cdot 4\cdots(3k)(3k+1)}x^{3k+1}$$

例 3 求 Airy 微分方程 $y''=xy$（$-\infty<x<\infty$）在 $x=1$ 處展開的冪級數解。

解：將 Airy 方程改寫成

$$y''=[1+(x-1)]y \tag{1}$$

並求形如

$$y=\sum_{n=0}^{\infty}a_n(x-1)^n \tag{2}$$

的解。由 (2)，我們有

$$y''=\sum_{n=0}^{\infty}(n+2)(n+1)a_{n+2}(x-1)^n \tag{3}$$

將 (2)，(3) 代入 (1)，可得

$$\sum_{n=0}^{\infty}(n+2)(n+1)a_{n+2}(x-1)^n=a_0+\sum_{n=1}^{\infty}(a_n+a_{n-1})(x-1)^n$$

由此利用冪級數展開式的唯一性，得到遞迴式

$$2a_2=a_0，$$
$$3\cdot 2a_3=a_1+a_0，$$
$$4\cdot 3a_4=a_2+a_1，$$
$$\vdots \qquad \vdots$$
$$(n+2)(n+1)a_{n+2}=a_n+a_{n-1} \tag{4}$$
$$\vdots \qquad \vdots$$

若給定 a_0 和 a_1，則由此遞迴式可得

$$a_2=\frac{a_0}{2}，$$
$$a_3=\frac{a_0}{6}+\frac{a_1}{6}，$$
$$a_4=\frac{a_0}{24}+\frac{a_1}{12}，$$
$$a_5=\frac{a_0}{30}+\frac{a_1}{120}，$$
$$\vdots \qquad \vdots$$

故，所求的冪級數解爲

$$y=a_0\left[1+\frac{(x-1)^2}{2}+\frac{(x-1)^3}{6}+\frac{(x-1)^4}{24}+\frac{(x-1)^5}{30}+\cdots\right]$$
$$+a_1\left[(x-1)+\frac{(x-1)^3}{6}+\frac{(x-1)^4}{12}+\frac{(x-1)^5}{120}+\cdots\right]$$

一般而言，當遞迴式包含三個或更多的係數時〔例如遞迴式 (4)〕，要明確地寫出 a_n 的表達式是不容易的。

例 4 求微分方程

$$(x^2+1)y''-4xy'+6y=0$$

在 $x=0$ 的級數解。

解：$x=0$ 是微分方程的常點。

令

$$y(x)=\sum_{n=0}^{\infty}a_nx^n$$

則

$$y'(x)=\sum_{n=1}^{\infty} na_n x^{n-1} \qquad y''(x)=\sum_{n=2}^{\infty} n(n-1)\,a_n x^{n-2}$$

將它們代入微分方程，

$$(x^2+1)\sum_{n=2}^{\infty} n(n-1)a_n x^{n-2}-4x\sum_{n=1}^{\infty} na_n x^{n-1}+6\sum_{n=0}^{\infty} a_n x^n=0$$

亦即

$$\sum_{n=2}^{\infty} n(n-1)a_n x^n+\sum_{n=2}^{\infty} n(n-1)a_n x^{n-2}-\sum_{n=1}^{\infty} 4na_n x^n+\sum_{n=0}^{\infty} 6a_n x^n=0$$

我們只需要調整第二個級數，即可使所有級數中的指數都相同。

$$\sum_{n=2}^{\infty} n(n-1)a_n x^n+\sum_{n=0}^{\infty}(n+2)(n+1)a_{n+2}x^n-\sum_{n=1}^{\infty} 4na_n x^n+\sum_{n=0}^{\infty} 6a_n x^n=0$$

將級數合併

$$\sum_{n=0}^{\infty}\left[n(n-1)\,a_n+(n+2)(n+1)\,a_{n+2}-4na_n+6a_n\right]x^n=0$$

$$\sum_{n=0}^{\infty}\left[(n^2-5n+6)\,a_n+(n+2)(n+1)\,a_{n+2}\right]x^n=0$$

$$\sum_{n=0}^{\infty}\left[(n-2)(n-3)\,a_n+(n+2)(n+1)\,a_{n+2}\right]x^n=0$$

令係數等於零

$(n-2)(n-3)\,a_n+(n+2)(n+1)\,a_{n+2}=0$，$n=0, 1, 2, ...$

亦即

$$a_{n+2}=-\frac{(n-2)(n-3)a_n}{(n+2)(n+1)}，n=0, 1, 2, ...$$

現在，我們代入 n 的值。

$n=0$：$a_2=-3a_0$

$n=1$：$a_3=-\dfrac{1}{3}a_1$

$n=2$：$a_4=-\dfrac{0}{12}a_2=0$

$n=3$：$a_5=-\dfrac{0}{20}a_3=0$

在這種情況下，微分方程的解是

$$y(x)=a_0\{1-3x^2\}+a_1\left\{x-\frac{1}{3}x^3\right\}$$

在下面的例子，爲了簡單起見，我們將只找到關於常點 $x=0$ 的冪級數解。如果需要找到關於常點 $x_0 \neq 0$ 的 ODE 的冪級數解 ，我們只要在方程中作變數變換，令 $t=x-x_0$（這將 $x=x_0$ 轉換爲 $t=0$），找到形式爲 $y=\Sigma_{k=1}^{\infty} c_n t^n$的新方程的解，然後再將 $t=x-x_0$ 代入。

例 5 求微分方程 $(x^2-2x)y''+2y=0$ 在 $x=1$ 的冪級數解，至少求出前四個非零項。

解：最好的方法是先將 $x_0=1$ 移至 0。爲此，令 $t=x-1$。因此 $t_0=x_0-1=0$，$x^2-2x=t^2-1$，方程變爲

$(t^2-1)y''+2y=0$

並且我們要在 $t_0=0$ 處展開。

將

$$y=\sum_{n=0}^{\infty} a_n t^n$$

代入方程，可得

$$0=(t^2-1)\sum_{n=2}^{\infty} a_n n(n-1)t^{n-2}+2\sum_{n=0}^{\infty} a_n t^n$$

$$=\sum_{n=2}^{\infty} a_n n(n-1)t^n-\sum_{n=2}^{\infty} a_n n(n-1)t^{n-2}+\sum_{n=0}^{\infty} 2a_n t^n$$

$$=\sum_{n=2}^{\infty} a_n n(n-1)t^n-\sum_{n=0}^{\infty} a_{n+2}(n+2)(n+1)t^n+\sum_{n=0}^{\infty} 2a_n t^n$$

$$=(-2a_2+2a_0)+(-6a_3+2a_1)t+\sum_{n=2}^{\infty}[a_n n(n-1)-a_{n+2}(n+2)(n+1)+2a_n]t^n$$

亦即

$-2a_2+2a_0=0$

$-6a_3+2a_1=0$

$a_n n(n-1)-a_{n+2}(n+2)(n+1)+2a_n=0$

因此

$a_2=a_0 \qquad a_3=\frac{1}{3}a_1$

$y(t)=a_0+a_1t+a_0t^2+\frac{1}{3}a_1t^3+\cdots$

回到 x 變數，我們有

$$y(x)=a_0[1+(x-1)^2+\cdots]+a_1\left[(x-1)+\frac{1}{3}(x-1)^3+\cdots\right]$$

例 6 求初始值問題

$$y''-(\sin x)\,y=0,\ y(\pi)=1,\ y'(\pi)=0.$$

的冪級數解，至少求出前四個非零項。

解：由於初始值是在 π 處給出的，因此展開應該在 $x=\pi$。首先引入新變數 $t=x-\pi$。即 $x=t+\pi$，方程變爲

$$y''+(\sin t)\,y=0,\ y(0)=1,\ y'(0)=0.$$

令

$$y(t)=\sum_{n=0}^{\infty}a_n t^n$$

代入方程，且因爲

$$\sin t=\sum_{n=0}^{\infty}\frac{(-1)^n}{(2n+1)!}t^{2n+1},$$

我們得到

$$0=y''+(\sin t)\,y$$

$$=\sum_{n=2}^{\infty}a_n n(n-1)\,t^{n-2}+\left(t-\frac{1}{3!}t^3+\cdots\right)(a_0+a_1t+a_2t^2+a_3t^3+\cdots)$$

$$=2a_2+6a_3t+12a_4t^2+20a_5t^3+\cdots+a_0t+a_1t^2+\left(a_2-\frac{a_0}{6}\right)t^3+\cdots$$

$$=2a_2+(6a_3+a_0)t+(12a_4+a_1)t^2+\left(20a_5+a_2-\frac{a_0}{6}\right)t^3+\cdots$$

亦即

$$2a_2=0$$

$$6a_3+a_0=0$$

$$12a_4+a_1=0$$

$$20a_5+a_2-\frac{a_0}{6}=0$$

應用初始值，我們有

$$a_0=1,\ a_1=0.$$

因此

$a_0=1$，$a_1=0$，$a_2=0$，$a_3=-\dfrac{1}{6}$，$a_4=0$，$a_5=\dfrac{1}{120}$

其中只有三個非零。我們必須回到方程式並展開到更高階

$$0=y''+(\sin t)\,y$$

$$= \sum_{n=2}^{\infty} a_n n(n-1) t^{n-2} + \left(t - \frac{1}{3!}t^3 + \frac{1}{5!}t^5 + \cdots\right)(a_0 + a_1 t + a_2 t^2 + a_3 t^3 + a_4 t^4 \cdots)$$

$$= 2a_2 + 6a_3 t + 12a_4 t^2 + 20a_5 t^3 + 30a_6 t^4 + \cdots$$

$$a_0 t + a_1 t^2 + \left(a_2 - \frac{a_0}{6}\right)t^3 + \left(a_3 - \frac{a_1}{6}\right)t^4 + \cdots$$

由 t^4 的係數可知

$$30\, a_6 + a_3 - \frac{a_1}{6} = 0$$

因爲 $a_1 = 0,\ a_3 = -\frac{1}{6}$，我們有

$$a_6 = \frac{1}{180}$$

因爲 $a_6 \neq 0$，我們已經有 4 個非零項，不需要到更高階。t 變數的解是

$$y(t) = 1 - \frac{1}{6}t^3 + \frac{1}{120}t^5 + \frac{1}{180}t^6 + \cdots$$

回到 x 變數，我們有

$$y(x) = 1 - \frac{1}{6}(x-\pi)^3 + \frac{1}{120}(x-\pi)^5 + \frac{1}{180}(x-\pi)^6 + \cdots$$

例 7 求 Legendre 方程

$$(1-x^2)y'' - 2xy' + \alpha(\alpha+1)y = 0$$

在 $x = 0$ 鄰域的冪級數解，其中 α 爲任意實常數。

解：顯然 $x = 0$ 是方程的常點。

令 $y = \sum_{n=0}^{\infty} a_n x^n$，其中 $a_0 \neq 0$，

上式求導數，可得：

$$y' = \sum_{n=1}^{\infty} n a_n x^{n-1}，y'' = \sum_{n=2}^{\infty} n(n-1) a_n x^{n-2}$$

因此我們有

$$2xy' = \sum_{n=1}^{\infty} 2n a_n x^n = \sum_{n=0}^{\infty} 2n a_n x^n，$$

且 $(1-x^2)y'' = \sum_{n=2}^{\infty} n(n-1)a_n x^{n-2} - \sum_{n=2}^{\infty} n(n-1)a_n x^n$

$$= \sum_{n=0}^{\infty} (n+2)(n+1)a_{n+2}x^n - \sum_{n=0}^{\infty} n(n-1)a_n x^n$$

$$= \sum_{n=0}^{\infty} [(n+2)(n+1)a_{n+2} - n(n-1)a_n]x^n$$

將這些級數代入微分方程，可得

$$(n+2)(n+1)a_{n+2}-n(n-1)a_n-2na_n+\alpha(\alpha+1)a_n=0\text{，}n\geq 0$$

即 $(n+2)(n+1)a_{n+2}-(n-\alpha)(n+1+\alpha)a_n=0$

因此得到係數之間之遞迴關係

$$a_{n+2}=-\frac{(\alpha-n)(\alpha+n+1)}{(n+1)(n+2)}a_n$$

利用這個遞迴關係可將 $a_2, a_4, a_6, \cdots$ 以 a_0 表示，同理 $a_3, a_5, a_7, \cdots$ 以 a_1 表示。對於偶數下標的係數，我們有

$$a_2=-\frac{\alpha(\alpha+1)}{1\cdot 2}a_0$$

$$a_4=-\frac{(\alpha-2)(\alpha+3)}{3\cdot 4}a_2=(-1)^2\frac{\alpha(\alpha-2)(\alpha+1)(\alpha+3)}{4!}a_0$$

一般式，

$$a_{2n}=(-1)^n\frac{\alpha(\alpha-2)\cdots(\alpha-2n+2)\cdot(\alpha+1)(\alpha+3)\cdots(\alpha+2n-1)}{(2n)!}a_0$$

上式可由歸納法證明，對於奇數下標的係數，我們有

$$a_{2n+1}=(-1)^n\frac{(\alpha-1)(\alpha-3)\cdots(\alpha-2n+1)\cdot(\alpha+2)(\alpha+4)\cdots(\alpha+2n)}{(2n+1)!}a_1$$

Legendre 方程的通解為：

$$y=a_0y_0(x)+a_1y_1(x)$$

其中 y_0 含偶次冪項，y_1 含奇次冪項。

$$y_0(x)=1+\sum_{n=1}^{\infty}(-1)^n\frac{\alpha(\alpha-2)\cdots(\alpha-2n+2)\cdot(\alpha+1)(\alpha+3)\cdots(\alpha+2n-1)}{(2n)!}x^{2n}\text{，}$$

且

$$y_1(x)=x+\sum_{n=1}^{\infty}(-1)^n\frac{(\alpha-1)(\alpha-3)\cdots(\alpha-2n+1)\cdot(\alpha+2)(\alpha+4)\cdots(\alpha+2n)}{(2n+1)!}x^{2n+1}$$

所以，Legendre 方程在開區間 $(-1, 1)$ 有兩個線性無關的解，一個是奇次冪級數，一個是偶次冪級數。對於一般的 α，級數無法化簡為初等函數形式，也就是說，Legendre 方程的解是 Legendre 函數（特殊函數）。由於 Legendre 方程是線性齊次微分方程，$y_0(x)$ 是解，任意常數與 $y_0(x)$ 的乘積，依然是解。

Legendre 方程出現在吸引的問題以及具有球對稱的熱流問題。當 α 為正整數時，方程有多項式解，我們稱此多項式為 Legendre 多項式。

上述對二階齊次線性微分方程的冪級數解法可以自然地推廣到 n 階的情形，並且對非齊次線性微分方程也適用。

由上面的例子可知，當 x_0 是一個常點時，我們可藉由

$$y(x)=\sum_{n=0}^{\infty} a_n (x-x_0)^n$$

找到微分方程

$$A(x)\,y''+B(x)y'+C(x)y=0$$

的通解。換句話說，在常點 x_0 的鄰域內存在冪級數解。但是，當 x_0 爲奇點時，通常無法以冪級數表示所有解。一般而言，上述方程在奇點附近不再有冪級數形式的通解。

筆記欄

5.2 在奇點的冪級數解

例 1 求一階微分方程

$2xy' - y = 0.$

在 $x = 0$ 的冪級數解。

解：如果我們令

$$y = \sum_{k=0}^{\infty} a_k x^k$$

代入上式可得

$$\begin{aligned} 0 &= 2xy' - y \\ &= 2x\left(\sum_{k=1}^{\infty} k a_k x^{k-1}\right) - \left(\sum_{k=0}^{\infty} a_k x^k\right) \\ &= a_0 + \sum_{k=1}^{\infty} (2k a_k - a_k) x^k \end{aligned}$$

因此，$a_0 = 0$，且 $2ka_k - a_k = (2k-1)a_k = 0$，其中 $k = 1, 2, 3$，…。即對於所有 k 而言，$a_k = 0$。我們只得到 $y = 0$ 的解。

若要得到一個非零的通解。可嘗試 $y = x^r$，其中 r 爲實數，則 $y' = rx^{r-1}$，因此

$$\begin{aligned} 0 &= 2xy' - y \\ &= 2xrx^{r-1} - x^r \\ &= (2r-1)x^r \end{aligned}$$

得到 $r = \frac{1}{2}$，換句話說 $y = x^{\frac{1}{2}}$。乘以一個常數 c，對於 $x > 0$，通解是

$$y = cx^{\frac{1}{2}}$$

如果 $c \neq 0$，則解的導數在 $x = 0$（奇點）是無界的，因此它在 $x = 0$ 不能展成冪級數。在 $x = 0$ 只有一個可微的解，這就是 $y = 0$。

例 2 考慮歐拉方程 $x^2y'' + y = 0$ 在 $x = 0$ 的冪級數解。

解：假設 $y = \sum_{n=0}^{\infty} a_n x^n$，將 y 及 y'' 代入微分方程：

$$x^2 \sum_{n=2}^{\infty} a_n n(n-1) x^{n-2} + \sum_{n=0}^{\infty} a_n x^n = 0$$

化簡後

$$0 = \sum_{n=2}^{\infty} a_n n(n-1) x^n + \sum_{n=0}^{\infty} a_n x^n = a_0 + a_1 x + \sum_{n=2}^{\infty} [n(n-1)+1] a_n x^n$$

遞迴關係式為

$$a_0 = 0$$

$$a_1 = 0$$

$$[n(n-1)+1] a_n = 0 \quad n \geq 2$$

顯然，對於所有的 n，我們有 $a_n = 0$。因此，冪級數方法僅得出 $y = 0$ 的解。此方程的冪級數解並不存在。

例 3 討論微分方程 $x^2 y'' + (3x-1)y' + y = 0$ 在奇點 $x = 0$ 附近的冪級數解。

解：令 $y = \sum_{n=0}^{\infty} a_n x^n$，（$a_0 \neq 0$）代入微分方程，我們得到遞迴關係式

$$a_{n+1} = (n+1)\, a_n,\ (n = 0, 1, 2, ...)$$

由此得到微分方程的冪級數解為

$$y = a_0 \sum_{n=0}^{\infty} n!\, x^n$$

當 $x \neq 0$ 時，此冪級數是發散。

例 4 求解微分方程

$$x^2 y'' + xy' + \left(x^2 - \frac{1}{4}\right) y = 0$$

解：$x = 0$ 為奇點。令

$$y = \frac{z}{\sqrt{x}},$$

則 $z = z(x)$ 滿足方程

$$z'' + z = 0$$

其解為 $z = c_1 \cos x + c_2 \sin x$

因此 $y = c_1 \dfrac{\cos x}{\sqrt{x}} + c_2 \dfrac{\sin x}{\sqrt{x}}$

$$\cos(x) = \sum_{n=0}^{\infty} \frac{(-1)^n x^{2n}}{(2n)!},\ \sin(x) = \sum_{n=0}^{\infty} \frac{(-1)^n x^{2n+1}}{(2n+1)!}$$

而 $\frac{\cos x}{\sqrt{x}}$ 和 $\frac{\sin x}{\sqrt{x}}$ 都不是普通意義下的冪級數，它們屬於以下形式的廣義冪級數

$$y = x^r \sum_{n=0}^{\infty} a_n x^n$$

其中常數 r 稱爲指標。

下面的例子說明在奇點 x_0 處的初值問題可能是無解的。

例 5 考慮

$y'' + y = 0$，

其中 $x_0 = 0$ 是常點。注意，通解是 $y = c_1 \cos x + c_2 \sin x$。在常點 $x_0 = 0$ 處，對於已知的 k_0，k_1，我們可以找到唯一的 c_1，c_2，使得 $y(0) = k_0$，$y'(0) = k_1$。因此，對於通常情況下指定的初始條件，存在唯一的解。

現在考慮 Euler-Cauchy 方程

$x^2y'' - 2xy' + 2y = 0$，

其中 $x_0 = 0$ 是正規奇點。通解爲 $y = c_1x + c_2x^2$。現在，對於已知的 k_0，k_1，不可能找到唯一的 c_1，c_2，使得 $y(0) = k_0$，$y'(0) = k_1$。注意，因爲 $y(0) = 0$，所以對於 $k_0 \neq 0$ 時，方程的解不存在。

冪級數方法並不能爲我們提供微分方程的完整解。當微分方程具有奇點時，可能會出現問題。例如我們使用冪級數方法只能求得 $xy'' + 2y' + xy = 0$ 在 $x = 0$ 的一個解 $y_1(x) = \frac{\sin x}{x}$，而第二個線性獨立解 $y_2(x) = \frac{\cos x}{x}$ 就要用降階法獲得。由

$$\frac{\sin x}{x} = \frac{1}{x}\left(x - \frac{x^3}{3!} + \frac{x^5}{5!} - \frac{x^7}{7!} + \cdots\right) = 1 - \frac{x^2}{3!} + \frac{x^4}{5!} - \frac{x^6}{7!} + \cdots$$

$$\frac{\cos x}{x} = \frac{1}{x}\left(1 - \frac{x^2}{2!} + \frac{x^4}{4!} - \frac{x^6}{6!} + \cdots\right) = \frac{1}{x} - \frac{x}{2!} + \frac{x^3}{4!} - \frac{x^5}{6!} + \cdots$$

可知，雖然第一個級數是泰勒級數，但是第二個不是，因爲第一項是 x^{-1}。讀者應該驗證在區間 $(0, \infty)$ 上 Cauchy-Euler 方程 $x^2y'' - 3xy' + 4y = 0$ 的兩個解是 $y_1 = x^2$ 和 $y_2 = x^2 \ln x$。如果我們試圖找到關於正規奇點 $x = 0$ 的

冪級數解，即$y=\Sigma_{n=0}^{\infty} c_n x^n$，我們將只能成功獲得多項式解$y_1 = x^2$。我們無法獲得第二個解$y_2$的事實並不奇怪，因爲$y_2 = x^2 \ln x$在$x = 0$不可解析；也就是說，$y_2$不具有以$x = 0$爲中心的泰勒級數展開。因此，欲求微分方程在奇點的解，我們需要採用廣義形式的級數展開式。

5.3 Frobenius 級數解

我們已經研究了如何利用級數解求解許多微分方程。本節主要學習如何將級數解擴展到一類乍看上去在某些點會發散的微分方程。實際上，我們已經遇到了帶有奇點的方程，並且已經在奇點附近對其求解。

本節引入 Frobenius 級數方法來求解二階線性方程，並利用具體例子進行說明。我們已經看到，可以根據以常點爲中心的冪級數來求解方程。在下面的討論中，我們將推廣冪級數方法，以便至少可以在某些奇點附近求解方程。此方法稱爲 Frobenius 方法，以數學家 Ferdinand Georg Frobenius 的名字命名。對於求解變係數的微分方程，Frobenius 是一種非常有效的方法，它也可以用於求解係數爲函數的微分方程。

① 正規、非正規奇點

定義

微分方程

$$y'' + P(x)y' + Q(x)y = 0 \tag{1}$$

若 $P(x)$, $Q(x)$ 中有一個在 x_0 點附近不是可解析時，則稱 x_0 是 (1) 的奇點。

若 x_0 爲 (1) 的奇點，且 $(x - x_0)P(x)$ 與 $(x - x_0)^2Q(x)$ 在 x_0 均爲可解析，則稱 x_0 爲 (1) 的正規奇點。

若 x_0 爲 (1) 的奇點，且 $(x - x_0)P(x)$ 或 $(x - x_0)^2Q(x)$ 至少有一個不可解析，則 x_0 是 (1) 的非正規奇點。

例 1 求下列微分方程的奇點並將奇點分類。

(a) $x^3y'' + x^2y' + 3y = 0$

(b) $x(x + 3)^2y'' - y = 0$

(c) $(x^2 - 9)^2y'' + (x + 3)y' + 2y = 0$

解：(a) $x^3 = 0 \Rightarrow x = 0$ 是唯一奇點

將原式改寫為 $y''+\frac{x^2}{x^3}y'+\frac{3}{x^3}y=0 \Rightarrow y''+\frac{1}{x}y'+\frac{3}{x^3}y=0$

$P(x)=\frac{1}{x}$，$Q(x)=\frac{3}{x^3}$，

$xP(x)$ 在 $x=0$ 可解析，$x^2Q(x)$ 在 $x=0$ 不可解析，

所以 $x=0$ 為非正規奇點。

(b) $x(x+3)^2=0$，$x=0$，$x=-3$ 是奇點

將原式改寫為 $y''-\frac{1}{x(x+3)^2}y=0$

$P(x)=0$，$Q(x)=-\frac{1}{x(x+3)^2}$

$xP(x)$ 與 $x^2Q(x)$ 在 $x=0$ 可解析，

$(x+3)P(x)$ 與 $(x+3)^2Q(x)$ 在 $x=-3$ 可解析，

$x=0$，$x=-3$ 均為正規奇點

(c) $(x^2-9)^2y''+(x+3)y'+2y=0$

$(x^2-9)^2=0$

$x=3$，$x=-3$ 為奇點

將原式改寫為 $y''+\frac{x+3}{(x-3)^2(x+3)^2}y'+\frac{2}{(x-3)^2(x+3)^2}y=0$

$P(x)=\frac{1}{(x-3)^2(x+3)}$，$x=3$ 為非正規奇點

$Q(x)=\frac{2}{(x-3)^2(x+3)^2}$，$x=-3$ 為正規奇點

例 2 求微分方程的奇點並判斷是正規奇點或非正規奇點。

解：$2x(x-2)^2y''+3xy'+(x-2)y=0$

$P(x)=\frac{3}{2(x-2)^2}$，$Q(x)=\frac{1}{2x(x-2)}$

$2x(x-2)^2=0 \Rightarrow x=0$，$x=2$ 為奇點

$x=0$ 是正規奇點，$x=2$ 是非正規奇點

例 3 點 $x=0$ 是

$x^2(x+1)y''+(x^2-1)y'+4y=0$

的非正規奇點，而點 $x=-1$ 是正規奇點。

例 4 具有非多項式係數的微分方程，點 $x=0$ 是微分方程

$x^3y''-(1-\cos x)y'+xy=0$

的正規奇點。（$\cos x=1-\dfrac{x^2}{2!}+\dfrac{x^4}{4!}-\cdots$）

例 5 具有非多項式係數的微分方程，點 $x=0$ 是微分方程

$x^2(x-1)^2y''+(\sin x)y'+(x-1)y=0$

的正規奇點，而點 $x=1$ 爲非正規奇點。（$\sin x=x-\dfrac{x^3}{3!}+\dfrac{x^5}{5!}-\cdots$）

例 6 點 $x=0$ 爲 Euler-Cauchy 方程

$ax^2y''+bxy'+cy=0$

的正規奇點，其中 a, b, c 爲常數。

② 求解的方法

Frobenius和Fuchs定理：

對二階線性微分方程：$\dfrac{d^2y}{dx^2}+P(x)\dfrac{dy}{dx}+Q(x)y=0$

1. 若 x_0 是微分方程式的常點，則在 x_0 的鄰域 $|x-x_0|<R$，該微分方程必存在兩個如下形式的線性獨立解：

   $y(x)=\sum\limits_{n=0}^{\infty}a_n(x-x_0)^n$，其中 $a_0\neq 0$

2. 若 x_0 是微分方程的正規奇點，則在 x_0 的鄰域 $|x-x_0|<R$，該微分方程至少存在一個如下形式的非零解：

   $y(x)=\sum\limits_{n=0}^{\infty}a_n(x-x_0)^{n+r}$，其中 $a_0\neq 0$，r 是待定的常數，稱爲指標。

請注意在定理中提到的至少存在一個。這意味著，我們不能保證可以找到如上式所示類型的兩個級數解。

對微分方程的常點，可將級數解代入原微分方程，求出係數之間的遞迴關係即可，而對微分方程的正規奇點，必須先求出指標 r。做法同樣是將級數解形式代入原微分方程，但必須利用 x 的最低冪次的係數爲零，得到一個關於指標的一元二次方程（稱爲指標方程），先求出指標 r。

最簡單的情況，該一元二次指標方程將給出兩個指標對應的兩個線性無關的解，這兩個線性無關的解的線性組合即構成微分方程的通解。

但如果不幸遇到：指標方程爲重根或兩根之差爲整數，情況將複雜化。以下將詳細討論。

爲簡單起見，我們所考慮的二階線性微分方程其正規奇點都是 $x_0 = 0$。如果正規奇點 $x_0 \neq 0$，則很容易將 $x_0 \neq 0$ 的微分方程轉換爲 $x_0 = 0$ 的等效微分方程。我們令 $t = x - x_0$（這將 $x = x_0$ 轉換爲 $t = 0$），找到形式爲 $y = \Sigma_{n=0}^{\infty} c_n t^n$ 的新方程的解，然後再將 $t = x - x_0$ 代入。

因此，若 $x_0 = 0$ 爲正規奇點，則微分方程必可改寫成如下形式：

$$x^2 y'' + xp(x)y' + q(x)y = 0 \tag{1}$$

其中 p，q 在原點可解析。

欲求 (1) 的兩個線性獨立解，使得當 $x \neq 0$ 時形成基本解。我們求 $x > 0$ 的基本解。對於 $x < 0$，可用 $t = -x$ 並對 $t > 0$ 執行類似的過程。

如果 (1) 中的 p 和 q 爲常數，則 (1) 的解的形式爲 x^r。但是由於 p 和 q 是冪級數，根據 Frobenius 和 Fuchs 定理，該微分方程必定存在一個如下形式的解：

$$y = x^r \sum_{n=0}^{\infty} a_n x^n \tag{2}$$

這是 x^r 和冪級數的乘積，其中 $a_0 \neq 0$。對級數形式的 $y(x)$ 求導數，

$$y'(x) = \sum_{n=0}^{\infty} (n+r)a_n x^{n+r-1}，y''(x) = \sum_{n=0}^{\infty} (n+r)(n+r-1)a_n x^{n+r-2}，$$

再將 $p(x)$ 和 $q(x)$ 作泰勒展開。

$$p(x) = p_0 + p_1(x) + p_2 x^2 + \cdots，q(x) = q_0 + q_1(x) + q_2 x^2 + \cdots$$

代入微分方程 (1) 式，將得到以下形如 $\sum_n a_n x^n = 0$ 的冪級數形式

$$\sum_{n=0}^{\infty} [(n+r)(n+r-1) + (n+r)(p_0 + p_1(x) + p_2 x^2 + \cdots) + (q_0 + q_1 x + q_2 x^2 + \cdots)]a_n x^{n+r} = 0$$

因爲是解析函數的展開，由唯一性定理，各冪次的係數 = 0。

觀察最低冪次 x^r 項的係數（對應於上式的 $n = 0$ 項）：

$$[r(r-1) + rp_0 + q_0]a_0 = 0$$

由 Frobenius 和 Fuchs 定理，形式解的係數 $a_0 \neq 0$，故可得到一個關於指標的一元二次方程：

$$r(r-1)+p_0r+q_0=0 \Rightarrow r^2+(p_0-1)r+q_0=0$$

稱為指標方程。

指標方程顯然有兩個根，令 r_1，r_2（$r_1 \geq r_2$）為指標方程：

$$r^2+(p(0)-1)r+q(0)=0 \tag{3}$$

的根。

因為 r 可以是分數或負數，所以 (2) 通常不是冪級數。它稱為 Frobenius 級數，現在，我們可以將 Frobenius 級數的方法公式化如下。

(i) 已知方程 (1) 在 $x=0$ 有一個正規奇點，求解指標方程 (3) 並找到 r 的可能值。

(ii) 對於 r 的每個可能值，將 Frobenius 級數 (2) 代入 (1)，求出以 a_0 表示的係數 a_1，a_2，a_3，⋯。

對方程 (1) 而言，Frobenius 級數的方法至少產生一個解。實際上，使用 Frobenius 方法會出現三種不同的情況，而方程的第二個解的性質取決於我們遇到的情況。

對於 $x>0$，我們有以下定理：

定理（Frobenius）8

1. 若 r_1 和 r_2 為相異的指標方程式的根，其中 r_1 表示最大根，且 r_1-r_2 不是整數，則微分方程 $(x-x_0)^2y''+(x-x_0)P(x)y+Q(x)y=0$ (4) 存在形式為

$$y_1=(x-x_0)^{r_1}\sum_{n=0}^{\infty}a_n(x-x_0)^n，a_0 \neq 0$$

和 $$y_2=(x-x_0)^{r_2}\sum_{n=0}^{\infty}b_n(x-x_0)^n，b_0 \neq 0$$

的兩個線性獨立解。

2. 若 $r_1=r_2=r$，則方程 (4) 存在兩個線性獨立的解，其形式為

$$y_1 = (x-x_0)^r \sum_{n=0}^{\infty} a_n (x-x_0)^n,\quad y_2 = y_1 \ln x + (x-x_0)^r \sum_{n=0}^{\infty} b_n (x-x_0)^n$$

3. 若 $r_1 - r_2 = N$，（N 爲正整數），則方程 (4) 存在兩個線性獨立的解，形式爲

$$y_1 = (x-x_0)^{r_1} \sum_{n=0}^{\infty} a_n (x-x_0)^n,\ a_0 \neq 0,$$
$$y_2 = k y_1 \ln x + (x-x_0)^{r_2} \sum_{n=0}^{\infty} b_n (x-x_0)^n,\ b_0 \neq 0$$

請注意，k 是一個可以爲 0 的常數。

當 $r_1 - r_2$ 之差是一個正整數（情況 3）時，我們可能會也可能不會找到兩個解，這是我們事先不知道的，但在我們找到指標根並仔細檢查定義係數 a_n 的遞迴關係後可以確定。另一方面，若指標根的差是一個正整數，而 Frobenius 的方法未能給出第二個級數解。在這種情況下，y_2 表示第二個解的形式。最後，當差 $r_1 - r_2$ 爲零時（情況 2），Frobenius 的方法無法給出第二個級數解；第二個解 y_2 包含一個對數。獲得含有對數項的第二個解 y_2 的方法是利用降階法。

Frobenius 級數的方法適用於當 $x = x_0$ 爲所予二階微分方程的正規奇點。

現在，我們將更詳細地討論這些情況。

例 1 求以下方程式的指標方程式的根。

(i) $2x^2y'' + x(x+1)y' - (\cos x)y = 0$

(ii) $x^4y'' - (x^2\sin x)y' + 2(1-\cos x)y = 0$

解：(i) 我們將原式改寫爲

$$x^2y'' + \frac{(x+1)}{2}xy' - \frac{\cos x}{2}y = 0$$

與標準式 $x^2y'' + xp(x)y' + q(x)y = 0$ 比較，可知 $p(x) = \dfrac{(x+1)}{2}$ 且 $q(x) = -\dfrac{\cos x}{2}$。所以，$p(0) = \dfrac{1}{2}$ 且 $q(0) = -\dfrac{1}{2}$。指標方程爲

$$r^2 + (p(0)-1)r + q(0) = 0 \Rightarrow 2r^2 - r - 1 = 0 \Rightarrow r_1 = 1, r_2 = -\frac{1}{2}$$

(ii) 我們將原式改寫爲

$$x^2y'' - \frac{\sin x}{x}xy' + 2\frac{1-\cos x}{x^2}y = 0$$

與標準式 $x^2y'' + xp(x)y' + q(x)y = 0$ 比較，可知 $p(x) = -\frac{\sin x}{x}$ 且 $q(x) = \frac{2(1-\cos x)}{x^2}$，所以，$p(0) = -1$ 且 $q(0) = 1$ 指標方程為

$r^2 + (p(0) - 1)r + q(0) = 0 \Rightarrow r^2 - 2r + 1 = 0 \Rightarrow r_1 = 1 = r_2$

Frobenius的方法為我們提供了一種微分方程在正規奇點的求解技術。

3 例題

情況 1：$r_1 - r_2$ 不為零或正整數

這種情況是最簡單的。我們觀察例子。

例 1 求微分方程

$2(x-1)^2y'' - (x-1)y' + y = 0$

在 $x = 1$ 的 Frobenius 級數解

解：$x_0 = 1$ 為正規奇點

令 $y = \sum_{n=0}^{\infty} a_n (x-1)^{n+r}$，$y' = \sum_{n=0}^{\infty} (n+r)a_n (x-1)^{n+r-1}$，

$y'' = \sum_{n=0}^{\infty} (n+r)(n+r-1)a_n (x-1)^{n+r-2}$

將 y, y', y'' 代入原式，得到

$2\sum_{n=0}^{\infty} (n+r)(n+r-1)a_n (x-1)^{n+r} - \sum_{n=0}^{\infty} (n+r)a_n (x-1)^{n+r} + \sum_{n=0}^{\infty} a_n (x-1)^{n+r} = 0$

$\sum_{n=0}^{\infty} [2(n+r)(n+r-1)a_n - (n+r)a_n + a_n](x-1)^{n+r} = 0$

$[2r(r-1) - r + 1]a_0(x-1)^r + [2r(r+1) - (r+1) + 1]a_1(x-1)^{r+1} + \cdots = 0$

$2r(r-1) - r + 1 = 0$ 為指標方程式

$2r^2 - 3r + 1 = 0$，$r_1 = 1$，$r_2 = \frac{1}{2}$

將 r_1, r_2 代入 $(x-1)^{r+1}, (x-1)^{r+2}, (x-1)^{r+3}, \cdots$ 的係數得到非零係數，

所以 $a_1, a_2, \cdots, a_n, \cdots = 0$

$y = \sum_{n=0}^{\infty} a_n (x-1)^{n+r} = a_0 (x-1)^r$

將 $r_1 = 1$，$r_2 = \frac{1}{2}$ 分別代入上式，得 $y_1 = a_0(x-1)$，$y_2 = a_0(x-1)^{\frac{1}{2}}$

通解 $y = c_1 (x-1) + c_2 (x-1)^{\frac{1}{2}}$

注意：亦可使用 $(x-1)^{r+1}$ 的係數 $2r(r+1)-(r+1)+1=0$ 作爲指標方程式的來源，此時 $a_0, a_2, \cdots, a_n, \cdots=0$ 所得結果是相同的

亦即當 $2r(r+1)-(r+1)+1=0 \Rightarrow r_1=0$，$r_2=-\dfrac{1}{2}$ 時，

$$y=\sum_{n=0}^{\infty} a_n (x-1)^{n+r}=a_1 (x-1)^{1+r}$$

將 $r_1=0$，$r_2=-\dfrac{1}{2}$ 分別代入上式，得 $y_1=a_1(x-1)$，$y_2=a_1 (x-1)^{\frac{1}{2}}$

通解 $y=c_1 (x-1)+c_2 (x-1)^{\frac{1}{2}}$ 與上述所得之通解相同

例 2 求微分方程

$$2xy''+(x+1)y'+3y=0$$

在 $x=0$ 的 Frobenius 級數解。

解：我們可以將方程改寫爲

$$x^2y''+\frac{(x+1)}{2}xy'+\left(\frac{3x}{2}\right)y=0$$

與標準式 $x^2y''+xp(x)y'+q(x)y=0$ 比較，可知 $p(x)=\dfrac{(x+1)}{2}$ 且 $q(x)=\dfrac{3x}{2}$。因此，$p(0)=\dfrac{1}{2}$, $q(0)=0$ 指標方程爲

$$r^2+(p(0)-1)r+q(0)=0 \Rightarrow 2r^2-r=0 \Rightarrow r_1=\frac{1}{2}, r_2=0$$

由於 $r_1-r_2=\dfrac{1}{2}$，不爲零或正整數，因此有兩個獨立的 Frobenius 級數解。

將

$$y=x^r\sum_{n=0}^{\infty} a_n x^n$$

代入微分方程，（經過一些運算並消去 x^r），可得

$$\sum_{n=0}^{\infty}(n+r)[2(n+r)-1]a_n x^n+\sum_{n=1}^{\infty}((n+r-1)+3)\,a_{n-1}x^n=0$$

重新整理上式，我們得到

$$r(2r-1)a_0+\sum_{n=1}^{\infty}[(n+r)[2(n+r)-1]a_n+(n+r+2)a_{n-1}]x^n=0$$

因此，我們求得（因爲 $a_0 \neq 0$）

$$r(2r-1)=0，(n+r)[2(n+r)-1]a_n+(n+r+2)a_{n-1}=0,\quad n\geq 1$$

從第一個關係式中，我們求得指標方程的根 $r_1 = \frac{1}{2}$，$r_2 = 0$。現在，用較大的根 $r = r_1 = \frac{1}{2}$，我們得到

$$a_n = -\frac{(2n+5)a_{n-1}}{2n(2n+1)}，n \geq 1$$

經過疊代後求得

$$a_1 = -\frac{7}{6}a_0，a_2 = \frac{21}{40}a_0，\cdots$$

因此，由歸納法

$$a_n = (-1)^n \frac{(2n+5)(2n+3)}{15 \cdot 2^n n!} a_0，n \geq 1$$

因此，取 $a_0 = 1$，可得

$$y_1(x) = x^{1/2}\left(1 - \frac{7}{6}x + \frac{21}{40}x^2 - \cdots\right)$$

當 $r = r_2 = 0$，我們得到

$$a_n = -\frac{(n+2)a_{n-1}}{n(2n-1)}，n \geq 1$$

經過疊代後求得

$$a_1 = -3a_0, a_2 = 2a_0, \ldots$$

因此，由歸納法得到

$$a_n = (-1)^n\left(\frac{5}{2n-1} - \frac{2}{n}\right)\left(\frac{5}{2n-3} - \frac{2}{n-1}\right)\cdots\left(\frac{5}{1} - \frac{2}{1}\right)a_0，n \geq 1$$

取 $a_0 = 1$，可得

$$y_2(x) = 1 - 3x + 2x^2 - \cdots$$

通解為 $y = c_1y_1 + c_2y_2$

例 3 求微分方程

$$x^2y'' + x\left(x - \frac{1}{2}\right)y' + \frac{1}{2}y = 0$$

在 $x = 0$ 的 Frobenius 級數解。

解：原式與標準式 $x^2y'' + xp(x)y' + q(x)y = 0$ 比較，可知 $p(x) = x - \frac{1}{2}$ 且 $q(x) = \frac{1}{2}$。因此，$p(0) = -\frac{1}{2}, q(0) = \frac{1}{2}$。指標方程為

$$r^2 + (p(0) - 1)r + q(0) = 0 \Rightarrow 2r^2 - 3r + 1 = 0 \Rightarrow r_1 = 1, r_2 = \frac{1}{2}$$

由於 $r_1 - r_2 = \frac{1}{2}$，不爲零或正整數，因此有兩個獨立的 Frobenius 級數解。

現在令

$$y = \sum_{n=0}^{\infty} a_n x^{n+r}$$

代入方程，可得

$$\left(\sum_{n=0}^{\infty} a_n x^{n+r}\right)'' + \frac{x - \frac{1}{2}}{x}\left(\sum_{n=0}^{\infty} a_n x^{n+r}\right)' + \frac{1}{2x^2}\sum_{n=0}^{\infty} a_n x^{n+r} = 0$$

我們將方程寫爲

$$\left(\sum_{n=0}^{\infty} a_n x^{n+r}\right)'' + \left(\sum_{n=0}^{\infty} a_n x^{n+r}\right)' - \frac{1}{2x}\left(\sum_{n=0}^{\infty} a_n x^{n+r}\right)' + \frac{1}{2x^2}\sum_{n=0}^{\infty} a_n x^{n+r} = 0$$

進行微分，可得

$$\sum_{n=0}^{\infty} (n+r)(n+r-1)a_n x^{n+r-2} + \sum_{n=0}^{\infty} (n+r)a_n x^{n+r-1} - \frac{1}{2}\sum_{n=0}^{\infty} (n+r)a_n x^{n+r-2}$$

$$+ \sum_{n=0}^{\infty} \frac{a_n}{2} x^{n+r-2} = 0$$

指標移位：

$$\sum_{n=0}^{\infty} (n+r)a_n x^{n+r-1} = \sum_{n=1}^{\infty} (n+r-1)a_{n-1} x^{n+r-2}$$

方程變爲

$$\left[r(r-1) - \frac{r}{2} + \frac{1}{2}\right] a_0 x^{r-2} + \sum_{n=1}^{\infty} \left\{\left[(n+r)(n+r-1) - \frac{1}{2}(n+r) + \frac{1}{2}\right] a_n\right.$$

$$\left. + (n+r-1)\, a_{n-1}\right\} x^{n+r-2} = 0$$

指標方程是

$$r(r-1) - \frac{r}{2} + \frac{1}{2} = 0 \Rightarrow r_1 = 1，r_2 = \frac{1}{2}$$

r_1 和 r_2 的差不是整數。

爲了找到 y_1，我們令 $r = r_1 = 1$。遞歸關係

$$\left[(n+r)(n+r-1) - \frac{1}{2}(n+r) + \frac{1}{2}\right] a_n + (n+r-1)\, a_{n-1} = 0$$

變爲

$$\left[n(n+1)-\frac{1}{2}(n+1)+\frac{1}{2}\right]a_n+n\,a_{n-1}=0$$

化簡爲

$$a_n=-\frac{2}{2n+1}a_{n-1}$$

由此得到

$$a_n=(-1)^n\frac{2^n}{(2n+1)(2n-1)\cdots 3}a_0$$

令 $a_0=1$ 我們獲得

$$y_1(x)=|x|\sum_{n=0}^{\infty}(-1)^n\frac{2^n}{(2n+1)(2n-1)\cdots 3}x^n$$

爲了找到 y_2，我們令 $r=r_2=\frac{1}{2}$。

$$a_n=-\frac{1}{n}a_{n-1}\Rightarrow a_n=(-1)^n\frac{1}{n!}a_0$$

故

$$y_2(x)=|x|^{\frac{1}{2}}\sum_{n=0}^{\infty}(-1)^n\frac{1}{n!}x^n=|x|^{\frac{1}{2}}e^{-x}$$

最後，通解爲

$$y(x)=C_1|x|\sum_{n=0}^{\infty}(-1)^n\frac{2^n}{(2n+1)(2n-1)\cdots 3}x^n+C_2|x|^{\frac{1}{2}}e^{-x}$$

例 4 求微分方程 $x^2y''+xy'+(x-2)y=0$ 在 $x=0$ 的 Frobenius 級數解。

解：原式與標準式 $x^2y''+xp(x)y'+q(x)y=0$ 比較，可知 $p(x)=1$ 且 $q(x)=x-2$ 因此，$p(0)=1, q(0)=-2$ 指標方程爲

$r^2+(p(0)-1)r+q(0)=0\Rightarrow r^2+(1-1)r-2=0\Rightarrow r=\pm\sqrt{2}$

應用 Frobenius 的方法，令

$$y=x^r\sum_{n=0}^{\infty}a_nx^n=\sum_{n=0}^{\infty}a_nx^{n+r}\quad(a_0\neq 0)$$

代入微分方程，獲得

$$(r^2-2)a_0x^r+\sum_{n=1}^{\infty}(((n+r)^2-2)a_n+a_{n-1})x^{n+r}=0$$

因此我們有 $r^2-2=0$ 以及

$$a_n=\frac{-a_{n-1}}{(n+r)^2-2}=\frac{-a_{n-1}}{n(n+2r)}，n\geq 1$$

取 $a_0 = 1$ 可以很容易地看出

$$a_n = \frac{(-1)^n}{n!(1+2r)(2+2r)(3+2r)\cdots(n+2r)}$$

由於指標根的差$\sqrt{2}-(-\sqrt{2})=2\sqrt{2}$ 不是正整數，這兩個 r 值提供了線性獨立的解：

$$y_1 = x^{\sqrt{2}} \sum_{n=0}^{\infty} \frac{(-1)^n x^n}{n!(1+2\sqrt{2})(2+2\sqrt{2})(3+2\sqrt{2})\cdots(n+2\sqrt{2})}$$

$$y_2 = x^{-\sqrt{2}} \sum_{n=0}^{\infty} \frac{(-1)^n x^n}{n!(1-2\sqrt{2})(2-2\sqrt{2})(3-2\sqrt{2})\cdots(n-2\sqrt{2})}$$

通解（對於 $x > 0$）是

$$y = c_1 y_1 + c_2 y_2$$

我們由定理可知，指標根爲重根時，微分方程的兩個解分別爲

$y_1 = x^{r_1} \sum_{n=0}^{\infty} a_n(r_1) x^n$，$y_2 = y_1 \ln x + x^{r_1} \sum_{n=0}^{\infty} b_n x^n$，

將y_2代入原微分方程，比較係數求出b_n，或由 $b_n = \left.\frac{\partial a_n(r)}{\partial r}\right|_{r=r_1}$ 求出b_n。

情況 2：$r_1 = r_2$

例 1 求微分方程

$$4x^2y'' - 8x^2y' + (4x^2+1)y = 0$$

在 $x = 0$ 的 Frobenius 級數解。

解：我們可以將方程改寫爲

$$x^2y'' - (2x)xy' + \left(x^2 + \frac{1}{4}\right)y = 0$$

與標準式 $x^2y'' + xp(x)y' + q(x)y = 0$ 比較，可知 $p(x) = -2x$ 且 $q(x) = x^2 + \frac{1}{4}$，因此，$p(0) = 0, q(0) = \frac{1}{4}$，指標方程爲

$$r^2 + (p(0)-1)r + q(0) = 0 \Rightarrow r^2 - r + \frac{1}{4} = 0 \Rightarrow r_1 = r_2 = \frac{1}{2}$$

由於指標方程有重根，因此僅有一個 Frobenius 級數解。

將

$$y = x^r \sum_{n=0}^{\infty} a_n x^n$$

代入微分方程，（經過一些運算並消去 x^r），可得

$$\sum_{n=0}^{\infty} [2(n+r)-1]^2 a_n x^n - \sum_{n=1}^{\infty} 8(n+r-1)\, a_{n-1} x^n + \sum_{n=2}^{\infty} 4a_{n-2} x^n = 0$$

重新整理上式，我們得到

$$(2r-1)^2 a_0 + \{(2(r+1)-1)^2 a_1 - 8ra_0\}x + \sum_{n=2}^{\infty} \{[2(n+r)-1]^2 a_n$$

$$-8(n+r-1)a_{n-1} + 4a_{n-2}\}x^n = 0$$

現在 $r = \dfrac{1}{2}$，我們得到

$$a_1 = a_0 \text{，} a_n = \frac{(2n-1)a_{n-1}}{n^2} - \frac{a_{n-2}}{n^2} \text{，} n \geq 2$$

經過疊代後求得

$$a_2 = \frac{1}{2!}a_0 \text{，} a_3 = \frac{1}{3!}a_0 \text{，} a_4 = \frac{1}{4!}a_0, \cdots$$

因此，由歸納法得到

$$a_n = \frac{1}{n!}a_0 \text{，} n \geq 1$$

取 $a_0 = 1$，我們有

$$y_1(x) = x^{1/2}\left(1 + \frac{x}{1!} + \frac{x^2}{2!} + \frac{x^3}{3!} + \cdots\right) = x^{\frac{1}{2}} e^x$$

對於通解，我們需要找到另一個解 y_2。爲此，我們使用降階法。令 $y_2(x) = y_1(x)v(x)$。其中

$$v = \int \frac{1}{y_1^2} e^{-\int p_1 dx} dx$$

且 $p_1 = -2$. 因此

$$v(x) = \int \frac{1}{x} dx = \ln x$$

$$y_2 = (\ln x) x^{\frac{1}{2}} e^x$$

通解爲

$$y(x) = x^{\frac{1}{2}} e^x (c_1 + c_2 \ln x)$$

例 2 求微分方程 $xy'' + (1-x)y' + 2y = 0, x > 0$ 在 $x = 0$ 的 Frobenius 級數解

解：將微分方程改為

$$x^2y'' + x(1-x)y' + 2xy = 0$$

與標準式 $x^2y'' + xp(x)y' + q(x)y = 0$ 比較，可知 $p(x) = 1 - x$ 且 $q(x) = 2x$，因此，$p(0) = 1, q(0) = 0$，指標方程為

$$r^2 + (p(0)-1)r + q(0) = 0 \Rightarrow r^2 + (1-1)r + 0 = 0 \Rightarrow r = 0, 0$$

由於 $r = 0$ 是重根，因此第一個解的形式為

$$y = x^r \sum_{n=0}^{\infty} a_n x^n = \sum_{n=0}^{\infty} a_n x^n$$

將其代入微分方程並簡化可得遞迴式

$$a_{n+1} = \frac{(n-2)a_n}{(n+1)^2}，n \geq 0$$

取 $a_0 = 1$，我們得到

$$a_1 = \frac{-2a_0}{1^2} = -2，a_2 = \frac{-a_1}{2^2} = \frac{1}{2}，a_3 = \frac{0 \cdot a_2}{3^2} = 0，$$

因此 $a_4 = a_5 = a_6 = \cdots = 0$。所以我們的第一個解是

$$y_1 = 1 - 2x + \frac{x^2}{2}$$

根據定理，第二個線性獨立的解的形式為

$$y_2 = y_1 \ln x + \underbrace{x^0 \sum_{n=1}^{\infty} b_n x^n}_{w}$$

我們需要求 b_n。將 y_2 微分，

$$y_2' = y_1' \ln x + \frac{y_1}{x} + w'，$$

$$y_2'' = y_1'' \ln x + \frac{2y_1'}{x} - \frac{y_1}{x^2} + w''$$

代入 $xy'' + (1-x)y' + 2y = 0$ 得到

$$\underbrace{(xy_1'' + (1-x)y_1' + 2y_1)}_{=0} \ln x - y_1 + 2y_1' + xw'' + (1-x)w' + 2w = 0$$

$$xw'' + (1-x)w' + 2w = -2y_1' + y_1$$

將 $y_1 = 1 - 2x + \frac{x^2}{2}$ 和 $w = \Sigma_{n=1}^{\infty} b_n x^n$ 代入上式得到 b_n 的遞迴式

$$b_1 + \sum_{n=1}^{\infty} ((n+1)^2 b_{n+1} - (n-2)b_n) x^n = 5 - 4x + \frac{x^2}{2}$$

因此

第五章 微分方程的級數解

$$b_1 = 5,\ 4b_2 + b_1 = -4,\ 9b_3 = \frac{1}{2}$$

且

$$b_{n+1} = \frac{(n-2)b_n}{(n+1)^2} \Rightarrow b_n = \frac{36b_3}{n(n-1)(n-2)n!}\text{，}n \geq 3$$

由於 $b_3 = \frac{1}{18}$，因此

$$y_2 = \underbrace{\left(1 - 2x + \frac{x^2}{2}\right)}_{y_1} \ln x + \underbrace{5x - \frac{9}{4}x^2 + 2\sum_{n=3}^{\infty} \frac{x^n}{n(n-1)(n-2)n!}}_{w}$$

最後，我們得到通解爲

$$y = c_1 y_1 + c_2 y_2$$

例 3 求微分方程

$$4x^2y'' - 4x^2y' + (1-2x)y = 0$$

的 Frobenius 級數解。

解：請注意 $x = 0$ 是奇點。我們嘗試

$$y = x^r \sum_{k=0}^{\infty} a_k x^k$$

$$= \sum_{k=0}^{\infty} a_k x^{k+r}$$

其中 r 是實數，不一定是整數。同樣，如果存在這樣的解，則可能僅對 $x > 0$ 成立。首先求出導數

$$y' = \sum_{k=0}^{\infty} (k+r)\, a_k x^{k+r-1}\text{，}$$

$$y'' = \sum_{k=0}^{\infty} (k+r)(k+r-1)\, a_k x^{k+r-2}$$

將 y, y', y'', 代入原方程，得到

$$0 = 4x^2y'' - 4x^2y' + (1-2x)y$$

$$= 4x^2\left(\sum_{k=0}^{\infty} (k+r)(k+r-1)a_k x^{k+r-2}\right) - 4x^2\left(\sum_{k=0}^{\infty} (k+r)\, a_k x^{k+r-1}\right)$$

$$+ (1-2x)\left(\sum_{k=0}^{\infty} a_k x^{k+r}\right)$$

$$= \left(\sum_{k=0}^{\infty} 4(k+r)(k+r-1)a_k x^{k+r}\right) - \left(\sum_{k=0}^{\infty} 4(k+r)\, a_k x^{k+r+1}\right) + \left(\sum_{k=0}^{\infty} a_k x^{k+r}\right)$$

$$- \left(\sum_{k=0}^{\infty} 2a_k x^{k+r+1}\right)$$

$$= \left(\sum_{k=0}^{\infty} 4(k+r)(k+r-1)a_k x^{k+r}\right) - \left(\sum_{k=1}^{\infty} 4(k+r-1)\, a_{k-1} x^{k+r}\right)$$

$$+ \left(\sum_{k=0}^{\infty} a_k x^{k+r}\right) - \left(\sum_{k=1}^{\infty} 2a_{k-1} x^{k+r}\right)$$

$$= 4r(r-1)a_0x^r + a_0x^r + \sum_{k=1}^{\infty} (4(k+r)(k+r-1)a_k - 4(k+r-1)a_{k-1}$$

$$+ a_k - 2a_{k-1})x^{k+r}$$

$$= (4r(r-1)+1)\, a_0x^r + \sum_{k=1}^{\infty} ((4(k+r)(k+r-1)+1)\, a_k - (4(k+r-1)$$

$$+2)\, a_{k-1})\, x^{k+r}$$

要獲得解，首先必須 $(4r(r-1)+1)a_0 = 0$。假設 $a_0 \neq 0$ 我們得到

$4r(r-1)+1 = 0$

這個方程稱爲指標方程，在 $r = \dfrac{1}{2}$ 有重根。而 x^{k+r} 的係數也必須爲零，因此

$(4(k+r)(k+r-1)+1)a_k - (4(k+r-1)+2)a_{k-1} = 0$

如果將 $r = \dfrac{1}{2}$ 代入並求解 a_k，我們得到

$$a_k = \frac{4\left(k+\frac{1}{2}-1\right)+2}{4\left(k+\frac{1}{2}\right)\left(k+\frac{1}{2}-1\right)+1}\, a_{k-1} = \frac{1}{k}\, a_{k-1}$$

令 $a_0 = 1$。則有

$a_1 = \dfrac{1}{1}a_0 = 1$，$a_2 = \dfrac{1}{2}a_1 = \dfrac{1}{2}$，$a_3 = \dfrac{1}{3}a_2 = \dfrac{1}{3\cdot 2}$，$a_4 = \dfrac{1}{4}a_3 = \dfrac{1}{4\cdot 3\cdot 2}$，…

推廣，我們得到

$$a_k = \frac{1}{k(k-1)(k-2)\cdots 3\cdot 2} = \frac{1}{k!}$$

換言之，

$$y = \sum_{k=0}^{\infty} a_k x^{k+r} = \sum_{k=0}^{\infty} \frac{1}{k!} x^{k+\frac{1}{2}} = x^{\frac{1}{2}} \sum_{k=0}^{\infty} \frac{1}{k!} x^k = x^{\frac{1}{2}} e^x$$

通常，級數解無法以基本函數表示。此時我們有一個解 $y_1 = x^{\frac{1}{2}}e^x$。但是第二解呢？通解需要兩個線性獨立的解。選擇 a_0 爲另一個常數只能得到 y_1 的常數倍，而我們沒有其他 r 可以嘗試。只好嘗試另一種形式的解

$$y_2 = \sum_{k=0}^{\infty} b_k x^{k+r} + (\ln x)y_1$$

此時

$$y_2 = \sum_{k=0}^{\infty} b_k x^{k+\frac{1}{2}} + (\ln x)x^{\frac{1}{2}}e^x$$

現在，我們對此方程進行微分，代入微分方程並求解 b_k。隨後需要很長的計算，而我們得到了 b_k 的一些遞迴關係。讀者可以嘗試這樣做以獲得如下的前三項

$$b_1 = b_0 - 1，b_2 = \frac{2b_1 - 1}{4}，b_3 = \frac{6b_2 - 1}{18}，\cdots$$

然後，我們固定 b_0 而獲得解 y_2。通解爲 $y = c_1y_1 + c_2y_2$。

例 4 求微分方程 $xy'' + (1-x)y' + 3y = 0$ 在 $x = 0$ 的 Frobenius 級數解。

解：$x = 0$ 爲正規奇點

令 $y = \sum_{n=0}^{\infty} a_n x^{n+r}$ 代入原式，可得

$$\sum_{n=0}^{\infty}(n+r)(n+r-1)a_n x^{n+r-1} + \sum_{n=0}^{\infty}(n+r)a_n x^{n+r-1} - \sum_{n=0}^{\infty}(n+r)a - x^{n+r}$$

$$+3\sum_{n=0}^{\infty} a_n x^{n+r} = 0$$

$$\sum_{n=0}^{\infty}[(n+r)^2 a_n - (n+r-4)a_{n-1}]x^{n+r-1} + r^2 a_n x^{r-1} = 0$$

因此 $a_n = \dfrac{n+r-4}{(n+r)^2}a_{n-1}$；$n = 1, 2, \cdots$

$r^2 = 0$，$r = 0, 0$

$$y_1(x) = x^r a_0\left[1 + \frac{r-3}{(r+1)^2}x + \frac{(r-3)(r-2)}{(r+2)^2(r+1)^2}x^2 + \cdots\right] \tag{1}$$

$$y_2(x) = a_0 x^r \ln x\left[1 + \frac{r-3}{(r+1)^2}x + \frac{(r-3)(r-2)}{(r+2)^2(r+1)^2}x^2 + \cdots\right]$$

$$+ a_0 x^r \frac{\partial}{\partial r}\left[1 + \frac{r-3}{(r+1)^2}x + \frac{(r-3)(r-2)}{(r+2)^2(r+1)^2}x^2 + \cdots\right] \tag{2}$$

將 $r=0$ 代入 (1), (2)

$$y_1(x)=a_0\left(1-3x+\frac{3}{2}x^2+\frac{1}{6}x^3+\cdots\right)$$

$$y_2(x)=a_0\ln x\left(1-3x+\frac{3}{2}x^2+\frac{1}{6}x^3+\cdots\right)+a_0\left(7x-\frac{23}{4}x^2+\cdots\right)$$

通解 $y=c_1y_1+c_2y_2$

例 5 求微分方程 $xy''+y'+xy=0$，在 $x=0$ 的 Frobenius 級數解。

解：$x=0$ 爲正規奇點

令 $y=\sum_{n=0}^{\infty}a_nx^{n+r}$ 代入原式，可得

$$\sum_{n=0}^{\infty}(n+r)(n+r-1)a_nx^{n+r-1}+\sum_{n=0}^{\infty}(n+r)a_nx^{n+r-1}+\sum_{n=0}^{\infty}a_nx^{n+r+1}=0$$

$$\sum_{n=0}^{\infty}(n+r)(n+r-1)a_nx^{n+r-1}+\sum_{n=0}^{\infty}(n+r)a_nx^{n+r-1}+\sum_{n=2}^{\infty}a_{n-2}x^{n+r-1}=0$$

$$r(r-1)a_0x^{r-1}+(1+r)ra_1x^r+\sum_{n=2}^{\infty}(n+r)(n+r-1)a_nx^{n+r-1}+ra_0x^{r-1}$$

$$+(1+r)a_1x^r+\sum_{n=2}^{\infty}(n+r)a_nx^{n+r-1}+\sum_{n=2}^{\infty}a_{n-2}x^{n+r-1}=0$$

$$[r(r-1)a_0+ra_0]x^{r-1}+[r(r+1)a_1+(r+1)a_1]x^r+\sum_{n=2}^{\infty}\{[(n+r)(n+r-1)$$

$$+(n+r)]a_n+a_{n-2}\}x^{n+r-1}=0$$

因此 $r^2=0$，$r=0$，0

$$a_1=0$$

$$a_n=\frac{-a_{n-2}}{(n+r)^2}$$

$$a_1=a_3=a_5=\cdots=0$$

$$a_2=-\frac{a_0}{(r+2)^2}，a_4=-\frac{a_2}{(r+4)^2}=\frac{(-1)^2a_0}{(r+2)^2(r+4)^2}$$

$$\vdots$$

$$a_{2n}=(-1)^n\frac{a_0}{(r+2)^2(r+4)^2\cdots(r+2n)^2}$$

$$y_1=x^ra_0\left[1-\frac{x^2}{(r+2)^2}+\frac{x^4}{(r+2)^2(r+4)^2}-\cdots\right] \tag{1}$$

$y_2=y_1\ln x+x^r\sum_{n=0}^{\infty}b_n(r)x^n$，其中 $b_n(r)=\frac{\partial}{\partial r}a_n(r)$，$b_0=a_0$，

第五章 微分方程的級數解

$$y_2 = a_0x^r\ln x\left[1-\frac{x^2}{(r+2)^2}+\frac{x^4}{(r+2)^2(r+4)^2}-\cdots\right]$$
$$+a_0x^r\frac{\partial}{\partial r}\left[1-\frac{x^2}{(r+2)^2}+\frac{x^4}{(r+2)^2(r+4)^2}-\cdots\right]$$
$$=a_0x^r\ln x\left[1-\frac{x^2}{(r+2)^2}+\frac{x^4}{(r+2)^2(r+4)^2}-\cdots\right]$$
$$+a_0x^r\left[-\frac{x^2}{(r+2)^2}\left(\frac{-2}{r+2}\right)+\frac{x^4}{(r+2)^2(r+4)^2}\left(\frac{-2}{r+2}+\frac{-2}{r+4}\right)\right.$$
$$\left.-\frac{x^6}{(r+2)^2(r+4)^2(r+6)^2}\left(\frac{-2}{r+2}+\frac{-2}{r+4}+\frac{-2}{r+6}+\cdots\right)\right] \quad (2)$$

將 $r=0$ 代入 (1), (2)，得到

$$y_1=a_0\left(1-\frac{x^2}{2^2}+\frac{x^4}{2^2\cdot 4^2}-\frac{x^6}{2^2\cdot 4^2\cdot 6^2}+\cdots\right)$$
$$y_2=a_0\ln x\left(1-\frac{x^2}{2^2}+\frac{x^4}{2^2\cdot 4^2}-\frac{x^6}{2^2\cdot 4^2\cdot 6^2}\right)$$
$$+a_0\left[-\frac{x^2}{2^2}\left(\frac{-2}{2}\right)+\frac{x^4}{2^2\cdot 4^2}\left(\frac{-2}{2}+\frac{-2}{4}\right)-\cdots\right]$$

通解為 $y=c_1y_1+c_2y_2$

情況 3：r_1-r_2 為正整數

例 1 求微分方程

$$xy''+2y'+xy=0$$

在 $x=0$ 的 Frobenius 級數解。

解：我們可以將方程改寫為

$$x^2y''+2xy'+x^2y=0$$

與標準式 $x^2y''+xp(x)y'+q(x)y=0$ 比較，可知 $p(x)=2$ 且 $q(x)=x^2$，

因此，$p(0)=2, q(0)=0$，指標方程為

$$r^2+(p(0)-1)r+q(0)=0 \Rightarrow r^2+r=0 \Rightarrow r_1=0, r_2=-1.$$

對於較大的根 $r_1=0$，有 Frobenius 級數解。

將

$$y=x^r\sum_{n=0}^{\infty}a_nx^n$$

代入微分方程，（經過一些運算並消去 x^r），可得

$$\sum_{n=0}^{\infty}(n+r+1)(n+r)a_n x^n+\sum_{n=2}^{\infty}a_{n-2}x^n=0$$

重新整理上式，得到

$$r(r+1)a_0+(r+1)(r+2)a_1 x+\sum_{n=2}^{\infty}[(n+r)(n+r+1)a_n+a_{n-2}]x^n=0$$

因此，（因爲 $a_0 \neq 0$）

$$r(r+1)=0，(r+1)(r+2)a_1=0，(n+r)(n+r+1)a_n+a_{n-2}=0，n \geq 2$$

從第一個關係式，我們求得指標方程的根 $r_1=0$，$r_2=-1$。對於較大的根 $r=r_1=0$，可得

$$a_1=0，a_n=-\frac{a_{n-2}}{n(n+1)}，n \geq 2$$

經過疊代後求得

$$a_2=-\frac{1}{3!}a_0，a_3=0，a_4=\frac{1}{5!}a_0，\cdots$$

由歸納法

$$a_{2n}=(-1)^n\frac{1}{(2n+1)!}a_0，a_{2n+1}=0$$

因此，取 $a_0=1$，可得

$$y_1(x)=\left(1-\frac{x^2}{3!}+\frac{x^4}{5!}-\cdots\right)=\frac{\sin x}{x}$$

由於 $r_1-r_2=1$，爲正整數，因此第二 Frobenius 級數解可能存在也可能不存在。因此，可以肯定的是，我們需要對其進行計算。當 $r=r_2=-1$ 時，我們發現

$$0 \cdot a_1=0，a_n=-\frac{a_{n-2}}{n(n-1)}，n \geq 2$$

現在，可以取 a_1 的任何値來滿足第一個關係式。爲簡單起見，我們選擇 $a_1=0$。（參考下面的附註 1）

$$a_2=-\frac{1}{2!}a_0，a_3=0，a_4=\frac{1}{4!}a_0，\cdots$$

由歸納法可得

$$a_{2n}=(-1)^n\frac{1}{(2n)!}a_0，a_{2n+1}=0$$

因此，確實存在第二個 Frobenius 級數解，並且取 $a_0=1$，我們得到

$$y_2(x)=x^{-1}\left(1-\frac{x^2}{2!}+\frac{x^4}{4!}-\cdots\right)=\frac{\cos x}{x}$$

原題的解為 $y=c_1y_1+c_2y_2=c_1\dfrac{\sin x}{x}+c_2\dfrac{\cos x}{x}$

附註 1：若 $a_1\neq 0$，由遞迴關係式 $a_n=-\dfrac{a_{n-2}}{n(n-1)}$，$n\geq 2$ 可知

$$a_2=-\frac{a_0}{2!}，a_3=-\frac{a_1}{3!}$$

$$a_4=-\frac{a_2}{4\cdot 3}=-\frac{a_0}{4!}，a_5=-\frac{a_3}{5\cdot 4}=-\frac{a_1}{5!}$$

$$a_6=-\frac{a_4}{6\cdot 5}=-\frac{a_0}{6!}，a_7=-\frac{a_5}{7\cdot 6}=-\frac{a_1}{7!}$$

通式為

$$a_{2n}=\frac{(-1)^n a_0}{(2n)!}，a_{2n+1}=\frac{(-1)^n a_1}{(2n+1)!}$$

因此原題的解為

$$\begin{aligned}
y&=x^{-1}\sum_{n=0}^{\infty}a_nx^n\\
&=\frac{a_0}{x}\sum_{n=0}^{\infty}\frac{(-1)^nx^{2n}}{(2n)!}+\frac{a_1}{x}\sum_{n=0}^{\infty}\frac{(-1)^nx^{2n+1}}{(2n+1)!}\\
&=\frac{a_0}{x}\left(1-\frac{x^2}{2!}+\frac{x^4}{4!}-\cdots\right)+\frac{a_1}{x}\left(x-\frac{x^3}{3!}+\frac{x^5}{5!}-\cdots\right)\\
&=\frac{1}{x}(a_0\cos x+a_1\sin x)
\end{aligned}$$

此題指標方程式的根為 $r_1=0$，$r_2=-1$，其差為一整數，在這種情況下，應從較小次冪開始運算，求得遞迴關係式，由關係式可知是否有第二個級數解，若有，則在運算過程中，兩個級數解會同時出現，若沒有，則只好再去求較大次冪對應的級數解。

附註 2：第二個解也可以使用降階法獲得。假設 $y_2=uy_1$，則

$$u=\int\frac{x^2}{\sin^2 x}e^{-\int 2/x\,dx}dx=\int\csc^2x\,dx=-\cot x$$

因此 $y_2(x)=\dfrac{\cos x}{x}$（不考慮負號）

例 2 求微分方程

$$(x^2-x)y''-xy'+y=0$$

在 $x=0$ 的 Frobenius 級數解。

解：我們可以將方程改寫爲

$$x^2y''-\frac{x}{x-1}xy'+\frac{x}{x-1}y=0$$

與標準式 $x^2y''+xp(x)y'+q(x)y=0$ 比較，可知 $p(x)=\frac{-x}{(x-1)}$ 且 $q(x)=\frac{x}{(x-1)}$，因此，$p(0)=q(0)=0$，指標方程爲

$$r^2+(p(0)-1)r+q(0)=0 \Rightarrow r^2-r=0 \Rightarrow r_1=1, r_2=0.$$

由於 $r_1-r_2=1$，爲正整數，兩個獨立的 Frobenius 級數解可能存在也可能不存在。

將

$$y=x^r\sum_{n=0}^{\infty}a_nx^n$$

代入微分方程，（經過一些運算並消去 x^r），可得

$$(x-1)\sum_{n=0}^{\infty}(n+r)(n+r-1)a_nx^n-x\sum_{n=0}^{\infty}(n+r)a_nx^n+x\sum_{n=0}^{\infty}a_nx^n=0$$

重新整理上式，我們得到

$$(x-1)\sum_{n=0}^{\infty}(n+r)(n+r-1)a_nx^n-x\sum_{n=0}^{\infty}((n+r)-1)a_nx^n=0$$

$$x\sum_{n=0}^{\infty}(n+r-1)^2a_nx^n-\sum_{n=0}^{\infty}(n+r)(n+r-1)a_nx^n=0$$

$$\sum_{n=1}^{\infty}(n+r-2)^2a_{n-1}x^n-\sum_{n=0}^{\infty}(n+r)(n+r-1)a_nx^n=0$$

$$r(r-1)a_0+\sum_{n=1}^{\infty}\left[(n+r)(n+r-1)a_n-(n+r-2)^2a_{n-1}\right]x^n=0$$

因此，我們得到（因爲 $a_0\neq 0$）

$$r(r-1)=0，(n+r)(n+r-1)a_n-(n+r-2)^2a_{n-1}=0，n\geq 1$$

從第一個關係式中，我們求得指標方程的根 $r_1=1$，$r_2=0$。對於較大的根 $r=r_1=1$，我們得到

$$a_n=\frac{(n-1)^2a_{n-1}}{n(n+1)}，n\geq 1$$

經過疊代後求得

$a_n = 0, n \geq 1.$

因此，取 $a_0 = 1$，可得

$y_1(x) = x$

對於 $r = r_2 = 0,$

我們得到

$n(n-1)a_n = (n-2)^2 a_{n-1}$，$n \geq 1$

現在對於 $n = 1$，我們發現 $0 = a_0$ 這是一個矛盾。因此，不存在第二個 Frobenius 級數解。爲了找到第二個獨立解，我們可使用降階法。

令 $y_2(x) = v(x)y_1(x)$。則

$$v(x) = \int \frac{1}{y_1^2} e^{-\int p_1 dx} dx$$

其中 $p_1 = \dfrac{-x}{x^2 - x} = \dfrac{-1}{x-1}$

因此　$y_2(x) = 1 + x \ln x$

通解爲　$y(x) = c_1 x + c_2(1 + x \ln x)$

筆 記 欄

5.4 雷建德方程

在本節中，我們求雷建德方程（Legendre equation）

$$(1-x^2)y''-2xy'+\alpha(\alpha+1)y=0 \tag{1}$$

的冪級數解，其中 α 是任意實常數。這個方程出現在吸引力問題和球對稱的熱流問題中。當 α 是正整數時，我們會發現方程有多項式解，稱爲雷建德多項式（Legendre polynomial）。

雷建德方程可以改寫爲

$$[(x^2-1)y']'=\alpha(\alpha+1)y$$

其形式爲 $T(y)=\lambda y$，其中 T 是 Sturm-Liouville 算子，$T(f)=(pf')'$，其中 $p(x)=x^2-1$ 且 $\lambda=\alpha(\alpha+1)$。因此雷建德方程的非零解是對應於特徵值 $\alpha(\alpha+1)$ 的 T 的特徵函數。

因爲 $p(x)$ 滿足邊界條件

$$p(1)=p(-1)=0,$$

所以 T 關於內積

$$(f,g)=\int_{-1}^{1} f(x)\,g(x)\,dx$$

爲對稱。對稱算子的一般理論告訴我們，屬於不同特徵值的特徵函數是正交。

雷建德方程的冪級數解

若 $x^2\neq 1$，則雷建德方程可以表示爲

$$y''+p(x)y'+q(x)y=0$$

其中 $p(x)=-\dfrac{2x}{1-x^2}$ 且 $q(x)=\dfrac{\alpha(\alpha+1)}{1-x^2}$

因爲對於 $|x| < 1$，$\frac{1}{(1-x^2)} = \Sigma_{n=0}^{\infty} x^{2n}$，所以 $p(x)$ 和 $q(x)$ 在開區間 $(-1, 1)$ 都有冪級數展開式。

因此，尋求

$$y(x) = \sum_{n=0}^{\infty} a_n x^n, x \in (-1, 1)$$

形式的冪級數解。逐項微分，我們得到

$$y'(x) = \sum_{n=1}^{\infty} n a_n x^{n-1}$$
$$y''(x) = \sum_{n=2}^{\infty} n(n-1) a_n x^{n-2}$$

因此

$$2xy' = \sum_{n=1}^{\infty} 2n a_n x^n = \sum_{n=0}^{\infty} 2n a_n x^n$$

且

$$\begin{aligned}(1-x^2)y'' &= \sum_{n=2}^{\infty} n(n-1) a_n x^{n-2} - \sum_{n=2}^{\infty} n(n-1) a_n x^n \\ &= \sum_{n=0}^{\infty} (n+2)(n+1) a_{n+2} x^n - \sum_{n=0}^{\infty} n(n-1) a_n x^n \\ &= \sum_{n=0}^{\infty} [(n+2)(n+1) a_{n+2} - n(n-1) a_n] x^n\end{aligned}$$

代入 (1)，我們得到

$$(n+2)(n+1)a_{n+2} - n(n-1)a_n - 2na_n + \alpha(\alpha+1)a_n = 0, n \geq 0$$

這導出遞迴關係

$$a_{n+2} = -\frac{(\alpha-n)(\alpha+n+1)}{(n+1)(n+2)} a_n$$

這種關係使我們能夠根據 a_0 連續求出 $a_2, a_4, a_6, \cdots,$。因此，我們得到

$$a_2 = -\frac{\alpha(\alpha+1)}{1 \cdot 2} a_0,$$

$$a_4 = -\frac{(\alpha-2)(\alpha+3)}{3\cdot 4}a_2 = (-1)^2\frac{\alpha(\alpha-2)(\alpha+1)(\alpha+3)}{4!}a_0,$$

$$\vdots$$

$$a_{2n} = (-1)^n\frac{\alpha(\alpha-2)\cdots(\alpha-2n+2)\cdot(\alpha+1)(\alpha+3)\cdots(\alpha+2n-1)}{(2n)!}a_0.$$

同樣，我們可以根據 a_1，計算 $a_3, a_5, a_7, \cdots$ 並獲得

$$a_3 = -\frac{(\alpha-1)(\alpha+2)}{2\cdot 3}a_1$$

$$a_5 = -\frac{(\alpha-3)(\alpha+4)}{4\cdot 5}a_3 = (-1)^2\frac{(\alpha-1)(\alpha-3)(\alpha+3)(\alpha+4)}{5!}a_1$$

$$\vdots$$

$$a_{2n+1} = (-1)^n\frac{(\alpha-1)(\alpha-3)\cdots(\alpha-2n+1)(\alpha+2)(\alpha+4)\cdots(\alpha+2n)}{(2n+1)!}a_1.$$

因此，$y(x)$ 的級數可以寫爲

$$y(x) = a_0y_1(x) + a_1y_2(x)$$

其中

$$y_1(x) = 1 + \Sigma_{n=1}^{\infty}(-1)^n\frac{\alpha(\alpha-2)\cdots(\alpha-2n+2)\cdot(\alpha+1)(\alpha+3)\cdots(\alpha+2n-1)}{(2n)!}x^{2n}.$$

$$y_2(x) = x + \Sigma_{n=1}^{\infty}(-1)^n\frac{(\alpha-1)(\alpha-3)\cdots(\alpha-2n+1)\cdot(\alpha+2)(\alpha+4)\cdots(\alpha+2n)}{(2n+1)!}x^{2n+1}.$$

注意：比值審斂法證明當 $|x| < 1$ 時，$y_1(x)$ 和 $y_2(x)$ 收斂。這些解 $y_1(x)$ 和 $y_2(x)$ 滿足初始條件

$$y_1(0) = 1, y'_1(0) = 1, y_2(0) = 0, y'_2(0) = 1.$$

由於 $y_1(x)$ 和 $y_2(x)$ 是線性獨立，所以 $(-1, 1)$ 上的雷建德方程的通解爲

$$y(x) = a_0 y_1(x) + a_1 y_2(x)$$

其中 a_0 和 a_1 爲任意常數。

觀察

情況 I. 當 $\alpha = 0$ 或 $\alpha = 2m$（$m > 0$）時，我們得到

$$\alpha(\alpha-2)\cdots(\alpha-2n+2) = 2m(2m-2)\cdots(2m-2n+2) = \frac{2^n m!}{(m-n)!}$$

且

$$(\alpha+1)(\alpha+3)\cdots(\alpha+2n-1) = (2m+1)(2m+3)\cdots(2m+2n-1)$$
$$= \frac{(2m+2n)!\ m!}{2^n(2m)!(m+n)!}$$

因此，在這種情況下，$y_1(x)$ 變爲

$$y_1(x) = 1 + \frac{(m!)^2}{(2m)!}\sum_{k=1}^{m}(-1)^k \frac{(2m+2k)!}{(m-k)!(m+k)!(2k)!}x^{2k},$$

這是一個 $2m$ 次的多項式。特別是，對於 $\alpha = 0, 2, 4$（$m = 0, 1, 2$），對應的多項式爲

$$y_1(x) = 1,\ 1-3x^2,\ 1-10x^2+\frac{35}{3}x^4$$

請注意，當 α 爲偶數時，級數 $y_2(x)$ 不是多項式，因爲 x^{2n+1} 的係數永遠不會爲零。

情況 II. 當 $\alpha = 2m+1$ 時，$y_2(x)$ 變爲多項式並且 $y_1(x)$ 不是多項式。

在這種情況下，

$$y_2(x) = x + \frac{(m!)^2}{(2m+1)!}\sum_{k=1}^{m}(-1)^k \frac{(2m+2k+1)!}{(m-k)!(m+k)!(2k+1)!}x^{2k+1}.$$

例如，當 $\alpha = 1, 3, 5$（$m = 0, 1, 2$）時，對應的多項式是

$$y_2(x) = x,\ x-\frac{5}{3}x^3,\ x-\frac{14}{3}x^3+\frac{21}{5}x^5.$$

雷建德多項式

令

$$P_n(x)=\frac{1}{2^n}\sum_{r=0}^{\left[\frac{n}{2}\right]}\frac{(-1)^r(2n-2r)!}{r!(n-r)!(n-2r)!}x^{n-2r}$$

其中$\left[\frac{n}{2}\right]$表示不大於 $\frac{n}{2}$ 的最大整數。

- 當 n 爲偶數時，它是多項式 $y_1(x)$ 的常數倍數。
- 當 n 爲奇數時，它是多項式 $y_2(x)$ 的常數倍數。

前七個雷建德多項式是

$$P_0(x)=1,\ P_1(x)=x,\ P_2(x)=\frac{1}{2}(3x^2-1)$$

$$P_3(x)=\frac{1}{2}(5x^3-3x),\ P_4(x)=\frac{1}{8}(35x^4-30x^2+3)$$

$$P_5(x)=\frac{1}{8}(63x^5-70x^3+15x),\ P_6(x)=\frac{1}{16}(231x^6-315x^4+105x^2-5)$$

圖 1 顯示了前五個函數在區間 [–1, 1] 上的圖。

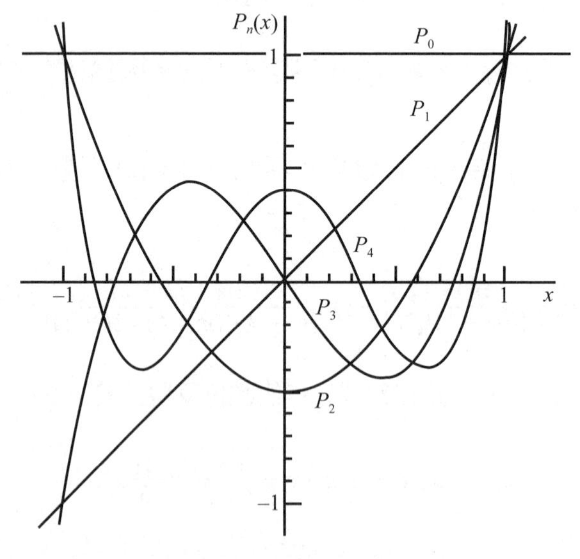

圖 1　雷建德多項式

例 1 用雷建德多項式表示

(i) $1+2x-x^2$

(ii) x^3-5x^2+x+1

解：

$1=P_0(x),\ x=P_1(x),$

$$P_2(x)=\frac{1}{2}(3x^2-1)\Rightarrow x^2=\frac{1}{3}(2P_2(x)+1)=\frac{1}{3}(2P_2(x)+P_0(x))$$

$$P_3(x)=\frac{1}{2}(5x^3-3x)\Rightarrow x^3=\frac{1}{3}(2P_3(x)+3x)=\frac{1}{5}(2P_3(x)+3P_1(x))$$

(i) 令 $E=1+2x-x^2$

用雷建德多項式表示的 $1, x$ 和 x^2 的值代入 E，我們得到

$$E=\left(P_0(x)+2P_1(x)-\frac{1}{3}(2P_2(x)+P_0(x)\right)$$

$$=\frac{1}{3}(3P_0(x)+6P_1(x)-2P_2(x)-P_0(x))$$

$$=\frac{2}{3}(P_0(x)+3P_1(x)-P_2(x))$$

(ii) 令 $F=x^3-5x^2+x+1$

將雷建德多項式表示的 $1, x, x^2$ 和 x^3 的值代入 F，我們得到

$$F=\left[\frac{1}{5}(2P_3(x)+3P_1(x))-\frac{5}{3}(2P_2(x)+P_0(x))+P_1(x)+P_0(x)\right]$$

$$=\frac{2}{5}P_3(x)-\frac{10}{3}P_2(x)+\frac{8}{5}P_1(x)-\frac{2}{3}P_0(x)$$

例 2 用雷建德多項式表示 $f(x)=x^4+2x^3+2x^2-x-3$

解：我們知道

$$P_0(x)=1,\ P_1(x)=x, \tag{1}$$

$$P_2(x)=\frac{1}{2}(3x^2-1) \tag{2}$$

$$P_3(x)=\frac{1}{2}(5x^3-3x) \tag{3}$$

$$P_4(x)=\frac{1}{8}(35x^4+30x^2+3) \tag{4}$$

現在，分別從 (4), (3), (2), (1)，可得

$$x^4=\frac{8}{35}P_4(x)+\frac{6}{7}x^2-\frac{3}{35}$$

$$x^3=\frac{2}{5}P_3(x)+\frac{3}{5}x$$

$$x^2=\frac{2}{3}P_2(x)+\frac{1}{3}$$

$$x=P_1(x),\ 1=P_0(x).$$

將 $x^4, x^3, \cdots$的值連續代入給定的多項式中，可得

$$\begin{aligned}
f(x)&=\frac{8}{35}P_4(x)+\frac{6}{7}x^2-\frac{3}{35}+2x^3+2x^2-x-3\\
&=\frac{8}{35}P_4(x)+2x^3+\frac{20}{7}x^2-x-\frac{108}{35}\\
&-\frac{8}{35}P_4(x)+2\left[\frac{2}{5}P_3(x)+\frac{3}{5}x\right]+\frac{20}{7}x^2-x-\frac{108}{35}\\
&=\frac{8}{35}P_4(x)+\frac{4}{5}P_3(x)+\frac{20}{7}\left[\frac{2}{3}P_2(x)+\frac{1}{3}\right]+\frac{1}{5}x-\frac{108}{35}\\
&=\frac{8}{35}P_4(x)+\frac{4}{5}P_3(x)+\frac{40}{41}P_2(x)+\frac{1}{5}x-\frac{224}{105}\\
&=\frac{8}{35}P_4(x)+\frac{4}{5}P_3(x)+\frac{40}{41}P_2(x)+\frac{1}{5}P_1(x)-\frac{224}{105}P_0(x)
\end{aligned}$$

雷建德多項式的羅德里格公式（Rodrigues formula）

注意

$$\frac{(2n-2r)!}{(n-2r)!}x^{n-2r}=\frac{d^n}{dx^n}x^{2n-2r}$$

且

$$\frac{1}{r!(n-r)!}=\frac{1}{n!}\binom{n}{r}$$

其中 $\binom{n}{r}$ 是二項式係數，因此，$P_n(x)$ 可以表示爲

$$P_n(x)=\frac{1}{2^n n!}\frac{d^n}{dx^n}\sum_{r=0}^{\left[\frac{n}{2}\right]}(-1)^r\binom{n}{r}x^{2n-2r}$$

當 $\left[\frac{n}{2}\right]<r\leq n$ 時，x^{2n-2r}的次數小於 n，所以它的 n 階導數爲零。因此

$$P_n(x)=\frac{1}{2^n n!}\frac{d^n}{dx^n}\sum_{r=0}^{n}(-1)^r\binom{n}{r}x^{2n-2r}=\frac{1}{2^n n!}\frac{d^n}{dx^n}(x^2-1)^n$$

這就是衆所周知的羅德里格公式（Rodrigues' formula），以紀念法國經濟學家和改革家 Olinde Rodrigues（1794-1851）。

例 1 利用 Rodrigues 公式，求雷建德多項式 $P_3(x)$。

解：將 $n=3$ 代入 Rodrigues 公式

$$P_n(x)=\frac{1}{2^n n!}\frac{d^n(x^2-1)^n}{dx^n}$$

，可得

$$\begin{aligned}P_3(x)&=\frac{1}{2^3 3!}\frac{d^3(x^2-1)^3}{dx^3}\\&=\frac{1}{2^3(6)}\frac{d^3(x^2-1)(x^4-2x^2+1)}{dx^3}\\&=\frac{1}{(8)(6)}\frac{d^3(x^6-3x^4+3x^2-1)}{dx^3}\\&=\frac{1}{(8)(6)}(120x^2-72x)=\frac{1}{8}(20x^2-12x)\end{aligned}$$

$$P_3(x)=\frac{1}{8}(20x^2-12x)$$

雷建德多項式 $P_n(x)$ 的性質

- 對於每一個 $n\geq 0$，我們有

$$P_n(1)=1\text{。}$$

  此外，$P_n(x)$ 是唯一滿足雷建德方程

$$(1-x^2)y''-2xy'+n(n+1)y=0$$

  的多項式，且當 $x=1$ 時値爲 1。

- 對於每一 $n\geq 0$，我們有

$$P_n(-x)=(-1)^n P_n(x)$$

  這表明當 n 爲偶數時 P_n 是偶函數，而當 n 爲奇數時 P_n 是奇函數。

- $\int_{-1}^{1}P_n(x)P_m(x)dx=\begin{cases}0 & \text{if } m\neq n,\\ \dfrac{2}{2n+1} & \text{if } m=n.\end{cases}$

- 每個 n 次多項式都可以表示爲雷建德多項式 $P_0, P_1, P_2, \cdots$，P_n 的線性組合。實際上，若 $f(x)$ 是 n 次多項式，我們有

$$f(x)=\sum_{k=0}^{n}c_k P_k(x)$$

其中

$$c_k=\frac{2k+1}{2}\int_{-1}^{1}f(x)P_k(x)dx$$

- 對於每個次數小於 n 的多項式 $g(x)$，從正交關係可以得到

$$\int_{-1}^{1}g(x)P_n(x)dx=0$$

這個性質可以用來證明雷建德多項式 P_n 有 n 個不同的實零點並且它們都位於開區間 $(-1, 1)$ 中。

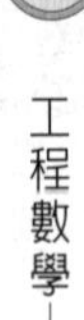

習題

1～3 題，求遞迴關係式。

1. $y''-y'=0$
2. $y''-xy'-y=0$
3. $(1-x)y''+y=0$

答案：

1. $a_{n+2}=\dfrac{a_n}{(n+2)(n+1)}$
2. $a_{n+2}=\dfrac{a_n}{n+2}$
3. $(n+2)(n+1)a_{n+2}-n(n+1)a_{n+1}+a_n=0$，$n\geq 1$；$a_2=-\dfrac{1}{2}a_0$

4. 求微分方程 $(1+2x^3)y''-xy'+2y=0, y(0)=-6, y'(0)=0$ 在 $x=0$ 的前四項冪級數解。

答案：$y=-6+6x^2-\dfrac{6}{5}x^5-\dfrac{3}{35}x^7-\cdots$

5. 求 $4xy''+2y'+y=0$ 在 $x=0$ 的兩個線性獨立的解。

答案：

$$y_1(x)=x^{1/2}\sum_{k=0}^{\infty}\frac{(-1)^k}{(2k+1)!}x^k \qquad y_2(x)=\sum_{k=0}^{\infty}\frac{(-1)^k}{(2k)!}x^k$$

6. 求 $xy'' + y' - y = 0$ 在 $x = 0$ 的兩個線性獨立的解。

答案：

$$y_1(x) = \sum_{k=0}^{\infty} \frac{1}{(k!)^2} x^k = 1 + x + \frac{x^2}{4} + \frac{x^3}{36} + \cdots$$

$$y_2(x) = y_1(x) \ln x + \left[-2x - \frac{3}{4}x^2 - \frac{11}{108}x^3 - \cdots\right]$$

7. 求 $xy'' + y = 0$ 在 $x = 0$ 的兩個線性獨立的解。

答案：

$$y_1(x) = x \sum_{k=0}^{\infty} \frac{(-1)^k}{(k+1)(k!)^2} x^k = x - \frac{x^2}{2} + \frac{x^3}{12} - \frac{x^4}{144} \pm \cdots$$

$$y_2(x) = -y_1(x) \ln x + \left[1 - \frac{3}{4}x^2 + \frac{7}{36}x^3 - \frac{35}{1728}x^4 \pm \cdots\right]$$

8. 求 $x^2y'' + xy' + \left(x^2 - \frac{1}{4}\right)y = 0$ 在 $x = 0$ 的兩個線性獨立的解。

答案：

$$y_1(x) = x^{1/2} \sum_{m=0}^{\infty} \frac{(-1)^m}{(2m+1)!} x^{2m}$$

$$y_2(x) = x^{-1/2} \sum_{k=0}^{\infty} \frac{(-1)^k}{(2k)!} x^{2k}$$

9. 求解 $y'' + xy' + y = 0, y(0) = 1, y'(0) = 0.$

答案：

$$y(x) = a_0\left(1 - \frac{x^2}{2} + \frac{x^4}{2 \cdot 4} - \frac{x^6}{2 \cdot 4 \cdot 6} + \cdots\right) + a_1\left(x - \frac{x^3}{3} + \frac{x^5}{3 \cdot 5} - \frac{x^7}{3 \cdot 5 \cdot 7} + \cdots\right)$$

$$= a_0 \sum_{n=0}^{\infty} \frac{(-1)^n}{2^n n!} x^{2n} + a_1 \sum_{n=0}^{\infty} \frac{(-1)^n 2^n n!}{(2n+1)!} x^{2n+1}$$

5.5 貝索方程

在本節中，我們使用 Frobenius 的方法來求解貝索方程（Bessel equation）

$$x^2y'' + xy' + (x^2 - \alpha^2)y = 0 \tag{1}$$

其中 α 是一個非負常數。該方程用於有關膜的振動、圓柱體中的熱流和圓柱導體中的電流傳播的問題。它的一些解被稱爲貝索函數。貝索函數也出現在解析數論的某些問題中。該方程以德國天文學家 F.W. Bessel（1784-1846）的名字命名，儘管它較早出現在 Daniel Bernoulli（1732）和 Euler（1764）的研究中。

點 $x_0 = 0$ 是一個正規奇點。

因此，我們尋求形式爲

$$y(x) = \sum_{n=0}^{n} a_n x^{n+r},\ x > 0 \tag{2}$$

的解，其中 $a_0 \neq 0$。

將 (2) 式逐項微分

$$y' = \sum_{n=0}^{\infty} (n+r)a_n x^{n+r-1}$$

同理，可得

$$y'' = \sum_{n=0}^{\infty} (n+r)(n+r-1)a_n x^{n+r-2}$$

將這些代入 (1)，得到

$$\sum_{n=0}^{\infty} (n+r)(n+r-1)a_n x^{n+r} + \sum_{n=0}^{\infty} (n+r)a_n x^{n+r}$$
$$+ \sum_{n=0}^{\infty} a_n x^{n+r+2} - \sum_{n=0}^{\infty} \alpha^2 a_n x^{n+r} = 0$$

這意味著

$$x^r\sum_{n=0}^{\infty}[(n+r)^2-\alpha^2]a_n x^n + x^r\sum_{n=0}^{\infty}a_n x^{n+2}=0$$

現在，消去 x^r，令 x 的每個冪的係數等於零。

對於常數項，我們要求 $(r^2-\alpha^2)a_0=0$。因爲 $a_0 \neq 0$，因此

$$r^2-\alpha^2=0$$

這是指標方程（indicial equation）。r 的值是 α 和 $-\alpha$。
情況 I. 對於 $r=\alpha$，用於確定係數的方程爲：

$$[(1+\alpha)^2-\alpha^2]a_1=0$$
$$[(n+\alpha)^2-\alpha^2]a_n+a_{n-2}=0,\ n\geq 2.$$

由於 $\alpha \geq 0$，我們有 $a_1=0$。第二個方程式產生

$$a_n=-\frac{a_{n-2}}{(n+\alpha)^2-\alpha^2}=-\frac{a_{n-2}}{n(n+2\alpha)} \tag{3}$$

由於 $a_1=0$，我們立即得到

$$a_3=a_5=a_7=\cdots=0.$$

對於偶數下標的係數，我們有

$$a_2=\frac{-a_0}{2(2+2\alpha)}=\frac{-a_0}{2^2(1+\alpha)}$$
$$a_4=\frac{-a_2}{4(4+2\alpha)}=\frac{(-1)^2a_0}{2^4 2!(1+\alpha)(2+\alpha)}$$
$$a_6=\frac{-a_4}{6(6+2\alpha)}=\frac{(-1)^3a_0}{2^6 3!(1+\alpha)(2+\alpha)(3+\alpha)}$$

而且，一般式爲

$$a_{2n}=\frac{(-1)^n a_0}{2^{2n}n!(1+\alpha)(2+\alpha)\cdots(n+\alpha)}$$

因此，選擇 $r=\alpha$ 產生解

$$y(x) = a_0 x^\alpha \left(1 + \sum_{n=0}^{\infty} \frac{(-1)^n x^{2n}}{2^{2n} n!(1+\alpha)(2+\alpha)\cdots(n+\alpha)}\right)$$

注意：比值審斂法證明此冪級數公式對所有 $x \in R$ 收斂。

對於 $x < 0$，我們按照上面的方法處理將 x^r 替換爲 $(-x)^r$。

同樣，在這種情況下，r 滿足

$$r^2 - \alpha^2 = 0$$

取 $r = \alpha$，我們得到相同的解，將 x^α 替換爲 $(-x)^\alpha$。因此，函數 $y_\alpha(x)$ 由下式給出

$$y_\alpha(x) = a_0 |x|^\alpha \left(1 + \sum_{n=0}^{\infty} \frac{(-1)^n x^{2n}}{2^{2n} n!(1+\alpha)(2+\alpha)\cdots(n+\alpha)}\right) \tag{4}$$

上式爲貝索方程的解，其中 $x \neq 0$。

情況 II. 對於 $r = -\alpha$，用於確定係數的方程爲：

$$[(1-\alpha)^2 - \alpha^2]a_1 = 0$$
$$[(n-\alpha)^2 - \alpha^2]a_n + a_{n-2} = 0$$

這些方程變成

$$(1 - 2\alpha)a_1 = 0$$
$$n(n - 2\alpha)a_n + a_{n-2} = 0$$

如果 2α 不是整數，由這些方程可得

$$a_1 = 0$$
$$a_n = -\frac{a_{n-2}}{n(n-2\alpha)},\ n \geq 2$$

請注意，此式與 (3) 相同，其中 α 替換爲 $-\alpha$。

因此，解由下式給出

$$y_{-\alpha}(x) = a_0 |x|^{-\alpha} \left(1 + \sum_{n=1}^{\infty} \frac{(-1)^n x^{2n}}{2^{2n} n!(1-\alpha)(2-\alpha)\cdots(n-\alpha)}\right) \tag{5}$$

其中 $x \neq 0$。

伽瑪函數（gamma function）及其性質

對於 $s \in R$ 且 $s > 0$，我們定義 $\Gamma(s)$ 為

$$\Gamma(s) = \int_{0+}^{\infty} t^{s-1} e^{-t} dt$$

若 $s > 0$，則積分收斂，若 $s \leq 0$，則積分發散。

按分部積分可得

$$\Gamma(s+1) = s\Gamma(s)$$

一般來說，對於每個正整數 n

$$\Gamma(s+n) = (s+n-1)\cdots(s+1)s\Gamma(s)$$

由於 $\Gamma(1) = 1$，我們發現 $\Gamma(n+1) = n!$。因此，伽瑪函數是階乘函數從整數到正實數的推廣。故下式成立

$$\Gamma(s) = \frac{\Gamma(s+1)}{s}, s \in \mathbb{R}$$

使用這個伽瑪函數，可簡化貝索方程的解。當 $s = 1 + \alpha$ 時，可得

$$(1+\alpha)(2+\alpha)\cdots(n+\alpha) = \frac{\Gamma(n+1+\alpha)}{\Gamma(1+\alpha)}$$

若在 (4) 中，選擇 $a_0 = \dfrac{2^{-\alpha}}{\Gamma(1+\alpha)}$，則對於 $x > 0$，(4) 的解可以寫成

$$J_\alpha(x) = \left(\frac{x}{2}\right)^\alpha \sum_{n=0}^{\infty} \frac{(-1)^n}{n!\Gamma(n+1+\alpha)} \left(\frac{x}{2}\right)^{2n}$$

上式定義的函數 J_α 稱為第一類 α 階貝索函數（Bessel function of the first kind of order α），其中 $x > 0$ 且 $\alpha \geq 0$。

當 α 為非負整數時，假設 $\alpha = p$，貝索函數 $J_p(x)$ 由下式給出

$$J_p(x) = \sum_{n=0}^{\infty} \frac{(-1)^n}{n!(n+p)!} \left(\frac{x}{2}\right)^{2n+p}, (p = 0, 1, 2, \cdots)$$

兩個函數 J_0 和 J_1 的圖形如圖 1 所示。

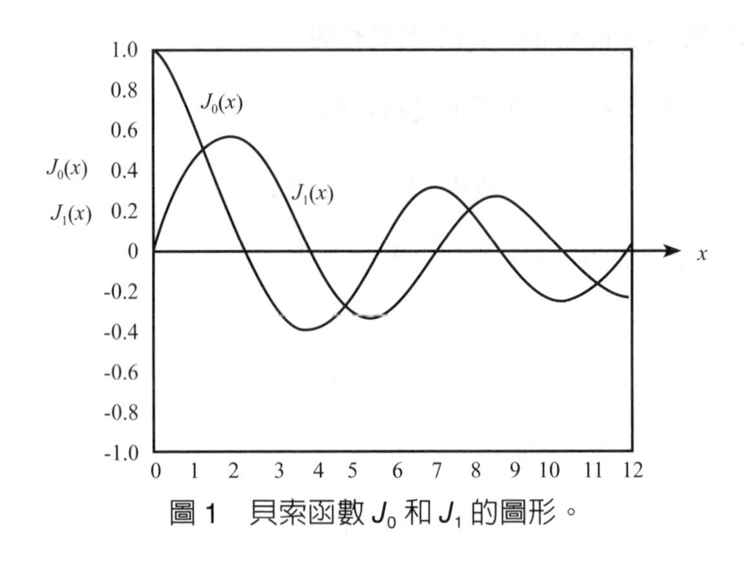

圖 1　貝索函數 J_0 和 J_1 的圖形。

若$\alpha \notin \mathbb{Z}^+$，定義一個新函數 $J_{-\alpha}(x)$（將 α 替換為 $-\alpha$）

$$J_{-\alpha}(x)=\left(\frac{x}{2}\right)^{-\alpha}\sum_{n=0}^{\infty}\frac{(-1)^n}{n!\Gamma(n+1-\alpha)}\left(\frac{x}{2}\right)^{2n}$$

當 $s=1-\alpha$ 時，我們得到

$$\Gamma(n+1-\alpha)=(1-\alpha)(2-\alpha)\cdots(n-\alpha)\Gamma(1-\alpha)$$

因此，$J_{-\alpha}(x)$ 的級數與 (5) 中 $y_{-\alpha}(x)$ 的級數相同，其中$a_0=\dfrac{2^{\alpha}}{\Gamma(1-\alpha)}$, $x>0$。若 α 不是正整數，則 $J_{-\alpha}$ 是 $x>0$ 的貝索方程的解。

若 α 不是整數，則 $J_{\alpha}(x)$ 和 $J_{-\alpha}(x)$ 在 $x>0$ 上線性無關。對於 $x>0$，貝索方程的通解是

$$y(x)=c_1J_{\alpha}(x)+c_2\,J_{-\alpha}(x)$$

貝索函數的遞迴關係

- $\dfrac{d}{dx}(x^{\alpha}J_{\alpha}(x))=x^{\alpha}J_{\alpha-1}(x)$

$$\frac{d}{dx}(x^{\alpha}J_{\alpha}(x))=\frac{d}{dx}\left\{x^{\alpha}\sum_{n=0}^{\infty}\frac{(-1)^n}{n!\Gamma(1+\alpha+n)}\left(\frac{x}{2}\right)^{2n+\alpha}\right\}$$

$$= \frac{d}{dx}\left\{\sum_{n=0}^{\infty} \frac{(-1)^n x^{2n+2\alpha}}{n!\Gamma(1+\alpha+n)2^{2n+\alpha}}\right\}$$

$$= \sum_{n=0}^{\infty} \frac{(-1)^n(2n+2\alpha)\, x^{2n+2\alpha-1}}{n!\Gamma(1+\alpha+n)2^{2n+\alpha}}$$

由於 $\Gamma(1+\alpha+n)=(\alpha+n)\Gamma(\alpha+n)$，我們有

$$\frac{d}{dx}(x^{\alpha}J_{\alpha}(x)) = \sum_{n=0}^{\infty} \frac{(-1)^n 2x^{2n+2\alpha-1}}{n!\Gamma(\alpha+n)2^{2n+\alpha}}$$

$$= x^{\alpha}\sum_{n=0}^{\infty} \frac{(-1)^n}{n!\Gamma(1+(\alpha-1)+n)}\left(\frac{x}{2}\right)^{2n+\alpha-1}$$

$$= x^{\alpha} J_{\alpha-1}(x)$$

涉及 J_{α} 的其他關係是：

- $\frac{d}{dx}(x^{-\alpha}J_{\alpha}(x)) = -x^{-\alpha}J_{\alpha+1}(x)$
- $\frac{\alpha}{x}J_{\alpha}(x)+J_{\alpha}'(x)=J_{\alpha-1}(x)$
- $\frac{\alpha}{x}J_{\alpha}(x)-J_{\alpha}'(x)=J_{\alpha+1}(x)$
- $J_{\alpha-1}(x)+J_{\alpha+1}(x)=\frac{2\alpha}{x}J_{\alpha}(x)$
- $J_{\alpha-1}(x)-J_{\alpha+1}(x)=2J_{\alpha}'(x)$

例 1 計算

$$J_{\frac{3}{2}}(x),\ J_{-\frac{3}{2}}(x),\ J_{\frac{5}{2}}(x) \text{ 和 } J_{-\frac{5}{2}}(x)$$

解： 利用遞迴關係

$$2\frac{n}{x}J_n(x) = J_{n-1}(x)+J_{n+1}(x) \tag{1}$$

將 $n=\frac{1}{2}$ 代入 (1)

$$\Rightarrow \frac{1}{x}J_{\frac{1}{2}}(x) = J_{\frac{-1}{2}}(x)+J_{\frac{3}{2}}(x)$$

$$\Rightarrow J_{\frac{3}{2}}(x) = \frac{1}{x}J_{\frac{1}{2}}(x) - J_{\frac{-1}{2}}(x)$$

$$= \sqrt{\frac{2}{\pi x}}\left(\frac{\sin x}{x}-\cos x\right)$$

$\because J_{\frac{1}{2}}(x)=\sqrt{\dfrac{2}{\pi x}}\sin x,\ J_{\frac{-1}{2}}(x)=\sqrt{\dfrac{2}{\pi x}}\cos x$

將$n=-\dfrac{1}{2}$代入 (1)

$$\Rightarrow -\frac{1}{x}J_{\frac{-1}{2}}(x)=J_{\frac{-3}{2}}(x)+J_{\frac{1}{2}}(x)$$

$$\Rightarrow J_{\frac{-3}{2}}(x)=-\frac{1}{x}J_{\frac{-1}{2}}(x)-J_{\frac{1}{2}}(x)$$

$$=-\sqrt{\frac{2}{\pi x}}\left(\frac{\cos x}{x}+\sin x\right)$$

$\because J_{\frac{1}{2}}(x)=\sqrt{\dfrac{2}{\pi x}}\sin x,\ J_{\frac{-1}{2}}(x)=\sqrt{\dfrac{2}{\pi x}}\cos x$

將$n=\dfrac{3}{2}$代入 (1)

$$\Rightarrow \frac{3}{x}J_{\frac{3}{2}}(x)=J_{\frac{1}{2}}(x)+J_{\frac{5}{2}}(x)$$

$$\Rightarrow J_{\frac{5}{2}}(x)=\frac{3}{x}J_{\frac{3}{2}}(x)-J_{\frac{1}{2}}(x)$$

$$=\frac{3}{x}\sqrt{\frac{2}{\pi x}}\left(\frac{\sin x}{x}-\cos x\right)-\sqrt{\frac{2}{\pi x}}\sin x$$

$$=\sqrt{\frac{2}{\pi x}}\left[\frac{3-x^2}{x^2}\sin x-\frac{3}{x}\cos x\right]$$

將$n=-\dfrac{3}{2}$代入 (1)

$$\Rightarrow -\frac{3}{x}J_{\frac{-3}{2}}(x)=J_{\frac{-5}{2}}(x)+J_{\frac{-1}{2}}(x)$$

$$\Rightarrow J_{\frac{-5}{2}}(x)=-\frac{3}{x}J_{\frac{-3}{2}}(x)-J_{\frac{-1}{2}}(x)$$

$$=\frac{3}{x}\sqrt{\frac{2}{\pi x}}\left(\frac{\cos x}{x}+\sin x\right)-\sqrt{\frac{2}{\pi x}}\cos x$$

$$=\sqrt{\frac{2}{\pi x}}\left[\frac{3-x^2}{x^2}\cos x+\frac{3}{x}\sin x\right]$$

習題

1. 將以下表達式表示爲雷建德多項式：

   i. $3x^3 - 2x^2 + 1$

   ii. $5x^3 + x^2 - 2x + 1$

   答案：i. $\frac{6}{5}P_3 + \frac{4}{3}P_2 + \frac{9}{5}P_1 + \frac{5}{3}P_0$

   ii. $2P_3 + \frac{2}{3}P_2 + P_1 + \frac{4}{3}P_0$

2. 證明 Bessel 函數 $J_n(x)$ 的下列關係

   i. $J_0^2 + 2(J_1^2 + J_2^2 + J_3^2 + \cdots) = 1$

   ii. $\frac{1}{2}xJ_n = (n+1)J_{n+1} - (n+3)J_{n+3} + (n+5)J_{n+5} - \cdots$

   iii. $J_2 - J_0 = 2J_0''$

   iv. $J_2 = J_0'' - \frac{1}{x}J_0'$

   v. $\int_0^\infty x^{n+1}J_n(x)\,dx = x^{n+1}J_{n+1}(x),\ n \geq -1$

3. 證明 Legendre 函數 $P_n(x)$ 的下列關係

   i. $(1-x^2)P_0'(x) = \frac{n(n+1)}{2n+1}[P_{n-1}(x) - P_{n+1}(x)]$

   ii. $P_n'(x) - P_{n-2}'(x) = (2n-1)P_{n-1}(x)$

   iii. $\int_0^1 P_n(x)dx = \frac{1}{n+1}P_{n-1}(0)$

   iv. $\int_{-1}^1 (1-x^2)P_m'P_n'\,dx = 0$，其中 m 和 n 是相異整數

4. 證明 $\frac{d}{dx}[x^n J_n(x)] = x^n J_{n-1}(x)$

   解：$J_n(x) = \Sigma_{r=0}^{\infty}(-1)^r \frac{1}{r!\Gamma(n+r+1)}\left(\frac{x}{2}\right)^{n+2r}$

   $\Rightarrow x^n J_n(x) = \Sigma_{r=0}^{\infty}(-1)^r \frac{1}{r!\Gamma(n+r+1)}\frac{x^{2n+2r}}{2^{n+2r}}$

   $\Rightarrow \frac{d}{dx}[x^n J_n(x)] = \Sigma_{r=0}^{\infty}(-1)^r \frac{1}{r!(n+r)\Gamma(n+r)}\frac{2(n+r)x^{2n+2r-1}}{2^{n+2r}}$

   $\because \Gamma(n+r+1) = (n+r)\Gamma(n+r)$

   $= x^n \Sigma_{r=0}^{\infty}(-1)^r \frac{1}{r!\Gamma((n-1)+r+1)}\left(\frac{x}{2}\right)^{(n-1)+2r}$

   $= x^n J_{n-1}(x)$

5. 證明$J_4(x)=\left(\frac{48}{x^3}-\frac{8}{x}\right)J_1(x)+\left(1-\frac{24}{x^2}\right)J_0(x)$

解：從遞迴關係

$$2nJ_n(x)=x\,[J_{n-1}(x)+J_{n+1}(x)] \Rightarrow J_{n+1}(x)=\frac{2n}{x}J_n(x)-J_{n-1}(x) \qquad ①$$

將 $n=3$ 代入①中，我們得到

$$J_4(x)=\frac{6}{x}J_3(x)-J_2(x) \qquad ②$$

將 $n=2$ 代入①中，我們得到

$$J_3(x)=\frac{4}{x}J_2(x)-J_1(x) \qquad ③$$

將 $n=1$ 代入①中，我們得到

$$J_2(x)=\frac{2}{x}J_1(x)-J_0(x) \qquad ④$$

將④代入③，我們得到

$$J_3(x)=\frac{4}{x}\left[\frac{2}{x}J_1(x)-J_0(x)\right]-J_1(x)$$

$$\Rightarrow J_3(x)=\left(\frac{8}{x^2}-1\right)J_1(x)-\frac{4}{x}J_0(x) \qquad ⑤$$

⑤和④代入②，我們得到

$$J_4(x)=\frac{6}{x}\left[\left(\frac{8}{x^2}-1\right)J_1(x)-\frac{4}{x}J_0(x)\right]-\left[\frac{2}{x}J_1(x)-J_0(x)\right]$$

$$=\left[\left(\frac{48}{x^3}-\frac{6}{x}-\frac{2}{x}\right)J_1(x)\right]+\left[\left(-\frac{24}{x^2}+1\right)J_0(x)\right]$$

$$=\left(\frac{48}{x^3}-\frac{8}{x}\right)J_1(x)+\left(1-\frac{24}{x^2}\right)J_0(x)$$

6. 證明

$$\begin{cases}\int_{-1}^{1}P_m(x)P_n(x)dx=0 & m\neq n\\ \int_{-1}^{1}P_n^2(x)dx=\frac{2}{2n+1} & m=n\end{cases}$$

，其中 m 和 n 是正整數。

解：這是雷建德多項式的正交性，由羅德里格公式（Rodrigue's formula）

$$P_m(x)=\frac{1}{2^m m!}\frac{d^m}{dx^m}(x^2-1)^m$$

和

$$P_n(x)=\frac{1}{2^n n!}\frac{d^n}{dx^n}(x^2-1)^n$$

$$\therefore I=\int_{-1}^{1}P_m(x)P_n(x)dx=\frac{1}{2^m 2^n m!\ n!}\int_{-1}^{1}D^n(x^2-1)^n D^m(x^2-1)^m dx$$

分部積分

$$=\frac{1}{2^{m+n}m!\ n!}\left\{\left[D^n(x^2-1)^n D^{m-1}(x^2-1)^m\right]_{-1}^{1}\right.$$

$$\left.-\int_{-1}^{1}D^{n+1}(x^2-1)^n D^{m-1}(x^2-1)^m dx\right\}$$

$$=\frac{1}{2^{m+n}m!\ n!}\left\{0-\int_{-1}^{1}D^{n+1}(x^2-1)^n D^{m-1}(x^2-1)^m dx\right\}$$

$$=\frac{-1}{2^{m+n}m!\ n!}\left\{\int_{-1}^{1}D^{n+1}(x^2-1)^n D^{m-1}(x^2-1)^m dx\right\}$$

繼續這個過程 $n-1$ 次

$$=\frac{(-1)^n}{2^{m+n}m!\ n!}\left\{\int_{-1}^{1}D^{2n}(x^2-1)^n D^{m-n}(x^2-1)^m dx\right\}$$

$$=\frac{(-1)^n}{2^{m+n}m!\ n!}\left\{\int_{-1}^{1}D^{2n}(x^2-1)^n D^{m-n}(x^2-1)^m dx\right\}$$

$$=\frac{(-1)^n 2n!}{2^{m+n}m!\ n!}\left\{\int_{-1}^{1}D^{m-n}(x^2-1)^m dx\right\} \quad ①$$

$$\because D^{2n}(x^2-1)^n=2n!$$

$$=\frac{(-1)^n 2n!}{2^{m+n}m!\ n!}\left[D^{m-n-1}(x^2-1)^m dx\right]_{-1}^{1}=0$$

將 $m=n$ 代入①

$$I=\int_{-1}^{1}P_m(x)\,P_n(x)\,dx=\frac{(-1)^n 2n!}{2^{2n}(n!)^2}\left\{\int_{-1}^{1}(x^2-1)^n dx\right\}$$

$$=\frac{2n!}{2^{2n}(n!)^2}\left\{\int_{-1}^{1}(1-x^2)^n dx\right\}$$

令 $x=\sin\theta \quad \therefore dx=\cos\theta\, d\theta$

$$I=\frac{2n!}{2^{2n}(n!)^2}\left\{\int_{\frac{\pi}{2}}^{\frac{\pi}{2}}\cos^{2n+1}\theta\, d\theta\right\}$$

$$=\frac{2n!}{2^{2n}(n!)^2}2\left\{\int_{0}^{\frac{\pi}{2}}\cos^{2n+1}\theta\, d\theta\right\}$$

$$=\frac{2n!}{2^{2n}n!}\frac{2^{n+1}}{(2n+1)(2n-1)(2n-3)\cdots 3\cdot 1}$$

$$= \frac{2(2n)(2n-1)(2n-2)\cdots 3\cdot 2\cdot 1}{2^n n!(2n+1)(2n-1)(2n-3)\cdots 3\cdot 1}$$

$$= \frac{2[(2n)(2n-2)\cdots 2][(2n-1)(2n-3)\cdots 3\cdot 1]}{2^n n!(2n+1)(2n-1)(2n-3)\cdots 3\cdot 1}$$

$$= \frac{2\cdot 2^n n!}{2^n n!(2n+1)}$$

$$= \frac{2}{(2n+1)}$$

7. 若 α 是一個小的非零常數，則非線性微分方程

$$y'' + y + \alpha y^2 = 0$$

只是輕度非線性。假設存在一個解，可以表示爲 α 的冪級數，形式爲

$y = \sum_{n=0}^{\infty} u_n(x)\alpha^n$（在某區間 $0 < \alpha < r$ 成立）

且當 $x = 0$ 時，$y = 1$，$y' = 0$。爲了符合這些初始條件，我們嘗試選擇係數 $u_n(x)$，使得 $u_0(0) = 1$，$u_0'(0) = 0$ 且 $u_n(0) = u_n'(0) = 0$，$n \geq 1$。將此級數代入微分方程中，使 α 的適當冪相等，求 $u_0(x)$ 和 $u_1(x)$

解：$u_0(x) = \cos x$，$u_1(x) = \frac{1}{2} - \frac{1}{6}\cos x - \frac{1}{3}\cos 2x$

8. 證明 $\frac{d}{dx}[xJ_n(x)J_{n+1}(x)] = x[J_n{}^2(x) - J_{n+1}{}^2(x)]$

解：$\frac{d}{dx}[xJ_n(x)J_{n+1}(x)] = J_n(x)J_{n+1}(x) + xJ_n{}'(x)J_{n+1}(x) + xJ_n(x)J_{n+1}{}'(x)$ ①

由遞迴關係

$$J_n'(x) = -J_{n+1}(x) + \frac{n}{x}J_n(x) \quad ②$$

又由遞迴關係

$$J_n'(x) = J_{n-1}(x) - \frac{n}{x}J_n(x)$$

$$\Rightarrow J_{n+1}'(x) = J_n(x) - \frac{n+1}{x}J_{n+1}(x) \quad ③$$

②和③代入①，我們得到

$$\frac{d}{dx}[xJ_n(x)J_{n+1}(x)] = J_n(x)J_{n+1}(x) + x\left[-J_{n+x}(x) + \frac{n}{x}J_n(x)\right]J_{n+1}(x) +$$

$$xJ_n(x)\left[J_n(x) + \frac{n+1}{x}J_{n+1}(x)\right]$$

$$= J_n(x)J_{n+1}(x) - xJ_{n+1}{}^2(x) + nJ_n(x)J_{n+1}(x) +$$

$$xJ_n{}^2(x) - (n+1)J_n(x)J_{n+1}(x)$$

$$= x[J_n^2(x) - J_{n+1}^2(x)]$$

9. 證明$\int_{-1}^{1} x^2 P_{n+1}(x) P_{n-1}(x)\, dx = \frac{2n(n+1)}{(2n-1)(2n+1)(2n+3)}$

解：根據雷建德多項式的遞迴關係

$$(n+1)P_{n+1}(x) = (2n+1)x P_n(x) - nP_{n-1}(x)$$

$$\Rightarrow (2n+1)x P_n(x) = (n+1)P_{n+1}(x) + nP_{n-1}(x) \quad ①$$

於①式中，用 $n+1$ 替換 n

$$(2n+3)x P_{n+1}(x) = (n+2)P_{n+2}(x) + (n+1)P_n(x)$$

$$\Rightarrow x P_{n+1}(x) = \frac{1}{2n+3}[(n+2)P_{n+2}(x) + (n+1)P_n(x)] \quad ②$$

於①式中，用 $n-1$ 替換 n

$$(2n-1)x P_{n-1}(x) = nP_n(x) + (n-1)P_{n-2}(x)$$

$$\Rightarrow x P_{n-1}(x) = \frac{1}{2n-1}[nP_n(x) + (n-1)P_{n-2}(x)] \quad ③$$

②和③相乘，我們得到

$$x^2P_{n+1}(x)P_{n-1}(x) = \frac{1}{(2n+3)(2n-1)}[n(n+2)P_n(x)P_{n+2}(x)$$

$$+ n(n+1)P_n^2(x) + (n-1)(n+2)P_{n-2}(x)P_{n+2}(x)$$

$$+ (n-1)(n+1)P_{n-2}(x)P_n(x)]$$

兩邊對 x 從 -1 到 1 進行積分

$$\int_{-1}^{1} x^2 P_{n+1}(x) P_{n-1}(x)\, dx = \frac{n(n+2)}{(2n+3)(2n-1)}\int_{-1}^{1} P_n(x)P_{n+2}(x)dx$$

$$+ \frac{n(n+1)}{(2n+3)(2n-1)}\int_{-1}^{1} P_n^2(x)dx + \frac{(n-1)(n+2)}{(2n+3)(2n-1)}\int_{-1}^{1} P_{n-2}(x) P_{n+2}(x)\, dx$$

$$+ \frac{(n-1)(n+1)}{(2n+3)(2n-1)}\int_{-1}^{1} P_{n-2}(x) P_n(x)dx$$

$$\int_{-1}^{1} x^2 P_{n+1}(x) P_{n-1}(x)\, dx = \left[0 + \frac{n(n+1)}{(2n+3)(2n-1)}\frac{2}{(2n+1)} + 0 + 0\right]$$

∵利用正交性

$$\begin{cases} \int_{-1}^{1} P_m(x)P_n(x)dx = 0 & m \neq n \\ \int_{-1}^{1} P_n^2(x)dx = \frac{2}{2n+1} & m = n \end{cases}$$

$$\Rightarrow \int_{-1}^{1} x^2 P_{n+1}(x) P_{n-1}(x)\, dx = \frac{2n(n+1)}{(2n-1)(2n+1)(2n+3)}$$

10. 計算 (i) $\int_{-1}^{+1} x^3 P_4(x)dx$ (ii) $\int_{-1}^{+1} x^{99} P_{100}(x)dx$和 (iii) $\int_{-1}^{+1} x^2 P_2(x)dx$

答案：(i)0 (ii)0 (iii) $\frac{4}{15}$

在下列問題中選擇正確的答案：

11. 雷建德微分方程爲：

(A) $(1-x^2)y''-2xy'+n(n+1)y=0$

(B) $(1-x^2)y''+2xy'+n(n+1)y=0$

(C) $(1-x^2)y''-2xy'+n(n+1)y=0$

(D) $(1-x^2)y''-2xy'-n(n+1)y=0$

答案：(A)

12. 若 $P_n(x)$ 是雷建德多項式，則 $P_n(1)$ 的值爲：

(A) 0　　(B) 1

(C) n　　(D) $\frac{1}{n}$

答案：(B)

13. 若 $P_n(x)$ 是雷建德多項式，則 $P_n(-1)$ 的值爲

(A) 1　　(B) 0

(C) -1　　(D) $(-1)^n$

答案：(D)

14. 若 $P_n(x)$ 是雷建德多項式，則

(A) $P_n(-x)=P_n(x)$　　(B) $P_n(-x)=(-1)^nP_n(x)$

(C) $P_n(-1)=1$　　(D) 這些都不是

答案：(B)

15. 若 $P_n(x)$ 是雷建德多項式，則$\int P_n(x)dx=\cdots$

(A) $\frac{1}{2n+1}\{P_{n+1}(x)-P_{n-1}(x)\}$　　(B) $P_{n+1}(x)-P_{n-1}(x)$

(C) $\frac{1}{2n}\{P_{n+1}(x)-P_{n-1}(x)\}$　　(D) $P_{n+1}(x)+P_{n-1}(x)$

答案：(A)

16. $\frac{1}{2^n n!}\frac{d^n}{dx^n}(x^2-1)^2$ 的值爲

(A) 0　　(B) 1

(C) $P_n(x)$ (D) 這些都不是

答案：(C)

17. 若 $P_n(x)$ 是雷建德多項式，則 $\int_{-1}^{+1} x^{99} P_{100}(x)dx$ 的值爲

(A) 1 (B) –1

(C) $P_n(x)$ (D) 這些都不是

答案：(C)

18. 若 $P_n(x)$ 是雷建德多項式，則 $P_n(x) = 0$ 的所有根都介於

(A) –1 和 1 (B) 0 和 1

(C) 0 和 n (D) $-n$ 和 n

答案：(A)

筆記欄

第 6 章

一階微分方程的定性理論

章節體系架構 ▼

前言

由法國數學家（Poincare）在十九世紀所開創的微分方程定性理論，不借助於對微分方程的求解，而是從微分方程本身的一些特點來推斷其解的性質，因此它是研究非線性微分方程的一個有效的手段，自本世紀以來已成爲常微分方程發展的主流。

與 Poincare 同時，俄國數學家 Lyapunov 對微分方程解的穩定性所作的研究，是定性理論的基石。

近年來，人們不僅關心微分方程的某一個解在初值或參數擾變下的穩定性，而且關心在一定範圍內解族的拓樸結構在微分方程的擾變下的穩定性，以及這種穩定性遭到破壞時所出現的分歧（bifurcation）現象和混沌（chaos）現象。

微分方程的定性方法，可以描述解的行爲，例如，存在性、唯一性、穩定性、混沌或漸近性、無窮大、週期性等。這是微分方程理論中重要且相對較新的一步。

本章內容包括：利用定性分析的方法研究自治方程、相線和向量場的圖形、平衡點的分類、分歧。

筆 記 欄

6.1 平衡點和相線

給予一個微分方程

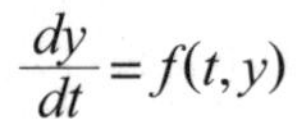

$$\frac{dy}{dt} = f(t, y)$$

我們可以利用繪製斜率場、繪製解的簡圖或使用 Euler 方法計算近似解來了解微分方程的解的行爲。有時我們甚至可以導出解的明確公式並繪製結果。無論是數值法（斜率的計算或歐拉方法）還是解析法（積分），所有這些技術都需要計算。

在本節中，我們考慮右側與 t 無關的微分方程。這樣的方程稱爲自治微分方程（autonomous differential equation）。自治微分方程是完全由因變數的值確定的微分方程。對於自治微分方程，有定性技術可以幫助我們更容易繪製解的簡圖。

① 自治方程

自治方程是形式爲

$$\frac{dy}{dt} = f(y)。$$

的微分方程。換句話說，因變數的變化率可以表示爲僅是因變數的函數。我們已經注意到，自治方程的斜率場具有特殊形式。因爲方程的右邊與 t 無關，斜率標記沿 ty 平面中的水平線平行。也就是說，對於一個自治方程，兩個具有相同 y 坐標但不同 t 坐標的點具有相同的斜率標記。如圖 1 所示。

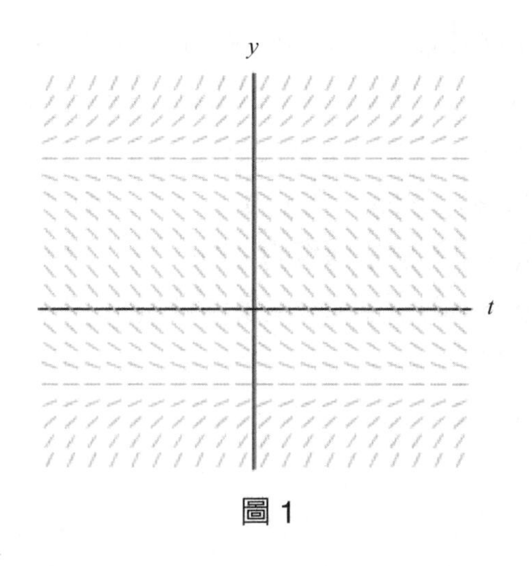

圖 1

自治微分方程 $\frac{dy}{dt}=(y-2)(y+1)$ 的斜率場，在水平線上的斜率標記是相同的。請注意，斜率場表示有兩個平衡解，$y_1(t)=-1$ 和 $y_2(t)=2$。

因此，在自治方程的斜率場中，只要知道沿著一條垂直線 $t=t_0$ 的斜率場，就可以知道整個 ty 平面中的斜率場。因此，我們不必繪製整個斜率場，而只要繪製一條含有相同資訊的垂直線，此線稱爲自治方程式的相線（phase line）。

② 相線和斜率場

相線是僅對自治微分方程 $\frac{dy}{dt}=f(y)$ 而言的一種簡化的斜率場。由於自治微分方程的斜率場 $\frac{dy}{dt}=f(y)$ 在水平線上恆定，因此可以使用以下方法更有效地傳達其基本內容：

1. 畫一條垂直線，並在其上用實心圓點標記平衡點，即滿足 $f(y)=0$ 的點。
2. 在每個由平衡點界定的區間中，如果 $f(y)>0$，則繪製一個向上的箭頭，如果 $f(y)<0$，則繪製一個向下的箭頭。

這個簡單的圖大致說明了系統的行爲，這就是相線。相線精確地捕獲了我們用來獲得解曲線定性簡圖的訊息。現在用一些例子說明這一點。

例如，考慮微分方程

$$\frac{dy}{dt}=(1-y)y$$

微分方程的右側爲 $f(y)=(1-y)y$。在這種情況下，當 $y=0$ 和 $y=1$ 時 $f(y)$

$= 0$。因此，對於所有 t 而言，常數函數 $y_1(t) = 0$ 與 $y_2(t) = 1$ 都是方程的平衡解。我們稱 $y = 0$ 和 $y = 1$ 是方程的平衡點。還要注意，若 $0 < y < 1$，則 $f(y)$ 爲正，若 $y < 0$ 或 $y > 1$，則 $f(y)$ 爲負。我們可以在平衡點 $y = 0$ 和 $y = 1$ 處置入實心圓點來繪製相線。對於 $0 < y < 1$，因爲 $f(y) > 0$，我們將箭頭指向上方，表示這部分的解是遞增的；對於 $y < 0$ 或 $y > 1$，因爲 $f(y) < 0$，我們將箭頭指向下方，表示這部分的解是遞減的（見圖 2）。

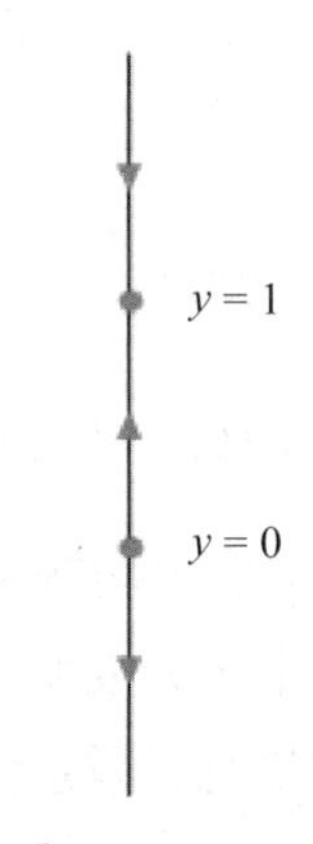

圖 2　$\dfrac{dy}{dt} = (1 - y)y$ 的相線。

如果我們將相線與斜率場進行比較，我們會發現相線包含有關平衡解以及解是否爲增加或減少的資訊，缺乏有關解遞增或遞減的速率的信息（見圖 3），但是我們可以使用相線來給出解的粗略簡圖。這些簡圖的準確性不如來自斜率場的簡圖，但是它們包含了當時間很長時解的行爲的所有資訊（見圖 4）。

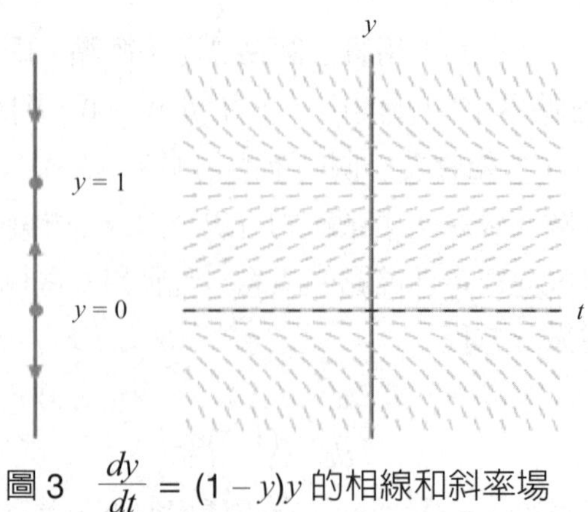

圖 3　$\dfrac{dy}{dt} = (1 - y)y$ 的相線和斜率場

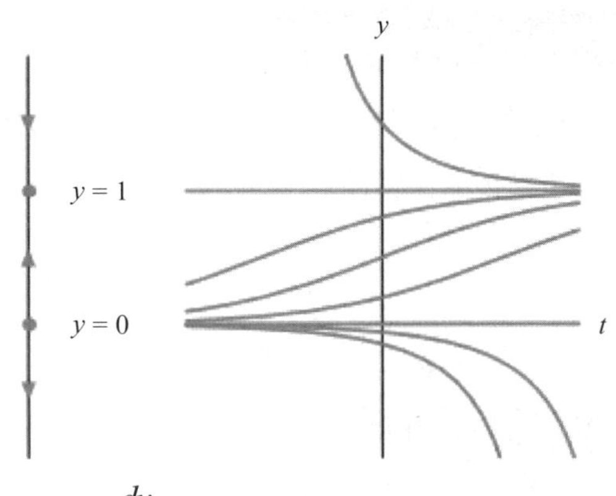

圖 4　$\frac{dy}{dt} = (1 - y)y$ 的相線和解的簡圖

③ 如何繪製相線

對於自治方程 $\frac{dy}{dt} = f(y)$，利用上面的講述得到繪製相線所需的步驟：

(1) 繪出一條垂直的 y 線。

(2) 求出微分方程的平衡點（滿足 $f(y) = 0$ 的數），並將其標記在垂直的 y 線上。

(3) 求出 $f(y) > 0$ 的區間，在這些區間上畫出向上的箭頭。

(4) 求出 $f(y) < 0$ 的區間，在這些區間上畫出向下的箭頭。

我們在圖 5 中畫出了幾個相線的例子。

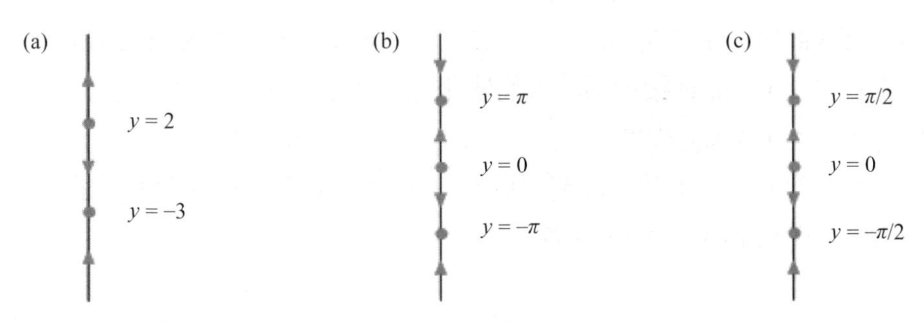

圖 5　(a) $\frac{dy}{dt} = (y - 2)(y + 3)$，(b) $\frac{dy}{dt} = \sin y$，和 (c) $\frac{dy}{dt} = y \cos y$ 的相線。

④ 使用相線繪出解的圖像的簡圖

我們可以直接從相線獲得解的圖像的簡圖。當 t 遞增或遞減時，相線非常擅長預測的資訊是解的極限行爲。

考慮方程式

$$\frac{dw}{dt} = (2 - w)\sin w$$

圖 6 給出了此微分方程的相線。

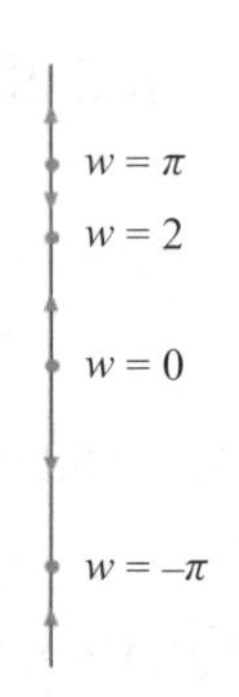

圖 6　$\frac{dw}{dt} = (2 - w)\sin w$ 的相線

請注意，對於任何整數 k，平衡點爲 $w = 2$ 和 $w = k\pi$。假設我們要繪製初始值爲 $w(0) = 0.4$ 的解 $w(t)$ 的圖。因爲 $w = 0$ 和 $w = 2$ 是此方程的平衡點，並且 $0 < 0.4 < 2$，我們從存在性和唯一性定理可知，對於所有 t，$0 < w(t) < 2$。此外，由於 $0 < w < 2$ 時，$(2 - w)\sin w > 0$，所以解是在遞增。因爲僅當 $(2 - w)\sin w$ 接近零時解的變化速度才很小，並且因爲這僅在平衡點附近發生，所以我們知道當 $t \to \infty$ 時，解 $w(t)$ 趨近於 $w = 2$。

同理，當 $t \to -\infty$ 時，解趨近於 $w = 0$。我們可以畫出解的定性圖，其中初始條件爲 $w(0) = 0.4$，如圖 7 所示。

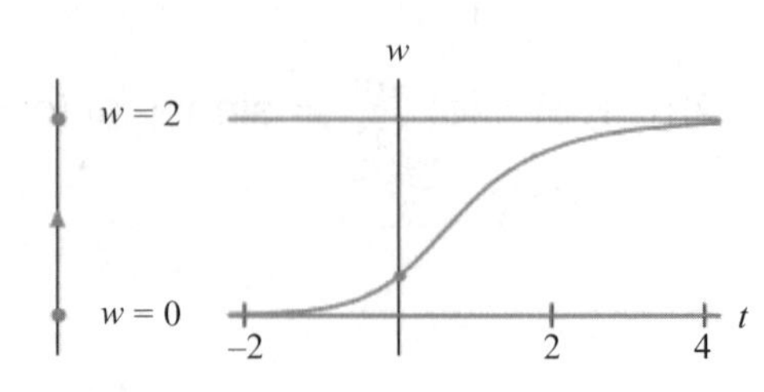

圖 7　$\frac{dw}{dt} = (2 - w)\sin w$，$w(0) = 0.4$ 的解圖

同理，我們可以根據相線資訊在 tw 平面上繪出其他解。平衡解很容易找到和繪製，因為它們已在相線上標記。相線上具有向上箭頭的區間對應於遞增的解，具有向下箭頭的區間對應於遞減的解。由唯一性定理可知，解的圖形不會相交。特別是，它們不會穿越平衡解的圖形。而且，解必須繼續遞增或遞減，直到它們接近平衡解為止。因此，可以很容易繪出許多具有不同初始條件的解。我們所沒有的唯一資訊是解的增加或減少的速率（見圖 8）。

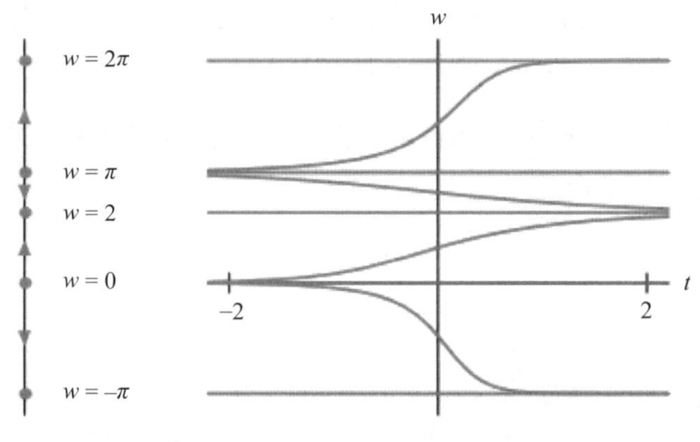

圖 8　$\frac{dw}{dt} = (2 - w)\sin w$ 的不同的解圖。

這些觀察結果導致可以對自治方程的所有解做出一些一般性陳述。假設 $y(t)$ 是自治方程

$$\frac{dy}{dt} = f(y),$$

的解，其中 $f(y)$ 對於所有 y 都是連續可微分。

- 若 $f(y(0)) = 0$，則 $y(0)$ 是平衡點，並且對於所有 t，$y(t) = y(0)$。
- 若 $f(y(0)) > 0$，則對於所有 t，$y(t)$ 為遞增，並且隨著 t 的增加，$y(t) \to \infty$ 或 $y(t)$ 趨近於大於 $y(0)$ 的第一個平衡點。
- 若 $f(y(0)) < 0$，則對於所有 t，$y(t)$ 為遞減，並且隨著 t 的增加，$y(t) \to -\infty$ 或 $y(t)$ 趨近於小於 $y(0)$ 的第一個平衡點。

隨著 t 的減少，類似的結果成立。若 $f(y(0)) > 0$，則 $y(t)$ 趨近於 $-\infty$ 或趨近於下一個較小的平衡點。若 $f(y(0)) < 0$，則 $y(t)$ 趨近於 $+\infty$ 或趨近於下一個較大的平衡點。

5 僅由定性資訊繪製相線

爲了畫出微分方程 $\frac{dy}{dt} = f(y)$ 的相線，我們需要知道平衡點的位置和解爲遞增或遞減的區間。也就是說，需要知道 $f(y) = 0$ 的點，$f(y) > 0$ 的區間以及 $f(y) < 0$ 的區間。因此，可以用僅關於函數 $f(y)$ 的定性資訊繪製微分方程的相線。

例如，假設我們不知道 $f(y)$ 的式子，但是我們有它的圖（見圖 9）。從圖中可以確定滿足 $f(y) = 0$ 的 y 的值，並確定 $f(y) > 0$ 與 $f(y) < 0$ 的區間。使用此資訊，可以繪出相線，如圖 10 所示。然後，可以從相線獲得解的定性簡圖，如圖 11 所示。因此，無需寫任何式子就可以從關於 $f(y)$ 的定性資訊得到微分方程 $\frac{dy}{dt} = f(y)$ 的解的圖。對於可用資訊爲完全定性的模型，這種方法非常合適。

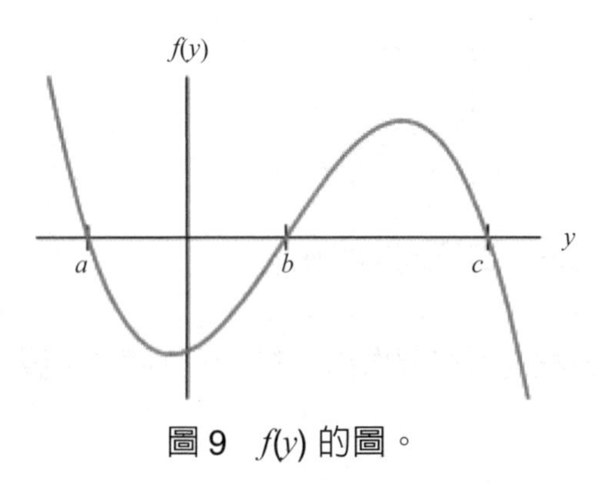

圖 9 $f(y)$ 的圖。

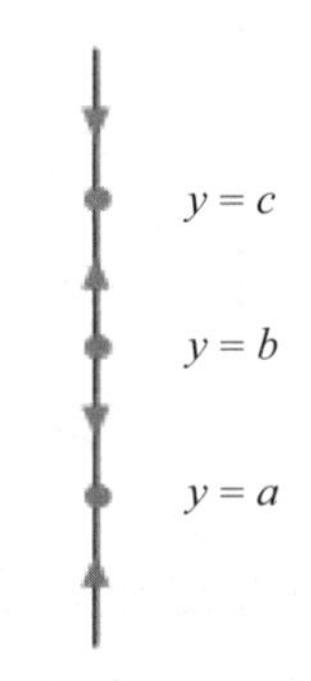

圖 10 $\frac{dy}{dt} = f(y)$ 的相線，其中 $f(y)$ 的圖形如圖 9

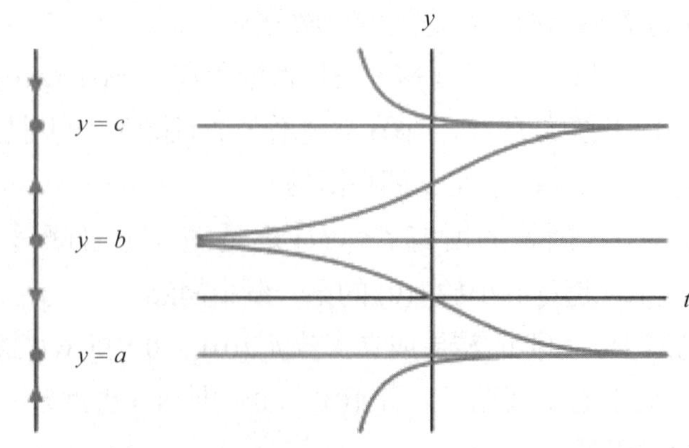

圖 11 $\frac{dy}{dt} = f(y)$ 的解的簡圖，其中 $f(y)$ 的圖形如圖 9

⑥ 平衡點的分類

考慮到平衡點的重要性，根據解附近的行爲，對不同類型的平衡點予以命名並對其進行分類。考慮一個平衡點 $y = y_0$，如圖 12 所示。若 y 略小於 y_0，則箭頭指向上方，而 y 略大於 y_0，則箭頭指向下方。隨著 $t \to \infty$ 漸近趨於 y_0。

我們說，如果任何解，隨著 t 的增加而漸近趨於 y_0，則平衡點 y_0 是一個匯點（sin*k*），它是穩定的。

平衡點 y_0 附近的另一個可能的相線如圖 13 所示。對於比 y_0 大一點的 y，箭頭向上，對於比 y_0 小一點的 y，箭頭向下。亦即，對於任何解，隨著 t 的增加而趨於遠離 y_0。對於這樣的平衡點 y_0，稱爲源點（source），它是不穩定的。

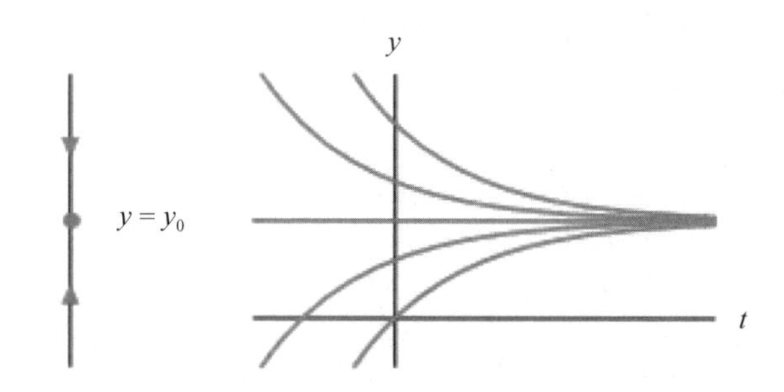

圖 12　在匯點的相線和在匯點附近的解的圖像

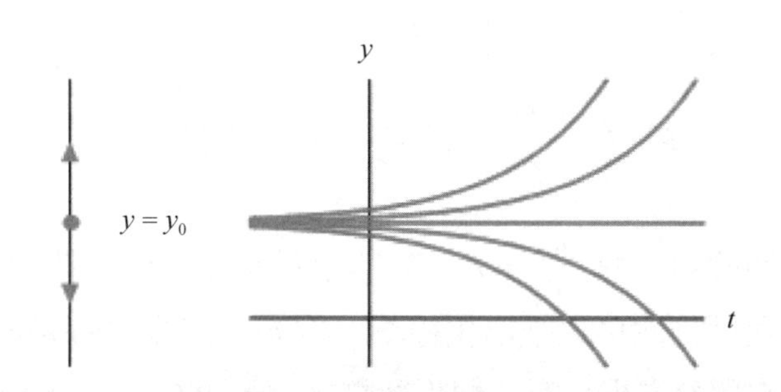

圖 13　在源點的相線和在源點附近的解的圖像

匯點和源點是平衡點的兩種主要類型。既不是源點也不是匯點的平衡點稱爲結點（node），如圖 14 所示。

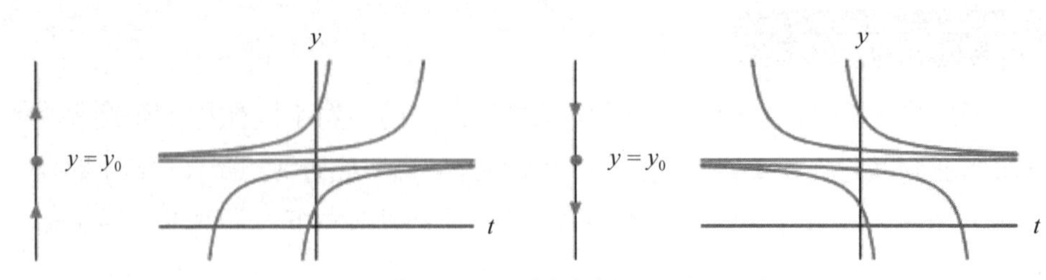

圖 14 結點的例子與其附近解的圖像。

給定一個微分方程，我們可以從相線將平衡點分類爲匯點、源點或結點。例如，考慮

$$\frac{dy}{dt} = y^2 + y - 6 = (y + 3)(y - 2)。$$

平衡點爲 $y = -3$ 和 $y = 2$。當 $-3 < y < 2$ 時，$\frac{dy}{dt} < 0$，當 $y < -3$ 或 $y > 2$ 時，$\frac{dy}{dt} > 0$。由此資訊可畫出相線，而從相線可知 $y = -3$ 是一個匯點，$y = 2$ 是一個源點，如圖 15 所示。

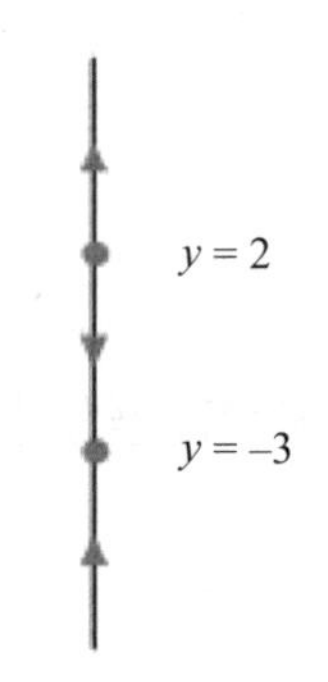

圖 15 $\frac{dy}{dt} = y^2 + y - 6$ 的相線。

假設有一個微分方程 $\frac{dw}{dt} = f(w)$，其中右側 $f(w)$ 是根據圖形而不是用表達式給出。我們仍然可以繪出相線圖。例如，假設 $f(w)$ 是圖 16 中繪出的函數。對應的微分方程具有三個平衡點，$w = -0.5$，$w = 1$，$w = 2.5$；若 $w < -0.5$，$1 < w < 2.5$，或 $w > 2.5$，則 $f(w) > 0$。若 $-0.5 < w < 1$，則 $f(w) < 0$。使用此資訊，我們可以畫出相線圖，如圖 17 所示，並對平衡點進行分類：$w = -0.5$ 是匯點，$w = 1$ 是源點，$w = 2.5$ 是結點。

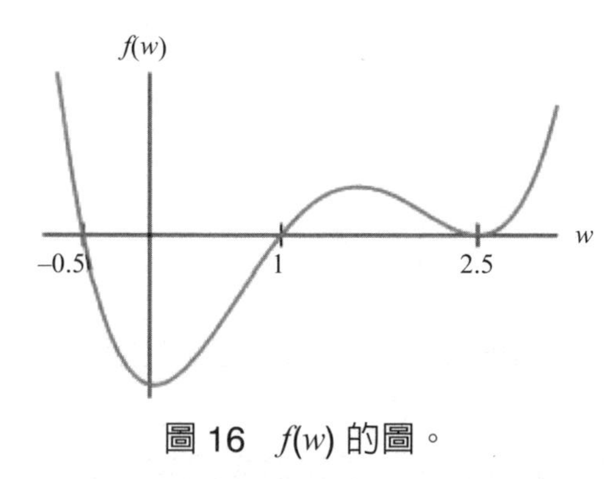

圖 16　$f(w)$ 的圖。

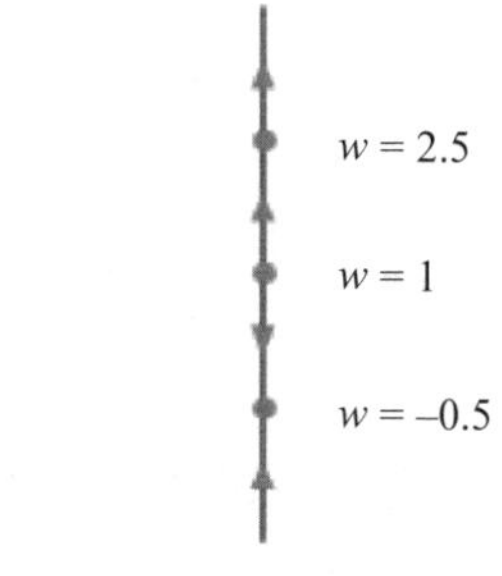

圖 17　$\frac{dw}{dt} = f(w)$ 的相線，其中 $f(w)$ 的圖形如圖 16。

⑦ 判斷平衡點類型的方法

從前面的例子中，我們知道僅根據 $f(y)$ 的圖形就可以確定相線，並且能對一個自治微分方程 $\frac{dy}{dt} = f(y)$ 的平衡點進行分類。由於平衡點的分類僅取決於平衡點附近的相線，因此我們應該能夠從 y_0 附近 $f(y)$ 的圖形來判斷平衡點 y_0 的類型。

若 y_0 是一個匯點，則相線上 y_0 下方的箭頭指向上方，而 y_0 上方的箭頭指向下方。因此，對於小於 y_0 的 y，$f(y)$ 必爲正，對於大於 y_0 的 y，$f(y)$ 必爲負，因此，對於在 y_0 附近的 y，$f(y)$ 必爲遞減，如圖 18 所示。反之，若 $f(y_0) = 0$ 且對於 y_0 附近的所有 y，$f(y)$ 都在遞減，則 $f(y)$ 在 y_0 的左側爲正，在 y_0 的右側爲負。因此，y_0 是一個匯點。同理，若且唯若 $f(y)$ 在 y_0 附近的所有 y 都增加時，則平衡點 y_0 是源點，如圖 19 所示。

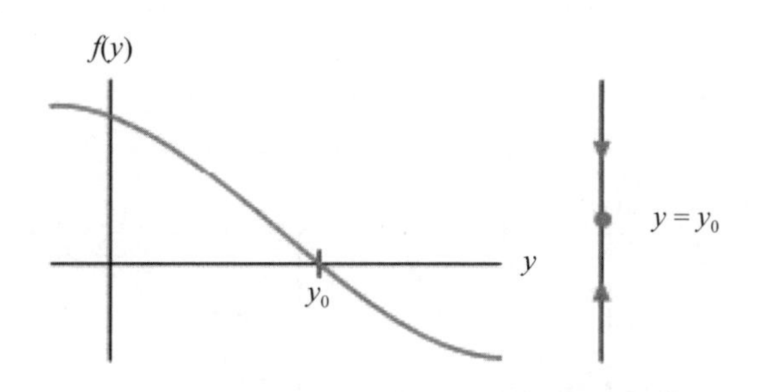

圖 18　對於 $\frac{dy}{dt} = f(y)$，在匯點 y_0 附近的相線以及在 y_0 附近的 $f(y)$ 的圖。

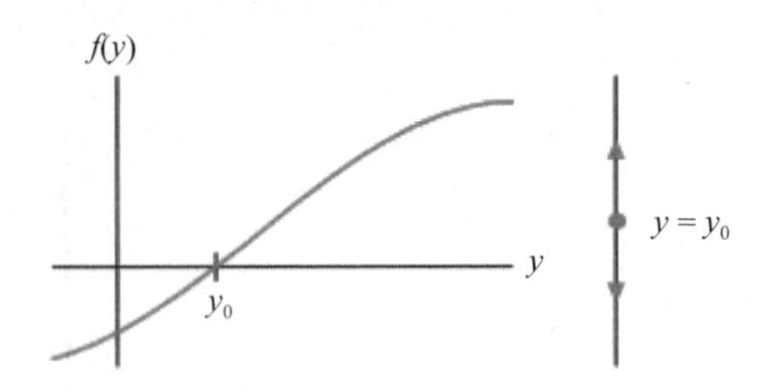

圖 19　對於 $\frac{dy}{dt} = f(y)$，在源點 y_0 附近的相線以及在 y_0 附近的 $f(y)$ 的圖。

利用微積分中的導數，可以判斷函數在特定點是遞增或遞減。使用 $f(y)$ 的導數和上述幾何觀察，我們可以給出指定平衡點類型的標準。

定理

假設 y_0 是微分方程 $\frac{dy}{dt} = f(y)$ 的平衡點，其中 f 是一個連續可微的函數。

- 若 $f'(y_0) < 0$，則 y_0 為匯點；
- 若 $f'(y_0) > 0$，則 y_0 是源點；或
- 若 $f'(y_0) = 0$，則需要其他資訊來確定 y_0 的類型。

若 $f'(y_0) < 0$，則 f 在 y_0 附近減小，而若 $f'(y_0) > 0$，則 f 在 y_0 附近增大。導數 $f'(y_0)$ 告訴我們 f 接近 y_0 的最佳線性逼近的行為。

如果 $f'(y_0) = 0$，我們無法對 y_0 的分類做出任何結論，因為這三種可能性都可能發生（見圖 20）。

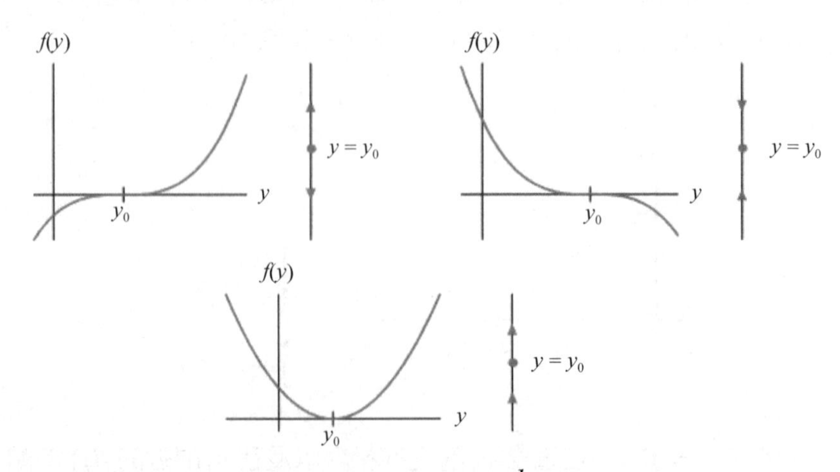

圖 20　各種函數 $f(y)$ 的圖形以及微分方程 $\frac{dy}{dt} = f(y)$ 的相應相線。在所有情況下，$y_0 = 0$ 是一個平衡點且 $f'(y_0) = 0$。

筆記欄

6.2 分歧

基本分歧（bifurcation）理論是傳統微分方程課程中很少涉及的主題，但在許多工程應用中它至關重要。一階分歧最初出現在對一階自治方程的研究，當討論線性方程組的定性理論，以及處理非線性方程組和離散動力系統時，它們會再次出現。

① 具有參數的方程

在我們的許多模型中，一個共同的特徵是涉及參數以及其他變數。參數是與時間（獨立變數）無關的數，但取決於眼前應用程序的具體情況而採用不同的值。例如，人口的指數增長模型

$$\frac{dP}{dt}=kP$$

包含參數 k，即增長率 $\frac{dP}{dt}$ 與總人口 P 的比例常數。該模型的基本假設之一是，增長率 $\frac{dP}{dt}$ 是總人口的常數倍。但是，當我們將此模型應用於不同的物種時，我們期望對比例常數使用不同的值。例如，我們用於兔子的 k 值明顯大於人類的 k 值。

解的行爲如何隨著參數的變化而變化是研究微分方程的一個特別重要的環節。對於某些模型，我們必須研究所有參數值在特定範圍內的解的行爲。例如，考慮一座橋梁隨時間變化的模型。在這種情況下，橋上的車輛數量可能會影響橋對風的反應，並且橋的運動模型可能包含橋上車輛總質量的參數。在這種情況下，對於各種不同的質量值，我們想知道模型的各種解的行爲。

在許多模型中，我們只知道參數的近似值。但是，爲了使模型對我們有用，必須知道參數值對解的行爲的影響。另外，可能存在一些未包含在模型中的影響，這些影響使參數以意想不到的方式變化。在許多複雜的物理系統中，這些有意或無意調整參數的長期影響會非常顯著。

在本節中，我們研究如何隨著參數的變化而改變微分方程的解。研究

具有一個參數的自治方程。可以發現，參數的微小變化通常只會導致解性質的微小變化。但是，有時參數的小變化會導致解的長期行爲發生急劇變化。這種變化稱爲分歧（bifurcation）。我們說，一個與參數有關的微分方程在參數變化時，如果解的行爲發生定性的變化，則表示發生分歧。

② 與參數有關的微分方程符號

與參數有關的自治微分方程的一個例子是

$$\frac{dy}{dt} = y^2 - 2y + \mu$$

其中參數爲 μ。像往常一樣，自變數是 t，因變數是 y。請注意，這個方程實際上代表了無數個不同的方程，對於每個 μ 值就有一個方程。我們將 μ 的值視爲每個方程中的常數，但是不同的 μ 值會產生不同的微分方程，每個方程具有不同的解集。由於它們在微分方程中的作用不同，我們使用一種符號來表示右側對 y 和 μ 有關。令

$$f_\mu(y) = y^2 - 2y + \mu$$

參數 μ 出現在下標中，並且因變數 y 是函數 f_μ 的自變數。如果我們要指定一個特定的 μ 值，例如 $\mu = 3$，則可以寫成

$$f_3(y) = y^2 - 2y + 3$$

在 $\mu = 3$ 的情況下，可以獲得相應的微分方程

$$\frac{dy}{dt} = f_3(y) = y^2 - 2y + 3$$

我們通常使用這種表示法。與參數 μ 以及因變數 y 有關的函數可用 $f_\mu(y)$ 表示。具有因變數 y 和參數 μ 的相應微分方程爲

$$\frac{dy}{dt} = f_\mu(y)$$

由於這樣的微分方程實際上是指一組不同的方程，每個 μ 值對應一個，因此我們稱這種方程爲單參數微分方程族。

③ 具有一個分歧的單參數族

考慮單參數微分方程族

$$\frac{dy}{dt}=f_{\mu}(y)=y^2-2y+\mu$$

對於每個 μ 值，都有一個自治的微分方程，可以畫出它的相線，並對其進行分析。從選擇特定的 μ 獲得的微分方程開始，對該族進行研究 。由於我們還不知道最關鍵的 μ 值，因此首先，只選擇整數值，例如 $\mu=-4$，$\mu=-2$，$\mu=0$，$\mu=2$ 和 $\mu=4$。（通常，μ 不必是整數，但也可以從 μ 的整數值開始分析。）對於每個 μ，都有一個自治的微分方程，以及它的相線。例如，對於 $\mu=-2$，方程式為

$$\frac{dy}{dt}=f_{-2}(y)=y^2-2y-2$$

此微分方程在 $\frac{dy}{dt}=0$ 處，即

$$f_{-2}(y)=y^2-2y-2=0$$

具有平衡點。平衡點為 $y=1-\sqrt{3}$ 和 $y=1+\sqrt{3}$。在平衡點之間，函數 f_{-2} 為負，在平衡點之上和之下，f_{-2} 為正。因此，$y=1-\sqrt{3}$ 是匯點，$y=1+\sqrt{3}$ 是源點。有了這些資訊，我們可以畫出相線圖。對於其他的 μ 值，可遵循類似的步驟並畫出相線圖。圖 1 顯示所有這些相線圖。

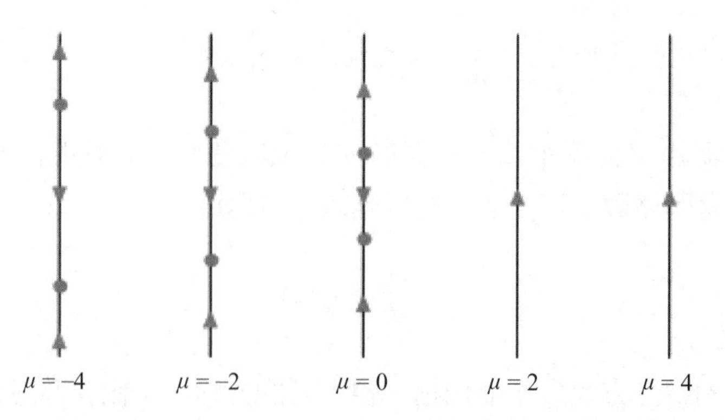

圖 1 $\frac{dy}{dt}=f_{\mu}(y)=y^2-2y+\mu$ 的相線圖，其中 $\mu=-4$、-2、0、2 和 4

每個相線都有些不同。但是，對於 $\mu = -4$，$\mu = -2$ 和 $\mu = 0$ 的相線的基本描述是相同的：它們都有兩個平衡點；一個是匯點，一個是源點。儘管這些平衡點的精確位置隨 μ 的增加而變化，但它們的相對位置和類型卻沒有變化。在兩個平衡點之間的所有解都是單調遞減的，隨著時間 t 的減小漸近趨向於較大的平衡點，隨著時間 t 的增加漸近趨向於較小的平衡點，在兩個平衡點之外的所有解都是單調遞增的，在較大平衡點上方的解，當時間 t 增加時趨於 ∞，而在較小平衡點下方的解，當時間 t 增加時漸近趨向於較小的平衡點，隨著 t 的減少趨於 $-\infty$。（見圖 2）。

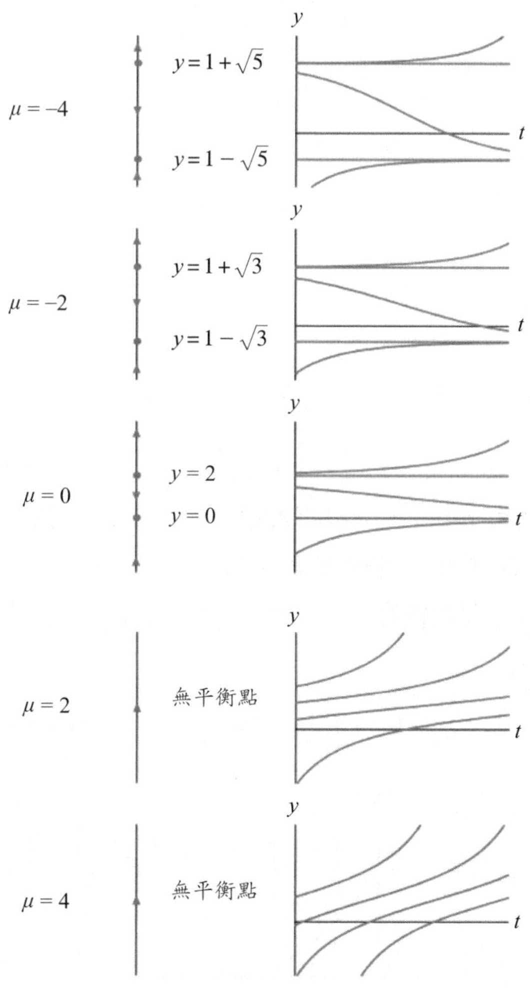

圖 2　$\frac{dy}{dt} = f_\mu(y) = y^2 - 2y + \mu$ 的相線圖和解的簡圖，其中 $\mu = -4$、-2、0、2 和 4

如果 $\mu = 2$ 和 $\mu = 4$，我們會有很大不同。相應的方程都沒有平衡點。隨著 t 的增加，所有解都趨於 $+\infty$，而隨著 t 的減小趨於 $-\infty$。因爲解的性質發生了重大變化，我們說在 $\mu = 0$ 和 $\mu = 2$ 之間發生了分歧。

爲了研究這種分歧的性質，我們繪製了上述 μ 值的 f_μ 圖像（見圖 3）。對於 $\mu = -4$，-2 和 0，$f_\mu(y)$ 有 2 個根，但是對於 $\mu = 2$ 和 4，$f_\mu(y)$ 的圖不與 y 相交。在 $\mu = 0$ 和 $\mu = 2$ 之間的某個位置，$f_\mu(y)$ 的圖必與 y 軸相切。

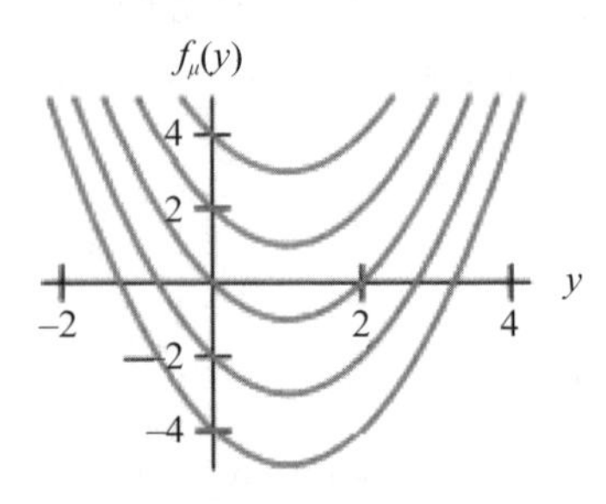

圖 3　$f_\mu(y) = y^2 - 2y + \mu$ 的圖，其中 $\mu = -4$、-2、0、2 和 4。

二次方程

$$y^2 - 2y + \mu = 0$$

的根爲 $y = 1 \pm \sqrt{1-\mu}$。若 $\mu < 1$，則該二次方程有兩個實根；若 $\mu = 1$，則只有一個根；若 $\mu > 1$，則沒有實根。若 $\mu < 1$，則相應的微分方程有兩個平衡點；$\mu = 1$，則有一個平衡點；若 $\mu > 1$，則沒有平衡點。因此，當 $\mu = 1$ 時，相線的定性性質發生了變化。我們說在 $\mu = 1$ 發生了分歧並且稱 $\mu = 1$ 是一個分歧值。

$f_\mu(y)$ 的圖和 $\dfrac{dy}{dt} = f_\mu(y)$ 的相線圖如圖 4 和 5 所示。

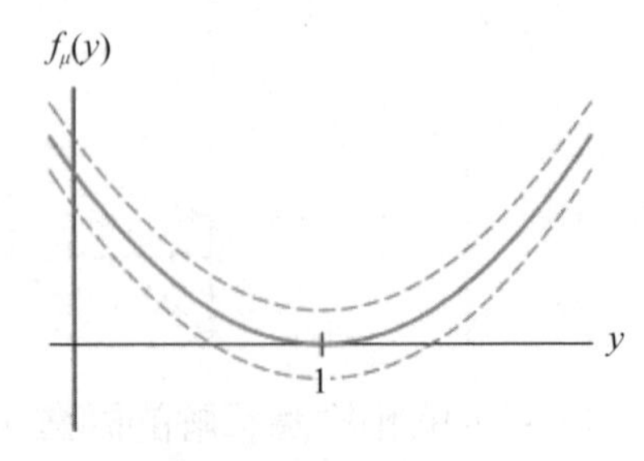

圖 4　$f_\mu(y) = y^2 - 2y + \mu$ 的圖，其中 μ 略小於 1，等於 1，略大於 1。

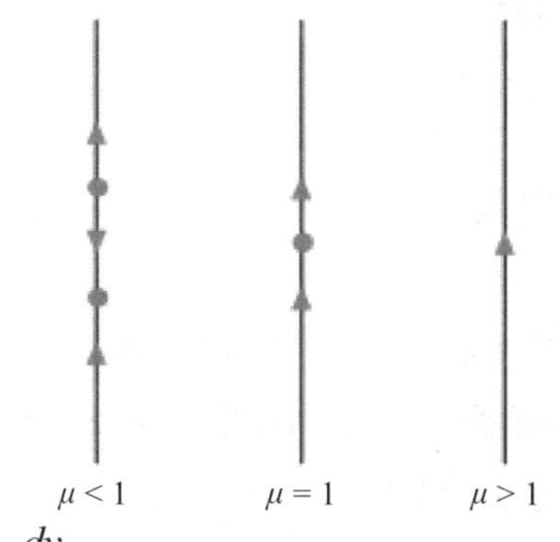

圖 5 $\frac{dy}{dt} = f_\mu(y) = y^2 - 2y + \mu$ 對應的相線

④ 分歧圖

了解分歧定性行爲的一種非常有用的方法是利用分歧圖。該圖是分歧值附近的相線圖（在 μy 平面中）。它顯示了參數通過此值時相線所經歷的變化。

爲了繪製分歧圖，我們沿水平軸繪製參數值。對於每個 μ 值（不只是整數），我們在通過 μ 的垂直線上繪製與 μ 對應的相線。圖 6 給出了 $f_\mu(y) = y^2 - 2y + \mu$ 的分歧圖。若把方程族相應的平衡點 y 看成參數 μ 的函數，則其圖像是 μy 平面上由 $f_\mu(y) = y^2 - 2y + \mu = 0$ 所決定的拋物線。對於每個固定的 μ 值，拋物線上的點的 y 值給出了方程 $\frac{dy}{dt} = y^2 - 2y + \mu$ 的平衡點。在分歧圖中，可知當 μ 從左到右經過分歧值 $\mu = 1$ 時，方程的平衡點從兩個變爲一個再變爲 0 個，這種分歧稱爲鞍結點分歧（saddle-node bifurcation）。

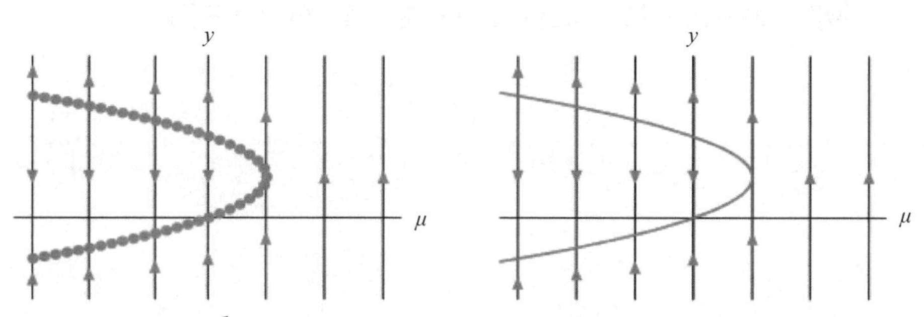

圖 6 微分方程 $\frac{dy}{dt} = f_\mu(y) = y^2 - 2y + \mu$ 的分歧圖。水平軸是 μ 值，垂直線是帶有相應 μ 值的微分方程的相線。

一到三個平衡點的分歧

現在考慮另一組單參數微分方程族

$$\frac{dy}{dt}=g_\alpha(y)=y^3-\alpha y=y(y^2-\alpha)$$

在此方程式中，α 是參數。若 $\alpha>0$，則有三個平衡點 $y=0$，$\pm\sqrt{\alpha}$，但是若 $\alpha\leq 0$，則只有一個平衡點 $y=0$。因此，當 $\alpha=0$ 時會發生分歧。爲了理解該分歧，我們繪製了分歧圖。

首先，若 $\alpha<0$，則 $y^2-\alpha$ 爲正。因此 $g_\alpha(y)=y(y^2-\alpha)$ 具有與 y 相同的符號。若 $y(0)>0$，則解趨於 ∞；若 $y(0)<0$，則解趨於 $-\infty$。若 $\alpha>0$，則情況有所不同。$g_\alpha(y)$ 的圖表明，在 $\sqrt{\alpha}<y<\infty$ 和 $-\sqrt{\alpha}<y<0$ 的區間內，$g_\alpha(y)>0$（見圖 7）。在其他區間，$g_\alpha(y)<0$。分歧圖如圖 8 所示。當 α 從右到左經過分歧值 $\alpha=0$ 時，方程的平衡點由三個變爲一個，這種分歧稱爲音叉分歧（pitchfork bifurcation）。

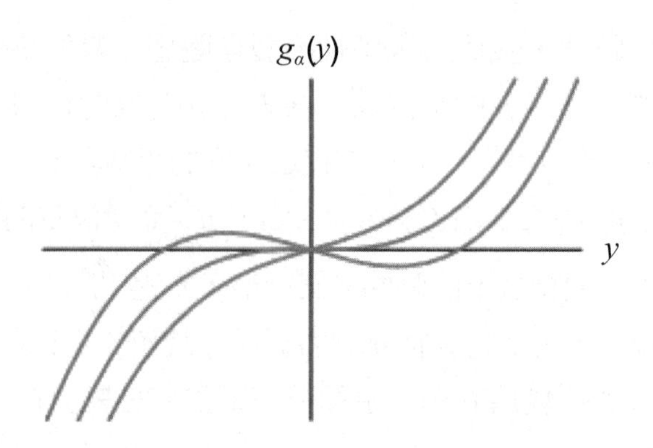

圖 7　當 $\alpha>0$，$\alpha=0$ 且 $\alpha<0$ 時，$g_\alpha(y)$ 的圖。請注意，對於 $\alpha\leq 0$，曲線與 y 軸交於一點，而若 $\alpha>0$，曲線與 y 軸交於三點。

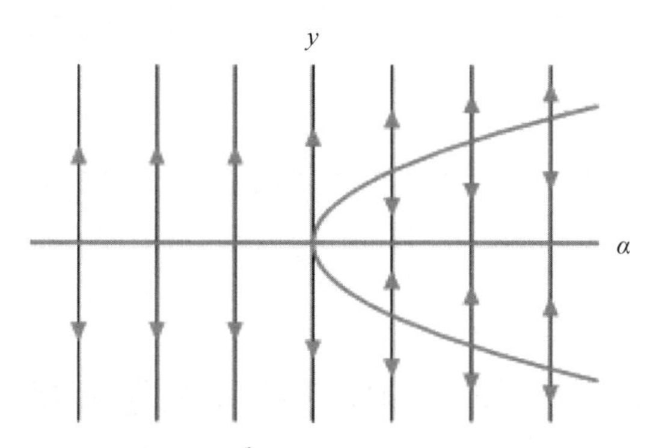

圖 8　單參數族 $\frac{dy}{dt} = g_\alpha(y) = y^3 - \alpha y$ 的分歧圖

⑤ 平衡點的分歧

在以下的部分中，假定所有單參數微分方程族都平滑地依賴於該參數。也就是說，對於單參數族

$$\frac{dy}{dt} = f_\mu(y)$$

$f_\mu(y)$ 相對於 y 和 μ 的偏導數存在並且是連續的。因此，稍微改變 μ 只會稍微改變 $f_\mu(y)$。

(a)當分歧不發生時

關於分歧的最重要事實是了解在何種情況下，不會發生分歧。參數的小變化通常只會導致解行爲的小變化。例如，假設我們有一個單參數族

$$\frac{dy}{dt} = f_\mu(y)$$

當 $\mu = \mu_0$ 時，微分方程在 $y = y_0$ 有一個平衡點。又假設 $f'_{\mu_0}(y_0) < 0$，因此平衡點是一個匯點。在圖 9 中，我們畫出在 $y = y_0$ 附近的相線和 $f_{\mu_0}(y)$ 的圖。

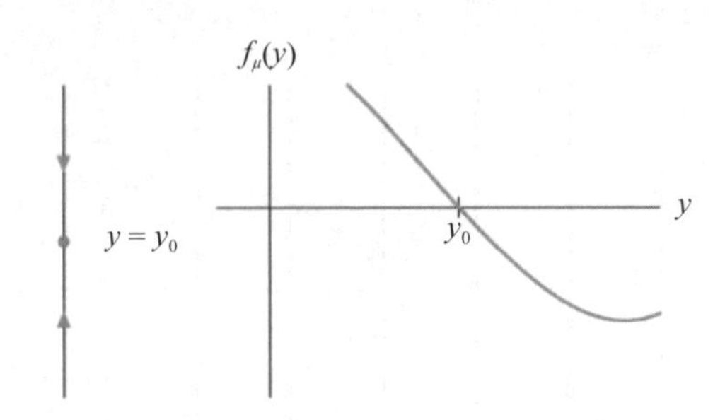

圖 9　在 y_0 附近，$f_\mu(y)$ 的圖像和微分方程 $\frac{dy}{dt} = f_\mu(y)$ 的相線圖

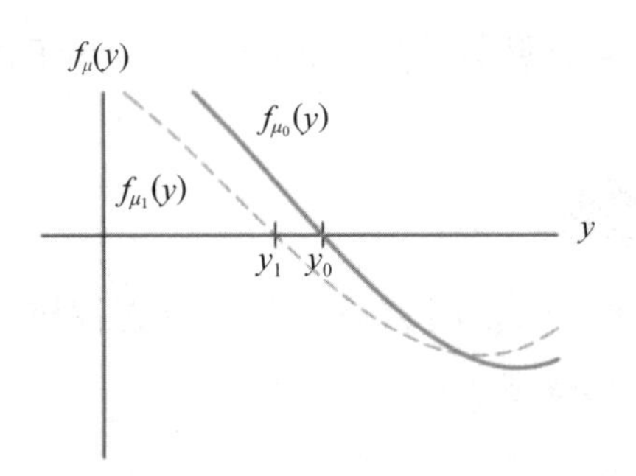

圖 10　當 μ_1 與 μ_0 很近時，f_{μ_1} 與 f_{μ_0} 的圖像

現在，如果我們稍微改變 μ，例如從 μ_0 更改為 μ_1，則 $f_{\mu_1}(y)$ 的圖非常接近 $f_{\mu_0}(y)$ 的圖，如圖 10 所示。所以 $f_{\mu_1}(y)$ 在 y_0 附近嚴格遞減，並在 $y = y_0$ 附近的某一點 y_1 處通過水平軸。對應的微分方程

$$\frac{dy}{dt} = f_{\mu_1}(y)$$

在非常接近 y_0 處的某個點 $y = y_1$ 有一個匯點。

更精確地說：如果 y_0 是微分方程

$$\frac{dy}{dt} = f_{\mu_0}(y)$$

的匯點，當 $f'_{\mu_0}(y_0) < 0$ 時，對於所有非常接近 μ_0 的 μ_1，微分方程

$$\frac{dy}{dt} = f_{\mu_1}(y)$$

在非常接近 y_0 的點 $y = y_1$ 處有一個匯點（並且在 y_0 附近沒有其他平衡

點）。若 y_0 是一個源點並且 $f'_{\mu_0}(y_0)>0$，則類似的結論成立。在這些情況下，我們可以確定不會出現分歧，至少不會出現在 y_0 附近。

考慮到這些觀察結果，我們看到只有在不滿足上述條件的情況下才會發生分歧。因此，給出單參數微分方程族

$$\frac{dy}{dt}=f_\mu(y)$$

要想找到一個分歧值 μ_0，則必須在某個平衡點 $y=y_0$ 處滿足 $f_{\mu_0}(y_0)=0$ 和 $f'_{\mu_0}(y_0)=0$，這是分歧發生的一個必要條件。

(b)確定分歧值

考慮下式給出的單參數微分方程族

$$\frac{dy}{dt}=f_\mu(y)=y(1-y)^2+\mu$$

若 $\mu=0$，則平衡點為 $y=0$ 和 $y=1$。且 $f'_0(0)=1$ 故 $y=0$ 是微分方程 $\frac{dy}{dt}=f_0(y)$ 的源點。因此，對於所有非常接近零的 μ，微分方程 $\frac{dy}{dt}=f_\mu(y)$ 在 $y=0$ 附近有一個源點。

另一方面，對於平衡點 $y=1$，$f'_0(1)=0$。我們繪製 $\mu=0$ 附近的幾個 μ 值的 $f_\mu(y)$ 圖（見圖 11）。若 $\mu=0$，則 f_μ 的圖在 $y=1$ 處與水平軸相切。由於除 $y=1$ 之外，對於所有 $y>0$，$f_0(y)>0$，因此對於此參數值得出 $y=1$ 處的平衡點是一個結點。更改 μ 將使 $f_\mu(y)$ 的圖向上（若 μ 為正）或向下（若 μ 為負）移動。若我們使 μ 稍微為正，則 $f_\mu(y)$ 不會在 $y=1$ 附近接觸水平軸。因此，對於 $\mu>0$，$y=1$ 處無平衡點。對於 μ 稍微為負的情況，相應的微分方程在 $y=1$ 附近具有兩個平衡點，由於 f_μ 在其中一個平衡點處遞減而在另一平衡點處遞增，因此這些平衡點中的一個是源點，另一個是匯點。由此可知 $\mu=0$ 是一個分歧值，微分方程族在 $\mu=0$ 處發生分歧。

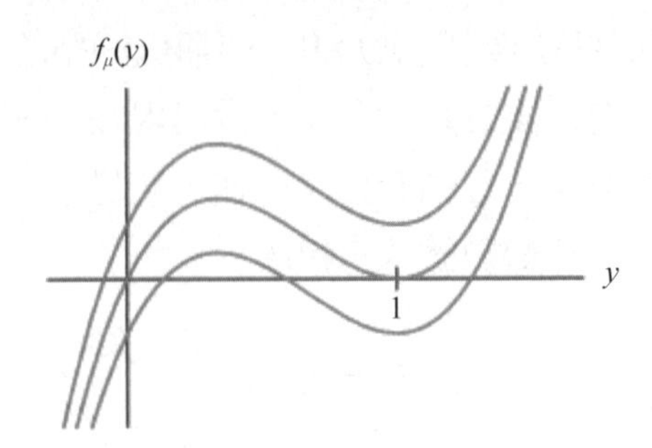

圖 11　$f_\mu(y) = y(1-y)^2 + \mu$ 的圖，其中 μ 略大於零，μ 等於零，和 μ 略小於零。

這個單參數族中有第二個分歧。要看到這一點，請注意隨著 μ 減小會發生什麼。有一個 μ 值，$f_\mu(y)$ 的圖又與水平軸相切（見圖 12）。對於較大的 μ 值，該圖形與水平軸相交三次，但是對於較小的 μ 值，該圖形與水平軸僅相交一次。因此，第二分歧在該 μ 值處發生。

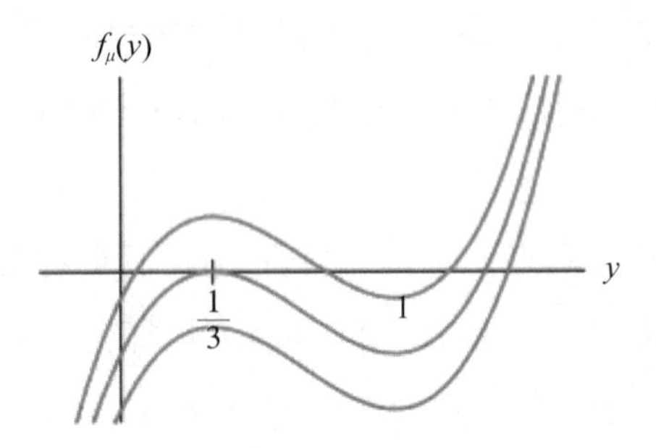

圖 12　$f_\mu(y) = y(1-y)^2 + \mu$ 的圖，其中 μ 稍大於 $-\frac{4}{27}$，μ 等於 $-\frac{4}{27}$，且 μ 略小於 $-\frac{4}{27}$。

爲了精確地找到分歧值，我們必須找到 f_μ 的圖與水平軸相切的 μ 值。也就是說，我們必須找到在某個平衡點 y，滿足 $f'_\mu(y) = 0$ 因爲

$$f'_\mu(y) = (1-y)^2 - 2y(1-y) = (1-y)(1-3y)$$

因此，在兩個點 $y = 1$ 和 $y = \frac{1}{3}$ 處，$f_\mu(y)$ 的圖是水平的。我們知道 $f_0(y)$ 的圖與水平軸 $y = 1$ 相切，因此觀察 $y = \frac{1}{3}$ 的情況。我們有 $f_\mu(\frac{1}{3}) = \mu + \frac{4}{27}$，若 $\mu = -\frac{4}{27}$，則該圖也與水平軸相切。這是我們的第二個分歧值。使用類

似的論點根據以上所述，我們發現 f_μ 在 $-\frac{4}{27}<\mu<0$ 時具有三個平衡點，而在 $\mu<-\frac{4}{27}$ 時 f_μ 只有一個平衡點。分歧圖總結了所有這一切的資訊（見圖 13）。

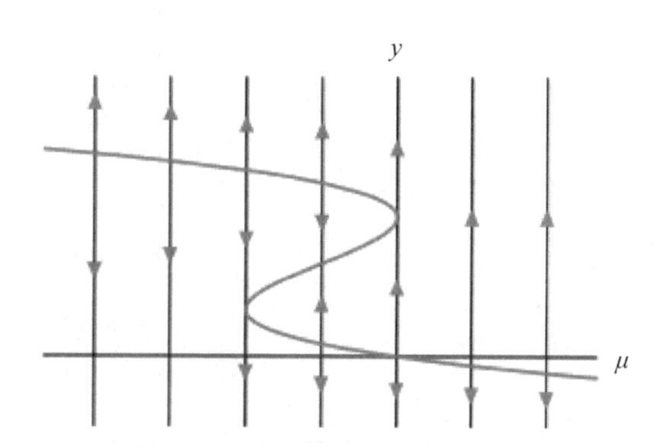

圖 13　$\frac{dy}{dt}=f_\mu(y)=y(1-y)^2+\mu$ 的分歧圖。注意 μ 的兩個分歧值，$\mu=-\frac{4}{27}$ 和 $\mu=0$。

習題

1. 根據下面給出的函數 $f(y)$ 的圖形，繪出自主微分方程 $\frac{dy}{dt}=f(y)$ 的相線。

(a)

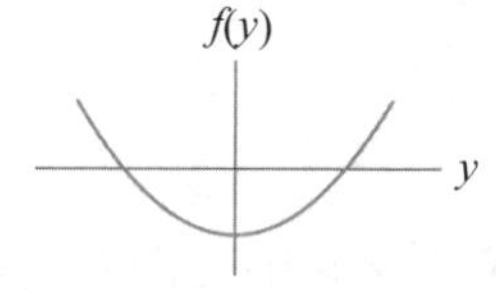

(b)

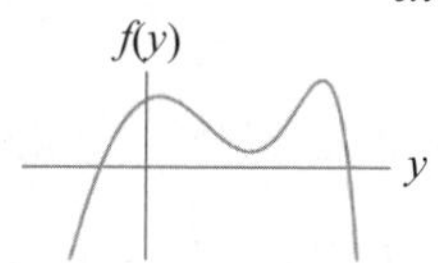

(c)

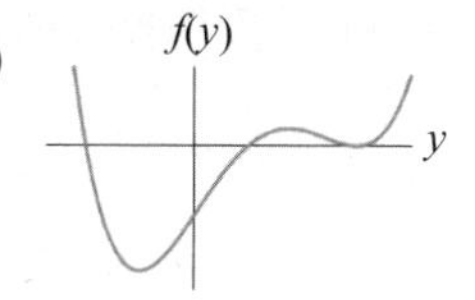

(d)

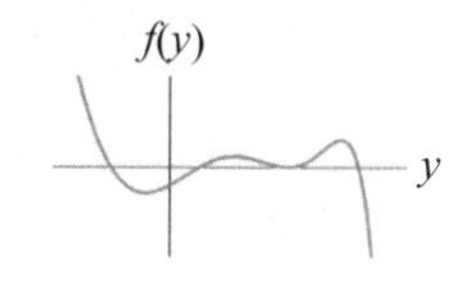

答案：

(a) 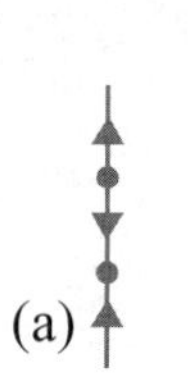

(b) 

(c) 

(d)

2. 根據下面給出的自主方程 $\frac{dy}{dt}=f(y)$ 的相線。粗略繪製相應函數 $f(y)$ 的圖形。（假設 $y=0$ 在每種情況下都位於該線段的中間。）

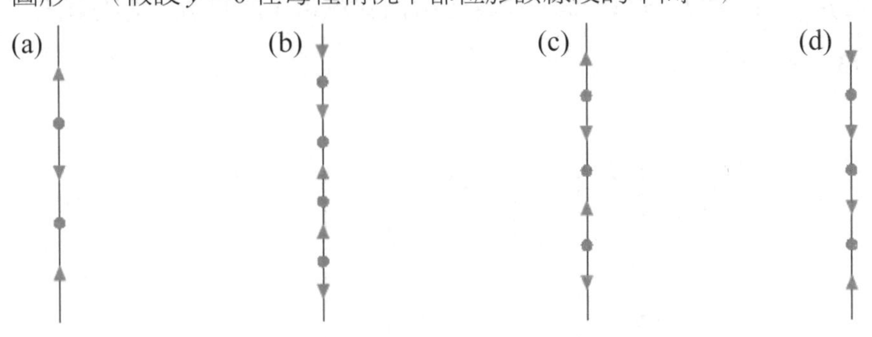

答案：

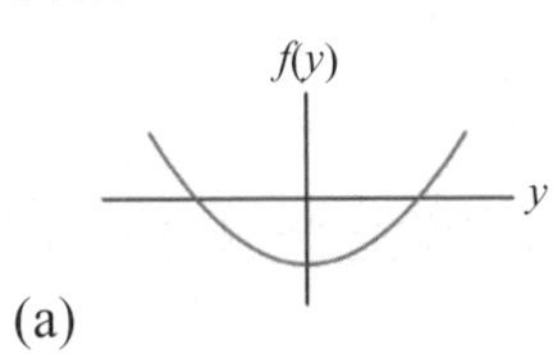

$f(y)$

y

(b)

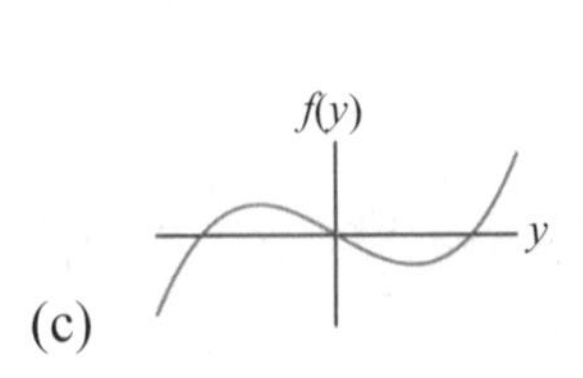

$f(y)$

y

(d)

3. 求 $\frac{dy}{dt}=y^2+a$ 的分歧值，並繪出相線圖。

答案：平衡點出現在 $\frac{dy}{dt}=y^2+a=0$ 的解中。對於 $a>0$，沒有平衡點。當 $a=0$ 時，有一個平衡點 $y=0$。當 $a<0$ 時，有兩個平衡點，$y=\pm\sqrt{-a}$。因此，$a=0$ 是分歧值。

要繪製相線，請注意：

- 若 $a>0$，則 $\frac{dy}{dt}=y^2+a>0$，因此解是遞增。
- 若 $a=0$，除非 $y=0$，否則 $\frac{dy}{dt}>0$。因此，$y=0$ 是一個結點。
- 若 $a<0$，當 $-\sqrt{-a}<y<\sqrt{-a}$ 時，則 $\frac{dy}{dt}<0$，當 $y<-\sqrt{-a}$ 且當 $y>\sqrt{-a}$ 時，則 $\frac{dy}{dt}>0$。

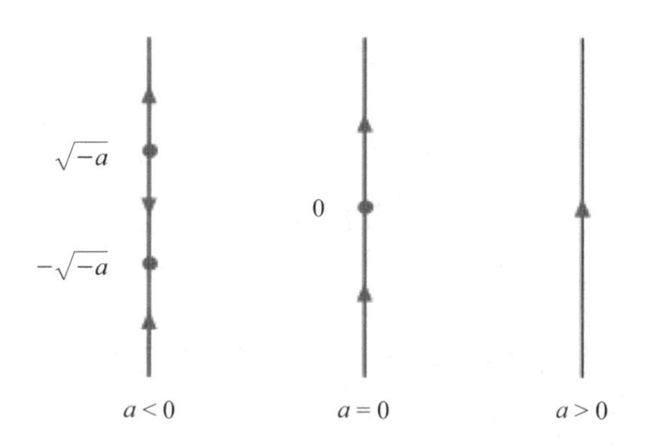

4. 求 $\frac{dy}{dt}=y^2+3y+a$ 的分歧值，並繪出相線圖。

答案：平衡點出現在 $\frac{dy}{dt}=y^2+3y+a=0$ 的解中。根據二次方程式的求解公式，我們有

$$y=\frac{-3\pm\sqrt{9-4a}}{2}$$

因此，a 的分歧值爲 $\frac{9}{4}$。對於 $a<\frac{9}{4}$，有兩個平衡點，一個爲源點另一個爲匯點。對於 $a=\frac{9}{4}$，有一個平衡點，它是一個結點，而對於 $a>\frac{9}{4}$，則沒有平衡點。

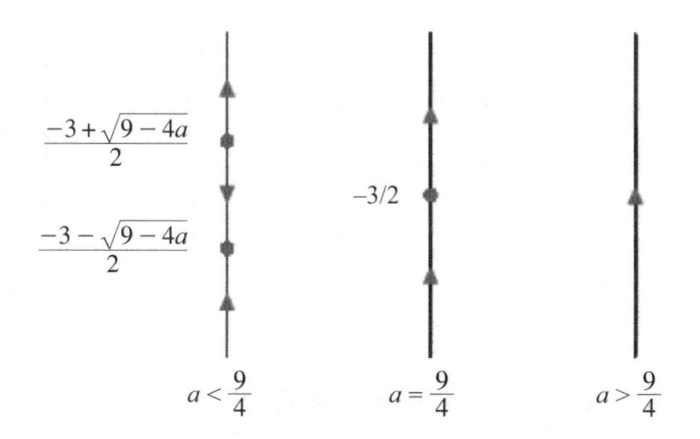

5. 求 $\frac{dy}{dt}=y^2-ay+1$ 的分歧值，並繪出相線圖。

答案：平衡點出現在 $\frac{dy}{dt}=y^2-ay+1=0$ 的解中。根據二次方程式的求解公式，我們有

$$y = \frac{a \pm \sqrt{a^2 - 4}}{2}$$

若 $-2 < a < 2$，則 $a^2 - 4 < 0$，沒有平衡點。若 $a > 2$ 或 $a < -2$，則有兩個平衡點。對於 $a = \pm 2$，在 $y = \frac{a}{2}$ 處有一個平衡點。分歧出現在 $a = \pm 2$。

要繪製相線，請注意：

- 當 $-2 < a < 2$，$\frac{dy}{dt} = y^2 - ay + 1 > 0$，因此解爲遞增。
- 當 $a = 2$，$\frac{dy}{dt} = (y-1)^2 \geq 0$，並且 $y = 1$ 是一個結點。
- 當 $a = -2$，$\frac{dy}{dt} = (y+1)^2 \geq 0$，並且 $y = -1$ 是一個結點。
- 當 $a < -2$ 或 $a > 2$，令

$$y_1 = \frac{a - \sqrt{a^2 - 4}}{2}$$

且

$$y_2 = \frac{a + \sqrt{a^2 - 4}}{2}$$

若 $y_1 < y < y_2$，則 $\frac{dy}{dt} < 0$，若 $y < y_1$ 或 $y > y_2$，則 $\frac{dy}{dt} > 0$。

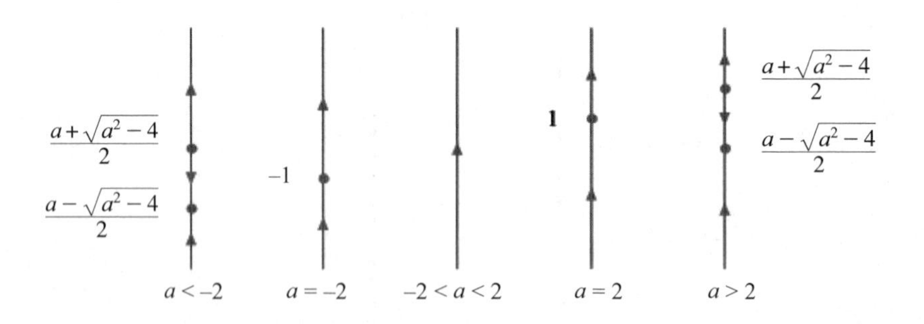

6. 求 $\frac{dy}{dt} = y^3 + \alpha y^2$ 的分歧值，並繪出相線圖。

答案：平衡點出現在 $\frac{dy}{dt} = y^3 + \alpha y^2 = 0$ 的解中。對於 $\alpha = 0$，有一個平衡點，$y = 0$。對於 $\alpha \neq 0$，有兩個平衡點，$y = 0$ 和 $y = -\alpha$。因此，$\alpha = 0$ 是分歧值。

要繪製相線，請注意：

• 當 $\alpha<0$，若 $y>-\alpha$ 時 $\frac{dy}{dt}>0$。

• 當 $\alpha=0$，若 $y>0$，則 $\frac{dy}{dt}>0$，若 $y<0$，則 $\frac{dy}{dt}<0$。

• 當 $\alpha>0$，若 $y<-\alpha$ 時 $\frac{dy}{dt}<0$。

因此，當 α 從負增加到正時，$y=-\alpha$ 的源點在“穿過”$y=0$ 的結點時從正變為負。

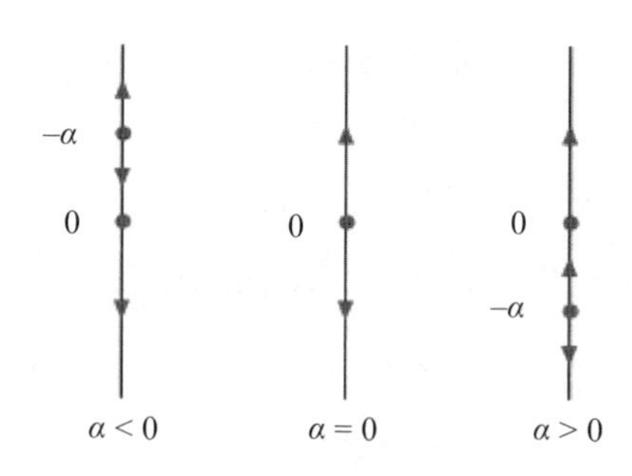

7. 求 $\frac{dy}{dt}=(y^2-\alpha)(y^2-4)$ 的分歧值，並繪出相線圖。

答案：為了找到平衡點，我們解

$$(y^2-\alpha)(y^2-4)=0,$$

若 $\alpha\geq 0$，則得到 $y=\pm 2$ 和 $y=\pm\sqrt{\alpha}$。因此，有兩個 α 的分歧值，$\alpha=0$ 和 $\alpha=4$。

對於 $\alpha<0$，只有兩個平衡點。$y=-2$ 是匯點，$y=2$ 是源點。在 $\alpha=0$ 時，有三個平衡點。在 $y=-2$ 有一個匯點，在 $y=2$ 有一個源點，在 $y=0$ 有一個結點。

對於 $0<\alpha<4$，有四個平衡點。$y=-2$ 點仍然是一個匯點，$y=-\sqrt{\alpha}$ 是一個源點，$y=\sqrt{\alpha}$ 是一個匯點，$y=2$ 仍然是源點。

對於 $\alpha=4$，只有兩個平衡點，$y=\pm 2$。兩者都是結點。對於 $\alpha>4$，又有四個平衡點。點 $y=-\sqrt{\alpha}$ 是一個匯點，$y=-2$ 現在是一個源點，$y=2$ 現在是一個匯點，$y=\sqrt{\alpha}$ 是一個源點。

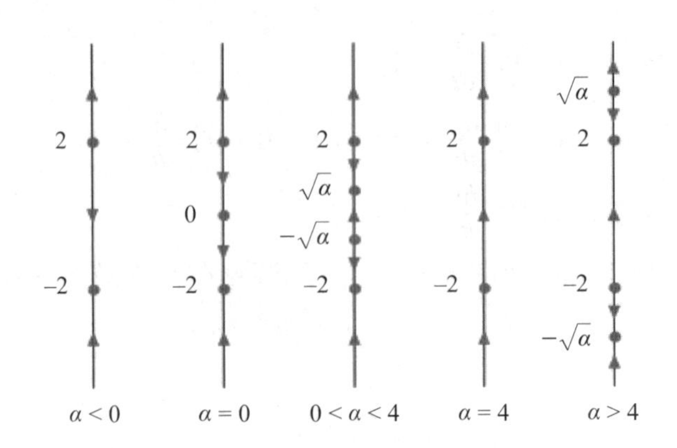

8. 求 $\frac{dy}{dt} = \alpha - |y|$ 的分歧值，並繪製相線圖。

答案：平衡點出現在 $\frac{dy}{dt} = \alpha - |y| = 0$ 的解中。對於 $\alpha < 0$，沒有平衡點。對於 $\alpha = 0$，有一個平衡點，$y = 0$。對於 $\alpha > 0$，有兩個平衡點，$y = \pm\alpha$。因此，$\alpha = 0$ 是分歧值。

要繪製相線，請注意：

- 若 $\alpha < 0$，則 $\frac{dy}{dt} = \alpha - |y| < 0$，因此解是遞減。
- 若 $\alpha = 0$，除非 $y = 0$，否則 $\frac{dy}{dt} < 0$。因此，$y = 0$ 是一個結點。
- 若 $\alpha > 0$，且 $-\alpha < y < \alpha$，則 $\frac{dy}{dt} > 0$，若 $y < -\alpha$ 或 $y > \alpha$，則 $\frac{dy}{dt} < 0$。

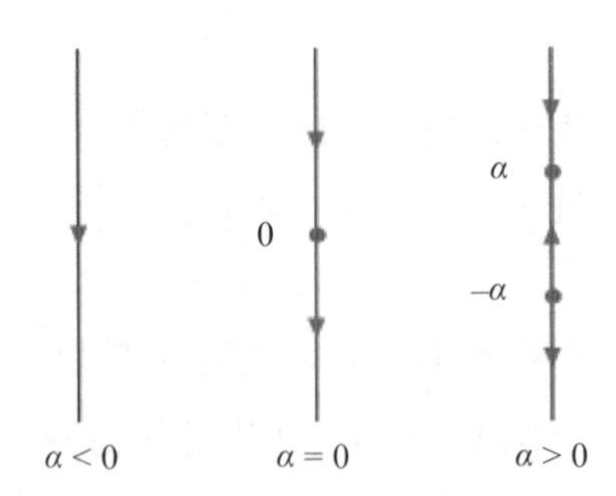

9. 求單參數族 $\frac{dy}{dt} = y^4 + \alpha y^2$ 的分歧值 α，並描述在每個分歧值處發生的分歧。

答案：我們有

$$\frac{dy}{dt} = y^4 + \alpha y^2 = y^2(y^2 + \alpha)$$

若 $\alpha > 0$，則 $y = 0$ 處有一個平衡點，否則 $dy/dt > 0$。因此，$y = 0$ 是一個結點。

若 $\alpha < 0$，則在 $y = 0$ 和 $y = \pm\sqrt{-\alpha}$ 處有平衡點。根據 $y^4 + \alpha y^2$ 的符號，我們知道 $y = 0$ 是一個結點，$y = -\sqrt{-\alpha}$ 是一個匯點，而 $y = \sqrt{-\alpha}$ 是一個源點。

α 的分歧值爲 $\alpha = 0$。當 α 增大到 0 時，匯點和源點與 $y = 0$ 處的結點結合在一起，僅剩下該結點。當 $\alpha < 0$ 時，有三個平衡點；當 $\alpha \geq 0$ 時，只有一個平衡點。

10. 求單參數族 $\dfrac{dy}{dt} = y^6 - 2y^3 + \alpha$ 的分歧值 α，並描述在每個分歧值處發生的分歧。

答案：平衡點出現在

$$\frac{dy}{dt} = y^6 - 2y^3 + \alpha = (y^3)^2 - 2y^3 + \alpha = 0$$

使用二次方程式求解 y^3，我們得到

$$y^3 = \frac{2 \pm \sqrt{4 - 4\alpha}}{2}$$

因此，平衡點在

$$y = (1 \pm \sqrt{1 - \alpha})^{1/3}$$

若 $\alpha > 1$，則沒有平衡點，因爲該方程式沒有實解。若 $\alpha < 1$，則微分方程有兩個平衡點。在 $\alpha = 1$ 處發生分歧，其中微分方程在 $y = 1$ 處有一個平衡點。

11. 求單參數族 $\dfrac{dy}{dt} = \sin y + \alpha$ 的分歧值 α，並描述在每個分歧值處發生的分歧。

答案：分歧發生在 $\sin y + \alpha$ 的圖與 y 軸相切的 α 值上。也就是說，$\alpha = -1$ 和 $\alpha = 1$。

對於 $\alpha < -1$，沒有平衡點，並且隨著 t 的增加，所有解在負方向上變爲無界。

若 $\alpha = -1$，則對於每個整數 n 在 $y = \dfrac{\pi}{2} \pm 2n\pi$ 處有平衡點。所有平衡點都是結點，並且當 $t \to \infty$ 時，所有其他解在給定初始條件下朝著最接

近的平衡解遞減。

對於 $-1 < \alpha < 1$，有無限多個匯點和無限多個源點，並且它們沿相線交替。連續匯點相差 2π。同理，連續的源點之間相隔 2π。

當 α 從 -1 增加到 $+1$ 時，附近的匯點和源點對分開。這種分離一直持續到 α 接近 1 爲止，其中每個源點都以 y 的較大值接近下一個匯點。

在 $\alpha = 1$ 處，有無限多個結點，並且對於每個整數 n 它們都位於 $y = \frac{3\pi}{2} \pm 2n\pi$ 處。對於 $\alpha > 1$，沒有平衡點，並且隨著 t 的增加，所有解在正方向上變爲無界。

12. 求單參數族 $\frac{dy}{dt} = e^{-y^2} + \alpha$ 的分歧值 α，並描述在每個分歧值處發生的分歧。

答案：請注意，對於所有 y，$0 < e^{-y^2} \leq 1$，並且最大值出現在 $y = 0$ 處。

因此，對於 $\alpha < -1$，$\frac{dy}{dt}$ 爲負，並且解是在遞減。

當 $\alpha = -1$，若且唯若 $y = 0$，則 $\frac{dy}{dt} = 0$。對於 $y \neq 0$，$\frac{dy}{dt} < 0$，並且 $y = 0$ 處的平衡點是一個結點。

若 $-1 < \alpha < 0$，則有兩個平衡點可由求解 $e^{-y^2} + \alpha = 0$ 來計算。我們得到 $-y^2 = \ln(-\alpha)$。因此，$y = \pm\sqrt{\ln(-1/\alpha)}$。當從下往上 $\alpha \to 0$ 時，$\ln(-1/\alpha) \to \infty$，兩個平衡點趨近於 $\pm\infty$。

若 $\alpha \geq 0$，則 $\frac{dy}{dt}$ 爲正，並且解是在遞增。

13. 下圖是函數 $g(y)$ 的圖。描述一參數族

$$\frac{dy}{dt} = g(y) + \alpha y$$

發生的分歧。

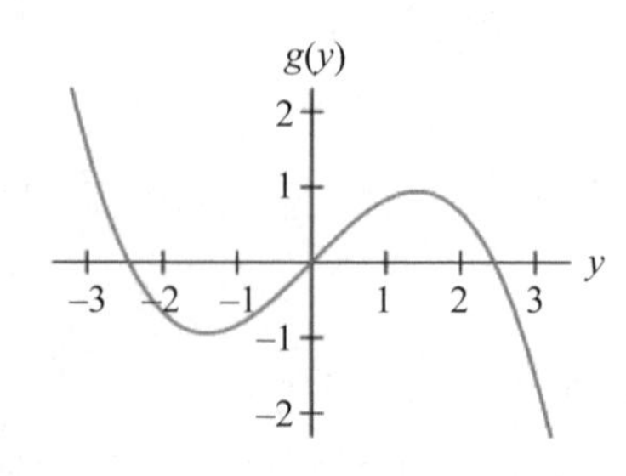

答案：請注意，如果α爲負，則方程$g(y) = -\alpha y$只有一個解。即$y = 0$。

此外，對於$y < 0$，則$\dfrac{dy}{dt} > 0$，對於$y > 0$，則$\dfrac{dy}{dt} < 0$。因此，在$y = 0$時的平衡點爲匯點。

在該圖中，看起來g在原點的切線斜率爲1，並且除在原點處以外沒有與g的曲線相交。如果是這樣，則$\alpha = -1$是分歧值。對於$\alpha \leq -1$，微分方程有一個平衡點，即一個匯點。當$\alpha > -1$時，方程具有三個平衡點，$y = 0$，另兩個平衡點，在$y = 0$的兩邊各有一個。在原點的平衡點是源點，另外兩個平衡點是匯點。

筆 記 欄

第 7 章

微分方程組

章節體系架構 ▼

前言

自然界的各種現象很少只用一個變數來描述，只含一個未知函數的單一微分方程通常不足以描述某些物理問題。例如，草原上範圍內野豬的數量不僅與它們的食物有關，而且與它們的捕食者的數量有關。此外，在多維度上包含多個相互作用的粒子問題，根據牛頓運動定律對於質點在空間中運動，需要三個未知函數（質點的空間坐標）以及三個微分方程來描述，而描述細胞內幾種相互激活和失活的蛋白質，也是需要與系統中的蛋白質一樣多的未知函數和方程式。因此，為描述各種現象而建立的數學模型，必須包含相互關聯的兩個以上的微分方程。本章將介紹一階微分方程組的一般解法，重點放在線性微分方程組的基本理論和常係數線性方程組的解法上。

筆記欄

7.1 常係數線性齊次微分方程組

n 階常係數線性微分方程組可寫為

$$\frac{dx_i}{dt} = x'_i = \sum_{j=1}^{n} a_{ij}x_j(t) + f_i(t),\ i = 1, 2, \cdots, n$$

其中 $x_1(t), x_2(t), \cdots, x_n(t)$ 是變數 t 的未知函數，通常 t 具有時間的含義，a_{ij} 是常係數，可以是實數也可以是複數，$f_i(t)$ 是變數 t 的已知函數。

我們假設所有這些函數在實數軸 t 的區間 $[a, b]$ 上都是連續。

令

$$X(t) = \begin{bmatrix} x_1(t) \\ x_2(t) \\ \vdots \\ x_n(t) \end{bmatrix},\ X'(t) = \begin{bmatrix} x'_1(t) \\ x'_2(t) \\ \vdots \\ x'_n(t) \end{bmatrix},\ f(t) = \begin{bmatrix} f_1(t) \\ f_2(t) \\ \vdots \\ f_n(t) \end{bmatrix}$$

$$A = \begin{bmatrix} a_{11} & a_{12} & \cdots & a_{1n} \\ a_{21} & a_{22} & \cdots & a_{2n} \\ \cdots & \cdots & \cdots & \cdots \\ a_{n1} & a_{n2} & \cdots & a_{nn} \end{bmatrix}$$

微分方程組可以用矩陣形式表示：

$$X'(t) = AX(t) + f(t)$$

若向量 $f(t)$ 等於零，即 $f(t) \equiv 0$，則稱方程組為齊次：

$$X'(t) = AX(t)$$

常係數齊次方程組可以用不同的方法求解。以下是最常用的方法：

1. 消去法；
2. 特徵值和特徵向量的方法（包括未定係數法或在特徵方程式有重根的情況下使用 Jordan form 的方法）；
3. 矩陣指數的方法。

以下，我們將詳細討論消去法。接下來，將考慮求解方程組的其他方法。

消去法

考慮常係數齊次方程組

$$\begin{cases} x'_1 = a_{11}x_1 + a_{12}x_2 \\ x'_2 = a_{21}x_1 + a_{22}x_2 \end{cases}$$

函數 x_1，x_2 取決於變數 t。

我們對第一個方程進行微分，然後將第二個方程中的 x'_2 代入：

$$x''_1 = a_{11}x'_1 + a_{12}x'_2 \Rightarrow x''_1 = a_{11}x'_1 + a_{12}(a_{21}x_1 + a_{22}x_2)$$
$$\Rightarrow x''_1 = a_{11}x'_1 + a_{12}a_{21}x_1 + a_{22}a_{12}x_2$$

現在我們利用第一個方程式取代 $a_{12}x_2$。結果，我們獲得了二階線性齊次方程：

$$x''_1 = a_{11}x'_1 + a_{12}a_{21}x_1 + a_{22}(x'_1 - a_{11}x_1) \Rightarrow x''_1 = a_{11}x'_1 + a_{12}a_{21}x_1$$
$$+ a_{22}x'_1 - a_{11}a_{22}x_1 \Rightarrow x''_1 - (a_{11} + a_{22})x'_1 + (a_{11}a_{22} - a_{12}a_{21})x_1 = 0$$

如果我們知道輔助（特徵）方程：

$$\lambda^2 - (a_{11} + a_{22})\lambda + (a_{11}a_{22} - a_{12}a_{21}) = 0$$

的根，就很容易求出微分方程的解。在實係數 a_{ij} 的情況下，其根既可以是實數（不同或相同），也可以是複數。

求出函數 $x_1(t)$ 之後，可以從原方程組中的第一個方程式求出另一個函數 $x_2(t)$。

消去法不僅可以應用於齊次線性方程組，它也可用於求解變係數的非齊次方程組。

例 1 利用消去法，解常係數線性微分方程組：

$$x'(t) = 2x(t) + y(t)$$
$$y'(t) = -4x(t) - 3y(t)$$

解：由第一個方程式，我們有 $y(t) = x'(t) - 2x(t)$，因此 $y'(t) = x''(t) - 2x'(t)$。將這些表達式代入第二個方程式可得

$$x''(t) - 2x'(t) = -4x(t) - 3x'(t) + 6x(t)$$

或

$$x''(t) + x'(t) - 2x(t) = 0$$

此方程的通解是

$$x(t) = Ae^{t} + Be^{-2t}$$

使用表達式 $y(t) = x'(t) - 2x(t)$ 我們得到

$$y(t) = Ae^{t} - 2Be^{-2t} - 2Ae^{t} - 2Be^{-2t}$$

或

$$y(t) = -Ae^{t} - 4Be^{-2t}$$

例 2 利用消去法，解微分方程組：

$$x'_1 = 2x_1 + 3x_2，x'_2 = 4x_1 - 2x_2$$

解：我們對第一個方程進行微分，然後將第二個方程中的 x'_2 代入：

$$x''_1 = 2x'_1 + 3x'_2 \Rightarrow x''_1 = 2x'_1 + 3(4x_1 - 2x_2) \Rightarrow x''_1 = 2x'_1 + 12x_1 - 6x_2$$

由第一個方程式可知：$3x_2 = x'_1 - 2x_1$ 將其代入上式，我們得到：

$$x''_1 = 2x'_1 + 12x_1 - 2(x'_1 - 2x_1) \Rightarrow x''_1 - 16x_1 = 0$$

求出輔助方程的根：

$$\lambda^2 - 16 = 0 \Rightarrow \lambda = \pm 4$$

因此，變數 x_1 的二階方程的通解為

$$x_1(t) = C_1e^{4t} + C_2e^{-4t}$$

其中 C_1，C_2 是任意常數。

現在，我們計算導數 x'_1，並將 x_1，x'_1 代入原方程組中的第一個方程：

$$x'_1(t) = 4C_1e^{4t} - 4C_2e^{-4t} \Rightarrow 4C_1e^{4t} - 4C_2e^{-4t} = 2C_1e^{4t} + 2C_2e^{-4t} + 3x_2$$

$$\Rightarrow 3x_2 = 2C_1e^{4t} - 6C_2e^{-4t} \Rightarrow x_2 = \frac{2}{3}C_1e^{4t} - 2C_2e^{-4t}$$

最後，我們可將解寫成下列形式：

$$\begin{cases} x_1(t) = C_1e^{4t} + C_2e^{-4t} \\ x_2(t) = \dfrac{2}{3}C_1e^{4t} - 2C_2e^{-4t} \end{cases}$$

例 3　利用消去法，解微分方程組：

$$x' = 6x - y，y' = x + 4y$$

解：我們將此方程組轉換爲函數 $x(t)$ 的二階方程。

微分第一個方程式，然後用第二個方程式將 y' 替換，我們得到：

$$x'' = 6x' - y' \Rightarrow x'' = 6x' - (x + 4y) \Rightarrow x'' = 6x' - x - 4y$$

利用第一個方程式以 x 和 x' 表示變數 y：

$$y = 6x - x' \Rightarrow x'' = 6x' - x - 4(6x - x')$$

$$\Rightarrow x'' = 6x' - x - 24x + 4x' \Rightarrow x'' - 10x' + 25x = 0$$

計算輔助方程的根：

$$\lambda^2 - 10\lambda + 25 = 0 \Rightarrow \lambda_1 = 5$$

我們有重根 $\lambda = 5$。因此，通解 $x(t)$ 可寫成

$$x(t) = (C_1 + C_2 t)e^{5t}$$

其中 C_1，C_2 是任意數。

求出導數 $x'(t)$ 並將其代入原方程組的第一個方程中，求出函數 $y(t)$：

$$x'(t) = C_2 e^{5t} + (5C_1 + 5C_2 t)e^{5t} = (5C_1 + C_2 + 5C_2 t)e^{5t}$$

$$\Rightarrow (5C_1 + C_2 + 5C_2 t)e^{5t} = (6C_1 + 6C_2 t)e^{5t} - y$$

$$\Rightarrow y = (C_1 - C_2 + C_2 t)e^{5t}$$

因此，通解可寫爲

$$\begin{cases} x(t) = (C_1 + C_2 t)e^{5t} \\ y(t) = (C_1 - C_2 + C_2 t)e^{5t} \end{cases}$$

例 4　利用消去法，解微分方程組：

$$x'_1 = 5x_1 + 2x_2，x'_2 = -4x_1 + x_2$$

解：微分第一個方程，我們得到：

$$x''_1 = 5x'_1 + 2x'_2$$

用第二個方程式替換導數 x'_2：

$$x''_1 = 5x'_1 + 2(-4x_1 + x_2) \Rightarrow x''_1 = 5x'_1 - 8x_1 + 2x_2$$

將第一個方程式中的 $2x_2$ 代入上式：

$$x''_1 = 5x'_1 - 8x_1 + x'_1 - 5x_1 \Rightarrow x''_1 - 6x'_1 + 13x_1 = 0$$

我們已經獲得了一個常係數二階齊次方程。與往常一樣，我們使用輔助方程式求通解：

$$\lambda^2 - 6\lambda + 13 = 0$$

$$\Rightarrow \lambda = \frac{6 \pm 4i}{2} = 3 \pm 2i$$

可以看出，輔助方程的根是一對共軛複數。函數 $x_1(t)$ 的通解可以寫成

$$x_1(t) = e^{3t}(C_1\cos2t + C_2\sin2t)$$

其中 C_1，C_2 是任意常數。

現在我們求另一個函數 $x_2(t)$。導數 x'_1 為

$$x'_1(t) = 3e^{3t}(C_1\cos2t + C_2\sin2t) + e^{3t}(-2C_1\sin2t + 2C_2\cos2t)$$
$$= e^{3t}[(3C_1 + 2C_2)\cos2t + (3C_2 - 2C_1)\sin2t]$$

將 x_1 和 x'_1 代入第一個方程式，我們得到：

$$e^{3t}[(3C_1 + 2C_2)\cos2t + (3C_2 - 2C_1)\sin2t]$$
$$= 5e^{3t}(C_1\cos2t + C_2\sin2t) + 2x_2 \Rightarrow 2x_2 = e^{3t}[(2C_2 - 2C_1)\cos2t$$
$$-(2C_2 + 2C_1)\sin2t] \Rightarrow x_2 = e^{3t}[(C_2 - C_1)\cos2t - (C_2 + C_1)\sin2t]$$

因此，通解為

$$\begin{cases} x_1(t) = e^{3t}[C_1\cos2t + C_2\sin2t] \\ x_2(t) = e^{3t}[(C_2 - C_1)\cos2t - (C_2 + C_1)\sin2t] \end{cases}$$

例 5 消去法

求解 $\frac{dx}{dt} - 7x + y = 0, \frac{dy}{dt} - 2x - 5y = 0$

解：將 $\frac{d}{dt}$ 寫成 D，方程為

$$(D - 7)x + y = 0 \quad (1)$$

$$(D - 5)y - 2x = 0 \quad (2)$$

由 (1) 可知 $y = -(D - 7)x$，將此值代入 (2)，可得

$$-(D - 5)(D - 7)x - 2x = 0$$
$$\Rightarrow -(D^2 - 12D + 35)x - 2x = 0$$
$$\Rightarrow (D^2 - 12D + 35 + 2)x = 0$$
$$\Rightarrow (D^2 - 12D + 37)x = 0 \quad (3)$$

令 $x = e^{mt}$（m 為常數）為方程 (3) 的解。微分方程 (3) 的輔助方程為

$$m^2 - 12m + 37 = 0$$
$$\Rightarrow m = 6 \pm i$$

方程 (3) 的通解為

$$x = e^{6t}(A\cos t + B\sin t)$$

其中 A 和 B 是任意常數。將 x 的值代入 (1)，我們得到

$$\begin{aligned} y &= -(D-7)x \\ &= -(D-7)(e^{6t}(A\cos t + B\sin t)) \\ &= -e^{6t}(A\cos t + B\sin t) - e^{6t}(-A\sin t + B\cos t) + 7e^{6t}(A\cos t + B\sin t) \\ &= e^{6t}[(A-B)\cos t + (A+B)\sin t]. \end{aligned}$$

因此，給定聯立線性方程的解由下式給出

$$x = e^{6t}(A\cos t + B\sin t)$$
$$y = e^{6t}[(A-B)\cos t + (A+B)\sin t]$$

其中 A 和 B 是任意常數。

例 6 消去法

粒子的運動方程由 $\frac{dx}{dt} + wy = 0$, $\frac{dy}{dt} - wx = 0$ 給出。求粒子的路徑並證明它是一個圓。

解：將 $\frac{d}{dt}$ 寫成 D，方程為

$$Dx + wy = 0 \qquad (1)$$
$$-wx + Dy = 0 \qquad (2)$$

將 (1) 兩邊對 t 進行微分，可得

$$D^2x + wDy = 0$$

由 (2)

$$\Rightarrow \quad D^2x + w(wx) = 0$$
$$\Rightarrow \quad D^2x + w^2x = 0$$
$$\Rightarrow \quad x = A\cos wt + B\sin wt \qquad (3)$$

將 x 值代入 (1)，得到

$$\begin{aligned} wy &= -Dx \\ &= -D(A\cos wt + B\sin wt) \\ &= Aw\sin wt - Bw\cos wt \end{aligned}$$

$$y = A\sin wt - B\cos wt \qquad (4)$$

(3) 的平方加 (4) 的平方，可得

$$x^2 + y^2 = A^2 + B^2$$

$$\Rightarrow \quad x^2 + y^2 = R^2 \text{，其中 } R^2 = A^2 + B^2$$

這是一個圓。

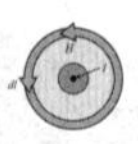

筆記欄

7.2 特徵值和特徵向量的方法

① 特徵值和特徵向量的概念

考慮一個常係數線性齊次方程組，它可以用矩陣寫成

$$X'(t) = AX(t)$$

其中使用了以下符號：

$$X(t)=\begin{bmatrix} x_1(t) \\ x_2(t) \\ \vdots \\ x_n(t) \end{bmatrix}, X'(t)=\begin{bmatrix} x'_1(t) \\ x'_2(t) \\ \vdots \\ x'_n(t) \end{bmatrix}, A=\begin{bmatrix} a_{11} & a_{12} & \cdots & a_{1n} \\ a_{21} & a_{22} & \cdots & a_{2n} \\ \cdots & \cdots & \cdots & \cdots \\ a_{n1} & a_{n2} & \cdots & a_{nn} \end{bmatrix}$$

我們以下列形式尋找齊次方程組的非零解

$$X(t) = e^{\lambda t}V$$

其中 V 是 n 維常數向量，且 $V \neq 0$。

將上述 $X(t)$ 的表達式代入方程組，我們得到：

$$\lambda e^{\lambda t}V = Ae^{\lambda t}V \Rightarrow AV = \lambda V$$

此方程式意味著在線性算子 A 的作用下向量 V 轉換為共線（collinear）向量 λV。具有此性質的任何向量都稱爲線性算子 A 的特徵向量（eigenvector），而 λ 則稱爲特徵值（eigenvalue）。

因此，我們得出結論：向量函數 $X(t) = e^{\lambda t}V$ 是齊次線性方程組的一個解，它的充分和必要條件是 λ 爲矩陣 A 的特徵值且向量 V 是該矩陣的對應特徵向量。

由此可知，可以利用代數方法求線性方程組的解。因此，我們提供一些關於線性代數的必要資訊。

② 求線性變換的特徵值和特徵向量

我們回到上面獲得的矩陣 - 向量方程式：

$$AV = \lambda V$$

將上式重寫為

$$AV - \lambda V = 0$$

其中 0 是零向量。

n 階單位矩陣 I 與 n 維向量 V 的乘積等於向量本身：

$$IV = V$$

因此，方程式變為

$$AV - \lambda IV = 0 \quad \text{or} \quad (A - \lambda I)V = 0$$

從這種關係可以得出 $A - \lambda I$ 的行列式為零：

$$\det(A - \lambda I) = 0$$

實際上，若我們假設 $\det(A - \lambda I) \neq 0$，則存在反矩陣 $(A - \lambda I)^{-1}$。

在方程的兩側左乘以反矩陣 $(A - \lambda I)^{-1}$，我們得到：

$$(A - \lambda I)^{-1}(A - \lambda I)V = (A - \lambda I)^{-1} \cdot 0 \Rightarrow IV = 0 \Rightarrow V = 0$$

但是，這與特徵向量的定義相矛盾，特徵向量必須不等於零。因此，特徵值 λ 必須滿足以下方程式

$$\det(A - \lambda I) = 0$$

稱為線性變換 A 的輔助方程或特徵方程。

方程式左側的多項式稱為線性變換（或線性算子）A 的特徵多項式。所有特徵值 λ_1，$\lambda_2, \cdots, \lambda_n$ 的集合形成算子 A 的頻譜。

因此，求線性微分方程組的解的第一步是求解特徵方程，並求得所有特徵值 λ_1，$\lambda_2, \cdots, \lambda_n$。

接下來，將每個特徵值 λ_i 代入方程組

$$(A-\lambda I)V=0$$

並求解，我們求得與給定特徵值 λ_i 對應的特徵向量。

注意，在特徵值代入之後，方程組變爲奇異，即某些方程式將是相同的。這是因爲方程組的行列式爲零。結果，方程組將具有無限的解集。

③ 線性齊次方程組的基本解

將 n 階特徵方程的行列式展開，通常，我們得到以下方程：

$$(-1)^n(\lambda-\lambda_1)^{k_1}(\lambda-\lambda_2)^{k_2}\cdots(\lambda-\lambda_m)^{k_m}=0$$

其中

$$k_1+k_2+\cdots+k_m=n$$

其中，k_i 稱爲特徵值 λ_i 的代數重數（algebraic multiplicity）。對於每個這樣的特徵值，都存在 s_i 個線性獨立的特徵向量。s_i 稱爲特徵值 λ_i 的幾何重數（geometric multiplicity）。

在線性代數中證明，幾何重數 s_i 不大於代數重數 k_i，即以下關係成立：

$$0<s_i\le k_i$$

事實證明，齊次方程組的通解本質上取決於特徵值的重數。以下考慮可能出現的情況。

情況1.　$s_i=k_i=1$。特徵值都是相異實數。

在這種最簡單的情況下，每個特徵值 λ_i 具有一個關聯的特徵向量 V_i。這些向量形成了一組線性獨立的解

$$X_1=e^{\lambda_1 t}V_1，X_2=e^{\lambda_2 t}V_2,\cdots,X_n=e^{\lambda_n t}V_n$$

即，齊次方程組的基本解。

因爲特徵向量爲線性獨立，所以相應的 Wronskian 不等於零：

$$W[X_1, X_2, \cdots, X_n](t) = \begin{vmatrix} x_{11}(t) & x_{21}(t) & \cdots & x_{1n}(t) \\ x_{21}(t) & x_{22}(t) & \cdots & x_{2n}(t) \\ \cdots & \cdots & \cdots & \cdots \\ x_{n1}(t) & x_{n2}(t) & \cdots & x_{nn}(t) \end{vmatrix}$$

$$= \begin{vmatrix} e^{\lambda_1 t}V_{11} & e^{\lambda_2 t}V_{12} & \cdots & e^{\lambda_n t}V_{1n} \\ e^{\lambda_1 t}V_{21} & e^{\lambda_2 t}V_{22} & \cdots & e^{\lambda_n t}V_{2n} \\ \cdots & \cdots & \cdots & \cdots \\ e^{\lambda_1 t}V_{n1} & e^{\lambda_2 t}V_{n2} & \cdots & e^{\lambda_n t}V_{nn} \end{vmatrix} = e^{(\lambda_1 + \lambda_2 + \cdots + \lambda_n)t} \begin{vmatrix} V_{11} & V_{12} & \cdots & V_{1n} \\ V_{21} & V_{22} & \cdots & V_{2n} \\ \cdots & \cdots & \cdots & \cdots \\ V_{n1} & V_{n2} & \cdots & V_{nn} \end{vmatrix}$$

通解爲

$$X(t) = C_1 e^{\lambda_1 t} V_1 + C_2 e^{\lambda_2 t} V_2 + \cdots + C_n e^{\lambda_n t} V_n$$

其中 C_1，C_2，...，C_n 是任意常數。

特徵方程可能具有複數根。如果矩陣 A 的所有元素都是實數，則複數根成對出現。假設我們有一對複數的特徵值 $\lambda_i = \alpha \pm \beta i$。這對共軛複數與形式爲

$$X_1 = Re[e^{(\alpha \pm \beta i)t} V_i]，X_2 = Im[e^{(\alpha \pm \beta i)t} V_i]$$

的一對線性獨立實數解相關。

因此，複數解的實部和虛部形成一對實數解。

情況2.　$s_i = k_i > 1$。特徵方程具有重根，它們的幾何重數和代數重數相等。

這種情況類似於前一種情況。儘管特徵值的重數大於 1，我們仍可以定義 n 個線性獨立的特徵向量。特別是，具有 n 個特徵值的任何實對稱矩陣（symmetric matrix），將具有 n 個特徵向量。同理，單式矩陣（unitary matrix）具有相同的性質。通常，大小爲 $n \times n$ 的方陣必須具有 n 個線性獨立的特徵向量才能對角化。

情況3.　$s_i < k_i$。特徵方程具有重根，其幾何重數小於代數重數。

在某些矩陣 A（此類矩陣稱爲有缺陷的矩陣）中，特徵值 λ_i 的線性獨立特徵向量的個數小於特徵值 λ_i 的代數重數 k_i，在這種情況下，我們可以

找到所謂的廣義特徵向量（generalized eigenvector），以獲得一組 n 個線性獨立的向量，並建構相應的基本解。爲此通常使用兩種方法：

- 使用未定係數法建構方程組的通解；
- 使用 Jordan form 建構方程組的通解。

下面我們考慮一些微分方程組的例子。

例 1 求微分方程組

$$\frac{dx}{dt}=-2x+5y,\ \frac{dy}{dt}=x+2y$$

的通解。

解：計算矩陣 A 的特徵值 λ_i，其中 A 是由給定方程的係數組成：

$$\det(A-\lambda I)=\begin{vmatrix}-2-\lambda & 5\\ 1 & 2-\lambda\end{vmatrix}=0\Rightarrow\lambda_1=3,\ \lambda_2=-3$$

在此例中，特徵方程式具有兩個不同的實根。求對應於特徵值 $\lambda_1=3$ 的特徵向量 V_1。將 $\lambda_1=3$ 代入 V_1 的矩陣方程：

$$(A-\lambda I)V_1=0$$

令特徵向量 V_1 具有分量 $V_1=(V_{11}, V_{21})^T$（其中上標 T 表示轉置）。上式可以寫成

$$\begin{bmatrix}-2-3 & 5\\ 1 & 2-3\end{bmatrix}\begin{bmatrix}V_{11}\\ V_{21}\end{bmatrix}=0\Rightarrow\begin{bmatrix}-5 & 5\\ 1 & -1\end{bmatrix}\begin{bmatrix}V_{11}\\ V_{21}\end{bmatrix}=0$$

矩陣相乘後，我們得到兩個方程式：

$$\begin{cases}-5V_{11}+5V_{21}=0\\ V_{11}-V_{21}=0\end{cases}$$

這兩個方程爲線性相關。從第二個方程式中，我們可以求出特徵向量坐標之間的關係：$V_{11}=V_{21}$。假設 $V_{21}=1$，則 $V_{11}=1$。因此，特徵向量 V_1 具有坐標 $V_1=(1, 1)^T$。

同理，可求對應於 $\lambda_2=-3$ 的特徵向量 V_2，令 $V_2=(V_{21}, V_{22})^T$。則

$$\begin{bmatrix}-2+3 & 5\\ 1 & 2+3\end{bmatrix}\begin{bmatrix}V_{11}\\ V_{21}\end{bmatrix}=0\Rightarrow\begin{bmatrix}1 & 5\\ 1 & 5\end{bmatrix}\begin{bmatrix}V_{11}\\ V_{21}\end{bmatrix}=0$$

我們得到兩個相同的方程：

$$\begin{cases}V_{21}+5V_{22}=0\\ V_{21}+5V_{22}=0\end{cases}$$

由此我們求得特徵向量 V_2 的坐標：

$$V_{21} = -5V_{22}，令 V_{22} = 1，則 V_{21} = -5$$

故，$V_2 = (-5, 1)^T$

因此，方程組具有兩個不同的特徵值和兩個特徵向量。通解爲

$$X(t) = \begin{bmatrix} x \\ y \end{bmatrix} = C_1 e^{3t} \begin{bmatrix} 1 \\ 1 \end{bmatrix} + C_2 e^{-3t} \begin{bmatrix} -5 \\ 1 \end{bmatrix}$$

其中 C_1，C_2 是任意常數。

例 2 相異特徵值

求方程組

$$\frac{dy_1}{dt} = -3y_1 + 2y_2$$

$$\frac{dy_2}{dt} = -2y_1 + 2y_2$$

的解。

解：這個方程是 $y' = Ay$，其中

$$A = \begin{pmatrix} -3 & 2 \\ -2 & 2 \end{pmatrix}$$

我們可以找到特徵值，特徵方程爲

$$\begin{vmatrix} -3-\lambda & 2 \\ -2 & 2-\lambda \end{vmatrix} = (\lambda+3)(\lambda-2)+4 = \lambda^2 + \lambda - 2 = 0$$

因此 $\lambda_1 = 1$ 和 $\lambda_2 = -2$。

接下來，需要求出特徵向量。首先，對於 λ_1：

$$\begin{pmatrix} -3 & 2 \\ -2 & 2 \end{pmatrix} \begin{pmatrix} a \\ b \end{pmatrix} = \begin{pmatrix} a \\ b \end{pmatrix}$$

所以 $-3a + 2b = a$ 或 $b = 2a$，因此，選擇 $a = 1$ 我們得到

$$x_1 = \begin{pmatrix} 1 \\ 2 \end{pmatrix}$$

對於 λ_2：

$$\begin{pmatrix} -3 & 2 \\ -2 & 2 \end{pmatrix} \begin{pmatrix} a \\ b \end{pmatrix} = -2 \begin{pmatrix} a \\ b \end{pmatrix}$$

所以 $-3a + 2b = -2a$ 或 $a = 2b$，因此，選擇 $b = 1$ 得到

$$x_2=\begin{pmatrix}2\\1\end{pmatrix}$$

現在，通解是

$$y=c_1x_1e^{\lambda_1 t}+c_2x_2e^{\lambda_2 t}$$

所以，

$$y=c_1\begin{pmatrix}1\\2\end{pmatrix}e^{t}+c_2\begin{pmatrix}2\\1\end{pmatrix}e^{-2t}$$

例 3 求微分方程組

$$\frac{dx}{dt}=x-8y，\frac{dy}{dt}=2x+y$$

的通解。

解：我們尋求以下形式的解

$$X(t)=\begin{bmatrix}x\\y\end{bmatrix}\sim e^{\lambda t}V$$

其中，λ 是由方程組的係數組成的矩陣 A 的特徵值，而 V 是對應的特徵向量。求解特徵方程：

$$\det(A-\lambda I)=\begin{vmatrix}1-\lambda & -8\\ 2 & 1-\lambda\end{vmatrix}=0\Rightarrow\lambda_{1,2}=1\pm 4i$$

我們獲得一對共軛複數作爲兩個特徵值。從以下方程式中找到特徵值 $\lambda_1=1+4i$ 的特徵向量 V_1：

$$\begin{bmatrix}1-(1+4i) & -8\\ 2 & 1-(1+4i)\end{bmatrix}\begin{bmatrix}V_{11}\\V_{21}\end{bmatrix}=0\Rightarrow\begin{bmatrix}-4i & -8\\ 2 & -4i\end{bmatrix}\begin{bmatrix}V_{11}\\V_{21}\end{bmatrix}=0$$

$$\Rightarrow\begin{cases}-4iV_{11}-8V_{21}=0\\ 2V_{11}-4iV_{21}=0\end{cases}$$

這兩個方程爲線性相關。根據第二個方程，我們得到：

$$2V_{11}-4iV_{21}=0\Rightarrow V_{11}=2iV_{21}\Rightarrow \text{令}V_{21}=1,\text{則}\ V_{11}=2i$$

因此，特徵向量 V_1 爲

$$V_1=\begin{bmatrix}V_{11}\\V_{21}\end{bmatrix}=\begin{bmatrix}2i\\1\end{bmatrix}$$

因此，複數 $\lambda_1=1+4i$ 產生的解其形式爲

$$X_1(t)=\begin{bmatrix}x\\y\end{bmatrix}=e^{\lambda_1 t}V_1=e^{(1+4i)t}\begin{bmatrix}2i\\1\end{bmatrix}$$

利用歐拉公式將指數函數轉換為：

$$e^{(1+4i)t}=e^{t}e^{4it}=e^{t}(\cos 4t+i\sin 4t)$$

解 $X_1(t)$ 的形式為：

$$X_1(t)=\begin{bmatrix}x\\y\end{bmatrix}=e^{t}(\cos 4t+i\sin 4t)\begin{bmatrix}2i\\1\end{bmatrix}$$

經相乘後

$$X_1(t)=\begin{bmatrix}x\\y\end{bmatrix}=\begin{bmatrix}e^{t}(\cos 4t+i\sin 4t)2i\\e^{t}(\cos 4t+i\sin 4t)\end{bmatrix}=\begin{bmatrix}e^{t}(-2\sin 4t+2i\cos 4t)\\e^{t}(\cos 4t+i\sin 4t)\end{bmatrix}$$

在複數的解中，實部和虛部是線性獨立。將它們分離，我們求得通解：

$$Re[X_1(t)]=\begin{bmatrix}e^{t}(-2\sin 4t)\\e^{t}\cos 4t\end{bmatrix}，Im[X_1(t)]=\begin{bmatrix}e^{t}(2\cos 4t)\\e^{t}\sin 4t\end{bmatrix}$$

因此，通解的形式為

$$X(t)=\begin{bmatrix}x\\y\end{bmatrix}=C_1e^{t}\begin{bmatrix}-2\sin 4t\\\cos 4t\end{bmatrix}+C_2e^{t}\begin{bmatrix}2\cos 4t\\\sin 4t\end{bmatrix}$$

其中 C_1，C_2 是任意常數。

例 4 求方程組 $\boldsymbol{x}'=\begin{bmatrix}1&-5\\2&-1\end{bmatrix}\boldsymbol{x}$ 的通解

解：係數矩陣 $\boldsymbol{A}$ 的特徵方程為

$$\begin{vmatrix}1-\lambda&-5\\2&-1-\lambda\end{vmatrix}=\lambda^2+9=0$$

故有特徵值 $\lambda_1=3i$，$\lambda_2=-3i$。$\lambda_1=3i$ 對應的特徵向量 $\alpha=(\alpha_1,\alpha_2)^T$ 滿足方程

$$(1-3i)\alpha_1-5\alpha_2=0$$

取 $\alpha_1=5$，可得 $\alpha_2=1-3i$，故 $\alpha=(5,1-3i)^T$ 是 λ_1 對應的特徵向量，因此，微分方程組有解

$$\boldsymbol{x}(t)=\begin{bmatrix}5\\1-3i\end{bmatrix}e^{3it}=\begin{bmatrix}5e^{3it}\\(1-3i)e^{3it}\end{bmatrix}$$

$$=\begin{bmatrix}5\cos 3t+5i\sin 3t\\\cos 3t+3\sin 3t+i(\sin 3t-3\cos 3t)\end{bmatrix}$$

$$= \begin{bmatrix} 5\cos 3t \\ \cos 3t + 3\sin 3t \end{bmatrix} + i \begin{bmatrix} 5\sin 3t \\ \sin 3t - 3\cos 3t \end{bmatrix}$$

$$= \boldsymbol{u}(t) + i\boldsymbol{v}(t)$$

因為 $\boldsymbol{u}(t)$ 和 $\boldsymbol{v}(t)$ 是原方程的兩個線性無關的解，故原方程組的通解為

$$\boldsymbol{x}(t) = c_1 \begin{bmatrix} 5\cos 3t \\ \cos 3t + 3\sin 3t \end{bmatrix} + c_2 \begin{bmatrix} 5\sin 3t \\ \sin 3t - 3\cos 3t \end{bmatrix}$$

例 5 複數特徵值

求方程組

$$\frac{dx}{dt} = -2x + 6y$$

$$\frac{dy}{dt} = -3x + 4y$$

的通解。

解：我們有

$$A = \begin{pmatrix} -2 & 6 \\ -3 & 4 \end{pmatrix}$$

首先要找到特徵值，特徵方程為

$$\begin{vmatrix} -2-\lambda & 6 \\ -3 & 4-\lambda \end{vmatrix} = \lambda^2 - 2\lambda + 10 = 0$$

因此 $\lambda = 1 \pm 3i$。接下來，我們需要 $\lambda = 1 + 3i$ 的特徵向量：

$$\begin{pmatrix} -3-3i & 6 \\ -3 & 3-3i \end{pmatrix} \begin{pmatrix} x \\ y \end{pmatrix} = \begin{pmatrix} 0 \\ 0 \end{pmatrix}$$

$$(-3 - 3i)x + 6y = 0$$

或 $(1 + i)x - 2y = 0$

特徵向量為 $V = \begin{pmatrix} 2 \\ 1+i \end{pmatrix} = \begin{pmatrix} 2 \\ 1 \end{pmatrix} + i \begin{pmatrix} 0 \\ 1 \end{pmatrix}$

通解是

$$\begin{pmatrix} x \\ y \end{pmatrix} = e^t \left[c_1 \left(\begin{pmatrix} 2 \\ 1 \end{pmatrix} \cos 3t - \begin{pmatrix} 0 \\ 1 \end{pmatrix} \sin 3t \right) + c_2 \left(\begin{pmatrix} 2 \\ 1 \end{pmatrix} \sin 3t + \begin{pmatrix} 0 \\ 1 \end{pmatrix} \cos 3t \right) \right]$$

即 $x = e^t(2c_1\cos 3t + 2c_2\sin 3t)$

$$y = e^t[c_1(\cos 3t - \sin 3t) + c_2(\sin 3t + \cos 3t)]$$

例 6 求微分方程組

$$\frac{dx}{dt} = 3x，\frac{dy}{dt} = 3y$$

的通解。

解：方程組的矩陣是對角矩陣：

$$A = \begin{bmatrix} 3 & 0 \\ 0 & 3 \end{bmatrix}$$

因此，我們可以說特徵向量是

$$V_1 = \begin{bmatrix} 3 \\ 0 \end{bmatrix}，V_2 = \begin{bmatrix} 0 \\ 3 \end{bmatrix} \quad \text{或} \quad V_1 = \begin{bmatrix} 1 \\ 0 \end{bmatrix}，V_2 = \begin{bmatrix} 0 \\ 1 \end{bmatrix}$$

但是，我們將按照一般演算法建構一個解。計算矩陣 A 的特徵值：

$$\det(A - \lambda I) = \begin{vmatrix} 3 - \lambda & 0 \\ 0 & 3 - \lambda \end{vmatrix} = 0 \Rightarrow (\lambda - 3)^2 = 0 \Rightarrow \lambda = 3$$

矩陣具有單一特徵值其代數重數爲 2。如果將 $\lambda_1 = 3$ 代入特徵向量 V 的方程組中，則會得到一個奇異的情況：

$$\begin{bmatrix} 3-3 & 0 \\ 0 & 3-3 \end{bmatrix}\begin{bmatrix} V_{11} \\ V_{21} \end{bmatrix} = 0 \Rightarrow \begin{bmatrix} 0 & 0 \\ 0 & 0 \end{bmatrix}\begin{bmatrix} V_{11} \\ V_{21} \end{bmatrix} = 0$$

$$\Rightarrow \begin{cases} 0 \cdot V_{11} + 0 \cdot V_{21} = 0 \\ 0 \cdot V_{11} + 0 \cdot V_{21} = 0 \end{cases} \Rightarrow 0 \cdot V_{11} + 0 \cdot V_{21} = 0$$

顯然，任何非零向量 V 都是給定矩陣 A 的特徵向量。因此，取以下兩個線性獨立向量作爲特徵向量的基底：

$$V_1 = \begin{bmatrix} 1 \\ 0 \end{bmatrix}，V_2 = \begin{bmatrix} 0 \\ 1 \end{bmatrix}$$

請注意，在這種情況下，特徵值 $\lambda_1 = 3$ 具有相同的代數重數和幾何重數：$k_1 = s_1 = 2$。

方程組的通解可以寫成

$$X(t) = C_1 e^{3t}\begin{bmatrix} 1 \\ 0 \end{bmatrix} + C_2 e^{3t}\begin{bmatrix} 0 \\ 1 \end{bmatrix}$$

例 7 求微分方程組

$$\frac{dx}{dt} = x + 2y - 3z，\frac{dy}{dt} = -5x + y - 4z，\frac{dz}{dt} = -2y + 4z$$

的通解。

解：計算 A 的特徵值：

$$\det(A-\lambda I)=\begin{vmatrix}1-\lambda & 2 & -3\\ -5 & 1-\lambda & -4\\ 0 & -2 & 4-\lambda\end{vmatrix}=0$$

我們得到

$$(\lambda-1)(\lambda^2-5\lambda+6)=0$$

二次方程式的根爲 $\lambda=2,3$，因此矩陣 A 具有三個不同的實特徵值：

$$\lambda_1=1，\lambda_2=2，\lambda_3=3$$

現在，對每個特徵值求對應的特徵向量。

利用矩陣方程

$$(A-\lambda_1 I)V_1=0$$

求 $\lambda_1=1$ 的特徵向量 V_1。

令 $V_1=(V_{11},V_{21},V_{31})^T$，我們將方程寫成

$$\begin{bmatrix}1-1 & 2 & -3\\ -5 & 1-1 & -4\\ 0 & -2 & 4-1\end{bmatrix}\cdot\begin{bmatrix}V_{11}\\ V_{21}\\ V_{31}\end{bmatrix}=0\Rightarrow\begin{bmatrix}0 & 2 & -3\\ -5 & 0 & -4\\ 0 & -2 & 3\end{bmatrix}\cdot\begin{bmatrix}V_{11}\\ V_{21}\\ V_{31}\end{bmatrix}=0$$

結果，我們有了一個代數方程組：

$$\begin{cases}0+2V_{21}-3V_{31}=0\\ -5V_{11}+0-4V_{31}=0\\ 0-2V_{21}+3V_{21}=0\end{cases}$$

在這個方程組中，第一和第三方程式是相同的，即方程組的秩是2。我們取兩個獨立方程，以 V_{31} 作爲自由變數。這樣得到：

$$\begin{cases}2V_{21}-3V_{31}=0\\ 5V_{11}+4V_{31}=0\end{cases}，V_{31}=t\Rightarrow\begin{cases}2V_{21}=3t\\ 5V_{11}=-4t\end{cases}\Rightarrow\begin{cases}V_{21}=\dfrac{3}{2}t\\ V_{11}=-\dfrac{4}{5}t\end{cases}$$

因此，特徵向量 V_1 爲

$$V_1=\begin{bmatrix}V_{11}\\ V_{21}\\ V_{31}\end{bmatrix}=\begin{bmatrix}-\dfrac{4}{5}t\\ \dfrac{3}{2}t\\ t\end{bmatrix}\sim t\begin{bmatrix}-8\\ 15\\ 10\end{bmatrix}\sim\begin{bmatrix}-8\\ 15\\ 10\end{bmatrix}$$

爲了簡單起見，我們將 t 設爲 1。

同理可求 $\lambda_2 = 2$ 對應的特徵向量 V_2。我們令 $V_2 = (V_{12}, V_{22}, V_{32})^T$，則有以下方程式：

$$\begin{bmatrix} 1-2 & 2 & -3 \\ -5 & 1-2 & -4 \\ 0 & -2 & 4-2 \end{bmatrix} \cdot \begin{bmatrix} V_{12} \\ V_{22} \\ V_{32} \end{bmatrix} = 0 \Rightarrow \begin{bmatrix} -1 & 2 & -3 \\ -5 & -1 & -4 \\ 0 & -2 & 2 \end{bmatrix} \cdot \begin{bmatrix} V_{12} \\ V_{22} \\ V_{32} \end{bmatrix} = 0$$

$$\Rightarrow \begin{cases} -V_{12} + 2V_{22} - 3V_{32} = 0 \\ -5V_{12} - V_{22} - 4V_{32} = 0 \\ -2V_{22} + 2V_{32} = 0 \end{cases}$$

令 $V_{32} = t$ 從第三個方程式中可得：$V_{22} = V_{32} = t$。代入第一個方程式，我們得到：

$$V_{12} = 2V_{22} - 3V_{32} = 2t - 3t = -t$$

因此，特徵向量 V_2 爲

$$V_2 = \begin{bmatrix} V_{12} \\ V_{22} \\ V_{32} \end{bmatrix} = \begin{bmatrix} -t \\ t \\ t \end{bmatrix} = \begin{bmatrix} -1 \\ 1 \\ 1 \end{bmatrix}$$

令 $t = 1$ 時可以寫成：$V_2 = (-1, 1, 1)^T$

現在計算 $\lambda_3 = 3$ 對應的特徵向量 V_3，令 $V_3 = (V_{13}, V_{23}, V_{33})^T$，我們得到以下方程式：

$$\begin{bmatrix} 1-3 & 2 & -3 \\ -5 & 1-3 & -4 \\ 0 & -2 & 4-3 \end{bmatrix} \cdot \begin{bmatrix} V_{13} \\ V_{23} \\ V_{33} \end{bmatrix} = 0 \Rightarrow \begin{bmatrix} -2 & 2 & -3 \\ -5 & -2 & -4 \\ 0 & -2 & 1 \end{bmatrix} \cdot \begin{bmatrix} V_{13} \\ V_{23} \\ V_{33} \end{bmatrix} = 0$$

$$\Rightarrow \begin{cases} -2V_{13} + 2V_{23} - 3V_{33} = 0 \\ -5V_{13} - 2V_{23} - 4V_{33} = 0 \\ -2V_{23} + V_{33} = 0 \end{cases}$$

選擇 $V_{33} = t$ 作爲自由變數。從最後一個方程式，我們可得 V_{23}：

$$2V_{23} = V_{33} = t \Rightarrow V_{23} = \frac{t}{2}$$

將 V_{23}，V_{33} 代入第一個方程式，得到：

$$-2V_{13} = -2V_{23} + 3V_{33} = -2\left(\frac{t}{2}\right) + 3t = 2t \Rightarrow V_{13} = -t$$

因此，特徵向量爲

$$V_3=\begin{bmatrix}V_{13}\\V_{23}\\V_{33}\end{bmatrix}=\begin{bmatrix}-t\\\frac{t}{2}\\t\end{bmatrix}\sim t\begin{bmatrix}-2\\1\\2\end{bmatrix}\sim\begin{bmatrix}-2\\1\\2\end{bmatrix}$$

通解可以寫成

$$X(t)=\begin{bmatrix}x\\y\\z\end{bmatrix}=C_1e^t\begin{bmatrix}8\\15\\10\end{bmatrix}+C_2e^{2t}\begin{bmatrix}-1\\1\\1\end{bmatrix}+C_3e^{3t}\begin{bmatrix}-2\\1\\2\end{bmatrix}$$

其中 C_1，C_2，C_3 是任意常數。

例 8 求方程組

$$\frac{dx}{dt}=-x-4y+2z，\frac{dy}{dt}=3x+y-2z，\frac{dz}{dt}=x-4y+z$$

的通解。

解：求矩陣 A 的特徵值：

$$\det(A-\lambda I)=\begin{vmatrix}-1-\lambda & -4 & 2\\3 & 1-\lambda & -2\\1 & -4 & 1-\lambda\end{vmatrix}=0$$

$$\Rightarrow(\lambda-1)(\lambda^2+1)=0$$

可以看出，特徵方程具有一個實根和兩個共軛複數根：

$$\lambda_1=1，\lambda_{2,3}=\pm i$$

特徵值 $\lambda_1=1$ 的特徵向量 V_1 可以與前面的例子相同的方式求得。即 $V_1=(V_{11},V_{21},V_{31})^T$ 滿足下式：

$$\begin{bmatrix}-1-1 & -4 & 2\\3 & 1-1 & -2\\1 & -4 & 1-1\end{bmatrix}\cdot\begin{bmatrix}V_{11}\\V_{21}\\V_{31}\end{bmatrix}=0$$

相乘後得到：

$$\begin{cases}-2V_{11}-4V_{21}+2V_{31}=0\\3V_{11}-2V_{31}=0\\V_{11}-4V_{21}=0\end{cases}\Rightarrow\begin{cases}V_{11}+2V_{21}-V_{31}=0\\-6V_{21}+V_{31}=0\end{cases}$$

我們看到方程組的秩是 2. 因此，我們可以選擇一個自變數，令 $V_{31}=t$，將其他變數以 t 表示：

$$-6V_{21}+t=0\Rightarrow V_{21}=\frac{t}{6}\Rightarrow V_{11}+2\cdot\frac{t}{6}-t=0\Rightarrow V_{11}=1-\frac{t}{3}=\frac{2}{3}t$$

所以第一個特徵向量爲

$$V_1=\begin{bmatrix}V_{11}\\V_{21}\\V_{31}\end{bmatrix}=\begin{bmatrix}\frac{2}{3}t\\\frac{1}{6}t\\t\end{bmatrix}\sim t\begin{bmatrix}4\\1\\6\end{bmatrix}\sim\begin{bmatrix}4\\1\\6\end{bmatrix}$$

現在考慮一對共軛複數根 $\lambda_{2,3}=\pm i$。爲了找到與這對根相關聯的通解的一部分，僅取一個數就足夠了，例如，$\lambda_2=+i$ 並求其特徵向量 V_2。接下來，我們建構形式爲

$$X_2(t)=\begin{bmatrix}x\\y\end{bmatrix}\sim e^{\lambda_2 t}V_2$$

的特解 X_2。並確定實部和虛部，這將代表兩個線性獨立的解。寫出向量 V_2 的矩陣方程如下：

$$\begin{bmatrix}-1-i & -4 & 2\\3 & 1-i & -2\\1 & -4 & 1-i\end{bmatrix}\cdot\begin{bmatrix}V_{12}\\V_{22}\\V_{32}\end{bmatrix}=0$$

我們得到以下方程組：

$$\begin{cases}-(1+i)V_{12}-4V_{22}+2V_{32}=0\\3V_{12}+(1-i)V_{22}-2V_{32}=0\\V_{12}-4V_{22}+(1-i)V_{32}=0\end{cases}$$

將第一個方程式乘以 $-\frac{1}{1+i}$：

$$-(1+i)V_{12}-4V_{22}+2V_{32}=0\Rightarrow V_{12}+\frac{4}{1+i}V_{22}-\frac{2}{1+i}V_{32}=0$$

將上式的係數有理化可得：

$$V_{12}+2(1-i)V_{22}-(1-i)V_{32}=0$$

經運算後方程組變成

$$\begin{cases}V_{12}+2(1-i)V_{22}-(1-i)V_{32}=0\\3V_{12}+(1-i)V_{22}-2V_{32}=0\\V_{12}-4V_{22}+(1-i)V_{32}=0\end{cases}$$

再經化簡可得

$$\begin{cases} V_{12}+(2-2i)V_{22}-(1-i)V_{32}=0 \\ V_{22}+\dfrac{-2+i}{5}V_{32}=0 \end{cases}$$

我們將 $V_{32}=t$ 作爲自變數。其他變數 V_{22} 和 V_{12} 可以用 t 依次表示：

$$V_{22}+\frac{-2+i}{5}t=0 \Rightarrow V_{22}=-\left(\frac{-2+i}{5}\right)t=\frac{2-i}{5}t$$

$$\Rightarrow V_{12}+(2-2i)\left(\frac{2-i}{5}t\right)-(1-i)t=0$$

$$\Rightarrow V_{12}=(1-i)t-\frac{(2-2i)(2-i)}{5}t=\left(1-i-\frac{4-4i-2i+2i^2}{5}\right)t$$

$$\Rightarrow \left(1-i-\frac{2-6i}{5}\right)t=\frac{5-5i-2+6i}{5}t=\frac{3+i}{5}t$$

因此，我們確定了特徵向量 V_2：

$$V_2=\begin{bmatrix} V_{12} \\ V_{22} \\ V_{32} \end{bmatrix}=\begin{bmatrix} \dfrac{3+i}{5}t \\ \dfrac{2-i}{5}t \\ t \end{bmatrix} \sim t\begin{bmatrix} 3+i \\ 2-i \\ 5 \end{bmatrix} \sim \begin{bmatrix} 3+i \\ 2-i \\ 5 \end{bmatrix}$$

現在，我們根據特徵值 λ_2 和特徵向量 V_2 求出 X_2，並將其展開爲實部和虛部。

$$X_2(t)=\begin{bmatrix} x \\ y \\ z \end{bmatrix}=e^{\lambda_2 t}V_2=e^{it}\begin{bmatrix} 3+i \\ 2-i \\ 5 \end{bmatrix}$$

由 Euler 公式可知：

$$e^{it}=\cos t+i\sin t$$

因此

$$X_2(t)=(\cos t+i\sin t)\begin{bmatrix} 3+i \\ 2-i \\ 5 \end{bmatrix}=\begin{bmatrix} (3+i)(\cos t+i\sin t) \\ (2-i)(\cos t+i\sin t) \\ 5(\cos t+i\sin t) \end{bmatrix}$$

$$=\begin{bmatrix} 3\cos t+i\cos t+3i\sin t-\sin t \\ 2\cos t-i\cos t+2i\sin t+\sin t \\ 5\cos t+5i\sin t \end{bmatrix}=\begin{bmatrix} 3\cos t-\sin t \\ 2\cos t+\sin t \\ 5\cos t \end{bmatrix}+i\begin{bmatrix} \cos t+3\sin t \\ -\cos t+2\sin t \\ 5\sin t \end{bmatrix}$$

X_2 的實部和虛部是線性獨立。考慮到對應於特徵值 λ_1 的第一分量 X_1，我們可以將方程組的通解寫爲

$$X(t)=\begin{bmatrix}x\\y\\z\end{bmatrix}=C_1e^t\begin{bmatrix}4\\1\\6\end{bmatrix}+C_2\begin{bmatrix}3\cos t-\sin t\\2\cos t+\sin t\\5\cos t\end{bmatrix}+C_3\begin{bmatrix}\cos t+3\sin t\\-\cos t+2\sin t\\5\sin t\end{bmatrix}$$

例 9 求微分方程組

$$\begin{cases}\dfrac{dx_1}{dt}=-5x_1-10x_2-20x_3\\[2mm]\dfrac{dx_2}{dt}=5x_1+5x_2+10x_3\\[2mm]\dfrac{dx_3}{dt}=2x_1+4x_2+9x_3\end{cases}$$

的通解

解：方程組的係數矩陣 $\boldsymbol{A}=\begin{bmatrix}-5&-10&-20\\5&5&10\\2&4&9\end{bmatrix}$，

其特徵方程爲

$\det(\boldsymbol{A}-\lambda\boldsymbol{I})=-(\lambda-5)(\lambda^2-4\lambda+5)=0$

特徵值爲 $\lambda_1=5$，$\lambda_{2,3}=2\pm i$

$\lambda_1=5$ 對應的特徵向量 $\boldsymbol{\alpha}_1=(\alpha_{11},\alpha_{21},\alpha_{31})^T$

可由下面的方程求出：

$$\begin{cases}10\alpha_{11}+10\alpha_{21}+20\alpha_{31}=0\\5\alpha_{11}+10\alpha_{31}=0\\2\alpha_{11}+4\alpha_{21}+4\alpha_{31}=0\end{cases}$$

由上面的方程可得 $\alpha_{21}=0$ 及 $\alpha_{11}=-2\alpha_{31}$

取 $\alpha_{31}=1$，得 $\alpha_{11}=-2$，故有解

$$\boldsymbol{x_1}(t)=\boldsymbol{\alpha_1}e^{\lambda_1 t}=\begin{bmatrix}-2\\0\\1\end{bmatrix}e^{5t}$$

對於 $\lambda_2=2+i$，其對應的特徵向量 $\boldsymbol{\alpha}_2=(\alpha_{12},\alpha_{22},\alpha_{32})^T$ 滿足方程組

$$\begin{cases}(7+i)\alpha_{12}+10\alpha_{22}+20\alpha_{32}=0\\5\alpha_{12}+(3-i)\alpha_{22}+10\alpha_{32}=0\\2\alpha_{12}+4\alpha_{22}+(7-i)\alpha_{32}=0\end{cases}$$

解出可得

$$\alpha_{12}=\frac{4+2i}{3-i}\alpha_{22}，\alpha_{32}=\frac{14+2i}{-5(3-i)}\alpha_{22}$$

取 $\alpha_{22}=15-5i$，得 $\alpha_{12}=20+10i$，$\alpha_{32}=-14-2i$，故原方程有複數解

$$\boldsymbol{Z}(t)=\begin{bmatrix}20+10i\\15-5i\\-14-2i\end{bmatrix}e^{(2+i)t}=\begin{bmatrix}20+10i\\15-5i\\-14-2i\end{bmatrix}e^{2t}(\cos t+i\sin t)$$

$$=\begin{bmatrix}20\cos t-10\sin t+i(10\cos t+20\sin t)\\15\cos t+5\sin t+i(15\sin t-5\cos t)\\-14\cos t+2\sin t+i(-2\cos t-14\sin t)\end{bmatrix}e^{2t}$$

取 $\boldsymbol{Z}(t)$ 的實部和虛部可得方程組的兩個線性獨立解。

故方程組的通解爲

$$\boldsymbol{x}(t)=c_1\begin{bmatrix}-2\\0\\1\end{bmatrix}e^{5t}+c_2\begin{bmatrix}20\cos t-10\sin t\\15\cos t+5\sin t\\-14\cos t+2\sin t\end{bmatrix}e^{2t}+c_3\begin{bmatrix}10\cos t+20\sin t\\15\sin t-5\cos t\\-2\cos t-14\sin t\end{bmatrix}e^{2t}$$

例 10 求微分方程組

$$\frac{dx}{dt}=2x+y+z，\frac{dy}{dt}=x+2y+z，\frac{dz}{dt}=x+y+2z$$

的通解。

解：求給定矩陣的特徵值：

$$\det(A-\lambda I)=\begin{vmatrix}2-\lambda&1&1\\1&2-\lambda&1\\1&1&2-\lambda\end{vmatrix}=0$$

$$\Rightarrow(\lambda-1)(\lambda^2-5\lambda+4)=0$$

因此，特徵方程式可表示爲

$$(\lambda-1)^2(\lambda-4)=0$$

方程組的初始矩陣是對稱矩陣。因此它將具有三個特徵向量。這意味著根 $\lambda=1$ 的代數重數和幾何重數是相同的（等於 2）。

求對應於 $\lambda_{1,2}=1$ 的特徵向量。它們可以從下式中求得

$$\begin{pmatrix}2-1&1&1\\1&2-1&1\\1&1&2-1\end{pmatrix}\cdot\begin{pmatrix}V_{11}\\V_{21}\\V_{31}\end{pmatrix}=0\Rightarrow\begin{cases}V_{11}+V_{21}+V_{31}=0\\V_{11}+V_{21}+V_{31}=0\\V_{11}+V_{21}+V_{31}=0\end{cases}$$

$$\Rightarrow V_{11} + V_{21} + V_{31} = 0$$

我們看到，三個方程都是相同的。實際只有一個方程，取 $V_{21} = u$，$V_{31} = v$ 作爲自變數，我們得到：

$$V_{11} = -V_{21} - V_{31} = -u - v$$

因此，第一個特徵向量（當 $u = 1$，$v = 0$ 時）爲 $V_1 = (-1, 1, 0)^T$。第二個線性獨立特徵向量（當 $u = 0$，$v = 1$ 時）爲 $V_2 = (-1, 0, 1)^T$。現在我們定義對應於 $\lambda_3 = 4$ 的第三個特徵向量 V_3：

$$\begin{bmatrix} 2-4 & 1 & 1 \\ 1 & 2-4 & 1 \\ 1 & 1 & 2-4 \end{bmatrix} \cdot \begin{bmatrix} V_{13} \\ V_{23} \\ V_{33} \end{bmatrix} = 0$$

$$\Rightarrow \begin{cases} V_{13} - 2V_{23} + V_{33} = 0 \\ V_{23} - V_{33} = 0 \end{cases}$$

在此，我們選擇自由變數 $V_{33} = t$。則有

$$V_{23} = V_{33} \Rightarrow V_{23} = t \Rightarrow V_{13} = 2V_{23} - V_{33} = 2t - t = t$$

因此，特徵向量 V_3 爲：

$$V_3 = \begin{bmatrix} V_{13} \\ V_{23} \\ V_{33} \end{bmatrix} = \begin{bmatrix} t \\ t \\ t \end{bmatrix} = t\begin{bmatrix} 1 \\ 1 \\ 1 \end{bmatrix} \sim \begin{bmatrix} 1 \\ 1 \\ 1 \end{bmatrix}$$

微分方程組的通解由下式給出

$$X(t) = \begin{bmatrix} x \\ y \\ z \end{bmatrix} = C_1e^t\begin{bmatrix} -1 \\ 1 \\ 0 \end{bmatrix} + C_2e^t\begin{bmatrix} -1 \\ 0 \\ 1 \end{bmatrix} + C_3e^{4t}\begin{bmatrix} 1 \\ 1 \\ 1 \end{bmatrix}$$

其中 C_1，C_2，C_3 是任意常數。

例 11 求方程組

$$\frac{dx}{dt} = \begin{bmatrix} 9 & 4 & 0 \\ -6 & -1 & 0 \\ 6 & 4 & 3 \end{bmatrix} x$$

的通解。

解：這個方程是 $\frac{dx}{dt} = Ax$，其中

$$A=\begin{pmatrix}9 & 4 & 0\\ -6 & -1 & 0\\ 6 & 4 & 3\end{pmatrix}$$

我們要找到特徵值，特徵方程爲

$$\begin{vmatrix}9-\lambda & 4 & 0\\ -6 & -1-\lambda & 0\\ 6 & 4 & 3-\lambda\end{vmatrix}=(3-\lambda)((9-\lambda)(-1-\lambda)+24)$$

$$=(3-\lambda)(15-8\lambda+\lambda^2)=(5-\lambda)(3-\lambda)^2=0$$

因此 A 具有相異的特徵值 $\lambda_1 = 5$ 和重複特徵值 $\lambda_2 = 3$。

情況 1：$\lambda_1 = 5$。特徵向量方程 $(A-\lambda I)v = 0$，其中 $\boldsymbol{v} = [a, b, c]^T$，爲

$$(A-5I)v=\begin{bmatrix}4 & 4 & 0\\ -6 & -6 & 0\\ 6 & 4 & -2\end{bmatrix}\begin{bmatrix}a\\ b\\ c\end{bmatrix}=\begin{bmatrix}0\\ 0\\ 0\end{bmatrix}$$

前兩個方程 $4a + 4b = 0$ 和 $-6a - 6b = 0$ 中的每一個都得出 $b = -a$。然後第三個簡化爲 $2a - 2c = 0$，因此 $c = a$。選擇 $a = 1$ 產生與特徵值 $\lambda_1 = 5$ 相關的特徵向量 $\boldsymbol{v}_1 = [1, -1, 1]^T$。

情況 2：$\lambda_2 = 3$。特徵向量方程

$$(A-3I)v=\begin{bmatrix}6 & 4 & 0\\ -6 & -4 & 0\\ 6 & 4 & 0\end{bmatrix}\begin{bmatrix}a\\ b\\ c\end{bmatrix}=\begin{bmatrix}0\\ 0\\ 0\end{bmatrix}$$

所以若且唯若 $6a + 4b = 0$，非零向量 $\boldsymbol{v} = [a, b, c]^T$ 是一個特徵向量。若 $c = 1$，則 $a = b = 0$，這給出了與 $\lambda_2 = 3$ 相關的特徵向量 $\boldsymbol{v}_2 = [0, 0, 1]^T$。若 $c = 0$，則我們必須選擇 a 爲非零。例如，若 $a = 2$，我們得到 $b = -3$，所以 $\boldsymbol{v}_3 = [2, -3, 0]^T$ 是與特徵值 $\lambda_2 = 3$ 相關的第二個線性獨立特徵向量。

因此我們找到了與特徵值 5, 3, 3 相關的三個特徵向量的完整集 v_1, v_2, v_3。方程組的通解爲

$$x(t)=c_1v_1e^{5t}+c_2v_2e^{3t}+c_3v_3e^{3t}=c_1\begin{bmatrix}1\\ -1\\ 1\end{bmatrix}e^{5t}+c_2\begin{bmatrix}0\\ 0\\ 1\end{bmatrix}e^{3t}+c_3\begin{bmatrix}2\\ -3\\ 0\end{bmatrix}e^{3t}$$

即

$$x_1(t)=c_1e^{5t}+2c_3e^{3t},\ x_2(t)=-c_1e^{5t}-3c_3e^{3t},\ x_3(t)=c_1e^{5t}+c_2e^{3t}$$

筆記欄

7.3 未定係數法求方程組的通解

常係數 n 個微分方程的線性齊次方程組的形式為：

$$X'(t)=AX(t)\text{，}X(t)=\begin{bmatrix}x_1(t)\\x_2(t)\\\vdots\\x_n(t)\end{bmatrix}\text{，}A=\begin{bmatrix}a_{11}&a_{12}&\cdots&a_{1n}\\a_{21}&a_{22}&\cdots&a_{2n}\\\cdots&\cdots&\cdots&\cdots\\a_{n1}&a_{n2}&\cdots&a_{nn}\end{bmatrix}$$

$X(t)$ 是 n 維向量，A 是常係數 $n\times n$ 的方陣。

接下來，我們描述利用未定係數法求解方程組的一般算法。

欲求給定方程組的解

$$X(t)=e^{\lambda t}V$$

其中 λ 是 A 的特徵值，V 是與特徵值關聯的特徵向量。

特徵值 λ_i 可從特徵方程

$$\det(A-\lambda I)=0$$

求得。其中 I 是單位矩陣。

由於某些根 λ_i 可以是重根，因此在 n 階方程組的一般情況下，特徵方程的形式為：

$$(-1)^n(\lambda-\lambda_1)^{k_1}(\lambda-\lambda_2)^{k_2}\cdots(\lambda-\lambda_m)^{k_m}=0$$

並且滿足以下條件：

$$k_1+k_2+\cdots+k_m=n$$

因子 $(\lambda-\lambda_i)$ 的冪 k_i 稱為特徵值 λ_i 的代數重數（algebraic multiplicity）。

對於每個特徵值 λ_i，我們可以使用以下公式

$$(A-\lambda_i I)V_i=0$$

找到特徵向量（或在 λ_i 爲重根的情況下，求出特徵向量）。

與特徵值 λ_i 相關的特徵向量的數目稱爲 λ_i 的幾何重數（geometric multiplicity）（我們用 s_i 表示）。因此，特徵值 λ_i 的特點在於兩個量：代數重數 k_i 和幾何重數 s_i。以下關係成立：

$$0 < s_i \leq k_i$$

即特徵值 λ_i 的幾何重數 s_i（或特徵向量的數目）不大於代數重數 k_i。

方程組的通解取決於特徵值 λ_i 的代數重數和幾何重數。在最簡單的情況下 $s_i = k_i = 1$ 時，當矩陣 A 的特徵值 λ_i 均相異且每個 λ_i 與一個特徵向量 V_i 關聯時，方程組的基本解由以下函數組成：

$$e^{\lambda_1 t}V_1，e^{\lambda_2 t}V_2, \cdots, e^{\lambda_n t}V_n$$

在這種情況下，通解可寫爲

$$X(t) = \begin{bmatrix} x_1(t) \\ x_2(t) \\ \vdots \\ x_n(t) \end{bmatrix} = C_1 e^{\lambda_1 t}V_1 + C_2 e^{\lambda_2 t}V_2 + \cdots + C_n e^{\lambda_n t}V_n = \sum_{i=1}^{n} C_i e^{\lambda_i t}V_i$$

其中 C_i 是任意常數。

我們討論特徵方程的複數根的情況。如果方程中的所有係數都是實數，則複數根將以共軛複數對 $\alpha \pm i\beta$ 的形式出現。要建構解，只需共軛複數對中的一個即可，例如 $\alpha + i\beta$，並求出特徵向量 V，此特徵向量 V 也可能具有複數的坐標。然後將解以複數值向量函數 $e^{(\alpha + i\beta)t}V(t)$ 表示。指數函數可以利用 Euler 的公式展開：

$$e^{(\alpha + i\beta)t} = e^{\alpha t}e^{i\beta t} = e^{\alpha t}(\cos\beta t + i\sin\beta t)$$

結果，對應於一對特徵值 $\alpha \pm i\beta$ 的解將以下列的形式表示

$$\begin{aligned} X(t) &= e^{\alpha t}(\cos\beta t + i\sin\beta t) \cdot (V_{Re} + iV_{Im}) = e^{\alpha t}[\cos(\beta t)V_{Re} - \sin(\beta t)V_{Im}] \\ &+ ie^{\alpha t}[\cos(\beta t)V_{Im} + \sin(\beta t)V_{Re}] = X^{(1)}(t) + iX^{(2)}(t) \end{aligned}$$

其中 $V = V_{Re} + iV_{Im}$ 是複數特徵向量。所得表達式的實部和虛部中的向量函

數 $X^{(1)}$ 和 $X^{(2)}$ 形成兩個線性獨立的實數解。

可以看出，一對複共軛特徵值的解其建構方式與實特徵值相同。只需在轉換結束時清楚地區分向量函數的實部和虛部。

現在考慮 λ_i 爲重根的情況。爲了簡單起見，我們假設它們是實數。同樣，這裡的求解過程分爲兩種情況。

如果特徵值 λ_i 的代數重數 k_i 和幾何重數 s_i 相等（$k_i = s_i > 1$），則對於 λ_i，存在 k_i 個特徵向量。結果，特徵值 λ_i 將與形式爲

$$e^{\lambda_i t}V_i^{(1)}，e^{\lambda_i t}V_i^{(2)}, \cdots, e^{\lambda_i t}V_i^{(k_i)}$$

的 k_i 個線性獨立解相關。

在這種情況下，n 個方程的方程組有 n 個特徵向量構成方程組的基本解。

最引人注意的是當 λ_i 爲重根時，幾何重數 s_i 小於代數重數 k_i 的情況。這意味著與 λ_i 相關的特徵向量只有 $s_i(s_i < k_i)$ 個。特徵向量 s_i 的數目由公式

$$s_i = n - \text{rank}(A - \lambda_i I)$$

給出。其中 $\text{rank}(A - \lambda_i I)$ 表示矩陣 $A - \lambda_i I$ 的秩。

可以將對應於 λ_i 的解寫成次數爲 $k_i - s_i$ 的多項式乘以指數函數 $e^{\lambda_i t}$ 的積：

$$X_i(t) = P_{k_i - s_i}(t)e^{\lambda_i t}$$

其中

$$P_{k_i - s_i}(t) = A_0 + A_1 t + \cdots + A_{k_i - s_i} t^{k_i - s_i}$$

$P_{k_i - s_i}(t)$ 是一個向量多項式。

實際上，只有在 λ_i 爲重根的情況下才需要未定係數法，亦即，當線性獨立特徵向量的數目小於 λ_i 的代數重數時。

爲了找到特徵值 λ_i 的向量 A_0，A_1，$\cdots$，A_{ki-si}，應將向量函數 $X_i(t)$ 代入原方程組中。在每個方程的左側和右側令次方相同的項的係數相等，我們得到未知向量 $A_0, A_1, \cdots, A_{ki-si}$ 的方程組。

這種求微分方程組通解的方法有時稱爲 Euler 方法。

例 1 求線性方程組

$$\frac{dx}{dt}=x-y，\frac{dy}{dt}=x+3y$$

的通解。

解：我們計算由方程式係數組成的矩陣 A 的特徵值 λ_i：

$$\det(A-\lambda I)=\begin{vmatrix}1-\lambda & -1\\ 1 & 3-\lambda\end{vmatrix}=0\Rightarrow(\lambda-2)^2=0$$

因此，矩陣 A 的特徵值 $\lambda_1=2$ 具有代數重數 $k_1=2$。欲求矩陣 $A-\lambda_1 I$ 的秩。將 $\lambda_1=2$ 代入矩陣並執行基本列運算，我們得到：

$$\begin{bmatrix}1-2 & -1\\ 1 & 3-2\end{bmatrix}\sim\begin{bmatrix}-1 & -1\\ 1 & 1\end{bmatrix}\sim\begin{bmatrix}1 & 1\\ -1 & -1\end{bmatrix}\sim\begin{bmatrix}1 & 1\\ 0 & 0\end{bmatrix}\sim(1\quad 1)$$

因此，矩陣 $A-\lambda_1 I$ 的秩爲 1。對於 $\lambda_1=2$，

$$s_1=n-\text{rank}(A-\lambda_1 I)=2-1=1$$

我們得到幾何重數 $s_1=1$，即我們有一個特徵向量。

通解可由下式給出

$$X(t)=\begin{bmatrix}x\\ y\end{bmatrix}=P_{k_i-s_i}(t)e^{\lambda_i t}=P_1(t)e^{\lambda_i t}=(A_0+A_1 t)e^{2t}$$

進一步，我們使用未定係數法。令

$$x=(a_0+a_1 t)e^{2t}，y=(b_0+b_1 t)e^{2t}$$

導數等於

$$\frac{dx}{dt}=a_1e^{2t}+2(a_0+a_1t)e^{2t}=(2a_0+a_1+2a_1t)e^{2t}$$

$$\frac{dy}{dt}=b_1e^{2t}+2(b_0+b_1t)e^{2t}=(2b_0+b_1+2b_1t)e^{2t}$$

將函數 x，y 及其導數代入原微分方程組中：

$$\begin{cases}(2a_0+a_1+2a_1t)e^{2t}=(a_0+a_1t)e^{2t}-(b_0+b_1t)e^{2t}\\ (2b_0+b_1+2b_1t)e^{2t}=(a_0+a_1t)e^{2t}+3(b_0+b_1t)e^{2t}\end{cases}$$

除以 e^{2t} 並令左右兩側同類項的係數相等，我們得到係數 a_0，a_1，b_0，b_1 的代數方程組：

$$\begin{cases}2a_0+a_1=a_0-b_0\\2a_1=a_1-b_1\\2b_0+b_1=a_0+3b_0\\2b_1=a_1+3b_1\end{cases}\Rightarrow\begin{cases}a_0+a_1+b_0=0\\a_1+b_1=0\\a_0+b_0-b_1=0\\a_1+b_1=0\end{cases}$$

在這個方程組中，只有兩個獨立方程。我們選擇 $a_0 = C_1$ 和 $a_1 = C_2$ 作爲獨立係數。其餘兩數 b_0 和 b_1 用 C_1 和 C_2 表示：

$$C_1 + C_2 + b_0 = 0 \Rightarrow b_0 = -C_1 - C_2$$

$$C_2 + b_1 = 0 \Rightarrow b_1 = -C_2$$

因此，通解爲

$$X(t)=\begin{bmatrix}x\\y\end{bmatrix}=e^{2t}\begin{bmatrix}a_0+a_1t\\b_0+b_1t\end{bmatrix}=e^{2t}\begin{bmatrix}C_1+C_2t\\-C_1-C_2-C_2t\end{bmatrix}$$

上式可以改寫爲向量形式：

$$X(t)=\begin{bmatrix}x\\y\end{bmatrix}=C_1e^{2t}\begin{bmatrix}1\\-1\end{bmatrix}+C_2e^{2t}\begin{bmatrix}t\\-1-t\end{bmatrix}$$

$$=C_1e^{2t}\begin{bmatrix}1\\-1\end{bmatrix}+C_2e^{2t}\left(\begin{bmatrix}0\\-1\end{bmatrix}+t\begin{bmatrix}1\\-1\end{bmatrix}\right)$$

例 2 求線性方程組

$$\frac{dx}{dt}=-2x-3y-5z\text{，}\frac{dy}{dt}=x+4y+z\text{，}\frac{dz}{dt}=2x+5z$$

的通解。

解：首先，求解特徵方程：

$$\det(A-\lambda I)=\begin{vmatrix}-2-\lambda & -3 & -5\\1 & 4-\lambda & 1\\2 & 0 & 5-\lambda\end{vmatrix}=0\Rightarrow(\lambda-1)(\lambda-3)^2=0$$

得到矩陣的特徵值 $\lambda_1 = 1$ 和 $\lambda_2 = 3$，其中 $\lambda_1 = 1$ 的重數爲 1，$\lambda_2 = 3$ 的重數爲 2。

考慮第一個根 $\lambda_1 = 1$ 並求出與該特徵值相關的解 X_1。爲此，我們計算相應的特徵向量 V_1。求 V_1 的方程組可由下式給出

$$\begin{bmatrix}-2-1 & -3 & -5\\1 & 4-1 & 1\\2 & 0 & 5-1\end{bmatrix}\cdot\begin{bmatrix}V_{11}\\V_{21}\\V_{31}\end{bmatrix}=0\text{，}\begin{bmatrix}-3 & -3 & -5\\1 & 3 & 1\\2 & 0 & 4\end{bmatrix}\cdot\begin{bmatrix}V_{11}\\V_{21}\\V_{31}\end{bmatrix}=0$$

化簡方程組可得：

$$\begin{cases}-3V_{11}-3V_{21}-5V_{31}=0\\ V_{11}+3V_{21}+V_{31}=0\\ 2V_{11}+4V_{31}=0\end{cases}\Rightarrow\begin{cases}V_{11}+3V_{21}+V_{31}=0\\ 3V_{21}-V_{31}=0\end{cases}$$

我們選擇 $V_{31}=t$ 作為自變數，其餘坐標以 t 表示如下：

$$3V_{21}=V_{31}=t\Rightarrow V_{21}=\frac{t}{3}\Rightarrow V_{11}=-V_{31}-3V_{21}=-t-3\cdot\frac{t}{3}=-2t$$

因此，特徵向量 V_1 為

$$V_1=\begin{bmatrix}V_{11}\\V_{21}\\V_{31}\end{bmatrix}=\begin{bmatrix}-2t\\ \frac{t}{3}\\ t\end{bmatrix}\sim t\begin{bmatrix}-6\\1\\3\end{bmatrix}\sim\begin{bmatrix}-6\\1\\3\end{bmatrix}$$

因此，特徵值 $\lambda_1=1$ 對通解的貢獻為：

$$X_1(t)=\begin{bmatrix}x\\y\\z\end{bmatrix}=C_1e^{\lambda_1 t}V_1=C_1e^{\lambda_1 t}\begin{bmatrix}-6\\1\\3\end{bmatrix}$$

現在我們考慮特徵值 $\lambda_2=3$，其代數重數 $k_2=2$。

找出矩陣在 $\lambda_2=3$ 的秩：

$$\begin{bmatrix}-2-3&-3&-5\\1&4-3&1\\2&0&5-3\end{bmatrix}\sim\begin{bmatrix}-5&-3&-5\\1&1&1\\2&0&2\end{bmatrix}\sim\begin{bmatrix}1&1&1\\2&0&2\\-5&-3&-5\end{bmatrix}$$

$$\sim\begin{bmatrix}1&1&1\\0&-2&0\\0&2&0\end{bmatrix}\sim\begin{bmatrix}1&1&1\\0&2&0\end{bmatrix}$$

可以看出，$\mathrm{rank}(A-\lambda_2 I)=2$。

因此，$\lambda_2=3$ 的幾何重數 $s_2=1$，因此具有一個特徵向量：

$$s_2=n-\mathrm{rank}(A-\lambda_2 I)=3-2=1$$

我們尋求與特徵值 λ_2 相關的解

$$X_2(t)=P_{k_2-s_2}(t)e^{\lambda_2 t}=(A_0+A_1 t)e^{3t}$$

其中向量多項式 $P_{k_2-s_2}(t)$ 的次數為 $k_2-s_2=1$。令

$$A_0=\begin{bmatrix}a_0\\b_0\\d_0\end{bmatrix}，A_1=\begin{bmatrix}a_1\\b_1\\d_1\end{bmatrix}$$

我們寫出 X_2 的坐標如下：

$$x=(a_0+a_1t)e^{3t}，y=(b_0+b_1t)e^{3t}，z=(d_0+d_1t)e^{3t}$$

這些函數的導數是

$$\frac{dx}{dt}=a_1e^{3t}+3(a_0+a_1t)e^{3t}，\frac{dx}{dt}=b_1e^{3t}+3(b_0+b_1t)e^{3t}$$

$$\frac{dz}{dt}=d_1e^{2t}+3(d_0+d_1t)e^{3t}$$

將這些表達式代入原方程組並除以 e^{3t}，我們得到：

$$\begin{cases}a_1+3(a_0+a_1t)=-2(a_0+a_1t)-3(b_0+b_1t)-5(d_0+d_1t)\\ b_1+3(b_0+b_1t)=a_0+a_1t+4(b_0+b_1t)+d_0+d_1t\\ d_1+3(d_0+d_1t)=2(a_0+a_1t)+5(d_0+d_1t)\end{cases}$$

比較係數可得：

$$\begin{cases}a_1+3a_0=-2a_0-3b_0-5d_0\\ 3a_1=-2a_1-3b_1-5d_1\\ b_1+3b_0=a_0+4b_0+d_0\\ 3b_1=a_1+4b_1+d_1\\ d_1+3d_0=2a_0+5d_0\\ 3d_1=2a_1+5d_1\end{cases}\Rightarrow\begin{cases}5a_0+a_1+3b_0+5d_0=0\\ 5a_1+3b_1+5d_1=0\\ a_0+b_0-b_1+d_0=0\\ a_1+b_1+d_1=0\\ 2a_0+2d_0-d_1=0\\ a_1+d_1=0\end{cases}$$

在此方程組中，只有兩個係數是獨立的。這是由於特徵值 $\lambda_2=3$ 具有代數重數 2。

因此，必須有兩個線性獨立的解。我們選擇 a_0 和 a_1 作為自由變數，令

$$a_0=C_1，a_1=2C_3$$

其中 C_2，C_3 是任意數，引入因子 2 以去除分數。其餘係數很容易用 C_2 和 C_3 表示，並表示為

$$b_0=C_3，d_0=-C_3-C_2$$

$$b_1=0，d_1=-2C_3$$

然後將與特徵值 $\lambda_2=3$ 相關的解 X_2 寫為

$$\begin{cases}x(t)=(a_0+a_1t)e^{\lambda_2t}=(C_2+2C_3t)e^{3t}\\ y(t)=(b_0+b_1t)e^{\lambda_2t}=C_3e^{3t}\\ z(t)=(d_0+d_1t)e^{\lambda_2t}=(-C_3-C_2-2C_3t)e^{3t}\end{cases}$$

用矩陣形式重寫 X_2：

$$X_2(t)=\begin{bmatrix}x\\y\\z\end{bmatrix}=e^{3t}\begin{bmatrix}C_2+2C_3t\\C_3\\-C_3-C_2-2C_3t\end{bmatrix}=C_2e^{3t}\begin{bmatrix}1\\0\\-1\end{bmatrix}+C_3e^{3t}\begin{bmatrix}2t\\1\\-1-2t\end{bmatrix}$$

$$=C_2e^{3t}\begin{bmatrix}1\\0\\-1\end{bmatrix}+C_3e^{3t}\left(\begin{bmatrix}0\\1\\-1\end{bmatrix}+t\begin{bmatrix}2\\0\\-2\end{bmatrix}\right)$$

將 X_1 和 X_2 組合在一起，我們獲得原方程組的通解：

$$X(t)=X_1(t)+X_2(t)=C_1e^{t}\begin{bmatrix}-6\\1\\3\end{bmatrix}+C_2e^{3t}\begin{bmatrix}1\\0\\-1\end{bmatrix}+C_3e^{3t}\left(\begin{bmatrix}0\\1\\-1\end{bmatrix}+t\begin{bmatrix}2\\0\\-2\end{bmatrix}\right)$$

例 3 求線性方程組

$$\frac{dx}{dt}=-6x+5y\text{，}\frac{dy}{dt}=-2x-y+5z\text{，}\frac{dz}{dt}=x-3y+4z$$

的通解。

解：我們首先計算矩陣的特徵值。求解特徵方程：

$$\det(A-\lambda I)=\begin{vmatrix}-6-\lambda & 5 & 0\\-2 & -1-\lambda & 5\\1 & -3 & 4-\lambda\end{vmatrix}=0\Rightarrow(\lambda+1)^3=0$$

因此，矩陣具有一個特徵值 $\lambda_1=-1$ 其代數重數 $k_1=3$。欲求矩陣在 $\lambda_1=-1$ 的秩和幾何重數 s_1：

$$\begin{bmatrix}-6+1 & 5 & 0\\-2 & -1+1 & 5\\1 & -3 & 4+1\end{bmatrix}\sim\begin{bmatrix}-5 & 5 & 0\\-2 & 0 & 5\\1 & -3 & 5\end{bmatrix}\sim\begin{bmatrix}-5 & 5 & 0\\-2 & 0 & 5\\1 & -3 & 5\end{bmatrix}$$

$$\sim\begin{bmatrix}1 & -3 & 5\\0 & -2 & 5\\0 & -6 & 15\end{bmatrix}\sim\begin{bmatrix}1 & -3 & 5\\0 & -2 & 5\end{bmatrix}$$

因此，$\operatorname{rank}(A-\lambda_1 I)=2$。因此，特徵值 $\lambda_1=-1$ 的幾何重數（特徵向量的數目）爲

$$s_1=n-\operatorname{rank}(A-\lambda_1 I)=3-2=1$$

考慮到這一點，通解 X 的形式爲

$$X(t)=P_{k_1-s_1}(t)e^{\lambda_1 t}=(A_0+A_1t+A_2t^2)e^{-t}$$

令向量 A_0，A_1，A_2 具有坐標

$$A_0=\begin{bmatrix}a_0\\b_0\\d_0\end{bmatrix},A_1=\begin{bmatrix}a_1\\b_1\\d_1\end{bmatrix},A_2=\begin{bmatrix}a_2\\b_2\\d_2\end{bmatrix}$$

我們寫出坐標函數並求出它們的導數：

$$x(t)=(a_0+a_1t+a_2t^2)e^{-t}$$
$$y(t)=(b_0+b_1t+b_2t^2)e^{-t}$$
$$z(t)=(d_0+d_1t+d_2t^2)e^{-t}$$
$$\frac{dx}{dt}=(a_1+2a_2t)e^{-t}-(a_0+a_1t+a_2t^2)e^{-t}$$
$$\frac{dy}{dt}=(b_1+2b_2t)e^{-t}-(b_0+b_1t+b_2t^2)e^{-t}$$
$$\frac{dz}{dt}=(d_1+2d_2t)e^{-t}-(d_0+d_1t+d_2t^2)e^{-t}$$

代入原方程組，並將每個方程式的兩邊除以指數函數 e^{-t}，我們得到：

$$a_1+2a_2t-a_0-a_1t-a_2t^2=-6(a_0+a_1t+a_2t^2)+5(b_0+b_1t+b_2t^2)$$
$$b_1+2b_2t-b_0-b_1t-b_2t^2=-2(a_0+a_1t+a_2t^2)-(b_0+b_1t+b_2t^2)+5(d_0+d_1t+d_2t^2)$$
$$d_1+2d_2t-d_0-d_1t-d_2t^2=a_0+a_1t+a_2t^2-3(b_0+b_1t+b_2t^2)+4(d_0+d_1t+d_2t^2)$$

左右兩側比較係數，我們可得下列方程組：

$$\begin{cases}a_1-a_0=-6a_0+5b_0\\2a_2-a_1=-6a_1+5b_1\\-a_2=-6a_2+5b_2\\b_1-b_0=-2a_0-b_0+5d_0\\2b_2-b_1=-2a_1-b_1+5d_1\\-b_2=-2a_2-b_2+5d_2\\d_1-d_0=a_0-3b_0+4d_0\\2d_2-d_1=a_1-3b_1+4d_1\\-d_2=a_2-3b_2+4d_2\end{cases}\Rightarrow\begin{cases}5a_0+a_1-5b_0=0\\5a_1+2a_2-5b_1=0\\a_2-b_2=0\\2a_0+b_1-5d_0=0\\2a_1+2b_2-5d_1=0\\2a_2-5d_2=0\\a_0-3b_0+5d_0-d_1=0\\a_1-3b_1+5d_1-2d_2=0\\a_2-3b_2+5d_2=0\end{cases}$$

方程組僅含有三個自變數。這是因為通解 X 必須包含三個線性獨立的函數。我們選擇

$$a_0 = C_1，a_1 = C_2，a_2 = C_3$$

作爲自變數，其他變數用 C_1，C_2，C_3 表示：

$$5b_0 = 5a_0 + a_1 = 5C_1 + C_2 \Rightarrow b_0 = C_1 + \frac{1}{5}C_2$$

$$5b_1 = 5a_1 + 2a_2 = 5C_2 + 2C_3 \Rightarrow b_1 = C_2 + \frac{2}{5}C_3$$

$$b_2 = a_2 = C_3$$

$$5d_0 = 2a_0 + b_1 = 2C_1 + C_2 + \frac{2}{5}C_3 \Rightarrow d_0 = \frac{2}{5}C_1 + \frac{1}{5}C_2 + \frac{2}{25}C_3$$

$$5d_1 = 2a_1 + 2b_2 = 2C_2 + 2C_3 \Rightarrow d_1 = \frac{2}{5}C_2 + \frac{2}{5}C_3$$

$$5d_2 = 2a_2 = 2C_3 \Rightarrow d_2 = \frac{2}{5}C_3$$

因此，通解可以寫成

$$x(t) = (a_0 + a_1t + a_2t^2)e^{-t} = (C_1 + C_2t + C_3t^2)e^{-t}$$

$$y(t) = (b_0 + b_1t + b_2t^2)e^{-t} = \left(C_1 + \frac{1}{5}C_2 + \left(C_2 + \frac{2}{5}C_3\right)t + C_3t^2\right)e^{-t}$$

$$z(t) = (d_0 + d_1t + d_2t^2)e^{-t} = \left(\frac{2}{5}C_1 + \frac{1}{5}C_2 + \frac{2}{25}C_3 + \left(\frac{2}{5}C_2 + \frac{2}{5}C_3\right)t + \frac{2}{5}C_3t^2\right)e^{-t}$$

我們以向量形式表示通解，明確寫出線性獨立的向量：

$$X(t) = \begin{bmatrix} x \\ y \\ z \end{bmatrix} = C_1e^{-t}\begin{bmatrix} 1 \\ 1 \\ \frac{2}{5} \end{bmatrix} + C_2e^{-t}\begin{bmatrix} t \\ \frac{1}{5}+t \\ \frac{1}{5}+\frac{2}{5}t \end{bmatrix} + C_3e^{-t}\begin{bmatrix} t^2 \\ \frac{2}{5}t+t^2 \\ \frac{2}{25}+\frac{2}{5}t+\frac{2}{5}t^2 \end{bmatrix}$$

重新改寫 C_1，C_2，C_3，去除分數坐標：

$$C_1 \to 5C_1，C_2 \to 5C_2，C_3 \to 25C_3$$

然後通解可寫成

$$X(t) = \begin{bmatrix} x \\ y \\ z \end{bmatrix} = C_1e^{-t}\begin{bmatrix} 5 \\ 5 \\ 2 \end{bmatrix} + C_2e^{-t}\begin{bmatrix} 5t \\ 1+5t \\ 1+2t \end{bmatrix} + C_3e^{-t}\begin{bmatrix} 25t^2 \\ 10t+25t^2 \\ 2+10t+10t^2 \end{bmatrix}$$

$$= C_1e^{-t}\begin{bmatrix} 5 \\ 5 \\ 2 \end{bmatrix} + C_2e^{-t}\left(\begin{bmatrix} 0 \\ 1 \\ 1 \end{bmatrix} + t\begin{bmatrix} 5 \\ 5 \\ 2 \end{bmatrix}\right) + C_3e^{-t}\left(\begin{bmatrix} 0 \\ 0 \\ 2 \end{bmatrix} + t\begin{bmatrix} 0 \\ 10 \\ 10 \end{bmatrix} + t^2\begin{bmatrix} 25 \\ 25 \\ 10 \end{bmatrix}\right)$$

請注意，通解包含 3 個線性獨立向量：

$$V_1=\begin{bmatrix}5\\5\\2\end{bmatrix}，V_2=\begin{bmatrix}0\\0\\1\end{bmatrix}，V_3=\begin{bmatrix}0\\1\\1\end{bmatrix}$$

其他向量與上式中的指定向量共線。在這三個向量中，V_1 是普通特徵向量，向量 V_2，V_3 稱為廣義特徵向量。通解的形式由方程組的所謂 Jordan 矩陣的結構決定。

筆記欄

7.4 用Jordan form求微分方程組的通解

我們考慮具有常係數的線性齊次微分方程組：

$$X'(t) = AX(t)$$

其中

$$X(t)=\begin{bmatrix} x_1(t) \\ x_2(t) \\ \vdots \\ x_n(t) \end{bmatrix}, A=\begin{bmatrix} a_{11} & a_{12} & \cdots & a_{1n} \\ a_{21} & a_{22} & \cdots & a_{2n} \\ \cdots & \cdots & \cdots & \cdots \\ a_{n1} & a_{n2} & \cdots & a_{nn} \end{bmatrix}$$

方程組的基本解集必須包含 n 個線性獨立的函數。當使用特徵值和特徵向量建構解時，經常會發現特徵向量的數目小於 n，即，對於這樣的方程組，組成基底的特徵向量不足。在這種情況下，可以，例如，使用未定係數法來求解。但是，有一種更通用，更優雅的方法來建構解。基於這樣一個事實，即任何方陣都可以簡化爲所謂的喬登正則式（Jordan canonical form）。知道矩陣的喬登式（Jordan form）和喬登基底（Jordan basis），就可以得到方程組的通解。

更詳細地考慮這種解法。首先，我們介紹一些基本定義。

1 矩陣的喬登式

喬登式可以看作是對角矩陣的推廣。對應於原始矩陣特徵值 λ_i 的所謂喬登方塊（Jordan block）位於矩陣的對角線上。喬登矩陣結構可以是：

$$J=\begin{pmatrix} \lambda_1 & 1 & 0 & 0 & 0 & 0 \\ 0 & \lambda_1 & 0 & 0 & 0 & 0 \\ 0 & 0 & \lambda_2 & 0 & 0 & 0 \\ 0 & 0 & 0 & \lambda_3 & 1 & 0 \\ 0 & 0 & 0 & 0 & \lambda_3 & 1 \\ 0 & 0 & 0 & 0 & 0 & \lambda_3 \end{pmatrix}$$

特徵值 λ_i 本身位於主對角線上。每個特徵值 λ_i 出現的次數與其代數重數（algebraic multiplicity）k_i 相同。在每個大小大於 1 的方塊中，主對角線上方有一個平行的對角線，由 1 組成。Jordan 矩陣的所有其他元素均爲零。矩陣中喬登方塊的順序不是唯一的。

② 廣義特徵向量和喬登鏈（Jordan chain）

考慮與特徵值 λ 相關聯的大小爲 k 的喬登方塊。這樣的方塊具有 k 個基底向量 $V_1, V_2, \cdots, V_k$。向量 V_1（$V_1 \neq 0$）是滿足方程式

$$AV_1 = \lambda V_1 \Rightarrow (A - \lambda I)V_1 = 0$$

的特徵向量（eigenvector），而向量 V_2（$V_2 \neq 0$）可由方程式

$$(A - \lambda I)V_2 = V_1$$

求出，稱爲一階廣義特徵向量（generalized eigenvector of first order）。同樣，可以找到其他更高階的廣義特徵向量：

$$(A - \lambda I)V_3 = V_2$$

$$\cdots\cdots\cdots\cdots\cdots\cdots$$

$$(A - \lambda I)V_k = V_{k-1}$$

注意從關係式

$$(A - \lambda I)V_1 = 0$$

以及

$$(A - \lambda I)V_2 = V_1$$

可以得出

$$(A - \lambda I)^2 V_2 = 0$$

對於階數爲 k 的廣義特徵向量 V_k，以下等式成立

$$(A - \lambda I)^k V_k = 0$$

由特徵向量 V_1 和廣義特徵向量 $V_2, \cdots, V_k$ 組成的向量 $V_1, V_2, \cdots, V_k$ 的集合是線性獨立的，稱爲喬登鏈（Jordan chain）。

每個長度爲 k 的喬登鏈對應於齊次方程組的 k 個線性獨立解，形式爲

$$X_1 = e^{\lambda t} V_1$$
$$X_2 = e^{\lambda t}\left(\frac{t}{1!}V_1 + V_2\right)$$
$$X_3 = e^{\lambda t}\left(\frac{t^2}{2!}V_1 + \frac{t}{1!}V_2 + V_3\right)$$
$$\cdots\cdots\cdots\cdots\cdots\cdots\cdots\cdots\cdots$$
$$X_k = e^{\lambda t}\left(\frac{t^{k-1}}{(k-1)!}V_1 + \cdots + \frac{t}{1!}V_{k-1} + V_k\right)$$

解的總數等於所有方塊的喬登鏈長度之和，即等於矩陣 n 的大小。這種線性獨立的向量函數的集合構成方程組的基本解。

③ 2×2 和 3×3 矩陣的通解

實際上，最常見的是二階和三階微分方程組。我們考慮了喬登式的所有情況，這些情況在此類方程組中會遇到，並且對通解有相應的公式。總共有八種不同的情況（對於 2×2 矩陣爲 3 種，對於 3×3 矩陣爲 5 種）。利用下表可以方便地說明此分類：

表 1

#	矩陣大小	特徵多項式	特徵值的代數（k）和幾何（s）重數	喬登式
1	$n=2$	$(\lambda-\lambda_1)(\lambda-\lambda_2)$	$\lambda_1 \quad k_1=1 \quad s_1=1$ $\lambda_2 \quad k_2=1 \quad s_2=1$	$\begin{bmatrix}\lambda_1 & 0\\ 0 & \lambda_2\end{bmatrix}$
2	$n=2$	$(\lambda-\lambda_1)^2$	$\lambda_1 \quad k_1=2 \quad s_1=2$	$\begin{bmatrix}\lambda_1 & 0\\ 0 & \lambda_1\end{bmatrix}$
3	$n=2$	$(\lambda-\lambda_1)^2$	$\lambda_1 \quad k_1=2 \quad s_1=1$	$\begin{bmatrix}\lambda_1 & 1\\ 0 & \lambda_1\end{bmatrix}$
4	$n=3$	$-(\lambda-\lambda_1)(\lambda-\lambda_2)(\lambda-\lambda_3)$	$\lambda_1 \quad k_1=1 \quad s_1=1$ $\lambda_2 \quad k_2=1 \quad s_2=1$ $\lambda_3 \quad k_3=1 \quad s_1=1$	$\begin{bmatrix}\lambda_1 & 0 & 0\\ 0 & \lambda_2 & 0\\ 0 & 0 & \lambda_3\end{bmatrix}$
5	$n=3$	$-(\lambda-\lambda_1)^2(\lambda-\lambda_2)$	$\lambda_1 \quad k_1=2 \quad s_1=2$ $\lambda_2 \quad k_2=1 \quad s_2=1$	$\begin{bmatrix}\lambda_1 & 0 & 0\\ 0 & \lambda_1 & 0\\ 0 & 0 & \lambda_2\end{bmatrix}$

6	$n=3$	$-(\lambda-\lambda_1)^2(\lambda-\lambda_2)$	$\lambda_1 \quad k_1=2 \quad s_1=1$ $\lambda_2 \quad k_2=1 \quad s_2=1$	$\begin{bmatrix}\lambda_1 & 1 & 0\\ 0 & \lambda_1 & 0\\ 0 & 0 & \lambda_2\end{bmatrix}$
7	$n=3$	$-(\lambda-\lambda_1)^3$	$\lambda_1 \quad k_1=3 \quad s_1=2$	$\begin{bmatrix}\lambda_1 & 1 & 0\\ 0 & \lambda_1 & 0\\ 0 & 0 & \lambda_1\end{bmatrix}$
8	$n=3$	$-(\lambda-\lambda_1)^3$	$\lambda_1 \quad k_1=3 \quad s_1=1$	$\begin{bmatrix}\lambda_1 & 1 & 0\\ 0 & \lambda_1 & 1\\ 0 & 0 & \lambda_1\end{bmatrix}$

現在討論在這些情況下如何計算特徵向量和廣義特徵向量並建構通解。

情況1. 2×2矩陣。兩個不同的特徵值λ_1，λ_2

在這種情況下，喬登正則式為對角矩陣。每個特徵值 λ_i 具有一個特徵向量 V_i，可以從矩陣方程

$$(A-\lambda_i I)V_i=0$$

中找到 V_i。

通解爲

$$X(t)=C_1e^{\lambda_1 t}V_1+C_2e^{\lambda_2 t}V_2$$

情況2. 2×2矩陣。一個特徵值λ_1（$k_1=2$，$s_1=2$）

此矩陣具有單一特徵值其重數爲 2。矩陣的秩爲 0，因此，幾何重數等於

$$s_1=n-\text{rank}(A-\lambda_i I)=2-0=2$$

即在求解方程式

$$(A-\lambda_i I)V=0$$

時，我們獲得兩個線性獨立的特徵向量 V_1 和 V_2。通解的形式與情況 1 相同：

$$X(t) = C_1 e^{\lambda_1 t} V_1 + C_2 e^{\lambda_1 t} V_2$$

情況3. 2×2矩陣。一個特徵值λ_1（$k_1 = 2$，$s_1 = 1$）

此處矩陣秩爲 1。因此，特徵值 λ_1 的幾何重數和特徵向量的數目等於

$$s_1 = n - \text{rank}(A - \lambda_i I) = 2 - 1 = 1$$

特徵向量 $V_1 = (V_{11}, V_{21})^T$ 可以從方程式

$$(A - \lambda_i I)V_1 = 0$$

中求得。

爲了建構基本的解，我們還需要一個線性獨立的向量。因此，我們取滿足方程

$$(A - \lambda_i I)V_2 = V_1$$

的廣義特徵向量 $V_2 = (V_{12}, V_{22})^T$。

我們可以基於常規特徵向量和廣義特徵向量組成矩陣 H：

$$H = \begin{bmatrix} V_{11} & V_{12} \\ V_{21} & V_{22} \end{bmatrix}$$

然後可以使用關係

$$H^{-1}AH = J$$

找到喬登式 J，其中 H^{-1} 是 H 的反矩陣。可以使用此性質來驗證常規特徵向量和廣義特徵向量。

通解表示爲

$$X(t) = C_1 e^{\lambda_1 t} V_1 + C_2 e^{\lambda_1 t}(tV_1 + V_2)$$

情況4. 3×3矩陣。三個不同的特徵值λ_1，λ_2，λ_3

這裡的喬登式是對角矩陣。每個特徵值 λ_i 具有特徵向量 V_i，此特徵

向量可由方程式

$$(A-\lambda_i I)V_i=0$$

求得。

微分方程組的通解可以寫成

$$X(t)=C_1e^{\lambda_1 t}V_1+C_2e^{\lambda_2 t}V_2+C_3e^{\lambda_3 t}V_3$$

情況5. 3×3矩陣。兩個特徵值$\lambda_1(k_1=2, s_1=2)$，$\lambda_2(k_2=1, s_2=1)$

在這種情況下，特徵方程具有兩個根，其中一個根具有重數 $k_1=2$。將 λ_1 代入矩陣 $A-\lambda_1 I$ 時，矩陣的秩為 1。結果，λ_1 的幾何重數和相關特徵向量的數目等於

$$s_1=n-\text{rank}(A-\lambda_1 I)=3-1=2$$

線性獨立的特徵向量 V_1 和 V_2（它們對應於兩個喬登方塊）可由方程式

$$(A-\lambda_1 I)V=0$$

中求得。

喬登式的第三個方塊由特徵值 λ_2（$k_2=1$，$s_2=1$）組成，其特徵向量 V_3 可從方程式

$$(A-\lambda_2 I)V_3=0$$

中求得。

通解為

$$X(t)=C_1e^{\lambda_1 t}V_1+C_2e^{\lambda_2 t}V_2+C_3e^{\lambda_2 t}V_3$$

情況6. 3×3 矩陣。兩個特徵值$\lambda_1(k_1=2, s_1=1)$，$\lambda_2(k_2=1, s_2=1)$

這種情況與前一種情況的不同之處在於，第一個特徵值 λ_1 僅具有一個特徵向量 V_1，滿足方程式

$$(A-\lambda_1 I)V_1=0$$

矩陣 $A-\lambda_1 I$ 的秩爲 2：

$$\text{rank}(A-\lambda_1 I)=2 \Rightarrow s_1 = n-\text{rank}(A-\lambda_1 I)=3-2=1$$

缺少的線性獨立向量爲廣義特徵向量 V_2，而 V_2 可由下式求得：

$$(A-\lambda_1 I)V_2 = V_1$$

另一個特徵值 λ_2（對應於第二喬登方塊）提供了另一個特徵向量 V_3。通解具有以下形式：

$$X(t)=C_1 e^{\lambda_1 t}V_1 + C_2 e^{\lambda_2 t}(tV_1+V_2)+C_3 e^{\lambda_2 t}V_3$$

情況7.　3×3矩陣。一個特徵值$\lambda_1(k_1=3, s_1=2)$

這裡的喬登式由具有相同特徵值 λ_1 的兩個喬登方塊組成。第一個喬登方塊具有一個常規特徵向量 V_1 和一個廣義特徵向量 V_2。它們可以從關係式

$$(A-\lambda_1 I)V_1 = 0，(A-\lambda_1 I)V_2 = V_1$$

中求得。

第一個喬登方塊具有兩個特徵向量形式的兩個解（因爲 $\text{rank}(A-\lambda_1 I)=1$）。第二個常規特徵向量（以 V_3 表示）與第二個喬登塊相關聯。

通解爲

$$X(t)=C_1 e^{\lambda_1 t}V_1 + C_2 e^{\lambda_1 t}(tV_1+V_2)+C_3 e^{\lambda_1 t}V_3$$

情況8.　3×3矩陣。一個特徵值$\lambda_1(k_1=3, s_1=1)$

在這種情況下，線性算子 A 的特徵值 λ_1 的重數爲 $k_1=3$，矩陣 $(A-\lambda_1 I)$ 的秩爲 2。

這導致以下事實：解具有由方程式

$$(A-\lambda_1 I)V_1 = 0$$

產生的特徵向量 V_1，而缺少的兩個線性獨立向量爲廣義特徵向量可

從關係鏈

$$(A-\lambda_1 I)V_2 = V_1，(A-\lambda_1 I)V_3 = V_2$$

中求得。

通解為

$$X(t) = C_1 e^{\lambda_1 t} V_1 + C_2 e^{\lambda_1 t}(tV_1 + V_2) + C_3 e^{\lambda_1 t}\left(\frac{t^2}{2!}V_1 + tV_2 + V_3\right)$$

下面我們考慮與情況 1-8 對應的方程組的例子。

例 1 解方程組

$$\frac{dx}{dt} = 2x - 3y，\frac{dy}{dt} = -x + 4y$$

解：我們寫出矩陣的特徵方程，並求特徵值：

$$\det(A-\lambda I) = \begin{vmatrix} 2-\lambda & -3 \\ -1 & 4-\lambda \end{vmatrix} = 0 \Rightarrow \lambda_1 = 1，\lambda_2 = 5$$

計算每個特徵值的特徵向量。

將 $\lambda_1 = 1$ 代入，我們求特徵向量 $V_1 = (V_{11}, V_{21})^T$：

$$\begin{bmatrix} 2-1 & -3 \\ -1 & 4-1 \end{bmatrix}\begin{bmatrix} V_{11} \\ V_{21} \end{bmatrix} = 0 \Rightarrow \begin{bmatrix} 1 & -3 \\ -1 & 3 \end{bmatrix}\begin{bmatrix} V_{11} \\ V_{21} \end{bmatrix} = 0$$

$$\Rightarrow \begin{cases} V_{11} - 3V_{21} = 0 \\ -V_{11} + 3V_{21} = 0 \end{cases} \Rightarrow V_{11} - 3V_{21} = 0$$

我們看到此矩陣的秩為 1。因此，特徵值 $\lambda_1 = 1$ 的幾何重數為

$$s_1 = n - (A - \lambda_1 I) = 2 - 1 = 1$$

因此，存在一個特徵向量。它的坐標是

$$V_{21} = t \Rightarrow V_{11} = 3V_{21} = 3t \Rightarrow V_1 = \begin{bmatrix} V_{11} \\ V_{21} \end{bmatrix} = \begin{bmatrix} 3t \\ t \end{bmatrix} = t\begin{bmatrix} 3 \\ 1 \end{bmatrix} \sim \begin{bmatrix} 3 \\ 1 \end{bmatrix}$$

同理，對於特徵值 $\lambda_2 = 5$，我們計算特徵向量 $V_2 = (V_{12}, V_{22})^T$：

$$\begin{bmatrix} 2-5 & -3 \\ -1 & 4-5 \end{bmatrix}\begin{bmatrix} V_{12} \\ V_{22} \end{bmatrix} = 0 \Rightarrow \begin{cases} -3V_{12} - 3V_{22} = 0 \\ -V_{12} - V_{22} = 0 \end{cases} \Rightarrow V_{12} + V_{22} = 0$$

令 $V_{22} = t$。則

$$V_{12} = -V_{22} = -t \Rightarrow V_2 = \begin{bmatrix} V_{12} \\ V_{22} \end{bmatrix} = \begin{bmatrix} -t \\ t \end{bmatrix} = t\begin{bmatrix} -1 \\ 1 \end{bmatrix} \sim \begin{bmatrix} -1 \\ 1 \end{bmatrix}$$

通解爲

$$X(t) = C_1 e^{\lambda_1 t} V_1 + C_2 e^{\lambda_2 t} V_2 = C_1 e^{t} \begin{bmatrix} 3 \\ 1 \end{bmatrix} + C_2 e^{5t} \begin{bmatrix} -1 \\ 1 \end{bmatrix}$$

例 2 解方程組

$$\frac{dx}{dt} = -x \text{，} \frac{dy}{dt} = -y$$

解：與往常一樣，首先我們求解特徵方程來得到特徵值：

$$\det(A - \lambda I) = \begin{vmatrix} -1-\lambda & 0 \\ 0 & -1-\lambda \end{vmatrix} = 0 \Rightarrow (-1-\lambda)^2 = 0 \Rightarrow \lambda_1 - -1$$

因此，方程組的矩陣具有特徵值 $\lambda_1 = -1$，其重數 $k_1 = 2$。

求出 λ_1 的特徵向量。

$$\begin{bmatrix} -1-(-1) & 0 \\ 0 & -1-(-1) \end{bmatrix} \begin{bmatrix} V_{11} \\ V_{22} \end{bmatrix} = 0 \Rightarrow \begin{cases} 0 \cdot V_{11} + 0 \cdot V_{21} = 0 \\ 0 \cdot V_{11} + 0 \cdot V_{21} = 0 \end{cases}$$

$$\Rightarrow 0 \cdot V_{11} + 0 \cdot V_{21} = 0$$

可以看出，在這種情況下，任何非零向量都是特徵向量。因此，我們可以選擇單位向量作爲一對線性獨立向量：

$$V_1 = \begin{bmatrix} 0 \\ 1 \end{bmatrix} \text{，} V_2 = \begin{bmatrix} 1 \\ 0 \end{bmatrix}$$

本題中，由兩個微分方程構成的方程組具有一個特徵值，該特徵值的代數重數和幾何重數等於 2。

通解爲

$$X(t) = \begin{bmatrix} x \\ y \end{bmatrix} = C_1 e^{\lambda_1 t} V_1 + C_2 e^{\lambda_1 t} V_2 = C_1 e^{-t} \begin{bmatrix} 0 \\ 1 \end{bmatrix} + C_2 e^{-t} \begin{bmatrix} 1 \\ 0 \end{bmatrix}$$

例 3 解方程組

$$\frac{dx}{dt} = 2x - y \text{，} \frac{dy}{dt} = x + 4y$$

解：我們寫出特徵方程式並求其根。

$$\det(A - \lambda I) = \begin{vmatrix} 2-\lambda & -1 \\ 1 & 4-\lambda \end{vmatrix} = 0$$

$$\Rightarrow (\lambda - 3)^2 = 0 \Rightarrow \lambda_1 = 3$$

方程組的矩陣具有一個特徵值 $\lambda_1 = 3$ 其代數重數 $k_1 = 2$。

求對應於 $\lambda_1 = 3$ 的特徵向量，設 $V_1 = (V_{11}, V_{21})^T$。可得：

$$\begin{bmatrix} 2-3 & -1 \\ 1 & 4-3 \end{bmatrix}\begin{bmatrix} V_{11} \\ V_{21} \end{bmatrix} = 0 \Rightarrow \begin{cases} -V_{11} - V_{21} = 0 \\ V_{11} + V_{21} = 0 \end{cases} \Rightarrow V_{11} + V_{21} = 0$$

設 $V_{21} = t$，則 V_1 的坐標爲

$$V_{11} = -V_{21} = -t \Rightarrow V_1 = \begin{bmatrix} V_{11} \\ V_{21} \end{bmatrix} = \begin{bmatrix} -t \\ t \end{bmatrix} = t\begin{bmatrix} -1 \\ 1 \end{bmatrix} \sim \begin{bmatrix} -1 \\ 1 \end{bmatrix}$$

驗算我們是否已經計算出正確的特徵向量 V_1。根據定義，特徵向量應滿足以下關係

$$AV_1 = \lambda_1 V_1$$

將已知值代入，可得

$$AV_1 = \begin{bmatrix} 2 & -1 \\ 1 & 4 \end{bmatrix}\begin{bmatrix} -1 \\ 1 \end{bmatrix} = \begin{bmatrix} -2-1 \\ -1+4 \end{bmatrix} = \begin{bmatrix} -3 \\ 1 \end{bmatrix} = 3\begin{bmatrix} -1 \\ 1 \end{bmatrix} = \lambda_1 V_1$$

這是對應於參數 $k_1 = 2$，$s_1 = 1$ 的組合，其中解由單個喬登方塊描述。爲了建構通解，我們必須求廣義特徵向量 $V_2 = (V_{12}, V_{22})^T$。我們可從下列的矩陣方程求得：

$$(A - \lambda_1 I)V_2 = V_1 \Rightarrow \begin{bmatrix} -1 & -1 \\ 1 & 1 \end{bmatrix}\begin{bmatrix} V_{12} \\ V_{22} \end{bmatrix} = \begin{bmatrix} V_{11} \\ V_{21} \end{bmatrix}$$

$$\Rightarrow \begin{bmatrix} -1 & -1 \\ 1 & 1 \end{bmatrix}\begin{bmatrix} V_{12} \\ V_{22} \end{bmatrix} = \begin{bmatrix} -1 \\ 1 \end{bmatrix} \Rightarrow \begin{cases} -V_{12} - V_{22} = -1 \\ V_{12} + V_{22} = 1 \end{cases}$$

$$\Rightarrow V_{12} + V_{22} = 1 \Rightarrow V_{22} = 0,\ V_{12} = 1$$

我們有

$$V_2 = \begin{bmatrix} 1 \\ 0 \end{bmatrix}$$

我們再次驗證以確保正確計算出廣義特徵向量 V_2。使用公式將原始矩陣 A 簡化爲

喬登正則式 J：

$$H^{-1}AH = J$$

其中矩陣 H 由求得的向量組成：

$$H = \begin{bmatrix} V_{11} & V_{12} \\ V_{21} & V_{22} \end{bmatrix} = \begin{bmatrix} -1 & 1 \\ 1 & 0 \end{bmatrix}$$

反矩陣 H^{-1} 等於：

$$H^{-1}=\frac{1}{\Delta}\begin{bmatrix}V_{11} & V_{12}\\ V_{21} & V_{22}\end{bmatrix}^T=\frac{1}{(-1)}\begin{bmatrix}0 & -1\\ -1 & -1\end{bmatrix}^T=-\begin{bmatrix}0 & -1\\ -1 & -1\end{bmatrix}=\begin{bmatrix}0 & 1\\ 1 & 1\end{bmatrix}$$

其中 Δ 是 H 的行列式。代入後，我們看到轉換的結果是喬登式：

$$H^{-1}AH=\begin{bmatrix}0 & 1\\ 1 & 1\end{bmatrix}\begin{bmatrix}2 & -1\\ 1 & 4\end{bmatrix}\begin{bmatrix}-1 & 1\\ 1 & 0\end{bmatrix}=\begin{bmatrix}3 & 1\\ 0 & 3\end{bmatrix}=J$$

微分方程組的通解為

$$X(t)=C_1e^{\lambda_1 t}V_1+C_2e^{\lambda_2 t}(tV_1+V_2)$$
$$-C_1e^{3t}\begin{bmatrix}-1\\ 1\end{bmatrix}+C_3e^{3t}\left(t\begin{bmatrix}-1\\ 1\end{bmatrix}+\begin{bmatrix}1\\ 0\end{bmatrix}\right)$$

例 4 相同特徵值

求方程組

$$\frac{dy_1}{dt}=3y_1+y_2$$
$$\frac{dy_2}{dt}=-y_1+y_2$$

解：這個方程是 $y'=Ay$，其中

$$A=\begin{pmatrix}3 & 1\\ -1 & 1\end{pmatrix}$$

我們可以找到特徵值，特徵方程為

$$\begin{vmatrix}3-\lambda & 1\\ -1 & 1-\lambda\end{vmatrix}=(3-\lambda)(1-\lambda)+1=\lambda^2-4\lambda+4=0$$

得到重複特徵值 $\lambda=2, 2$。接下來，我們需要 $\lambda=2$ 的特徵向量：

$$\begin{pmatrix}3 & 1\\ -1 & 1\end{pmatrix}\begin{pmatrix}a\\ b\end{pmatrix}=\begin{pmatrix}2a\\ 2b\end{pmatrix}$$

所以 $3a+b=2a$ 或 $b=-a$，因此，選擇 $a=1$ 我們得到

$$v_1=\begin{pmatrix}1\\ -1\end{pmatrix}$$

由於特徵值 $\lambda=2$ 重複兩次，所以通解可寫為

$$y=c_1v_1e^{2t}+c_2\,(tv_1+v_2)e^{2t}$$

我們要找到滿足方程

$$\begin{pmatrix}3-\lambda & 1\\ -1 & 1-\lambda\end{pmatrix}v_2=v_1\Rightarrow v_1=\begin{pmatrix}1 & 1\\ -1 & -1\end{pmatrix}v_2=\begin{pmatrix}1\\ -1\end{pmatrix}$$

的 v_2 的值。令

$$v_2=\begin{pmatrix} e \\ f \end{pmatrix}$$

我們有

$$e+f=1$$
$$-e-f=-1$$

這兩個方程是相同的，若 $f=0$ 則 $e=1$。因此，通解爲

$$y=c_1v_1e^{\lambda t}+c_2\,(v_1\,t+v_2)e^{\lambda t}=c_1\begin{pmatrix} 1 \\ -1 \end{pmatrix}e^{2t}+c_2\left[\begin{pmatrix} 1 \\ -1 \end{pmatrix}t+\begin{pmatrix} 1 \\ 0 \end{pmatrix}\right]e^{2t}$$

或

$$y=\left[\,(c_1+c_2t)\begin{pmatrix} 1 \\ -1 \end{pmatrix}+c_2\begin{pmatrix} 1 \\ 0 \end{pmatrix}\right]e^{2t}$$

其中 c_1 和 c_2 是積分常數。

例 5 相同特徵值

求方程組

$$y_1'=4y_1+y_2$$
$$y_2'=-y_1+2y_2$$

的解，初始條件 $y_1(0)=3$ 和 $y_2(0)=2$。

解：

$$A=\begin{pmatrix} 4 & 1 \\ -1 & 2 \end{pmatrix}$$

並且只有一個特徵向量，

$$\mathbf{v}=\begin{pmatrix} -1 \\ 1 \end{pmatrix}$$

，特徵值 $\lambda=3$。通解爲

$$\mathbf{y}=c_1\mathbf{v}e^{\lambda t}+c_2\,(t\mathbf{v}+\mathbf{u})e^{\lambda t}$$

其中 $\mathbf{u}$ 滿足

$$(A-\lambda\mathbf{I})\mathbf{u}=\mathbf{v}$$

所以，在這種情況下

$$\begin{pmatrix} 1 & 1 \\ -1 & -1 \end{pmatrix}\mathbf{u}=\begin{pmatrix} -1 \\ 1 \end{pmatrix}$$

解是

$$\mathbf{u}=\begin{pmatrix}-1\\0\end{pmatrix}$$

所以通解是

$$\mathbf{y}=c_1\begin{pmatrix}-1\\1\end{pmatrix}e^{3t}+c_2\left[t\begin{pmatrix}-1\\1\end{pmatrix}+\begin{pmatrix}-1\\0\end{pmatrix}\right]e^{3t}$$

現在，令 $t=0$ 我們得到

$$\begin{pmatrix}3\\2\end{pmatrix}=c_1\begin{pmatrix}-1\\1\end{pmatrix}+c_2\begin{pmatrix}-1\\0\end{pmatrix}$$

因此，

$$3=-c_1-c_2$$
$$2=c_1$$

得到 $c_1=2$ 和 $c_2=-5$，所以

$$\mathbf{y}=2\begin{pmatrix}-1\\1\end{pmatrix}e^{3t}-5\left[t\begin{pmatrix}-1\\1\end{pmatrix}+\begin{pmatrix}-1\\0\end{pmatrix}\right]e^{3t}$$

或

$$y_1=(3+5t)\,e^{3t}$$
$$y_2=(2-5t)\,e^{3t}$$

例 6 解方程組

$$\frac{dz}{dt}=-4x-6y-6z，\frac{dy}{dt}=x+3y+z，\frac{dz}{dt}=2x+4z$$

解：我們求特徵方程的根：

$$\det(A-\lambda I)=\begin{vmatrix}-4-\lambda & -6 & -6\\ 1 & 3-\lambda & 1\\ 2 & 0 & 4-\lambda\end{vmatrix}=0\Rightarrow\lambda(\lambda-1)(\lambda-2)=0$$

因此，矩陣具有三個不同的特徵值：$\lambda_1=0, \lambda_2=1, \lambda_3=2$

對於這些特徵值計算特徵向量 V_1，V_2，V_3。對於特徵值 $\lambda_1=0$，我們求 $V_1=(V_{11}, V_{21}, V_{31})^T$：

$$(A-\lambda_1 I)V_1=0=\begin{bmatrix}-4 & -6 & -6\\ 1 & 3 & 1\\ 2 & 0 & 4\end{bmatrix}\begin{bmatrix}V_{11}\\V_{21}\\V_{31}\end{bmatrix}=0$$

求矩陣的秩：

$$\begin{cases} -4V_{11} - 6V_{12} - 6V_{31} = 0 \\ V_{11} + 3V_{21} + V_{31} = 0 \\ 2V_{11} + 0 + 4V_{31} = 0 \end{cases} \Rightarrow \begin{cases} V_{11} + 3V_{21} + V_{31} = 0 \\ 3V_{21} - V_{31} = 0 \end{cases}$$

在這種情況下，矩陣的秩爲 2，因此 λ_1 的幾何重數等於 1。爲了找到與 λ_1 相關的向量 V_1，令 $V_{31} = t$，因此，我們有

$$3V_{21} = V_{31} = t \Rightarrow V_{21} = \frac{t}{3} \Rightarrow V_{11} = -3V_{21} - V_{31} = -3 \cdot \frac{t}{3} - t = -2t$$

所以，

$$V_1 = \begin{bmatrix} V_{11} \\ V_{21} \\ V_{31} \end{bmatrix} = \begin{bmatrix} -2t \\ \frac{t}{3} \\ t \end{bmatrix} \sim \begin{bmatrix} -6t \\ t \\ 3t \end{bmatrix} = t\begin{bmatrix} -6 \\ 1 \\ 3 \end{bmatrix} \sim \begin{bmatrix} -6 \\ 1 \\ 3 \end{bmatrix}$$

同理，對於特徵值 $\lambda_2 = 1$，我們要求向量 $V_2 = (V_{12}, V_{22}, V_{32})^T$：

$$(A - \lambda_2 I)V_2 = 0 \Rightarrow \begin{bmatrix} -4-1 & -6 & -6 \\ 1 & 3-1 & 1 \\ 2 & 0 & 4-1 \end{bmatrix}\begin{bmatrix} V_{12} \\ V_{22} \\ V_{32} \end{bmatrix} = 0$$

$$\Rightarrow \begin{cases} V_{12} + 2V_{22} + V_{32} = 0 \\ 4V_{22} - V_{32} = 0 \end{cases}$$

因此，我們得知 $\text{rank}(A - \lambda_2 I) = 2$。$\lambda_2 = 1$ 的幾何重數 $s_2 = 1$。令 $V_{32} = t$，並以 t 表示其他坐標 V_{12}，V_{22}：

$$4V_{22} = V_{32} = t \Rightarrow V_{22} = \frac{t}{4} \Rightarrow V_{12} = -2V_{22} - V_{32} = -2 \cdot \frac{t}{4} - t = -\frac{3}{2}t$$

因此，特徵向量 V_2 爲

$$V_2 = \begin{bmatrix} V_{12} \\ V_{22} \\ V_{32} \end{bmatrix} = \begin{bmatrix} -\frac{3}{2}t \\ \frac{t}{4} \\ t \end{bmatrix} \sim \begin{bmatrix} -6t \\ t \\ 4t \end{bmatrix} = t\begin{bmatrix} -6 \\ 1 \\ 4 \end{bmatrix} \sim \begin{bmatrix} -6 \\ 1 \\ 4 \end{bmatrix}$$

現在我們求特徵值 $\lambda_3 = 2$ 的特徵向量 $V_3 = (V_{13}, V_{23}, V_{33})^T$：

$$(A - \lambda_3 I)V_3 = 0 \Rightarrow \begin{bmatrix} -4-2 & -6 & -6 \\ 1 & 3-2 & 1 \\ 2 & 0 & 4-2 \end{bmatrix}\begin{bmatrix} V_{13} \\ V_{23} \\ V_{33} \end{bmatrix} = 0$$

$$\begin{cases}-6V_{13}-6V_{23}-6V_{33}=0\\ V_{13}+V_{23}+V_{33}=0\\ 2V_{13}+0+2V_{33}=0\end{cases}\Rightarrow\begin{cases}V_{13}+V_{23}+V_{33}=0\\ V_{13}+0+V_{33}=0\end{cases}$$

由此可知 $\text{rank}(A-\lambda_3 I)=2$。令 $V_{33}=t$，計算出坐標 V_{13}，V_{23}：

$$V_{13}=-V_{33}=-t\Rightarrow V_{23}=-V_{33}-V_{13}=t-t=0$$

因此，

$$V_3=\begin{bmatrix}V_{13}\\ V_{23}\\ V_{33}\end{bmatrix}=\begin{bmatrix}-t\\ 0\\ t\end{bmatrix}=t\begin{bmatrix}-1\\ 0\\ 1\end{bmatrix}\sim\begin{bmatrix}-1\\ 0\\ 1\end{bmatrix}$$

我們找到了所有特徵向量。方程組的通解爲

$$X(t)=\begin{bmatrix}x\\ y\\ z\end{bmatrix}=\sum_{i=1}^{3}C_i e^{\lambda_i t}V_i=C_1\begin{bmatrix}-6\\ 1\\ 3\end{bmatrix}+C_2e^{t}\begin{bmatrix}-6\\ 1\\ 4\end{bmatrix}+C_3e^{2t}\begin{bmatrix}-1\\ 0\\ 1\end{bmatrix}$$

例 7 解方程組

$$\frac{dx}{dt}=x-y-z，\frac{dy}{dt}=-x+y-z，\frac{dz}{dt}=-x-y+z$$

解：計算特徵方程的根：

$$\det(A-\lambda I)=\begin{vmatrix}1-\lambda & -1 & -1\\ -1 & 1-\lambda & -1\\ -1 & -1 & 1-\lambda\end{vmatrix}=0$$

$$\Rightarrow\lambda^3-3\lambda^2+4=0$$

$$\Rightarrow(\lambda+1)(\lambda-2)^2=0$$

因此，方程組具有兩個特徵值：$\lambda_1=-1$ 其重數 $k_1=1$ 和 $\lambda_2=2$ 其重數 $k_2=2$。

欲求特徵向量。對於 $\lambda_1=-1$，計算矩陣 $A-\lambda_1 I$ 的秩：

$$\begin{bmatrix}1+1 & -1 & -1\\ -1 & 1+1 & -1\\ -1 & -1 & 1+1\end{bmatrix}\sim\begin{bmatrix}2 & -1 & -1\\ -1 & 2 & -1\\ -1 & -1 & 2\end{bmatrix}\sim\begin{bmatrix}2 & -1 & -1\\ 0 & 3 & -3\\ 0 & -3 & 3\end{bmatrix}$$

$$\sim\begin{bmatrix}2 & -1 & -1\\ 0 & 1 & -1\end{bmatrix}$$

可知 $\text{rank}(A-\lambda_1 I)=2$，這意味著只有一個特徵向量 $V_1=(V_{11},V_{21},V_{31})^T$，對應於給定的特徵值：

$$s_1 = n - \text{rank}(A - \lambda_1 I) = 3 - 2 = 1$$

從方程組

$$\begin{cases} 2V_{11} - V_{21} - V_{31} = 0 \\ 0 + V_{21} - V_{31} = 0 \end{cases}$$

中求特徵向量的坐標。

令 $V_{31} = t$，因此

$$V_{21} = V_{31} = t \Rightarrow 2V_{11} = V_{21} + V_{31} = t + t = 2t \Rightarrow V_{11} = t$$

特徵向量 V_1 等於

$$V_1 = \begin{bmatrix} V_{11} \\ V_{21} \\ V_{31} \end{bmatrix} = \begin{bmatrix} t \\ t \\ t \end{bmatrix} = t\begin{bmatrix} 1 \\ 1 \\ 1 \end{bmatrix} \sim \begin{bmatrix} 1 \\ 1 \\ 1 \end{bmatrix}$$

現在我們考慮第二個特徵值 $\lambda_2 = 2$，代數重數 $k_2 = 2$。求 $A - \lambda_2 I$ 的秩和幾何重數 s_2：

$$A - \lambda_2 I = \begin{bmatrix} 1-2 & -1 & -1 \\ -1 & 1-2 & -1 \\ -1 & -1 & 1-2 \end{bmatrix} \sim \begin{bmatrix} -1 & -1 & -1 \\ -1 & -1 & -1 \\ -1 & -1 & -1 \end{bmatrix} \sim (-1 \quad -1 \quad -1)$$

$$\sim (1 \quad 1 \quad 1)$$

因此，

$$s_2 = n - \text{rank}(A - \lambda_2 I) = 3 - 1 = 2$$

在這種情況下，矩陣具有兩個特徵向量。如果我們令 $V_2 = (V_{12}, V_{22}, V_{32})^T$, $V_3 = (V_{13}, V_{23}, V_{33})^T$，則這兩個向量的坐標將滿足方程式

$$V_{12} + V_{22} + V_{32} = 0 \quad \text{and} \quad V_{13} + V_{23} + V_{33} = 0$$

令 $V_{22} = 0$，$V_{32} = 1$ 以及 $V_{23} = 1$，$V_{33} = 0$，我們得到以下線性獨立的向量：

$$V_2 = \begin{bmatrix} V_{12} \\ V_{22} \\ V_{32} \end{bmatrix} = \begin{bmatrix} -1 \\ 0 \\ 1 \end{bmatrix}，V_3 = \begin{bmatrix} V_{13} \\ V_{23} \\ V_{33} \end{bmatrix} = \begin{bmatrix} -1 \\ 1 \\ 0 \end{bmatrix}$$

將通解的所有分量整合，我們可以將通解寫成以下形式

$$X(t) = C_1 e^{-t}\begin{bmatrix} 1 \\ 1 \\ 1 \end{bmatrix} + C_2 e^{2t}\begin{bmatrix} -1 \\ 0 \\ 1 \end{bmatrix} + C_3 e^{2t}\begin{bmatrix} -1 \\ 1 \\ 0 \end{bmatrix}$$

例 8 求方程組

$$\frac{dx}{dt}=-3x-6y+6z\text{，}\frac{dy}{dt}=x+6z\text{，}\frac{dz}{dt}=-y+4z$$

的通解。

解：我們計算特徵值：

$$\det(A-\lambda I)=\begin{vmatrix}-3-\lambda & -6 & 6\\ 1 & 0-\lambda & 6\\ 0 & -1 & 4-\lambda\end{vmatrix}=0\Rightarrow\lambda^2(\lambda-1)=0$$

可以看出有兩個特徵值：$\lambda_1=0$ 其重數 k_1-2 和 $\lambda_2=1$ 其重數 $k_2=1$。

計算矩陣 $A-\lambda_1 I$ 的秩：

$$A-\lambda_1 I=\begin{bmatrix}-3 & -6 & 6\\ 1 & 0 & 6\\ 0 & -1 & 4\end{bmatrix}\sim\begin{bmatrix}1 & 2 & 2\\ 1 & 0 & 6\\ 0 & -1 & 4\end{bmatrix}\sim\begin{bmatrix}1 & 2 & -2\\ 0 & -2 & 8\\ 0 & -1 & 4\end{bmatrix}$$

$$\sim\begin{bmatrix}1 & 2 & -2\\ 0 & -1 & 4\end{bmatrix}$$

因此，$\text{rank}(A-\lambda_1 I)=2$，特徵值 $\lambda_1=0$ 的幾何重數 s_1 等於：

$$s_1=n-\text{rank}(A-\lambda_1 I)=3-2=1$$

顯然，我們正在處理喬登式包含兩個喬登方塊的情況，其中一個與一個獨立的特徵向量和一個廣義的特徵向量相關聯。首先我們利用矩陣方程

$$(A-\lambda_1 I)V_1=0$$

來求普通特徵向量 $V_1=(V_{11},V_{21},V_{31})^T$。此矩陣方程相當於下列方程組

$$\begin{cases}V_{11}+2V_{21}-2V_{31}=0\\ 0-V_{21}+4V_{31}=0\end{cases}$$

令 $V_{31}=t$。則

$$V_{21}=4V_{31}=4t\Rightarrow V_{11}=-2V_{21}+2V_{31}=-2\cdot 4t+2t=-6t$$

我們得到

$$V_1=\begin{bmatrix}V_{11}\\ V_{21}\\ V_{31}\end{bmatrix}=\begin{bmatrix}-6t\\ 4t\\ t\end{bmatrix}=t\begin{bmatrix}-6\\ 4\\ 1\end{bmatrix}\sim\begin{bmatrix}-6\\ 4\\ 1\end{bmatrix}$$

現在我們計算廣義特徵向量 $V_2=(V_{12},V_{22},V_{32})^T$：

$$(A-\lambda_1 I)V_2 = V_1 \Rightarrow \begin{bmatrix} -3 & -6 & 6 \\ 1 & 0 & 6 \\ 0 & -1 & 4 \end{bmatrix} \begin{bmatrix} V_{12} \\ V_{22} \\ V_{32} \end{bmatrix} = \begin{bmatrix} -6 \\ 4 \\ 1 \end{bmatrix}$$

$$\Rightarrow \begin{cases} V_{12} + 2V_{22} - 2V_{32} = 0 \\ -V_{22} + 4V_{32} = 0 \end{cases}$$

我們可以選擇滿足這些方程式的任何向量。假設 $V_{32} = 0$。則其餘的坐標是

$V_{22} = 4V_{32} - 1 = -1$，$V_{12} = 2V_{32} - 2V_{22} + 2 = 0 - 2 \cdot (-1) + 2 = 4$

因此，廣義特徵向量的坐標 V_2 是

$$V_2 = \begin{bmatrix} V_{12} \\ V_{22} \\ V_{32} \end{bmatrix} = \begin{bmatrix} 4 \\ -1 \\ 0 \end{bmatrix}$$

現在考慮特徵值 $\lambda_2 = 1$。求對應的特徵向量 $V_3 = (V_{13}, V_{23}, V_{33})^T$

$$\begin{bmatrix} -3-1 & -6 & 6 \\ 1 & 0-1 & 6 \\ 0 & -1 & 4-1 \end{bmatrix} \cdot \begin{bmatrix} V_{13} \\ V_{23} \\ V_{33} \end{bmatrix} = 0 \Rightarrow \begin{cases} V_{13} - V_{23} + 6V_{33} = 0 \\ V_{23} + 3V_{33} = 0 \end{cases}$$

令 $V_{33} = t$。則

$$V_{23} = 3V_{33} = 3t \Rightarrow V_{13} = V_{23} - 6V_{33} = 3t - 6t = -3t$$

因此，

$$V_3 = \begin{bmatrix} V_{13} \\ V_{23} \\ V_{33} \end{bmatrix} = \begin{bmatrix} -3t \\ 3t \\ t \end{bmatrix} = t\begin{bmatrix} -3 \\ 3 \\ 1 \end{bmatrix} \sim \begin{bmatrix} -3 \\ 3 \\ 1 \end{bmatrix}$$

利用將矩陣 A 簡化爲喬登正則式 J 的公式

$$H^{-1}AH = J$$

其中

$$H = \begin{bmatrix} -6 & 4 & -3 \\ 4 & -1 & 3 \\ 1 & 0 & 1 \end{bmatrix}$$

驗證特徵向量計算的正確性。

矩陣 H 的行列式爲

$$\Delta=\begin{vmatrix}-6 & 4 & -3\\ 4 & -1 & 3\\ 1 & 0 & 1\end{vmatrix}=1\cdot(12-3)+1\cdot(6-16)=9-10=-1$$

形成餘因子矩陣 B：

$$B=\begin{bmatrix}A_{11} & A_{12} & A_{13}\\ A_{21} & A_{22} & A_{23}\\ A_{31} & A_{32} & A_{33}\end{bmatrix}$$

$$A_{11}=\begin{vmatrix}-1 & 3\\ 0 & 1\end{vmatrix}=-1-0=-1\text{，}A_{12}=-\begin{vmatrix}4 & 3\\ 1 & 1\end{vmatrix}=-(4-3)=-1$$

$$A_{13}=\begin{vmatrix}4 & -1\\ 1 & 0\end{vmatrix}=0+1=1\text{，}A_{21}=-\begin{vmatrix}4 & -3\\ 0 & 1\end{vmatrix}=-(4-0)=-4$$

$$A_{22}=\begin{vmatrix}-6 & -3\\ 1 & 1\end{vmatrix}=-6+3=-3\text{，}A_{23}=\begin{vmatrix}-6 & 4\\ 1 & 0\end{vmatrix}=-(0-4)=4$$

$$A_{31}=\begin{vmatrix}4 & -3\\ -1 & 3\end{vmatrix}=12-3=9\text{，}A_{32}=\begin{vmatrix}-6 & -3\\ 4 & 3\end{vmatrix}=-(-18+12)=6$$

$$A_{33}=\begin{vmatrix}-6 & 4\\ 4 & -1\end{vmatrix}=6-16=-10$$

因此，

$$B=\begin{bmatrix}A_{11} & A_{12} & A_{13}\\ A_{21} & A_{22} & A_{23}\\ A_{31} & A_{32} & A_{33}\end{bmatrix}=\begin{bmatrix}-1 & -1 & 1\\ -4 & -3 & 4\\ 9 & 6 & -10\end{bmatrix}$$

將矩陣 B 轉置，我們寫出反矩陣 H^{-1}：

$$H^{-1}=\frac{1}{\Delta}B^T=(-1)\cdot\begin{bmatrix}-1 & -4 & 9\\ -1 & -3 & 6\\ 1 & 4 & -10\end{bmatrix}=\begin{bmatrix}1 & 4 & -9\\ 1 & 3 & -6\\ -1 & -4 & 10\end{bmatrix}$$

計算三個矩陣的乘積：

$$H^{-1}AH=\begin{bmatrix}1 & 4 & -9\\ 1 & 3 & -6\\ -1 & -4 & 10\end{bmatrix}\cdot\begin{bmatrix}-3 & -6 & 6\\ 1 & 0 & 6\\ 0 & -1 & 4\end{bmatrix}\cdot\begin{bmatrix}-6 & 4 & -3\\ 4 & -1 & 3\\ 1 & 0 & 1\end{bmatrix}$$

$$=\begin{bmatrix}1 & 3 & -6\\ 0 & 0 & 0\\ -1 & -4 & 10\end{bmatrix}\cdot\begin{bmatrix}-6 & 4 & -3\\ 4 & -1 & 3\\ 1 & 0 & 1\end{bmatrix}=\begin{bmatrix}0 & 1 & 0\\ 0 & 0 & 0\\ 0 & 0 & 1\end{bmatrix}=J$$

我們獲得喬登式 J，在第一個喬登方塊的對角線上含有特徵值 $\lambda_1 = 0$，在第二個喬登方塊的對角線上含有特徵值 $\lambda_2 = 1$。

通解爲

$$X(t) = \begin{bmatrix} x \\ y \\ z \end{bmatrix} = C_1 e^{\lambda_1 t} V_1 + C_2 e^{\lambda_2 t}(tV_1 + V_2) + C_3 e^{\lambda_2 t} V_3 = C_1 \begin{bmatrix} -6 \\ 4 \\ 1 \end{bmatrix}$$

$$+ C_2 \left(t \begin{bmatrix} -6 \\ 4 \\ 1 \end{bmatrix} + \begin{bmatrix} 4 \\ -1 \\ 0 \end{bmatrix} \right) + C_3 e^t \begin{bmatrix} -3 \\ 3 \\ 1 \end{bmatrix}$$

例 9 求線性微分方程組

$$\frac{dx}{dt} = 4x + 6y - 15z，\frac{dy}{dt} = x + 3y - 5z，\frac{dz}{dt} = x + 2y - 4z$$

的通解。

解：我們寫出特徵方程並求出特徵值：

$$\det(A - \lambda I) = \begin{vmatrix} 4-\lambda & 6 & -15 \\ 1 & 3-\lambda & -5 \\ 1 & 2 & -4-\lambda \end{vmatrix} = 0 \Rightarrow (\lambda - 1)^3 = 0$$

此方程具有一個根 $\lambda_1 = 1$ 其重數 $k_1 = 3$。求矩陣 $A - \lambda_1 I$ 的秩：

$$\begin{bmatrix} 4-1 & 6 & -15 \\ 1 & 3-1 & -5 \\ 1 & 2 & -4-1 \end{bmatrix} \sim \begin{bmatrix} 3 & 6 & -15 \\ 1 & 2 & -5 \\ 1 & 2 & -5 \end{bmatrix} \sim (1 \quad 2 \quad -5)$$

秩是 1。因此，特徵值 $\lambda_1 = 1$ 的幾何重數爲

$$s_1 = n - \text{rank}(A - \lambda_1 I) = 3 - 1 = 2$$

因此，喬登式由兩個喬登方塊組成。

欲求與特徵值 $\lambda_1 = 1$ 相關的特徵向量 V_1 和 V_2。令特徵向量 V_1 的坐標爲 $V_1 = (V_{11}, V_{21}, V_{31})^T$。解方程

$$(A - \lambda_1 I)V_1 = 0 \Rightarrow V_{11} + 2V_{21} - 5V_{31} = 0$$

我們可以任意選擇兩個坐標。對向量 V_1，令 $V_{21} = 1$，$V_{31} = 0$，對向量 V_2，令 $V_{21} = 0$，$V_{31} = 1$，可以獲得一對簡單的線性獨立向量。將這些值代入上式，我們找到特徵向量 V_1 和 V_2 的 V_{11} 坐標：

$$V_1 = \begin{bmatrix} -2 \\ 1 \\ 0 \end{bmatrix}, V_2 = \begin{bmatrix} 5 \\ 0 \\ 1 \end{bmatrix}$$

在這裡，我們必須記住，在秩爲 1 的方程組中，有無限多個特徵向量（位於 $x + 2y - 5z = 0$ 平面中）。同時，在此步驟中，向量 V_1 和 V_2 不一定是喬登基底的一部分。

考慮 2×2 喬登方塊。顯然，喬登鏈由一個獨立的特徵向量和一個廣義的特徵向量組成。我們將這些向量表示爲 U_1 和 U_2，它們必須滿足以下矩陣方程式：

$$(A - \lambda_1 I)U_2 = U_1, (A - \lambda_1 I)U_1 = 0$$

驗證 $(A - \lambda_1 I)^2 = 0$：

$$(A - \lambda_1 I)^2 = \begin{bmatrix} 3 & 6 & -15 \\ 1 & 2 & -5 \\ 1 & 2 & -5 \end{bmatrix}^2$$

$$= \begin{bmatrix} 3 & 6 & -15 \\ 1 & 2 & -5 \\ 1 & 2 & -5 \end{bmatrix} \cdot \begin{bmatrix} 3 & 6 & -15 \\ 1 & 2 & -5 \\ 1 & 2 & -5 \end{bmatrix}$$

$$= \begin{bmatrix} 0 & 0 & 0 \\ 0 & 0 & 0 \\ 0 & 0 & 0 \end{bmatrix} = 0$$

因此，任何非零向量都屬於算子 $(A - \lambda_1 I)^2$ 的核（kernel）。由於矩陣 $A - \lambda_1 I$ 的第一行不等於零，因此可以將軸 Ox 的單位向量作爲廣義特徵向量 U_2：$U_2 = (1, 0, 0)^T$。

計算向量 U_1：

$$U_1 = \begin{bmatrix} 3 & 6 & -15 \\ 1 & 2 & -5 \\ 1 & 2 & -5 \end{bmatrix} \begin{bmatrix} 1 \\ 0 \\ 0 \end{bmatrix} = \begin{bmatrix} 3+0+0 \\ 1+0+0 \\ 1+0+0 \end{bmatrix} = \begin{bmatrix} 3 \\ 1 \\ 1 \end{bmatrix}$$

我們證明求得的向量 U_1 屬於算子 $A - \lambda_1 I$ 的核，亦即是 A 的特徵向量：

$$(A - \lambda_1 I)U_1 = \begin{bmatrix} 3 & 6 & -15 \\ 1 & 2 & -5 \\ 1 & 2 & -5 \end{bmatrix} \begin{bmatrix} 3 \\ 1 \\ 1 \end{bmatrix} = \begin{bmatrix} 9+6-15 \\ 3+2-5 \\ 3+2-5 \end{bmatrix} = \begin{bmatrix} 0 \\ 0 \\ 0 \end{bmatrix} = 0$$

因此，我們有兩個與 2×2 喬登方塊相關的基底向量 U_1 和 U_2。另一個 1×1 喬登方塊可以取與 $U_1 = (3, 1, 1)^T$ 不共線的 A 的任何特徵向量。例如，我們取在開始求解時得到的向量 $V_2 = (5, 0, 1)^T$。

三個線性獨立的向量 U_1，U_2 和 V_2 形成喬登基底。方程組的通解可表示為

$$X(t)=\begin{bmatrix} x \\ y \\ z \end{bmatrix}=C_1e^{\lambda_1 t}U_1+C_2e^{\lambda_1 t}(tU_1+U_2)+C_3e^{\lambda_1 t}V_2=C_1e^t\begin{bmatrix} 3 \\ 1 \\ 1 \end{bmatrix}$$

$$+C_2e^t\left(t\begin{bmatrix} 3 \\ 1 \\ 1 \end{bmatrix}+\begin{bmatrix} 1 \\ 0 \\ 0 \end{bmatrix}\right)+C_3e^t\begin{bmatrix} 5 \\ 0 \\ 1 \end{bmatrix}$$

例 10 解線性齊次方程組

$$\frac{dx}{dt}=-7x-5y-3z\text{，}\frac{dy}{dt}=2x-2y-3z\text{，}\frac{dz}{dt}=y$$

解：我們求特徵方程的根：

$$\det(A-\lambda I)=\begin{vmatrix} -7-\lambda & -5 & -3 \\ 2 & -2-\lambda & -3 \\ 0 & 1 & -\lambda \end{vmatrix}=0\Rightarrow(\lambda+3)^3=0$$

因此，矩陣 A 具有一個特徵值 $\lambda_1 = -3$ 其代數重數 $k_1 = 3$。

計算矩陣 $A-\lambda_1 I$ 的秩：

$$\begin{bmatrix} -7+3 & -5 & -3 \\ 2 & -2+3 & -3 \\ 0 & 1 & 3 \end{bmatrix}\sim\begin{bmatrix} -4 & -5 & -3 \\ 2 & 1 & -3 \\ 0 & 1 & 3 \end{bmatrix}\sim\begin{bmatrix} 2 & 1 & -3 \\ 4 & 5 & 3 \\ 0 & 1 & 3 \end{bmatrix}$$

$$\sim\begin{bmatrix} 2 & 1 & -3 \\ 0 & 3 & 9 \\ 0 & 1 & 3 \end{bmatrix}\sim\begin{bmatrix} 2 & 1 & -3 \\ 0 & 1 & 3 \end{bmatrix}$$

可以看出，$\text{rank}(A-\lambda_1 I)=2$，所以 $\lambda_1 = -3$ 的幾何重數是

$$s_1 = n-\text{rank}(A-\lambda_1 I)=3-2=1$$

這種情況有一個大小為 3×3 的喬登方塊。相應的鏈將由一個正則特徵向量 V_1 和兩個廣義特徵向量 V_2，V_3 組成。對於這些構成喬登基底的向量，我們有以下關係：

$$(A-\lambda_1 I)V_1=0\text{，}(A-\lambda_1 I)V_2=V_1\text{，}(A-\lambda_1 I)V_3=V_2$$

我們可證明 $(A-\lambda_1 I)^3=0$。

因此，

$$\ker(A-\lambda_1 I)^3 = R^3$$

這就是算子 $(A-\lambda_1 I)^3$ 的核與整個空間一致。因此，我們可以選擇任意非零向量 V_3 來形成喬登鏈。例如，取向量 $V_3=(1, 0, 0)^T$，並確保它不屬於算子 $(A-\lambda_1 I)^2$ 的核：

$$(A-\lambda_1 I)^2 V_3=\begin{bmatrix} 6 & 12 & 18 \\ -6 & -12 & -18 \\ 2 & 4 & 6 \end{bmatrix}\begin{bmatrix} 1 \\ 0 \\ 0 \end{bmatrix}=\begin{bmatrix} 6+0+0 \\ -6+0+0 \\ 2+0+0 \end{bmatrix}=\begin{bmatrix} 6 \\ -6 \\ 2 \end{bmatrix}\neq 0$$

現在我們從關係鏈

$$V_1=(A-\lambda_1 I)V_2=(A-\lambda_1 I)^2 V_3$$

計算向量 V_2 和 V_1。

我們的目標是獲得非零向量 V_1，亦即建構喬登基底。

繼續計算，我們求 V_2 和 V_1：

$$V_2=(A-\lambda_1 I)V_3=\begin{bmatrix} -4 & -5 & -3 \\ 2 & 1 & -3 \\ 0 & 1 & 3 \end{bmatrix}\begin{bmatrix} 1 \\ 0 \\ 0 \end{bmatrix}=\begin{bmatrix} -4+0+0 \\ 2+0+0 \\ 0+0+0 \end{bmatrix}=\begin{bmatrix} -4 \\ 2 \\ 0 \end{bmatrix}$$

$$V_1=(A-\lambda_1 I)V_2=\begin{bmatrix} -4 & -5 & -3 \\ 2 & 1 & -3 \\ 0 & 1 & 3 \end{bmatrix}\begin{bmatrix} -4 \\ 2 \\ 0 \end{bmatrix}=\begin{bmatrix} 16-10+0 \\ -8+2+0 \\ 0+2+0 \end{bmatrix}=\begin{bmatrix} 6 \\ -6 \\ 2 \end{bmatrix}$$

因此，我們確定了由向量

$$V_1=\begin{bmatrix} 6 \\ -6 \\ 2 \end{bmatrix}，V_2=\begin{bmatrix} -4 \\ 2 \\ 0 \end{bmatrix}，V_3=\begin{bmatrix} 1 \\ 0 \\ 0 \end{bmatrix}$$

組成的喬登基底。

現在我們使用公式

$$H^{-1}AH=J$$

驗證結果。其中矩陣 H 由基底向量 V_1，V_2，V_3 組成：

$$H=\begin{bmatrix} 6 & -4 & 1 \\ -6 & 2 & 0 \\ 2 & 0 & 0 \end{bmatrix}$$

反矩陣 H^{-1} 為

$$H^{-1}=\begin{bmatrix} 0 & 0 & \frac{1}{2} \\ 0 & \frac{1}{2} & \frac{3}{2} \\ 1 & 2 & 3 \end{bmatrix}$$

矩陣相乘，我們得到

$$H^{-1}AH=\begin{bmatrix} 0 & 0 & \frac{1}{2} \\ 0 & \frac{1}{2} & \frac{3}{2} \\ 1 & 2 & 3 \end{bmatrix}\cdot\begin{bmatrix} -7 & -5 & -3 \\ 2 & -2 & -3 \\ 0 & 1 & 0 \end{bmatrix}\cdot\begin{bmatrix} 6 & -4 & 1 \\ -6 & 2 & 0 \\ 2 & 0 & 0 \end{bmatrix}$$

$$=\begin{bmatrix} 0 & \frac{1}{2} & 0 \\ 1 & \frac{1}{2} & -\frac{3}{2} \\ -3 & -6 & -9 \end{bmatrix}\cdot\begin{bmatrix} 6 & -4 & 1 \\ -6 & 2 & 0 \\ 2 & 0 & 0 \end{bmatrix}=\begin{bmatrix} -3 & 1 & 0 \\ 0 & -3 & 1 \\ 0 & 0 & -3 \end{bmatrix}=J$$

結果是一個大小爲 3×3 的喬登方塊。

此方程組的解爲

$$X(t)=C_1e^{\lambda_1 t}V_1+C_2e^{\lambda_1 t}(tV_1+V_2)+C_3e^{\lambda_1 t}\cdot\left(\frac{t^2}{2!}V_1+tV_2+V_3\right)$$

$$=C_1e^{-3t}\begin{bmatrix} 6 \\ -6 \\ 2 \end{bmatrix}+C_2e^{-3t}\left(t\begin{bmatrix} 6 \\ -6 \\ 2 \end{bmatrix}+\begin{bmatrix} -4 \\ 2 \\ 0 \end{bmatrix}\right)$$

$$+C_3e^{-3t}\left(\frac{t^2}{2}\begin{bmatrix} 6 \\ -6 \\ 2 \end{bmatrix}+t\begin{bmatrix} -4 \\ 2 \\ 0 \end{bmatrix}+\begin{bmatrix} 1 \\ 1 \\ 0 \end{bmatrix}\right)$$

7.5 矩陣指數的方法

① 矩陣指數的定義和性質

考慮大小爲 $n \times n$ 的方陣 A，其元素可以是實數或複數。由於矩陣 A 是方陣，因此定義了升冪的運算，即我們可以計算矩陣

$$A^0 = I, A^1 = A, A^2 = A \cdot A, A^3 = A^2 \cdot A, \cdots, A^k = \underbrace{A \cdot A \cdots A}_{k\text{個}}$$

其中 I 表示 n 階單位矩陣。

我們形成矩陣的無窮級數

$$I + \frac{t}{1!}A + \frac{t^2}{2!}A^2 + \frac{t^3}{3!}A^3 + \cdots + \frac{t^k}{k!}A^k + \cdots$$

無窮級數的總和稱爲矩陣指數，以 e^{tA} 表示：

$$e^{tA} = \sum_{k=0}^{\infty} \frac{t^k}{k!}A^k$$

這個級數是絕對收斂。

在極限情況下，當矩陣由單個數字 a 組成，即大小爲 1×1 時，該公式將轉換爲已知的公式，即指數函數 e^{at} 展開爲 Maclaurin 級數：

$$e^{at} = 1 + at + \frac{a^2t^2}{2!} + \frac{a^3t^3}{3!} + \cdots = \sum_{k=0}^{\infty} \frac{a^k t^k}{k!}$$

矩陣指數具有以下主要性質：

(1) 若 A 是零矩陣，則 $e^{tA} = e^0 = I$;（I 是單位矩陣）；

(2) 若 $A = I$，則 $e^{tI} = e^t I$;

(3) 若 A 有反矩陣 A^{-1}，則 $e^A e^{-A} = I$；

(4) $e^{mA}e^{nA} = e^{(m+n)A}$，其中 m，n 是任意實數或複數；

(5) 矩陣指數的導數爲

$$\frac{d}{dt}(e^{tA}) = Ae^{tA}$$

(6)令 H 爲非奇異矩陣。若 $A = HDH^{-1}$，則

$$e^{tA} = He^{tD}H^{-1}$$

② 矩陣指數應用於求解常係數齊次線性方程組

矩陣指數可以成功地用於求解微分方程組。考慮一個線性齊次方程組，其矩陣形式爲：

$$\boldsymbol{X}'(t) = A\boldsymbol{X}(t)$$

此方程組的通解可用矩陣指數表示爲

$$\boldsymbol{X}(t) = e^{tA}\boldsymbol{C}$$

其中 $\boldsymbol{C} = (C_1, C_2, ..., C_n)^T$ 是任意 n 維向量。符號 T 表示轉置。在這個公式中，我們不能將向量 $\boldsymbol{C}$ 寫在矩陣指數前面，因爲 $\boldsymbol{C}$ 爲 $n\times 1$ 矩陣，e^{tA} 爲 $n\times n$ 矩陣，乘積 $\boldsymbol{C}e^{tA}$ 無定義。

對於初值問題（Cauchy 問題），C 的分量用初始條件表示。在這種情況下，齊次方程組的解可以寫成

$$\boldsymbol{X}(t) = e^{tA}\boldsymbol{X}_0$$

其中 $\boldsymbol{X}_0 = \boldsymbol{X}(t = t_0)$

因此，如果我們計算相應的矩陣指數，則可得到齊次方程組的解。我們可以使用無窮級數計算矩陣指數。但是，通常只能求得矩陣指數的近似值。

③ 使用矩陣指數求解方程組的演算法

(1) 我們首先求矩陣（線性算子）A 的特徵值 λ_i；

(2) 計算特徵向量以及在特徵值爲重根的情況下求廣義特徵向量；

(3) 使用求得的特徵向量和廣義特徵向量建構非奇異線性變換矩陣 H。計算對應的反矩陣 H^{-1}；

(4) 使用公式

$$J = H^{-1}AH$$

求給定矩陣 A 的喬登正則式（Jordan normal form）J。

注意：在尋找特徵向量和廣義特徵向量的過程中，每個喬登方塊的結構通常變得很明確。因此無需利用上述公式進行計算即可寫出喬登式。

(5) 已知喬登式 J，我們可計算矩陣 e^{tJ}，計算公式是從矩陣指數的定義中得出的。下表顯示了一些簡單的喬登式的矩陣 e^{tJ}：

表 2

喬登式 J	矩陣 e^{tJ}
$\begin{bmatrix} \lambda_1 & 0 \\ 0 & \lambda_2 \end{bmatrix}$	$\begin{bmatrix} e^{\lambda_1 t} & 0 \\ 0 & e^{\lambda_2 t} \end{bmatrix}$
$\begin{bmatrix} \lambda_1 & 1 \\ 0 & \lambda_1 \end{bmatrix}$	$\begin{bmatrix} e^{\lambda_1 t} & te^{\lambda_1 t} \\ 0 & e^{\lambda_1 t} \end{bmatrix} = e^{\lambda_1 t}\begin{bmatrix} 1 & t \\ 0 & 1 \end{bmatrix}$
$\begin{bmatrix} \lambda_1 & 0 & 0 \\ 0 & \lambda_2 & 0 \\ 0 & 0 & \lambda_3 \end{bmatrix}$	$\begin{bmatrix} e^{\lambda_1 t} & 0 & 0 \\ 0 & e^{\lambda_2 t} & 0 \\ 0 & 0 & e^{\lambda_3 t} \end{bmatrix}$
$\begin{bmatrix} \lambda_1 & 1 & 0 \\ 0 & \lambda_1 & 1 \\ 0 & 0 & \lambda_1 \end{bmatrix}$	$\begin{bmatrix} e^{\lambda_1 t} & te^{\lambda_1 t} & \frac{t^2}{2}e^{\lambda_1 t} \\ 0 & e^{\lambda_1 t} & te^{\lambda_1 t} \\ 0 & 0 & e^{\lambda_1 t} \end{bmatrix} = e^{\lambda_1 t}\begin{bmatrix} 1 & t & \frac{t^2}{2} \\ 0 & 1 & t \\ 0 & 0 & 1 \end{bmatrix}$

(6) 利用公式

$$e^{tA} = He^{tJ}H^{-1}$$

計算矩陣指數 e^{tA}。

(7) 寫出方程組的通解：

$$\boldsymbol{X}(t) = e^{tA}\boldsymbol{C}$$

對於二階方程組，通解爲

$$\boldsymbol{X}(t)=\begin{bmatrix}x\\y\end{bmatrix}=e^{tA}\begin{bmatrix}C_1\\C_2\end{bmatrix}$$

其中 C_1，C_2 是任意常數。

例 1 使用矩陣指數求方程組

$$\frac{dx}{dt}=2x+3y\text{，}\frac{dy}{dt}=3x+2y$$

的通解。

解：我們遵循上述算法來解此方程組。計算矩陣 A 的特徵值：

$$\det(A-\lambda I)=\begin{vmatrix}2-\lambda & 3\\3 & 2-\lambda\end{vmatrix}=0\Rightarrow\lambda_1=5\text{，}\lambda_2=-1$$

求每個特徵值相應的特徵向量。對於 $\lambda_1=5$，我們有：

$$\begin{bmatrix}2-5 & 3\\3 & 2-5\end{bmatrix}\begin{bmatrix}V_{11}\\V_{21}\end{bmatrix}=\boldsymbol{0}\Rightarrow\begin{bmatrix}-3 & 3\\3 & -3\end{bmatrix}\begin{bmatrix}V_{11}\\V_{21}\end{bmatrix}=\boldsymbol{0}$$

$$\Rightarrow 3V_{11}-3V_{21}=0\Rightarrow V_{11}-V_{21}=0$$

令 $V_{21}=t$，我們得到特徵向量 $\boldsymbol{V_1}=(V_{11},V_{21})^T$：

$$V_{21}=t\Rightarrow V_{11}=V_{21}=t\Rightarrow\boldsymbol{V_1}=\begin{bmatrix}V_{11}\\V_{21}\end{bmatrix}=\begin{bmatrix}t\\t\end{bmatrix}=t\begin{bmatrix}1\\1\end{bmatrix}\sim\begin{bmatrix}1\\1\end{bmatrix}$$

同理，欲求與特徵值 $\lambda_2=-1$ 相關聯的特徵向量 $\boldsymbol{V_2}=(V_{12},V_{22})^T$：

$$\begin{bmatrix}2-(-1) & 3\\3 & 2-(-1)\end{bmatrix}\begin{bmatrix}V_{12}\\V_{22}\end{bmatrix}=0\Rightarrow\begin{bmatrix}3 & 3\\3 & 3\end{bmatrix}\begin{bmatrix}V_{12}\\V_{22}\end{bmatrix}=0$$

$$\Rightarrow 3V_{12}+3V_{22}=0\Rightarrow V_{12}+V_{22}=0$$

令 $V_{22}=t$。則，$V_{12}=-V_{22}=-t$。因此，

$$\boldsymbol{V_2}=\begin{bmatrix}V_{12}\\V_{22}\end{bmatrix}=\begin{bmatrix}-t\\t\end{bmatrix}=t\begin{bmatrix}-1\\1\end{bmatrix}\sim\begin{bmatrix}-1\\1\end{bmatrix}$$

由求出的特徵向量 $\boldsymbol{V_1}$ 和 $\boldsymbol{V_2}$ 組成矩陣 H：

$$H=\begin{bmatrix}1 & -1\\1 & 1\end{bmatrix}$$

接下來，我們計算反矩陣 H^{-1}：

$$\Delta=\begin{vmatrix}1 & -1\\1 & 1\end{vmatrix}=1+1=2$$

$$H^{-1}=\frac{1}{\Delta}\begin{bmatrix}H_{11} & H_{12}\\H_{21} & H_{22}\end{bmatrix}^T=\frac{1}{2}\begin{bmatrix}1 & -1\\1 & 1\end{bmatrix}^T=\frac{1}{2}\begin{bmatrix}1 & 1\\-1 & 1\end{bmatrix}$$

如在此例中，特徵值是特徵方程的根，我們可以立即寫下喬登式，該式爲簡單對角形式：

$$J=\begin{bmatrix}\lambda_1 & 1\\ 0 & \lambda_2\end{bmatrix}=\begin{bmatrix}5 & 0\\ 0 & -1\end{bmatrix}$$

我們利用將原始矩陣 A 轉換到喬登正則式 J 的公式來驗證這一點：

$$J=H^{-1}AH=\frac{1}{2}\begin{bmatrix}1 & 1\\ -1 & 1\end{bmatrix}\begin{bmatrix}2 & 3\\ 3 & 2\end{bmatrix}\begin{bmatrix}1 & -1\\ 1 & 1\end{bmatrix}=\frac{1}{2}\begin{bmatrix}5 & 5\\ 1 & -1\end{bmatrix}\begin{bmatrix}1 & -1\\ 1 & 1\end{bmatrix}$$

$$=\frac{1}{2}\begin{bmatrix}5+5 & -5+5\\ 1-1 & -1-1\end{bmatrix}=\frac{1}{2}\begin{bmatrix}10 & 0\\ 0 & -2\end{bmatrix}=\begin{bmatrix}5 & 0\\ 0 & -1\end{bmatrix}=J$$

現在我們形成矩陣 e^{tJ}（也可以稱爲矩陣指數）：

$$e^{tJ}=\begin{bmatrix}e^{5t} & 0\\ 0 & e^{-t}\end{bmatrix}$$

計算矩陣指數 e^{tA}：

$$e^{tA}=He^{tJ}H^{-1}=\begin{bmatrix}1 & -1\\ 1 & 1\end{bmatrix}\begin{bmatrix}e^{5t} & 0\\ 0 & e^{-t}\end{bmatrix}\cdot\frac{1}{2}\begin{bmatrix}1 & 1\\ -1 & 1\end{bmatrix}$$

$$=\frac{1}{2}\begin{bmatrix}e^{5t} & -e^{-t}\\ e^{5t} & e^{-t}\end{bmatrix}\begin{bmatrix}1 & 1\\ -1 & 1\end{bmatrix}=\frac{1}{2}\begin{bmatrix}e^{5t}+e^{-t} & e^{5t}-e^{-t}\\ e^{5t}-e^{-t} & e^{5t}+e^{-t}\end{bmatrix}$$

方程組的通解可以寫成

$$\boldsymbol{X}(t)=\begin{bmatrix}x\\ y\end{bmatrix}=e^{tA}\begin{bmatrix}C_1\\ C_2\end{bmatrix}=\frac{1}{2}\begin{bmatrix}e^{5t}+e^{-t} & e^{5t}-e^{-t}\\ e^{5t}-e^{-t} & e^{5t}+e^{-t}\end{bmatrix}\begin{bmatrix}C_1\\ C_2\end{bmatrix}$$

其中 C_1，C_2 是任意數。

這個解也可以用另一種形式表達：

$$\boldsymbol{X}(t)=\begin{bmatrix}x\\ y\end{bmatrix}=\frac{1}{2}\begin{bmatrix}C_1e^{5t}+C_1e^{-t}+C_2e^{5t}-C_2e^{-t}\\ C_1e^{5t}-C_1e^{-t}+C_2e^{5t}+C_2e^{-t}\end{bmatrix}$$

$$=\frac{1}{2}\begin{bmatrix}e^{5t}(C_1+C_2)+e^{-t}(C_1-C_2)\\ e^{5t}(C_1+C_2)-e^{-t}(C_1-C_2)\end{bmatrix}=\frac{1}{2}(C_1+C_2)e^{5t}\begin{bmatrix}1\\ 1\end{bmatrix}$$

$$+\frac{1}{2}(C_1-C_2)e^{-t}\begin{bmatrix}1\\ -1\end{bmatrix}=B_1e^{5t}\begin{bmatrix}1\\ 1\end{bmatrix}+B_2e^{-t}\begin{bmatrix}1\\ -1\end{bmatrix}$$

其中 B_1 和 B_2 爲與 C_1，C_2 相關的任意常數。

例 2 解方程組

$$\begin{cases}\dfrac{dx}{dt}=5x+4y\\ \dfrac{dy}{dt}=x+2y\end{cases}$$

其中初始條件為 $x(0)=2$，$y(0)=3$

解：矩陣 $A=\begin{bmatrix}5 & 4\\1 & 2\end{bmatrix}$

此矩陣的特徵值為 $\lambda_1=6$，$\lambda_2=1$

因此有非奇異矩陣 $C=\begin{bmatrix}a & b\\c & d\end{bmatrix}$ 使得 $C^{-1}AC=D$，其中 $D=\begin{bmatrix}6 & 0\\0 & 1\end{bmatrix}$，欲求 C，我們有 $AC=CD$ 或 $\begin{bmatrix}5 & 4\\1 & 2\end{bmatrix}\begin{bmatrix}a & b\\c & d\end{bmatrix}=\begin{bmatrix}a & b\\c & d\end{bmatrix}\begin{bmatrix}6 & 0\\0 & 1\end{bmatrix}$

矩陣相乘後，可得 $a=4c$，$b=-d$

令 $c=d=1$，則

$$C=\begin{bmatrix}4 & -1\\1 & 1\end{bmatrix}，C^{-1}=\frac{1}{5}\begin{bmatrix}1 & 1\\-1 & 4\end{bmatrix}$$

因此

$$e^{tA}=Ce^{tD}C^{-1}=\frac{1}{5}\begin{bmatrix}4 & -1\\1 & 1\end{bmatrix}\begin{bmatrix}e^{6t} & 0\\0 & e^{t}\end{bmatrix}\begin{bmatrix}1 & 1\\-1 & 4\end{bmatrix}$$

$$=\frac{1}{5}\begin{bmatrix}4e^{6t}+e^{t} & 4e^{6t}-4e^{t}\\e^{6t}-e^{t} & e^{6t}+4e^{t}\end{bmatrix}$$

方程組的解為

$\boldsymbol{X}(t)=e^{tA}\boldsymbol{X}(0)$

即 $\begin{bmatrix}x\\y\end{bmatrix}=\dfrac{1}{5}\begin{bmatrix}4e^{6t}+e^{t} & 4e^{6t}-4e^{t}\\e^{6t}-e^{t} & e^{6t}+4e^{t}\end{bmatrix}\begin{bmatrix}2\\3\end{bmatrix}$

$x=4e^{6t}-2e^{t}$

$y=e^{6t}+2e^{t}$

例 3 用矩陣指數法求解方程組：

$$\frac{dx}{dt}=4x，\frac{dy}{dt}=x+4y$$

解：我們求解特徵方程並得到特徵值：

$$\det(A-\lambda I)=\begin{vmatrix}4-\lambda & 0\\ 1 & 4-\lambda\end{vmatrix}=0\Rightarrow(4-\lambda)^2=0\Rightarrow\lambda_1=4$$

因此，我們具有一個重數爲 2 的特徵值 $\lambda_1=4$。求特徵向量 $V_1=(V_{11}, V_{21})^T$：

$$\begin{bmatrix}4-4 & 0\\ 1 & 4-4\end{bmatrix}\begin{bmatrix}V_{11}\\ V_{21}\end{bmatrix}=\mathbf{0}\Rightarrow\begin{bmatrix}0 & 0\\ 1 & 0\end{bmatrix}\begin{bmatrix}V_{11}\\ V_{21}\end{bmatrix}=\mathbf{0}\Rightarrow 1\cdot V_{11}+0\cdot V_{21}=0$$

因此，坐標 $V_{11}=0$，並且坐標 V_{21} 可以是任意數。爲簡單起見，我們選擇 $V_{21}=1$。因此，特徵向量 $\boldsymbol{V_1}$ 等於：$\boldsymbol{V_1}=(0, 1)^T$。

第二個線性獨立向量定義爲廣義特徵向量 $\boldsymbol{V_2}=(V_{12}, V_{22})^T$，可以從方程式

$$(A-\lambda_1 I)\boldsymbol{V_2}=\boldsymbol{V_1}\Rightarrow\begin{bmatrix}0 & 0\\ 1 & 0\end{bmatrix}\begin{bmatrix}V_{12}\\ V_{22}\end{bmatrix}=\begin{bmatrix}0\\ 1\end{bmatrix}\Rightarrow\begin{cases}0\cdot V_{12}+0\cdot V_{22}=0\\ 1\cdot V_{12}+0\cdot V_{22}=1\end{cases}$$

中找到。

此處，坐標 V_{22} 可以是任何數。我們選擇 $V_{22}=0$，然後獲得 $V_{12}=1$。因此，廣義特徵向量爲 $V_2=(1, 0)^T$。

現在，使用基底向量形成矩陣 H，其中 H 爲從 A 轉換到喬登正則式 J 的轉換矩陣：

$$H=\begin{bmatrix}0 & 1\\ 1 & 0\end{bmatrix}$$

計算反矩陣 H^{-1}：

$$\Delta=\begin{vmatrix}0 & 1\\ 1 & 0\end{vmatrix}=0-1=-1，H^{-1}=\frac{1}{\Delta}\begin{bmatrix}H_{11} & H_{12}\\ H_{21} & H_{22}\end{bmatrix}^T$$

H_{ij} 表示矩陣 H 的元素的餘因子。在計算結果中，我們求得：

$$H^{-1}=\frac{1}{(-1)}\begin{bmatrix}0 & -1\\ -1 & 0\end{bmatrix}^T=(-1)\begin{bmatrix}0 & -1\\ -1 & 0\end{bmatrix}=\begin{bmatrix}0 & 1\\ 1 & 0\end{bmatrix}$$

矩陣 A 的喬登式 J 爲

$$J=H^{-1}AH=\begin{bmatrix}0 & 1\\ 1 & 0\end{bmatrix}\begin{bmatrix}4 & 0\\ 1 & 4\end{bmatrix}\begin{bmatrix}0 & 1\\ 1 & 0\end{bmatrix}=\begin{bmatrix}4 & 1\\ 0 & 4\end{bmatrix}$$

我們看到喬登式 J 由一個大小爲 2 的喬登方塊組成。

形成矩陣 e^{tJ}：

$$e^{tJ}=\begin{bmatrix}e^{4t} & te^{4t}\\ 0 & e^{4t}\end{bmatrix}=e^{4t}\begin{bmatrix}1 & t\\ 0 & 1\end{bmatrix}$$

計算矩陣指數 e^{tA}：

$$e^{tA}=He^{tJ}H^{-1}=e^{4t}\begin{bmatrix}0&1\\1&0\end{bmatrix}\begin{bmatrix}1&t\\0&1\end{bmatrix}\begin{bmatrix}0&1\\1&0\end{bmatrix}$$

$$=e^{4t}\begin{bmatrix}0+0&0+1\\1+0&t+0\end{bmatrix}\begin{bmatrix}0&1\\1&0\end{bmatrix}=e^{4t}\begin{bmatrix}0&1\\1&t\end{bmatrix}\begin{bmatrix}0&1\\1&0\end{bmatrix}$$

$$=e^{4t}\begin{bmatrix}0+1&0+0\\0+t&1+0\end{bmatrix}=e^{4t}\begin{bmatrix}1&0\\t&1\end{bmatrix}$$

通解為

$$\boldsymbol{X}(t)=\begin{bmatrix}x\\y\end{bmatrix}=e^{tA}\boldsymbol{C}=e^{4t}\begin{bmatrix}1&0\\t&1\end{bmatrix}\begin{bmatrix}C_1\\C_2\end{bmatrix}$$

其中 C_1，C_2 是任意常數。

例 4 使用矩陣指數求解方程組：

$$\frac{dx}{dt}=x+y\text{，}\frac{dy}{dt}=-x+y$$

解：在這種情況下，係數矩陣 A 為

$$A=\begin{bmatrix}1&1\\-1&1\end{bmatrix}$$

計算其特徵值：

$$\det(A-\lambda I)=\begin{vmatrix}1-\lambda&1\\-1&1-\lambda\end{vmatrix}=0\Rightarrow(1-\lambda)^2+1=0$$

$$\Rightarrow(1-\lambda)^2=-1\Rightarrow\lambda_{1,2}=1\pm i$$

因此，矩陣 A 具有一對共軛複數的特徵值。對於每個特徵值，我們找到相應的特徵向量（它可以具有複數坐標）。

令 $\boldsymbol{V_1}=(V_{11},V_{21})^T$ 為與特徵值 $\lambda_1=1+i$ 相關的特徵向量。向量的坐標滿足以下矩陣方程式：

$$\begin{bmatrix}1-(1+i)&1\\-1&1-(1+i)\end{bmatrix}\cdot\begin{bmatrix}V_{11}\\V_{21}\end{bmatrix}=\boldsymbol{0}\Rightarrow\begin{bmatrix}-i&1\\-1&-i\end{bmatrix}\begin{bmatrix}V_{11}\\V_{21}\end{bmatrix}=\boldsymbol{0}$$

$$\Rightarrow\begin{cases}-iV_{11}+V_{21}=0\\-V_{11}-iV_{21}=0\end{cases}\Rightarrow\begin{cases}V_{11}+iV_{21}=0\\iV_{11}-V_{21}=0\end{cases}$$

$$\Rightarrow\begin{cases}V_{11}+iV_{21}=0\\0=0\end{cases}\Rightarrow V_{11}+iV_{21}=0$$

令 $V_{21}=t$。則 $V_{11}=-it$。因此，特徵向量 $\boldsymbol{V_1}$ 為

$$V_1=\begin{bmatrix}V_{11}\\V_{21}\end{bmatrix}=\begin{bmatrix}-it\\t\end{bmatrix}=t\begin{bmatrix}-i\\1\end{bmatrix}\sim\begin{bmatrix}-i\\1\end{bmatrix}$$

同理，我們求得與 $\lambda_2=1-i$ 相關聯的特徵向量 $\boldsymbol{V_2}=(V_{12},V_{22})^T$：

$$\begin{bmatrix}1-(1-i) & 1\\-1 & 1-(1-i)\end{bmatrix}\cdot\begin{bmatrix}V_{12}\\V_{22}\end{bmatrix}=\mathbf{0}\Rightarrow\begin{bmatrix}i & 1\\-1 & i\end{bmatrix}\begin{bmatrix}V_{12}\\V_{22}\end{bmatrix}=\mathbf{0}$$

$$\Rightarrow\begin{cases}iV_{12}+V_{22}=0\\-V_{12}+iV_{22}=0\end{cases}\Rightarrow\begin{cases}V_{12}-iV_{22}=0\\iV_{12}+V_{22}=0\end{cases}$$

$$\Rightarrow\begin{cases}V_{12}-iV_{22}=0\\0=0\end{cases}\Rightarrow V_{12}-iV_{22}=0$$

令 $V_{22}=t$，因此 $V_{12}=it$。向量 $\boldsymbol{V_2}$ 等於：

$$\boldsymbol{V_2}=\begin{bmatrix}V_{12}\\V_{22}\end{bmatrix}=\begin{bmatrix}it\\t\end{bmatrix}=t\begin{bmatrix}i\\1\end{bmatrix}\sim\begin{bmatrix}i\\1\end{bmatrix}$$

由求得的特徵向量 $\boldsymbol{V_1}$ 和 $\boldsymbol{V_2}$ 形成矩陣 H：

$$H=\begin{bmatrix}-i & i\\1 & 1\end{bmatrix}$$

利用公式計算反矩陣 H^{-1}

$$H^{-1}=\frac{1}{\Delta}\begin{bmatrix}H_{11} & H_{12}\\H_{21} & H_{22}\end{bmatrix}^T$$

其中 Δ 是矩陣 H 的行列式，而 H_{ij} 是矩陣 H 的元素的餘因子。結果，我們獲得：

$$\Delta=\begin{vmatrix}-i & i\\1 & 1\end{vmatrix}=-i-i=-2i$$

$$H^{-1}=\frac{1}{(-2i)}\begin{bmatrix}1 & -1\\-i & -i\end{bmatrix}^T=\frac{1}{(-2i)}\begin{bmatrix}1 & -i\\-1 & -i\end{bmatrix}=\frac{1}{2i}\begin{bmatrix}-1 & i\\1 & i\end{bmatrix}$$

現在我們利用公式

$$J=H^{-1}AH$$

求喬登式 J。

經過計算，我們得到：

$$J=\frac{1}{2i}\begin{bmatrix}-1 & i\\1 & i\end{bmatrix}\begin{bmatrix}1 & 1\\-1 & 1\end{bmatrix}\begin{bmatrix}-i & i\\1 & 1\end{bmatrix}$$

$$=\frac{1}{2i}\begin{bmatrix}-1-i & -1+i\\1-i & 1+i\end{bmatrix}\begin{bmatrix}-i & i\\1 & 1\end{bmatrix}=\frac{1}{2i}\begin{bmatrix}2i-2 & 0\\0 & 2i+2\end{bmatrix}$$

$$=\begin{bmatrix} \frac{i-1}{i} & 0 \\ 0 & \frac{i+1}{i} \end{bmatrix}=\begin{bmatrix} 1+i & 0 \\ 0 & 1-i \end{bmatrix}$$

一般而言，我們可以立即寫出喬登式 J，在這種情況下 J 是對角矩陣（因爲特徵值 λ_1，λ_2 具有重數 1）。

現在我們形成矩陣 e^{tJ}：

$$e^{tJ}=\begin{bmatrix} e^{(1+i)t} & 0 \\ 0 & e^{(1-i)t} \end{bmatrix}=\begin{bmatrix} e^{t}e^{it} & 0 \\ 0 & e^{t}e^{-it} \end{bmatrix}=e^{t}\begin{bmatrix} e^{it} & 0 \\ 0 & e^{-it} \end{bmatrix}$$

計算矩陣指數 e^{tA}：

$$e^{tA}=He^{tJ}H^{-1}=\frac{e^{t}}{2i}\begin{bmatrix} -i & i \\ 1 & 1 \end{bmatrix}\begin{bmatrix} e^{it} & 0 \\ 0 & e^{-it} \end{bmatrix}\begin{bmatrix} -1 & i \\ 1 & i \end{bmatrix}$$

指數函數 e^{it}，e^{-it} 可以利用 Euler 公式展開：

$$e^{it}=\cos t+i\sin t，e^{-it}=\cos t-i\sin t$$

我們得到以下結果：

$$e^{tA}=\frac{e^{t}}{2i}\begin{bmatrix} -i & i \\ 1 & 1 \end{bmatrix}\begin{bmatrix} \cos t+i\sin t & 0 \\ 0 & \cos t-i\sin t \end{bmatrix}\begin{bmatrix} -1 & i \\ 1 & i \end{bmatrix}$$

$$=\frac{e^{t}}{2i}\begin{bmatrix} -i\cos t+\sin t & i\cos t+\sin t \\ \cos t+i\sin t & \cos t-i\sin t \end{bmatrix}\begin{bmatrix} -1 & i \\ 1 & i \end{bmatrix}=\frac{e^{t}}{2i}\begin{bmatrix} 2i\cos t & 2i\sin t \\ -2i\sin t & 2i\cos t \end{bmatrix}$$

$$=e^{t}\begin{bmatrix} \cos t & \sin t \\ -\sin t & \cos t \end{bmatrix}$$

微分方程組的通解爲

$$\boldsymbol{X}(t)=\begin{bmatrix} x \\ y \end{bmatrix}=e^{tA}\boldsymbol{C}=e^{t}\begin{bmatrix} \cos t & \sin t \\ -\sin t & \cos t \end{bmatrix}\begin{bmatrix} C_1 \\ C_2 \end{bmatrix}$$

其中 $C=(C_1, C_2)^T$ 是任意向量。

7.6 常係數線性非齊次微分方程組

常係數線性非齊次方程組可以寫成

$$\frac{dx_i}{dt} = x'_i = \sum_{j=1}^{n} a_{ij}x_j(t) + f_i(t)，i = 1, 2, \cdots, n$$

其中 t 是自變數（通常是時間），$x_i(t)$ 是未知函數，它們在實數軸 t 的區間 $[a, b]$ 上是連續且可微，a_{ij}（$i, j = 1, \cdots, n$）是常係數，$f_i(t)$ 是自變數 t 的函數。我們假設 $x_i(t)$，$f_i(t)$ 和係數 a_{ij} 可以取實數值和複數值。

我們引入以下向量：

$$X(t) = \begin{bmatrix} x_1(t) \\ x_2(t) \\ \vdots \\ x_n(t) \end{bmatrix}，f(t) = \begin{bmatrix} f_1(t) \\ f_2(t) \\ \vdots \\ f_n(t) \end{bmatrix}$$

和方矩陣

$$A = \begin{bmatrix} a_{11} & a_{12} & \vdots & a_{1n} \\ a_{21} & a_{22} & \vdots & a_{2n} \\ \cdots & \cdots & \cdots & \cdots \\ a_{n1} & a_{n2} & \vdots & a_{nn} \end{bmatrix}$$

然後將方程組寫成更簡明的矩陣形式，如

$$X'(t) = AX(t) + f(t)$$

對於非齊次線性方程組，以下重要定理是成立的：

非齊次方程組的通解 $X(t)$ 是相關齊次方程組的通解 $X_0(t)$ 和非齊次方程組的特解 $X_1(t)$ 的和：

$$X(t) = X_0(t) + X_1(t)$$

下面我們主要關注如何找到特解。

線性非齊次方程組的另一個重要特性是疊加原理，其表達式如下：

若 $X_1(t)$ 是具有非齊次部分 $f_1(t)$ 的方程組的解，而 $X_2(t)$ 是具有非齊次部分 $f_2(t)$ 的相同方程組的解，則向量函數

$$X(t) = X_1(t) + X_2(t)$$

是具有非齊次部分 $f = f_1 + f_2$ 的方程組的解。

非齊次方程組最常見的求解方法是消去法、未定係數法和參數變換法。以下更詳細地討論這些方法。

① 消去法

此法將 n 個方程的非齊次方程組簡化爲 n 階的單個方程。對於求解 2 階方程組很有用。

② 未定係數法

當方程組的非齊次部分是擬多項式（quasi-polynomial）時，未定係數法非常適合求解方程組。

實向量擬多項式是形式爲

$$f(t) = e^{\alpha t}[\cos(\beta t)P_m(t) + \sin(\beta t)Q_m(t)]$$

的向量函數，其中 α，β 爲所予實數，而 $P_m(t)$，$Q_m(t)$ 是次數爲 m 的向量多項式。

例如，向量多項式 $P_m(t)$ 表示爲

$$P_m(t) = A_0 + A_1 t + A_2 t^2 + \cdots + A_m t^m$$

其中 A_0，$A_1, \cdots, A_m$ 是 n 維向量（n 是方程組中的方程式數目）。

若非齊次部分 $f(t)$ 是向量擬多項式，則特解亦爲向量擬多項式，其結構類似於 $f(t)$。

例如，若非齊次函數是

$$f(t) = e^{\alpha t}P_m(t)$$

則應使用以下形式尋求特解

$$X_1(t) = e^{\alpha t} P_{m+k}(t)$$

當指數函數中的 α 與特徵值 λ_i 不等時，$k = 0$。若 α 與特徵值 λ_i 相等，對於特徵值 λ_i，選擇 k 的值等於喬登鏈的最大長度。實際上，k 可以取 λ_i 的代數重數。

求多項式次數的規則可用於類型爲

$$e^{\alpha t}\cos(\beta t)，e^{\alpha t}\sin(\beta t)$$

的擬多項式。

在特解的結構 $X_1(t)$ 選定之後，將 $X_1(t)$ 的表達式代入原方程組並對每個方程式的左側和右側比較係數，可以求得未知向量係數 A_0，A_1，…，A_m，…，A_{m+k}。

3 參數變換法

當右側 $f(t)$ 爲任意函數時，參數變換法（Lagrange 方法）是常見的求解方法。

假設找到了相關齊次方程組的通解並將其表示爲

$$X_0(t) = \Phi(t)C$$

其中 $\Phi(t)$ 是方程組的基本解，即大小爲 $n \times n$ 的矩陣，其行由齊次方程組的線性獨立解構成，並且 $C = (C_1, C_2, \cdots, C_n)^T$ 是任意常數 $C_i(i = 1, \cdots, n)$ 的向量。

我們用未知函數 $C_i(t)$ 代替常數 C_i 並將函數 $X(t) = \Phi(t)C(t)$ 代入非齊次方程組中：

$$\begin{aligned} &X'(t) = AX(t) + f(t) \\ &\Rightarrow \Phi'(t)C(t) + \Phi(t)C'(t) \\ &= A\Phi(t)C(t) + f(t) \Rightarrow \Phi(t)C'(t) = f(t) \end{aligned}$$

由於方程組的 Wronskian 不等於零，因此存在反矩陣 $\Phi^{-1}(t)$。將上式乘以 $\Phi^{-1}(t)$，我們獲得：

$$\Phi^{-1}(t)\Phi(t)C'(t) = \Phi^{-1}(t)f(t)$$

$$\Rightarrow C'(t) = \Phi^{-1}(t)f(t)$$
$$\Rightarrow C(t) = C_0 + \int \Phi^{-1}(t)f(t)dt$$

其中 C_0 是任意常數向量。因此非齊次方程組的通解可以寫成

$$\begin{aligned} X(t) &= \Phi(t)C(t) \\ &= \Phi(t)C_0 + \Phi(t)\int \Phi^{-1}(t)f(t)dt \\ &= X_0(t) + X_1(t) \end{aligned}$$

我們看到非齊次方程組的特解可由公式

$$X_1(t) = \Phi(t)\int \Phi^{-1}(t)f(t)dt$$

表示。

因此，對於任何非齊次項 $f(t)$，非齊次方程組的解都可以用積分表示。在許多問題中，可以利用解析法來計算相應的積分。這使我們能夠明確表達非齊次方程組的解。

④ 算子法

考慮兩個變數的常係數聯立線性微分方程

$$\Phi_1(D)x + \Phi_2(D)y = f(t)$$
$$\psi_1(D)x + \psi_2(D)y = g(t)$$

其中 x, y 是因變數，而 t 爲自變數，$\Phi_1(D)$, $\Phi_2(D)$, $\psi_1(D)$和$\psi_2(D)$都是 $D \equiv \dfrac{d}{dt}$ 的函數，f 和 g 是 t 的函數。我們可以採用 D- 算子的方法求線性常微分方程組的特解，並且根據 t 求出 x 和 y 的值。

例 1 用消去法解方程組：

$$\begin{cases} x' = x + y - e^t \\ y' = -x - y + e^t \end{cases}$$

初始條件爲 $x(0) = y(0) = 1$。

解：求解第一個方程中的 y，我們得到 $y = x' - x + e^t$。因此 $y' = x'' - x' + e^t$。將 y 和 y' 代入第二個方程，我們得到

$$x'' - x' + e^t = -x - (x' - x + e^t) + e^t$$

經過簡化，我們得到

$$x'' = -e^t$$

積分可得

$$x' = -e^t + C_1$$

再積分

$$x = -e^t + C_1 t + C_2$$

因此

$$y = x' - x + e^t = -e^t + C_1 - (-e^t + C_1 t + C_2) + e^t$$

經過簡化，我們得到

$$y = e^t - C_1 t + C_1 - C_2$$

利用初始條件，我們得到

$$-1 + C_1 = 1$$

$$1 + C_1 - C_2 = 1$$

因此

$$C_1 = C_2 = 2$$

所求的解是：

$$x = -e^t + 2t + 2$$

$$y = e^t - 2t$$

例 2 用消去法解方程組：

$$x' = x + 2y + e^{-2t}，y' = 4x - y$$

解：我們對第一個方程求微分，並將第二個方程的導數 y' 代入其中：

$$x'' = x' + 2y' - 2e^{-2t}$$

$$\Rightarrow x'' = x' + 2(4x - y) - 2e^{-2t}$$

$$\Rightarrow x'' = x' + 8x - 2y - 2e^{-2t}$$

我們可以求解第一個方程的 $2y$ 並代入上式：

$$2y = x' - x - e^{-2t}$$

$$\Rightarrow x'' = x' + 8x - (x' - x - e^{-2t}) - 2e^{-2t}$$

$$\Rightarrow x'' = x' + 8x - x' + x + e^{-2t} - 2e^{-2t}$$

$$\Rightarrow x'' - 9x = -e^{-2t}$$

對於函數 $x(t)$，我們有一個二階線性非齊次方程。

首先求解齊次方程

$$x'' - 9x = 0$$

輔助方程的根是

$$\lambda^2 - 9 = 0 \Rightarrow \lambda_{1,2} = \pm 3$$

因此對於 $x(t)$，齊次方程的解如下：

$$x_0(t) = C_1 e^{3t} + C_2 e^{-3t}$$

其中 C_1，C_2 是任意數。

依據 $x(t)$ 方程中非齊次項的形式，我們令特解 $x_1(t)$ 的形式爲

$$x_1(t) = Ae^{-2t}$$

將 $x_1(t)$ 代入非齊次微分方程，可求出係數 A：

$$(-2)^2 Ae^{-2t} - 9Ae^{-2t} = -e^{-2t} \Rightarrow 4A - 9A = -1$$

$$\Rightarrow 5A = 1 \Rightarrow A = \frac{1}{5}$$

特解 $x_1(t)$ 爲

$$x_1(t) = \frac{1}{5} e^{-2t}$$

因此，通解可寫成

$$x(t) = x_0(t) + x_1(t) = C_1 e^{3t} + C_2 e^{-3t} + \frac{1}{5} e^{-2t}$$

欲求函數 $y(t)$。我們計算導數 $x'(t)$ 並將其代入原始方程組的第一方程式：

$$x'(t) = 3C_1 e^{3t} - 3C_2 e^{-3t} - \frac{2}{5} e^{-2t}$$

$$\Rightarrow 3C_1 e^{3t} - 3C_2 e^{-3t} - \frac{2}{5} e^{-2t} = C_1 e^{3t} + C_2 e^{-3t} + \frac{1}{5} e^{-2t} + 2y + e^{-2t}$$

$$\Rightarrow 2y = 2C_1 e^{3t} - 4C_2 e^{-3t} - \frac{8}{5} e^{-2t}$$

$$\Rightarrow y(t) = C_1 e^{3t} - 2C_2 e^{-3t} - \frac{4}{5} e^{-2t}$$

最終答案如下：

$$\begin{cases} x(t) = C_1 e^{3t} + C_2 e^{-3t} + \dfrac{1}{5} e^{-2t} \\ y(t) = C_1 e^{3t} - 2C_2 e^{-3t} + \dfrac{4}{5} e^{-2t} \end{cases}$$

例 3 用未定係數法解方程組：

$$\frac{dx}{dt}=2x+y，\frac{dy}{dt}=3y+te^t$$

解：我們以矩陣形式寫出此方程組：

$$X'(t)=AX(t)+f(t)$$

其中

$$X(t)=\begin{bmatrix}x(t)\\y(t)\end{bmatrix}，A=\begin{bmatrix}2&1\\0&3\end{bmatrix}，f(t)=\begin{bmatrix}0\\te^t\end{bmatrix}$$

首先求齊次方程組的解。計算矩陣 A 的特徵值：

$$\det(A-\lambda I)=\begin{vmatrix}2-\lambda&1\\0&3-\lambda\end{vmatrix}=0$$

$$\Rightarrow(2-\lambda)(3-\lambda)=0\Rightarrow\lambda_1=2，\lambda_2=3$$

對於 $\lambda_1=2$，求特徵向量 $V_1=(V_{11},V_{21})^T$：

$$(A-\lambda_1 I)V_1=0\Rightarrow\begin{bmatrix}2-2&1\\0&3-2\end{bmatrix}\begin{bmatrix}V_{11}\\V_{21}\end{bmatrix}=0$$

$$\Rightarrow\begin{bmatrix}0&1\\0&1\end{bmatrix}\begin{bmatrix}V_{11}\\V_{21}\end{bmatrix}=0\Rightarrow 0\cdot V_{11}+1\cdot V_{21}=0$$

可以看出，$V_{21}=0$，並且坐標 V_{11} 可以是任意的。爲簡單起見，我們選擇 $V_{11}=1$。因此，$V_1=(1,0)$。

同理，我們欲求對應於特徵值 $\lambda_2=3$ 的特徵向量 $V_2=(V_{12},V_{22})^T$：

$$(A-\lambda_2 I)V_2=0\Rightarrow\begin{bmatrix}2-3&1\\0&3-3\end{bmatrix}\begin{bmatrix}V_{12}\\V_{22}\end{bmatrix}=0$$

$$\Rightarrow\begin{bmatrix}-1&1\\0&0\end{bmatrix}\begin{bmatrix}V_{12}\\V_{22}\end{bmatrix}=0\Rightarrow -V_{12}+V_{22}=0$$

令 $V_{22}=t$，我們得到：$V_{12}=V_{22}=t$。

$$V_2=\begin{bmatrix}V_{12}\\V_{22}\end{bmatrix}=\begin{bmatrix}t\\t\end{bmatrix}=\begin{bmatrix}1\\1\end{bmatrix}\sim\begin{bmatrix}1\\1\end{bmatrix}$$

因此，齊次方程組的解爲

$$X_0(t)=\begin{bmatrix}x\\y\end{bmatrix}=C_1e^{\lambda_1 t}V_1+C_2e^{\lambda_2 t}V_2=C_1e^{2t}\begin{bmatrix}1\\0\end{bmatrix}+C_2e^{3t}\begin{bmatrix}1\\1\end{bmatrix}$$

現在欲求特解 $X_1(t)$。非齊次項具有 $P_1(t)e^t$ 的形式。指數函數的次數 $\alpha=1$。

因為它與特徵值 $\lambda_1 = 2$，$\lambda_2 = 3$ 相異，所以特解的形式類似於 $f(t)$，即假設

$$X_1(t) = \begin{pmatrix} x_1(t) \\ y_1(t) \end{pmatrix} = P_1(t)e^t$$

其中 $P_1(t) = A_0 + A_1 t$

我們使用未定係數法求未知向量 A_0，A_1。令

$$A_0 = \begin{bmatrix} a_0 \\ b_0 \end{bmatrix}，A_1 = \begin{bmatrix} a_1 \\ b_1 \end{bmatrix}$$

因此，特解可以寫成

$$X_1(t) = \begin{bmatrix} x_1(t) \\ y_1(t) \end{bmatrix} = \begin{bmatrix} (a_0 + a_1 t)e^t \\ (b_0 + b_1 t)e^t \end{bmatrix}$$

將 $X_1(t)$ 代入原始非齊次方程：

$$X'_1(t) = AX_1(t) + f(t) \Rightarrow \begin{bmatrix} a_1 e^t + (a_0 + a_1 t)e^t \\ b_1 e^t + (b_0 + b_1 t)e^t \end{bmatrix}$$

$$= \begin{bmatrix} 2 & 1 \\ 0 & 3 \end{bmatrix} \begin{bmatrix} (a_0 + a_1 t)e^t \\ (b_0 + b_1 t)e^t \end{bmatrix} + \begin{bmatrix} 0 \\ te^t \end{bmatrix}$$

$$\Rightarrow \begin{cases} (a_1 + a_0 + a_1 t)e^t = (2a_0 + 2a_1 t)e^t + (b_0 + b_1 t)e^t \\ (b_1 + b_0 + b_1 t)e^t = (3b_0 + 3b_1 t)e^t + te^t \end{cases}$$

將每個方程式的兩邊除以 e^t：

$$\begin{cases} a_1 + a_0 + a_1 t = 2a_0 + 2a_1 t + b_0 + b_1 t \\ b + b_0 + b_1 t = 3b_0 + 3b_1 t + t \end{cases}$$

比較係數，我們得到以下方程組：

$$\begin{cases} a_1 + a_0 = 2a_0 + b_0 \\ a_1 = 2a_1 + b_1 \\ b_1 + b_0 = 3b_0 \\ b_1 = 3b_1 + 1 \end{cases} \Rightarrow \begin{cases} a_1 = a_0 + b_0 \\ a_1 + b_1 = 0 \\ b_1 = 2b_0 \\ 2b_1 + 1 = 0 \end{cases}$$

解方程組求出未知係數 a_0，a_1，b_0，b_1：

$$b_1 = -\frac{1}{2}，b_0 = \frac{b_1}{2}，a_1 = -b_1 = \frac{1}{2}，a_0 = a_1 - b_0 = \frac{1}{2} - \left(-\frac{1}{4}\right) = \frac{3}{4}$$

因此，特解 $X_1(t)$ 可以寫成

$$X_1(t)=\begin{bmatrix} x_1(t) \\ y_1(t) \end{bmatrix}=P_1(t)e^t=\begin{bmatrix} a_0+a_1t \\ b_0+b_1t \end{bmatrix}e^t=\begin{bmatrix} \frac{3}{4}+\frac{1}{2}t \\ -\frac{1}{4}-\frac{1}{2}t \end{bmatrix}e^t=\frac{1}{4}e^t\begin{bmatrix} 3+2t \\ -1-2t \end{bmatrix}$$

原始非齊次方程組的通解爲：

$$X(t)=X_0(t)+X_1(t)=C_1e^{2t}\begin{bmatrix} 1 \\ 0 \end{bmatrix}+C_2e^{3t}\begin{bmatrix} 1 \\ 1 \end{bmatrix}+\frac{1}{4}e^t\begin{bmatrix} 3+2t \\ -1-2t \end{bmatrix}$$

例 4 用未定係數法解方程組：

$$\frac{dx}{dt}=x+e^t，\frac{dy}{dt}=x+y-e^t$$

解：我們計算矩陣 A 的特徵值 λ_i，並建構相關的齊次方程組的通解：

$$A=\begin{bmatrix} 1 & 0 \\ 1 & 1 \end{bmatrix}\Rightarrow \det(A-\lambda I)=\begin{vmatrix} 1-\lambda & 0 \\ 1 & 1-\lambda \end{vmatrix}=0$$

$$\Rightarrow (1-\lambda)^2=0\Rightarrow \lambda_1=1$$

因此，我們有一個特徵值 $\lambda_1=1$ 其重數 $k_1=2$。對於 $\lambda_1=1$，求特徵向量 $V_1=(V_{11}, V_{21})^T$：

$$(A-\lambda_1 I)V_1=0\Rightarrow\begin{bmatrix} 1-1 & 0 \\ 1 & 1-1 \end{bmatrix}\begin{bmatrix} V_{11} \\ V_{21} \end{bmatrix}=0$$

$$\Rightarrow\begin{bmatrix} 0 & 0 \\ 1 & 0 \end{bmatrix}\begin{bmatrix} V_{11} \\ V_{21} \end{bmatrix}=0\Rightarrow 1\cdot V_{11}+0\cdot V_{21}=0$$

顯然 $V_{11}=0$，坐標 V_{21} 可以是任意數。令 $V_{21}=1$，得到 $V_1=(0, 1)^T$。我們計算第二個線性獨立向量 $V_2=(V_{12}, V_{22})^T$ 作爲廣義特徵向量：

$$(A-\lambda_1 I)V_2=V_1\Rightarrow\begin{bmatrix} 0 & 0 \\ 1 & 0 \end{bmatrix}\begin{bmatrix} V_{12} \\ V_{22} \end{bmatrix}=\begin{bmatrix} 0 \\ 1 \end{bmatrix}\Rightarrow 1\cdot V_{12}+0\cdot V_{22}=1$$

這裡 $V_{12}=1$，並且 V_{22} 可以任意選擇，例如 $V_{22}=0$。因此 $V_2=(1, 0)^T$。齊次方程組的通解可用下式表示

$$X_0(t)=C_1e^t\begin{bmatrix} 0 \\ 1 \end{bmatrix}+C_2e^t\left(t\begin{bmatrix} 0 \\ 1 \end{bmatrix}+\begin{bmatrix} 1 \\ 0 \end{bmatrix}\right)$$

其中 C_1，C_2 是任意常數。

$\lambda_1=1$ 的喬丹鏈的長度等於 2。

現在我們轉向尋找非齊次方程的特解 $X_1(t)$。每個方程中的非齊次項都含指數函數 e^t，它與齊次方程的解中的指數函數相同。因此，應以向量擬多項式的形式尋求特解 $X_1(t)$

$$X_1(t) = P_{m+k}(t)e^t$$

其中 $m = 0$（m 表示向量多項式 $f(t)$ 的次數），$k = 2$（k 是特徵值 $\lambda_1 = 1$ 的 Jordan 鏈的長度）。

因此，在這種情況下，我們選擇二次多項式：

$$X_1(t) = P_2(t)e^t = (A_0 + A_1 t + A_2 t^2)e^t$$

可以將函數 $X_1(t)$ 直接代入非齊次方程組來求係數 A_0，A_1，A_2。令

$$A_0 = \begin{bmatrix} a_0 \\ b_0 \end{bmatrix}，A_1 = \begin{bmatrix} a_1 \\ b_1 \end{bmatrix}，A_2 = \begin{bmatrix} a_2 \\ b_2 \end{bmatrix}$$

則

$$X_1(t) = \begin{bmatrix} x_1(t) \\ y_1(t) \end{bmatrix} = \begin{bmatrix} (a_0 + a_1 t + a_2 t^2)e^t \\ (b_0 + b_1 t + b_2 t^2)e^t \end{bmatrix} = \begin{bmatrix} a_0 + a_1 t + a_2 t^2 \\ b_0 + b_1 t + b_2 t^2 \end{bmatrix} e^t$$

導數爲

$$X'_1(t) = \begin{bmatrix} x'_1(t) \\ y'_1(t) \end{bmatrix} = \begin{bmatrix} a_0 + a_1 t + a_2 t^2 \\ b_0 + b_1 t + b_2 t^2 \end{bmatrix} e^t + \begin{bmatrix} a_1 + 2a_2 t \\ b_1 + 2b_2 t \end{bmatrix} e^t$$

$$= \begin{bmatrix} a_0 + a_1 + (a_1 + 2a_2)t + a_2 t^2 \\ b_0 + b_1 + (b_1 + 2b_2)t + b_2 t^2 \end{bmatrix} e^t$$

帶入原方程組之後，可得：

$$(a_0 + a_1 + (a_1 + 2a_2)t + a_2 t^2)e^t = (a_0 + a_1 t + a_2 t^2)e^t + e^t$$

$$(b_0 + b_1 + (b_1 + 2b_2)t + b_2 t^2)e^t = (a_0 + a_1 t + a_2 t^2)e^t + (b_0 + b_1 t + b_2 t^2)e^t - e^t$$

將每個方程式的兩邊除以 e^t 並比較係數，我們得到：

$$\begin{cases} a_0 + a_1 + (a_1 + 2a_2)t + a_2 t^2 = a_0 + a_1 t + a_2 t^2 + 1 \\ b_0 + b_1 + (b_1 + 2b_2)t + b_2 t^2 = a_0 + a_1 t + a_2 t^2 + b_0 + b_1 t + b_2 t^2 - 1 \end{cases}$$

$$\begin{cases} a_0 + a_1 = a_0 + 1 \\ a_1 + 2a_2 = a_1 \\ a_2 = a_2 \\ b_0 + b_1 = a_0 + b_0 - 1 \\ b_1 + 2b_2 = a_1 + b_1 \\ b_2 = a_2 + b_2 \end{cases} \Rightarrow \begin{cases} a_1 = 1 \\ a_2 = 0 \\ b_1 = a_0 - 1 \\ 2b_2 = a_1 \end{cases}$$

這裡只有四個獨立的方程式。a_0 和 b_0 可以任意選擇，例如 $a_0 = 0$，$b_0 = 0$。結果，係數的值如下：

$$a_0 = 0，a_1 = 1，a_2 = 0，b_0 = 0，b_1 = -1，b_2 = \frac{1}{2}$$

因此，特解 $X_1(t)$ 爲

$$X_1(t)=\begin{bmatrix} x_1(t) \\ y_1(t) \end{bmatrix}=\begin{bmatrix} a_0+a_1t+a_2t^2 \\ b_0+b_1t+b_2t^2 \end{bmatrix}e^t=\begin{bmatrix} t \\ \frac{1}{2}t^2-t \end{bmatrix}e^t$$

最後，非齊次方程組的通解可寫爲

$$X(t)=X_0(t)+X_1(t)=C_1e^t\begin{bmatrix} 0 \\ 1 \end{bmatrix}+C_2e^t\left(t\begin{bmatrix} 0 \\ 1 \end{bmatrix}+\begin{bmatrix} 1 \\ 0 \end{bmatrix}\right)+e^t\begin{bmatrix} t \\ \frac{1}{2}t^2-t \end{bmatrix}$$

例 5 用未定係數法解方程組：

$$\frac{dx}{dt}=-y，\frac{dy}{dt}=x+\cos t$$

解：我們首先建構齊次方程組的通解。矩陣 A 的特徵值爲

$$A=\begin{bmatrix} 0 & -1 \\ 1 & 0 \end{bmatrix} \Rightarrow \det(A-\lambda I)=\begin{vmatrix} -\lambda & -1 \\ 1 & -\lambda \end{vmatrix}=0$$

$$\Rightarrow \lambda^2+1=0 \Rightarrow \lambda^2=-1 \Rightarrow \lambda_{1,2}=\pm i$$

在這種情況下，特徵值爲共軛複數其重數爲 1。根據一般理論，我們求特徵值 $\lambda_1=+i$ 的複數解，然後將實部和虛部分開，形成方程組的基本解。

求特徵值 $\lambda_1=+i$ 的特徵向量 $V_1=(V_{11}, V_{21})^T$：

$$(A-\lambda_1 I)V_1=0 \Rightarrow \begin{bmatrix} -i & -1 \\ 1 & -i \end{bmatrix}\begin{bmatrix} V_{11} \\ V_{21} \end{bmatrix}=0 \Rightarrow V_{11}-iV_{21}=0$$

令 $V_{21}=t$。則 $V_{11}=iV_{21}=ti$。因此，

$$V_1=\begin{bmatrix} V_{11} \\ V_{21} \end{bmatrix}=\begin{bmatrix} it \\ t \end{bmatrix}=t\begin{bmatrix} i \\ 1 \end{bmatrix}\sim\begin{bmatrix} i \\ 1 \end{bmatrix}$$

特徵值 λ_1 和特徵向量 V_1 形成的複數解其形式爲

$$Z_1(t)=e^{\lambda_1 t}V_1=e^{it}\begin{bmatrix} i \\ 1 \end{bmatrix}=(\cos t+i\sin t)\begin{bmatrix} i \\ 1 \end{bmatrix}=\begin{bmatrix} i\cos t-\sin t \\ \cos t+i\sin t \end{bmatrix}$$

$$=\begin{bmatrix} -\sin t \\ \cos t \end{bmatrix}+i\begin{bmatrix} \cos t \\ \sin t \end{bmatrix}$$

齊次方程組的通解可寫爲

$$X_0(t)=C_1\begin{bmatrix} -\sin t \\ \cos t \end{bmatrix}+C_2\begin{bmatrix} \cos t \\ \sin t \end{bmatrix}$$

其中 C_1，C_2 是任意數。

現在，我們求非齊次方程組的特解 $X_1(t)$。因爲非齊次項

$$f(t)=\begin{bmatrix}0\\ \cos t\end{bmatrix}$$

中的 cos t 與 $X_0(t)$ 中的 cos t 相同，因此，欲求的特解 $X_1(t)$ 其形式爲

$$X_1(t)=(A_0+A_1t)\cos t+(B_0+B_1t)\sin t$$

設向量 A_0，A_1，B_0，B_1 的坐標爲：

$$A_0=\begin{bmatrix}a_0\\ b_0\end{bmatrix}，A_1=\begin{bmatrix}a_1\\ b_1\end{bmatrix}，B_0=\begin{bmatrix}c_0\\ d_0\end{bmatrix}，B_1=\begin{bmatrix}c_1\\ d_1\end{bmatrix}$$

則向量 $X_1(t)$ 的分量 $x_1(t)$，$y_1(t)$ 可以寫成

$$x_1(t)=(a_0+a_1t)\cos t+(c_0+c_1t)\sin t$$

$$y_1(t)=(b_0+b_1t)\cos t+(d_0+d_1t)\sin t$$

這些函數的導數爲

$$x'_1(t)=a_1\cos t-(a_0+a_1t)\sin t+c_1\sin t+(c_0+c_1t)\cos t$$

$$y'_1(t)=b_1\cos t-(b_0+b_1t)\sin t+d_1\sin t+(d_0+d_1t)\cos t$$

將這些表達式代入非齊次方程組：

$$a_1\cos t-a_0\sin t-a_1t\sin t+c_1\sin t+c_0\cos t+c_1t\cos t$$
$$=-b_0\cos t-b_1t\cos t-d_0\sin t-d_1t\sin t$$
$$b_1\cos t-b_0\sin t-b_1t\sin t+d_1\sin t+d_0\cos t+d_1t\cos t$$
$$=a_0\cos t+a_1t\cos t+c_0\sin t+c_1t\sin t+\cos t$$

左側和右側比較係數，可得：

$$\begin{cases}a_1+c_0=-b_0\\ -a_0+c_1=-d_0\\ -a_1=-d_1\\ c_1=-b_1\\ b_1+d_0=a_0+1\\ -b_0+d_1=c_0\\ d_1=a_1\\ -b_1=c_1\end{cases}$$

此方程組中的一部分方程與其他方程是線性相依。因此，一些係數可以任意選擇（例如，可以令它們爲零）。我們得到以下結果：

$$a_0=0，b_0=0，c_0=0，d_0=\frac{1}{2}，a_1=0，b_1=\frac{1}{2}，c_1=-\frac{1}{2}，d_1=0$$

因此，特解 $X_1(t)$ 具有以下形式：

$$X_1(t)=\begin{bmatrix} x_1(t) \\ y_1(t) \end{bmatrix}=\begin{bmatrix} (a_0+a_1t)\cos t+(c_0+c_1t)\sin t \\ (b_0+b_1t)\cos t+(d_0+d_1t)\sin t \end{bmatrix}$$

$$=\begin{bmatrix} -\frac{1}{2}t\sin t \\ \frac{1}{2}t\cos t+\frac{1}{2}\sin t \end{bmatrix}$$

原方程組的通解可寫爲

$$X(t)=X_0(t)+X_1(t)=C_1\begin{bmatrix} -\sin t \\ \cos t \end{bmatrix}+C_2\begin{bmatrix} \cos t \\ \sin t \end{bmatrix}+\begin{bmatrix} -\frac{1}{2}t\sin t \\ \frac{1}{2}t\cos t+\frac{1}{2}\sin t \end{bmatrix}$$

例 6 利用參數變換法解方程組：

$$\frac{dx}{dt}=y+\frac{1}{\cos t}，\frac{dy}{dt}=-x$$

解：我們首先建構齊次方程組的通解。計算特徵値：

$$A=\begin{bmatrix} 0 & 1 \\ -1 & 0 \end{bmatrix}\Rightarrow \det(A-\lambda I)=\begin{vmatrix} -\lambda & 1 \\ -1 & -\lambda \end{vmatrix}=0\Rightarrow \lambda^2+1=0$$

$$\Rightarrow \lambda^2=-1\Rightarrow \lambda_{1,2}=\pm i$$

求特徵値 $\lambda_1=+i$ 的複數特徵向量 $V_1=(V_{11}, V_{21})^T$：

$$(A-\lambda_1 I)V_1=0\Rightarrow \begin{bmatrix} -i & 1 \\ -1 & -i \end{bmatrix}\begin{bmatrix} V_{11} \\ V_{21} \end{bmatrix}=0\Rightarrow -iV_{11}+V_{21}=0$$

我們令 $V_{11}=t$，則 $V_{21}=iV_{11}=ti$. 因此，

$$V_1=\begin{bmatrix} V_{11} \\ V_{21} \end{bmatrix}=\begin{bmatrix} t \\ it \end{bmatrix}=t\begin{bmatrix} 1 \\ i \end{bmatrix}\sim\begin{bmatrix} 1 \\ i \end{bmatrix}$$

特徵值 λ_1 和特徵向量 V_1 對應於以下形式的解

$$Z_1(t)=e^{\lambda_1 t}V_1=e^{it}\begin{bmatrix} 1 \\ i \end{bmatrix}=(\cos t+i\sin t)\begin{bmatrix} 1 \\ i \end{bmatrix}=\begin{bmatrix} \cos t+i\sin t \\ i\cos t-\sin t \end{bmatrix}$$

$$=\begin{bmatrix} \cos t \\ -\sin t \end{bmatrix}+i\begin{bmatrix} \sin t \\ \cos t \end{bmatrix}$$

上式中的實部和虛部構成方程組的一個基本解：

$$X_0(t)=C_1\begin{bmatrix} \cos t \\ -\sin t \end{bmatrix}+C_2\begin{bmatrix} \sin t \\ \cos t \end{bmatrix}$$

其中 C_1，C_2 是任意常數。

因此，

$$\begin{cases} x_0(t) = C_1\cos t + C_2\sin t \\ y_0(t) = -C_1\sin t + C_2\cos t \end{cases}$$

現在考慮非齊次方程組。根據參數變換法，我們假設 C_1，C_2 是變數 t 的函數：

$$\begin{cases} x(t) = C_1(t)\cos t + C_2(t)\sin t \\ y(t) = -C_1(t)\sin t + C_2(t)\cos t \end{cases}$$

將這些表達式代入原非齊次方程組可得：

$$C'_1\cos t - C_1\sin t + C'_2\sin t + C_2\cos t = -C_1\sin t + C_2\cos t + \frac{1}{\cos t},$$

$$-C'_1\sin t - C_1\cos t + C'_2\cos t - C_2\sin t = -C_1\cos t - C_2\sin t,$$

$$\Rightarrow \begin{cases} C'_1\cos t + C'_2\sin t = \dfrac{1}{\cos t} \\ -C'_1\sin t + C'_2\cos t = 0 \end{cases}$$

使用 Cramer 規則：

$$\Delta = \begin{vmatrix} \cos t & \sin t \\ -\sin t & \cos t \end{vmatrix} = \cos^2 t + \sin^2 t = 1$$

$$\Delta_1 = \begin{vmatrix} \dfrac{1}{\cos t} & \sin t \\ 0 & \cos t \end{vmatrix} = \frac{1}{\cos t} \cdot \cos t - 0 = 1$$

$$\Delta_2 = \begin{vmatrix} \cos t & \dfrac{1}{\cos t} \\ -\sin t & 0 \end{vmatrix} = 0 + \frac{1}{\cos t} \cdot \sin t = \tan t$$

因此，我們獲得：

$$C'_1 = \frac{\Delta_1}{\Delta} = \frac{1}{1} = 1,\ C'_2 = \frac{\Delta_2}{\Delta} = \frac{\tan t}{1} = \tan t$$

積分後，可得：

$$C_1(t) = \int 1dt = t + A_1,\ C_2(t) = \int \tan t dt = \int \frac{\sin t}{\cos t}dt$$

$$= -\int \frac{d(\cos t)}{\cos t}dt = -\ln|\cos t| + A_2$$

其中 A_1，A_2 是積分常數。

結果，我們得到以下 $x(t)$ 和 $y(t)$ 的表達式：

$$x(t) = C_1(t)\cos t + C_2(t)\sin t = (t + A_1)\cos t + (-\ln|\cos t| + A_2)\sin t$$

$$= A_1\cos t + A_2\sin t + t\cos t - \sin t\ln|\cos t|$$

$$y(t) = -C_1(t)\sin t + C_2(t)\cos t$$

$$= -(t + A_1)\sin t + (-\ln|\cos t| + A_2)\cos t$$

$$= -A_1\sin t + A_2\cos t - t\sin t - \cos t\ln|\cos t|$$

每個表達式中具有係數 A_1，A_2 的前兩項描述了齊次方程組的解。其餘項歸因於非齊次部分。最終答案可以表示爲

$$X(t) = \begin{bmatrix} x(t) \\ y(t) \end{bmatrix} = A_1\begin{bmatrix} \cos t \\ -\sin t \end{bmatrix} + A_2\begin{bmatrix} \sin t \\ \cos t \end{bmatrix} + \begin{bmatrix} t\cos t - \sin t\ln|\cos t| \\ -t\sin t - \cos t\ln|\cos t| \end{bmatrix}$$

例 7 利用參數變換法，解線性非齊次方程組：

$$\frac{dx}{dt} = 2x - y + e^{2t}，\frac{dy}{dt} = 6x - 3y + e^t + 1$$

解：我們從建構齊次方程組的通解開始。計算矩陣 A 的特徵值和相應的特徵向量。

$$\det(A - \lambda I) = 0 \Rightarrow (2 - \lambda)(-3 - \lambda) + 6 = 0 \Rightarrow \lambda_1 = 0, \lambda_2 = -1$$

特徵值 $\lambda_1 = 0$ 的特徵向量 $V_1 = (V_{11}, V_{21})^T$ 等於：

$$(A - \lambda_1 I)V_1 = 0 \Rightarrow \begin{bmatrix} 2 & -1 \\ 6 & -3 \end{bmatrix}\begin{bmatrix} V_{11} \\ V_{21} \end{bmatrix} = 0 \Rightarrow 2V_{11} - V_{21} = 0$$

$$\Rightarrow V_{11} = t，V_{21} = 2V_{11} = 2t \Rightarrow V_1 = \begin{bmatrix} V_{11} \\ V_{21} \end{bmatrix} = \begin{bmatrix} t \\ 2t \end{bmatrix} = t\begin{bmatrix} 1 \\ 2 \end{bmatrix} \sim \begin{bmatrix} 1 \\ 2 \end{bmatrix}$$

同理，與特徵值 $\lambda_2 = -1$ 相關聯的特徵向量 $V_2 = (V_{12}, V_{22})^T$ 等於：

$$(A - \lambda_2 I)V_2 = 0 \Rightarrow \begin{bmatrix} 3 & -1 \\ 6 & -2 \end{bmatrix}\begin{bmatrix} V_{12} \\ V_{22} \end{bmatrix} = 0 \Rightarrow 3V_{12} - V_{22} = 0$$

$$\Rightarrow V_{12} = t，V_{22} = 3V_{12} = 3t \Rightarrow V_2 = \begin{bmatrix} V_{12} \\ V_{22} \end{bmatrix} = \begin{bmatrix} t \\ 3t \end{bmatrix} = t\begin{bmatrix} 1 \\ 3 \end{bmatrix} \sim \begin{bmatrix} 1 \\ 3 \end{bmatrix}$$

因此，齊次方程組的通解爲

$$X_0(t) = \begin{bmatrix} x_0(t) \\ y_0(t) \end{bmatrix} = C_1\begin{bmatrix} 1 \\ 2 \end{bmatrix} + C_2 e^{-t}\begin{bmatrix} 1 \\ 3 \end{bmatrix}$$

其中 C_1，C_2 是常數。

考慮非齊次方程組，並利用參數變換法求其解。我們用函數 $C_1(t)$，$C_2(t)$ 代替常數 C_1，C_2，即欲求下列形式的解：

$$X(t) = C_1(t)\begin{bmatrix} 1 \\ 2 \end{bmatrix} + C_2(t)e^{-t}\begin{bmatrix} 1 \\ 3 \end{bmatrix}$$

或

$$\begin{cases} x(t) = C_1(t) + C_2(t)e^{-t} \\ y(t) = 2C_1(t) + 3C_2(t)e^{-t} \end{cases}$$

這些函數的導數是

$$\begin{cases} x'(t) = C'_1 + C'_2e^{-t} - C_2e^{-t} \\ y'(t) = 2C'_1 + 3C'_2e^{-t} - 3C_2e^{-t} \end{cases}$$

接下來我們將這些表達式代入非齊次方程組：

$$C'_1 + C'_2e^{-t} - C_2e^{-t} = 2C_1 + 2C_2e^{-t} - 2C_1 - 3C_2e^{-t} + e^{2t}$$

$$2C'_1 + 3C'_2e^{-t} - 3C_2e^{-t} = 6C_1 + 6C_2e^{-t} - 6C_1 - 9C_2e^{-t} + e^{2t} + 1$$

$$\Rightarrow \begin{cases} C'_1 + C'_2e^{-t} = e^{2t} \\ 2C'_1 + 3C'_2e^{-t} = e^t + 1 \end{cases}$$

求出 C'_1，C'_2 後，再求出函數 $C_1(t)$，$C_2(t)$：

$$\Delta = \begin{vmatrix} 1 & e^{-t} \\ 2 & 3e^{-t} \end{vmatrix} = 3e^{-t} - 2e^{-t} = e^{-t}$$

$$\Delta_1 = \begin{vmatrix} e^{2t} & e^{-t} \\ e^t + 1 & 3e^{-t} \end{vmatrix} = 3e^{2t}e^{-t} - e^{-t}(e^t + 1) = 3e^t - e^{-t} - 1$$

$$\Delta_2 = \begin{vmatrix} 1 & e^{2t} \\ 2 & e^t + 1 \end{vmatrix} = e^t - 2e^{2t} + 1$$

$$= C'_1 = \frac{\Delta_1}{\Delta} = \frac{3e^t - e^{-t} - 1}{e^{-t}} = 3e^{2t} - e^t - 1$$

$$= C'_2 = \frac{\Delta_2}{\Delta} = \frac{e^t - 2e^{2t} + 1}{e^{-t}} = e^{2t} - 2e^{3t} + e^t$$

積分後，可得：

$$C_1(t) = \int (3e^{2t} + e^t - 1)dt = \frac{3}{2}e^{2t} - e^t - t + A_1$$

$$C_2(t) = \int (e^{2t} - 2e^{3t} + e^t)dt = \frac{1}{2}e^{2t} - \frac{2}{3}e^{3t} + e^t + A_2$$

函數 $x(t)$，$y(t)$ 將具有以下形式：

$$x(t) = C_1(t) + C_2(t)e^{-t} = \left(\frac{3}{2}e^{2t} - e^t - t + A_1\right) + \left(\frac{1}{2}e^{2t} - \frac{2}{3}e^{3t} + e^t + A_2\right)e^{-t} = A_1 + A_2e^{-t} + \frac{5}{6}e^{2t} - \frac{1}{2}e^t - t + 1$$

$$y(t) = 2C_1(t) + 3C_2(t)e^{-t} = 2\left(\frac{3}{2}e^{2t} - e^t - t + A_1\right)$$

$$+3\left(\frac{1}{2}e^{2t}-\frac{2}{3}e^{3t}+e^{t}+A_2\right)e^{-t}=2A_1+3A_2e^{-t}+e^{2t}-\frac{1}{2}e^{t}-2t+3$$

最終答案可以用以下形式表示：

$$X(t)=\begin{bmatrix}x(t)\\y(t)\end{bmatrix}=A_1\begin{bmatrix}1\\2\end{bmatrix}+A_2e^{-t}\begin{bmatrix}1\\3\end{bmatrix}+\begin{bmatrix}\frac{5}{6}e^{2t}-\frac{1}{2}e^{t}-t+1\\e^{2t}-\frac{1}{2}e^{t}-2t+3\end{bmatrix}$$

請注意，此問題中的非齊次部分由擬多項式（quasi-polynomial）組成。因此，也可以使用未定係數法和疊加原理來獲得方程組的解。

例 8 用線性變換法求方程組 $x'=\begin{bmatrix}-4&2\\2&-1\end{bmatrix}x+\begin{bmatrix}\frac{1}{t}\\4+\frac{2}{t}\end{bmatrix}$ 的通解

解：係數矩陣 $A=\begin{bmatrix}-4&2\\2&-1\end{bmatrix}$ 的特徵方程爲

$$\det(A-\lambda I)=\lambda(\lambda+5)=0$$

A 的特徵值爲 $\lambda_1=0$，$\lambda_2=-5$，對應的特徵向量爲 $\alpha_1=(1,2)^T$，$\alpha_2=(-2,1)^T$，因此 P 矩陣及其反矩陣 P^{-1} 分別爲

$$P=\begin{bmatrix}1&-2\\2&1\end{bmatrix}，P^{-1}=\frac{1}{5}\begin{bmatrix}1&2\\-2&1\end{bmatrix}$$

設 $x=Py$，可將原方程組 $x'=Ax+F$ 變爲 $y'=P^{-1}APy+P^{-1}F$，即

$$y'=\begin{bmatrix}0&0\\0&-5\end{bmatrix}y+\begin{bmatrix}\frac{1}{t}+\frac{8}{5}\\\frac{4}{5}\end{bmatrix}$$

即 $y'_1=\frac{1}{t}+\frac{8}{5}$，$y'_2=-5y_2+\frac{4}{5}$

解上面的方程，可得

$$y_1=\ln|t|+\frac{8}{5}t+c_1$$

$$y_2=c_2e^{-5t}+\frac{4}{25}$$

原方程組的通解爲

$$x(t)=Py(t)=\begin{bmatrix}1&-2\\2&1\end{bmatrix}\begin{bmatrix}\ln|t|+\frac{8}{5}t+c_1\\c_2e^{-5t}+\frac{4}{25}\end{bmatrix}$$

$$=\begin{bmatrix} \ln|t|+\frac{8}{5}t+c_1-2c_2e^{-5t}-\frac{8}{25} \\ 2\ln|t|+\frac{16}{5}t+2c_1+c_2e^{-5t}+\frac{4}{25} \end{bmatrix}$$

即

$$x(t)=\begin{bmatrix}1\\2\end{bmatrix}\ln|t|+\frac{8}{5}\begin{bmatrix}1\\2\end{bmatrix}t+\frac{4}{25}\begin{bmatrix}-2\\1\end{bmatrix}+c_1\begin{bmatrix}1\\2\end{bmatrix}+c_2e^{-5t}\begin{bmatrix}-2\\1\end{bmatrix}$$

例 9 以下列 4 種方法

(1) 參數變換法

(2) 未定係數法

(3) 消去法

(4) 線性變換法

求方程組

$$\frac{d\boldsymbol{x}}{dt}=\begin{bmatrix}0&1\\2&-1\end{bmatrix}\boldsymbol{x}+\begin{bmatrix}2-2t\\1\end{bmatrix} \tag{1}$$

的通解。

解：方法 1（參數變換法）　方程組 (1) 的係數矩陣 $\boldsymbol{A}=\begin{bmatrix}0&1\\2&-1\end{bmatrix}$ 的特徵值爲 $\lambda_1=1$，$\lambda_2=-2$，對應的特徵向量分別爲

$$\boldsymbol{x}_1=\begin{bmatrix}1\\1\end{bmatrix}，\boldsymbol{x}_2=\begin{bmatrix}1\\-2\end{bmatrix}$$

因此，可求得方程組 (1) 對應的齊次方程組的解矩陣 $\Phi(t)$ 及其反矩陣 $\Phi^{-1}(t)$ 爲

$$\Phi(t)=\begin{bmatrix}e^t&e^{-2t}\\e^t&-2e^{-2t}\end{bmatrix}，\Phi^{-1}(t)=\begin{bmatrix}\frac{2}{3}e^{-t}&\frac{1}{3}e^{-t}\\\frac{1}{3}e^{2t}&-\frac{1}{3}e^{2t}\end{bmatrix}$$

因此其通解爲

$$\boldsymbol{x}(t)=\Phi(t)c+\Phi(t)\int\Phi^{-1}(t)\begin{bmatrix}2-2t\\1\end{bmatrix}dt$$

$$=\Phi(t)c+\Phi(t)\int\begin{bmatrix}\frac{5}{3}e^{-t}-\frac{4}{3}te^{-t}\\\frac{1}{3}e^{2t}-\frac{2}{3}te^{2t}\end{bmatrix}dt$$

$$= \Phi(t)c + \Phi(t)\begin{bmatrix} -\frac{1}{3}e^{-t} + \frac{4}{3}te^{-t} \\ \frac{1}{3}e^{2t} - \frac{1}{3}te^{2t} \end{bmatrix}$$

$$= \begin{bmatrix} c_1e^t + c_2e^{-2t} + t \\ c_1e^t - 2c_2e^{-2t} + 2t - 1 \end{bmatrix}$$

方法 2（未定係數法）　由方法 1 知方程組 (1) 對應的齊次方程組的通解爲

$$x_h(t) = \Phi(t)\boldsymbol{c} = \begin{bmatrix} c_1e^t + c_2e^{-2t} \\ c_1e^t - 2c_2e^{-2t} \end{bmatrix}$$

下面利用未定係數法來求方程組 (1) 的一個特解。

方程組 (1) 中的 $\boldsymbol{F}(t) = \begin{bmatrix} 2-2t \\ 1 \end{bmatrix}$ 可表示爲

$$\boldsymbol{F}(t) = \begin{bmatrix} 2 \\ 1 \end{bmatrix} + t\begin{bmatrix} -2 \\ 0 \end{bmatrix} = \boldsymbol{a} + t\boldsymbol{b}$$

方程組 (1) 可改寫爲

$$\frac{d\boldsymbol{x}}{dt} = \boldsymbol{A}\boldsymbol{x} + \boldsymbol{a} + t\boldsymbol{b} \tag{2}$$

因爲 $\lambda = 0$ 不是 (2) 中係數矩陣 A 的特徵值，所以方程組 (1) 特解形式爲

$$\boldsymbol{x}_p(t) = \boldsymbol{u} + t\boldsymbol{v}$$

其中 u 與 v 爲未定。將 $x_p(t)$ 代入 (2) 得

$$\frac{d}{dt}(\boldsymbol{u} + t\boldsymbol{v}) = \boldsymbol{A}(\boldsymbol{u} + t\boldsymbol{v}) + (\boldsymbol{a} + t\boldsymbol{b})$$

即

$$\boldsymbol{v} = (\boldsymbol{A}\boldsymbol{u} + \boldsymbol{a}) + t(\boldsymbol{A}\boldsymbol{v} + \boldsymbol{b}) \tag{3}$$

比較係數得

$$\boldsymbol{A}\boldsymbol{v} + \boldsymbol{b} = \boldsymbol{0}，\boldsymbol{A}\boldsymbol{u} + \boldsymbol{a} = \boldsymbol{v} \tag{4}$$

求解得

$$\boldsymbol{v} = -\boldsymbol{A}^{-1}\boldsymbol{b} = \begin{bmatrix} 1 \\ 2 \end{bmatrix}，\boldsymbol{u} = \boldsymbol{A}^{-1}(\boldsymbol{v} - \boldsymbol{a}) = \begin{bmatrix} 0 \\ -1 \end{bmatrix}$$

因此，方程組 (1) 的特解爲

$$x_p(t) = \boldsymbol{u} + t\boldsymbol{v} = \begin{bmatrix} t \\ -1+2t \end{bmatrix}$$

故原方程組的通解爲

$$\boldsymbol{x}(t) = \boldsymbol{\Phi}(t)c + \boldsymbol{x}_p(t) = \begin{bmatrix} c_1e^t + c_2e^{-2t} + t \\ c_1e^t - 2c_2e^{-2t} + 2t - 1 \end{bmatrix}$$

方法 3（消去法） 把方程組 (1) 寫爲

$$\begin{cases} \dfrac{dx_1}{dt} = x_2 + 2 - 2t \\ \dfrac{dx_2}{dt} = 2x_1 - x_2 + 1 \end{cases} \tag{5}$$

由 (5) 的第一個方程得

$$x_2 = \frac{dx_1}{dt} + 2t - 2 \tag{6}$$

將 (6) 代入 (5) 的第二個方程得

$$\frac{d^2x_1}{dt^2} + \frac{dx_1}{dt} - 2x_1 = 1 - 2t \tag{7}$$

求解 (7) 式得其通解爲

$$x_1 = c_1e^t + c_2^{-2t} + t \tag{8}$$

將 (8) 代入 (6) 得

$$x_2 = c_1e^t - 2c_2e^{-2t} + 2t - 1$$

因此原方程組通解的矩陣形式爲

$$\boldsymbol{x}(t) = \begin{bmatrix} c_1e^t + c_2e^{-2t} + t \\ c_1e^t - 2c_2e^{-2t} + 2t - 1 \end{bmatrix}$$

方法 4（線性變換法） 由方法 1 可知方程組 (1) 的係數矩陣 A 的特徵值爲 $\lambda_1 = 1$ 和 $\lambda_2 = -2$，對應的特徵向量分別爲

$$\boldsymbol{x}_1 = \begin{bmatrix} 1 \\ 1 \end{bmatrix}，\boldsymbol{x}_2 = \begin{bmatrix} 1 \\ -2 \end{bmatrix}$$

由特徵向量構成矩陣 P 及其逆矩陣 P^{-1} 分別爲

$$\boldsymbol{P} = \begin{bmatrix} 1 & 1 \\ 1 & -2 \end{bmatrix}，\boldsymbol{P}^{-1} = \frac{1}{3}\begin{bmatrix} 2 & 1 \\ 1 & -1 \end{bmatrix}$$

作變換 $\boldsymbol{x} = \boldsymbol{P}\boldsymbol{y}$，並代入方程組 (1) 得

$$y' = P^{-1}APy + P^{-1}\begin{bmatrix} 2-2t \\ 1 \end{bmatrix} = \begin{bmatrix} 1 & 0 \\ 0 & -2 \end{bmatrix} y + \frac{1}{3}\begin{bmatrix} 5-4t \\ 1-2t \end{bmatrix}$$

故有

$$y'_1 = y_1 + \frac{1}{3}(5-4t)，y'_2 = -2y_2 + \frac{1}{3}(1-2t)$$

解上述方程得

$$y = \begin{bmatrix} y_1 \\ y_2 \end{bmatrix} = \begin{bmatrix} c_1e^t + \frac{1}{3}(4t-1) \\ c_2e^{-2t} + \frac{1}{3}(1-t) \end{bmatrix}$$

於是方程組 (1) 的通解爲

$$x(t) = Py = \begin{bmatrix} 1 & 1 \\ 1 & -2 \end{bmatrix}\begin{bmatrix} c_1e^t + \frac{1}{3}(4t-1) \\ c_2e^{-2t} + \frac{1}{3}(1-t) \end{bmatrix}$$

$$= \begin{bmatrix} c_1e^t + c_2e^{-2t} + t \\ c_1e^t - 2c_2e^{-2t} + 2t - 1 \end{bmatrix}$$

例 10 相同特徵值

求方程組

$$\frac{dy_1}{dt} = -3y_1 - 4y_2 + 2e^{-t}$$

$$\frac{dy_2}{dt} = y_1 + 4y_2$$

的通解。

解：以矩陣形式表示，微分方程組可以寫成 $\mathbf{y}(t) = A\mathbf{y}(t) + f(t)$，其中

$$y(t) = \begin{pmatrix} y_1 \\ y_2 \end{pmatrix}, A = \begin{pmatrix} -3 & -4 \\ 1 & 1 \end{pmatrix}, f(t) = \begin{pmatrix} 2e^{-t} \\ 0 \end{pmatrix}.$$

由特徵方程

$$\det(A - \lambda I) = \begin{vmatrix} -3-\lambda & -4 \\ -1 & 1-\lambda \end{vmatrix} = \lambda^2 + 2\lambda + 1 = 0 \Rightarrow \lambda = -1, -1$$

因此，特徵值 $\lambda = -1$ 是二重根。$\lambda = -1$ 的特徵向量方程爲

$$(A - \lambda I)v_1 = \begin{pmatrix} -2 & -4 \\ 1 & 2 \end{pmatrix}\begin{pmatrix} v_{11} \\ v_{21} \end{pmatrix} = \begin{pmatrix} 0 \\ 0 \end{pmatrix} \Rightarrow v_{11} + 2v_{21} = 0$$

取 $v_{21}=-1$，則 $v_{11}=-2v_{21}=2$

$$\therefore v_1=\begin{pmatrix} v_{11} \\ v_{21} \end{pmatrix}=\begin{pmatrix} 2 \\ -1 \end{pmatrix}$$

第二個線性獨立特徵向量 v_2 可由下式獲得：

$$(A-\lambda I)v_2=v_1 \Rightarrow \begin{pmatrix} -2 & -4 \\ 1 & 2 \end{pmatrix}\begin{pmatrix} v_{21} \\ v_{22} \end{pmatrix}=\begin{pmatrix} 2 \\ -1 \end{pmatrix} \Rightarrow v_{21}+2v_{22}=-1$$

取 $v_{22}=-1$，則 $v_{21}=1$，

$$\therefore v_2=\begin{pmatrix} v_{21} \\ v_{22} \end{pmatrix}=\begin{pmatrix} 1 \\ -1 \end{pmatrix}$$

兩個線性獨立的解是

$$\mathbf{y}_1=e^{\lambda t}v_1=\begin{pmatrix} 2 \\ -1 \end{pmatrix}e^{-t},\ \mathbf{y}_2=e^{\lambda t}(v_1t+v_2)=\left\{\begin{pmatrix} 2 \\ -1 \end{pmatrix}t+\begin{pmatrix} 1 \\ -1 \end{pmatrix}\right\}e^{-t}$$

基本矩陣是

$$Y(t)=[\mathbf{y}_1,\mathbf{y}_2]=\begin{pmatrix} 2e^{-t} & (2t+1)e^{-t} \\ -e^{-t} & -(t+1)e^{-t} \end{pmatrix}$$

並且它的逆矩陣爲

$$Y^{-1}(t)=[\mathbf{y}_1,\mathbf{y}_2]=\begin{pmatrix} (t+1)e^{t} & (2t+1)e^{t} \\ -e^{t} & -2e^{t} \end{pmatrix}$$

很容易計算

$$\int Y^{-1}(t)f(t)dt=\int\begin{pmatrix} (t+1)e^{t} & (2t+1)e^{t} \\ -e^{t} & -2e^{t} \end{pmatrix}\begin{pmatrix} 2e^{-t} \\ 0 \end{pmatrix}dt$$

$$=\int\begin{pmatrix} 2(t+1) \\ -2 \end{pmatrix}dt=\begin{pmatrix} t^2+2t \\ -2t \end{pmatrix}$$

通解是

$$y(t)=Y(t)\left\{C+\int Y^{-1}(t)f(t)dt\right\}=\begin{pmatrix} 2e^{-t} & (2t+1)e^{-t} \\ -e^{-t} & -(t+1)e^{-t} \end{pmatrix}\begin{pmatrix} c_1+t^2+2t \\ c_2-2t \end{pmatrix}$$

即

$$y_1(t)=e^{-t}\ [-2t^2+2(c_2+1)t+2(c_1+c_2)],$$

$$y_2(t)=e^{-t}\ [t^2-c_2t-(c_1+c_2)]$$

例 11 求解 $\dfrac{dx}{dt}+4x+3y=t,\ \dfrac{dy}{dt}+2x+5y=e^t.$

解：給定的方程是

$$\frac{dx}{dt}+4x+3y=t \tag{1}$$

$$\frac{dy}{dt}+2x+5y=e^t \tag{2}$$

將 (1) 中 $y=\frac{1}{3}\left(t-\frac{dx}{dt}-4x\right)$ 的值代入 (2)，我們得到

$$\frac{1}{3}\frac{d}{dt}\left(t-\frac{dx}{dt}-4x\right)+2x+\frac{5}{3}\left(t-\frac{dx}{dt}-4x\right)=e^t$$

$$\Rightarrow \frac{1}{3}\left(1-\frac{d^2x}{dt^2}-4\frac{dx}{dt}\right)+2x+\frac{5}{3}\left(t-\frac{dx}{dt}-4x\right)=e^t$$

$$\Rightarrow \frac{d^2x}{dt^2}+9\frac{dx}{dt}+14x=1+5t-3e^t$$

$$\Rightarrow (D^2+9D+14)x=1+5t-3e^t \tag{3}$$

令 $y(x)=e^{mt}$（m 為常數）為 (3) 的對應齊次微分方程的解，則它的輔助方程為

$$m^2+9m+14=0$$

$$\Rightarrow m=-7,-2$$

方程 (3) 的對應齊次微分方程的解是

$$Ae^{-7t}+Be^{-2t}$$

，其中 A 和 B 是任意常數。

(3) 的特解是

$$\frac{1}{D^2+9D+14}(1+5t-3e^t)$$

$$=\frac{1}{D^2+9D+14}+5\frac{1}{D^2+9D+14}t-3\frac{1}{D^2+9D+14}e^t$$

$$=\frac{1}{14}+\frac{5}{14}\left(1+\frac{9D+D^2}{14}\right)^{-1}t-\frac{3}{1^2+9\cdot 1+14}e^t$$

$$=\frac{1}{14}+\frac{5}{14}\left(1-\frac{9D}{14}-\cdots\right)t-\frac{3}{24}e^t$$

$$=\frac{5t}{14}-\frac{e^t}{8}-\frac{31}{196}$$

因此方程 (3) 的通解為

$$x(t)=Ae^{-7t}+Be^{-2t}+\frac{5t}{14}-\frac{e^t}{8}-\frac{31}{196}$$

將上述的 x 值代入 (1)，我們得到

$$y=\frac{1}{3}\left(t-\frac{dx}{dt}-4x\right)$$

$$= \frac{1}{3}\left(t - \frac{d}{dt}\left(Ae^{-7t} + Be^{-2t} + \frac{5t}{14} - \frac{e^t}{8} - \frac{31}{196}\right) - 4\left(Ae^{-7t} + Be^{-2t} + \frac{5t}{14} - \frac{e^t}{8} - \frac{31}{196}\right)\right)$$

$$= Ae^{-7t} - \frac{2}{3}Be^{-2t} + \frac{5e^t}{24} - \frac{t}{7} + \frac{9}{98}$$

例 12 同上題，求解 $\frac{dx}{dt} + 4x + 3y = t,\ \frac{dy}{dt} + 2x + 5y = e^t.$

解：將 $\frac{d}{dt}$ 寫成 D，方程爲

$$(D+4)x + 3y = t \qquad (1)$$

$$2x + (D+5)y = e^t \qquad (2)$$

設 x_c, y_c 爲滿足 (1) 和 (2) 的齊次微分方程的解，即

$$\phi(D)x_c(t) = 0,\ \phi(D)y_c(t) = 0$$

其中 $\phi(D)$ 是給定線性微分方程組 (1)-(2) 的係數矩陣的行列式，即

$$\phi(D) = \begin{vmatrix} D+4 & 3 \\ 2 & D+5 \end{vmatrix}$$

因此，未知數 $x_c(t)$、$y_c(t)$ 都具有相同的特徵方程 $\phi(\lambda) = 0$，故具有相同形式的解。現在，

$$\phi(\lambda) = \begin{vmatrix} \lambda+4 & 3 \\ 2 & \lambda+5 \end{vmatrix} = \lambda^2 + 9\lambda + 14$$

$\phi(\lambda) = 0 \Rightarrow \lambda = -7, -2$。因此，

$$x_c = Ae^{-7t} + Be^{-2t} \text{ 和 } y_c = Ce^{-7t} + De^{-2t}\text{。}$$

爲了找到給定線性微分方程組的特解，我們有，

$$\Delta_x(t) = \begin{vmatrix} t & 3 \\ e^t & D+5 \end{vmatrix} = 5t + 1 - 3e^t,$$

$$\Delta_y(t) = \begin{vmatrix} D+4 & t \\ 2 & e^t \end{vmatrix} = 5e^t - 2t,$$

$$x_p(t) = \frac{\Delta_x(t)}{\phi(D)} = \frac{5t+1-3e^t}{D^2+9D+14} = \frac{1}{14}\left(1 + \frac{9D+D^2}{14}\right)^{-1}(5t+1) - \frac{3e^t}{24}$$

$$= \frac{5t}{14} - \frac{31}{196} - \frac{e^t}{8},$$

$$y_p(t) = \frac{\Delta_y(t)}{\phi(D)} = \frac{5e^t - 2t}{D^2+9D+14} = \frac{5e^t}{24} - \frac{1}{14}\left(1 + \frac{9D+D^2}{14}\right)^{-1}(-2t)$$

$$= \frac{5e^t}{24} - \frac{t}{7} + \frac{9}{98}.$$

通解是

$$x(t)=x_c(t)+x_p(t)=Ae^{-7t}+Be^{-2t}+\frac{5t}{14}-\frac{31}{196}-\frac{e^t}{8}$$

$$y(t)=y_c(t)+y_p(t)=Ce^{-7t}+De^{-2t}+\frac{5e^t}{24}-\frac{t}{7}+\frac{9}{98}$$

由於是 $\phi(D)=0$ 是 D 的 2 次方程式，因此通解應該只包含兩個任意常數。將 $x_c(t)$、$y_c(t)$ 代入 (1) 或 (2) 的齊次方程，可以消去兩個額外的常數 C、D。因此，將 $x_c(t), y_c(t)$ 代入 $(D+4)x+3y=0$，我們得到

$$(D+4)(Ae^{-7t}+Be^{-2t})+3\,(Ce^{-7t}+De^{-2t})=0$$

$$\Rightarrow (-3A+3C)e^{-7t}+(2B+3D)e^{-2t}=0$$

$$\Rightarrow C=A,\ D=-\frac{2}{3}B.$$

通解變成

$$x(t)=x_c(t)+x_p(t)=Ae^{-7t}+Be^{-2t}+\frac{5t}{14}-\frac{31}{196}-\frac{e^t}{8}$$

$$y(t)=y_c(t)+y_p(t)=Ae^{-7t}-\frac{2}{3}Be^{-2t}+\frac{5e^t}{24}-\frac{t}{7}+\frac{9}{98}$$

例 13 求解 $\frac{dx}{dt}+3x+y=e^t,\ \frac{dy}{dt}-x+y=e^{2t}.$

解：將 $\frac{d}{dt}$ 寫成 D，方程為

$$(D+3)x+y=e^t \tag{1}$$

$$(D+1)y-x=e^{2t} \tag{2}$$

將 $y=e^t-(D+3)x$ 的值代入 (2)，我們得到

$$(D+1)\{e^t-(D+3)x\}-x=e^{2t}$$

$$\Rightarrow (D+1)e^t-(D+1)(D+3)x-x=e^{2t}$$

$$\Rightarrow e^t+e^t-(D^2+4D+3+1)x=e^{2t}$$

$$\Rightarrow (D^2+4D+4)x=2e^t-e^{2t} \tag{3}$$

令 $y(x)=e^{mt}$（m 為常數）為 (3) 的對應齊次微分方程的解。則它的輔助方程為

$$m^2+4m+4=0$$

$$\Rightarrow m=-2,-2$$

方程 (3) 的對應齊次微分方程的解是

$$(A+Bt)e^{-2t}$$

，其中 A 和 B 是任意常數。

(3) 的特解是

$$\begin{aligned}
&\frac{1}{D^2+4D+4}(2e^t-e^{2t})\\
&=\frac{2}{D^2+4D+4}e^t-\frac{1}{D^2+4D+4}e^{2t}\\
&=\frac{2e^t}{1+4+4}-\frac{e^{2t}}{4+8+4}\\
&=\frac{2e^t}{9}-\frac{e^{2t}}{16}
\end{aligned}$$

因此方程 (3) 的通解爲

$$x=(A+Bt)e^{-2t}+\frac{2e^t}{9}-\frac{e^{2t}}{16}$$

將 x 的值代入 (1)，我們得到

$$\begin{aligned}
y&=e^t-(D+3)x\\
&=e^t-(D+3)\left((A+Bt)e^{-2t}+\frac{2e^t}{9}-\frac{e^{2t}}{16}\right)\\
&=e^t-\frac{d}{dt}\left((A+Bt)e^{-2t}+\frac{2e^t}{9}-\frac{e^{2t}}{16}\right)-3\left((A+Bt)e^{-2t}+\frac{2e^t}{9}-\frac{e^{2t}}{16}\right)\\
&=e^t-\left(-2(A+Bt)e^{-2t}+Be^{-2t}+\frac{2e^t}{9}-\frac{e^{2t}}{8}\right)-3\left((A+Bt)e^{-2t}+\frac{2e^t}{9}-\frac{e^{2t}}{16}\right)\\
&=-(A+B+Bt)e^{-2t}+\frac{e^t}{9}+\frac{5}{16}e^{2t}.
\end{aligned}$$

因此，給定聯立線性方程的解爲

$$y=-(A+B+Bt)e^{-2t}+\frac{e^t}{9}+\frac{5}{16}e^{2t}.$$

和 $$x=(A+Bt)e^{-2t}+\frac{2e^t}{9}-\frac{e^{2t}}{16}.$$

例 14 同上題，求解 $\frac{dx}{dt}+3x+y=e^t,\ \frac{dy}{dt}-x+y=e^{2t}.$

解：將 $\frac{d}{dt}$ 寫成 D，方程爲

$$(D+3)x+y=e^t \qquad (1)$$

$$-x+(D+1)y=e^{2t} \qquad (2)$$

設 x_c, y_c 爲 (1) 和 (2) 的齊次微分方程的解，即

$$\phi(D)x_c(t)=0,\ \phi(D)y_c(t)=0$$

其中$\phi(D)$是給定線性微分方程組 (1)-(2) 的係數矩陣的行列式，即

$$\phi(D)=\begin{vmatrix} D+3 & 1 \\ -1 & D+1 \end{vmatrix}$$

現在，

$$\phi(\lambda)=\begin{vmatrix} \lambda+3 & 1 \\ -1 & \lambda+1 \end{vmatrix}=(\lambda+2)^2$$

所以，$\phi(\lambda)=0 \Rightarrow \lambda=-2,-2$。因此，$x_c=(A+Bt)e^{-2t}$ 和 $y_c=(C+Dt)e^{-2t}$。

為了找到給定線性微分方程組的特解，我們有，

$$\Delta_x(t)=\begin{vmatrix} e^t & 1 \\ e^{2t} & D+1 \end{vmatrix}=2e^t-e^{2t},$$

$$\Delta_y(t)=\begin{vmatrix} D+3 & e^t \\ -1 & e^{2t} \end{vmatrix}=5e^{2t}+e^t,$$

$$x_p(t)=\frac{\Delta_x(t)}{\phi(D)}=\frac{2e^t-e^{2t}}{(D+2)^2}=\frac{2e^t}{9}-\frac{e^{2t}}{16},$$

$$y_p(t)=\frac{\Delta_y(t)}{\phi(D)}=\frac{5e^{2t}+e^t}{(D+2)^2}=\frac{e^t}{9}+\frac{5e^{2t}}{16}.$$

通解是

$$x(t)=x_c(t)+x_p(t)=(A+Bt)e^{-2t}+\frac{2e^t}{9}-\frac{e^{2t}}{16} \quad (3)$$

$$y(t)=y_c(t)+y_p(t)=(C+Dt)e^{-2t}+\frac{e^t}{9}+\frac{5e^{2t}}{16} \quad (4)$$

由於是 $\phi(D)=0$ 是 D 的 2 次方程式，因此通解應該只包含兩個任意常數。將式 (3) 和 (4) 代入 (2) 中，消去兩個額外的常數，我們得到，$C=-A-B$ 和 $D=-B$。然後通解變成

$$x(t)=(A+Bt)e^{-2t}+\frac{2e^t}{9}-\frac{e^{2t}}{16},$$

$$y(t)=-(A+B+Bt)e^{-2t}+\frac{e^t}{9}+\frac{5}{16}e^{2t}$$

注意：（另一種方法）

將 $x_c(t)$、$y_c(t)$ 代入 (1) 或 (2) 的齊次方程，可以消去兩個額外的常數 C、D。因此，將解 $x_c(t)$, $y_c(t)$ 代入 $(D+3)x+y=0$ 即 $(D+3)x_c(t)+y_c(t)=0$ 以消去兩個額外常數，我們得到，$C=-A-B$ 和 $D=-B$。

例 15　求解 $\frac{dx}{dt}+y=e^t, \frac{dy}{dt}-x=e^{-t}$.

解：將 $\frac{d}{dt}$ 寫成 D，方程爲

$$Dx+y=e^t \tag{1}$$

$$Dy-x=e^{-t} \tag{2}$$

將 (1) 兩邊對 t 進行微分，且利用 (2) 我們得到

$$D^2x+Dy=e^t$$

$$\Rightarrow D^2x+(x+e^{-t})=e^t$$

$$\Rightarrow D^2x+x=e^t-e^{-t} \tag{3}$$

令 $x(t)=e^{mt}$（m 爲常數）爲 (3) 的對應齊次微分方程的解。則它的輔助方程爲

$$m^2+1=0$$

$$\Rightarrow m=\pm i$$

方程 (3) 的對應齊次微分方程的解是

$$A\cos t+B\sin t,$$

其中 A 和 B 是任意常數。

(3) 特解的是

$$\frac{1}{D^2+1}(e^t-e^{-t})$$

$$=\frac{1}{D^2+1}e^t-\frac{1}{D^2+1}e^{-t}$$

$$=\frac{e^t}{2}-\frac{e^{-t}}{2}.$$

因此方程 (3) 的通解爲

$$x=A\cos t+B\sin t+\frac{e^t}{2}-\frac{e^{-t}}{2}$$

將上述的 x 值代入 (1)，我們得到

$$y=e^t-D\left(A\cos t+B\sin t+\frac{e^t}{2}-\frac{e^{-t}}{2}\right)$$

$$=e^t-\frac{d}{dt}\left(A\cos t+B\sin t+\frac{e^t}{2}-\frac{e^{-t}}{2}\right)$$

$$=e^t-\left(-A\sin t+B\cos t+\frac{e^t}{2}+\frac{e^{-t}}{2}\right)$$

$$=A\sin t-B\cos t+\frac{e^t}{2}-\frac{e^{-t}}{2}.$$

因此，給定聯立線性方程的解由下式給出

$$x = A\cos t + B\sin t + \frac{e^t}{2} - \frac{e^{-t}}{2}$$

$$y = A\sin t - B\cos t + \frac{e^t}{2} - \frac{e^{-t}}{2}.$$

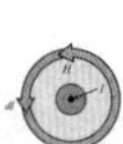

習題

1. 解非齊次線性方程組

$$\begin{cases}(D^2-1)x+(D+1)y=1\\(D+5)x+(D+1)y=0\end{cases}$$

答案：$x = C_2e^{-2t} + C_3e^{3t} - \frac{1}{6}$

$y = ce^{-t} + 3C_2e^{-2t} - 2C_3e^{3t} + \frac{5}{6}$

筆 記 欄

7.7 變係數線性微分方程組

變係數線性微分方程組可以寫成

$$\frac{dx_i}{dt}=x'_i=\sum_{j=1}^{n}a_{ij}(t)x_j(t)+f_i(t)，i=1,2,\cdots,n$$

其中 $x_i(t)$ 是未知函數，它們在區間 $[a, b]$ 是連續且可微。係數 $a_{ij}(t)$ 和 $f_i(t)$ 是區間 $[a, b]$ 上的連續函數。

使用矩陣符號，此方程組可以寫成

$$X'(t)=A(t)X(t)+f(t)$$

其中

$$X(t)=\begin{bmatrix}x_1(t)\\x_2(t)\\\vdots\\x_n(t)\end{bmatrix}，A(t)=\begin{bmatrix}a_{11}(t)&a_{12}(t)&\vdots&a_{1n}(t)\\a_{21}(t)&a_{22}(t)&\vdots&a_{2n}(t)\\\cdots&\cdots&\cdots&\cdots\\a_{n1}(t)&a_{n2}(t)&\vdots&a_{nn}(t)\end{bmatrix}，f(t)=\begin{bmatrix}f_1(t)\\f_2(t)\\\vdots\\f_n(t)\end{bmatrix}$$

在一般情況下，矩陣 $A(t)$ 和向量函數 $X(t)$、$f(t)$ 可以是實數值和複數值。對應的變係數齊次方程組爲

$$X'(t)=A(t)X(t)。$$

① 基本解和基本矩陣

若存在不全爲零的 c_1，$c_2, \cdots, c_n$，使得下式成立：

$$c_1x_1(t)+c_2x_2(t)+\cdots+c_nx_n(t)\equiv 0，\forall t\in[a,b]$$

則向量函數 $x_1(t), x_2(t), \cdots, x_n(t)$ 於區間 $[a, b]$ 爲線性相依（linearly dependent）。

若此恆等式僅當

$$c_1 = c_2 = \cdots = c_n = 0$$

時成立，則向量函數 $x_i(t)$ 在給定區間爲線性獨立（linearly independent）。

方程組的 n 個線性獨立解 $x_1(t), x_2(t), \cdots, x_n(t)$ 稱爲方程組的基本解。

由線性獨立解 $x_1(t), x_2(t), \cdots, x_n(t)$ 構成方陣 $\Phi(t)$ 的行，此方陣稱爲方程組的基本矩陣。它具有以下形式：

$$\Phi(t) = \begin{bmatrix} x_{11}(t) & x_{12}(t) & \vdots & x_{1n}(t) \\ x_{21}(t) & x_{22}(t) & \vdots & x_{2n}(t) \\ \cdots & \cdots & \cdots & \cdots \\ x_{n1}(t) & x_{n2}(t) & \vdots & x_{nn}(t) \end{bmatrix}$$

其中 $x_{ij}(t)$ 是線性獨立解 $x_1(t), x_2(t), \cdots, x_n(t)$ 的坐標。

注意，基本矩陣 $\Phi(t)$ 是非奇異的，即，逆矩陣 $\Phi^{-1}(t)$ 存在。由於基本矩陣具有 n 個線性獨立的解，因此將其代入齊次方程組後，我們獲得了恆等式

$$\Phi'(t) \equiv A(t)\Phi(t)$$

將反函數 $\Phi^{-1}(t)$ 右乘上式：

$$\Phi'(t)\Phi^{-1}(t) \equiv A(t)\Phi(t)\Phi^{-1}(\mathrm{t}) \Rightarrow A(t) = \Phi'(t)\Phi^{-1}(\mathrm{t})$$

給定基本矩陣，所得的關係唯一地定義了齊次方程組。

齊次方程組的通解可用基本矩陣的形式表示爲

$$X_0(t) = \Phi(t)C$$

其中 C 是由任意數組成的 n 維向量。

齊次方程組有一個有趣的特殊情況。事實證明，若矩陣 $A(t)$ 與該矩陣的積分的乘積是可交換，即

$$A(t) \cdot \int_a^t A(\tau)dt = \int_a^t A(\tau)dt \cdot A(t)$$

則此方程組的基本矩陣 $\Phi(t)$ 可由下式給出

$$\Phi(t) = e^{\int_a^t A(\tau)d\tau}$$

在對稱矩陣的情況下，尤其是在對角矩陣的情況下，滿足此性質。

② Wronskian 和 Liouville 公式

基本矩陣 $\Phi(t)$ 的行列式稱爲 $x_1(t), x_2(t), \cdots, x_n(t)$ 的 Wronskian：

$$W(t) = W[x_1, x_2, \cdots, x_n] = \begin{vmatrix} x_{11}(t) & x_{12}(t) & \vdots & x_{1n}(t) \\ x_{21}(t) & x_{22}(t) & \vdots & x_{2n}(t) \\ \cdots & \cdots & \cdots & \cdots \\ x_{n1}(t) & x_{n2}(t) & \vdots & x_{nn}(t) \end{vmatrix}$$

Wronskian 可用於驗證解的線性獨立。以下規則適用：

若且唯若 $x_1(t), x_2(t), \cdots, x_n(t)$ 的 Wronskian 在區間 $[a, b]$ 的任意點 t 不爲零，則齊次方程組的解 $x_1(t), x_2(t), \cdots, x_n(t)$ 爲線性獨立。

若且唯若 Wronskian 在區間 $[a，b]$ 爲零，則 $x_1(t), x_2(t), \cdots, x_n(t)$ 在區間 $[a, b]$ 爲線性相依。

解 $x_1(t), x_2(t), \cdots, x_n(t)$ 的 Wronskian 由 Liouville 的公式給出：

$$W(t) = W(a)e^{\int_a^t tr(A(\tau))d\tau}$$

其中 $\text{tr}(A(\tau))$ 是矩陣 $A(\tau)$ 的跡（trace），即所有對角元素的總和：

$$\text{tr}(A(\tau)) = a_{11}(\tau) + a_{22}(\tau) + \cdots + a_{nn}(\tau)$$

如果已知特解，則可以使用 Liouville 公式來建構齊次方程組的通解。

參數變換法（Lagrange法）

現在我們考慮可以用矩陣形式寫出的非齊次方程組，即

$$X'(t) = A(t)X(t) + f(t)$$

這個方程組的通解是相應齊次方程組的通解 $X_0(t)$ 與非齊次方程組的特解 $X_1(t)$ 的和，即

$$X(t)=X_0(t)+X_1(t)=\Phi(t)C+X_1(t)$$

其中 $\Phi(t)$ 是基本矩陣，C 是任意向量。

解非齊次方程組的最常見方法是參數變換法（Lagrange 方法）。用這種方法，我們考慮向量 $C(t)$ 而不是常數向量 C，其中 $C(t)$ 的分量是自變數 t 的連續可微函數，即我們假設

$$X(t)=\Phi(t)C(t)$$

將上式代入非齊次方程組，我們求未知向量 $C(t)$：

$$\begin{aligned}&X'(t)=A(t)X(t)+f(t)\\&\Rightarrow \Phi'(t)C(t)+\Phi(t)C'(t)\\&=A(t)\Phi(t)C(t)+f(t)\Rightarrow \Phi(t)C'(t)=f(t)\end{aligned}$$

給定矩陣 $\Phi(t)$ 爲非奇異矩陣，我們將方程式左乘以 $\Phi^{-1}(t)$：

$$\begin{aligned}&\Phi^{-1}(t)\Phi(t)C'(t)=\Phi^{-1}(t)f(t)\\&\Rightarrow C'(t)=\Phi^{-1}(t)f(t)\end{aligned}$$

積分後，我們獲得向量 $C(t)$。

例 1 若一線性微分方程組的解爲：

$$\boldsymbol{X}_1(t)=\begin{bmatrix}2\\t\end{bmatrix}，\boldsymbol{X}_2(t)=\begin{bmatrix}t\\t^2\end{bmatrix}，t\neq 0$$

求此線性微分方程組。

解：在這個問題中，可知方程組的基本矩陣：

$$\Phi(t)=\begin{bmatrix}2 & t\\t & t^2\end{bmatrix}$$

反矩陣

$$\Phi^{-1}(t)=\begin{bmatrix}1 & -\dfrac{1}{t}\\-\dfrac{1}{t} & \dfrac{2}{t^2}\end{bmatrix}$$

方程組的係數矩陣爲

$$A(t)=\Phi'(t)\Phi^{-1}(t)$$

基本矩陣的導數等於

$$\Phi'(t)=\begin{bmatrix}0 & 1\\ 1 & 2t\end{bmatrix}$$

因此，我們獲得：

$$A(t)=\begin{bmatrix}0 & 1\\ 1 & 2t\end{bmatrix}\begin{bmatrix}1 & -\frac{1}{t}\\ -\frac{1}{t} & \frac{2}{t^2}\end{bmatrix}=\begin{bmatrix}0-\frac{1}{t} & 0+\frac{2}{t^2}\\ 1-2 & -\frac{1}{t}+\frac{4}{t}\end{bmatrix}=\begin{bmatrix}-\frac{1}{t} & \frac{2}{t^2}\\ -1 & \frac{3}{t}\end{bmatrix}$$

因此，以 $\boldsymbol{X}_1(t), \boldsymbol{X}_2(t)$ 爲解的微分方程組可以寫成

$$\frac{dx}{dt}=-\frac{x}{t}+\frac{2y}{t^2}\text{，}\frac{dy}{dt}=-x+\frac{3y}{t}$$

例 2 解微分方程組

$$\begin{cases}x'=x+y\\ y'=\frac{1}{t}y+t\end{cases}$$

初始條件爲 $x(1)=y(1)=0$。

解：請注意，由於第二個方程僅涉及 y，因此我們先由此方程求解。

將

$$y'=\frac{1}{t}y+t$$

改寫爲

$$y'-\frac{1}{t}y=t$$

其解爲

$$y=t^2+Ct$$

初始條件 $y(1)=0$ 表示 $0=1+C$，故 $C=-1$。因此 $y=t^2-t$。

現在我們將 $y=t^2-t$ 入原方程組的第一個方程，得到：

$$x'=x+t^2-t$$

或

$$x'-x=t^2-t$$

其解爲

$$x=-t^2-t-1+Ce^t$$

初始條件 $x(1) = 0$ 意味著 $0 = -3 + Ce$，故 $C = 3/e$。

$$x = -t^2 - t - 1 + 3e^{t-1}$$

給定初始條件的方程組的解為：

$$x = -t^2 - t - 1 + 3e^{t-1}$$

$$y = t^2 - t$$

習題

1. 已知線性齊次微分方程組的兩組解為

$$\boldsymbol{X}_1(t) = \begin{bmatrix} e^{3t} \\ e^{3t} \end{bmatrix}, \boldsymbol{X}_2(t) = \begin{bmatrix} e^{-t} \\ -e^{-t} \end{bmatrix}$$

求該微分方程組。

答案：$\begin{cases} \dfrac{dx}{dt} = x + 2y \\ \dfrac{dy}{dt} = 2x + y \end{cases}$

7.8 線性自治方程組的平衡點

① 平衡點的類型

給出具有常係數線性齊次方程組：

$$\begin{cases} \dfrac{dx}{dt} = a_{11}x + a_{12}y \\ \dfrac{dy}{dt} = a_{21}x + a_{22}y \end{cases}$$

此方程組是自治的，因爲方程的右側沒有包含自變數 t。

以矩陣形式表示，方程組可以寫成

$$X' = AX$$

其中

$$X = \begin{bmatrix} x \\ y \end{bmatrix}，A = \begin{bmatrix} a_{11} & a_{12} \\ a_{21} & a_{22} \end{bmatrix}$$

可以求解平穩（stationary）方程

$$AX = 0$$

來找到平衡位置。

如果矩陣 A 是非奇異的，即 $\det A \neq 0$，則該方程式的唯一解爲 $X = 0$。若 A 爲奇異矩陣，方程組具有無限個平衡點。

平衡點的分類由矩陣 A 的特徵值 λ_1，λ_2 決定。解方程

$$\lambda^2 - (a_{11} + a_{22})\lambda + a_{11}a_{22} - a_{12}a_{21} = 0$$

可求得 λ_1，λ_2。

通常，當矩陣 A 爲非奇異時，有 4 種不同類型的平衡點：

1. 結點（node）：特徵值 λ_1、λ_2 爲同號的實數 $(\lambda_1\lambda_2 > 0)$。

2. 鞍點（saddle）：特徵值 λ_1、λ_2 爲異號的實數 $(\lambda_1\lambda_2 < 0)$。
3. 焦點（focus）：特徵值 λ_1、λ_2 爲複數，實部相等且非零 $(Re\lambda_1 = Re\lambda_2 \neq 0)$。
4. 中心（center）：特徵值 λ_1、λ_2 爲純虛數，$(Re\lambda_1 = Re\lambda_2 = 0)$。

平衡點的穩定性由穩定性的一般定理決定。因此，如果實特徵值（或複特徵值的實部）爲負，則平衡點爲漸近穩定。這種平衡點的例子是穩定結點和穩定焦點。

至少一個特徵值的實部爲正，則相應的平衡點不穩定。例如，它可能是一個鞍點。

最後，在純虛根的情況下（當平衡點爲中心時），我們處理 Lyapunov 意義上的古典穩定性。

圖形比文字更容易理解。文字比方程式更容易理解。從圖形上直觀地看出函數的定性行爲，通常比從函數的顯式或隱式表達式更容易看出。

以微分方程

$$y'(t) = \sin(y(t))$$

爲例 ，這個方程是可分離的，其解爲：

$$-\ln|\csc(y) + \cot(y)| = t + c$$

儘管這是微分方程的精確解，但從此式很難理解該解的定性行爲。但是，在圖 1 中給出的解圖爲我們提供了解行爲的清晰圖。在這種特殊情況下，可以從方程本身計算並畫出解的圖，而無需求解方程。

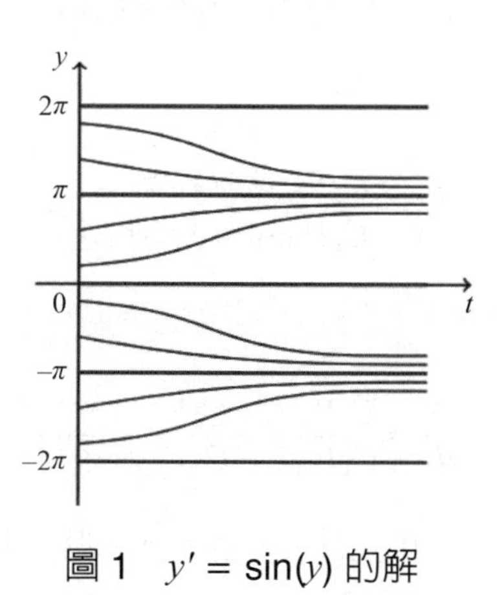

圖 1　$y' = \sin(y)$ 的解

我們的下一個目標是研究平衡位置附近解的行爲。對於二階方程組，使用相圖（圖形是坐標平面的一組相軌跡）以圖形方式進行此操作很方便。相軌跡上的箭頭表示點隨時間的運動方向（即系統的特定狀態）。

以下討論各種類型的平衡點和相應的相圖。

② 穩定和不穩定的結點

類型爲「結點」的特徵值 λ_1，λ_2 滿足以下條件：

$$\lambda_1, \lambda_2 \in R, \lambda_1\lambda_2 > 0$$

在此可能出現以下特殊情況。

根λ_1，λ_2相異（$\lambda_1 \neq \lambda_2$）且為負（$\lambda_1 < 0$，$\lambda_2 < 0$）。

欲繪製此方程組的示意圖。爲明確起見，假設 $|\lambda_1| < |\lambda_2|$。通解的形式爲

$$X(t) = C_1 e^{\lambda_1 t} V_1 + C_2 e^{\lambda_2 t} V_2$$

其中 $V_1 = (V_{11}, V_{21})^T$，$V_2 = (V_{12}, V_{22})^T$ 分別是對應於特徵值 λ_1，λ_2 的特徵向量而 C_1，C_2 是任意常數。

由於兩個特徵值均爲負，因此解 $X = 0$ 漸近穩定。這種平衡點稱爲穩定結點。當 $t \to \infty$，相曲線趨近於原點 $X = 0$。

確定相軌跡的方向。因爲

$$x(t) = C_1 V_{11} e^{\lambda_1 t} + C_2 V_{12} e^{\lambda_2 t}，y(t) = C_1 V_{21} e^{\lambda_1 t} + C_2 V_{22} e^{\lambda_2 t}$$

導數 dy/dx 爲

$$\frac{dy}{dx} = \frac{C_1 V_{21} \lambda_1 e^{\lambda_1 t} + C_2 V_{22} \lambda_2 e^{\lambda_2 t}}{C_1 V_{11} \lambda_1 e^{\lambda_1 t} + C_2 V_{12} \lambda_2 e^{\lambda_2 t}}$$

將分子和分母除以 $e^{\lambda_1 t}$：

$$\frac{dy}{dx} = \frac{C_1 V_{21} \lambda_1 + C_2 V_{22} \lambda_2 e^{(\lambda_2 - \lambda_1)t}}{C_1 V_{11} \lambda_1 + C_2 V_{12} \lambda_2 e^{(\lambda_2 - \lambda_1)t}}$$

在這種情況下，$\lambda_2 - \lambda_1 < 0$。因此，當 $t \to \infty$ 時，具有指數函數的項趨近

於零。結果，當 $C_1 \neq 0$ 時，我們得到：

$$\lim_{t\to\infty}\frac{dy}{dx}=\frac{V_{21}}{V_{11}}$$

也就是說，當 $t \to \infty$ 時，相軌跡與特徵向量 V_1 平行。

如果 $C_1 = 0$，則在任意 t，導數等於

$$\frac{dy}{dx}=\frac{V_{22}}{V_{12}}$$

即，相軌跡位於沿著特徵向量 V_2 所指的線上。

現在我們考慮當 $t \to -\infty$ 時相軌跡的行爲，顯然，坐標 $x(t)$，$y(t)$ 趨於無窮大，並且在 $C_2 \neq 0$ 時，導數 dy/dx 的形式爲：

$$\frac{dy}{dx}=\frac{C_1V_{21}\lambda_1e^{(\lambda_1-\lambda_2)t}+C_2V_{22}\lambda_2}{C_1V_{11}\lambda_1e^{(\lambda_1-\lambda_2)t}+C_2V_{12}\lambda_2}=\frac{V_{22}}{V_{12}}$$

即無限遠點的相曲線變成平行於向量 V_2。

因此，當 $C_2 = 0$ 時，導數爲

$$\frac{dy}{dx}=\frac{V_{21}}{V_{11}}$$

在這種情況下，相軌跡由特徵向量 V_1 的方向確定。

給定相軌跡的上述性質，圖 1 顯示了穩定結點的相圖。

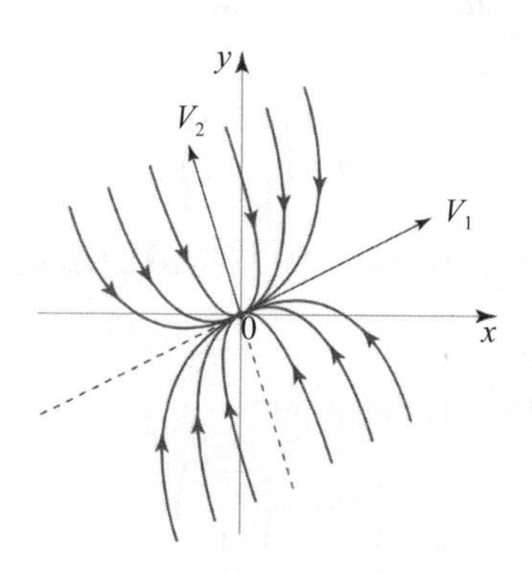

圖 1　穩定的結點

同理，我們可以研究其他類型的平衡點的相軌跡行爲。省略詳細分析，我們考慮其他平衡點的基本定性特徵。

根λ_1，λ_2相異（$\lambda_1 \neq \lambda_2$）且為正（$\lambda_1 > 0$，$\lambda_2 > 0$）。

在這種情況下，點 $X = 0$ 是一個不穩定結點。其相圖如圖 2 所示。

注意，在穩定結點和不穩定結點的情況下，相軌跡接觸直線，該直線沿著對應於絕對值最小的特徵值 λ 的特徵向量的指向。

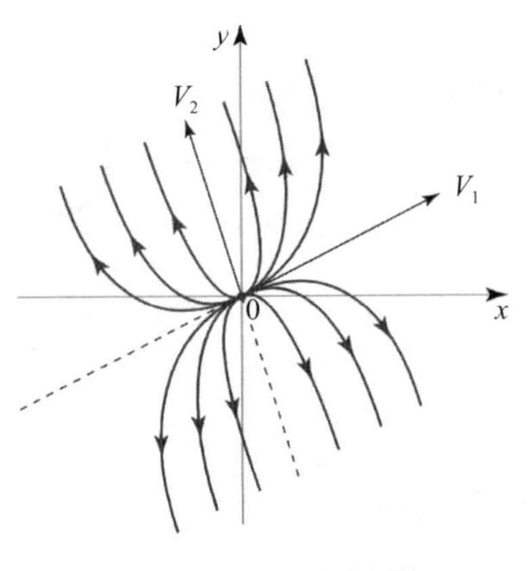

圖 2　不穩定結點

例 1　證明給定的線性齊次微分方程組是不穩定，並找出方程組的基本矩陣。畫出微分方程組的相圖。

$$\frac{dy_1}{dt} = 3y_1 + y_2, \frac{dy_2}{dt} = y_1 + 3y_2$$

解：這裡

$$A = \begin{pmatrix} 3 & 1 \\ 1 & 3 \end{pmatrix}$$

並且特徵值是 $\lambda_1 = 2, \lambda_2 = 4$。兩個特徵值都是正，因此方程組是不穩定。

對於 $\lambda_1 = 2$，對應的特徵向量是

$$y_{11} = \begin{pmatrix} -1 \\ 1 \end{pmatrix}$$

對於 $\lambda_2 = 4$，對應的特徵向量是

$$y_{21} = \begin{pmatrix} 1 \\ 1 \end{pmatrix}.$$

所以通解是

$$y=\begin{pmatrix} y_1 \\ y_2 \end{pmatrix}=c_1\begin{pmatrix} 1 \\ 1 \end{pmatrix}e^{4t}+c_2\begin{pmatrix} -1 \\ 1 \end{pmatrix}e^{2t}.$$

由於 $\lambda_1 \neq \lambda_2$，所以基本矩陣是

$$\Phi(t)=\begin{pmatrix} -e^{2t} & e^{4t} \\ e^{2t} & e^{4t} \end{pmatrix}.$$

給定方程組的相圖如圖 3 所示，也顯示了所述方程組的不穩定圖。

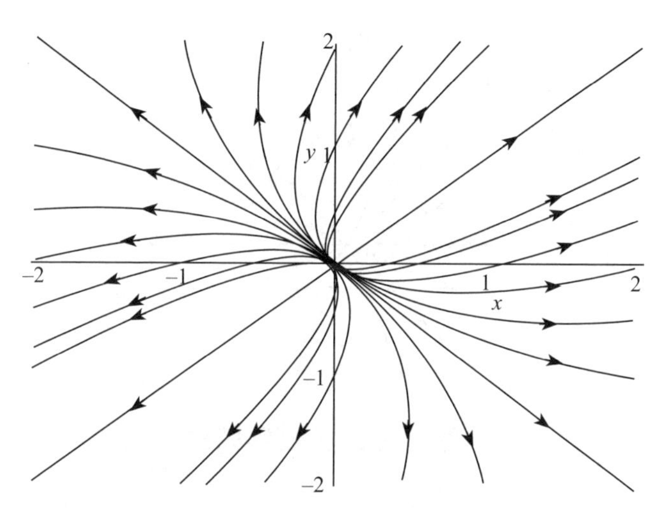

圖 3　例 1 微分方程組的相圖

③ 臨界結點

考慮 $\lambda_1 = \lambda_2 = \lambda \neq 0$ 的情況。該方程組具有兩個特徵向量的基底，即特徵值 λ 的幾何重數爲 2。在線性代數方面，這意味著 A 的特徵空間的維數等於 2：$\dim \ker A = 2$。這種情況發生在以下形式的方程組中

$$\frac{dx}{dt}=\lambda x，\frac{dy}{dt}=\lambda y$$

相軌跡的方向取決於 λ 的符號，這裡可能出現以下兩種情況：

(1) $\lambda_1 = \lambda_2 = \lambda < 0$

方程組的積分曲線族 $y = cx$（c 爲任意常數）是過奇點（0, 0）的直線

束。因此，束中每一條直線被奇點（0, 0）所分割的兩條射線都是方程組的軌線。從方程組可知：若 $\lambda < 0$，則沿著每一條軌線當 $t \to \infty$ 時運動 $(x(t), y(t)) \to (0, 0)$，故奇點（0, 0）是漸近穩定的，這種平衡位置（0, 0）稱為穩定的臨界結點（圖 1）。

(2) $\lambda_1 = \lambda_2 = \lambda > 0$

特徵值的這種組合對應於不穩定的臨界結點（圖 2）。在這兩種情況下，我們把奇點 (0, 0) 稱為臨界結點。

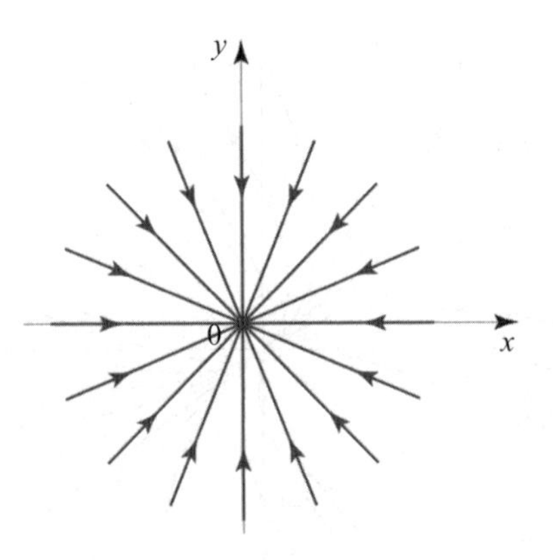

圖 1　穩定的臨界結點

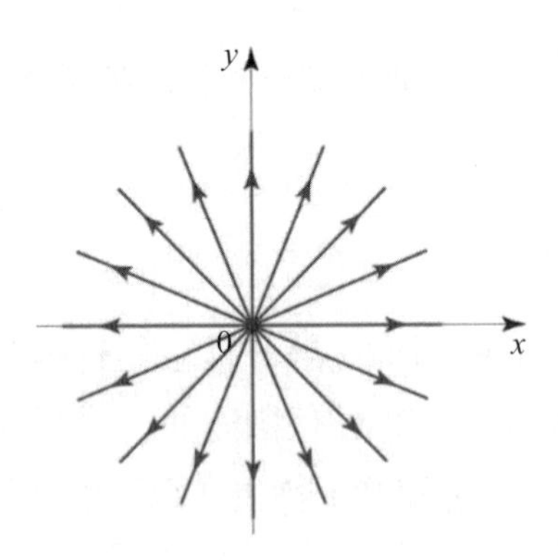

圖 2　不穩定的臨界結點

④ 奇異結點

令 A 的特徵值相等：$\lambda_1 = \lambda_2 = \lambda \neq 0$，與前面的情況不同，我們假設特徵值的幾何重數（換句話說，特徵空間的維數）為 1. 這意味著矩陣 A 僅

具有一個特徵向量 V_1。基底所需的第二個線性獨立向量定義爲廣義特徵向量 W_1。

(1) $\lambda_1 = \lambda_2 = \lambda < 0$

平衡點稱爲穩定奇異結點（stable singular node）（圖 1）。

(2) $\lambda_1 = \lambda_2 = \lambda > 0$

平衡點稱爲不穩定奇異結點（unstable singular node）（圖 2）。

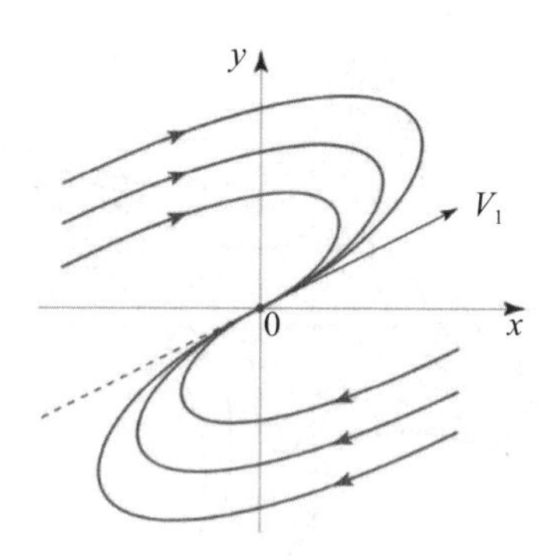

圖 1　穩定的奇異結點

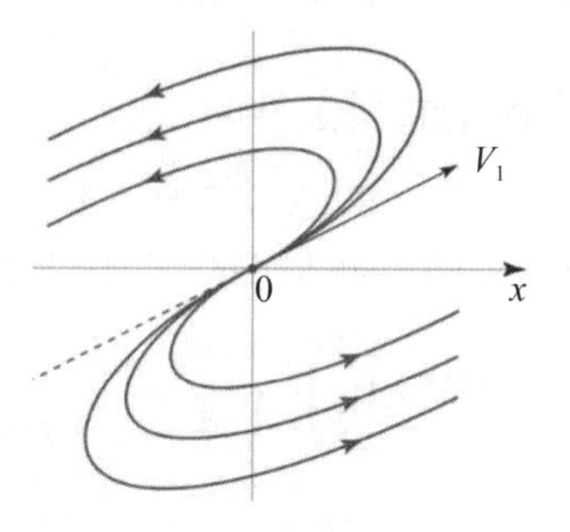

圖 2　不穩定的奇異結點

5 鞍點

在以下條件下，平衡點爲鞍點（saddle）：

$$\lambda_1\lambda_2 < 0，\lambda_1, \lambda_2 \in R。$$

例如，假設 $\lambda_1 < 0$，$\lambda_2 > 0$，由於特徵值之一爲正，因此鞍點爲不穩定的平衡點。特徵值 λ_1 和 λ_2 與對應的特徵向量 V_1 和 V_2 相關聯。沿特徵向

量 V_1、V_2 指向的直線稱為分離線（separatrice），它們是具有雙曲線形式的其他相軌跡的漸近線。每個分離線都可以與某個運動方向相關聯。

如果分離線與負特徵值 $\lambda_1 < 0$ 相關聯，在我們的例子中是沿著向量 V_1，運動沿著 V_1 朝向平衡點 $X = 0$。反之，$\lambda_2 > 0$ 時，亦即分離線與向量 V_2 相關，運動沿著 V_2 遠離原點。圖 1 顯示了鞍點的相圖。

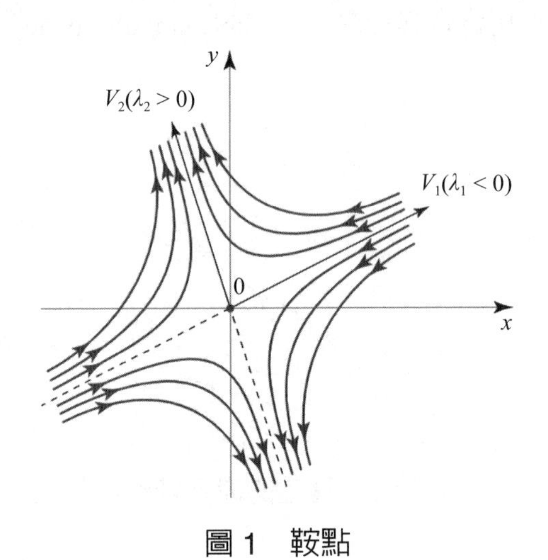

圖 1　鞍點

例 1　討論下列微分方程組的穩定性：

$$\dot{x} = -x + y, \dot{y} = 4x - y$$

解：對於這個問題，(0, 0) 是一個平衡點，上述方程組可以改寫為

$$\dot{X} = AX \Rightarrow \begin{pmatrix} \dot{x} \\ \dot{y} \end{pmatrix} = \begin{pmatrix} -1 & 1 \\ 4 & -1 \end{pmatrix} \begin{pmatrix} x \\ y \end{pmatrix}$$

A 的特徵方程為

$$(1+\lambda)^2 - 4 = \lambda^2 + 2\lambda - 3 = (\lambda+3)(\lambda-1) = 0$$

矩陣 A 的特徵值為 $\lambda = -3, \lambda = 1$。因此，我們知道方程組是不穩定，平衡點 (0, 0) 為鞍點。

例 2　求方程組

$$\frac{dy_1}{dt} = 2y_1 - y_2, \frac{dy_2}{dt} = -4y_2$$

的通解和基本矩陣，並畫出相圖。

解：本題中

$$A=\begin{pmatrix}2 & -1\\ 0 & -4\end{pmatrix}$$

特徵值爲 $\lambda_1=2, \lambda_2=-4$。

對於 $\lambda_1=2$，對應的特徵向量是

$$y_{11}=\begin{pmatrix}1\\ 0\end{pmatrix}$$

對於 $\lambda_2=-4$，對應的特徵向量是

$$y_{21}=\begin{pmatrix}1\\ 6\end{pmatrix}.$$

所以通解是

$$y=c_1\begin{pmatrix}1\\ 0\end{pmatrix}e^{2t}+c_2\begin{pmatrix}1\\ 6\end{pmatrix}e^{-4t}.$$

由於 $\lambda_1 \neq \lambda_2$，所以基本矩陣是

$$\Phi(t)=\begin{pmatrix}e^{2t} & e^{-4t}\\ 0 & 6e^{-4t}\end{pmatrix}$$

由於一個特徵值爲正，因此方程組在鞍點 (0, 0) 處不穩定。此外，給定方程組的相圖如圖 2 所示，該圖還顯示了所述方程組的不穩定圖。

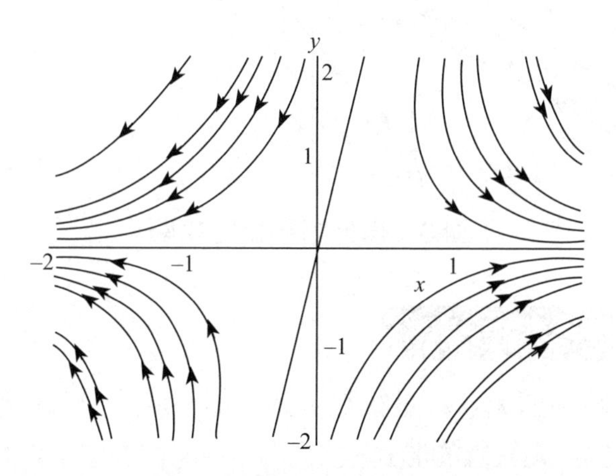

圖 2　微分方程組的相圖

例 3　證明給定的線性齊次微分方程組是不穩定，並畫出微分方程的相圖。

$$\frac{dy_1}{dt} = -3y_1 + 2y_2, \frac{dy_2}{dt} = -2y_1 + 2y_2$$

解：方程組的解是

$$y = c_1\begin{pmatrix}1\\2\end{pmatrix}e^{t} + c_2\begin{pmatrix}2\\1\end{pmatrix}e^{-2t}$$

因為當 $c_1 = 0$ 時，c_2e^{-2t} 隨著 t 的增加而變小，因此，從特徵向量

$$\begin{pmatrix}2\\1\end{pmatrix}$$

開始的任何點都會向內移動，其他特徵向量上的任何點都將直接向外移動。這裡一個特徵值是正的，所以靜止點是一個鞍點。相圖如圖 3 所示

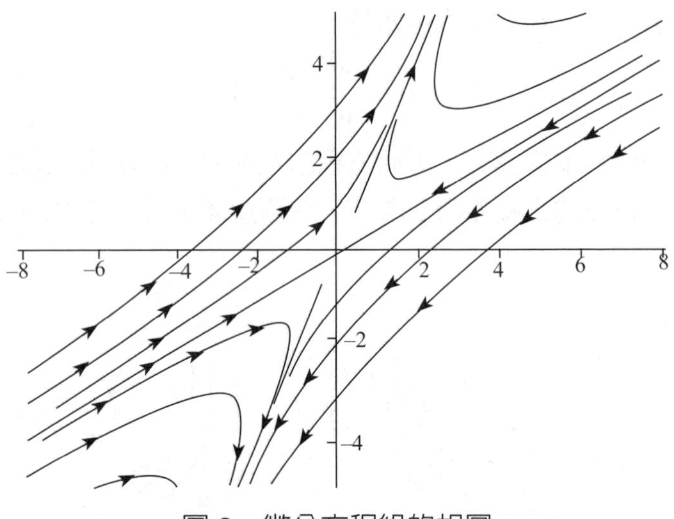

圖 3　微分方程組的相圖

6 穩定和不穩定的焦點

現在假設特徵值 λ_1，λ_2 是複數，其實部不為零。若矩陣 A 由實數組成，則複數根為共軛複數的形式：

$$\lambda_{1,2} = \alpha \pm i\beta$$

欲求原點附近的相軌跡。建構對應於特徵值 $\lambda_1 = \alpha + i\beta$ 的複數解 $X_1(t)$：

$$X_1(t) = e^{\lambda_1 t}V_1 = e^{(\alpha + i\beta)t}(U + iW)$$

其中 $V_1 = U + iW$ 是與特徵值 λ_1 相關的複值特徵向量，U 和 W 是實向量函數。結果，我們獲得：

$$\begin{aligned} X_1(t) &= e^{\alpha t}e^{i\beta t}(U + iW) = e^{\alpha t}(\cos\beta t + i\sin\beta t)(U + iW) \\ &= e^{\alpha t}(U\cos\beta t + iU\sin\beta t + iW\cos\beta t - W\sin\beta t) \\ &= e^{\alpha t}(U\cos\beta t - W\sin\beta t) + ie^{\alpha t}(U\sin\beta t + W\cos\beta t) \end{aligned}$$

最後一個表達式中的實部和虛部構成該類型的通解

$$\begin{aligned} X(t) = C_1Re[X_1(t)] + C_2Im[X_1(t)] &= e^{\alpha t}[C_1(U\cos\beta t - W\sin\beta t) \\ + C_2(U\sin\beta t + W\cos\beta t)] &= e^{\alpha t}[U(C_1\cos\beta t + C_2\sin\beta t) \\ + W(C_2\cos\beta t - C_1\sin\beta t)] \end{aligned}$$

我們將常數 C_1，C_2 表示為

$$C_1 = C\sin\delta,\ C_2 = C\cos\delta$$

其中 δ 是輔助角。則解可寫為

$$\begin{aligned} X(t) &= Ce^{\alpha t}[U(\sin\delta\cos\beta t + \cos\delta\sin\beta t) \\ &\quad + W(\cos\delta\cos\beta t - \sin\delta\sin\beta t)] \\ &= Ce^{\alpha t}[U\sin(\beta t + \delta) + W\cos(\beta t + \delta)] \end{aligned}$$

因此，解 $X(t)$ 可以在向量 U 和 W 的基底上展開：

$$X(t) = \mu(t)U + \eta(t)W$$

其中係數 $\mu(t)$，$\eta(t)$ 為

$$\mu(t) = Ce^{\alpha t}\sin(\beta t + \delta),\ \eta(t) = Ce^{\alpha t}\cos(\beta t + \delta)$$

這顯示相軌跡是螺旋形。當 $\alpha < 0$ 時，螺旋扭曲接近原點。這種平衡位置稱為穩定焦點（stable focus）。而當 $\alpha > 0$ 時，稱為不穩定焦點（unstable focus）。

扭轉方向可以原始矩陣 A 中的係數 a_{21} 的符號來確定。實際上，請考慮導數 $\frac{dy}{dt}$，例如在點（1, 0）：

$$\frac{dy}{dt}(1,0)=a_{21}\cdot 1+a_{22}\cdot 0=a_{21}$$

正係數 $a_{21}>0$ 對應於逆時針方向的扭曲，如圖 1 所示。當 $a_{21}<0$ 時，螺旋線將沿順時針方向扭曲（圖 2）。

因此，考慮到扭曲的方向，只有四種不同類型的焦點。

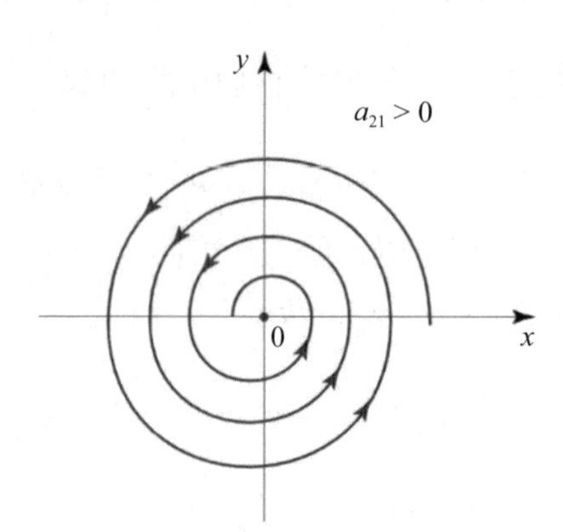

圖 1　穩定的焦點

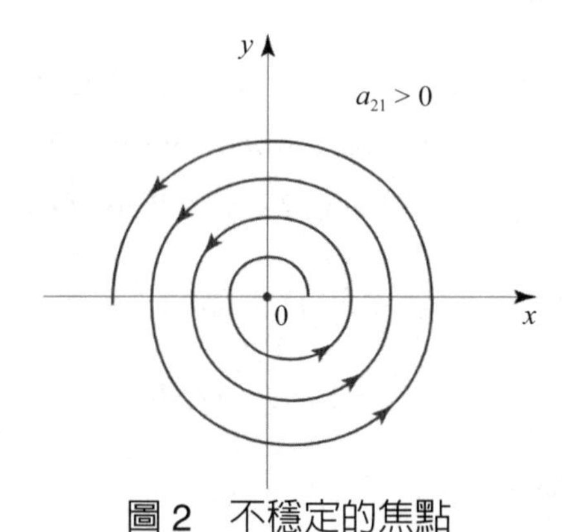

圖 2　不穩定的焦點

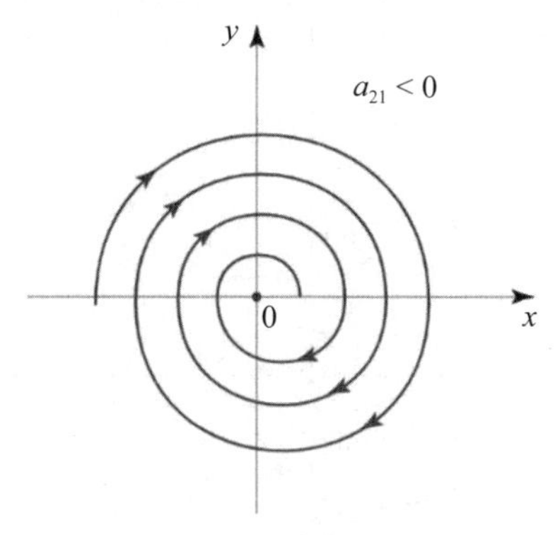

圖 3　穩定的焦點

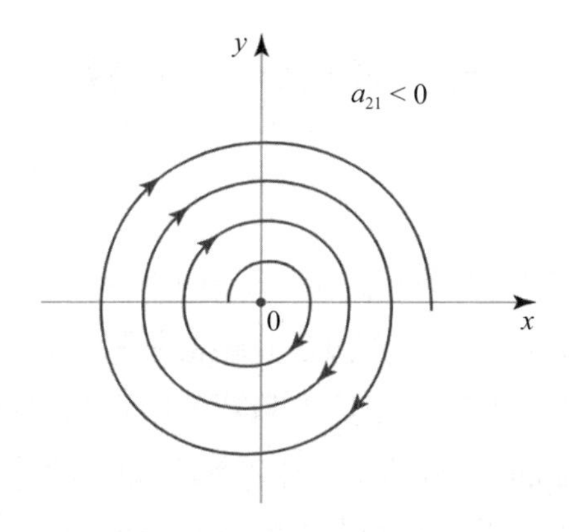

圖 4　不穩定的焦點

例 1　求方程組

$$\frac{dy_1}{dt} = -y_1 - 2y_2, \frac{dy_2}{dt} = 2y_1 - y_2$$

的特徵值並證明方程組是穩定。畫出相圖。

解：本題中

$$A = \begin{pmatrix} -1 & -2 \\ 2 & -1 \end{pmatrix}$$

並且特徵值爲$\lambda_1 = -1 + 2i, \lambda_2 = -1 - 2i$。兩個特徵值都是具有負實部的複數，因此方程組是穩定。平衡點 (0, 0) 爲匯點（sink），相圖如圖 1 所示。

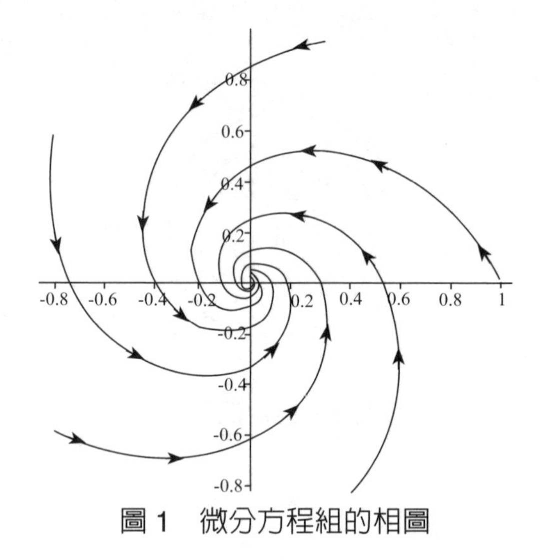

圖 1　微分方程組的相圖

7 中心點

如果矩陣 A 的特徵值是純虛數，則該平衡點稱為中心點（center）。對於具有實元素的矩陣，虛特徵值是共軛複數對。在中心點的情況下，相軌跡由 $\alpha = 0$ 的螺旋方程獲得而且是橢圓，即它們描述了點在相空間中的周期性運動。在 Lyapunov 意義上，中心點平衡位置是穩定的。

有兩種類型的中心點，它們在點的移動方向上有所不同（圖 1，2）。與焦點情況一樣，運動方向可以由導數 dy/dt 在某點的符號確定。如果我們取（1, 0），則

$$\frac{dy}{dt}(1,0) = a_{21}$$

亦即旋轉方向是由係數 a_{21} 的符號決定。

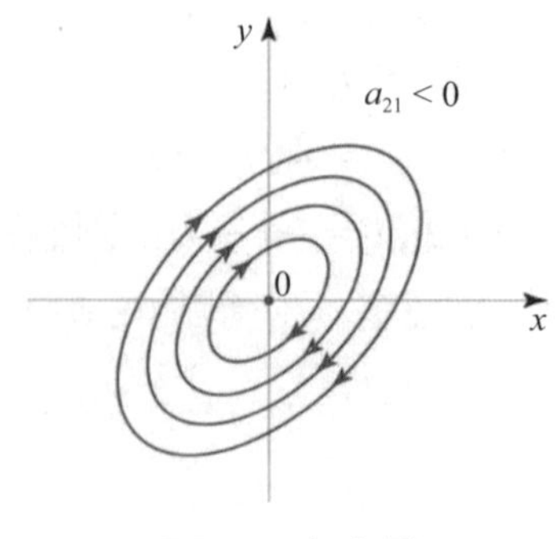

圖 1　中心點

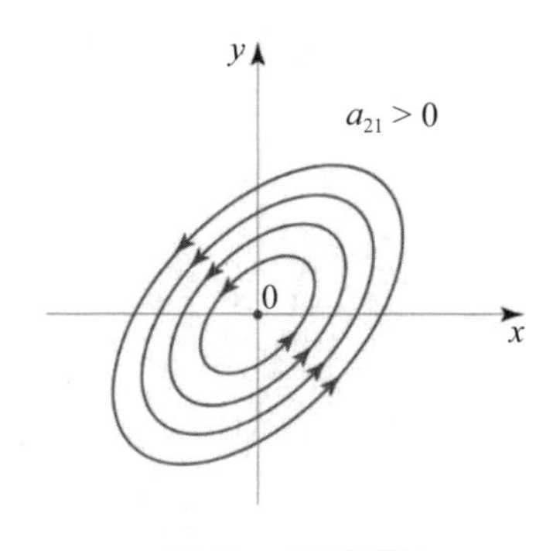

圖 2　中心點

因此，在非奇異矩陣 A（$\det A \neq 0$）的情況下，我們考慮了不同類型的平衡點。考慮到相軌跡的方向，有多種不同的相圖。

現在，我們轉到奇異矩陣（singular matrix）的情況。

8 奇異矩陣

如果是奇異矩陣，則其一個或兩個特徵值等於零。在這種情況下，有以下幾種特殊情況：

(1) $\lambda_1 \neq 0$，$\lambda_2 = 0$

通解的形式為

$$X(t) = C_1 e^{\lambda_1 t} V_1 + C_2 V_2$$

其中 $V_1 = (V_{11}, V_{21})^T$，$V_2 = (V_{12}, V_{22})^T$，是對應於特徵值 λ_1 和 λ_2 的特徵向量。事實證明，在這種情況下，穿過原點並沿向量 V_2 的指向的整條線由平衡點組成。相軌跡是與另一個特徵向量 V_1 平行的射線。根據 λ_1 的符號，在 $t \to \infty$ 處的運動為指向線 V_2 的方向（圖 1）或遠離線 V_2（圖 2）。

(2) $\lambda_1 = \lambda_2 = 0$，$\dim \ker A = 2$

在這種情況下，矩陣的特徵空間的維數等於 2，因此存在兩個特徵向量 V_1 和 V_2。

當 A 為零矩陣時，可能會發生這種情況。通解為

$$X(t) = C_1 V_1 + C_2 V_2$$

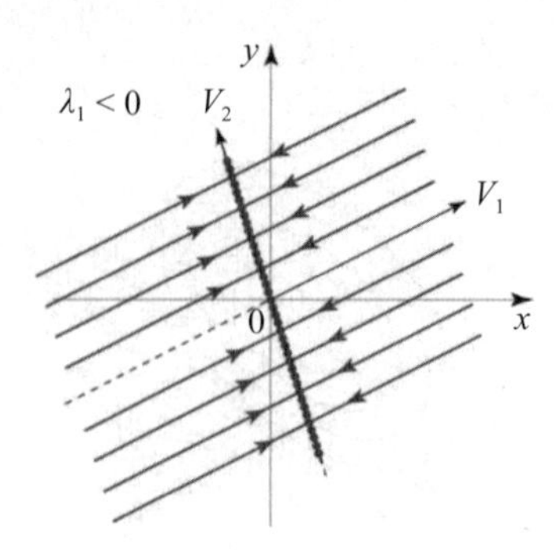

圖 1　奇異矩陣：$\lambda_1 \neq 0$，$\lambda_2 = 0$

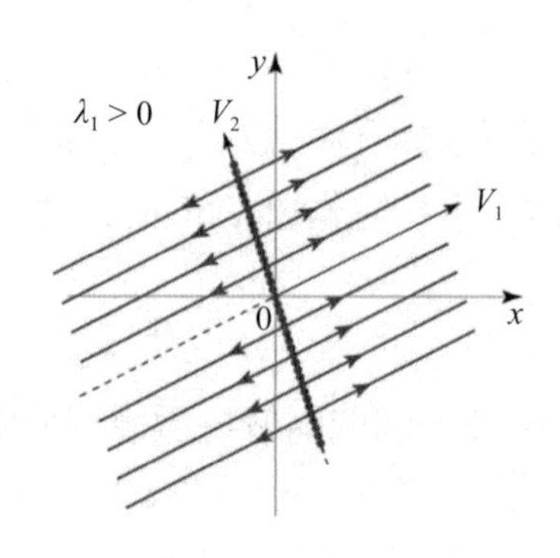

圖 2　奇異矩陣：$\lambda_1 \neq 0$，$\lambda_2 = 0$

因此，平面中的每個點都是方程組的平衡位置。

(3) $\lambda_1 = \lambda_2 = 0$，$\dim \ker A = 1$

這種情況與前一種情況的不同之處在於，只有一個特徵向量（矩陣 A 爲非零值）。爲了建構基底，我們可以將關連 V_1 的廣義特徵向量 W_1 作爲第二個線性獨立向量。通解可以寫成

$$X(t) = (C_1 + C_2 t)V_1 + C_2 W_1$$

在此，通過原點並沿特徵向量 V_1 指向的直線的所有點都是不穩定的平衡位置。相軌跡是平行於 V_1 的直線，當 $t \to \infty$ 時，沿這些直線的運動方向取決於常數 C_2：當 $C_2 < 0$ 時，運動是從左到右，而當 $C_2 > 0$ 時，運動方向相反（圖 3）。

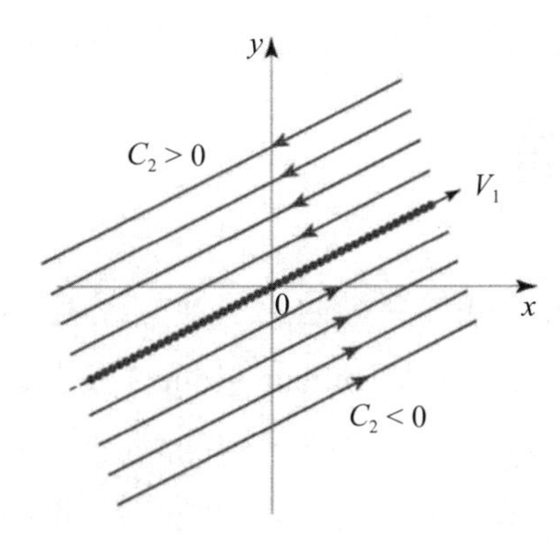

圖 3　奇異矩陣：$\lambda_1 = \lambda_2 = 0$，dim ker $A = 1$

7.9 跡-行列式平面

在上面，我們回顧了基於特徵值的線性方程組平衡點的分類。但是，只要知道矩陣 A 的行列式（determinant）det A 及其跡（trace）tr A，就可以在不計算特徵值 λ_1，λ_2 的情況下確定平衡點的類型。換言之，一階線性方程組，其解的漸近行爲及相平面上的相圖的結構，均由該方程組的特徵值決定。爲了系統地總結這種關係，本節引進該線性方程組的跡 - 行列式平面的概念。跡與行列式的變化引起特徵值的變化，從而引起該線性方程組的相圖結構的變化，而對應方程組的跡與行列式的任一對確定的值均有方程組相圖的一種確定結構與之對應。這在跡 - 行列式平面上可以反映出來。

回想一下，矩陣的跡等於對角元素之和：

$$A=\begin{pmatrix} a_{11} & a_{12} \\ a_{21} & a_{22} \end{pmatrix}，\text{tr}\,A = a_{11} + a_{22}，\det A = a_{11}a_{22} - a_{12}a_{21}$$

矩陣的特徵方程爲

$$\lambda^2 - (a_{11} + a_{22})\lambda + a_{11}a_{22} - a_{12}a_{21} = 0$$

它可以根據矩陣的行列式和跡來寫：

$$\lambda^2 - \text{tr}\,A \cdot \lambda + \det A = 0$$

此二次方程的判別式爲

$$D = (\text{tr}\,A)^2 - 4\det A$$

因此，描繪不同穩定性模式的分歧（bifurcation）曲線是平面中的拋物線（tr$A$, det$A$）（圖 1）：

$$\det A = \left(\frac{\text{tr}\,A}{2}\right)^2$$

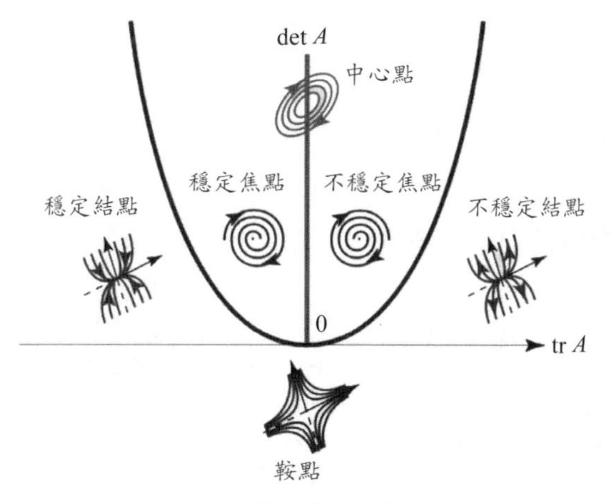

圖 1　跡 - 行列式平面

給定矩陣 A，可計算出對應的跡 tr A 與行列式 det A，點（tr A，det A）在跡 - 行列式平面上的確定位置，決定了 A 的特徵值的類型，從而決定了一階方程組 $dx/dt = Ax$ 的平衡點附近的相圖。

「焦點」和「中心」類型的平衡點在拋物線上方。類型「中心」的點位於正 y 軸上，即 tr $A = 0$。「結點」和「鞍點」位於拋物線下方。拋物線本身包含臨界或奇異點。

在跡 - 行列式平面圖的左上象限中存在穩定的運動模式。其他三個象限對應於不穩定的平衡位置。

7.10 繪製相圖

繪製常係數線性自治方程組

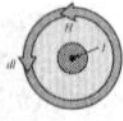

$$X' = AX，A = \begin{bmatrix} a_{11} & a_{12} \\ a_{21} & a_{22} \end{bmatrix}，X = \begin{bmatrix} x \\ y \end{bmatrix}$$

的相圖，需要執行以下步驟：

(1) 解特徵方程

$$\lambda^2 - (a_{11} + a_{22})\lambda + a_{11}a_{22} - a_{12}a_{21} = 0$$

求矩陣的特徵值。

(2) 確定平衡點的類型和穩定性的特徵。

提示：已知矩陣的跡和行列式：

$$\text{tr}\, A = a_{11} + a_{22}，\det A = \begin{vmatrix} a_{11} & a_{12} \\ a_{21} & a_{22} \end{vmatrix} = a_{11}a_{22} - a_{12}a_{21}$$

平衡位置的類型可以根據跡 - 行列式平面圖確定。

(3) 求出等傾線（isocline）的方程：

$$\frac{dx}{dt} = a_{11}x + a_{12}y \text{（垂直等傾線）}$$

$$\frac{dy}{dt} = a_{21}x + a_{22}y \text{（水平等傾線）}$$

(4) 平衡位置是結點或鞍點，則必須計算特徵向量，並繪製與特徵向量平行並經過原點的漸近線。

(5) 畫出相圖。

(6) 顯示沿相軌跡的運動方向（這取決於平衡點的穩定性或不穩定性）。在焦點的情況下，應確定軌跡扭曲的方向。這可以利用計算任意點，例如在點（1, 0），上的速度向量（dx/dt，dy/dt）來完成。同理，如果平衡位置為中心，我們可以確定運動的方向 。

這裡描述的演算法不是嚴格的方法。在研究特定方程組時，可以使用其他技巧來繪製相圖。

例 1 求線性自治方程組

$$\frac{dx}{dt} = -x \text{，} \frac{dy}{dt} = 2x - 2y$$

的平衡位置並繪出相圖。

解：(1) 我們寫出方程組的矩陣並計算其行列式：

$$A = \begin{bmatrix} -1 & 0 \\ 2 & -2 \end{bmatrix}, \det A = \begin{vmatrix} -1 & 0 \\ 2 & -2 \end{vmatrix} = 2 \neq 0$$

當 $\det A \neq 0$ 時，方程組具有唯一的平衡點 $X = 0$。我們求矩陣 A 的特徵值：

$$\det(A - \lambda I) = 0 \Rightarrow \begin{vmatrix} -1-\lambda & 0 \\ 2 & -2-\lambda \end{vmatrix} = 0$$

$$\Rightarrow (\lambda + 1)(\lambda + 2) = 0 \Rightarrow \lambda_1 = -1, \lambda_2 = -2$$

(2) 兩個特徵值都是負實數，因此平衡點 $X = 0$ 是一個穩定結點。

(3) 我們導出等傾線方程，即與相軌跡相切的線。垂直等傾線為

$$\frac{dx}{dt} = -x = 0 \quad \text{或} \quad x = 0$$

水平等傾線為

$$\frac{dy}{dt} = 2x - 2y = 0 \quad \text{或} \quad y = x$$

(4) 求漸近線的方程。這可以藉由計算矩陣 A 的特徵向量 V_1，V_2 來完成：

$$(A - \lambda_1 I)V_1 = 0 \Rightarrow \begin{bmatrix} -1+1 & 0 \\ 2 & -2+1 \end{bmatrix}\begin{bmatrix} V_{11} \\ V_{21} \end{bmatrix} = 0$$

$$\Rightarrow \begin{bmatrix} 0 & 0 \\ 2 & -1 \end{bmatrix}\begin{bmatrix} V_{11} \\ V_{21} \end{bmatrix} = 0 \Rightarrow 2V_{11} - V_{21} = 0$$

$$\Rightarrow V_{11} = 1 \text{，} V_{21} = 2 \Rightarrow V_1 = \begin{bmatrix} V_{11} \\ V_{21} \end{bmatrix} = \begin{bmatrix} 1 \\ 2 \end{bmatrix}$$

$$(A - \lambda_2 I)V_2 = 0 \Rightarrow \begin{bmatrix} -1+2 & 0 \\ 2 & -2+2 \end{bmatrix}\begin{bmatrix} V_{12} \\ V_{22} \end{bmatrix} = 0$$

$$\Rightarrow \begin{bmatrix} 1 & 0 \\ 2 & 0 \end{bmatrix}\begin{bmatrix} V_{12} \\ V_{22} \end{bmatrix} = 0 \Rightarrow \begin{cases} 1 \cdot V_{12} + 0 \cdot V_{22} = 0 \\ 2 \cdot V_{12} + 0 \cdot V_{22} = 0 \end{cases}$$

$$\Rightarrow V_{12}=0，V_{22}=1 \Rightarrow V_2=\begin{bmatrix}V_{12}\\V_{22}\end{bmatrix}=\begin{bmatrix}0\\1\end{bmatrix}$$

(5) 繪出特徵向量 V_1，V_2，水平等傾線 $y = x$，並繪出方程組的相圖（圖 1）。相軌跡接近零，接觸沿著向量 V_1 指向的線，因爲此特徵向量對應於最小的（絕對值）特徵值：$|\lambda_1| = 1$。

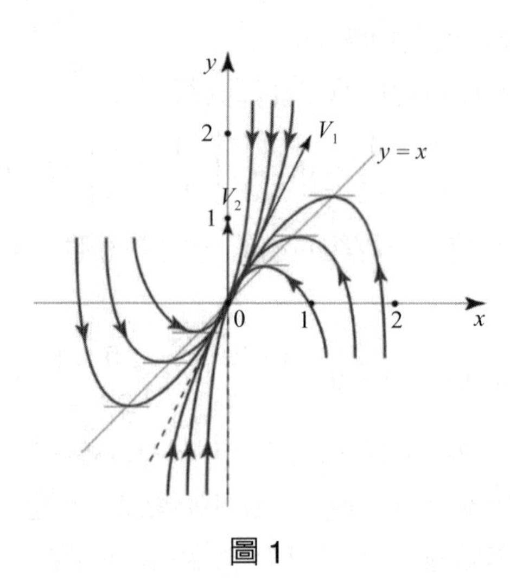

圖 1

例 2 求方程組

$$\frac{dx}{dt}=x+3y，\frac{dy}{dt}=2x$$

的平衡位置並繪出相圖。

解：我們首先確定行列式不爲零：

$$A=\begin{pmatrix}1&3\\2&0\end{pmatrix}，\det A=\begin{vmatrix}1&3\\2&0\end{vmatrix}=-6\neq 0$$

因此，方程組在原點具有唯一的平衡點。

(1) 我們無需計算特徵值和特徵向量即可求解此問題。

(2) 由於行列式 $\det A < 0$，零平衡點爲鞍點。這遵循跡 - 行列式平面圖。

(3) 定義等傾線方程。垂直等傾線可由下列線性函數描述：

$$\frac{dx}{dt}=x+3y=0 \Rightarrow y=-\frac{x}{3}$$

水平等傾線的方程爲

$$\frac{dy}{dt}=2x=0 \Rightarrow x=0$$

(4) 求形式爲 $y = kx$ 的分離線方程，將 $y = kx$ 代入原方程組，得到係數 k 的二次方程：

$$\begin{cases}\dfrac{dx}{dt}=x+3y\\ \dfrac{dy}{dt}=2x\end{cases} \Rightarrow \begin{cases}\dfrac{dx}{dt}=x+3kx\\ \dfrac{kdx}{dt}=2x\end{cases} \Rightarrow 2x=k(x+3kx)$$

$$\Rightarrow 3k^2x+kx-2x=0 \Rightarrow 3k^2+k-2=0$$

$$k_{1,2}=\frac{-1\pm 5}{6}=-1，\frac{2}{3}$$

因此，分離的方程式如下：

$$y=-x，y=\frac{2}{3}x$$

(5) 在相平面上繪製等傾線和分離線，並繪製相軌跡（圖 2）。

(6) 確定沿相軌跡的運動方向。例如取點（1, 0），計算在此點的導數 dy/dt：

$$\frac{dy}{dx}(1,0)=2 \cdot 1=2>0$$

當導數 $dy/dt > 0$ 時，隨著時間 t 的增加，該點沿向上方向與 x 軸相交。我們在相平面上對此進行標記。然後，使用對稱性，可以確定其他相軌跡的運動方向（圖 2）。

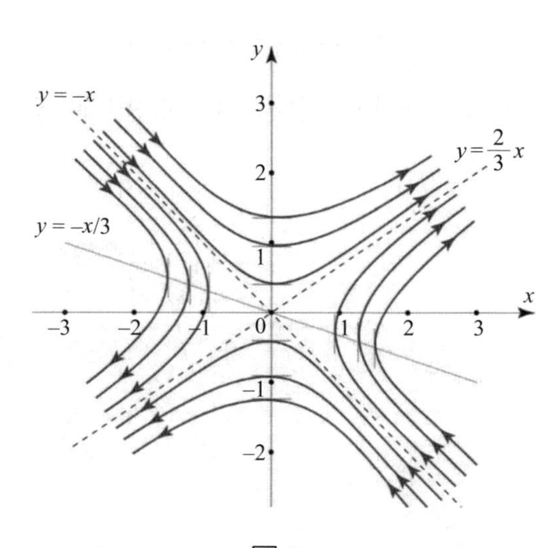

圖 2

例 3 求方程組：

$$\frac{dx}{dt}=3x-4y，\frac{dy}{dt}=2x-y$$

的平衡點，並繪出相圖。

解：這個方程組的行列式是

$$\det A=\begin{vmatrix}3 & -4\\ 2 & -1\end{vmatrix}=5\neq 0$$

因此，方程組具有唯一的平衡點（0, 0）。

(1) 我們計算 A 的特徵值：

$$\begin{vmatrix}3-\lambda & -4\\ 2 & -1-\lambda\end{vmatrix}=0\Rightarrow(\lambda-3)(\lambda+1)+8=0$$

$$\Rightarrow\lambda^2-2\lambda+5=0，D=-16\Rightarrow\lambda_{1,2}=\frac{2\pm 4i}{2}=1\pm 2i$$

(2) 特徵值 λ_1，λ_2 是具有正實部的共軛複數。因此，原點處的平衡位置是不穩定的焦點。

(3) 求等傾線方程。垂直等傾線爲：

$$\frac{dx}{dt}=3x-4y=0\Rightarrow y=\frac{3}{4}x$$

水平等傾線爲：

$$\frac{dy}{dt}=2x-y=0\Rightarrow y=2x$$

(4) 找出扭轉方向，計算點（1, 0）的導數 dy/dt：

$$\frac{dy}{dt}(1,0)=2\cdot 1-0=2>0$$

(5) 由求得的數據，我們可以建構方程組的相圖（圖 3）。

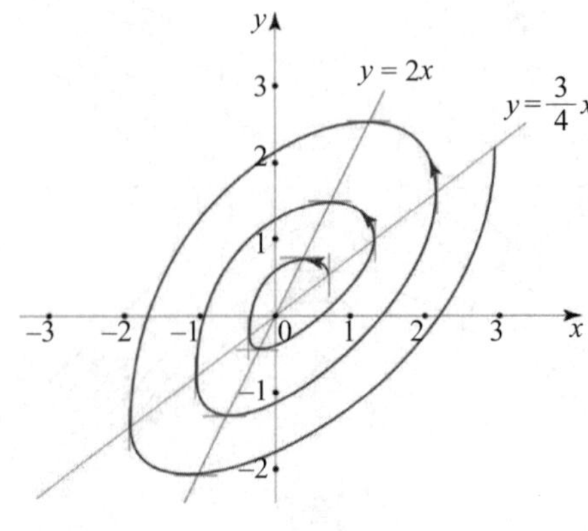

圖 3

筆 記 欄

7.11 微分方程組的首次積分法

首次積分法是將方程組

$$\frac{dx_i}{dt}=f_i(t, x_1, x_2, ..., x_n),\ i=1, 2, ..., n$$

經過適當地組合，化爲一個可以積分的微分方程，這個方程的未知函數可能是方程組中幾個未知函數組合形式，對這個方程積分就得到未知函數的組合形式的方程，該方程就是一個原方程組的首次積分。請看以下例子。

例 1 解方程組

$$\frac{dx}{dt}=\frac{1}{y}，\frac{dy}{dt}=-\frac{1}{x}$$

解：將方程組寫成以下形式

$$\begin{cases} ydx=dt \\ xdy=-dt \end{cases}$$

將兩個方程相加，我們得到

$$ydx+xdy=0 \Rightarrow d(xy)=0$$

因此，我們找到第一個積分：

$$xy=C_1$$

其中 C_1 是零以外的任何常數。

將函數 $y=C_1/x$ 代入第一個方程式並將其積分：

$$\frac{dx}{dt}=\frac{1}{y}=\frac{x}{C_1} \Rightarrow \frac{dx}{x}=\frac{dt}{C_1}$$

$$\Rightarrow \ln|x|=\frac{t}{C_1}+\ln C_2=\ln e^{\frac{t}{C_1}}+\ln C_2=\ln\left(C_2 e^{\frac{t}{C_1}}\right)$$

$$\Rightarrow x(t)=C_2 e^{\frac{t}{C_1}}$$

其中 $C_2 \neq 0$ 是任意常數。

現在我們求解 $y(t)$：

$$xy=C_1 \Rightarrow y(t)=\frac{C_1}{x(t)}=\frac{C_1}{C_2}e^{-\frac{t}{C_1}}$$

最終的答案是

$$x(t)=C_2e^{\frac{t}{C_1}}，y(t)=\frac{C_1}{C_2}e^{-\frac{t}{C_1}}，C_1\neq 0，C_2\neq 0$$

例 2 解方程組

$$\frac{dx}{dt}=x^2y，\frac{dy}{dt}=xy^2，x>0，y>0$$

解：我們以對稱形式寫出方程組：

$$\frac{dx}{x^2y}=\frac{dy}{xy^2}$$

上式乘以 xy，我們得到一個可以積分的方程：

$$\frac{dx}{x}=\frac{dy}{y}\Rightarrow \ln|x|=\ln|y|+\ln C_1\Rightarrow C_1y=x$$

這種關係是方程組的首次積分。我們用 x 表示變數 y，並將其代入方程組的第一個方程：

$$y=\frac{x}{C_1}\Rightarrow\frac{dx}{dt}=x^2y=\frac{x^3}{C_1}\Rightarrow\frac{dx}{x^3}=\frac{dt}{C_1}$$

$$\Rightarrow -\frac{1}{2x^2}=\frac{t}{C_1}+C_2\Rightarrow 2x^2=\frac{C_1}{-t-C_1C_2}$$

$$\Rightarrow x^2=\frac{C_1}{-2t-2C_1C_2}$$

以 C_2 取代 $-2C_1C_2$

$$x^2=\frac{C_1}{C_2-2t}\Rightarrow x=\pm\sqrt{\frac{C_1}{C_2-2t}}$$

因為 $x>0$，所以

$$x(t)=\sqrt{\frac{C_1}{C_2-2t}}$$

現在我們求函數 $y(t)$：

$$y(t)=\frac{x(t)}{C_1}=\frac{1}{C_1}\sqrt{\frac{C_1}{C_2-2t}}=\frac{1}{\sqrt{C_1(C_2-2t)}}$$

因此，通解為

$$x(t)=\sqrt{\frac{C_1}{C_2-2t}}，y(t)=\frac{1}{\sqrt{C_1(C_2-2t)}}$$

例 3 求微分方程組

$$\frac{dx}{dt}=\frac{y}{z}，\frac{dy}{dt}=\frac{x}{z}，\frac{dz}{dt}=\frac{x}{y}，x>0，y>0，z>0$$

的通解。

解：我們對方程組進行變換以獲得可積分組合。將第二個方程除以第一個方程：

$$\frac{dy}{dx}=\frac{x}{y}\Rightarrow ydy=xdx\Rightarrow y^2-x^2=C_1$$

這是原方程組的一個首次積分。

類似地，將第三個方程除以第二個方程，我們又得到一個首次積分：

$$\frac{dz}{dy}=\frac{z}{y}\Rightarrow\frac{dz}{z}=\frac{dy}{y}$$

$$\Rightarrow\ln|z|=\ln|y|+lnC_2\Rightarrow z=C_2y$$

現在求解 $x(t), y(t), z(t)$

$$x^2=y^2-C_1\Rightarrow x=\sqrt{y^2-C_1}\Rightarrow\frac{dx}{dt}=\frac{y}{\sqrt{y^2-C_1}}\frac{dy}{dt}$$

$$\Rightarrow\frac{y}{\sqrt{y^2-C_1}}\frac{dy}{dt}=\frac{y}{C_2y}\Rightarrow\frac{d(y^2-C_1)}{2\sqrt{y^2-C_1}}=\frac{dt}{C_2}$$

$$\Rightarrow\int\frac{d(y^2-C_1)}{2\sqrt{y^2-C_1}}=\int\frac{dt}{C_2}\Rightarrow\sqrt{y^2-C_1}=\frac{t}{C_2}+C_3$$

$$\Rightarrow x(t)=\frac{t}{C_2}+C_3$$

然後很容易得到

$$y(t)=\sqrt{\left(\frac{t}{C_2}+C_3\right)^2+C_1}=\frac{1}{C_2}\sqrt{(t+C_2C_3)^2+C_1C_2^2}$$

$$z(t)=C_2y(t)=\sqrt{(t+C_2C_3)^2+C_1C_2^2}$$

例 4 使用首次積分求方程組

$$\frac{dx}{dt}=y+z，\frac{dy}{dt}=x-z，\frac{dz}{dt}=x+y$$

的通解。

解：我們以對稱形式寫出方程組：

$$\frac{dx}{y+z}=\frac{dy}{x-z}=\frac{dz}{x+y}$$

使用等分性質，我們得到

$$\frac{dx+dy}{y+z+x-z}=\frac{dz}{x+y}\Rightarrow\frac{d(x+y)}{x+y}=\frac{dz}{x+y}$$

$$\Rightarrow d(x+y)=dz\Rightarrow x+y=z+C_1$$

或 $x+y-z=C_1$

利用以下轉換可以獲得另一種可積分的組合：

$$\frac{xdx-ydy}{x(y+z)-y(x-z)}=\frac{dz}{x+y}$$

$$\Rightarrow\frac{\frac{1}{2}d(x^2-y^2)}{xy+xz-yx+yz}=\frac{dz}{x+y}$$

$$\Rightarrow\frac{\frac{1}{2}d(x^2-y^2)}{z(x+y)}=\frac{dz}{x+y}$$

$$\Rightarrow\frac{1}{2}d(x^2-y^2)=zdz\Rightarrow d(x^2-y^2)=dz^2$$

$$\Rightarrow x^2-y^2=z^2+C_2\Rightarrow \text{or } x^2-y^2-z^2=C_2$$

因此，我們得到了兩個首次積分：

$$U_1=x+y-z=C_1，U_2=x^2-y^2-z^2=C_2$$

我們驗證這些積分是獨立的。計算 Jacobian 矩陣的秩：

$$\text{rank }(J)=\text{rank}\begin{bmatrix}\frac{\partial U_1}{\partial x} & \frac{\partial U_1}{\partial y} & \frac{\partial U_1}{\partial z}\\ \frac{\partial U_2}{\partial x} & \frac{\partial U_2}{\partial y} & \frac{\partial U_2}{\partial z}\end{bmatrix}$$

$$=\text{rank}\begin{bmatrix}1 & 1 & -1\\ 2x & -2y & -2z\end{bmatrix}=2$$

即秩等於首次積分的數目。因此，原方程組的通解爲

$$x+y-z=C_1$$

$$x^2-y^2-z^2=C_2$$

從上面的例子可以看出，利用首次積分可求出微分方程的通解或利用首次積分以減少微分方程組中未知函數以及方程的個數。

7.12 人造衛星的軌道方程

我們已經知道人造衛星在最後一段運載火箭熄滅之後，即進入它的軌道，軌道的形狀因發射角度和發射速度的不同，而分別出現橢圓、拋物線或雙曲線。以下就這些問題進行討論。

地球與人造衛星相互吸引，但因兩者的質量相差很大，所以可以假設地球是不動的。又因爲人造衛星的體積與地球相比是很小，因此可把它看成質點。爲簡單起見，不考慮太陽、月亮和其他星球的作用，並略去空氣阻力。

在上面的假設下，可把問題歸納爲：從地球表面上一點 A，以傾角 α，初速度 v_0 射出一質量爲 m 的物體，如圖 1 所示，求此物體運動的軌道方程。

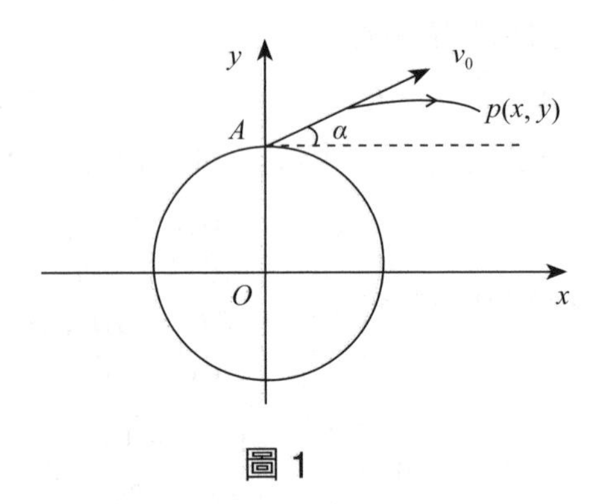

圖 1

過發射點 A 和地心 O 的直線作 y 軸，y 軸與發射方向所成的平面爲 xOy 平面，平面通過地心，取垂直於 y 軸且通過地心的直線爲 x 軸，取開始發射的時間爲 $t = 0$，經過時間 t 後，衛星位於點 $p(x, y)$，以下建立 x 和 y 所滿足的方程。

根據萬有引力定律，地球對衛星的引力大小爲

$$F = -G\frac{mM}{x^2 + y^2}$$

其方向指向地心，其中引力係數 $G = 6.685 \times 10^{-20}\text{km}^3/\text{kg} \cdot \text{s}^2$，地球質量 M

$= 5.98 \times 10^{24}$kg，$\sqrt{x^2+y^2}$ 是地球與衛星間的距離，如圖 2 所示。這個引力在 x, y 軸上的分力分別為

$$F_x = F\cos\theta = -\frac{GmMx}{(x^2+y^2)^{3/2}}$$

$$F_y = F\sin\theta = -\frac{GmMy}{(x^2+y^2)^{3/2}}$$

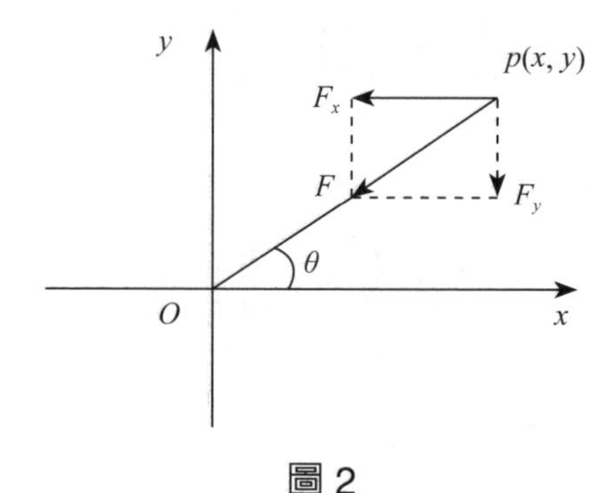

圖 2

衛星在 x, y 軸上所獲得的加速度分別為 $\frac{d^2x}{dt^2}$ 和 $\frac{d^2y}{dt^2}$。由牛頓第二定律得到衛星的運動方程為

$$\begin{aligned} m\frac{d^2x}{dt^2} &= -\frac{GmMx}{(x^2+y^2)^{3/2}} \\ m\frac{d^2y}{dt^2} &= -\frac{GmMy}{(x^2+y^2)^{3/2}} \end{aligned} \tag{1}$$

當 $t = 0$ 時，衛星在地表面以傾角 α，初速度 v_0 射出，故在 $t = 0$ 時，$x(0) = 0$，$y(0) = R$（$R = 6370$km 為地球半徑）。衛星的初速度在 x, y 軸上的分量分別為

$$\left.\frac{dx}{dt}\right|_{t=0} = v_0\cos\alpha，\left.\frac{dy}{dt}\right|_{t=0} = v_0\sin\alpha$$

因此，初始條件為

$$x(0) = 0，y(0) = \text{R}，\left.\frac{dx}{dt}\right|_{t=0} = v_0\cos\alpha，\left.\frac{dy}{dt}\right|_{t=0} = v_0\sin\alpha \tag{2}$$

下面利用首次積分法來求方程組 (1) 滿足初始條件 (2) 的解。將方程

(1) 兩端消去 m 後，以 y 乘以第一個方程，以 x 乘以第二個方程，兩者相減可得

$$y\frac{d^2x}{dt^2}-x\frac{d^2y}{dt^2}=0$$

因為

$$\frac{d}{dt}\left(x\frac{dy}{dt}-y\frac{dx}{dt}\right)=x\frac{d^2y}{dt^2}-y\frac{d^2x}{dt^2}$$

所以

$$\frac{d}{dt}\left(x\frac{dy}{dt}-y\frac{dx}{dt}\right)=0$$

對上式兩邊積分得首次積分為

$$x\frac{dy}{dt}-y\frac{dx}{dt}=c_1$$

再以 $\frac{dx}{dt}$ 乘以方程組 (1) 的第一個方程，以 $\frac{dy}{dt}$ 乘以第二個方程，然後兩式相加得

$$\frac{dx}{dt}\frac{d^2x}{dt^2}+\frac{dy}{dt}\frac{d^2y}{dt^2}=-\frac{GM}{(x^2+y^2)^{3/2}}\left(x\frac{dx}{dt}+y\frac{dy}{dt}\right)$$

由於

$$\frac{d}{dt}\left[\left(\frac{dx}{dt}\right)^2+\left(\frac{dy}{dt}\right)^2\right]=2\left(\frac{dx}{dt}\frac{d^2x}{dt^2}+\frac{dy}{dt}\frac{d^2y}{dt^2}\right)$$

以及

$$\frac{d}{dt}\left[\frac{2GM}{(x^2+y^2)^{1/2}}\right]=-\frac{2GM}{(x^2+y^2)^{3/2}}\left(x\frac{dx}{dt}+y\frac{dy}{dt}\right)$$

因此得

$$\frac{d}{dt}\left[\left(\frac{dx}{dt}\right)^2+\left(\frac{dy}{dt}\right)^2\right]=\frac{d}{dt}\left[\frac{2GM}{\sqrt{x^2+y^2}}\right]$$

積分得到另一個首次積分

$$\left(\frac{dx}{dt}\right)^2+\left(\frac{dy}{dt}\right)^2=\frac{2GM}{(x^2+y^2)^{1/2}}+c_2$$

於是，原方程組 (1) 降爲較低階的方程組

$$\begin{cases} x\dfrac{dy}{dt}-y\dfrac{dx}{dt}=c_1 \\ \left(\dfrac{dx}{dt}\right)^2+\left(\dfrac{dy}{dt}\right)^2=\dfrac{2GM}{(x^2+y^2)^{1/2}}+c_2 \end{cases} \tag{3}$$

利用極坐標變換，$x = r\cos\theta$，$y = r\sin\theta$，並求得

$$\begin{cases} \dfrac{dx}{dt}=\dfrac{dr}{dt}\cos\theta-r\sin\theta\dfrac{d\theta}{dt} \\ \dfrac{dy}{dt}=\dfrac{dr}{dt}\sin\theta+r\cos\theta\dfrac{d\theta}{dt} \end{cases} \tag{4}$$

將 (4) 代入 (3) 得

$$\begin{cases} r^2\dfrac{d\theta}{dt}=c_1 \\ \left(\dfrac{dr}{dt}\right)^2+r^2\left(\dfrac{d\theta}{dt}\right)^2=\dfrac{2GM}{r}+c_2 \end{cases} \tag{5}$$

兩式聯立消去 $\dfrac{d\theta}{dt}$ 得

$$\frac{dr}{dt}=\sqrt{c_2+\frac{2GM}{r}-\frac{c_1^2}{r^2}} \tag{6}$$

這裡得到一個僅含一個未知函數 $r = r(t)$ 的一階微分方程，若由此解出 $r = r(t)$，代入 (5) 中的第一式，便可確定 $\theta=\theta(t)$，由此得到

$$\begin{cases} r=r(t) \\ \theta=\theta(t) \end{cases}$$

這就是衛星軌道的極座標參數方程。若消去參數 t，可得到衛星運動軌道的極坐標方程。

爲此，由 (5) 的第一式求得 $dt=\dfrac{r^2}{c_1}d\theta$，代入 (6) 得

$$\frac{dr}{d\theta}=\frac{r^2}{c_1}\sqrt{c_2+\frac{2GM}{r}-\frac{c_1^2}{r^2}}$$

利用分離變數法求此方程的解得

$$\frac{\frac{1}{r}-\frac{GM}{c_1^2}}{\left[\frac{c_2}{c_1^2}+\left(\frac{GM}{c_1^2}\right)^2\right]^{1/2}}=\cos(\theta-c)$$

整理得

$$\frac{1}{r}=\frac{GM}{c_1^2}+\left[\frac{c_2}{c_1^2}+\left(\frac{GM}{c_1^2}\right)^2\right]^{1/2}\cos(\theta-c)$$

令 $p=\frac{c_1^2}{GM}$，$e=\sqrt{1+\frac{c_2c_1^2}{(GM)^2}}$，則上式化爲

$$\frac{1}{r}=\frac{1}{p}+\frac{1}{p}e\cos(\theta-c)$$

或

$$r=\frac{p}{1+e\cos(\theta-c)} \tag{7}$$

這就是所求的衛星運動軌道的極坐標方程，其中，有三個任意常數 p, e, c（或 c_1, c_2, c），可由初始條件 (2) 確定。當 $t=0$ 時，$x(0)=0$，$y(0)=R$，因此，$r(0)=R$，$\theta(0)=\frac{\pi}{2}$，并且由 (2) 及 (4) 知 $\left.\frac{dr}{dt}\right|_{t=0}=v_0\sin\alpha$，$\left.\frac{d\theta}{dt}\right|_{t=0}=-\frac{v_0}{R}\cos\alpha$，將它們代入 (5) 及 (7) 得

$$\begin{cases} c_1=-Rv_0\cos\alpha \\ c_2=v_0^2-\frac{2GM}{R} \\ \sin c=\frac{\frac{p}{R}-1}{e} \end{cases} \tag{8}$$

已經知道 (7) 是圓錐曲線的極座標方程。當 $e=0$ 時，軌道是圓；當 $0<e<1$ 時，軌道是橢圓；當 $e=1$ 時，軌道是拋物線；當 $e>1$ 時，軌道是雙曲線。

下面進一步討論衛星發射的初速度與衛星軌道形狀的關係。

因爲 $e=\sqrt{1+\frac{c_2c_1^2}{(GM)^2}}$，故 $e^2=1+\frac{c_2c_1^2}{(GM)^2}$，將 (8) 中的 c_1，c_2 代入此式，並整理得

$$e^2=\left(1-\frac{Rv_0^2\cos^2\alpha}{GM}\right)^2+\frac{R^2v_0^4\cos^2\alpha\sin^2\alpha}{(GM)^2} \tag{9}$$

注意到 (8) 及 $p=\frac{c_1^2}{GM}=\frac{R^2v_0^2\cos^2\alpha}{GM}$，因此 (9) 可化爲

$$e^2=\left(1-\frac{p}{R}\right)^2+\frac{p^2}{R^2}\tan^2\alpha$$

因此，當 $e=0$ 時得 $\frac{p}{R}=1$，$\tan\alpha=0$，於是

$$p=\frac{R^2v_0^2\cos^2\alpha}{GM}=\frac{R^2v_0^2}{GM}=R\text{，即 }v_0^2=\frac{GM}{R}$$

把地球半徑 R，質量 M 及引力常數 G 的數值代入上式，並計算得

$$v_0^2=62.76(\text{km/s})^2\text{，即 }v_0=7.9\text{km/s}$$

$v_0=7.9\text{km/s}$ 稱爲第一宇宙速度，此時衛星的軌道是一個圓，當 $e=1$ 時，由 (9) 得

$$v_0^2-\frac{2GM}{R}=0\text{，即 }v_0=\sqrt{\frac{2GM}{R}}$$

所求速度是第一宇宙速度的 $\sqrt{2}$ 倍，即 $v_0=11.2\text{km/s}$，稱爲第二宇宙速度，它的軌道是拋物線。

當 $0<e<1$ 時，因爲 $e<1$，由 (9) 可知

$$v_0^2-\frac{2GM}{R}<0\text{，}v_0<\sqrt{\frac{2GM}{R}}$$

這顯示初速度小於第二宇宙速度時，衛星軌道是一個橢圓。

當 $e>1$ 時，由 (9) 可得

$$v_0>\sqrt{\frac{2GM}{R}}$$

因此，初速度大於第二宇宙速度時，衛星軌道是雙曲線的一支。

習題

解下列（1-9）微分方程組

1. $y'_1 = y_1 - 3y_2$

$y'_2 = y_1 - 5y_2$

答案：$\begin{bmatrix} y_1 \\ y_2 \end{bmatrix} = C_1 \begin{bmatrix} -3 \\ 1 \end{bmatrix} e^{2x} + C_2 \begin{bmatrix} -1 \\ 1 \end{bmatrix} e^{1x}$

2. $y'_1 = y_1 - 3y_2 + 7y_3$

$y'_2 = -y_1 - y_2 + y_3$

$y'_3 = -y_1 + y_2 - 3y_3$

答案：$\begin{bmatrix} y_1 \\ y_2 \\ y_3 \end{bmatrix} = C_1 \begin{bmatrix} -1 \\ 2 \\ 1 \end{bmatrix} + C_2 \begin{bmatrix} 1 \\ 3 \\ 1 \end{bmatrix} e^{-x} + C_3 \begin{bmatrix} 1 \\ 1 \\ 0 \end{bmatrix} e^{-2x}$

3. $y'_1 = y_2$

$y'_2 = -y_1$

答案：$\begin{bmatrix} y_1 \\ y_2 \end{bmatrix} = C_1 \begin{bmatrix} 1 \\ i \end{bmatrix} e^{ix} + C_2 \begin{bmatrix} 1 \\ -i \end{bmatrix} e^{-ix}$ 或 $\begin{bmatrix} y_1 \\ y_2 \end{bmatrix} = C_1 \begin{bmatrix} \cos(x) \\ -\sin(x) \end{bmatrix} + C_2 \begin{bmatrix} \sin(x) \\ \cos(x) \end{bmatrix}$

4. $y'_1 = 3y_1 - 2y_2$

$y'_2 = y_1 + y_2$

答案：$\begin{bmatrix} y_1 \\ y_2 \end{bmatrix} = C_1 \begin{bmatrix} 1+i \\ 1 \end{bmatrix} e^{(2+i)x} + C_2 \begin{bmatrix} 1-i \\ 1 \end{bmatrix} e^{(2-i)x}$

或

$\begin{bmatrix} y_1 \\ y_2 \end{bmatrix} = C_1 e^{2x} \begin{bmatrix} \cos(x) - \sin(x) \\ \cos(x) \end{bmatrix} + C_2 e^{2x} \begin{bmatrix} \sin(x) + \cos(x) \\ \sin(x) \end{bmatrix}$

5. $x' = Ax$，$x(0) = \begin{bmatrix} 1 \\ 5 \end{bmatrix}$，$A = \begin{bmatrix} 3 & -2 \\ 2 & -2 \end{bmatrix}$

答案：$x(t) = -\begin{bmatrix} 2 \\ 1 \end{bmatrix} e^{2t} + 3 \begin{bmatrix} 1 \\ 2 \end{bmatrix} e^{-t}$

6. $x'_1 = x_1 - x_2$

$x'_2 = -x_1 + x_2$

答案：$x_1(t) = \frac{1}{2}(c_1 + c_2 e^{2t})$，$x_2(t) = \frac{1}{2}(c_1 - c_2 e^{2t})$

7. $x'=Ax$，$x(0)=\begin{bmatrix}3\\2\end{bmatrix}$，$A=\begin{bmatrix}1&2\\2&1\end{bmatrix}$

答案：$x(t)=\frac{5}{2}e^{3t}\begin{bmatrix}1\\1\end{bmatrix}-\frac{1}{2}e^{-t}\begin{bmatrix}-1\\1\end{bmatrix}\Leftrightarrow x(t)=\frac{1}{2}\begin{bmatrix}5e^{3t}+e^{-t}\\5e^{3t}-e^{-t}\end{bmatrix}$

8. $x'=Ax+b$，$x(0)=\begin{bmatrix}3\\2\end{bmatrix}$，$A=\begin{bmatrix}1&2\\2&1\end{bmatrix}$，$b=\begin{bmatrix}1\\2\end{bmatrix}$

答案：$x(t)=\begin{bmatrix}3e^{3t}+e^{-t}-1\\3e^{3t}-e^{-t}\end{bmatrix}$

9. $\begin{cases}x'=x-y+e^t\\y'=x+3y\end{cases}$ 初始條件 $x(0)=y(0)=0$。

答案：$x=(2-t)e^{2t}-2e^t$

$y=(t-1)e^{2t}+e^t$

10. 若已知方程組的一解：

$X_1(t)=\begin{bmatrix}x_1(t)\\y_1(t)\end{bmatrix}=\begin{bmatrix}1\\t\end{bmatrix}$

求方程組

$\frac{dx}{dt}=-tx+y$，$\frac{dy}{dt}=(1-t^2)x+ty$，$x>0$

的通解。

答案：$X(t)=C_1X_1(t)+C_2X_2(t)=C_1\begin{bmatrix}1\\t\end{bmatrix}+C_2\begin{bmatrix}t\\t^2+1\end{bmatrix}$

其中 C_1，C_2 是任意常數。

11. 求微分方程組

$x'=Ax$，$A=\frac{1}{4}\begin{bmatrix}11&3\\1&9\end{bmatrix}$

的通解，並繪出解的相圖。

答案：矩陣 A 的特徵方程爲

$$\det(A-\lambda I)=\lambda^2-5\lambda+6=0\Rightarrow\begin{cases}\lambda_+=3\\\lambda_-=2\end{cases}$$

可以求出對應的特徵向量爲

$v^+=\begin{bmatrix}3\\1\end{bmatrix}$，$v^-=\begin{bmatrix}-2\\2\end{bmatrix}$

因此，上述微分方程的通解由下式給出

$$x(t)=c_+v^+e^{\lambda_+ t}+c_-v^-e^{\lambda_- t} \Leftrightarrow x'(t)=c_+\begin{bmatrix}3\\1\end{bmatrix}e^{3t}+c_-\begin{bmatrix}-2\\2\end{bmatrix}e^{2t}$$

在圖 1 中，我們繪製了四條曲線，每條曲線代表一個與常數 c_+ 和 c_- 對應的解 x。對於如下所述的常數 c_+ 和 c_- 的八個不同選擇，這些曲線實際上代表八個不同的解。這些曲線上的箭頭表示隨著變數 t 的增加，解的變化。由於兩個特徵值均爲正，因此解向量的長度始終隨 t 的增加而增加。直線對應於以下四個解：

$c_+=1$，$c_-=0$；$c_+=0$，$c_-=1$；$c_+=-1$，$c_-=0$；$c_+=0$，$c_-=-1$

每個象限上的曲線對應以下四個解：

$c_+=1$，$c_-=1$；$c_+=1$，$c_-=-1$；$c_+=-1$，$c_-=1$；$c_+=-1$，$c_-=-1$

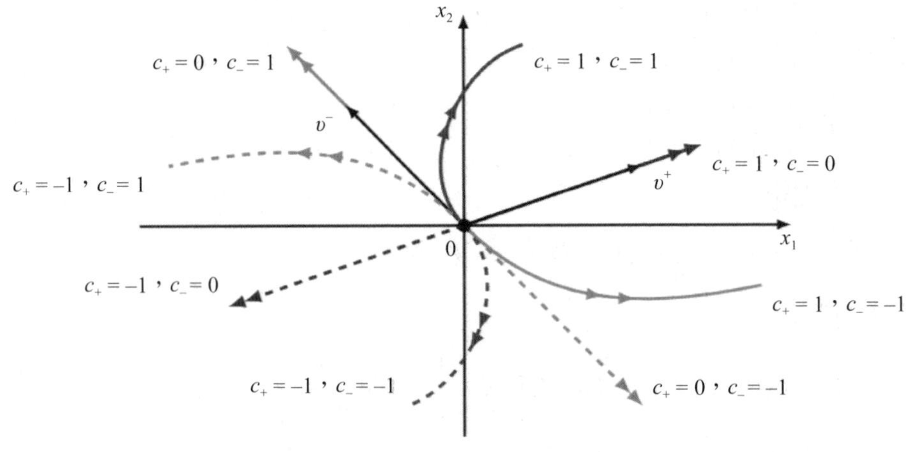

圖 1　解的相圖，其中 $\lambda_+ > \lambda_- > 0$。$x = 0$ 為不穩定點。

12. 求微分方程組

$$x'=Ax，A=\begin{bmatrix}1 & 3\\3 & 1\end{bmatrix}$$

的通解，並繪出解的相圖。

答案：我們計算係數矩陣的特徵值和特徵向量，結果是

$$\lambda_+=4，v^+=\begin{bmatrix}1\\1\end{bmatrix}$$

以及

$$\lambda_-=-2，v^-=\begin{bmatrix}-1\\1\end{bmatrix}$$

上述微分方程的通解爲

$$x(t)=c_+v^+e^{\lambda_+t}+c_-v^-e^{\lambda_-t} \Leftrightarrow x(t)=c_+\begin{bmatrix}1\\1\end{bmatrix}e^{4t}+c_-\begin{bmatrix}-1\\1\end{bmatrix}e^{-2t}$$

在圖 2 中，我們繪製了四條曲線，每條曲線代表與常數 c_+ 和 c_- 對應的解 x。對於如下所述的常數 c_+ 和 c_- 的八個不同選擇，這些曲線實際上代表八個不同的解。這些曲線上的箭頭表示隨著變數 t 的增加，解的變化。當 t 增加時，正特徵值的解呈指數遞增，而當 t 增加時，負特徵值的解呈指數遞減。直線對應於以下四個解：

$c_+=1$，$c_-=0$；$c_+=0$，$c_-=1$；$c_+=-1$，$c_-=0$；$c_+=0$，$c_-=-1$

每個象限上的曲線對應以下四個解：

$c_+=1$，$c_-=1$；$c_+=1$，$c_-=-1$；$c_+=-1$，$c_-=1$；$c_+=-1$，$c_-=-1$

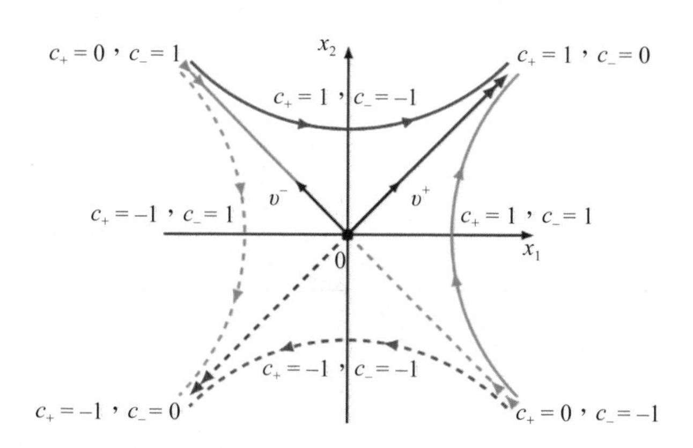

圖 2　解的相圖。$\lambda_+>0>\lambda_-$。$x=0$ 為鞍點。

13. 求微分方程組

$$x'=Ax，A=\frac{1}{4}\begin{bmatrix}-9 & 3\\1 & -11\end{bmatrix}$$

的通解，並繪出解的相圖。

答案：矩陣 A 的特徵方程爲

$$\det(A-\lambda I)=\lambda^2+5\lambda+6=0 \Rightarrow \begin{cases}\lambda_+=-2\\\lambda_-=-3\end{cases}$$

對應的特徵向量爲

$$v^+=\begin{bmatrix}3\\1\end{bmatrix}，v^-=\begin{bmatrix}-2\\2\end{bmatrix}$$

因此，上述微分方程的通解由下式給出

$$x(t)=c_+v^+e^{\lambda_+t}+c_-v^-e^{\lambda_-t} \Leftrightarrow x(t)=c_+\begin{bmatrix}3\\1\end{bmatrix}e^{-2t}+c_-\begin{bmatrix}-2\\2\end{bmatrix}e^{-3t}$$

在圖 3 中，我們繪製了四條曲線，每條曲線代表一個與常數 c_+ 和 c_- 對應的解 x。對於如下所述的常數 c_+ 和 c_- 的八個不同選擇，這些曲線實際上代表八個不同的解。

這些曲線上的箭頭表示隨著變數 t 的增加，解的變化。由於兩個特徵值均為負，因此解向量的長度隨著 t 遞增而減小，解向量接近零。直線對應於以下四個解：

$c_+=1$，$c_-=0$；$c_+=0$，$c_-=1$；$c_+=-1$，$c_-=0$；$c_+=0$，$c_-=-1$

每個象限上的曲線對應以下四個解：

$c_+=1$，$c_-=1$；$c_+=1$，$c_-=-1$；$c_+=-1$，$c_-=1$；$c_+=-1$，$c_-=-1$

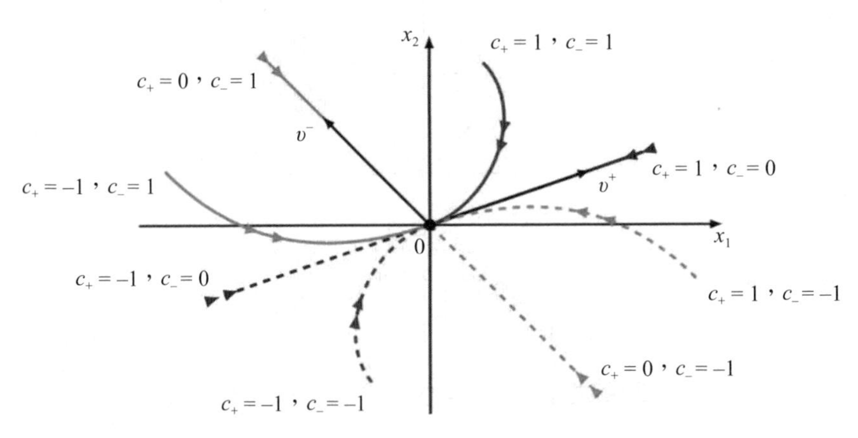

圖 3 解的相圖，其中 $0>\lambda_+>\lambda_-$。$x=0$ 為穩定點。

14. 利用首次積分求方程組

$$\begin{cases}\dfrac{dx}{dt}=y\\[2mm]\dfrac{dy}{dt}=x\end{cases}$$

的通解。

答案：$x=\dfrac{1}{2}(c_1e^t+c_2e^{-t})$

$y=\dfrac{1}{2}(c_1e^t-c_2e^{-t})$

15. 利用首次積分解方程組

$$\frac{dx}{dt} = y - x(x^2 + y^2 - 1)$$

$$\frac{dy}{dt} = -x - y(x^2 + y^2 - 1)$$

答案：$x = \dfrac{\cos(c_2 - t)}{\sqrt{1 - c_1 e^{-2t}}}$

$y = \dfrac{\sin(c_2 - t)}{\sqrt{1 - c_2 e^{-2t}}}$

16. 利用首次積分求方程組

$$\begin{cases} \dfrac{dx}{dt} = \dfrac{y}{(y-x)^2} \\ \dfrac{dy}{dt} = \dfrac{x}{(y-x)^2} \end{cases}$$

的通解。

答案：$x^2 - y^2 = c_1$

$\frac{1}{2}(x-y)^2 + t = c_2$

筆記欄

第 8 章

一階高次微分方程

章節體系架構 ▼

8.1 前言

一階 n 次微分方程其形式如下：

$$a_0(x,y)(y')^n + a_1(x,y)(y')^{n-1} + \cdots + a_{n-1}(x,y)y' + a_n(x,y) = 0 \tag{1}$$

或

$$a_0(x,y)p^n + a_1(x,y)p^{n-1} + \cdots + a_{n-1}(x,y)p + a_n(x,y) = 0 \tag{2}$$

在 (2) 中，我們使用了通常的約定，即用字母 p 表示 y'。

例如，以下是一階和不同次數的方程：

$$xy(y')^2 + (x^2 + xy + y^2)y' + x^2 + xy = 0 \qquad 次數爲 2$$

$$(x^2 + 1)(y')^4 + (x + 3y)(y')^2 + 2x^2 + y = 0 \qquad 次數爲 4$$

$$(xy + 2)(y')^3 + (y')^2 + 5x^2 = 0 \qquad 次數爲 3$$

有時可以藉由以下一種或多種方法求解此類方程。在每種情況下，問題都歸結爲求解一個或多個一階一次方程的問題。

筆記欄

8.2 一階隱式微分方程與參數表示

一階隱式微分方程的一般形式可表示爲

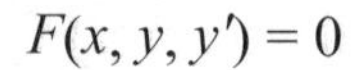

$$F(x, y, y') = 0$$

，其中 F 是一個連續函數。如果能從此方程中解出導數 y'，其表達式爲 $y' = f(x, y)$，則可依 $f(x, y)$ 的具體形式選擇方法進行求解。但如果難以從方程中解出 y'，而其表達式相當複雜的情況下，則宜採用引進參數的方法。下面我們將展示這種方法如何爲隱式微分方程的一些最重要的特殊情況找到通解。

隱式微分方程有五種類型。

(1) $(y' - F_1)(y' - F_2) \cdots (y' - F_n) = 0$

(2) $y = f(x, y')$

(3) $x = f(y, y')$

(4) $y = f(y')$

(5) $x = f(y')$

類型1：類型為 $(y' - F_1)(y' - F_2) \cdots (y' - F_n) = 0$ 的隱式微分方程

微分方程

$$a_0(x, y)p^n + a_1(x, y)p^{n-1} + \cdots + a_{n-1}(x, y)p + a_n(x, y) = 0 \tag{1}$$

其中 $p = y'$ 若其左側可以分解爲 n 個線性實因式

$$(p - F_1)(p - F_2)\cdots(p - F_n) = 0$$

，其中 F 是 x 和 y 的函數，則令每個因式爲零，求解得到 n 個一階一次微分方程

$$\frac{dy}{dx} = F_1(x, y),\ \frac{dy}{dx} = F_2(x, y),\ \cdots,\ \frac{dy}{dx} = F_n(x, y)$$

解出上式得到

$$f_1(x, y, C) = 0, f_2(x, y, C) = 0, \cdots, f_n(x, y, C) = 0$$

因此 (1) 的通解爲

$$f_1(x, y, C) f_2(x, y, C) = 0 \cdots f_n(x, y, C) = 0$$

例 1 求解

$$xy(y')^2 + (x^2 + xy + y^2)y' + x^2 + xy = 0$$

解：令 $p = y'$，則這個方程可改寫爲

$$xyp^2 + (x^2 + xy + y^2)p + x^2 + xy = 0$$

分解因式

$$(xp + x + y)(yp + x) = 0.$$

則

$$x\frac{dy}{dx} + x + y = 0 \text{ 和 } y\frac{dy}{dx} + x = 0$$

的解分別爲

$$2xy + x^2 - C = 0 \text{ 和 } x^2 + y^2 - C = 0$$

通解爲

$$(2xy + x^2 - C)(x^2 + y^2 - C) = 0$$

例 2 解微分方程

$$2(y')^2 - (2y^2 + x)y' + xy^2 = 0$$

解：令 $p = y'$，則這個方程可改寫爲

$$2p^2 - (2y^2 + x)p + xy^2 = 0$$

分解因式

$$(2p - x)(p - y^2) = 0$$

當 $2p - x = 0, y' = \dfrac{x}{2}$ 的解爲$y = \dfrac{x^2}{4 + c_1}$

當 $p - y^2 = 0, y' = y^2$ 的解爲$y = -\dfrac{1}{(x + c_2)}$

解爲$y = \dfrac{x^2}{4 + c_1}$ 或 $y = -\dfrac{1}{(x + c_2)}$

類型2：類型為$y = f(x, y')$的隱式微分方程

可以解出 y 的方程。

首先討論形如

$$y = f(x, y')$$

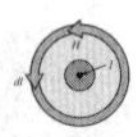

的方程的解法，其中 $y' = \dfrac{dy}{dx}$，這裡假設函數 $f(x, y')$ 有連續的偏導數。

令參數 $p = y' = \dfrac{dy}{dx}$，並將 $y = f(x, y') = f(x, p)$ 對 x 微分，得到

$$\frac{dy}{dx} = \frac{d[f(x,p)]}{dx} = \frac{\partial f}{\partial x} + \frac{\partial f}{\partial p} \cdot \frac{dp}{dx}$$

或

$$p = \frac{\partial f}{\partial x} + \frac{\partial f}{\partial p} \cdot \frac{dp}{dx}$$

求解上式，我們得到代數方程 $g(x, p, C) = 0$ 或 $x = g(p, C)$。

它們與原方程一起，形成以下方程組：

$$\begin{cases} x = g(p, c) \\ y = f(x, p) \end{cases}$$

它是參數形式的給定微分方程的通解。在某些情況下，當參數 p 可以從方程組中消去時，通解可以寫成顯式形式

$$y = f(x, C)$$

例 1 解微分方程 $2y = 2x^2 + 4xy' + (y')^2$

解：令 $y' = p$，將方程改寫爲

$$2y = 2x^2 + 4xp + p^2$$

將方程兩邊微分，並考慮到 $dy = p\,dx$：

$$2dy = 4xdx + 4pdx + 4xdp + 2pdp$$

$$dy = 2xdx + 2pdx + 2xdp + pdp$$

$$pdx = 2xdx + 2pdx + 2xdp + pdp$$

$$0 = 2xdx + pdx + 2xdp + pdp$$

$$0 = (2x + p)dx + (2x + p)dp$$

$$0 = (2x + p)(dx + dp)$$

當 $2x + p = 0$ 時，

$$2x + y' = 0 \Rightarrow y' = -2x, \Rightarrow dy = -2xdx$$

積分得到 $y_1 = -x^2 + C$

其中C是一個常數。爲了確定C的值，我們將上式代入原微分方程：

$$2(-x^2 + C) = 2x^2 + 4x(-2x) + (-2x)^2$$

$$-2x^2 + 2C = 2x^2 - 8x^2 + 4x^2$$

$$2C = 0 \Rightarrow C = 0$$

因此，第一個解是 $y = -x^2$。

現在考慮第二個解：$dx + dp = 0$。

$$\int dx = -\int dp \Rightarrow x = -p + C$$

請記住，我們有微分方程：

$$2y = 2x^2 + 4xp + p^2$$

將 $x = -p + C$ 代入上式：

$$2y = 2p^2 - 4pC + 2C^2 - 3p^2 + 4pC$$

$$2y = 2C^2 - p^2, \Rightarrow y = C^2 - \frac{p^2}{2}$$

因此，第二個解由以下方程組參數化給出：

$$x = -p + C$$

$$y = C^2 - \frac{p^2}{2}$$

其中 C 是一個常數。消去參數 p，我們可以寫出顯式解：

$$p = C - x \Rightarrow y_2 = C^2 - \frac{(C - x)^2}{2}$$

最終答案爲

$$y = -x^2, y = C^2 - \frac{(C - x)^2}{2}$$

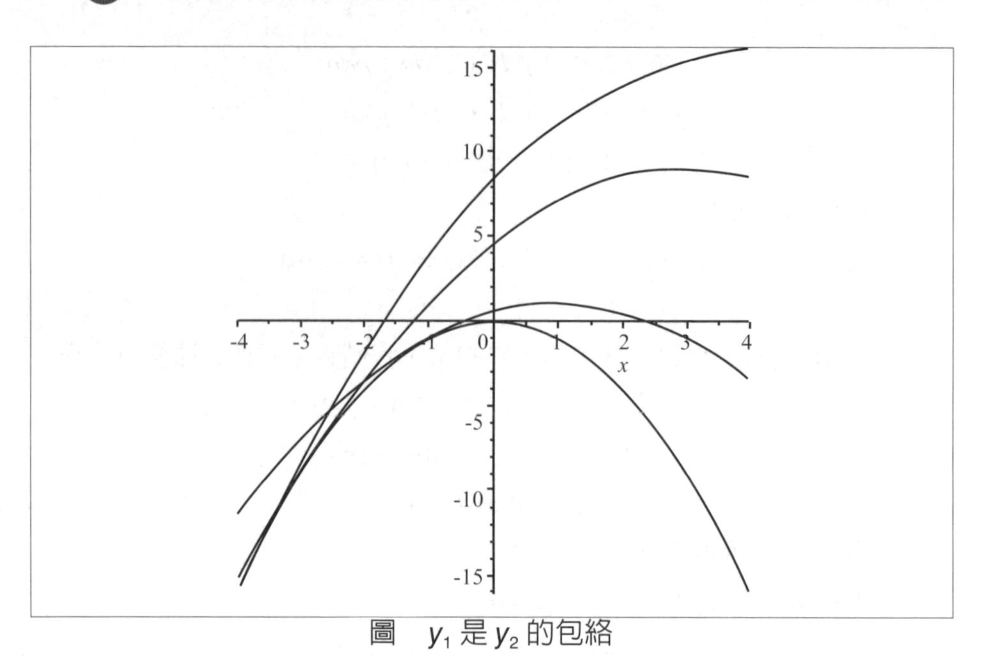

圖 y_1 是 y_2 的包絡

例 2 求

$$16x^2 + 2(y')^2y - (y')^3x = 0$$

的通解。

解：令 $p = y'$，我們可以將方程改寫為

$$16x^2 + 2p^2y - p^3x = 0 \tag{1}$$

$$2y = px - 16\frac{x^2}{p^2}$$

對 x 進行微分，我們得到

$$2p = p + x\frac{dp}{dx} - \frac{32x}{p^2} + \frac{32x^2}{p^3}\frac{dp}{dx}$$

消去分數並合併我們有

$$p(p^3 + 32x) - x(p^3 + 32x)\frac{dp}{dx} = 0$$

或

$$(p^3 + 32x)\left(p - x\frac{dp}{dx}\right) = 0 \tag{2}$$

由 $p - x\left(\frac{dp}{dx}\right) = 0$，可得

$$\frac{dp}{p}=\frac{dx}{x}$$

積分，得到

$$\ln p = \ln x + \ln K = \ln Kx$$

去對數

$$p = Kx \tag{3}$$

(3) 代入 (1)

$$16x^2 + 2K^2x^2y - K^3x^4 = 0$$

或者，將 K 替換爲 $2C$，

$$2 + C^2y - C^3x^2 = 0$$

這是通解。

我們在這裡不考慮 (2) 的因式 $p^3 + 32x$，使用該因式將產生奇異解。

例 3 求方程 $(y')^3 + 2xy' - y = 0$ 的解

解：令 $p = y'$，解出 y，得到

$$y = p^3 + 2xp \tag{1}$$

兩邊對 x 微分，

$$p = 3p^2\left(\frac{dp}{dx}\right) + 2x\left(\frac{dp}{dx}\right) + 2p$$

即

$$3p^2dp + 2xdp + pdx = 0$$

當 $p \neq 0$ 時，將上式乘以 p 可得

$$3p^3dp + 2xpdp + p^2dx = 0$$

兩邊積分，得到

$$\frac{3p^4}{4} + xp^2 = c$$

解出 x，

$$x = \frac{\left(c - \frac{3p^4}{4}\right)}{p^2}$$

將上式代入 (1) 可得

$$y=p^3+2\frac{\left(c-\frac{3p^4}{4}\right)}{p}$$

因此，方程的通解的參數式爲

$$x=\frac{c}{p^2}-\frac{3p^2}{4}$$

$$y=\frac{2c}{p}-\frac{p^3}{2}$$

當 $p=0$ 時，由 (1) 可知 $y=0$ 也是方程的解。

類型3：類型為$x=f(y, y')$的隱式微分方程

可以解出 x 的方程。變數 x 用 y 和導數 y' 明確表示。

令參數$p=y'=\frac{dy}{dx}$。

將方程 $x=f(y, y')=f(y, p)$ 對 y 微分，產生

$$\frac{dx}{dy}=\frac{d[f(y,p)]}{dy}=\frac{\partial f}{\partial y}+\frac{\partial f}{\partial p}\cdot\frac{dp}{dy}$$

因爲$\frac{dx}{dy}=\frac{1}{p}$，所以上式可以寫成：

$$\frac{1}{p}=\frac{\partial f}{\partial y}+\frac{\partial f}{\partial p}\cdot\frac{dp}{dy}$$

我們得到一個顯式微分方程，它的通解由函數 $g(y, p, C)=0$ 或 $y=g(p, C)$ 給出，其中 C 是常數。

因此，原隱式微分方程的通解由兩個代數方程式以參數形式定義：

$$\begin{cases} y=g(p,c) \\ x=f(y,p) \end{cases}$$

若參數 p 可以從方程組中消去，則通解的顯式形式爲

$$x=f(y, C)$$

例 1 解 $y=3y'x+6(y')^2y^2$ (1)

解：令 $p=y'$，求解 (1) 中的 x 我們得到

$$3x=\frac{y}{p}-6py^2$$

對 y 微分可得

$$\frac{3}{p}=\frac{1}{p}-\frac{y}{p^2}\frac{dp}{dy}-6y^2\frac{dp}{dy}-12py$$

消去分數獲得

$$2p+y\frac{dp}{dy}+12p^2y+6p^2y^2\frac{dp}{dy}=0$$

或

$$(1+6p^2y)\left(2p+y\frac{dp}{dy}\right)=0$$

令第二個因式等於零，可得

$$2\frac{dy}{y}=-\frac{dp}{p}$$

積分得到

$$2\ln y=-\ln p+\ln C$$

即

$$p=\frac{C}{y^2} \tag{2}$$

(2) 代入 (1)，得到通解

$$y^3=3Cx+6C^2$$

例 2 求方程 $(y')^3+2xy'-y=0$ 的解

解：令 $p=y'$，解出 x，得到

$$x=\frac{(y-p^3)}{2p},p\neq 0 \tag{1}$$

兩邊對 y 微分，

$$\frac{1}{p}=\frac{\left[p\left(1-3p^2\frac{dp}{dy}\right)-(y-p^3)\frac{dp}{dy}\right]}{2p^2}$$

或

$$pdy+ydp+2p^3dp=0$$

兩邊積分，得到

$$2yp+p^4=k$$

其中 k 為常數，因此

$$y=\frac{(k-p^4)}{2p}$$

將上式代入 (1)，化簡後可得

$$x=\frac{(k-3p^4)}{4p^2}$$

所以，當 $p \neq 0$ 時，方程的通解爲

$$x=\frac{k}{4p^2}-\frac{3p^2}{4}$$

$$y=\frac{k}{2p}-\frac{p^3}{2}$$

此外，還有解 $y=0$。

類型4：類型為$f(y, y')=0$的隱式微分方程

此類方程不包含變數 x。

使用參數 $p=y'=\frac{dy}{dx}$，我們可以寫成 $dx=\frac{1}{p}dy$。

然後從方程式得出 $dx=\frac{1}{p}\frac{df}{dp}dp$。

上式積分，得到參數形式的原方程的通解：

$$\begin{cases} x=\int \frac{1}{p}\frac{df}{dp}dp+c \\ y=f(p) \end{cases}$$

例 1 求微分方程

$$y=\ln[25+(y')^2]$$

的通解。

解：使用參數 p，我們重寫這個方程：$y=\ln[25+p^2]$

兩邊微分：

$$dy=\frac{2pdp}{25+p^2}$$

由於 $dy=pdx$，我們得到

$$pdx=\frac{2pdp}{25+p^2}$$

$$dx=\frac{2dp}{25+p^2}$$

$$x=2\int\frac{dp}{25+p^2}$$

$$x=\frac{2}{5}\arctan\frac{p}{5}+C$$

所以微分方程的解如下：

$$\begin{cases}x=\frac{2}{5}\arctan\frac{p}{5}+C\\ y=\ln(25+p^2)\end{cases}$$

其中 C 是任意常數。

例 2 求解微分方程 $y^2(1-y')=(2-y')^2$

解：令 $2-y'=yt$，則與原微分方程消去 y' 後，得到

$$y^2(yt-1)=y^2t^2$$

因此

$$y=\frac{1}{t}+t$$

且

$$y'=1-t^2$$

這是原微分方程的參數形式。因此

$$dx=\frac{dy}{y'}=-\frac{dt}{t^2}$$

兩邊積分，得到

$$x=\frac{1}{t}+c$$

於是方程的通解的參數式爲

$$x=\frac{1}{t}+c$$

$$y=\frac{1}{t}+t$$

或消去參數 t 得

$$y=x+\frac{1}{(x-c)}-c$$

其中 c 爲任意常數。

此外，當 $y'=0$ 時原方程變爲 $y^2=4$，於是 $y=\pm 2$ 也是方程的解。

類型5：類型為$f(x, y') = 0$的隱式微分方程

此類微分方程不包含變數 y。

使用參數 $p = y' = \dfrac{dy}{dx}$，很容易建構方程的通解。

因爲 $dx = d[f(p)] = \dfrac{df}{dp} dp$，且 $dy = p\, dx$

因此以下關係成立：

$$dy = p \frac{df}{dp} dp$$

將上式積分得到參數形式的通解：

$$\begin{cases} y = \int p \dfrac{df}{dp} dp + C \\ x = f(p) \end{cases}$$

例 1 求方程

$$9(y')^2 - 4x = 0$$

的通解。

解：令參數 $p = y'$，並將方程寫成以下形式：$x = \dfrac{9}{4}p^2$。

兩邊微分，我們得到：

$$dx = \frac{9}{4} 2pdp = \frac{9}{2} pdp$$

由於 $dy = pdx$，上式可以表示爲

$$\frac{dy}{p} = \frac{9}{2} pdp \Rightarrow dy = \frac{9}{2} p^2\, dp$$

藉由積分，我們求出變數 y 與參數 p 的關係爲

$$y = \int \frac{9}{2} p^2\, dp = \frac{3}{2} p^3 + C$$

其中 C 是一個常數。

因此，我們得到參數形式的方程的通解：

$$y = \frac{3}{2} p^3 + C$$

$$x = \frac{9}{4} p^2$$

我們可以從這個方程組中消去參數 p，從第二個方程式可以得出

$$p^2=\frac{4}{9}x \Rightarrow p=\pm\frac{2}{3}x^{\frac{1}{2}}$$

將其代入第一個方程，我們得到通解爲顯式函數 $y=f(x)$：

$$y=\frac{3}{2}\left(\pm\frac{2}{3}x^{\frac{1}{2}}\right)^3+C=\pm\frac{4}{9}x^{\frac{3}{2}}+C$$

例 2 求解方程 $x^3+(y')^3-3xy'=0$

解：令 $y'=p=tx$，則由方程得

$$x=\frac{3t}{(1+t^3)}$$

因此

$$p=\frac{3t^2}{(1+t^3)}$$

於是

$$dy=\left\{\frac{[9(1-2t^3)t^2]}{(1+t^3)^3}\right\}dt$$

兩邊積分，得到

$$y=\frac{3(1+4t^3)}{2(1+t^3)^2}+c$$

因此，方程的通解表示成參數形式

$$x=\frac{3t}{(1+t^3)}$$

$$y=\frac{3(1+4t^3)}{2(1+t^3)^2}+c$$

8.3 判別曲線

奇異解的定義

設微分方程 $F(x, y, y') = 0$ 的解（即積分曲線）為 $y = \phi(x)$，若在這條積分曲線的每一點的鄰域內，都有另一解（積分曲線）經過，並且這兩條積分曲線在這一點上有一條共同的切線，則 $y = \phi(x)$ 稱為該方程的奇異解。

微分方程的奇異解不是由一般積分描述的，也就是說它不能從通解指定任何特定常數值導出，我們藉由以下例子說明這一點：

假設需要求解方程：$(y')^2 - 4y = 0$

不難看出，方程的通解為 $y = (x + C)^2$，其函數圖形為拋物線族，如圖 1 所示。

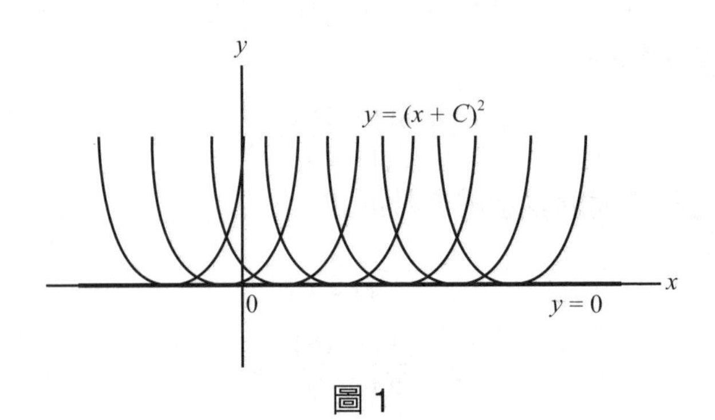

圖 1

除此之外，函數 $y = 0$ 也滿足微分方程。但是，通解中不包含此函數！由於不止一條積分曲線經過直線 $y = 0$ 的每一點，在這條直線上違反解的唯一性，因此它是微分方程的奇異解。

p 判別曲線

找到奇異解的方法之一是研究微分方程的所謂 p 判別曲線。如果函數 $F(x, y, y')$ 及其偏導數 $\dfrac{\partial F}{\partial y}, \dfrac{\partial F}{\partial y'}$ 在微分方程的域中是連續，奇異解可以從方程組

$$\begin{cases} F(x,y,y')=0 \\ \dfrac{\partial F(x,y,y')}{\partial y'}=0 \end{cases}$$

中消去 y' 後所得的點的軌跡 $\psi(x, y) = 0$ 稱爲微分方程的 p 判別式。由該方程確定的相應曲線稱爲 p 判別曲線。

找到 p 判別曲線後，應檢查以下內容：

1. 是否是微分方程的解？
2. 是否是奇異解，即微分方程的任何其他積分曲線是否在每個點都與 p 判別曲線相切？

這可以按如下方式完成：

1. 求微分方程的通解 y_1；
2. 寫出奇異解 y_2 和通解 y_1 在任意點 x_0 相切的條件

$$\begin{cases} y_1(x_0)=y_2(x_0) \\ y_1'(x_0)=y_2'(x_0) \end{cases}$$

若方程組在任意點 x_0 有解，則函數 y_2 是奇異解。奇異解通常對應於微分方程通解的積分曲線族的包絡。

雙點

曲線上的一個點如果兩條曲線通過它，則稱爲雙點（double point），如果三條曲線通過它，則稱爲三點（triple point）。通常，如果 k 條曲線通過該點，則該點稱爲 k 階多點。

雙點的分類

由於兩條曲線經過一個雙點，所以該點處必然有兩條曲線的切線。

具有不同切線的雙點稱爲節點（node）。

具有重合切線的雙點稱爲尖點（cusp）。

積分曲線族的包絡和C判別曲線

找到作爲積分曲線族的包絡線的奇異解的另一種方法是使用 C 判別曲線。

令 $\Phi(x, y, C)$ 爲微分方程 $F(x, y, y') = 0$ 的通解。在圖形上，方程 $\Phi(x, y, C) = 0$ 對應於 xy 平面中的積分曲線族。若函數 $\Phi(x, y, C)$ 及其偏導數是連

續，則通解的積分曲線族的包絡滿足方程組：

$$\begin{cases}\Phi(x,y,C)=0\\ \dfrac{\partial\Phi(x,y,C)}{\partial C}=0\end{cases}$$

，爲了確定方程組的解是否眞的是包絡，可以使用前面提到的方法。

尋找奇異點的一般算法

尋找微分方程奇異點的一種常見的方法是同時使用 p 判別曲線和 C 判別曲線。

首先我們找到 p 判別曲線和 C 判別曲線的方程：

1. $\psi_p(x,y)=0$ 是 p 判別曲線的方程；
2. $\psi_C(x,y)=0$ 是 C 判別曲線的方程。

事實證明，這些方程具有一定的結構。在一般情況下，p 判別曲線的方程可以分解爲三個函數的乘積：

$$\psi_p(x,y)=E\times T^2\times C=0,$$

其中 E 表示包絡方程，T 是切點軌跡（Tac locus）方程，C 是尖點軌跡（Cusp locus）方程。

同理，C 判別曲線的方程也可以分解爲三個函數的乘積：

$$\psi_C(x,y)=E\times N^2\times C^3=0,$$

其中 E 是包絡方程，N 是節點軌跡（Node locus）方程，C 是尖點軌跡（Cusp locus）方程。

在這裡，我們遇到了新類型的奇異點：C- 尖點軌跡、T- 切點軌跡和 N- 節點軌跡。它們在 xy 平面上的圖顯示在圖 2-4 中。

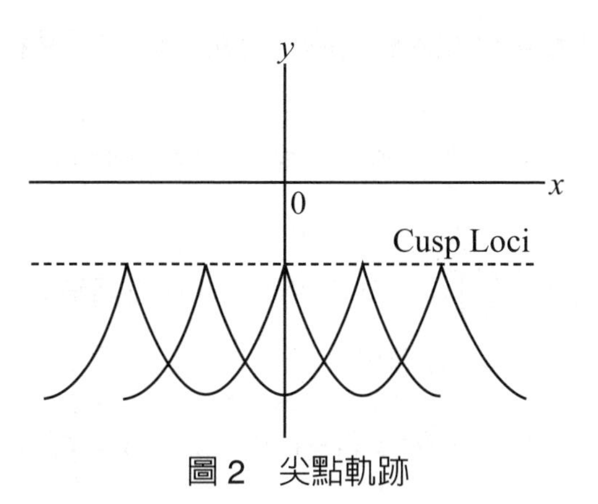

圖 2　尖點軌跡

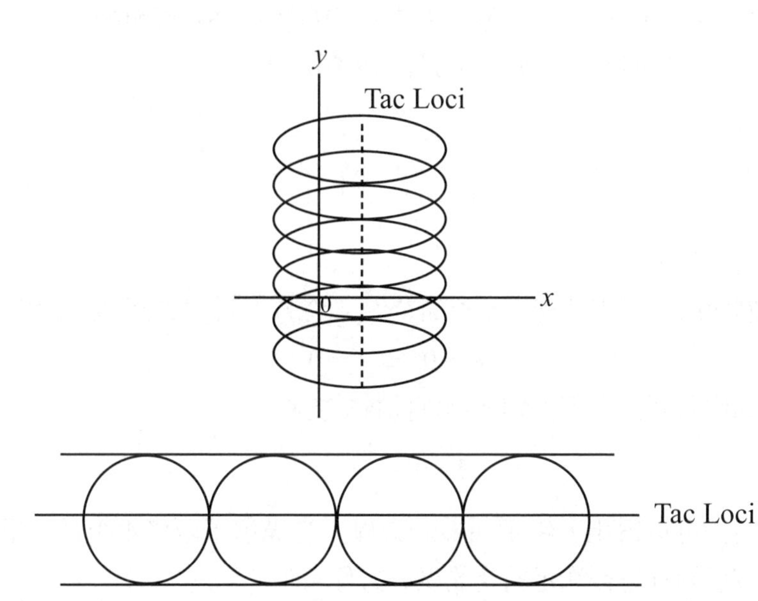

圖 3　切點軌跡

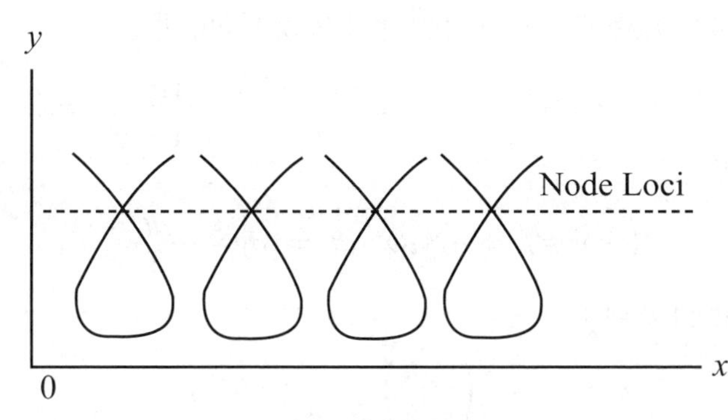

圖 4　節點軌跡

切點軌跡、尖點軌跡和節點軌跡是無關的點，它們不滿足微分方程，因此它們不是微分方程的奇異解。只有所考慮點的包絡線才是奇異解。

注意：奇異解是從 c 和 p 判別曲線的方程得到的公共因式，它必須滿足微分方程。

例如，微分方程 $\left(\frac{dx}{dy}\right)^2(2-3y)^2=4(1-y)$ 具有通解 $(x-c)^2=y^2(1-y)$，p 判別曲線和 c 判別曲線，分別爲

$$(2-3y)^2(1-y)=0 \text{ 和 } y^2(1-y)=0$$

直線 $1-y=0$ 是奇異解；$2-3y=0$ 是切點軌跡；$y=0$ 是節點軌跡。

現在我們考慮包含奇異解的方程的具體例子。

例 1 求方程

$$1+(y')^2=\frac{1}{y^2}$$

的奇異解。

解：我們使用 p 判別曲線來研究奇異點。將方程對 y' 進行微分給出：

$$2y'=0, \Rightarrow y'=0.$$

將其代入微分方程得到 p 判別曲線的方程：

$$1+0=\frac{1}{y^2}.$$

從這裡可以得出 p 判別曲線的方程，它描述了兩條水平線：很容易驗證這個解是否滿足給定的微分方程：

$$y=\pm 1, \Rightarrow y'=0, \Rightarrow 1+0^2=\frac{1}{1^2}, \Rightarrow 1=1.$$

現在求微分方程的通解。我們可以寫成下面的形式：

$$(y')^2=\frac{1}{y^2}-1=\frac{1-y^2}{y^2}, y'=\pm\frac{\sqrt{1-y^2}}{y}, \Rightarrow \frac{ydy}{\sqrt{1-y^2}}=\pm dx.$$

進行替換：

$$1-y^2=t, \Rightarrow -2ydy=dt, \Rightarrow ydy=-\frac{dt}{2}.$$

結果，我們得到：

$$\frac{\left(-\frac{dt}{2}\right)}{\sqrt{t}}=\pm dx.$$

積分後我們得到微分方程的通解：

$$\int \frac{dt}{2\sqrt{t}} = \pm \int dx, \Rightarrow \sqrt{t} = \pm x + C, \Rightarrow \sqrt{1-y^2} = \pm (x+C),$$

其中 C 是任意常數。上式可以寫成：

$$(x+C)^2 + y^2 = 1.$$

這個方程描述了在 $-1 < y < 1$ 內的半徑爲 1 的圓族（圖 5）。

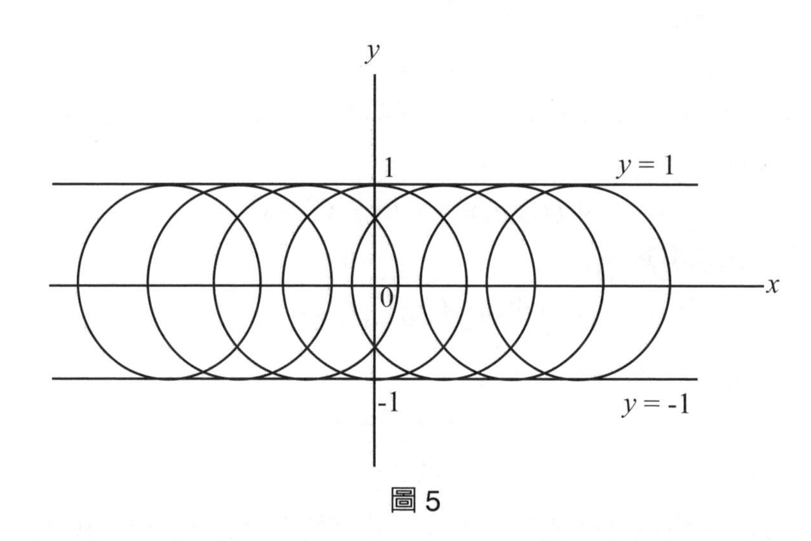

圖 5

從圖中可以看出，p 判別曲線 $y = \pm 1$ 是給定圓的包絡線。但是，我們必須正式證明在這些直線上違反解的唯一性。

取任意點 x_0。寫出此時兩條積分曲線相切的條件：

$$\begin{cases} y_1(x_0) = y_2(x_0) \\ y_1'(x_0) = y_2'(x_0) \end{cases}$$

這裡 $y_1(x)$ 表示我們的通解，其形式爲（對於上半圓）：

$$y_1(x) = \sqrt{1-(x+C)^2}.$$

函數 $y_2(x)$ 對應於水平線 $y = 1$。僅滿足以下關係，則兩條線將在點 x_0 處相切：

$$\begin{cases} \sqrt{1-(x_0+C)^2} = 1 \\ \dfrac{-x_0 - C}{\sqrt{1-(x_0+C)^2}} = 0 \end{cases}$$

若我們令 $C = -x_0$，則滿足給定條件。

我們證明了在直線 $y = 1$ 上的每一點 x_0 處都存在一個 $C = -x_0$ 的相切圓。因此，在直線的每一點都違反解的唯一性。故直線 $y = 1$ 是給定微分方程的奇異解。同理，我們可以證明 $y = -1$ 也是一個奇異解。

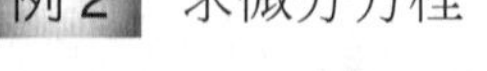

例 2 求微分方程

$$y = (y')^2 - 3xy' + 3x^2$$

的奇異解。已知方程的通解是

$$y = Cx + C^2 + x^2.$$

解：我們將使用 C 判別曲線來求奇異解。由於微分方程的通解已知，我們可以令

$$\Phi\,(x, y, C) = y - Cx - C^2 - x^2.$$

對 C 求偏導數

$$\frac{\partial \Phi(x, y, C)}{\partial C} = -x - 2C.$$

我們得到以下方程組：

$$y = Cx + C^2 + x^2.$$
$$-x - 2C = 0$$

從第二個方程可以得出 $C = -\dfrac{x}{2}$。將其代入第一個方程，我們找到 C 判別曲線，它是一條拋物線：

$$y = \left(-\frac{x}{2}\right)x + \left(-\frac{x}{2}\right)^2 + x^2 = \frac{3x^2}{4}$$

確保此函數是原始微分方程的解：

$$y = \frac{3}{4}x^2, \Rightarrow y' = \frac{3}{2}x, \ \Rightarrow \frac{3}{4}x^2 = \left(\frac{3}{2}x\right)^2 - 3x \cdot \frac{3}{2}x + 3x^2,$$

$$\Rightarrow \frac{3}{4}x^2 = \frac{9}{4}x^2 - \frac{9}{2}x^2 + 3x^2, \Rightarrow \frac{3}{4}x^2 = \frac{3}{4}x^2.$$

現在我們檢查該曲線上是否違反解的唯一性。令

$$y_1 = Cx + C^2 + x^2, \Rightarrow y_2 = \frac{3}{4}x^2.$$

將兩條曲線在某個任意點 x_0 接觸的條件寫爲

$$\begin{cases} y_1(x_0) = y_2(x_0) \\ y_1'(x_0) = y_2'(x_0) \end{cases}.$$

結果，我們有：

$$\begin{cases} Cx_0+C^2+x_0^2=\dfrac{3}{4}x_0^2 \\ C+2x_0=\dfrac{3}{2}x_0 \end{cases}$$

當每個點 x_0 處的常數 C 等於

$$C=-\frac{x_0}{2}$$

時，給定的方程組是相容的。

因此，我們證明了 C 判別曲線 $y=\frac{3}{4}x^2$ 是表示微分方程通解的拋物線族 $y=Cx+C^2+x^2$ 的包絡線（即奇異解）。

例 3 求微分方程

$$(y')^2(1-y)^2=2-y$$

的奇異解。

解：首先，我們求給定方程的 p 判別曲線。對 y' 微分給出：

$$2y'(1-y)^2=0.$$

從方程組

$$\begin{cases} (y')^2(1-y)^2=2-y \\ y'(1-y)^2=0 \end{cases}$$

中消去 y'，然後我們得到：

$$(y')^2=\frac{2-y}{(1-y)^2}, \Rightarrow \frac{2-y}{(1-y)^2}\cdot(1-y)^4=0, \Rightarrow (1-y)^2(2-y)=0.$$

現在我們求 C 判別曲線。不幸的是，要找到它，我們需要求解微分方程並找到它的通解：將方程重寫爲以下形式：

$$\left(\frac{dy}{dx}\right)^2=\frac{2-y}{(1-y)^2}, \Rightarrow \frac{dy}{dx}=\pm\frac{\sqrt{2-y}}{1-y}, \Rightarrow \frac{(1-y)dy}{\sqrt{2-y}}=\pm dx.$$

兩邊積分，得到

$$\int\frac{(1-y)dy}{\sqrt{2-y}}=\pm\int dx+C.$$

改變左側積分中的變數：

$$2-y=t, \Rightarrow dy=-dt, \Rightarrow 1-y=t-1.$$

產生：

$$\int \frac{(t-1)(-dt)}{\sqrt{t}} = \pm x + C, \Rightarrow \int \left(\sqrt{t} - \frac{1}{\sqrt{t}}\right) dt = \mp x - C,$$

$$\Rightarrow \frac{t^{\frac{3}{2}}}{\frac{3}{2}} - \frac{t^{\frac{1}{2}}}{\frac{1}{2}} = \mp x - C, \Rightarrow \frac{2}{3} t^{\frac{3}{2}} - 2t^{\frac{1}{2}} = \mp x - C,$$

$$\Rightarrow \frac{2}{3}(2-y)^{\frac{3}{2}} - 2(2-y)^{\frac{1}{2}} = \mp x - C,$$

$$\Rightarrow \frac{2}{3}\sqrt{2-y}\,(2-y-3) = \mp x - C,$$

$$\Rightarrow \frac{4}{9}(2-y)(y+1)^2 = (x+C)^2,$$

$$\Rightarrow 4(2-y)(y+1)^2 = 9\,(x+C)^2.$$

通解對 C 微分：

$$0 = 18(x + C).$$

將 $x + C = 0$ 代入通解，我們得到 C 判別曲線的方程：

$$(y + 1)^2(2 - y) = 0.$$

現在我們可以把兩個判別曲線寫在一起：

$$\psi_P(y) = (1 - y)^2(2 - y) = 0,$$

$$\psi_C(y) = (y + 1)^2(2 - y) = 0.$$

根據判別曲線的結構，方程 $2 - y = 0$ 是包絡方程，因為它包含在兩個判別曲線中的一次因式。我們還可以從 p 判別曲線的表達式中找到 Tac 軌跡（Tac locus）的方程：

$$(1 - y)^2 = 0, \Rightarrow y = 1.$$

同理，從 C 判別曲線的表達式，節點軌跡（Node locus）方程可由下式給出

$$(y + 1)^2 = 0, \Rightarrow y = -1.$$

在給定的例子中，只有包絡 $y = 2$ 是微分方程的奇異解。

筆記欄

8.4 奇異解與包絡

8.4.1 包絡和奇異解

對某些微分方程，存在一條特殊的積分曲線，它並不屬於這方程的積分曲線族，但是，在這條特殊的積分曲線上的每一點，都有積分曲線族中的一條曲線和它在此點相切。在幾何學上，這條特殊的積分曲線稱為上述積分曲線族的包絡。在微分方程裡，這條特殊的積分曲線所對應的解稱為方程的奇異解。

我們現在給出曲線族的包絡的定義，並介紹它的求法。

設給定單參數曲線族

$$\Phi(x, y, c)= 0, \tag{1}$$

其中 c 是參數，$\Phi(x, y, c)$ 是 x, y, c 的連續可微函數。曲線族 (1) 的包絡是指這樣的曲線，它本身並不包含在曲線族 (1) 中，但過這曲線的每一點，有曲線族 (1) 中的一條曲線和它在這點相切。

例如，單參數曲線族

$$(x-c)^2 + y^2 = R^2$$

其中 R 是常數，c 是參數，表示圓心為 $(c, 0)$ 而半徑等於 R 的一圓族。此曲線族顯然有包絡

$$y = R \quad 和 \quad y = -R$$

但是，一般的曲線族並不一定有包絡，例如同心圓族、平行直線族都是沒有包絡。

由微分幾何學可知，曲線族 (1) 的包絡包含在由下列方程組

$$\begin{cases} \Phi(x, y, c) = 0 \\ \dfrac{\partial \Phi(x, y, c)}{\partial c} = 0 \end{cases} \tag{2}$$

消去 c 而得到的曲線之中，此曲線稱爲 (1) 的 **c 判別曲線**。必須注意，在 c 判別曲線中有時除去包絡外，還有其他曲線。c 判別曲線究竟哪一條是包絡尚需實際檢驗。

例 1 求直線族

$$x\cos\alpha + y\sin\alpha - p = 0 \tag{1}$$

的包絡，其中 α 是參數，p 是常數。

解：將 (1) 對 α 微分，得到

$$-x\sin\alpha + y\cos\alpha = 0 \tag{2}$$

爲了從 (1), (2) 中消去 α，將 (1) 的 p 移項，然後平方，有

$$x^2\cos^2\alpha + y^2\sin^2\alpha + 2xy\cos\alpha\sin\alpha = p^2 \tag{3}$$

又將 (2) 平方，得

$$x^2\sin^2\alpha + y^2\cos^2\alpha - 2xy\cos\alpha\sin\alpha = 0 \tag{4}$$

將 (3) 和 (4) 相加，得到

$$x^2 + y^2 = p^2 \tag{5}$$

容易檢驗，(5) 是直線族 (1) 的包絡，如圖 1 所示。

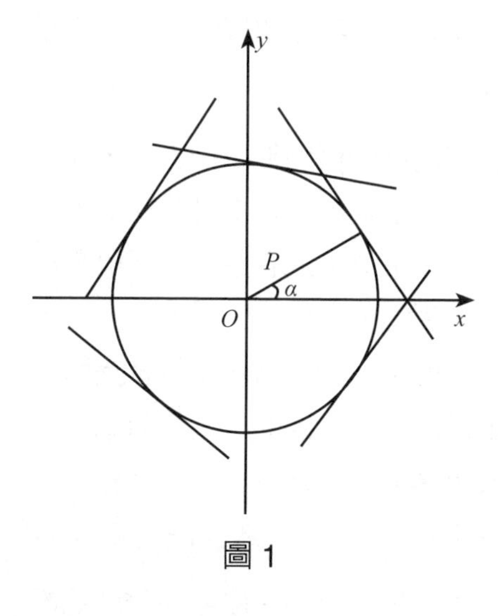

圖 1

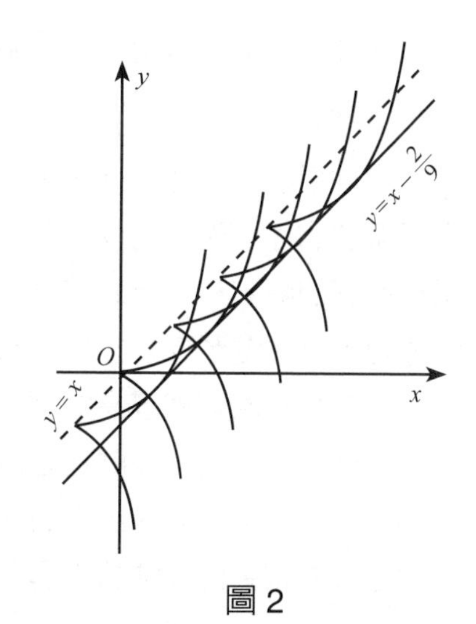

圖 2

例 2 求曲線族

$$(y-c)^2 - \left(\frac{2}{3}\right)(x-c)^3 = 0 \tag{1}$$

的包絡。

解：將 (1) 對 c 微分，得到

$$-2(y-c)+\left(\frac{2}{3}\right)\cdot 3(x-c)^2=0$$

即

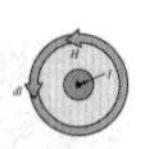

$$y-c-(x-c)^2=0 \tag{2}$$

爲了從 (1),(2) 中消去 c，將 (2) 代入 (1)，得

$$(x-c)^4-\left(\frac{2}{3}\right)(x-c)^3=0$$

即

$$(x-c)^3\left(x-c-\frac{2}{3}\right)=0$$

從 $x-c=0$ 得到

$$y=x \tag{3}$$

從 $x-c-\dfrac{2}{3}=0$ 得到

$$y=x-\frac{2}{9} \tag{4}$$

因此，c 判別曲線包括兩條曲線 (3) 和 (4)，容易檢驗直線 $y=x$ 不是包絡，而 $y=x-\dfrac{2}{9}$ 是包絡（見圖 2）。

我們現在引進奇異解的概念。微分方程的某一個解稱爲奇異解，如果在這個解的每一點上至少還有方程的另外一個解存在，也就是說奇異解是這樣的一個解，在它上面的每一點唯一性都不成立。或者說，奇異解對應的曲線上每一點至少有方程的兩條積分曲線通過。

從奇異解的定義容易知道一階微分方程的通解的包絡一定是奇異解；反之，微分方程的奇異解也是微分方程通解的包絡。因而，爲了求微分方程的奇異解，可以先求出它的通解，然後求通解的包絡。

這裡介紹另外一種求奇異解的方法。

若 $F(x, y, y')$ 關於 x, y, y' 連續可微，則只要 $\dfrac{\partial F}{\partial y'}\neq 0$ 就能保證解的唯一性，因此奇異解必須同時滿足下列方程

$$\begin{cases} F(x,y,y')=0 \\ \dfrac{\partial F(x,y,y')}{\partial y'}=0 \end{cases}$$

於是我們有下面結論：

方程

$$F(\mathrm{x},y,y')=0 \tag{1}$$

的奇異解包含在由方程組

$$F(x,y,p)=0$$

$$\frac{\partial F(x,y,p)}{\partial p}=0 \tag{2}$$

消去 p 而得到的曲線中，這裡 $F(x, y, p)$ 是 x, y, p 的連續可微函數。此曲線稱爲方程 (1) 的 **p 判別曲線**。p 判別曲線是否是方程的奇異解，尚須進一步檢驗。

例 3　求方程

$$\left(\frac{dy}{dx}\right)^2+y^2-1=0$$

的奇異解。

解：從

$$p^2+y^2-1=0,$$

$$2p=0$$

消去 p 得到 p 判別曲線

$$y=\pm 1$$

由驗證可知，此兩直線都是方程的奇異解。因爲容易求得原方程的通解爲

$$y=\sin(x+c)$$

而 $y=\pm 1$ 是微分方程的解，且正好是通解的包絡。

例 4　求方程

$$y=2x\left(\frac{dy}{dx}\right)-\left(\frac{dy}{dx}\right)^2$$

的奇異解。

解：從

$$y = 2xp - p^2$$
$$2x - 2p = 0$$

消去 p 得到 p 判別曲線

$$y = x^2$$

但 $y = x^2$ 不是方程的解，故此方程沒有奇異解。

8.4.2 拉格朗日方程與克萊羅方程

拉格朗日方程

類型爲 $y = f(x, y')$ 的隱式微分方程

$$y = x \cdot \varphi(y') + \psi(y')$$

稱爲拉格朗日方程（Lagrange equation），其中 $\varphi(y')$ 和 $\psi(y')$ 是在一定區間上已知的可微函數。

令 $y' = p$ 並對 x 進行微分，我們得到方程的通解：

$$\begin{cases} x = f(p, c) \\ y = f(p, c)\varphi(p) + \psi(p) \end{cases}$$

其中 $\varphi(p) - p \neq 0$，p 是一個參數。

若 $\varphi(p) - p = 0$，則拉格朗日方程也可能有奇異解。奇異解的表達式爲：$y = x \cdot \varphi(p^*) + \psi(p^*)$，其中 p^* 是方程 $\varphi(p) - p = 0$ 的根。

例 1 求微分方程

$$y = 2xy' - 3(y')^2$$

的通解和奇異解。

解：這是拉格朗日方程。我們使用微分的方法來求解。

令 $y' = p$，則方程寫成以下形式：$y = 2xp - 3p^2$

兩邊對 x 微分，我們有：

$$\frac{dy}{dx} = 2p + (2x - 6p)\frac{dp}{dx}$$

$$\Leftrightarrow p = 2p + (2x - 6p)\frac{dp}{dx}$$

$$\Leftrightarrow \frac{dx}{dp} + \frac{2}{p}x - 6 = 0$$

可以看出，我們獲得了函數 $x(p)$ 的線性方程。

積分因子是

$$\mu(p) = \exp\int \frac{2}{p}\,dp = \exp \ln|p|^2 = p^2$$

線性方程的通解由下式給出

$$p^2 \cdot x(p) = \int p^2 \cdot 6dp + C$$

$$x(p) = 2p + \frac{C}{p^2}$$

將上式代入拉格朗日方程，我們得到：

$$y = 2\left(2p + \frac{C}{p^2}\right)p - 3p^2 = p^2 + \frac{2C}{p}$$

因此，參數形式的通解爲：

$$\begin{cases} x(p) = 2p + \dfrac{C}{p^2} \\ y(p) = p^2 + \dfrac{2C}{p} \end{cases}$$

此外，拉格朗日方程可以有一個奇異解。

解方程 $\varphi(p) - p = 0$，

得到：$2p - p = 0, \Rightarrow p = 0$

因此，奇異解爲：

$$y = \varphi(0)x + \psi(0) = 0$$

例 2 求方程

$$2y - 4xy' - \ln y' = 0$$

的通解。

解：這是拉格朗日方程。令 $y' = p$，我們可以寫成：

$$2y = 4xp + \ln p$$

兩邊對 x 微分，可得

$$2\frac{dy}{dx} = 4p + \left(4x + \frac{1}{p}\right)\frac{dp}{dx}$$

$$2p = 4p + \left(4x + \frac{1}{p}\right)\frac{dp}{dx}$$

$$2p = 4p + \left(4x + \frac{1}{p}\right)\frac{dp}{dx}$$

因此，我們得到函數 $x(p)$ 的線性微分方程。

使用積分因子：

$$\mu(p) = \exp\left(\int \frac{2}{p}dp\right) = \exp(\ln|p|^2) = p^2$$

可求得函數 $x(p)$ 爲

$$x(p)p^2 = \int p^2\left(-\frac{1}{2p^2}\right)dp + C$$

$$x(p) = -\frac{1}{2p} + \frac{C}{p^2}$$

將上式代入原方程，$2y = 4xp + \ln p$，得到

$$2y = 4\left(-\frac{1}{2p} + \frac{C}{p^2}\right)p + \ln p$$

$$y = \frac{2C}{p} - 1 + \frac{\ln p}{2}$$

因此，參數形式的通解寫成如下：

$$\begin{cases} x(p) = \dfrac{C}{p^2} - \dfrac{1}{2p} \\ y(p) = \dfrac{2C}{p} - 1 + \dfrac{\ln p}{2} \end{cases}$$

因爲 $\varphi(p) - p = 0$，$\Rightarrow 2p - p = 0$，$\Rightarrow p = 0$，這產生：$y = \varphi(0)x + \varphi(0) = 0 \cdot x + \frac{1}{2}\ln 0 \to -\infty$，因此微分方程沒有奇異解。

克萊羅方程

若在拉格朗日方程 $y = x \cdot \varphi(y') + \psi(y')$ 中，令 $\varphi(y') = y'$ 則有

$$y = x \cdot y' + \psi(y')$$

這稱爲克萊羅方程。

亦即形如

$$y = xp + f(p) \tag{1}$$

的方程，稱爲克萊羅（Clairaut）微分方程，這裡 $p = \frac{dy}{dx}$，$f(p)$ 是 p 的連續可微函數。克萊羅方程是隱式方程 $y = f(x, y')$ 的特例。

將 (1) 兩邊對 x 求導數，並以 $p = \frac{dy}{dx}$ 代入，即得

$$p = x\frac{dp}{dx} + p + f'(p)\frac{dp}{dx}$$

即

$$\frac{dp}{dx}(x + f'(p)) = 0$$

若 $\frac{dp}{dx} = 0$，則得到

$$p = c$$

將它代入 (1)，得到

$$y = cx + f(c) \tag{2}$$

其中 c 是任意常數，這就是 (1) 的通解。

若 $x + f'(p) = 0$，將它和 (1) 合起來，即

$$x + f'(p) = 0$$
$$y = xp + f(p)$$

消去 p 也得到方程的一個解。注意，求得此解的過程正好與從通解 (2) 中求包絡的方法一樣。可以驗證，此解的確是通解的包絡。由此，我們知道，克萊羅微分方程的通解是一直線族，此直線族的包絡就是方程的奇異解。

例 1 求解方程 $y = xp + \frac{1}{p}$，其中 $p = \frac{dy}{dx}$。

解：這是克萊羅微分方程，因此它的通解就是

$$y = cx + \frac{1}{c}$$

從 $$x - \frac{1}{p^2} = 0$$
$$y = xp + \frac{1}{p}$$

中消去 p，得到奇異解

$$y^2 = 4x$$

這方程的通解是直線族，而奇異解是通解的包絡，見圖 1

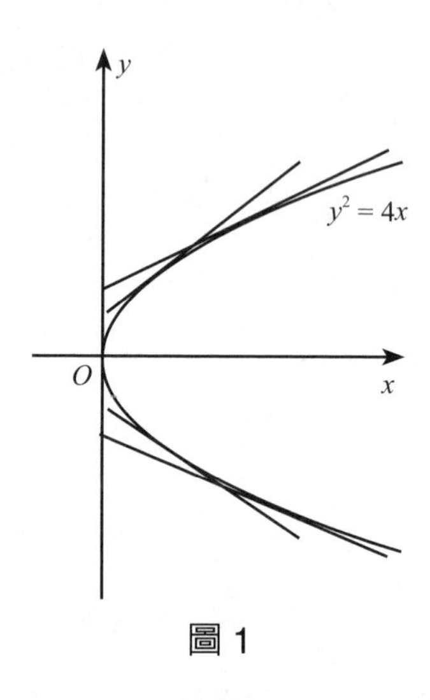

圖 1

例 2 求 $y = xy' + (y')^2$ 的通解和奇異解

解：這是一個 Clairaut 方程。令 $y' = p$，我們把它寫成 $y = xp + p^2$。對 x 微分，我們有

$$\frac{dy}{dx} = p + (x+2p)\frac{dp}{dx}$$
$$p = p + (x+2p)\frac{dp}{dx}$$
$$0 = (x+2p)\frac{dp}{dx}$$
$$0 = (x+2p)dp$$

令 $dp = 0, \Rightarrow p = C$，現在我們將它代入微分方程得到：$y = Cx + C^2$。因此，我們得到了 Clairaut 方程的通解，它是一個單參數的直線族。令 $x + 2p = 0, \Rightarrow x = -2p$，這為我們提供了參數形式的微分方程的奇異解：

$$\begin{cases} x = -2p \\ y = xp + p^2 \end{cases}$$

從這個方程組中消去 p，我們得到積分曲線的方程：

$$p = -\frac{x}{2}, \Rightarrow y = x\left(-\frac{x}{2}\right) + \left(-\frac{x}{2}\right)^2$$

$$y=-\frac{x^2}{4}$$

從幾何的角度來看，曲線 $y=-\frac{x^2}{4}$ 是通解直線族的包絡線（參見圖 2）。

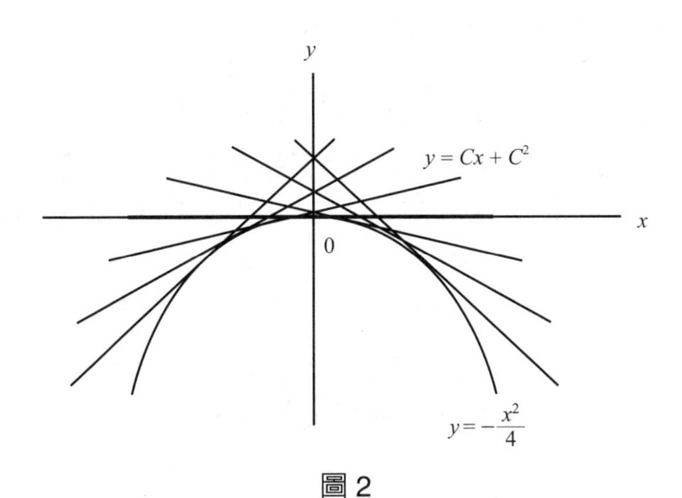

圖 2

例 3 求 $y=xy'+\sqrt{(y')^2+1}$ 的通解和奇異解

解：可以看出，這是一個Clairaut方程。令$y'=p$，我們有$y=xp+\sqrt{p^2+1}$。

兩邊對 x 微分，可得

$$\frac{dy}{dx}=p+\left(x+\frac{p}{\sqrt{p^2+1}}\right)\frac{dp}{dx}$$

$$p=p+\left(x+\frac{p}{\sqrt{p^2+1}}\right)\frac{dp}{dx}$$

$$\left(x+\frac{p}{\sqrt{p^2+1}}\right)dp=0$$

令 $dp=0, \Rightarrow p=C$，將代入微分方程可得通解：$y=Cx+\sqrt{C^2+1}$。

從圖形上看，這個解對應於單參數直線族。其次

$$x=-\frac{p}{\sqrt{p^2+1}}$$

求 y 的對應參數表達式：

$$y=xp+\sqrt{p^2+1}$$

$$y=-\frac{p^2}{\sqrt{p^2+1}}+\sqrt{p^2+1}$$

$$y=\frac{1}{\sqrt{p^2+1}}$$

參數 p 可以從 x 和 y 的公式中消去。

$$x^2+y^2=\left(-\frac{p}{\sqrt{p^2+1}}\right)^2+\left(\frac{1}{\sqrt{p^2+1}}\right)^2=1$$

最後一個表達式是半徑爲 1 且以原點爲中心的圓的方程。因此，奇異解由 xy 平面上的單位圓表示，它是直線族的包絡線（圖 3）。

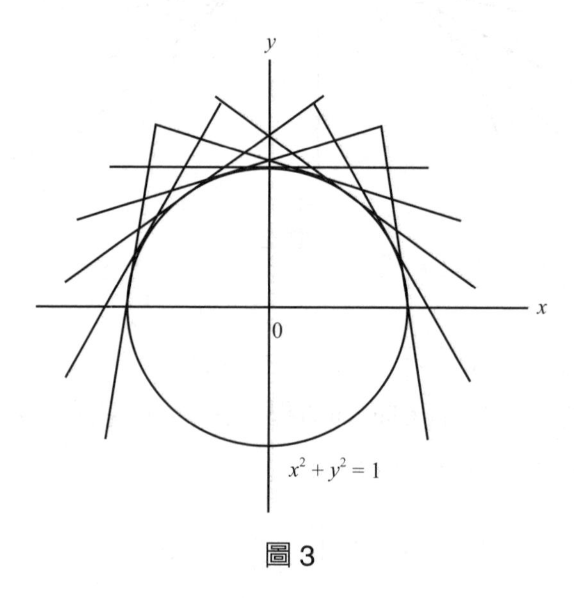

圖 3

習題

1. 求方程 $4xp^2=(3x-a)^2$，$p=\frac{dy}{dx}$，的奇異解

解：由方程可得 $p=\pm\frac{(3x-a)}{2\sqrt{x}}$

即

$$dy=\pm\frac{(3x-a)}{2\sqrt{x}}dx$$

兩邊積分，我們得到

$$\int dy = \pm \int \frac{(3x-a)}{2\sqrt{x}} dx$$

$$y = c \pm \left(x^{\frac{3}{2}} - a\sqrt{x}\right)$$

$$(y-c)^2 = x(x-a)^2 \quad (1)$$

這是給定方程的通解。

現在，我們有 p 判別曲線，

$$x(3x-a)^2 = 0 。 \quad (2)$$

此外，(1) 可以寫爲，

$$c^2 - 2yc + y^2 - x(x-a)^2 = 0 \quad (3)$$

因此，c 判別曲線可以計算如下

(3) 對 c 微分

$$2c - 2y = 0, c = y$$

將 $c = y$ 代入 (1)，得到

$$x(x-a)^2 = 0 \quad (4)$$

現在將 p 判別曲線 (2) 和 c 判別曲線 (4) 進行比較，很明顯 $x = 0$ 是共同的，因此是給定方程的奇異解。

出現在 c- 判別式中而不出現在 p 判別曲線中的因子 $x - a = 0$ 是 Node 軌跡。

此外，$3x - a = 0$ 是 tac 軌跡。

2. 求方程 $xp^2 - 2yp + 4x = 0$，$p = \frac{dy}{dx}$ 的奇異解

解：這是 p 的二次方程，因此

$$p = \frac{dy}{dx} = \frac{2y \pm \sqrt{4y^2 - 16x^2}}{2x} = \frac{y \pm \sqrt{y^2 - 4x^2}}{x} = \frac{y}{x} \pm \sqrt{\left(\frac{y}{x}\right)^2 - 4}$$

這是齊次方程。

令 $y = vx$，則 $\frac{dy}{dx} = v + x\frac{dv}{dx}$

因此，

$$v + x\frac{dv}{dx} = v \pm \sqrt{v^2 - 4}$$

$$\frac{dv}{\sqrt{v^2 - 4}} = \pm \frac{dx}{x}$$

兩邊積分，得到

$$\ln\left|\frac{v}{2}+\sqrt{\left(\frac{v}{2}\right)^2-1}\right|=\pm\ln cx$$

$$\frac{v}{2}+\sqrt{\frac{v^2-4}{4}}=cx$$

$$\frac{y}{2x}+\sqrt{\frac{y^2-4x^2}{4x^2}}=cx$$

$$y+\sqrt{y^2-4x^2}=2cx^2$$

$$(y-2cx^2)=y^2-4x^2$$

$c^2x^2-cy+1=0$ 是給定微分方程的通解。

現在 p 判別曲線爲

$$4y^2-16x^2=0,$$

或 $$y^2=4x^2$$

此外，c 判別曲線爲

$$y^2-4x^2=0$$

或 $$y^2=4x^2$$

因此奇異解是 $y^2=4x^2$。

3. 求方程 $(x^2-1)p^2-2pxy+(y^2-m^2)=0$，$p=\dfrac{dy}{dx}$ 的奇異解

解：將原式

$$(x^2-1)p^2-2pxy+(y^2-m^2)=0 \tag{1}$$

改寫爲

$$(px-y)^2=p^2+m^2$$

$$y=px\pm\sqrt{p^2+m^2}$$

這是 Clairaut 形式。

因此，通解是

$$y=cx\pm\sqrt{c^2+m^2}$$

$$(y-cx)^2=c^2+m^2$$

$$c^2(x^2-1)-2cxy+(y^2-m^2)=0 \tag{2}$$

因此，從 (1) 和 (2) 來看，p 判別曲線和 c 判別曲線都是

$$4x^2y^2-4(x^2-1)(y^2-m^2)=0$$

或

$$y^2+m^2x^2=m^2$$

這是所需的奇異解。

4. 將方程 $x^2p^2 + py(2x + y) + y^2 = 0,\ p=\frac{dy}{dx}$ 化為 Clairaut 形式，藉由令 $u = y$ 和 $v = xy$ 求出通解及其奇異解。

解：我們有 $u = y$ 和 $v = xy$

因此 $\frac{du}{dx}=\frac{dy}{dx}$ 且 $\frac{dv}{dx}=x\frac{dy}{dx}+y$

現在

$$\frac{dv}{du}=\frac{\frac{dv}{dx}}{\frac{du}{dx}}=\frac{x\frac{dy}{dx}+y}{\frac{dy}{dx}}=\frac{xp+x}{p}$$

$$p\frac{dv}{du}=px+y$$

或

$$p\frac{dv}{du}=px+y$$

$$p=\frac{y}{p_1-x}$$

其中

$$p_1=\frac{dv}{du}$$

將 p 的值代入給定的方程中，我們有

$$x^2\frac{y^2}{(p_1-x)^2}+\frac{y^2}{p_1-x}(2x+y)+y^2=0$$

$$x^2+(2x+y)(p_1-x)+\ (p_1-x)^2=0$$

$$p_1{}^2-xy+yp_1=0$$

$$xy=p_1y+p_1{}^2$$

$$v=p_1u+p_1{}^2$$

這是 Clairaut 形式的微分方程。

因此，通解是

$$v = cu + c^2$$

或

$$c^2 + yx - xy = 0$$

因此 c 判別曲線是

$$y^2 + 4xy = 0 \text{ 或 } y(y + 4x) = 0$$

同樣從給定的方程，p 判別曲線是

$$y^2(2x + y)^2 - 4x^2y^2 = 0$$

$$y^2(y^2 + 4xy) = 0$$

現在 $y(y + 4x) = 0$ 在 c 和 p 判別曲線中都出現，並且 $y = 0$ 和 $y + 4x = 0$ 滿足給定的微分方程。

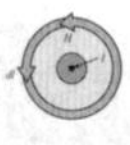

因此 $y = 0$ 和 $y + 4x = 0$ 是奇異解。

5. 求微分方程

$$4x(x - 1)(x - 2)p^2 - (3x^2 - 6x + 2)^2 = 0 \text{，} p = \frac{dy}{dx} \text{ 的奇異解。}$$

解：求出 p 判別式是 $x(x - 1)(x - 2)(3x^2 - 6x + 2)^2 = 0$

由原式可知

$$p^2 = \frac{(3x^2 - 6x + 2)^2}{4x(x - 1)(x - 2)}$$

$$p = \pm\left(\frac{3x^2 - 6x + 2}{2\sqrt{x(x - 1)(x - 2)}}\right) = \pm\left(\frac{3x^2 - 6x + 2}{2\sqrt{x^3 - 3x^2 + 2x}}\right)$$

$$dy = \pm\left(\frac{3x^2 - 6x + 2}{2\sqrt{x^3 - 3x^2 + 2x}}\right)dx$$

兩邊積分，我們得到

$$y = \pm\sqrt{x(x - 1)(x - 2)} + c$$

或

$$(y - c)^2 = x(x - 1)(x - 2)$$

$$c^2 - 2cy + y^2 = x(x - 1)(x - 2)$$

現在 c 判別曲線是

$$4y^2 - 4(y^2 - x(x - 1)(x - 2)) = 0$$

或

$$x(x - 1)(x - 2) = 0$$

因此 $x(x - 1)(x - 2) = 0$，是奇異解。tac 軌跡是 $3x^2 - 6x + 2 = 0$。

6. 求微分方程

$$yp^2 - 2xp + y = 0$$

的奇異解，其中 $p = y'$。

解：令 $y^2 = v$，兩邊對 x 微分。得到

$$2yp = \frac{dv}{dx} = \theta$$

即$p = \frac{\theta}{2y}$，將 p 的值代入給定的方程式中，得到

$$y\left(\frac{\theta}{2y}\right)^2 - 2x\left(\frac{\theta}{2y}\right) + y = 0$$

或

$$\frac{\theta^2}{4y} - \left(\frac{x\theta}{y}\right) + y = 0$$

$$4y^2 - 4x\theta + \theta^2 = 0$$

$$y^2 - x\theta + \frac{\theta^2}{4} = 0$$

$$v = x\theta - \frac{\theta^2}{4}$$

這是微分方程的 Clairaut 形式

因此，通解爲

$$v = 2cx - c^2 \text{（將 } \theta \text{ 以 } 2c \text{ 取代）}，$$

即 $y^2 = 2cx - c^2$ 是給定微分方程的通解。

現在，給定微分方程的 p 判別曲線是

$$yp^2 - 2xp + y = 0$$

或

$$x^2 - y^2 = 0$$

且 c 判別曲線是

$$x^2 - y^2 = 0$$

因此，$x^2 - y^2 = 0$ 是給定微分方程的奇異解。

7. 使用代換法求

$$3xp^2 - 6yp + x + 2y = 0$$

的奇異解，其中 $p = y'$。

解：我們有 $3xp^2 - 6yp + x + 2y = 0$ (i)

令 $x - 3y = v$ 且 $x^2 = u$，

兩邊微分，我們得到

$$dx - 3dy = dv \text{ 且 } 2xdx = du$$

因此

$$\frac{dx-3dy}{2xdx}=\frac{dv}{du}$$

亦即

$$\frac{dx}{2xdx}-\frac{3dy}{2xdx}=\theta \text{ 或 } \frac{1}{2x}-\frac{3p}{2x}=\theta$$

$$1-3p=2x\theta$$

$$p=\frac{1-2x\theta}{3}$$

現在從 (i)

$$3x\left(\frac{1-2x\theta}{3}\right)^2-6y\left(\frac{1-2x\theta}{3}\right)+x+2y=0$$

$$3x\left(\frac{1+4x^2\theta^2-4x\theta}{9}\right)-6y\left(\frac{1-2x\theta}{3}\right)+x+2y=0$$

$$x\left(\frac{1+4x^2\theta^2-4x\theta}{3}\right)-2y(1-2x\theta)+x+2y=0$$

或

$$1+x^2\theta^2-\theta(x-3y)=0$$

意味著使用代換，我們可以寫成，

$$1+\theta^2u-v\theta=0$$

或

$$v=u\theta+\frac{1}{\theta}$$

這是 Clairaut 形式的微分方程。

因此微分方程的通解是

$$v=cu+\frac{1}{c}$$

即

$$x-3y=cx^2+\frac{1}{c}$$

$$c^2x^2+1=c\,(x-3y)$$

$$x^2c^2-\,(x-3y)c+1=0$$

現在 c 判別曲線是

$$(x-3y)^2-4x^2=0$$

或

$$x^2-6xy+9y^2-4x^2=0;\ 3y^2-2xy-x^2=0$$

p 判別曲線也是

$$3y^2 - 2xy - x^2 = 0$$

因此 $3y^2 - 2xy - x^2 = 0$ 是給定微分方程的奇異解。

8. 使用代換法求

$$p^3 - 4xyp + 8y^2 = 0$$

的奇異解，其中 $p = y'$。

解：令 $y = v^2$，兩邊對 x 微分，得到

$$\frac{dy}{dx} = 2v\frac{dv}{dx}$$

或 $p = 2v\theta$，其中 $\theta = \dfrac{dv}{dx}$

因此，從給定的微分方程，我們有

$$(2v\theta)^3 - 4xy(2v\theta) + 8y^2 = 0$$

經簡化後，得到

$$v = x\theta - \theta^3$$

它是 Clairaut 形式的微分方程。

因此，通解是

$$v = kx - k^3 \text{ 或 } y = k^2(x - k^2)^2 \text{ 或 } y = c(x - c)^2$$

現在對函數 $p^3 - 4xyp + 8y^2 = f$ 求偏導數可得 p 判別曲線

對 p 進行偏微分，我們得到

$$\frac{\partial f}{\partial p} = 0 \text{ 或 } 3p^2 - 4xy = 0 \text{ 或 } p^2 = \frac{4}{3}xy$$

現在 $p\left(\dfrac{4}{3}xy\right) - 4xyp + 8y^2 = 0$

$$-\frac{8}{3}pxy + 8y^2 = 0$$

$$px = 3y$$

$$p^2x^2 = 9y^2$$

$$x^2\left(\frac{4}{3}xy\right) = 9y^2$$

$$4x^3 = 27y$$

同樣以類似的方式，可得解的 c 判別曲線爲

$$4x^3 = 27y$$

因此，給定微分方程的奇異解是

$$4x^3 - 27y = 0$$

9. 已知微分方程的通解

$$c^2 + 2cy - x^2 + 1 = 0$$

，求微分方程，並求微分方程的奇異解。

解：將通解對 x 微分，得到

$$2cp - 2x = 0 \text{ 或 } c = \frac{x}{p}$$

因此，獲得微分方程

$$\frac{x^2}{p^2} + 2\frac{x}{p}y - x^2 + 1 = 0$$

或

$$p^2(1 - x^2) + 2xyp + x^2 = 0$$

現在 p 判別曲線是

$$4x^2(y^2 + x^2 - 1) = 0$$

此外，c 判別曲線是

$$4(y^2 + x^2 - 1) = 0$$

因此，奇異解是一個圓

$$x^2 + y^2 = 1$$

$x = 0$ 是一個 tac 軌跡。

10. 令 $X = x^2$；$Y = y^2$ 可將 $xyp^2 - (x^2 + y^2 - 1)p + xy = 0$ 化簡爲 Clairaut 的形式。因此，證明該方程代表接觸正方形四個邊的圓錐曲線族。

解：令 $X = x^2$；$Y = y^2$

因此 $2xdx = dX$ 且 $2ydy = dY$

或

$$\frac{dY}{dX} = \frac{y}{x}p$$
$$p = \frac{x}{y}\theta$$

其中 $\theta = \dfrac{dY}{dX}$

因此

$$xy\left(\frac{x^2}{y^2}\theta^2\right) - (X + Y - 1)\left(\frac{x}{y}\theta\right) + xy = 0$$

或

$$y^2\left(\frac{x^2}{y^2}\theta^2+1\right)=\theta(X+Y-1)$$

$$Y\left(\frac{X}{Y}\theta^2+1\right)=\theta(X+Y-1)$$

$$X\theta^2+Y=X\theta+Y\theta-\theta$$

$$X\theta(\theta-1)=Y(\theta-1)-\theta$$

$$Y=X\theta-\frac{\theta}{1-\theta}$$

這是 Clairaut 形式的微分方程。

所以它的通解是

$$Y=CX-\frac{C}{1-C}$$

$$Y(1-C)=C(1-C)X-C$$

$$C^2X+(1-X-Y)C+Y=0$$

因此 c 判別曲線是

$$(1-X-Y)^2-4XY=0$$

或

$$1+X^2+Y^2-2X-2Y+2XY-4XY=0$$

$$1+X^2+Y^2-2X-2Y-2XY=0$$

或者我們可以寫成

$$x^4+y^4-2x^2-2y^2-2x^2y^2+1=0$$

這代表了接觸正方形四個邊的圓錐曲線族。

11. 求微分方程

$$(a^2-x^2)p^2+2xyp+(b^2-y^2)=0$$

的奇異解，其中 $p=y'$。

解：我們可以將微分方程寫爲

$$a^2p^2-x^2p^2+2xyp+b^2-y^2=0$$

或

$$(xp-y)^2=a^2p^2+b^2$$

$$y=px\pm\sqrt{a^2p^2+b^2}$$

它是 Clairaut 形式的微分方程，因此通解爲

$$y=cx\pm\sqrt{a^2c^2+b^2}$$

現在 p 判別曲線是

$$4x^2y^2 - 4(a^2 - x^2)(b^2 - y^2) = 0$$

或

$$a^2y^2 + b^2x^2 = a^2 + b^2$$

或者我們可以這樣寫

$$\frac{x^2}{a^2} + \frac{y^2}{b^2} = 1$$

同理，c 判別曲線是

$$\frac{x^2}{a^2} + \frac{y^2}{b^2} = 1$$

因此給定微分方程的奇異解是

$$\frac{x^2}{a^2} + \frac{y^2}{b^2} = 1$$

這表示橢圓的方程。

第 9 章

二階初值、邊界值和特徵值問題

章節體系架構 ▼

9.1 簡介

本章考慮二階微分方程以及求解微分方程所要滿足的附屬條件。我們討論以下三種類型的問題：

1. 初值問題，
2. 邊界值問題，
3. 特徵值問題。

筆記欄

9.2 初值問題

初值問題是一個微分方程以及解函數及其導數要滿足的附屬條件，所有這些條件都以相同的自變數值給出。二階初值問題通常可以用標準形式表示為：

$$\frac{d^2y}{dx^2}+P\frac{dy}{dx}+Qy=X \tag{1}$$

其中 P、Q 和 X 是 x 的函數，且具有條件

$$y(a)=c_1 \text{ 和 } y'(a)=c_2 \tag{2}$$

其中 a 是自變數 x 的特定值，c_1、c_2 是兩個常數。因此，初值問題的解是找到滿足微分方程 (1) 以及給定初始條件 (2) 的 $y(x)$。

特殊情況下，如果是$X=0$且$c_1=c_2=0$，則稱該問題為齊次初值問題。

定理 1（存在定理）

設 P, Q 是 $[a, b]$ 上的兩個連續函數。對於任何實數 x_0 和常數 α, β，初值問題

$$y''+P(x)y'+Q(x)y=0,\ y(x_0)=\alpha,\ y'(x_0)=\beta$$

在 $[a, b]$ 上具有解 φ。

定理 2（唯一定理）

設 α, β 為任意兩個常數，x_0 為任意實數。在任何包含 x_0 的區間 $[a, b]$ 上，至多存在一個初值問題

$$y''+P(x)y'+Q(x)y=0,\ y(x_0)=\alpha,\ y'(x_0)=\beta$$

的解 ϕ，其中 P, Q 是 $[a, b]$ 上的連續函數。

例 1 求初值問題

$$(x^2-3x+2)y''+2xy'+3y=\frac{1}{x+4}, y(0)=3，y'(0)=1$$

具有由存在唯一性定理保證的唯一解的最大區間。

解：將方程除以 x^2-3x+2，得到

$$y''+\frac{2x}{x^2-3x+2}y'+\frac{3}{x^2-3x+2}y=\frac{1}{(x+4)(x^2-3x+2)}$$

係數函數不連續的點是 $x=-4, 1, 2$。包含 0 且使所有係數爲連續的最大區間是 $(-4, 1)$。

例 2 求初值問題

$$xy''+\sqrt{x-3}\,y'+(x+2)y=4x, y(0)=1, y'(0)=1$$

具有由存在唯一性定理保證的唯一解的最大區間。

解：將方程除以 x，得到

$$y''+\frac{\sqrt{x-3}}{x}y'+\frac{x+2}{x}y=4$$

係數函數 $\frac{\sqrt{x-3}}{x}$，$\frac{x+2}{x}$ 在 0 不連續。因此，係數函數在任何包含 0 的區間內都是不連續。在這種情況下，唯一性和存在性定理沒有告訴我們任何資訊（我們無法對存在性和唯一性做出任何結論）。

習題

1. 利用定理判斷以下問題是否有唯一解

$$t^2\frac{d^2y}{dt^2}+\frac{t}{4-t^2}\frac{dy}{dt}-e^ty=\ln t，y\left(\frac{1}{4}\right)=-40，y'\left(\frac{1}{4}\right)=1$$

並指出解存在的最大可能區間。

9.3 邊界值問題

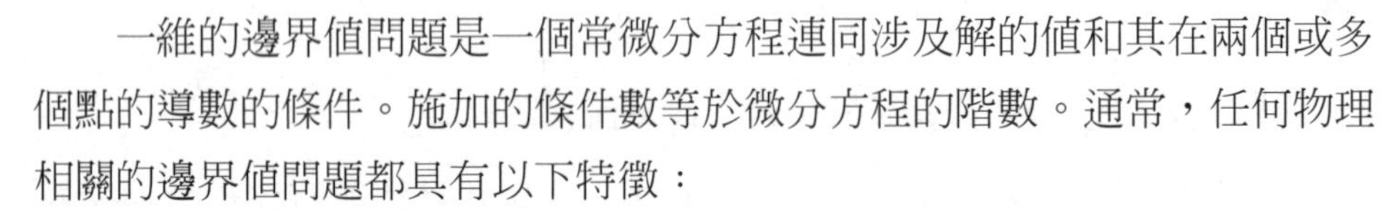

一維的邊界值問題是一個常微分方程連同涉及解的值和其在兩個或多個點的導數的條件。施加的條件數等於微分方程的階數。通常，任何物理相關的邊界值問題都具有以下特徵：

(1) 條件施加在兩個不同的點上，

(2) 解僅在這兩點之間有意義，

(3) 自變數是一個空間變數。

此外，我們主要關注微分方程是線性和二階的情況。然而，彈性問題通常涉及四階方程。

與初值問題相比，即使是看起來最單純的邊界值問題也可能只有一個解、無解或無窮多個解。

標準形式的二階邊界值問題通常可以表示爲：

$$\frac{d^2y}{dx^2}+P\frac{dy}{dx}+Qy=R(x),\ a<x<b \tag{1}$$

有邊界條件

$$A_1y(a)+B_1y'(a)=c_1,\ A_2y(b)+B_2y'(b)=c_2 \tag{2}$$

其中 P、Q 和 R 是 x 在 $[a, b]$ 上的函數，$A_1, B_1, c_1, A_2, B_2, c_2$ 都是實常數。還假設 $a \neq b$，A_1 和 B_1 不同時爲零，同樣 A_2 和 B_2 也不同時爲零。

如果微分方程以及邊界條件都是齊次，即如果 $[a, b]$ 上的 $R(x) = 0$ 且 $c_1 = c_2 = 0$，則稱此問題爲齊次邊界值問題。因此，齊次邊界值問題的形式爲

$$\frac{d^2y}{dx^2}+P\frac{dy}{dx}+Qy=0,\ a<x<b \tag{3}$$

其中邊界條件爲

$$A_1y(a)+B_1y'(a)=0,\ A_2y(b)+B_2y'(b)=0 \tag{4}$$

因此，非齊次邊界值問題的解是求滿足微分方程 (1) 以及給定邊界條件 (2) 的 $y(x)$。齊次邊值問題的解是求滿足微分方程 (3) 以及給定邊界條件 (4) 的 $y(x)$。

例 1 (a) 解邊界值問題 $y''+y=0$，$y(0)=1$，$y(1)=2$

(b) 解 $y''+y=0$，$y(0)=1$，$y(\pi)=2$

(c) 解 $y''+y=0$，$y(0)=0$，$y(\pi)=0$

解：(a) 通解爲 $y(x)=c_1\sin x+c_2\cos x$

代入邊界值並求解常數，可得解爲

$y(x)=\dfrac{2-\cos 1}{\sin 1}\sin x+\cos x$，此題有唯一解

(b) $y(x)=c_1\sin x+c_2\cos x$

$y(0)=c_1\sin 0+c_2\cos 0=c_2=1$

$y(\pi)=c_1\sin\pi+c_2\cos\pi=-c_2=2$

c_2 不能同時等於 1 和 –2，此題無解

(c) $y(x)=c_1\sin x+c_2\cos x$

$y(0)=c_1\sin 0+c_2\cos 0=c_2=0$

$y(\pi)=c_1\sin\pi+c_2\cos\pi=-c_2=0$

任何形式爲 $y(x)=c_1\sin x$ 的函數滿足給定的邊界值問題，此題有無限多個解。

9.3.1 齊次邊界值問題的一般類型

一種一般類型的齊次邊界值問題是其中係數 $P(x)$ 和 $Q(x)$ 也取決於 $[a, b]$ 上的任意常數 λ。這個問題的形式：

$$\frac{d^2y}{dx^2}+P(x,\lambda)\frac{dy}{dx}+Q(x,\lambda)y=0,\ 0<x<b \tag{1}$$

其中邊界條件爲

$$A_1y(a)+B_1y'(a)=0,\ A_2y(b)+B_2y'(b)=0 \tag{2}$$

顯然，(1) 的一個零解在條件 (2) 下是 $y(x)=0,\ a\le x\le b$。

定理 3

設 $y_1(x)$ 和 $y_2(x)$ 是

$$\frac{d^2y}{dx^2}+P\frac{dy}{dx}+Qy=0,\ a<x<b$$

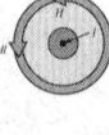

的兩個線性無關的解，其邊界條件為

$$A_1y(a)+B_1y'(a)=0,\ A_2y(b)+B_2y'(b)=0$$

若且唯若

$$\Delta=\begin{vmatrix} A_1y_1(a)+B_1y_1'(a) & A_1y_2(a)+B_1y_2'(a) \\ A_2y_1(b)+B_2y_1'(b) & A_2y_2(b)+B_2y_2'(b) \end{vmatrix}=0 \tag{3}$$

則這個問題有非零解。

定理 4

一個非齊次問題有唯一解若且唯若相關齊次問題有唯一解，即齊次問題只有零解。

例 2 求解 $y''=0,\ -1<x<1$ 受制於 $y(-1)=0,\ y(1)-2y'(1)=0$

解：給定的齊次微分方程為

$$y''=0 \tag{1}$$

設 $y(x)=e^{mx}$（m 為常數）為 (1) 的解。則 (1) 的輔助方程是 $m^2=0$ 或 $m=0, 0$。所以通解是

$$y(x)=c_1+c_2x,\ -1\le x\le 1 \tag{2}$$

其中 c_1, c_2 是任意常數。這裡的邊界條件是 $y(-1)=0,\ y(1)-2y'(1)=0$。這也是一個邊界值問題。非零解的存在是直接來自定理 3。這裡 $y_1(x)=1$ 和 $y_2(x)=x$。行列式

$$\begin{vmatrix} A_1y_1(a)+B_1y_1'(a) & A_1y_2(a)+B_1y_2'(a) \\ A_2y_1(b)+B_2y_1'(b) & A_2y_2(b)+B_2y_2'(b) \end{vmatrix}=\begin{vmatrix} 1 & -1 \\ 1 & -1 \end{vmatrix}=0 \tag{3}$$

其中 $A_1=1, B_1=0, A_2=1, B_2=-2, a=-1, b=1$。所以這個問題有非零解。將給定的條件使用於 (2)，我們得到 $c_1=c_2$ 其中 c_2 是任意常

數。因此，給定邊界值問題的解是 $y = c_2(1 + x), -1 \le x \le 1$，其中 c_2 是任意常數。對於不同的 c_2 值，該問題有無窮多個非零解。

例 3 解 $y'' - 2y' + 2y = 0, 0< x < \pi$，(i) $y(0) = 0, y(\pi) = 0$，(ii) $y(0) = 0, y\left(\frac{\pi}{2}\right)=0$。

解：給定的齊次微分方程爲

$$y'' - 2y' + 2y = 0 \tag{1}$$

設 $y(x)=e^{mx}$（m 爲常數）爲 (1) 的解。則 (1) 的輔助方程是 $m^2 - 2m + 2 = 0$ 或 $m = 1 \pm i$。所以通解爲

$$y = e^x(c_1 \cos x + c_2 \sin x), 0 \le x \le \pi \tag{2}$$

其中 c_1, c_2 是任意常數。

情況一：當 $y(0) = 0, y(\pi) = 0$ 時

這是一個邊界值問題。非零解的存在是直接來自定理 3。這裡 $y_1(x) = e^x \cos x$ 和 $y_2(x) = e^x \sin x$。則行列式

$$\begin{vmatrix} A_1y_1(a)+B_1y_1'(a) & A_1y_2(a)+B_1y_2'(a) \\ A_2y_1(b)+B_2y_1'(b) & A_2y_2(b)+B_2y_2'(b) \end{vmatrix} = \begin{vmatrix} 1 & 0 \\ -1 & 0 \end{vmatrix} = 0$$

其中 $A_1 = 1, B_1 = 0, A_2 = 1, B_2 = 0, a = 0$ 和 $b = \pi$。所以這個問題有非零解。使用給定的條件於 (2)，我們得到 $c_1 = 0$，c_2 爲任意數。因此，解是 $y = c_2e^x \sin x$，並且該解對 c_2 的任何值都成立。所以在這種情況下有無限解。

情況二：$y(0) = 0, y\left(\frac{\pi}{2}\right)=0$ 時

這是一個邊界值問題。從定理 3 也可以直接看出唯一零解的存在。這裡 $y_1(x) = e^x \sin x$ 和 $y_2(x) = e^x \sin x$。行列式

$$\begin{vmatrix} A_1y_1(a)+B_1y_1'(a) & A_1y_2(a)+B_1y_2'(a) \\ A_2y_1(b)+B_2y_1'(b) & A_2y_2(b)+B_2y_2'(b) \end{vmatrix} = \begin{vmatrix} 1 & 0 \\ 0 & e^{\frac{\pi}{2}} \end{vmatrix} = e^{\frac{\pi}{2}} \ (\neq 0)$$

其中 $A_1 = 1, B_1 = 0, A_2 = 1, B_2 = 0, a = 0$ 和 $b=\frac{\pi}{2}$。所以這個問題有零解。

使用給定條件於 (2)，我們得到，$c_1 = 0, c_2 = 0$。因此，零解是 $y(x) = 0$。

所以在這種情況下，在 $[0, \pi]$ 存在唯一解 $y(x) = 0$。

例 4 解 $y''-2y'+2y=2,\ 0<x<\pi$，受制於 (i)$y(0)=1,\ y(\pi)=1$，(ii) $y(0)=2,\ y\left(\dfrac{\pi}{2}\right)=2$。

解：給定的非齊次微分方程爲

$$y''-2y'+2y=2,\ 0<x<\pi \tag{1}$$

令 $y(x)=e^{mx}$（m 爲常數）爲 (1) 的對應齊次微分方程的解。則它的輔助方程是 $m^2-2m+2=0$ 或 $m=1\pm i$。所以餘函數是

$$y_c(x)=e^x(c_1\cos x+c_2\sin x)$$

其中 c_1, c_2 是任意常數。

特解是

$$y_p(x)=\frac{2}{D^2-2D+2}=1$$

所以通解是

$$y(x)=y_c(x)+y_p(x)=e^x(c_1\cos x+c_2\sin x)+1,\ 0\le x\le\pi$$

其中 c_1, c_2 是任意常數。

情況一：當 $y(0)=1,\ y(\pi)=1$ 時

解是 $y=c_2e^x\sin x+1,\ 0\le x\le\pi$，在這種情況下有無限解。

情況二：當 $y(0)=2,\ y\left(\dfrac{\pi}{2}\right)=2$ 時

解是 $y(x)=e^x(\cos x+e^{-\frac{\pi}{2}}\sin x)+1,\ 0\le x\le\dfrac{\pi}{2}$，在這種情況下有唯一解。

9.3.2 特徵值問題

從定理 3，我們看到，若齊次邊界值問題滿足條件 (3)，則這個問題就有非零解。使一般類型的齊次邊界值問題具有非零解的 λ 值稱爲**特徵值**（eigenvalue），相應的非零解稱爲**特徵函數**（eigenfunction）。

例 5 求

$$\frac{d^2y}{dx^2}+\lambda y=0,\ 0<x<1;\ y(0)=0,\ y(1)=0$$

的特徵值和特徵函數。

解：給定的齊次微分方程爲

$$\frac{d^2y}{dx^2}+\lambda y=0,\ 0<x<1 \tag{1}$$

設 $y(x) = e^{mx}$（m 爲常數）爲 (1) 的解。則 (1) 的輔助方程是$m^2+\lambda=0$ 或$m=\pm\sqrt{-\lambda}$。我們現在分別考慮 $\lambda = 0, \lambda < 0, \lambda > 0$ 的三種情況。

情況一：當 $\lambda = 0$

當 $\lambda = 0$ 時，$m = 0, 0$。所以方程的解可以寫成 $y=c_1+c_2x$。使用邊界條件，我們得到 $c_1 = c_2 = 0$。因此 $y = 0$ 是 (1) 在 [0, 1] 上的唯一解。但是，$y = 0$ 是一個零解。因此，$\lambda = 0$ 不是 (1) 的特徵值。

情況二：當 $\lambda < 0$

當 $\lambda < 0, \lambda = -k^2$ 時，輔助方程變爲 $m^2 = k^2$，因此 $m = \pm k$，解爲 $y = c_1e^k + c_2e^{-k}$。因爲 $\begin{vmatrix} e^{kx} & e^{-kx} \\ ke^{kx} & -ke^{-kx} \end{vmatrix} = -2k \neq 0$，所以 $y_1 = e^{kx}$ 和 $y_2 = e^{-kx}$ 是給定方程的兩個獨立解。則邊界條件爲 $c_1 + c_2 = 0$ 和 $c_1e^k + c_2e^{-k} = 0$。

由於 $\begin{vmatrix} 1 & 1 \\ e^k & e^{-k} \end{vmatrix} = e^{-k} - e^{-k} \neq 0$，所以由 c_1, c_2 構成的齊次方程組具有唯一解 $c_1 = c_2 = 0$。因此 $y = 0$ 是 (1) 在 [0, 1] 上的唯一解。但是，$y = 0$ 的解是一個零解。因此，$\lambda < 0$ 不是 (1) 的特徵值。

情況三：當 $\lambda > 0$

在這種情況下，輔助方程爲 $m^2 + \lambda = 0$，可得$m=\pm i\sqrt{\lambda}$，解爲 $y=c_1\cos\sqrt{\lambda}x+c_2\sin\sqrt{\lambda}x$。使用邊界條件，我們得到 $c_1 = 0$ 和 $c_2\sin\sqrt{\lambda}=0$。

現在，如果 $c_2 = 0$，則方程 (1) 在 [0, 1] 上只有零解 $y(x) = 0$。但是要獲得非零解，令 $c_2 \neq 0$ 則$\sin\sqrt{\lambda}=0$這意味著$\sqrt{\lambda}=n\pi$, $n = 0, \pm1, \pm2\cdots$或 $\lambda=n^2\pi^2$, $n=1, 2, 3, \cdots$ [$n \neq 0$，因爲 $\lambda \neq 0$] 是這個邊界值問題 (1) 的特徵值。相應的特徵函數是$y_n(x)=A_n\sin n\pi x$, $0<x<1$其中對於 $n = 1, 2, 3, \cdots$任意常數 A_n 爲相異。此外，我們看到特徵值 λ 不會改變符號並且始終爲正。

注意：由假設知 $y(0) = 0, y(1) = 0$，所以 $y(x)$ 在 $x = 0, 1$ 是零解。因此特徵函數$y_n(x)=A_n\sin n\pi x$, $n = 1, 2, 3, \cdots$在開區間 (0, 1) 取值。

例 6 解特徵值問題

$$y''+3y'+2y+\lambda y=0, y(0)=0, y(1)=0. \tag{1}$$

解：輔助方程是

$$r^2 + 3r + 2 + \lambda = 0,$$

其根為

$$r_1 = \frac{-3 + \sqrt{1 - 4\lambda}}{2}, r_2 = \frac{-3 - \sqrt{1 - 4\lambda}}{2}$$

若 $\lambda < \frac{1}{4}$，則 r_1 和 r_2 是相異實數，因此微分方程 (1) 的通解為

$$y = c_1 e^{r_1 x} + c_2 e^{r_2 x}$$

邊界條件要求

$$c_1 + c_2 = 0$$
$$c_1 e^{r_1} + c_2 e^{r_2} = 0$$

由於這個方程組的行列式是 $e^{r_2} - e^{r_1} \neq 0$，所以方程組只有零解。因此 λ 不是 (1) 的特徵值。

若 $\lambda = \frac{1}{4}$ 則 $r_1 = r_2 = -\frac{3}{2}$，所以方程 (1) 的通解為

$$y = e^{-\frac{3x}{2}}(c_1 + c_2 x)$$

由邊界條件 $y(0)=0$ 可知 $c_1=0$，因此 $y = c_2 x e^{-\frac{3x}{2}}$，而由邊界條件 $y(1) = 0$ 可知 $c_2 = 0$。因此 $\lambda = \frac{1}{4}$ 不是方程 (1) 的特徵值。

若 $\lambda > \frac{1}{4}$ 則

$$r_1 = -\frac{3}{2} + i\omega, r_2 = -\frac{3}{2} - i\omega$$

其中

$$\omega = \frac{\sqrt{4\lambda - 1}}{2} \text{ 或 } \lambda = \frac{1 + 4\omega^2}{4} \tag{2}$$

在這種情況下，微分方程 (1) 的通解為

$$y = e^{-\frac{3x}{2}}(c_1 \cos \omega x + c_2 \sin \omega x).$$

邊界條件 $y(0) = 0$ 要求 $c_1 = 0$，因此 $y = c_2 e^{-\frac{3x}{2}} \sin \omega x$，因為 $y(1) = 0$，所以若且唯若 $\omega = n\pi$ 時，$c_2 \neq 0$ 成立，其中 n 是整數。我們可以假設 n 是一個正整數。根據 (2)，特徵值為 $\lambda_n = \frac{1 + 4n^2\pi^2}{4}$，而相關的特徵函數為

$$y_n = e^{-\frac{3x}{2}} \sin n\pi x, \ n = 1, 2, 3, \cdots$$

例 7 解特徵值問題

$$x^2 y'' + xy' + \lambda y = 0, y(1) = 0, y(2) = 0 \tag{1}$$

解：若 $\lambda = 0$，則微分方程 (1) 可簡化為 $x(xy')' = 0$，因此 $xy' = c_1$，$y = c_1 \ln x + c_2$。

由邊界條件 $y(1) = 0$ 得到 $c_2 = 0$，故 $y = c_1 \ln x$。由邊界條件 $y(2) = 0$ 得到 $c_1 \ln 2 = 0$，故 $c_1 = 0$。因此，零不是 (1) 的特徵值。

若 $\lambda < 0$，我們將 λ 寫為 $\lambda = -k^2, k > 0$，因此 (1) 變為

$$x^2y'' + xy' - k^2y = 0,$$

這是歐拉方程，其解為

$$y = c_1x^k + c_2x^{-k}$$

邊界條件要求

$$c_1 + c_2 = 0$$
$$2^kc_1 + 2^{-k}c_2 = 0$$

由於該方程組的行列式是 $2^k - 2^{-k} \neq 0$，所以 $c_1 = c_2 = 0$。因此方程 (1) 沒有負特徵值。

若 $\lambda > 0$，我們將 λ 寫為 $\lambda = k^2$，其中 $k > 0$。則方程 (1) 變為

$$x^2y'' + xy' + k^2y = 0,$$

這是歐拉方程，其解為

$$y = c_1 \cos(k \ln x) + c_2 \sin(k \ln x).$$

由邊界條件 $y(1) = 0$ 得到 $c_1 = 0$。因此 $y = c_2 \sin(k \ln x)$。若且唯若 $k = \frac{n\pi}{\ln 2}$ 時，則 $c_2 \neq 0$，其中 n 是正整數。因此，方程 (1) 的特徵值為 $\lambda_n = \left(\frac{n\pi}{\ln 2}\right)^2$，而相關的特徵函數為

$$y_n = \sin\left(\frac{n\pi}{\ln 2} \ln x\right), \text{n} = 1, 2, 3, \cdots$$

9.4 正交函數集

定義 1（正交函數集）

若

$$\int_a^b \phi_i(x)\phi_j(x)dx = 0,\ i \neq j.$$

則函數集 $\{\phi_i\}, (i = 0, 1, 2, \cdots, n)$ 是區間 $[a, b]$ 上的正交函數集。

定義 2（關於權重函數的正交函數集）

若

$$\int_a^b W(x)\,\phi_i(x)\phi_j(x)dx = 0,\ i \neq j.$$

則一組函數 $\{\phi_i\}, (i = 0, 1, 2, \cdots, n)$ 稱爲在區間 $[a, b]$ 上關於權重函數 W 的正交函數集。

例 1 證明函數集 $\{\cos nx, (i = 0, 1, 2, \cdots, n)\}$ 在區間 $-\pi \le x \le \pi$ 是正交。

解：這裡給定的函數是由 $\phi_n(x) = \cos nx,\ n = 0, 1, 2, \cdots$ 定義的 ϕ_n。對於 $m \neq n$，我們有

$$\int_{-\pi}^{\pi} \phi_m(x)\phi_n(x)dx = \int_{-\pi}^{\pi} \cos mx \cos nx dx$$

$$= \frac{1}{2}\int_0^{\pi} 2\cos mx \cos nx dx = \frac{1}{2}\left[\frac{\sin(m+n)x}{m+n} + \frac{\sin(m-n)x}{m-n}\right]_{-\pi}^{\pi} = 0.$$

因此，給定的函數集在區間 $-\pi \le x \le \pi$ 是正交。

例 2 證明函數 $1-x, 1-2x+\frac{x^2}{2}$ 是關於權重函數 e^{-x} 在區間 $0 \le x < \infty$ 的正交函數。

解：這裡給定的函數是 $1-x, 1-2x+\frac{x^2}{2}$ 給定的權重函數是 e^{-x}。

設 $\phi(x)=1-x, \psi(x)=1-2x+\frac{x^2}{2}$ 和 $W(x)=e^{-x}$。

現在

$$\int_0^\infty W(x)\phi(x)\psi(x)dx=\int_0^\infty e^{-x}(1-x)\left(1-2x+\frac{x^2}{2}\right)dx$$

$$=\int_0^\infty e^{-x}\left(1-3x+\frac{5x^2}{2}-\frac{x^3}{2}\right)dx$$

$$=\int_0^\infty e^{-x}x^0dx-3\int_0^\infty e^{-x}xdx+\frac{5}{2}\int_0^\infty e^{-x}x^2dx-\frac{1}{2}\int_0^\infty e^{-x}x^3dx=0.$$

即 $\int_0^\infty W(x)\phi(x)\psi(x)dx=0$。因此，函數 $1-x, 1-2x+\frac{x^2}{2}$ 是關於權重函數 e^{-x} 在區間 $0\le x<\infty$的正交函數。

9.5 Sturm-Liouville問題

二階 Sturm-Liouville 問題是形式爲

$$\frac{d}{dx}\left\{p(x)\frac{dy}{dx}\right\}+\{q(x)+\lambda r(x)\}y=0 \tag{1}$$

的齊次邊界值問題，其邊界條件爲

$$A_1y(a)+B_1y'(a)=0, \tag{2}$$

$$A_2y(b)+B_2y'(b)=0 \tag{3}$$

其中 p, q, r 和 p' 都是 $[a, b]$ 上的實值連續函數，並且 p 和 r 在 $[a, b]$ 上都是正數，λ 是與 x 無關的參數。需要注意的是，p、q、r 都與 λ 無關，並且常數 A_1, B_1, A_2, B_2 也與 λ 無關。還要注意的是，A_1 和 A_2 不全爲零，B_1 和 B_2 也不全爲零。

找到一個數 λ 使得 BVP (1)-(3) 具有非零解的問題稱爲 Sturm-Liouville problem (SLP)。數 λ 稱爲特徵值（eigenvalue），對應的解 y 稱爲特徵函數（eigenfunction）。

SLP 分爲三種類型：

1. 若 $p>0$，並且 $[a, b]$ 上的 $r>0$，則爲正則 SLP。
2. 若 (a, b) 上 $p>0$，$[a, b]$ 上 $r\geq 0$ 且 $p(a)=p(b)=0$，則爲奇異 SLP。
3. 若 $p>0, r>0$ 並且 p, q 和 r 是 $[a, b]$ 上的連續函數，連同以下 BC：

$$y(a)=y(b) \qquad y'(a)=y'(b)$$

則爲週期性 SLP。

最常見的 SLP 類型是正則和週期性。

定理 1

若

$$Ly=(p(x)y')'+q(x)y$$

並且 u 和 v 是 $[a,b]$ 上滿足邊界條件 $B_1(y)=0$ 和 $B_2(y)=0$ 的兩次連續函數，則

$$\int_a^b [u(x)Lv(x)-v(x)Lu(x)]dx=0 \tag{1}$$

其中$B_1(y)=\alpha y(a)+\beta y'(a),\ B_2(y)=\rho y(b)+\delta y'(b)$。

證明

由分部積分法得到

$$\int_a^b [u(x)Lv(x)-v(x)Lu(x)]dx=\int_a^b [u(x)\,(p(x)v'(x))'-v(x)\,(p(x)u'(x))']dx$$
$$=p(x)\,[u(x)v'(x)-u'(x)v(x)]\Big|_a^b-\int_a^b p(x)\,[u'(x)v'(x)-u'(x)v'(x)]dx$$

由於最後一個積分爲零，所以

$$\int_a^b [u(x)Lv(x)-v(x)Lu(x)]dx=p(x)\,[u(x)v'(x)-u'(x)v(x)]\Big|_a^b \tag{2}$$

由假設，$B_1[u]=B_1[v]=0$ 和 $B_2[u]=B_2[v]=0$，因此

$$\begin{matrix}\alpha u(a)+\beta u'(a)=0 \\ \alpha v(a)+\beta v'(a)=0\end{matrix},\quad \begin{matrix}\rho u(b)+\delta u'(b)=0 \\ \rho v(b)+\delta v'(b)=0\end{matrix}$$

由於$\alpha^2+\beta^2>0$和$\rho^2+\delta^2>0$，這兩個方程組的行列式必須都爲零；亦即，

$$u(a)v'(a)-u'(a)v(a)=u(b)v'(b)-u'(b)v(b)=0.$$

由上式和方程 (2) 可知方程 (1) 成立，定理得證。

定理 2

若 $\lambda=p+qi$ 且 $q\neq 0$，$Ly=(p(x)y')'+q(x)y$，則邊界值問題

$$Ly+\lambda r(x)y=0,\ B_1(y)=0,\ B_2(y)=0$$

只有零解，其中$B_1(y)=\alpha y(a)+\beta y'(a),\ B_2(y)=\rho y(b)+\delta y'(b)$。

證明

爲了使這個定理有意義，我們必須考慮

$$Ly+(p+iq)r(x,y)y=0. \tag{1}$$

的複值解。

若 $y=u+iv$ 其中 u 和 v 是實值且可二次微分，我們定義 $y'=u'+iv'$ 和 $y''=u''+iv''$。如果方程 (1) 左側的實部和虛部都爲零，我們說 y 是方程 (1) 的解。由於 $Ly=(p(x)y')'+q(x)y$ 且 p、q 和 r 是實值，

$$\begin{aligned} Ly+\lambda r(x)y &= L(u+iv)+(p+iq)r(x)(u+iv) \\ &= Lu+r(x)(pu-qv)+i\,[Lv+r(x)(qu+pv)] \end{aligned}$$

若且唯若

$$\begin{aligned} Lu+r(x)(pu-qv)&=0 \\ Lv+r(x)(qu+pv)&=0\,. \end{aligned}$$

則 $Ly+\lambda r(x)y=0$。

將第一個方程乘以 v 並將第二個方程乘以 u 得到

$$\begin{aligned} vLu+r(x)(puv-qv^2)&=0 \\ uLv+r(x)(qu^2+puv)&=0. \end{aligned}$$

從第二個方程中減去第一個方程得到

$$uLv-vLu+qr(x)\,(u^2+v^2)=0,$$

故

$$\int_a^b [u(x)Lv(x)-v(x)Lu(x)]dx+q\int_a^b r(x)\,[u^2(x)+v^2(x)]dx=0. \tag{2}$$

因爲

$$B_1(y)=B_1(u+iv)=B_1(u)+iB_1(v)$$

且

$$B_2(y)=B_2(u+iv)=B_2(u)+iB_2(v),$$

$B_1(y)=0$ 和 $B_2(y)=0$ 意味著

$$B_1(u)=B_2(u)=B_1(v)=B_2(v)=0.$$

由前定理可知方程 (2) 的第一個積分等於 0，因此 (2) 簡化爲

$$q\int_a^b r(x)\,[u^2(x)+v^2(x)]dx=0.$$

由於 r 在 $[a,b]$ 上爲正且假設 $q\neq 0$，這意味著在 $[a,b]$ 上 $u=0$ 和 $v=0$。因此在 $[a,b]$ 上 $y\equiv 0$，定理得證。

定理 3

若 $Ly=(p(x)y')'+q(x)y$，$B_1(y)=\alpha y(a)+\beta y'(a)$，$B_2(y)=\rho y(b)+\delta y'(b)$ 且 λ_1 和 λ_2 是 Sturm-Liouville 問題

$$Ly+\lambda r(x)y=0,\ B_1(y)=0,\ B_2(y)=0 \tag{1}$$

的相異特徵值，分別具有相關的特徵函數 u 和 v，則

$$\int_a^b r(x)u(x)v(x)dx=0. \tag{2}$$

證明

由於 u 和 v 滿足方程 (1) 中的邊界條件，因此定理 1 意味著

$$\int_a^b [u(x)Lv(x)-v(x)Lu(x)]dx=0.$$

由於 $Lu=-\lambda_1 ru$ 和 $Lv=-\lambda_2 rv$，這意味著

$$(\lambda_1-\lambda_2)\int_a^b r(x)u(x)v(x)dx=0.$$

由於 $\lambda_1\neq\lambda_2$，這意味著方程 (2) 成立，定理得證。

若 u 和 v 是 $[a,b]$ 上的任何可積函數並且

$$\int_a^b r(x)u(x)v(x)dx=0.$$

我們說 u 和 v 相對於 $r=r(x)$ 在 $[a,b]$ 上正交。

定理 4

若 $u\neq 0$ 和 v 都滿足

$$Ly+\lambda r(x)y=0,\ B_1(y)=0,\ B_2(y)=0$$

其中 $Ly=(p(x)y')'+q(x)y$, $B_1(y)=\alpha y(a)+\beta y'(a)$, $B_2(y)=\rho y(b)+\delta y'(b)$
則對於某個常數 c, $v=cu$。

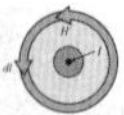

定理 5

若 $Ly=(p(x)y')'+q(x)y$, $B_1(y)=\alpha y(a)+\beta y'(a)$, $B_2(y)=\rho y(b)+\delta y'(b)$ 則 Sturm-Liouville 問題

$$Ly+\lambda r(x)y=0,\ B_1(y)=0,\ B_2(y)=0$$

的所有特徵值可以排列成單調遞增的序列

$$\lambda_1<\lambda_2<\cdots<\lambda_n<\cdots,$$

並且 $\lim\limits_{n\to\infty}\lambda_n\to\infty$。

最後，我們提到了下一個定理，其證明超出了本書的範圍。

定理 6

若 $Ly=(p(x)y')'+q(x)y$, $B_1(y)=\alpha y(a)+\beta y'(a)$, $B_2(y)=\rho y(b)+\delta y'(b)$ 且令 $\lambda_1<\lambda_2<\cdots<\lambda_n<\cdots$ 為 Sturm-Liouville 問題

$$Ly+\lambda r(x)y=0,\ B_1(y)=0,\ B_2(y)=0$$

的特徵值，其相關的特徵向量為 $y_1, y_2, \cdots, y_n, \cdots$。假設 f 在 $[a,b]$ 上是分段平滑。對於每個 n，令

$$c_n=\frac{\int_a^b r(x)f(x)y_n(x)dx}{\int_a^b r(x)y_n^2(x)dx}.$$

則對於開區間 (a,b) 中的所有 x,

$$\frac{f(x-)+f(x+)}{2}=\sum_{n=1}^{\infty}c_n y_n(x)$$

例 1　對於 $\lambda \in R$ 求解

$$y''+\lambda y=0,\ y(0)=y'(\pi)=0$$

解：我們考慮對應於 λ 值的三種情況：

(1) $\lambda=-\mu^2<0$

ODE 的通解爲

$$y=Ae^{-\mu x}+Be^{\mu x}$$

將 *BC* 代入，我們得到以下方程組：

$$\begin{cases}A+B=0\\ -Ae^{-\mu\pi}+Be^{\mu\pi}=0\end{cases}$$

該方程組只有零解 $A=B=0$（其係數行列式不等於 0）。

(2) $\lambda=0$

在這種情況下，問題的解是 $y=Ax+B$，將 *BC* 代入，可得 $A=B=0$，我們得到一個零解。

(3) $\lambda=\mu^2>0$

ODE 的通解爲

$$y=A\cos(\mu x)+B\sin(\mu x)$$

將 *BC* 代入，我們得到以下方程組：

$$\begin{cases}A=0\\ B\cos(\mu\pi)=0\end{cases}$$

僅當 $\cos(\mu\pi)=0$ 或 $\mu=\frac{(2n-1)}{2}$ 時，此問題才有非零解（使 $B\neq 0$）。因此，特徵值 λ_n 可以寫成

$$\lambda_n=\frac{(2n-1)^2}{4},\ n=0,\pm1,\pm2,\cdots$$

並且特徵函數（我們選擇 $B_n=1$）是

$$\varphi_n=\sin\sqrt{\lambda_n}\,x$$

注意所有的特徵值 λ_n 都是正，每個特徵值對應的特徵函數形成一個一維向量空間。

例 2 對於 $\lambda \in R$ 求解

$$y''+\lambda y=0,\ y(0)-y(\pi)=0,\ y'(0)-y'(\pi)=0$$

這些 BC 稱爲「週期性 BC」。

解：我們考慮對應於 λ 值的三種情況：

(1) $\lambda = -\mu^2 < 0$

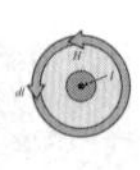

ODE 的通解爲

$$y=Ae^{-\mu x}+Be^{\mu x}$$

將 BC 代入，我們得到以下方程組：

$$\begin{cases} A(1-e^{-\mu\pi})+B(1-e^{\mu\pi})=0 \\ A(-1+e^{-\mu\pi})+B(1-e^{\mu\pi})=0 \end{cases}$$

該方程組只有零解 $A = B = 0$（對於 $\mu \neq 0$）

(2) $\lambda = 0$

在這種情況下，問題有一個解 $y = Ax + B$，將 BC 代入，我們得到 $A = 0$ 而 B 是任意常數。這對應於特徵值 $\lambda_0 = 0$ 和特徵函數 $\varphi_0 = 1$（我們令 $B = 1$）。

(3) $\lambda = \mu^2 > 0$

ODE 的通解爲

$$y=A\cos(\mu x)+B\sin(\mu x)$$

將 BC 代入，我們得到以下方程組：

$$\begin{cases} A(1-\cos(\mu\pi))-B\sin(\mu\pi)=0 \\ A\sin(\mu\pi)+B(1-\cos(\mu\pi))=0 \end{cases}$$

僅當係數行列式 $D(\mu) = 2 - 2\cos(\mu\pi) = 0$ 時，此問題才有非零解。這對應於 $\mu = 2n,\ n = \pm 1, \pm 2, ...$，因此 $\lambda_n = 4n^2$。

對應於 λ_n 的特徵函數由

$$\varphi_n=\cos(\sqrt{\lambda_n}x),\ \psi_n=\sin(\sqrt{\lambda_n}x)$$

給出，其中 $A = B = 1$。注意所有的特徵值 λ_n 都是正，並且每個特徵值對應兩個線性獨立的特徵函數。

筆記欄

9.6 Sturm-Liouville問題的應用

可能每個人都聽過或演奏過一種樂器，例如吉他。吉他的聲音來自彈撥弦。彈撥的振動改變了初始位置和初始速度。振動弦的運動可以用波動方程來描述，這是一個典型的問題，可以用 Sturm-Liouville 理論來求解。探索它的一些特性可以讓我們深入了解樂器的諧波，從而闡明吉他的悅耳聲音。

不僅是吉他的聲音，古典物理學和量子物理學中的許多其他重要物理過程和機械系統都可以利用 Sturm-Liouville 方程來描述。Sturm-Liouville 的理論是處理受特定邊界條件約束的線性二階微分方程。通常這些微分方程描述振盪。例如鐘擺、振動、共振或波動。

Sturm-Liouville 問題以 Jacques Charles François Sturm (1803-1855) 和 Joseph Liouville (1809-1882) 的名字命名。Sturm 描述如何利用變數分離法求解對應於 Sturm-Liouville 問題的偏微分方程。他以不均勻細棒中的熱傳導為例來說明這一點。然而，在他之前，人們大多對具體的解本身感興趣。Sturm 和 Liouville 提出了一個理論，專注於研究微分方程解的性質，例如特徵函數。鑑於吉他問題，特徵函數對應於振動的共振頻率。

Sturm-Liouville 算子的最簡單例子是常係數二階導數算子。由例子中我們將看到特徵函數是三角函數。其他與 Sturm-Liouville 算子相關的函數是著名的 Airy 函數和 Bessel 函數。

除了前面提到的吉他聲音的例子之外，Sturm-Liouville 理論還有更多的應用。這些方程經常出現在應用數學和物理學中。它們描述了特定系統的振動，一個例子是與時間無關的一維薛丁格（Schrodinger）波動方程，其中特徵值代表原子系統的能階。這些 Sturm-Liouville 問題不僅出現在一維空間上，也出現在更高維度上。考慮波動方程，鼓的共振頻率是二維的例子。如果是三維，我們可以想像室內聲波的共振頻率。

筆記欄

9.7 Sturm-Liouville問題的例子

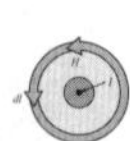

例 1 求微分方程 $y''+\lambda y=0,\ 0<x<\pi,\ y(0)=0;\ y(\pi)=0$ 的特徵值和特徵函數，並且證明特徵函數集在區間 $0<x<\pi$ 正交。

解：給定的齊次微分方程為

$$y''+\lambda y=0,\ 0<x<\pi \tag{1}$$

設 $y(x)=e^{mx}$（m 為常數）為 (1) 的解。則 (1) 的輔助方程是 $m^2+\lambda=0$ 或 $m=\pm\sqrt{-\lambda}$。

情況一：如果 $\lambda=0$，方程的通解是 $y=c_1+c_2x$，c_1, c_2 是任意常數。但是使用邊界條件 $y(0)=0$ 和 $y(\pi)=0$，我們得到 $c_1=c_2=0$，因此 $y=0$ 是 (1) 在 $[0,\pi]$ 上的解。但是，上述解是閉區間 $[0,\pi]$ 中的零解。因此 $\lambda=0$ 不是 (1) 的特徵值。

情況二：若 $\lambda<0$，則解為 $y=c_1e^{\sqrt{-\lambda}x}+c_2e^{-\sqrt{-\lambda}x}$，其中 $-\lambda$ 為正。邊界條件 $y(0)=0$ 和 $y(\pi)=0$，給出 $c_1+c_2=0$ 和 $c_1e^{\sqrt{-\lambda}\pi}+c_2e^{-\sqrt{-\lambda}\pi}=0$，即 $c_1=c_2=0$，因此方程 (1) 有一個零解 $y=0$。因此 $\lambda<0$ 不是 (1) 的特徵值。

情況三：若 $\lambda>0$，解為 $y=c_1\cos\sqrt{\lambda}x+c_2\sin\sqrt{\lambda}x$。條件 $y(0)=0$ 給出 $c_1=0$，條件 $y(\pi)=0$ 給出 $c_2\sin(\sqrt{\lambda}\pi)=0$。欲得非零解，令 $c_2\neq 0$，則 $\sin(\sqrt{\lambda}\pi)=0$ 這意味著 $\sqrt{\lambda}\pi=n\pi$ 或 $\sqrt{\lambda}=n$。所以 (1) 的特徵值是 $\lambda=n^2,\ n=1,2,3,\cdots$，對應的特徵函數是 $\phi_n(x)=A_n\sin nx,\ 0<x<\pi$ 其中 $n=1,2,3,\cdots$。

接下來，特徵函數是 $\phi_n(x)=A_n\sin nx,\ 0<x<\pi,\ n=1,2,3,\cdots$。對於 $m\neq n,\ n,m=1,2,3,\cdots$，我們有

$$\int_0^{\pi}\phi_m(x)\phi_n(x)dx=\int_0^{\pi}A_mA_n\sin mx\sin nx\,dx$$

$$=\frac{1}{2}\int_0^{\pi}A_nA_m\,2\sin mx\sin nx\,dx$$

$$=\frac{A_nA_m}{2}\left[\frac{\sin(m-n)x}{m-n}-\frac{\sin(m+n)x}{m+n}\right]_0^{\pi}=0.$$

因此，給定的特徵函數集在區間 $0 < x < \pi$ 是正交。

例 2 求

$$y'' + \lambda y = 0,\ 0 < x < \frac{\pi}{2},\quad y'(0) = 0, y'\left(\frac{\pi}{2}\right) = 0$$

的所有特徵值和對應特徵函數的集合。

解：給定的齊次微分方程爲

$$y'' + \lambda y = 0,\ 0 < x < \frac{\pi}{2} \tag{1}$$

設 $y(x) = e^{mx}$（m 爲常數）爲 (1) 的解。則 (1) 的輔助方程爲 $m^2 + \lambda = 0$ 或 $m = \pm\sqrt{-\lambda}$。

情況一：若 $\lambda = 0$，則方程的通解爲 $y = c_1 + c_2x$, c_1, c_2 爲任意常數。但是使用邊界條件 $y'(0) = 0$ 和 $y'\left(\frac{\pi}{2}\right) = 0$，我們得到 $c_2 = 0$，因此 $y(x) = c_1$ 是 (1) 在 $\left[0, \frac{\pi}{2}\right]$ 的解。因此 $\lambda = 0$ 是 (1) 的特徵值，對應的特徵函數是 $y(x) = c_1$，其中 c_1 是任意常數。

情況二：若 $\lambda < 0$，則解爲 $y(x) = c_1 e^{\sqrt{-\lambda}x} + c_2 e^{-\sqrt{-\lambda}x}$，其中 $-\lambda$ 爲正。邊界條件 $y'(0) = 0$ 和 $y'\left(\frac{\pi}{2}\right) = 0$，給出 $c_1 = c_2 = 0$，因此方程 (1) 有一個零解 $y = 0$。因此 $\lambda < 0$ 不是 (1) 的特徵值。

情況三：若 $\lambda > 0$，則解爲 $y(x) = c_1 \cos\sqrt{\lambda}x + c_2 \sin\sqrt{\lambda}x$。條件 $y'(0) = 0$ 給出 $c_2 = 0$，條件 $y'\left(\frac{\pi}{2}\right) = 0$ 給出 $c_1\sqrt{\lambda}\sin\left(\sqrt{\lambda}\cdot\frac{\pi}{2}\right) = 0$。欲得非零解，令 $c_1 \neq 0$ 則 $\sin\left(\frac{\sqrt{\lambda}\pi}{2}\right) = 0$ 這意味著 $\frac{\sqrt{\lambda}\pi}{2} = n\pi$，$n = 0, 1, 2, 3, \cdots$ 或，$\sqrt{\lambda} = 2n$。所以 (1) 的特徵值是 $\lambda = 4n^2$，$n = 0, 1, 2, 3, \cdots$，並且對應的特徵函數是 $\phi_n(x) = A_n \cos 2nx$，$0 \le x \le \frac{\pi}{2}$，其中 $n = 0, 1, 2, 3, \cdots$。

例 3 求微分方程

$$\frac{d}{dx}\left(x\frac{dy}{dx}\right) + \frac{\lambda y}{x} = 0,\ 1 < x < e^{\pi}\ (\lambda > 0)$$

的特徵值和特徵函數，其中邊界條件爲 $y(1) = 0; y(e^{\pi}) = 0$。

解：方程可以寫成

$$x\frac{d^2y}{dx^2}+\frac{dy}{dx}+\frac{\lambda}{x}y=0 \Rightarrow x^2\frac{d^2y}{dx^2}+x\frac{dy}{dx}+\lambda y=0$$

這是齊次線性方程，（Cauchy-Euler 形式），我們令 $z = \ln x$ 或 $x = e^z$，則方程可轉換爲

$$\{D(D-1)+D+\lambda\}y=0 \Rightarrow (D^2+\lambda y)=0$$

其中$D\equiv\frac{d}{dz}$。給定的邊界條件在 $x = 1$ 時 $y(x) = 0$ 和在 $x = e^\pi$ 時 $y(x) = 0$，分別變爲在 $z = 0$ 時 $y(z) = 0$ 和在 $z = \pi$ 時 $y(z) = 0$。因此問題變成了求解 $\frac{d^2y}{dz^2}+\lambda y=0$, $0 < z < \pi$, $y(0) = 0$, $y(\pi) = 0$。現在，按照前面的例子進行，特徵值爲 $\lambda_n = n^2$ 和相應的特徵函數是 $\phi_n(x) = A_n \sin nz = A_n \sin(n \ln x)$，其中 $n = 1, 2, 3, \cdots, 1 < x < e^\pi$。

例 4 求 Sturm-Liouville 問題

$$y''+\lambda y=0,\ 0<x<1,\ y(0)+y'(0)=0,\ y(1)+y'(1)=0$$

的特徵值和特徵函數。

解：給定的齊次微分方程爲

$$y''+\lambda y=0,\ 0<x<1,\ y(0)+y'(0)=0,\ y(1)+y'(1)=0 \tag{1}$$

設 $y(x) = e^{mx}$（m 爲常數）爲 (1) 的解。則 (1) 的輔助方程是 $m^2 + \lambda = 0$ 或 $m=\pm\sqrt{-\lambda}$。

情況一：若 $\lambda = 0$，則方程的通解爲 $y = c_1 + c_2x$，其中 c_1、c_2 爲任意常數。但是利用邊界條件 $y(0) + y'(0) = 0$ 和 $y(1) + y'(1) = 0$，我們得到，$c_1 + c_2 = 0$ 和 $c_1 + 2c_2 = 0$ 或 $c_1 = c_2 = 0$，所以 (1) 的解是 $y = 0$，它是閉區間 $[0, 1]$ 中的零解。因此 $\lambda = 0$ 不是問題 (1) 的特徵值。

情況二：$\lambda < 0$，令 $\lambda = -\mu^2$ 其中 $\mu \neq 0$。則 (1) 的解爲

$$y(x)=c_1e^{\mu x}+c_2e^{-\mu x} \tag{2}$$

現在

$$y'(x)=\mu c_1e^{\mu x}-\mu c_2e^{-\mu x} \tag{3}$$

使用邊界條件 $y(0) + y'(0) = 0$ 和 $y(1) + y'(1) = 0$，從 (2) 和 (3)，我們得到，

$$c_1+c_2+\mu(c_1-c_2)=0 \text{ 即 } c_1(1+\mu)+c_2(1-\mu)=0 \tag{4}$$

和 $c_1e^\mu + c_2e^{-\mu} + \mu(c_1e^\mu - c_2e^{-\mu}) = 0$ 即 $c_1e^\mu(1+\mu) + c_2e^{-\mu}(1-\mu) = 0$ (5)

對於 c_1, c_2 的非零值，我們必須有$\begin{vmatrix} 1+\mu & 1-\mu \\ e^{\mu}(1+\mu) & e^{-\mu}(1-\mu) \end{vmatrix}=0 \Rightarrow (1+\mu)$ $(1-\mu)(e^{\mu}-e^{-\mu})=0 \Rightarrow \mu=\pm 1$。當 $\mu=-1$ 時，方程 (4) 和 (5) 給出 $c_2=0$，而 c_1 是任意數。因此方程 (2) 簡化爲$y(x)=c_1e^{-x}$，它是一個特徵函數，相應的特徵值由 $\lambda=-\mu^2=-(-1)^2=-1$給出。當 $\mu=1$ 時，方程 (4) 和 (5) 給出 $c_1=0$ 而 c_2 是任意數。所以方程 (2) 簡化爲 $y(x)=c_2e^{-x}$這是一個特徵函數，相應的特徵值由$\lambda=-\mu^2=-(1)^2=-1$ 給出。

取 $c_2=c$，則$y(x)=ce^{-x}$是 (1) 在 (0, 1) 上的特徵函數，$\lambda=-1$ 是相應的特徵值，c 是任意常數。

情況三：$\lambda>0$，令 $\lambda=\mu^2$ 其中 $\mu\neq 0$。(1) 的解爲

$$y(x)=c_1\cos(\mu x)+c_2\sin(\mu x) \tag{6}$$

且

$$y'(x)=-c_1\sin(\mu x)+c_2\cos(\mu x) \tag{7}$$

使用邊界條件$y(0)+y'(0)=0$和$y(1)+y'(1)=0$，從(6)和(7)，我們得到，

$$c_1+c_2\mu=0 \tag{8}$$

且

$$c_1\cos\mu+c_2\sin\mu-c_1\mu\sin\mu+c_2\mu\cos\mu=0. \tag{9}$$

從 (8)，我們得到$c_1=-c_2\mu$。有了這個 c_1 的值，(9) 給出

$$-c_2\mu\cos\mu+c_2\sin\mu+c_2\mu^2\sin\mu+c_2\mu\cos\mu=0$$

$$\Rightarrow c_2(1+\mu^2)\sin\mu=0$$

因爲$1+\mu^2\neq 0$，所以

$$c_2\sin\mu=0$$

若 $c_2=0$，則 (8) 給出 $c_1=0$。因此 (6) 簡化爲 $y(x)=0$，這是 (1) 的零解。所以要獲得非零解，令 $c_2\neq 0$。則我們有 $\sin\mu=0\Rightarrow\mu=n\pi, n=1, 2, 3, \cdots$。(8) 給出 $c_1=-c_2\mu=-c_2n\pi$。因此 (6) 簡化爲 $y(x)=-c_2n\pi\cos(n\pi x)+c_2\sin(n\pi x), n=1, 2, 3, \cdots$而 (1) 的特徵值爲 $\lambda=\mu^2=n^2\pi^2, n=1, 2, 3, \cdots$。因此，欲求的特徵函數 y_n 和相應的特徵值 λ_n 分別爲$y_n(x)=A_n\{\sin(n\pi x)-n\pi\cos(n\pi x)\}, 0\leq x\leq 1$和 $\lambda_n=n^2\pi^2, n=1, 2, 3, \cdots$。

例 5 解 Sturm-Liouville 問題

$$y''+\lambda y=0, y(0)+y'(0)=0, y(1)+3y'(1)=0. \tag{1}$$

解：若 $\lambda = 0$，則方程 (1) 可簡化爲 $y'' = 0$，通解爲 $y = c_1 + c_2x$。邊界條件要求

$$c_1 + c_2 = 0$$
$$c_1 + 4c_2 = 0,$$

所以 $c_1 = c_2 = 0$。因此，零不是方程 (1) 的特徵值。

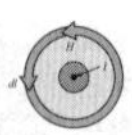

若 $\lambda < 0$，則 λ 可寫成 $\lambda = -k^2$ 其中 $k > 0$，方程 (1) 中的微分方程變爲 $y'' - k^2y = 0$，通解是

$$y = c_1 \cosh kx + c_2 \sinh kx, \tag{2}$$

故

$$y' = k(c_1 \sinh kx + c_2 \cosh kx).$$

邊界條件要求

$$c_1 + kc_2 = 0 \tag{3}$$
$$(\cosh k + 3k \sinh k)c_1 + (\sinh k + 3k \cosh k)c_2 = 0$$

此方程組的行列式爲

$$D_N(k) = \begin{vmatrix} 1 & k \\ \cosh k + 3k\sinh k & \sinh k + 3k\cosh k \end{vmatrix}$$
$$= (1 - 3k^2)\sinh k + 2k\cosh k.$$

若且唯若 $D_N(k) = 0$ 或，

$$\tanh k = -\frac{2k}{1-3k^2} \tag{4}$$

則方程組 (3) 有一個非零解。上式中等號右側的圖形在 $k = \frac{1}{\sqrt{3}}$ 處有一條垂直漸近線。圖 1 顯示了方程 (4) 的曲線圖。讀者可以看到兩條曲線在 $k_0 = 1.2$ 附近相交，鑑於此估計，讀者可以使用牛頓法更準確地計算 k_0。我們計算了 $k_0 \approx 1.1219395$。因此 $-k_0^2 \approx -1.2587483$ 是 (1) 的特徵值。從方程 (2) 和方程 (3)，$y_0 = k_0 \cosh k_0x - \sinh k_0x$。

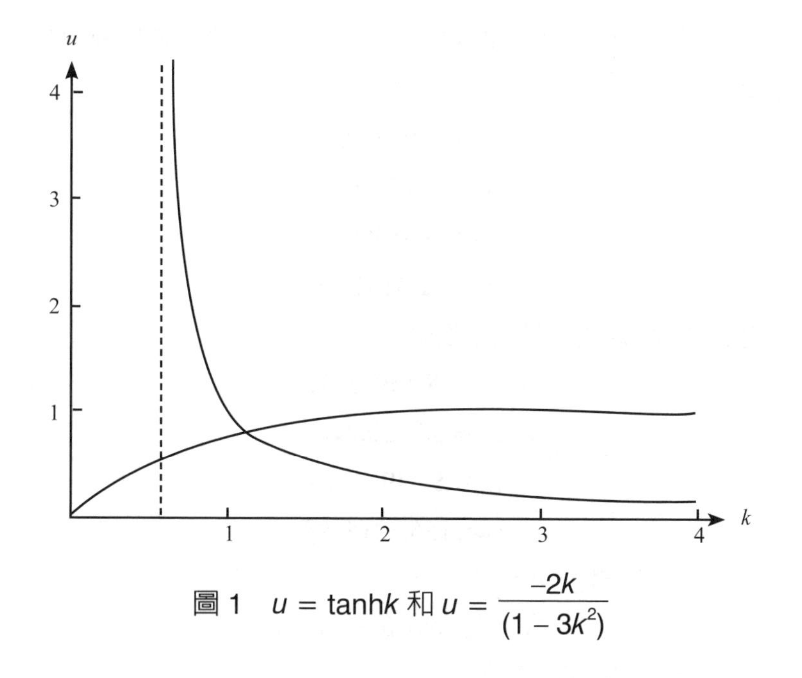

圖 1　$u = \tanh k$ 和 $u = \dfrac{-2k}{(1-3k^2)}$

若 $\lambda > 0$，則 λ 可寫成 $\lambda = k^2$，其中 $k > 0$，微分方程 (1) 變爲 $y'' + k^2y = 0$，有通解

$$y = c_1 \cos kx + c_2 \sin kx \tag{5}$$

故

$$y' = k(-c_1 \sin kx + c_2 \cos kx).$$

邊界條件要求

$$c_1 + kc_2 = 0 \tag{6}$$

$$(\cos k - 3k \sin k)c_1 + (\sin k + 3k \cos k)c_2 = 0.$$

此方程組的行列式爲

$$D_P(k) = \begin{vmatrix} 1 & k \\ \cos k - 3k\sin k & \sin k + 3k\cos k \end{vmatrix}$$
$$= (1+3k^2)\sin k + 2k\cos k.$$

若且唯若 $D_p(k) = 0$ 或，

$$\tan k = -\frac{2k}{1+3k^2}.$$

則方程組 (6) 有一個非零解。圖 2 顯示了該方程的圖形。從圖中可以看出，圖在無限多點 $k_n \approx n\pi$（$n = 1, 2, 3, \cdots$）處相交，當 $n \to \infty$

時，該近似值的誤差接近零。鑑於此估計，讀者可以使用牛頓法更準確地計算 k_n。我們計算了

$$k_1 \approx 2.9256856,$$
$$k_2 \approx 6.1765914,$$
$$k_3 \approx 9.3538959,$$
$$k_4 \approx 12.5132570.$$

對應特徵值 $\lambda_n = k_n^2$ 的估計值爲

$$\lambda_1 \approx 8.5596361,$$
$$\lambda_2 \approx 38.1502809,$$
$$\lambda_3 \approx 87.4953676,$$
$$\lambda_4 \approx 156.5815998.$$

從方程 (5) 和方程 (6)，

$$y_n = k_n \cos k_n x - \sin k_n x$$

是與 λ_n 相關的特徵函數。

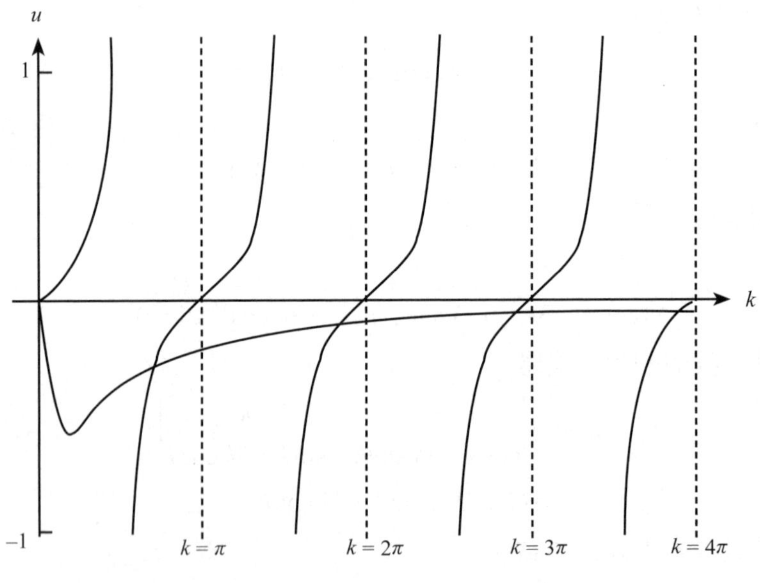

圖 2 $u = \tan k$ 且 $u = -\dfrac{2k}{(1+k)}$

習題

1. Sturm-Liouville 問題 $y''+\lambda y=0,\ y'(0)=0,\ y'\left(\frac{\pi}{2}\right)=0$ 的特徵值為

   (a) $\lambda=2n,\ n=1,2,3,\cdots$　　(b) $\lambda=2n,\ n=1,2,\cdots$

   (c) $\lambda=4n^2,\ n=1,2,3,\cdots$　　(d) $\lambda=4n^2,\ n=1,2,\cdots$

   答案：(d)。

2. Sturm-Liouville 問題 $y''+(\lambda)^2y=0,\ y'(0)=0,\ y'(\pi)=0$ 的特徵函數為

   (a) $\sin\left(n+\frac{1}{2}\right)x$　(b) $\sin nx$　(c) $\cos\left(n+\frac{1}{2}\right)x$　(d) $\cos nx$

   答案：(d)。

3. 邊界值問題 $y''+\lambda y=0$ 滿足 $y(-\pi)=y(\pi)$ 和 $y'(-\pi)=y'(\pi)$，對每個特徵值 λ，

   (a) 只有一個特徵函數　　(b) 兩個特徵函數

   (c) 兩個線性獨立的特徵函數　　(d) 兩個正交的特徵函數

   答案：(b)、(c) 和 (d)。

   提示：特徵值問題不是 Sturm Liouville 類型，因為兩個端點條件在兩個端點之間沒有「分離」。

4. 對於 Sturm Liouville 問題

$$(1+x^2)y''+2xy'+\lambda x^2y=0$$

   當 $y'(1)=0$ 和 $y'(10)=0$ 時，特徵值 λ 滿足

   (A) $\lambda\geq 0$　(B) $\lambda<0$　(C) $\lambda\neq 0$　(D) $\lambda\leq 0$。

   答案：(A)。

5. 若 (a) $\alpha=-1,\ \beta=2$　(b) $\alpha=-1,\ \beta=-2$　(c) $\alpha=-2,\ \beta=2$　(d) $\alpha=-3,\ \beta=\frac{2}{3}$，則邊界值問題 $x^2y''-2xy'+2y=0$，$y(1)+\alpha y'(1)=1,\ y(2)+\beta y'(2)=2$ 有唯一解。

   答案：(a)。

6. (a) 設 ϕ_n 為滿足邊界值問題

$$y''+n^2y=0,\ y(0)=y(2\pi),\ y'(0)=y'(2\pi), \tag{1}$$

   的任意函數，其中 $n=0,1,2,\cdots$。證明

$$\int_0^{2\pi}\phi_n(x)\phi_m(x)dx=0$$

   ，$n\neq m$。

提示：$-\phi_n'' = n^2\phi_n$且$-\phi_m'' = m^2\phi_m$。因此

$$(n^2 - m^2)\phi_m\phi_n = \phi_n\phi_m'' - \phi_m\phi_n'' = [\phi_n\phi_m' - \phi_m\phi_n']'$$

，將該等式從 0 積分到 2π，並使用 ϕ_n 和 ϕ_m 滿足的邊界條件。

(b)證明 $\cos nx$ 和 $\sin nx$ 是滿足邊界值問題 (1) 的函數。(a) 的結果意味著

$$\int_0^{2\pi} \cos nx \sin mx\, dx = 0,\ \int_0^{2\pi} \cos nx \cos mx\, dx = 0,\ \int_0^{2\pi} \sin nx \sin mx\, dx = 0,\ (n \neq m)$$

7. 求滿足邊界條件 $y'(1) = 0$ 和 $y'(e^{2\pi}) = 0$ 的特徵值問題

$$\frac{d}{dx}\left(x\frac{dy}{dx}\right) + \frac{\lambda}{x}y = 0,\ (\lambda > 0)$$

的特徵值和對應的特徵函數。

答案：$\lambda_n = \dfrac{n^2}{4}, \phi_n(x) = A_n \cos\left(\dfrac{\pi}{2}\ln x\right), n = 1, 2, 3, \cdots, 1 < x < e^{2\pi}$。

8. 求滿足邊界條件 $y'(1) = 0$ 和 $y'(e^{\pi}) = 0$ 的特徵值問題

$$\frac{d}{dx}\left(x\frac{dy}{dx}\right) + \frac{\lambda}{x}y = 0,\ (\lambda > 0)$$

的特徵值和對應的特徵函數。

答案：$\lambda_n = n^2, \phi_n(x) = A_n \sin(n \ln x), n = 1, 2, 3, \cdots, 1 < x < e^{\pi}$

9. 考慮特徵值問題 $y'' + 2y' + \lambda y = 0; y(0) = y(1) = 0$。(a) 證明 $\lambda = 1$ 不是特徵值。(b) 證明不存在使 $\lambda < 1$ 的特徵值 λ。(c) 證明第 n 個正特徵值爲 $\lambda_n = n^2\pi^2 + 1$，而相關的特徵函數爲$y_n(x) = e^{-x}\sin n\pi x$。

10. 對於非齊次方程的 Sturm-Liouville 問題

$$y''(x) + [\lambda + q(x)]y = f(x)$$

$$y(0)\cos\alpha - y'(0)\sin\alpha = 0,\ y(1)\cos\beta - y'(1)\sin\beta = 0$$

試證：當 λ 不是相應齊次方程的 Sturm-Liouville 問題的特徵值時，它有且僅有一個解，而當 λ 等於某個特徵值 λ_m 時，它有解的充要條件爲

$$\int_0^1 f(x)\varphi_m(x)dx = 0$$

其中 $\varphi_m(x)$ 爲相應於特徵值 λ_m 的特徵函數。

11. 證明邊界值問題

$$x^2y'' - xy' + \lambda y = 0,\ 1 \le x \le 2$$

$$y(1) = 0,\ y(2) = 0$$

無非零解（其中 λ 是實參數）。

第 10 章

全微分方程

章節體系架構 ▼

10.1 簡介

求與場 $\vec{F} = P\vec{i} + Q\vec{j} + R\vec{k}$ 正交的曲面族 $u(x, y, z) = c$ 的問題可化爲

$$Pdx + Qdy + Rdz = 0$$

這時 dx, dy, dz 是在未知曲面的切面上的向量坐標。

如果場 $\vec{F}$ 是勢場，即

$$P = \frac{\partial u}{\partial x}, Q = \frac{\partial u}{\partial y}, R = \frac{\partial u}{\partial z}$$

則未知曲面 U 可以利用下列曲線積分求出：

$$u(x, y, z) = \int Pdx + Qdy + Rdz$$

如果場 $\vec{F}$ 不是勢場，則在某些情形下可以選取因子 $\mu = \mu(x, y, z)$，使場 $\mu\vec{F}$ 是勢場。因此

$$\mu P = \frac{\partial u}{\partial x}, \mu Q = \frac{\partial u}{\partial y}, \mu R = \frac{\partial u}{\partial z}$$

此外與場 $\vec{F}$ 的向量線正交的曲面族存在的充要條件是 $\vec{F} \cdot \text{curl}\,\vec{F} = 0$

定義 1

全微分方程：令 u_i, $i = 1, 2, \cdots, n$ 爲 n 個自變數 $x_1, x_2, \cdots x_n$ 的部分或全部的 n 個函數。則 $\sum_{i=1}^{n} u_i dx_i$ 稱爲 n 個變數全微分形式且 $\sum_{i=1}^{n} u_i dx_i = 0$ 稱爲 n 個變數 $x_1, x_2, \cdots x_n$ 的全微分方程。

定義 2

三變數的全微分方程：

形式爲

$$P(x, y, z)\,dx + Q(x, y, z)\,dy + R(x, y, z)\,dz = 0 \tag{1}$$

的方程稱爲具有三個變數 x、y、z 的全微分方程。

若存在一個函數 $u(x, y, z)$ 其微分 du 等於 (1) 的左側，則方程 (1) 可以直接積分。在其他情況下 (1) 可積分也可能不可積分。我們現在繼續尋找 P、Q、R 必須滿足的條件，以便 (1) 是可積分的。而將此條件稱爲這個單一微分方程 (1) 的可積分條件或準則。

10.2 全微分方程$Pdx + Qdy + Rdz = 0$可積分的充要條件

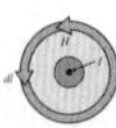

1. 必要條件：

考慮全微分方程

$$Pdx+Qdy+Rdz=0 \tag{1}$$

其中 P、Q、R 是 x、y、z 的函數。令 (1) 有一個積分

$$u(x,y,z)=c \tag{2}$$

微分 du 必須等於$Pdx+Qdy+Rdz$，或者乘以一個因子。但是，我們知道

$$du=\left(\frac{\partial u}{\partial x}\right)dx+\left(\frac{\partial u}{\partial y}\right)dy+\left(\frac{\partial u}{\partial z}\right)dz. \tag{3}$$

由於 (2) 是 (1) 的積分，P, Q, R 必須與 $\frac{\partial u}{\partial x}, \frac{\partial u}{\partial y}, \frac{\partial u}{\partial z}$ 成正比。所以，

$\frac{\frac{\partial u}{\partial x}}{P}=\frac{\frac{\partial u}{\partial y}}{Q}=\frac{\frac{\partial u}{\partial z}}{R}=\lambda(x,y,z)$。

$$\lambda P=\frac{\partial u}{\partial x},\quad \lambda Q=\frac{\partial u}{\partial y},\quad 且\quad \lambda R=\frac{\partial u}{\partial z} \tag{4}$$

從 (4) 的前兩個方程，我們得到

$$\frac{\partial}{\partial y}(\lambda P)=\frac{\partial^2 u}{\partial y\partial x}=\frac{\partial}{\partial x}\left(\frac{\partial u}{\partial y}\right)=\frac{\partial}{\partial x}(\lambda Q)$$

或

$$\lambda\frac{\partial P}{\partial y}+P\frac{\partial \lambda}{\partial y}=\lambda\frac{\partial Q}{\partial x}+Q\frac{\partial \lambda}{\partial x}$$

或

$$\lambda\left(\frac{\partial P}{\partial y}-\frac{\partial Q}{\partial x}\right)=Q\frac{\partial \lambda}{\partial x}-P\frac{\partial \lambda}{\partial y} \tag{5}$$

同理，

$$\lambda\left(\frac{\partial Q}{\partial z}-\frac{\partial R}{\partial y}\right)=R\frac{\partial \lambda}{\partial y}-Q\frac{\partial \lambda}{\partial z} \tag{6}$$

且

$$\lambda\left(\frac{\partial R}{\partial x}-\frac{\partial P}{\partial z}\right)=P\frac{\partial \lambda}{\partial z}-R\frac{\partial \lambda}{\partial x} \tag{7}$$

將 (5)-(7) 分別乘以 R、P 和 Q 並相加，我們得到

$$P\left(\frac{\partial Q}{\partial z}-\frac{\partial R}{\partial y}\right)+Q\left(\frac{\partial R}{\partial x}-\frac{\partial P}{\partial z}\right)+R\left(\frac{\partial P}{\partial y}-\frac{\partial Q}{\partial x}\right)=0. \tag{8}$$

因此，這是方程 (1) 可積分的必要條件。

2. 充分條件：

假設 (1) 的係數 P、Q、R 滿足關係式 (8)。現在將證明這個關係給出 (1) 的積分存在所需的充分條件。爲此，我們證明當關係式 (8) 成立時，可以找到 (1) 的積分。我們首先證明，如果我們取 $P_1=\mu P$，$Q_1=\mu Q$，$R_1=\mu R$，其中 μ 是 x、y 和 z 的任意函數，則 P_1、Q_1、R_1 與 P、Q、R 滿足相同的條件。我們有

$$\frac{\partial Q_1}{\partial z}-\frac{\partial R_1}{\partial y}=\mu\frac{\partial Q}{\partial z}+Q\frac{\partial \mu}{\partial z}-\left(\mu\frac{\partial R}{\partial y}+R\frac{\partial \mu}{\partial y}\right)$$

或

$$\frac{\partial Q_1}{\partial z}-\frac{\partial R_1}{\partial y}=\mu\left(\frac{\partial Q}{\partial z}-\frac{\partial R}{\partial y}\right)+Q\frac{\partial \mu}{\partial z}-R\frac{\partial \mu}{\partial y} \tag{9}$$

同理

$$\frac{\partial R_1}{\partial x}-\frac{\partial P_1}{\partial z}=\mu\left(\frac{\partial R}{\partial x}-\frac{\partial P}{\partial z}\right)+R\frac{\partial \mu}{\partial x}-P\frac{\partial \mu}{\partial z} \tag{10}$$

且

$$\frac{\partial P_1}{\partial y}-\frac{\partial Q_1}{\partial x}=\mu\left(\frac{\partial P}{\partial y}-\frac{\partial Q}{\partial x}\right)+P\frac{\partial \mu}{\partial y}-Q\frac{\partial \mu}{\partial x} \tag{11}$$

將 (9)、(10) 和 (11) 分別乘以 P_1, Q_1, R_1 然後相加，在得到的方程右側中分別用 μP、μQ、μR 取代 P_1, Q_1, R_1，我們得到

$$P_1\left(\frac{\partial Q_1}{\partial z}-\frac{\partial R_1}{\partial y}\right)+Q_1\left(\frac{\partial R_1}{\partial x}-\frac{\partial P_1}{\partial z}\right)+R_1\left(\frac{\partial P_1}{\partial y}-\frac{\partial Q_1}{\partial x}\right) \tag{12}$$

$$=\mu^2\left\{P\left(\frac{\partial Q}{\partial z}-\frac{\partial R}{\partial y}\right)+Q\left(\frac{\partial R}{\partial x}-\frac{\partial P}{\partial z}\right)+R\left(\frac{\partial P}{\partial y}-\frac{\partial Q}{\partial x}\right)\right\}=0 \tag{13}$$

現在 $Pdx + Qdy$ 可以看作是一個正合微分。因爲如果不是這樣，則將 (1) 乘以積分因子 $\mu(x, y, z)$，我們可以使它成爲正合微分。因此，將 $Pdx + Qdy$ 視爲正合微分不會失去一般性。爲此，正合微分的條件是

$$\frac{\partial P}{\partial y}=\frac{\partial Q}{\partial x} \tag{14}$$

令 $$V=\int (Pdx+Qdy) \tag{15}$$

則 $$P=\frac{\partial V}{\partial x} \quad 且 \quad Q=\frac{\partial V}{\partial y} \tag{16}$$

由 (16)， $$\frac{\partial P}{\partial z}=\frac{\partial^2 V}{\partial z\partial x} \quad 且 \quad \frac{\partial Q}{\partial z}=\frac{\partial^2 V}{\partial z\partial y} \tag{17}$$

使用上述關係，(14)、(16) 和 (8) 給出

$$\frac{\partial V}{\partial x}\frac{\partial}{\partial y}\left(\frac{\partial V}{\partial z}-R\right)-\frac{\partial V}{\partial y}\frac{\partial}{\partial x}\left(\frac{\partial V}{\partial z}-R\right)=0$$

或

$$\begin{vmatrix}\frac{\partial V}{\partial x} & \frac{\partial}{\partial x}\left(\frac{\partial V}{\partial z}-R\right)\\ \frac{\partial V}{\partial y} & \frac{\partial}{\partial y}\left(\frac{\partial V}{\partial z}-R\right)\end{vmatrix}=0.$$

這證明在 V 和 $\left(\frac{\partial V}{\partial z}\right)-R$之間存在獨立於 x 和 y 的關係。因此，$\left(\frac{\partial V}{\partial z}\right)-R$ 可以單獨表示爲 z 和 V 的函數。亦即我們可以取

$$\frac{\partial V}{\partial z}-R=\phi(z, V). \tag{18}$$

利用 (16)、(18)，可得

$$Pdx+Qdy+Rdz=\frac{\partial V}{\partial x}dx+\frac{\partial V}{\partial y}dy+\left(\frac{\partial V}{\partial z}-\phi\right)dz,$$

$$\frac{\partial V}{\partial x}dx+\frac{\partial V}{\partial y}dy+\frac{\partial V}{\partial z}dz-\phi dz=dV-\phi dz. \tag{19}$$

因此，(1) 可以寫成$dV-\phi dz=0$，這是一個有兩個變數的方程。它的積分將給出 (1) 的積分。所以條件 (8) 是充分條件。因此 (8) 是 (1) 具有積分的充分必要條件。通常稱 (8) 爲全微分方程 (1) 的可積分條件。

觀上述證明，當可積分條件成立而欲求 (1) 之解時，我們可在三變數 x, y, z 中適宜選擇其一，而暫以之視爲常數，務使其餘變數間成立之微分方程得化爲簡單；茲譬如暫以 z 爲常數，而由 $Pdx + Qdy =0$ 求得其解 $V = c$；次以 z 視爲變數，而令 $V=\varphi(z)$，更以 x, y, z 視爲變數而作其全微分式，然後以之與 (1) 比較而決定 $\varphi(z)$, 便得 (1) 之解 $V=\varphi(z)$。

定理 1

證明全微分方程 $\mathbf{A}\cdot d\mathbf{r}=Pdx+Qdy+Rdz=0$ 可積分的充要條件是 $\mathbf{A}\cdot \text{curl }\mathbf{A}=0$。

證明

給定 $\mathbf{A}\cdot d\mathbf{r}=Pdx+Qdy+Rdz=0$ (1)

令 $\mathbf{r}=x\hat{i}+y\hat{j}+z\hat{k}$ 則 $d\mathbf{r}=dx\hat{i}+dy\hat{j}+dz\hat{k}$ (2)

且 $\mathbf{A}=P\hat{i}+Q\hat{j}+R\hat{k}$ (3)

則 (1) 滿足兩個向量 $\mathbf{A}$ 和 $d\mathbf{r}$ 的點積的規則。因爲 (1) 可積分的必要條件是

$$P\left(\frac{\partial Q}{\partial z}-\frac{\partial R}{\partial y}\right)+Q\left(\frac{\partial R}{\partial x}-\frac{\partial P}{\partial z}\right)+R\left(\frac{\partial P}{\partial y}-\frac{\partial Q}{\partial x}\right)=0 \tag{4}$$

從向量微積分，我們有

$$\text{curl }\mathbf{A}=\left(\frac{\partial Q}{\partial z}-\frac{\partial R}{\partial y}\right)\hat{i}+\left(\frac{\partial R}{\partial x}-\frac{\partial P}{\partial z}\right)\hat{j}+\left(\frac{\partial P}{\partial y}-\frac{\partial Q}{\partial x}\right)\hat{k} \tag{5}$$

因此，使用 (3) 和 (5) 並應用兩個向量的點積的規則，必要條件 (4) 可以根據需要重寫爲 $\mathbf{A}\cdot\text{curl }\mathbf{A}=0$。

例 1 解 $xdx+zdy+(y+2z)dz=0$

解：令 $P=x, Q=z, R=y+2z$

則 $P\left(\frac{\partial Q}{\partial z}-\frac{\partial R}{\partial y}\right)+Q\left(\frac{\partial R}{\partial x}-\frac{\partial P}{\partial z}\right)+R\left(\frac{\partial P}{\partial y}-\frac{\partial Q}{\partial x}\right)$

$=x(1-1)+z(0-0)+(y+2z)(0-0)$

$=0$

將各項重排，可得

$$xdx+zdy+ydz+2zdz=0$$

$$xdx+d(zy)+2zdz=0$$

積分，得到

$$\frac{x^2}{2}+zy+z^2=c$$

例 2 解 $yz\ln zdx-3x\ln zdy+xydz=0$

解：令 $P=yz\ln z, Q=-zx\ln z, R=xy$

則 $P\left(\frac{\partial Q}{\partial z}-\frac{\partial R}{\partial y}\right)+Q\left(\frac{\partial R}{\partial x}-\frac{\partial P}{\partial z}\right)+R\left(\frac{\partial P}{\partial y}-\frac{\partial Q}{\partial x}\right)$

$=yz\ln z\left[\left(-x\left(z\cdot\frac{1}{z}+\ln z\right)\right)-x\right]+(-zx\ln z)\left[y-y\left(z\cdot\frac{1}{z}+\ln z\right)\right]+xy\,(z\ln z+z\ln z)$

$=yz\ln z(-x-x\ln z-x)-3x\ln z(y-y-y\ln z)+xy(2z\ln z)$

$=-2xyz\ln z-xyz(\ln z)^2+xyz(\ln z)^2+2xyz\ln z$

$=0$

因此滿足可積分條件。將各項除以 $xyz\ln z$，可得

$$\frac{dx}{x}-\frac{dy}{y}+\frac{dz}{z\ln z}=0$$

積分　$\ln x - \ln y + \int \frac{1/z}{\ln z}\,dz = c$

$$\ln\frac{x}{y} + \ln(\ln z) = \ln c_1 \ (c = \ln c_1)$$

$$\ln\left(\frac{x}{y}\ln z\right) = \ln c_1$$

所需的解爲 $\frac{x}{y}\ln z = c$

10.3 $Pdx + Qdy + Rdz = 0$為正合的條件

若滿足以下三個條件，

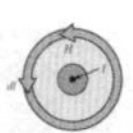

$$\frac{\partial P}{\partial y}=\frac{\partial Q}{\partial x}, \frac{\partial Q}{\partial z}=\frac{\partial R}{\partial y}, \frac{\partial R}{\partial x}=\frac{\partial P}{\partial z}. \tag{1}$$

則稱全微分方程 $Pdx + Qdy + Rdz = 0$ 是正合。

注意，當滿足條件(15)時，則$Pdx + Qdy + Rdz = 0$的可積分條件，即，

$$P\left(\frac{\partial Q}{\partial z}-\frac{\partial R}{\partial y}\right)+Q\left(\frac{\partial R}{\partial x}-\frac{\partial P}{\partial z}\right)+R\left(\frac{\partial P}{\partial y}-\frac{\partial Q}{\partial x}\right)=0 \tag{2}$$

也會滿足，因爲 (2) 中的每一項均等於零。

例 1 解 $dx+\frac{z}{y^2}dy-\frac{1}{y}dz=0$

解：$P=1, Q=\frac{z}{y^2}, R=-\frac{1}{y}$

因 $P\left(\frac{\partial Q}{\partial z}-\frac{\partial R}{\partial y}\right)+Q\left(\frac{\partial R}{\partial x}-\frac{\partial P}{\partial z}\right)+R\left(\frac{\partial P}{\partial y}-\frac{\partial Q}{\partial x}\right)$

$=\left(\frac{1}{y^2}-\frac{1}{y^2}\right)+\frac{z}{y^2}(0-0)-\frac{1}{y}(0-0)=0$

原方程爲可求積分之全微分方程。又因 x 與 y, z 分離，

故原方程必爲正合，即

$$dx+\frac{zdy-ydz}{y^2}=0, \quad dx-d\left(\frac{3}{y}\right)=0$$

所以

$$x-\frac{z}{y}=c$$

例 2 解 $y^2dx-zdy+ydz=0$

解：$P=y^2, Q=-z, R=y$

因 $P\left(\frac{\partial Q}{\partial z}-\frac{\partial R}{\partial y}\right)+Q\left(\frac{\partial R}{\partial x}-\frac{\partial P}{\partial z}\right)+R\left(\frac{\partial P}{\partial y}-\frac{\partial Q}{\partial x}\right)$

$=y^2(-1-1)-z(0-0)+y(2y-0)=0$，

故原方程爲可求積分的全微分方程。又因

$$\frac{\partial P}{\partial y} \neq \frac{\partial Q}{\partial x}, \frac{\partial Q}{\partial z} \neq \frac{\partial R}{\partial y}, \frac{\partial R}{\partial x} \neq \frac{\partial P}{\partial z}$$

故原方程不是正合。引入一積分因子 $\frac{1}{y^2}$，則

$$dx + \frac{ydz - zdy}{y^2} = 0$$

$$x + \frac{z}{y} = c$$

10.4 $Pdx + Qdy + Rdz = 0$的軌跡與 $\frac{dx}{P} = \frac{dy}{Q} = \frac{dz}{R}$ 的軌跡之間的關係

方程

$$Pdx + Qdy + Rdz = 0 \tag{1}$$

在幾何上意味著，方向餘弦與 dx、dy、dz 成正比的直線垂直於方向餘弦與 P、Q、R 成正比的直線。因此，滿足 (1) 的點必須沿與方向餘弦 P、Q、R 成正比的直線垂直的方向移動。另一方面，方程

$$\frac{dx}{P} = \frac{dy}{Q} = \frac{dz}{R} \tag{2}$$

在幾何上意味著一條直線，其方向餘弦與 dx、dy 和 dz 成正比。再次從方程 (2)，我們看到 dx、dy、dz 與 P、Q、R 成正比。因此 (P, Q, R) 是曲線在 (x, y, z) 的切線的相應方向比。因此，上述微分方程在幾何上表示空間中的曲線系統，而這些曲線在任意點 (x, y, z) 的切線的方向餘弦與 (P, Q, R) 成正比。

由以上討論可知，根據條件 (1) 運動的點所描繪的曲線與根據條件 (2) 運動的點所描繪的曲線正交。前面的曲線是由 (1) 給出的曲面上的任何曲線。因此在幾何上，由 (2) 表示的曲線垂直於由 (1) 表示的曲面。如果 (1) 不可積，則不存在與構成 (2) 軌跡的所有線正交的曲面。

例 1 求曲面族 $xyz = c$ 的正交曲線

解：由 $xyz = c$ 微分得

$$yzdx + zxdy + xydz = 0$$

曲線族 $xyz = c$ 的正交曲線族的微分方程為

$$\frac{dx}{yz}=\frac{dy}{zx}=\frac{dz}{xy}$$

由 $\frac{dx}{yz}=\frac{dy}{zx}$ 積分可得 $x^2-y^2=c_1$

由 $\frac{dy}{zx}=\frac{dz}{xy}$ 積分可得 $y^2-z^2=c_2$

故所求得的正交曲線為 $\begin{cases} x^2-y^2=c_1 \\ y^2-z^2=c_2 \end{cases}$

10.5 $Pdx + Qdy + Rdz = 0$ 的幾何解釋

$$Pdx + Qdy + Rdz = 0 \tag{1}$$

設一曲面 S: $u(x, y, z) = c$

以及其上通過點 $A(x, y, z)$ 之曲線 K：

$$x = f_1(t),\ \ y = f_2(t),\ \ z = f_3(t),$$

其中 c 為常數，t 為參數，則得

$$du = \left(\frac{\partial u}{\partial x}\right)dx + \left(\frac{\partial u}{\partial y}\right)dy + \left(\frac{\partial u}{\partial z}\right)dz = 0 \tag{2}$$

因爲$\frac{\partial u}{\partial x}, \frac{\partial u}{\partial y}, \frac{\partial u}{\partial z}$爲曲面 S 在 A 點上之法線的方向餘弦，而 dx, dy, dz 爲曲線 K 在 A 點上之切線的方向餘弦，故 (2) 的關係式乃表示在 A 點上曲面 S 之法線與曲線 K 之切線互相垂直。

今 (1) 係表示一曲線的切線與以 P、Q、R 爲方向餘弦之直線互相垂直的關係式，故若與$\frac{dx}{P} = \frac{dy}{Q} = \frac{dz}{R}$之聯立微分方程式所決定之曲線爲正交之曲線，俱在曲面 $u(x, y, z) = c$ 上，即 $u(x, y, z) = c$ 滿足 (1)，則 (2) 的關係必成立。

例 1　求曲面 $x^2 + 2y^2 + 4z^2 = c$ 的正交曲線族。

解：由 $x^2 + 2y^2 + 4z^2 = c$ 微分，可得

$$xdx + 2ydy + 4zdz = 0$$

曲面族 $x^2 + 2y^2 + 4z^2 = c$ 的正交曲線族的微分方程爲

$$\frac{dx}{x} = \frac{dy}{2y} = \frac{dz}{4z}$$

由 $\frac{dx}{x} = \frac{dy}{2y}$，積分可得 $y = c_1x^2$

由 $\frac{dy}{2y} = \frac{dz}{4z}$，積分可得 $z = c_2y^2$

故所求得的正交曲線爲 $\begin{cases} y = c_1x^2 \\ z = c_2y^2 \end{cases}$

筆 記 欄

10.6 全微分方程的解法

在本節中，我們將討論各種類型的方法，從中可以使用一種合適的方法來獲得全微分方程的解。首先應驗證可積分條件

$$P\left(\frac{\partial Q}{\partial z}-\frac{\partial R}{\partial y}\right)+Q\left(\frac{\partial R}{\partial x}-\frac{\partial P}{\partial z}\right)+R\left(\frac{\partial P}{\partial y}-\frac{\partial Q}{\partial x}\right)=0$$

，然後再考慮求解的合適方法。

方法一（觀察法）

重新排列給定方程的項或除以 x、y、z 的適當函數以將方程的某些部分簡化爲正合的微分，然後積分，求出所需的解。

例 1 求解 $(yz+2x)dx+(zx-2z)dy+(xy-2y)dz=0$.

解：將給定方程與 $Pdx+Qdy+Rdz=0$ 進行比較，我們得到

$$P=yz+2x,\ Q=zx-2z,\ R=xy-2y.$$

$$\therefore P\left(\frac{\partial Q}{\partial z}-\frac{\partial R}{\partial y}\right)+Q\left(\frac{\partial R}{\partial x}-\frac{\partial P}{\partial z}\right)+R\left(\frac{\partial P}{\partial y}-\frac{\partial Q}{\partial x}\right)=0$$

$$=(yz+2x)\{(x-2)-(x-2)\}+(zx-2z)(y-y)+(xy-2y)(z-z)=0$$

證明給定的全微分方程是可積分的。將給定的方程重新排列，寫成

$$(yzdx+zxdy+xydz)+2xdx-2(zdy+ydz)=0$$

$$\Rightarrow d(xyz)+d(x^2)-2d(yz)=0$$

積分我們得到，$xyz+x^2-2yz=c$，

這是所需的解，c 是任意常數。

方法二（求解齊次方程）

若 P、Q、R 是 x、y、z 同次數的齊次函數，則方程 $Pdx+Qdy+Rdz=0$ 稱爲齊次方程。

第一步：驗證給定的方程是可積。

第二步：設 $x=zu$, $y=zv$ 使得 $dx=udz+zdu$ 和 $dy=zdv+vdz$。將這些代入給定的方程，積分後可得方程的通解。

例 2 解 $2(y+z)dx-(x+z)dy+(2y-x+z)dz=0$

解：將給定方程與 $Pdx+Qdy+Rdz=0$ 進行比較，我們得到 $P=2y+2z$，$Q=-x-z$，$R=2y-x+z$ 且

$$P\left(\frac{\partial Q}{\partial z}-\frac{\partial R}{\partial y}\right)+Q\left(\frac{\partial R}{\partial x}-\frac{\partial P}{\partial z}\right)+R\left(\frac{\partial P}{\partial y}-\frac{\partial Q}{\partial x}\right)=0$$

，所以滿足可積分條件。

給定的方程是齊次。令 $x=uz$，$y=vz$，從而獲得 $dx=udz+zdu$，$dy=zdv+vdz$。因此給定的方程變爲

$$z[2(v+1)du-(u+1)dv]+(u+1)(v+1)dz=0$$

或

$$2\frac{du}{u+1}-\frac{dv}{v+1}+\frac{dz}{z}=0$$

積分我們得到 $(u+1)^2z=c(v+1)$ 或 $(x+z)^2=c(y+z)$，這是所需的通解，c 是任意常數。

例 3 解 $(x^2-y^2-z^2)dx+2xydy+2xzdz=0$

解：令 $y=ux, z=vx$，則微分方程變爲

$$(1-u^2-v^2)dx+2u(udx+xdu)+2v(vdx+xdv)=0,$$

即

$$\frac{dx}{x}+\frac{(2udu+2vdv)}{(1+u^2+v^2)}=0$$

因此得

$$\ln x+\ln(1+u^2+v^2)=c_1,$$

故

$$x^2+y^2+z^2=cx$$

方法三（使用輔助方程）

若全微分方程 $Pdx+Qdy+Rdz=0$ 可積分。則 P, Q, R 滿足

$$P\left(\frac{\partial Q}{\partial z}-\frac{\partial R}{\partial y}\right)+Q\left(\frac{\partial R}{\partial x}-\frac{\partial P}{\partial z}\right)+R\left(\frac{\partial P}{\partial y}-\frac{\partial Q}{\partial x}\right)=0$$

現在比較這兩個方程，我們有

$$\frac{dx}{\frac{\partial Q}{\partial z}-\frac{\partial R}{\partial y}}=\frac{dy}{\frac{\partial R}{\partial x}-\frac{\partial P}{\partial z}}=\frac{dz}{\frac{\partial P}{\partial y}-\frac{\partial Q}{\partial x}} \tag{1}$$

稱爲輔助方程。求解上述輔助方程。

令 $u = c_1$, $v = c_2$（其中 c_1, c_2 爲任意常數）爲藉由求解方程 (1) 獲得的積分。現在我們找到兩個函數 ϕ 和 ψ 使得方程可以寫成 $\phi du + \psi dv = 0$。

事實上，由於 u 和 v 已知，方程 $\phi du + \psi dv = 0$ 將簡化爲 $P_1dx + Q_1dy + R_1dz = 0$ 形式的方程，並將其與原始方程的值進行比較，可確定函數 ϕ 和 ψ，最後用 ϕ 和 ψ 的值，將方程 $\phi du + \psi dv = 0$ 積分以獲得給定方程的解。

例 4 解 $xz^3dx - zdy + 2ydz = 0$

解：在此例中，

$$xz^3dx - zdy + 2ydz = 0 \tag{1}$$

比較 (1) 與 $Pdx + Qdy + Rdz = 0$，可知

$$P = xz^3,\ Q = -z,\ R = 2y$$

因此

$$P\left(\frac{\partial Q}{\partial z}-\frac{\partial R}{\partial y}\right)+Q\left(\frac{\partial R}{\partial x}-\frac{\partial P}{\partial z}\right)+R\left(\frac{\partial P}{\partial y}-\frac{\partial Q}{\partial x}\right)$$

$$= xz^3\cdot(-1-2) - z\cdot(0-3xz^2) + 2y\cdot 0$$

$$= -3xz^3 + 3xz^3 = 0$$

從而滿足可積分條件。

給定方程的輔助方程是

$$\frac{dx}{\frac{\partial Q}{\partial z}-\frac{\partial R}{\partial y}}=\frac{dy}{\frac{\partial R}{\partial x}-\frac{\partial P}{\partial z}}=\frac{dz}{\frac{\partial P}{\partial y}-\frac{\partial Q}{\partial x}}$$

$$\frac{dx}{-1-2}=\frac{dy}{0-3xz^2}=\frac{dz}{0}$$

$$\frac{dx}{1}=\frac{dy}{xz^2}=\frac{dz}{0} \tag{2}$$

取 (2) 的第三個比率，我們有

$$dz = 0，$$

因此

$$z = c_1 = u \tag{3}$$

取 (2) 的第一個和第二個比率，我們有

$$xz^2dx - dy = 0 \quad (4)$$

積分，

$$x^2u^2 - 2y = c_2 = v \quad (5)$$

使用 (3)， $$x^2z^2 - 2y = v \quad (6)$$

將 u 和 v 的值從 (3) 和 (6) 中代入 $Adu + Bdv = 0$，我們得到 $Adz + B(2xz^2dx + 2x^2zdz - 2dy) = 0$

$$2Bxz^2dx - 2Bdy + (A + 2Bx^2z)dz = 0 \quad (7)$$

比較 (1) 和 (7)，可得 $xz^3 = 2Bxz^2, 2y = A + 2Bx^2z$ 即 $B = \frac{u}{2}, A = -v$。將 A 和 B 的值代入 $Adu + Bdv = 0$，得到 $-vdu + \frac{udv}{2} = 0 \Rightarrow \frac{dv}{v} = \frac{2du}{u}$。積分得到，$\ln v = 2 \ln u + \ln c \Rightarrow v = cu^2$ 使用 (3) 和 (6)，可得 $x^2z^2 - 2y = cz^2$，這是需要的通解。

方法四（以一個變數為常數的求解方法）

步驟 1. 首先驗證可積條件

步驟 2. 將其中一個變數（例如 z）視爲常數，即 $dz = 0$，然後將方程簡化爲

$$Pdx + Qdy = 0 \quad (1)$$

我們應該選擇一個適當的變數保持不變，以便剩餘變數中的方程易於積分。因此，這種選擇會因問題而異。目前的討論是針對選擇 $z =$ 常數。對於其他情況，必須在整個過程中進行必要的更改。

步驟 3. 令 (1) 的解爲 $u(x, y, z) = f(z)$，其中 $f(z)$ 是 z 的任意函數（$\because z =$ 常數）。因此 (1) 的解是 $u(x, y) = f(z)$。

步驟 4. 現在將 $u(x, y) = f(z)$ 對 x, y, z 微分然後將結果與給定方程 $Pdx + Qdy + Rdz = 0$ 進行比較。比較後可得一個包含兩個變數 f 和 z 的方程。如果 f 或 z 的係數涉及 x, y 的函數，則可以在 $u(x, y) = f(z)$ 的幫助下刪除它們。

步驟 5. 求解步驟 4 得到的方程，而得到 f。將 f 的值代入 $u(x, y) = f(z)$ 中，我們將得到所需方程的解。

例 5 證明下列微分方程滿足可積分條件，並解之，

$$3x^2dx + 3y^2dy - (x^3 + y^3 + e^{2z})dz = 0$$

解：將給定方程與 $Pdx + Qdy + Rdz = 0$ 進行比較，我們得到

$$P = 3x^2, Q = 3y^2, R = -(x^3 + y^3 + e^{2z}).$$

$$\therefore P\left(\frac{\partial Q}{\partial z} - \frac{\partial R}{\partial y}\right) + Q\left(\frac{\partial R}{\partial x} - \frac{\partial P}{\partial z}\right) + R\left(\frac{\partial P}{\partial y} - \frac{\partial Q}{\partial x}\right) = 0$$

故原微分方程係滿足可積分條件。令 z 為常數，因此 $dz = 0$。因此給定方程變為 $3x^2dx + 3y^2dy = 0$。積分可得

$$x^3 + y^3 = f(z) \tag{1}$$

對 (1) 進行微分，我們得到

$$3x^2dx + 3y^2dy - f'(z)dz = 0 \tag{2}$$

將 (2) 與給定方程 $3x^2dx + 3y^2dy - (x^3 + y^3 + e^{2z})dz = 0$ 進行比較，我們有，$f'(z) = x^3 + y^3 + e^{2z} \Rightarrow f'(z) = f(z) + e^{2z}$。因此通解是 $f(z) = e^{2z} + ce^z$ $\Rightarrow x^3 + y^3 = e^{2z} + ce^z$，其中 c 是常數。

例 6 證明下列微分方程滿足可積分條件，並解之，

$$(x^2 - y^2 - z^2)dx + 2xydy + 2xzdz = 0$$

解：將給定方程與 $Pdx + Qdy + Rdz = 0$ 進行比較，我們得到

$$P = x^2 - y^2 - z^2, \quad Q = 2xy, \quad R = 2xz$$

$$\therefore P\left(\frac{\partial Q}{\partial z} - \frac{\partial R}{\partial y}\right) + Q\left(\frac{\partial R}{\partial x} - \frac{\partial P}{\partial z}\right) + R\left(\frac{\partial P}{\partial y} - \frac{\partial Q}{\partial x}\right) = 0$$

故原微分方程係滿足可積分條件。今設想暫以 x 為常數，則原方程變為

$$2xydy + 2xzdz = 0$$

即

$$2ydy + 2zdz = 0$$

積分可得

$$y^2 + z^2 = c$$

於是，令 $y^2 + z^2 = \phi(x)$，而以 x, y, z 俱視為變數，作其全微分式，則得

$$2ydy + 2zdz = \phi'(x)dx,$$

即

$$-x\phi'(x)dx + 2xydy + 2xzdz = 0$$

以此式與原微分方程相比較，可得

$$-x\phi'(x) = x^2 - \phi(x)$$

即

$$\phi'(x) - \frac{\phi(x)}{x} = -x$$

此爲線性一階微分方程，易知其解爲 $\phi(x) = x(c - x)$，因之，得所求之解如下，

$$x^2 + y^2 + z^2 = cx$$

方法五（次數 $n \neq -1$ 的正合和齊次方程）

定理

若全微分方程 $Pdx + Qdy + Rdz = 0$ 是次數 $n \neq -1$ 的正合和齊次方程，則其通解爲 $Px + Qy + Rz = c$ 其中 c 是任意常數。

例 7 證明 $(y + z)dx + (z + x)dy + (x + y)dz = 0$ 是正合且齊次並求解。

解：方法一：將給定的全微分方程與 $Pdx + Qdy + Rdz = 0$ 比較，我們得到 $P = y + z, Q = z + x, R = x + y$。因此

$$\frac{\partial P}{\partial y} - \frac{\partial Q}{\partial x} = 1 - 1 = 0 \Rightarrow \frac{\partial P}{\partial y} = \frac{\partial Q}{\partial x}$$

$$\frac{\partial Q}{\partial z} - \frac{\partial R}{\partial y} = 1 - 1 = 0 \Rightarrow \frac{\partial Q}{\partial z} = \frac{\partial R}{\partial y}$$

$$\frac{\partial R}{\partial x} - \frac{\partial P}{\partial z} = 1 - 1 = 0 \Rightarrow \frac{\partial R}{\partial x} = \frac{\partial P}{\partial z}$$

因此，給定的全微分方程是正合。此外 $P = y\left(1 + \frac{z}{y}\right), Q = z\left(1 + \frac{x}{z}\right),$ $R = x\left(1 + \frac{y}{x}\right)$

所以 P、Q、R 是 1 次的齊次函數。因此，所需的解由 $Px + Qy + Rz = c_1$ 給出，其中 c_1 是任意常數。因此解爲 $2xy + 2yz + 2zx = c_1$，即 $xy + yz + zx = c$。

方法二：將原式重新排列，得到

$$ydx + xdy + zdx + xdz + zdy + ydz = 0$$

$$d(xy) + d(xz) + d(zy) = 0$$

積分，

$$xy + xz + zy = c$$

10.7 可積分全微分方程的特殊解法

有時可設一新變數以代換 $Pdx + Qdy + Rdz = 0$ 中的二變數或更多變數的函數，而使之化爲二變數間之常微分方程，或至少可使之化爲比較簡單之型式。

例 1 解 $(x + y + z + 1)dx - (x + y + z - 1)dy + dz = 0$

解：將所與微分方程與 $Pdx + Qdy + Rdz = 0$ 對照，可知：

$$P = x + y + z + 1,\ Q = -(x + y + z - 1),\ R = 1,$$

且滿足可積分條件，即

$$(x + y + z + 1)(-1 - 0) - (x + y + z - 1)(0 - 1) + (1 + 1) = 0$$

令 $x + y + z = u$，則 $dx + dy + dz = du$，且原微分方程變爲

$$udx - udy + du = 0$$

即 $$dx - dy + \frac{du}{u} = 0$$

因此 $$x - y + \ln u = c$$

故所求的解爲 $$x - y + \ln(x + y + z) = c$$

筆記欄

10.8 非可積分的全微分方程

我們考慮微分方程

$$Pdx + Qdy + Rdz = 0 \tag{1}$$

其中 P、Q、R 是 x、y、z 的函數。若方程 (1) 不滿足可積分條件，即

$$P\left(\frac{\partial Q}{\partial z} - \frac{\partial R}{\partial y}\right) + Q\left(\frac{\partial R}{\partial x} - \frac{\partial P}{\partial z}\right) + R\left(\frac{\partial P}{\partial y} - \frac{\partial Q}{\partial x}\right) \neq 0$$

故此時不能得如 $u(x, y, z) = c$ 型式的解。設想下列聯立微分方程，

$$\frac{dx}{P} = \frac{dy}{Q} = \frac{dz}{R} \tag{2}$$

此係表示一群空間曲線，其各點上之切線的方向餘弦之比爲 $P:Q:R$，故 (1) 的關係式乃表示在另一群曲線與 (2) 之曲線群之各交點上，二切線係互相垂直；當 (1) 滿足可積條件時，我們可求得一群所謂積分曲面 $u(x, y, z) = c$，而在此曲面上任何曲線與 (2) 之曲線之交點上，二切線係互相垂直；但當 (1) 不滿足可積條件時，我們不能求得與 (2) 之曲線群正交之曲面群如 $u(x, y, z) = c$；惟不論 (1) 滿足可積條件時與否，我們可在任意適宜選擇之一曲面上，求得無數條曲線而使其方程適合 (1)，因爲設任意取一適宜之曲面：$\Phi(x, y, z) = 0$

則

$$d\Phi = \left(\frac{\partial \Phi}{\partial x}\right)dx + \left(\frac{\partial \Phi}{\partial y}\right)dy + \left(\frac{\partial \Phi}{\partial z}\right)dz = 0$$

於是，由此二式與 (1) 消去一變數，例如 z 與 dz，則得其餘二變數 x 與 y 間之一個新微分方程；若此二變數間的微分方程之解爲 $u_1(x, y) = c$，則合 $\Phi(x, y, z) = 0$ 與 $u_1(x, y) = c$，即此二曲面之交線爲 (1) 之解。

總括以上所述，三變數的全微分方程，如不滿足可積條件，則其通解係由變數間之一任意關係式與含有一任意常數之另一關係式組合而成。

例 1 證明全微分方程 $dz = 2ydx + xdy$ 不滿足可積分條件，並求滿足此微分方程而又在平面 $z = x + y$ 上的曲線的方程。

解：將給定方程與 $Pdx + Qdy + Rdz = 0$ 進行比較，我們得到

$$P = 2y, \quad Q = x, \quad R = -1$$

$$\therefore P\left(\frac{\partial Q}{\partial z} - \frac{\partial R}{\partial y}\right) + Q\left(\frac{\partial R}{\partial x} - \frac{\partial P}{\partial z}\right) + R\left(\frac{\partial P}{\partial y} - \frac{\partial Q}{\partial x}\right)$$

$$= 2y \cdot 0 + x \cdot 0 - 1(2-1)$$

$$= -1 \neq 0$$

全微分方程不滿足可積分條件。

此外從 $z = x + y$，可得 $dz = dx + dy$。然後使用 $2ydx + xdy - dz = 0$ 和 $dz = dx + dy$，我們有，

$$(2y-1)dx + (x-1)dy = 0$$

$$\frac{2}{x-1}dx + \frac{2}{2y-1}dy = 0$$

積分得到 $2\ln(x-1) + \ln(2y-1) = \ln c$ 即 $(x-1)^2(2y-1) = c$

故得所求曲線的方程式如下，

$$z = x + y, \ (x-1)^2(2y-1) = c$$

例 2 證明全微分方程 $3ydx + (z-3y)dy + xdz = 0$ 不滿足可積分條件，並求滿足此微分方程而又在平面 $2x + y - z = a$ 上的曲線的方程。

解：將給定方程與 $Pdx + Qdy + Rdz = 0$ 進行比較，我們得到

$$P = 3y, \quad Q = z\text{-}3y, \quad R = x$$

$$P\left(\frac{\partial Q}{\partial z} - \frac{\partial R}{\partial y}\right) + Q\left(\frac{\partial R}{\partial x} - \frac{\partial P}{\partial z}\right) + R\left(\frac{\partial P}{\partial y} - \frac{\partial Q}{\partial x}\right)$$

$$= 3y(1-0) + (z-3y)(1-0) + x(3-0) = z + 3x \neq 0;$$

全微分方程不滿足可積分條件。

又 $$\Phi(x, y, z) = 2x + y - z - a = 0,$$

$$\left(\frac{\partial \Phi}{\partial x}\right)dx + \left(\frac{\partial \Phi}{\partial y}\right)dy + \left(\frac{\partial \Phi}{\partial z}\right)dz$$

$$= 2dx + dy - dz = 0,$$

由此二式得 $z = 2x + y - a, dz = 2dx + dy$，代入所予微分方程，可得

$$3ydx + (2x + y - a - 3y)dy + x(2dx + dy) = 0,$$

即 $$2xdx - 2ydy + 3(ydx + xdy) - ady = 0$$

因此得 $x^2 - y^2 + 3xy - ay = b$，（b 爲積分常數），

故得所求曲線的方程式如下，

$$2x + y - z = a,\ x^2 + 3xy - y^2 - ay = b.$$

例 3 求滿足全微分方程 $2dz = (x + z)dx + ydy$ 而又在拋物面 $3z = x^2 + y^2$ 上的曲線群，其在 xz 平面上的正交投影的方程。

解：給定拋物面是

$$f(x, y, z) = x^2 + y^2 - 3z = 0 \tag{1}$$

給定的微分方程是

$$(x + z)dx + ydy - 2dz = 0 \tag{2}$$

將 (2) 與 $Pdx + Qdy + Rdz = 0$ 進行比較，我們有 $P = x + z$、$Q = y$ 和 $R = -2$。現在

$$P\left(\frac{\partial Q}{\partial z} - \frac{\partial R}{\partial y}\right) + Q\left(\frac{\partial R}{\partial x} - \frac{\partial P}{\partial z}\right) + R\left(\frac{\partial P}{\partial y} - \frac{\partial Q}{\partial x}\right)$$
$$= (x+y)(0-0) + y(0-1) - 2(0-0) = -y \neq 0$$

因此 (2) 不滿足可積分條件。現在將 (1) 微分，我們有

$$2xdx + 2ydy - 3dz = 0 \tag{3}$$

然後從 (2) 和 (3)，我們得到

$$3(x + z)dx + 3ydy - 2(2xdx + 2ydy) = 0$$
$$\Rightarrow xdx + ydy - 3zdx = 0$$
$$\Rightarrow xdx + ydy = (x^2 + y^2)dx$$
$$\Rightarrow \frac{2xdx + 2ydy}{x^2 + y^2} = 2dx$$

積分可得，$\ln(x^2 + y^2) = \ln c + 2x \Rightarrow x^2 + y^2 = ce^{2x} \Rightarrow 3z = ce^{2x}$ 其中 c 是任意常數。

習題

1. 證明 $(2x + y^2 + 2xz)dx + 2xydy + x^2dz = 0$ 是可積分。
2. 解以下方程

   (a) $yz \ln zdx - zx \ln zdy + xydz = 0$,

   答案：$x \ln z = cy$

   (b) $(x^2z - y^3)dx + 3xy^2dy + x^3dz = 0$

答案：$x^2z + y^3 = cx$

(c) $\frac{y+z-2x}{(y-x)(z-x)}dx + \frac{z+x-2y}{(z-y)(x-y)}dy + \frac{x+y-2z}{(x-z)(y-z)} = 0$

答案：$(x-y)(y-z)(z-x) = c$

3. 解以下方程

(a) $y(y+z)dx + x(x-z)dy + x(x+y)dz = 0$

答案：$x(y+z) = c(x+y)$

(b) $(x-y)dx - xdy + zdz = 0$

答案：$x^2 - 2xy + z^2 = c$

(c) $yz^2(x^2 - yz)dx + x^2z(y^2 - xz)dy + xy^2(z^2 - xy)dz = 0$

答案：$x^2z + y^2x + z^2y = cxyz$

4. 解 $z(z-y)dx + z(z+x)dy + x(x+y)dz = 0$

答案：$x + z = cz(x+y)$，其中 c 是任意常數。

5. 解 $3x^2dx + 3y^2dy - (x^3 + y^3 + e^{2z})dz = 0$

答案：$x^3 + y^3 = e^{2z} + ce^z$，其中 c 是任意常數。

6. 解 $(\cos x + e^xy)dx + (e^x + e^yz)dy + e^ydz = 0$

答案：$yce^x + ze^y + \sin x = c$，其中 c 是任意常數。

7. 解 $(z + z^2)\cos xdx - (z + z^2)dy + (1 - z^2)(y - \sin x)dz = 0$

答案：$y = \sin x - cze^{-z}$，其中 c 是任意常數。

8. 若 $f(y)dx - zxdy - xy\ln ydz = 0$ 是可積分，求 $f(y)$。

答案：$f(y) = cy$

9. 解 $2xzdx + zdy - dz = 0$。

答案：$x^2 + y - \ln z = k$，其中 k 是任意常數。

10. 解 $(2xz - yz)dx + (2yz - xz)dy - (x^2 - xy + y^2)dz = 0$

答案：$x^2 - xy + y^2 = cz$

11. 解 $(x^2 + xy + yz)dx - x(x+z)dy + x^2dz = 0$

答案：$x + z = ce^{\frac{y}{x}}$

12. 證明全微分方程 $ydx + (z-y)dy + xdz = 0$ 不滿足可積分條件，並求滿足此微分方程而又在平面 $2x - y - z = 1$ 上的曲線的方程。

筆 記 欄

國家圖書館出版品預行編目(CIP)資料

工程數學：常微分方程／黃孟槺著. --初版. --臺北市：五南圖書出版股份有限公司, 2024.06
面；　公分
ISBN 978-626-393-410-8(平裝)

1.CST: 工程數學　2.CST: 微分方程

440.11　　113007586

5BK2

工程數學——常微分方程

作　　者— 黃孟槺（304.8）
發 行 人— 楊榮川
總 經 理— 楊士清
總 編 輯— 楊秀麗
副總編輯— 王正華
責任編輯— 張維文
封面設計— 姚孝慈
出 版 者— 五南圖書出版股份有限公司
地　　址：106臺北市大安區和平東路二段339號4樓
電　　話：(02)2705-5066　　傳　　真：(02)2706-6100
網　　址：https://www.wunan.com.tw
電子郵件：wunan@wunan.com.tw
劃撥帳號：01068953
戶　　名：五南圖書出版股份有限公司

法律顧問　林勝安律師

出版日期　2024年 6 月初版一刷
定　　價　新臺幣820元

經典永恆・名著常在

五十週年的獻禮——經典名著文庫

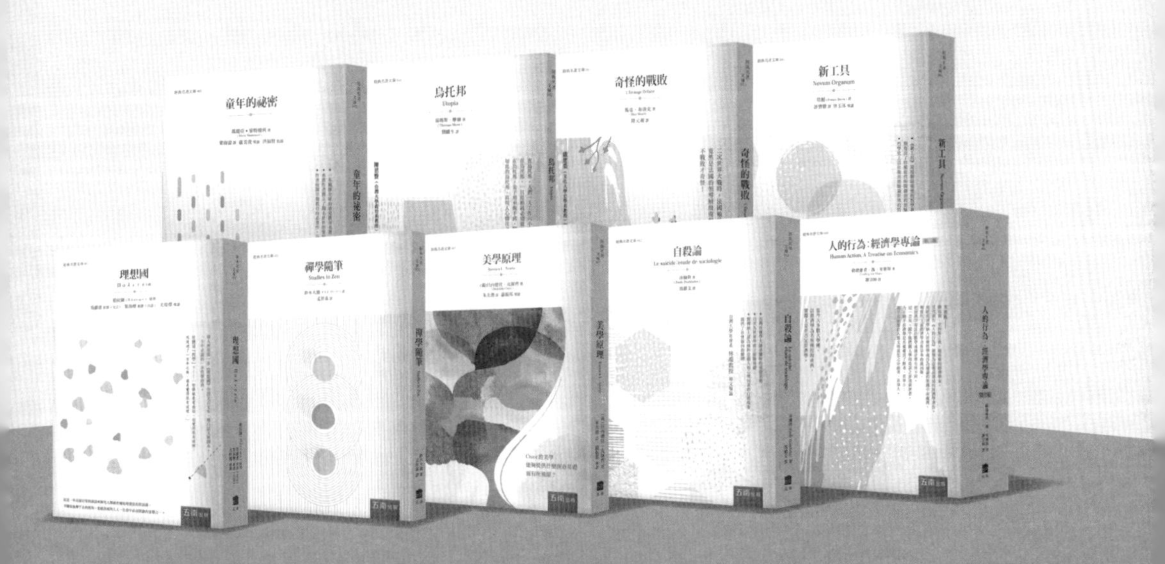

五南，五十年了，半個世紀，人生旅程的一大半，走過來了。
思索著，邁向百年的未來歷程，能為知識界、文化學術界作些什麼？
在速食文化的生態下，有什麼值得讓人雋永品味的？

歷代經典・當今名著，經過時間的洗禮，千錘百鍊，流傳至今，光芒耀人；
不僅使我們能領悟前人的智慧，同時也增深加廣我們思考的深度與視野。
我們決心投入巨資，有計畫的系統梳選，成立「經典名著文庫」，
希望收入古今中外思想性的、充滿睿智與獨見的經典、名著。
這是一項理想性的、永續性的巨大出版工程。
不在意讀者的眾寡，只考慮它的學術價值，力求完整展現先哲思想的軌跡；
為知識界開啟一片智慧之窗，營造一座百花綻放的世界文明公園，
任君遨遊、取菁吸蜜、嘉惠學子！